기후변화·에너지·산업

저탄소 녹색성장에서 창조경제까지

대표저자 **전의찬**

김정인 김창섭 문태훈 박년배 안윤기
오태현 이상훈 이태동 임동순 조성흠
조영탁 조철흥 최광림 최봉석 한기주

도서출판 동화기술

머리말

IPCC는 '5차 평가보고서'를 통하여, 현재와 같은 추세가 지속된다면 21세기 말 지구의 평균기온은 20세기 말에 비하여 최대 5℃ 오르고, 해수면은 63cm 상승할 것으로 전망하였다. 5차 평가보고서는 지구온난화가 확실히 진행되고 있으며, 여러 정황을 고려할 때, 그 원인이 명백하게 인류의 활동이라는 것을 밝혔다. 또, 온실가스 배출이 계속된다면 지구온난화와 기후시스템의 모든 요소들이 변화될 것이라는 것과, 기후변화를 막기 위해서는 본질적이고 지속적인 온실가스 감축이 필요하다고 밝혔다.

국제사회가 기후변화의 위험성을 자각하고, 1992년 '유엔기후변화협약'을 채택한 이후 지난 20여 년간 다양한 노력을 기울여 온 것은 사실이다. 그럼에도 불구하고 전 세계의 온실가스 배출량은 계속 증가하고 있으니, 지구촌은 여전히 기후변화 문제의 해답을 찾지 못하고 있는 것이다. 2014년 페루 리마에서 개최된 제20차 기후변화협약 당사국총회는 "Lima Call for Climate Action"을 통해 각국이 새로운 온실가스 감축목표(INDC)를 2015년 9월까지 제출하기로 결의하면서, 2020년 이후부터 개도국까지 모든 당사국이 참여하는 新기후체제에 대한 논의가 점차 구체화되고 있다. 따라서 이를 뒷받침할 에너지 및 기후변화 대응 정책에 대한 장기적인 청사진 및 로드맵이 필요한 시점이다.

우리나라는 그동안 개도국으로 분류되어 온실가스 감축의무는 없었으나, 최근 10년간 온실가스 누적 배출량 세계 11위의 온실가스 다배출국가로서, 전 지구적인 온실가스 감축에 동참해야 하는 당위성이 있다. 그동안 이명박 정부에서는 '녹색성장'을 정부의 정책 패러다임으로 내걸고 기후변화 분야에서 선진국과 개도국의 가교 역할을 자임하였고, 박근혜 정부에서도 GCF 운영 지원, 2030년 온실가스 37%의 장기 감축목표를 제시하는 등 나름대로 적극적인 기후변화 대응 방향을 제시하고 있다. 그럼에도 불구하고 우리나라의 온실가스배출량은 계속 증가추세를 보이고 있다.

우리나라는 다양한 법제도와 국가계획 및 정책 등을 통해 기후변화 대응 전략을 추진하고 있다. 2014년 6월, '제2차 녹색성장5개년계획'을 수립하였으며, 부문별 계획으로는 기후변화대응기본계획, 에너지기본계획, 배출권거래제기본계획, 지속가능발전기본계획 등 다양한 기후변화/에너지 관련 계획들이 수립되어 추진되고 있다. 그렇지만 이러한 계획들이 부처 중심으로 추진되면서, 에너지 및 기후변화 대응 정책 간의 부조화가 발생하고 있으며, 각 정책 및 계획을 통합할 수 있는 장기적인 목표의 부재로 인해 정책의 신뢰성 및 예측가능성이 낮은 상황이다. 이는 시장과 그 시장을 구성하는 이해당사자의 온실가스 감축을 위한 자발적인 노력을 저해하는 결과로 이어지고 있다.

본 책에서는 지난 정부의 '저탄소 녹색성장' 정책을 에너지, 기후변화 정책을 중심으로 정성·정량적으로 평가하고, 현 정부의 에너지/기후변화 정책을 분석하여, 온실가스 감축목표 달성을 위한 향후 정책방향 등을 제시하고자 한다. 또 이러한 정책들이 국내 산업에 미치는 경제적 영향을 분석하고 정책적 시사점과 대안을 제시하고자 한다.

본 책의 저술에 참여한 여러 전문가들께 감사드리면서, 여러 면으로 어려운 우리나라의 기후변화 대응에 본 책이 조금이라도 기여하기를 바라마지 않는다.

아차산 자락에서, 저자 대표 전의찬

차례

CHAPTER 3 온실가스 감축목표 (전의찬 · 조성흠 · 조철흥)

CHAPTER 4 에너지세제와 신 · 재생에너지 (김창섭 · 이상훈)

CHAPTER 5

온실가스 배출권거래제 (안윤기 · 임동순 · 한기주)

CHAPTER 6

산업경쟁력과 기후변화정책 (이시형 · 전의찬 · 최광림 · 최봉석)

PART

1

저탄소녹색성장

1.1 저탄소녹색성장의 평가와 지표

1.1.1 저탄소녹색성장과 에너지 정책

이명박 정부의 핵심 국정과제였던 '저탄소 녹색성장'으로 인해 지난 5년 동안 에너지 문제에 대한 국민의 관심과 정책의 비중이 높아진 것은 바람직한 일이다. 구체적으로 에너지효율 제고와 온실가스 감축을 위한 여러 가지 제도와 정책이 추진된 것도 긍정적으로 평가할 만한 일이다.

하지만 저탄소 녹색성장이 에너지 분야에서 대표적으로 추진한 원전확대와 온실가스 중기감축목표 등은 앞으로 적지 않은 논란을 유발할 것으로 판단된다. 이에, 새롭게 출범한 박근혜 정부는 이전 정부의 에너지정책의 장점은 계승하면서 부작용과 문제점을 개선할 필요가 있다.

이런 관점에 입각하여 본 장에서는 저탄소 녹색성장의 에너지정책을 대표하는 1차 국가에너지기본계획(이하 '1차 에너지계획')에 대해 평가하고 개선점을 제안하고자 한다. 이와 관련하여 특히 1차 에너지계획은 특정 에너지원으로서 '원전 확대'라는 차원을 넘어서 국가의 저탄소 에너지전략이란 측면에서 평가할 필요가 있다. 이는 1차 에너지계획이 수립될 당시 구조적인 고유가와 온실가스 감축문제가 부각된 시점이었고, 변화된 상황에 부응하는 새로운 국가에너지전략이 필요했기 때문이다. 내용과 방향을 논외로 한다면 1차 에너지계획의 시도 자체는 시기상으로는 매우 적절했다고 할 수 있다. 하지만 후술하는 바와 같이 1차 에너지계획은 몇 가지 한계와 문제점을 안고 있었다.

본 장에서는 이러한 문제의식 하에서 1차 에너지계획의 저탄소 전략을 평가하고 최근 국내·외 상황변화를 감안하여 1차 에너지계획과 다른 형태의 저탄소 전략을 모색하고자 한다.

이명박 정부의 저탄소 녹색성장의 에너지정책은 이명박 정부의 출범과 동시에 수립된 1차 에너지계획에 나타나 있다. 1차 에너지계획은 당시 급변하는 국내·외 에너지수급 변화에 대응하기 위해 '에너지 효율성(저수요)', '에너지 안보(안정적 공급)', '친환경(저탄소)'이란 3대 기본방향 하에서 고유가에 대처하고 온실가스를 감축하면서 에너지안보를 도모하는 것을 핵심과제로 설정한 바 있다.[1)]

이를 위해 첫째, 수요 측면에서 에너지 원단위를 연평균 2.6%씩 개선하여 2030년까

1) 제1차 에너지계획의 3대 기본방향은 계획 수립 당시 배럴당 140달러에 달한 고유가, 포스트 교토체제의 출범에 대비한 온실가스 감축 대비, 고조되는 자원 민족주의 및 우리나라 에너지안보 취약성 해소, 저탄소 녹색성장 강조 등에 의해 강하게 영향을 받았다.

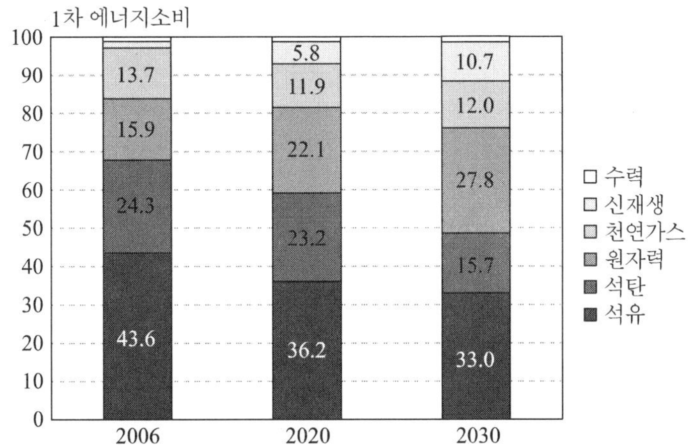

〈그림 1.1〉 1차 에너지계획의 1차 에너지 소비 구성전망 [출처 : 제1차 국가에너지기본계획]

지 47% 개선함으로써 에너지 저수요 사회를 구현하는 것으로 설정하였다. 그리고 과거 처럼 원론적인 수준에서 에너지효율 개선을 언급하는 것과 달리 이를 구체적인 에너지 수요 목표에 반영했다. 둘째, 공급 측면에서 고유가에 대응하기 위해 석유의존 축소를 넘어 탈 화석연료를 강조하고, 이를 위해 저탄소이면서 고유가로 경제성이 더 유리해진 원전을 대폭 확대했다.[2)]

이러한 1차 에너지계획의 전략은 에너지 저수요 체제를 강조하면서 특히 전력부문의 저탄소를 위해 과거 다변화 중심의 전원믹스를 원전 중심(신재생에너지의 보조적 역할 포함)의 저탄소 믹스전략으로 전환한 것으로 볼 수 있다. 이는 <그림 1.1>에서 보는 바와 같이 1차 에너지계획의 2030년 에너지믹스 전망에서 원전과 신재생에너지가 확대되고, 석유 및 석탄 등 화석연료가 대폭 축소되는 것을 알 수가 있다.

1차 에너지계획에 나타난 환경성(저탄소)에 대한 강조는 수송부문에서도 나타났는데, 플러그인 하이브리드카(PHEV : Plug-in Hybrid Electric Vehicle)[3)]는 그 대표적인 사례다. 이는 수송부문에서 석유를 대신하여 전력의 비중을 높이려는 의도였다. 한편 비수송부문의 경우 명시적인 전략은 없었으나 'MB 물가지수'를 통해 전력요금 억제에 치중한 나머지 전력의 유류대체 현상을 촉발하여 애초에 표방한 저탄소 전략에 역행하는 결과를 초래하였다.

요컨대 1차 에너지계획으로 대표되는 저탄소 녹색성장론의 에너지전략은 에너지 저수요를 지향하면서 전통적인 전원믹스에서 환경성을 적극 반영하여 원전 중심의 저탄소

2) 이와 함께 에너지 자립도 향상을 위해 2030년까지 국내 석유・가스 수입량의 40%를 자주개발로 충당하여 에너지 자립사회를 구현하는 것을 목표로 했다.

3) Plug-in Hybrid Electric Vehicle

전략으로의 전환을 시도한 것으로 볼 수 있다. 이는 고유가와 온실가스 감축규제(저탄소)에 대한 대응이라는 점에서 의의가 있지만, '에너지의 전력화'와 '네트워크(송전망)여건'을 충분히 고려하지 않았다는 한계가 있다. 이를 부문별로 나누어 살펴보고자 한다.

1.1.2 저탄소녹색성장의 저탄소 전략 평가

(1) 수송부문의 저탄소 전략

저탄소 녹색성장론이 수송부문에서 저탄소 전략으로 내세운 것이 바로 전력기반형 전기차(EV[4]) 및 PHEV)의 확대였다. <표 1.1>에서 알 수 있는 바와 같이 당시 정부는 2020년까지 전기기반형 자동차 100만대 이상을 보급하는 것으로 계획한 바 있다. 이를 위해 「그린카 산업 발전전략 및 과제」를 통하여 전기자동차 보급을 위한 세제 및 보조금 지원, 충전인프라 구축 지원 등 다양한 추진방안을 구상하였다.

하지만 전기차의 기술적 애로(배터리의 용량과 비용 문제), 소비자의 수용성 저하, 저속으로 인한 사고 위험성, 충전 인프라의 부족 등으로 2012년 현재 전력기반형 전기차 보급은 천여 대에 그쳤다.[5] 이 중에서 특히 충전 인프라 부족문제는 수송용 에너지에서 네트워크가 지니는 중요성을 잘 보여주고 있다. 전기차 보급정책은 이러한 네트워크 요인을 고려하지 않음으로써 매우 저조한 실적을 보이게 된 것이다.

〈표 1.1〉 그린카 보급 목표(단위 : 누적 천대)

구분	차종	2011	2013	2015	2020
전력기반	전기차(EV)	0.8	13.2	85.7	1,046.2
	PHEV	-	10.0	44.0	248.0
	연료전지차	-	0.05	10.1	98.8
엔진기반	하이브리드차	30.5	78.5	151.5	405.5
	클린디젤차	330.6	719.8	1,104.2	1,853.5
합계		361.9	821.55	1,395.5	3,652.0

출처 : 녹색성장위원회, 그린카 산업발전 대책 : 이행점검 결과 및 향후 대책, 2011. 9

4) Electric Vehicle

5) 그 당연한 귀결로 최근 전기차 보급실적이 너무 저조하여 전기차 관련 예산이 대폭 삭감되고 있다. 한편 이명박 정부 후기에 오면서 클린 디젤 등 엔진기반형에 대한 관심이 증가하여 그린카 보급계획에 반영한 것 자체는 바람직하나 이것이 가능하기 위해서는 후술하는 바와 같이 수송용 에너지세제 개편이 필요하다.

(2) 비수송부문의 저탄소 전략

수송용 부문의 저조한 전력화와 달리 비수송용 부문에서는 과도한 전력화가 오히려 문제를 유발하였다. 1차 에너지계획이 에너지가격의 정상화를 언급했음에도 불구하고 현실은 정반대로 물가안정을 위한 전력요금 억제기조를 강화하는 바람에 고유가 하에서 유류와 전력간의 상대가격을 더욱 악화시켜 비수송용 에너지에서 전력의 비중을 급속히 증가시켰다. 비수송용 부문의 이러한 정책은 결과적으로 고탄소를 유발했을 뿐만 아니라 1차 에너지계획이 강조하였던 에너지 저수요 전략에도 중대한 차질을 초래하였다.

애초에 1차 에너지계획은 에너지원단위 개선에 기초하여 에너지 저수요 달성을 위한 구체적인 목표를 수립한 바 있다. 이는 그 자체로 바람직한 방향이었으나, 현실은 고유가에도 불구하고 에너지소비의 급증으로 나타났다. 그 결과 2012년 1차 에너지 소비의 실적치는 1차 에너지계획의 2020년 목표치에 근접하고 있으며, 최종에너지 소비의 실적치는 이미 그 목표치에 도달해 있다(그림 1.2 참고).

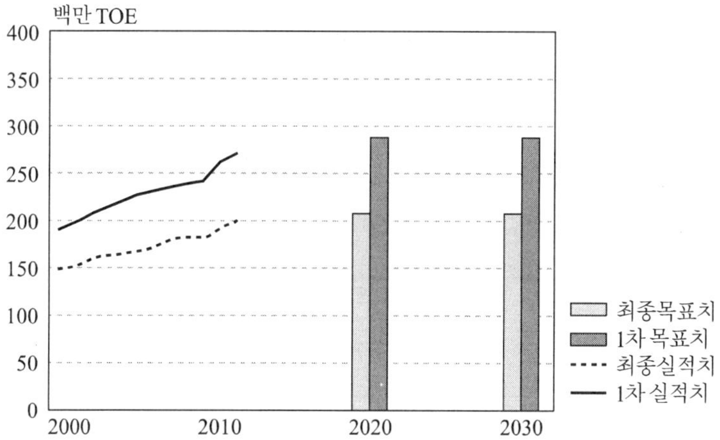

〈그림 1.2〉 1차 에너지계획의 에너지소비의 목표치와 실적치
[출처 : 국가에너지통계종합정보시스템(KESIS) 및 제1차 국가에너지기본계획]

또한 1차 에너지계획에서 매년 2.6%의 개선을 기대하였던 에너지원단위는 그 이후 오히려 악화되었다(그림 1.3 참고). 예상을 벗어난 이러한 추세는 최근 몇 년간 석유화학산업(원료용 납사) 및 제철산업(제철용 유연탄) 등의 호조와 증설에도 기인하지만 유류와 전력간의 상대가격 왜곡으로 인한 전력의 절감유인 약화와 전력의 유류 대체에 기인하는 바가 크다.

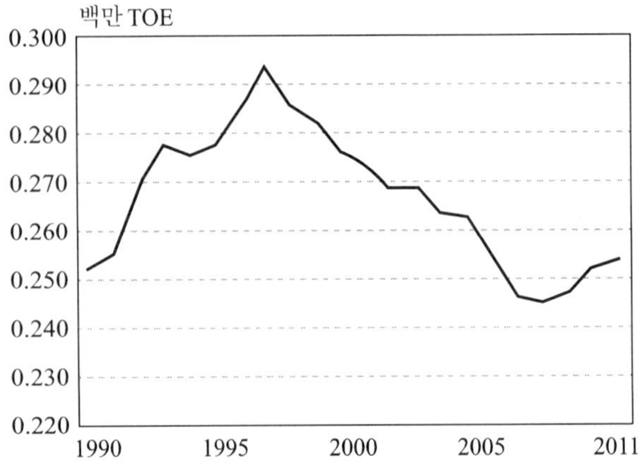

〈그림 1.3〉 한국의 에너지원단위 추이
[출처 : 국가에너지통계종합정보시스템(KESIS)]

<그림 1.4>는 이를 단적으로 보여주는 것으로 고유가 이후 우리나라 전력수요는 오히려 급증하고 있다. 그 결과 2012년 전력수요의 실적치가 이미 1차 에너지계획의 2020년 전력수요 목표치에 도달했으며, 현재 추세라면 2015년경을 전후로 2030년 목표수치에 도달할 것으로 예상된다.

이로 인해 우리나라 연료용 에너지(즉, 원료용 납사 제외)에서 전력이 차지하는 비중은 거의 석유와 동일한 수준인 30%에 육박하고 있으며, 이러한 전력수요의 증가추세는 결과적으로 1차 에너지계획이 의도한 에너지원단위 개선에 기초한 에너지 저수요 사회로의 전환에 부정적인 요인으로 작용하고 있다.

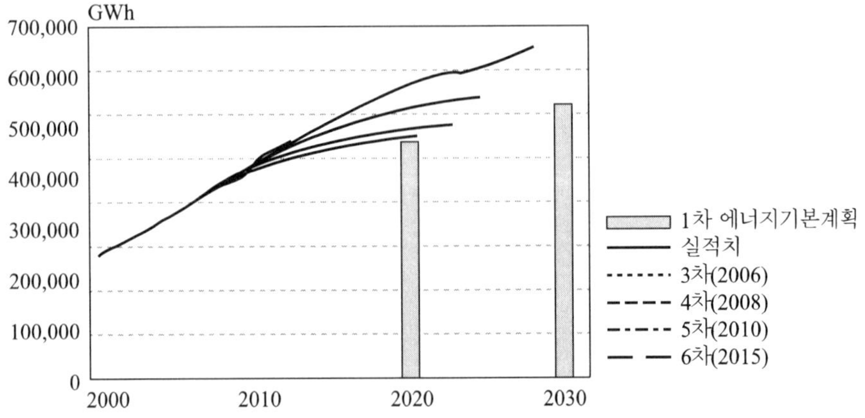

〈그림 1.4〉 에너지계획별 전력의 목표수요와 실적치 비교
[출처 : 전력수급계획 각 년도 및 제1차 국가에너지기본계획]

(3) 전력부문의 집중형 저탄소 전략

1차 에너지계획의 핵심은 전술한 수송용 및 비수송용 부문보다 바로 전력부문, 즉 원전확대에 기초한 저탄소 전략에 있다.[6] 첫째, 전력부문의 저탄소 전략은 원전에 지나치게 의존한 것이었다. 원전은 화력발전에 비해 거의 무탄소이기는 하나 방사성 폐기물을 양산하고 사고발생시 치명적인 결과를 유발하는 반환경적이고 위험한 발전원이다.

둘째, 원전확대 전략은 장거리 송전망을 필수적으로 수반하기 때문에 우리나라의 송전망 건설 여건에 좌우되고, 계통운용이라는 네트워크 문제를 유발한다. 우선, 원전의 확대는 송전망의 지속적인 확대를 전제하는데, 우리나라의 전력망은 현재 논란이 지속되고 있는 신고리-북경남의 송전망 이외에 2019년 신울진-신가평의 송전망을 완공하더라도 2020년대 초반이면 포화상태가 된다. 현재 송전망 건설을 둘러싼 사회적 갈등이 심화되고 있어 정부도 송전망 추가건설을 장담하기 어렵다. 설령 장거리 송전망이 건설된다고 하더라도 전력의 외부의존도가 높은 수도권의 경우 원전이 확대될 경우 외부의존도가 더욱 높아져 비상시 정전문제와 계통운영상 문제를 유발할 가능성이 높다. 끝으로 신재생에너지 확대로 인해 전력공급의 간헐성이 확대되는 상황에서 부하추종(負荷追從, load follow)[7]이 불가능한 원전을 지속적으로 확대하면 우리나라와 같은 고립계통망에서는 계통운영상 불안정성이 증가할 가능성이 높다.

하지만 무엇보다 원전 확대전략의 문제점은 이러한 불확실성을 누적적으로 증폭시킬 가능성이 있다는 점이다. 즉, 현재와 같이 저평가된 원전을 확대하면 유류와 전력간의 상대가격은 더욱 벌어진다. 이는 유류의 전력으로의 전환을 촉진하여 '에너지의 전력화'를 지속적으로 유발하고 이로 인해 다시 발전설비와 송전망을 건설하게 되는 악순환을 유발한다. 이 과정에서 국민경제의 에너지효율 저하, 수입연료 낭비, 온실가스 추가배출 등이 지속적으로 나타나게 된다. 이러한 부작용은 경제적인 부담으로 처리한다 하더라도 전술한 송전망 건설의 불확실성이나 계통운용상 문제는 전력수급 불안정과 정전위기를 유발한다.

이처럼 1차 에너지계획의 원전확대 전략은 전력수요를 지속적으로 자극하면서 이에 부응하기 위한 원전 및 송전망 건설의 갈등과 불확실성을 증폭시켜 장기적으로 수급안정성을 해칠 가능성이 높다. 따라서 1차 에너지계획의 에너지전략과 달리 저탄소를 지

---

6) 저탄소전략을 위한 원전중심의 전원구성 자체에도 문제점이 있었다. 즉, 2030년 발전량 기준으로 원전과 신재생에너지를 각각 59%와 11%로 대폭 확대하고 화석연료인 유연탄과 가스복합의 비중(가스복합 비중 1%)은 대폭 낮추는 것으로 되어 있다. 이는 전원계획 및 운용상 기술적으로 불가능한 구성이다.

7) 종래의 원자력발전소처럼 일정한 정격출력으로 기저부하(base load) 역할을 하는 것이 아니고 전력수급의 변화에 대응하여 각 시점의 부하에 따라 즉시 전력을 내는 운전방식이다.

향하면서도 사회적 갈등을 줄이고 안전하면서 안정적인 대안전략을 모색할 필요가 있다.

1.1.3 국가 에너지전략의 새로운 방향 모색

(1) 국내 · 외 에너지수급 상황 변화

① 국외 상황 변화

새로운 대안전략을 모색하기에 앞서 우선 1차 에너지계획 이후 에너지수급을 둘러싼 국내외 상황변화부터 살펴볼 필요가 있다. 우선 해외상황의 경우 다음 3가지에 주목할 필요가 있다. 첫째, 기후변화 문제와 관련하여 포스트 교토체제의 출범이 지연되면서 교토의정서의 연장으로 귀결되었고, 이 과정에서 일부 국가가 이탈하여 구속력이 다소 약화된 상태이다. 그 대신 2020년부터 선진국과 개도국이 모두 참여하는 새로운 체제를 마련하는 것으로 되었다. 둘째, 후쿠시마 원전사고로 인해 전 세계적으로 원전의 수용성이 하락하고 저탄소 녹색성장의 일환이었던 원전 수출산업화에도 적지 않은 차질이 예상된다.[8] 셋째, 비전통가스인 셰일가스의 등장으로 국제적인 에너지 수급 및 믹스가 변할 가능성이 있다.[9] 셰일가스는 단순히 전원구성 변화를 넘어 발전설비 산업(가스터빈 산업), 석유화학 산업(에탄 등)에 이르기까지 연쇄적인 변화를 촉발할 것으로 예상된다. 이상과 같은 해외 여건의 변화는 저탄소를 달성하기 위한 약간의 시간적 여유와 원전의 대안 선택에 다소 변화가 생겼음을 의미한다.

② 국내 상황 변화

국내 상황 역시 적지 않은 변화가 있었다. 이를 전술한 믹스의 범위와 기준으로 나누어 살펴보기로 하자. 우선 정전위기와 전력부족 문제로 낮은 전력요금이 지닌 문제점에 대한 사회적 인식이 확산되었다. 반면에 고유가로 인해 높은 유류가격에 대한 국민들의 불만과 고충이 심해졌다. 둘째, 전력부문의 순환정전과 전력 수급

8) 애초에 국내 원전의 수출산업화가 여러 가지 기술적 및 제도적 애로로 인해 쉽지 않은 상태였지만 세계 시장의 축소는 이를 더욱 어렵게 할 것으로 판단된다. 국제적인 전문기관인 IEA(2012) 역시 세계 원전시장이 2025년 기준으로 15% 이상 축소될 것으로 전망하고 있다.

9) 이로 인해 가격연동기준 및 경직적인 계약조건에 다소 변화가 발생할 가능성이 높다. 현재 상황에서도 그 변화의 조짐이 보이는데, 우리나라와 일본의 경우 KOGAS, Mitsui, Mitsubushi의 가스 수급계약이 유가 연동이 아닌 Henry Hub 가스가격 연동 계약으로 체결되면서 2010년대 후반경부터 셰일가스 개발로 인한 변화를 맞을 가능성이 있다. 한국혁신학회(2012)

위기로 인해 유류와 전력간의 상대가격 문제에 대한 인식이 확산되었다. 셋째, 송전망 건설을 둘러싼 사회적 갈등이 심화되면서 송전망 적기건설의 불확실성이 점차 증가하고 있다. 이는 국가 에너지전략상 네트워크 특히 송전망이 매우 중요한 요인으로 부상하고 있음을 의미한다. 넷째, 일본의 후쿠시마 원전사고와 국내의 잦은 원전사고로 국내 원전에 대한 사회적 수용성이 저하되었다.

(2) 새로운 국가에너지전략

이상의 국내・외 상황변화를 고려하여 새로운 에너지전략의 필요성을 제시하면 다음과 같다. 첫째, 수송용 부문에서 전력기반형 환경차 보급은 네트워크 제약 등 실현가능성에 문제가 있기 때문에 전기차가 아닌 수송부문의 새로운 저탄소 전략이 필요하다. 둘째, 비수송용 부문에서는 유류와 전력간의 상대가격 왜곡을 정상화시킬 수 있는 전략이 필요하다. 셋째, 전력 부문은 송전망 문제와 계통 안정성을 고려한 새로운 저탄소 전략이 필요하다. 이하에서는 이를 각각 살펴보기로 하자.

① 수송용 부문의 저탄소전략과 정책수단 : 내연기관의 효율화와 수송용 세제의 개편

수송용의 경우 전력기반형 환경차는 장기적인 관점에서 추진하고 중단기적으로 기존 내연기관의 효율화에 주력하는 저탄소 전략이 바람직하다. 특히 내연기관 자동차의 경우 대기오염과 온실가스 배출이 과거보다 많이 줄어들었을 뿐만 아니라 전력기반형 자동차에 비해 기술적으로 안정적이고 네트워크상 제약이 없다. 이를 위한 정책수단은 바로 수송용 에너지세제의 개편이다.

첫째, 수송용 에너지세제에 탄소세를 반영하되, 우리나라는 수송용 세제부담이 다른 OECD 국가에 비해 높은 편이고 고유가로 인해 국민 부담이 크다는 점을 감안하여 기존 수송용 에너지세제를 개별소비세와 탄소세로 분할하는 방안을 고려할 필요가 있다. 이 방식은 국민의 세수부담을 증대시키기 않으면서 수송용 세제에 탄소세를 도입할 수 있다는 장점이 있다.

둘째, 기존 수송용 에너지세제의 분할과정에서 개별소비세에 해당하는 부분은 탄소비용을 제외한 다른 대기오염비용과 사회적 비용을 반영하되 전자의 경우 2005년의 제2차 에너지세제 개편 이후의 변화상황, 즉 연료품질 개선과 자동차 기술진전을 반영하여 재조정할 필요가 있다. 특히 저탄소 측면에서 강점이 있는 경유차는 지난 몇 년 동안 연료의 황성분 제거(연료품질개선)와 고압직접분사 및 후처리기술의 진전(기술진전)으로 대기오염 배출이 많이 감소되었다. 후자인 사회적 비용, 특히 교통혼잡비용은 유류세 부과 방식이 아닌 혼잡지역의 혼잡통행료 형태로 징수하는 것이 바람직하나, 그 방식이 여의치 않을 경우 교통혼잡비용에 대한 세제부과 방식을 공정하게 개편할 필요가 있다(김형건, 2010 ; 김형건 외, 2013).

한편, 미래의 친환경차로서 클린 디젤, 하이브리드, CNG(Compressed Natural Gas)[10], PHEV, 연료전지 자동차의 경우 현재로서 시장 판도와 기술 진전 상 불확실성이 높다. 이런 상황에서 친환경차 지원제도를 특정 차량이나 기술에 편중된 방식이 아니라 이들 간의 공정 경쟁을 보장하는 방식으로 운용하여야 한다. 정부가 특정 차량이나 기술을 선택하여 지원하게 되면 정부실패가 발생할 가능성이 높기 때문이다.

중단기적인 관점에서 세계 환경차 시장이 PHEV 등 전력기반형보다 클린 디젤 등 엔진기반형 저탄소 차량이 주도할 가능성이 높기 때문에 이러한 수송용 세제의 개편과 환경차 지원제도 개선은 우리나라 자동차 산업의 발전이라는 측면에서도 필요하다(EIA, 2011).

② 비수송용의 저탄소 전략과 정책수단 : 에너지 전력화 조절과 유류와 전력간 상대가격개선

비수송부문의 경우 열과 난방에너지의 전력화를 방지하는 전략이 필요하며, 이를 통해 전력수요의 급증에 따른 송전망 추가건설과 수도권 전력수급의 불확실성을 감소시켜야 한다(전력 수요 증가의 주요 요인이 건물인지 산업인지, 만약 산업이 주요 요인이라면 산업에서도 어떤 용도로 전기가 사용되는지가 중요하다.). 에너지의 과도한 전력화를 방지하는 것은 전력수급의 안정을 도모하면서 수입연료 낭비도 감소시킬 수 있는 가장 안정적이고 경제적인 저탄소 전략이다.

이를 위한 정책수단은 유류와 전력간의 상대가격 정정, 즉 비수송용 유류세(등유 및 가스) 인하 혹은 동절기 면세와 발전용 유연탄 및 우라늄에 대한 과세이다. 이를 통해 유류와 전력간의 상대가격을 정상화시키면 소비자, 기업 그리고 정부의 입장에서 다음과 같은 긍정적인 효과를 얻을 수 있다. 첫째, 대다수 서민은 연간 전력요금 부담보다 난방비 부담이 더 크기 때문에 이러한 상대가격 조정을 통해 서민의 경제적 부담을 일부 경감할 수 있다. 이 과정에서 주택용 전기의 누진제를 완화하여 부담을 경감시키고 이로 인해 발생하는 저소득층의 부담은 에너지복지 강화로 대응할 필요가 있다. 둘째, 유연탄과 우라늄에 과세를 하면 상대적으로 산업용 전기요금이 더 많이 인상되는데, 이를 국내 산업의 전력효율성과 산업경쟁력

10) 천연가스(NG)는 메테인(메탄)을 주성분으로 하는 화석연료로, 저장 방법에 따라 CNG(Compressed Natural Gas ; 압축천연가스), LNG(Liquefied Natural Gas ; 액화천연가스), ANG(Adsorbed Natural Gas ; 흡착천연가스)로 나뉜다. CNG는 천연가스를 200~250kg/cm^{2}의 고압으로 압축한 압축천연가스를 말한다.

을 높이는 계기로 활용할 수 있다. 유연탄 및 원전에 대한 숨은 보조금으로 인해 낮게 유지되는 전기요금은 오히려 장기적으로 전력다소비 산업의 국제경쟁력을 약화시킬 가능성이 높기 때문이다. 셋째, 정부의 세수확보 측면에서 유류세수는 감소하지만 그에 준하는 또는 경우에 따라서 이를 넘어서는 세수를 유연탄 혹은 우라늄에 대한 과세에서 확보할 수 있기 때문에 세수 안정성을 유지하거나 개선하는 것이 가능하다. 정부가 우려하는 물가문제의 경우 전력요금은 상승하지만 세수인하만큼 유류가격이 하락하기 때문에 완충효과도 있다.

③ 전력부문의 저탄소 전략과 정책수단 : 분산형 저탄소(NGCC[11]) 중심) 전략과 발전원가의 재평가

전력부문의 경우 반환경적이고 위험하면서 수용성이 저하된 원전을 대신하여 분산형의 가스복합 역할을 제고하고, 발전부문을 신재생에너지 등 지역기반형 발전원이 혼합된 '분산형 저탄소 전략'으로 전환할 필요가 있다. 이를 달성하기 위해서는 경제적 측면에서 발전원가의 공정한 재평가를 실시하고, 지역가격신호의 도입이 필요하다. 또한 경제성에 치중하는 전원구성(WASP 모형)이 아닌 발전설비의 지역적 가치와 사회적 수용성, 송전망 건설과 계통운용 문제 등을 동시에 고려한 전원구성방식으로 개편되어야 한다. 이러한 '분산형 저탄소 전략'은 전술한 원전중심의 '집중형 저탄소 전략'에 비해 다음과 같은 장점이 있다.

첫째, 수급안정성 측면에서 가스복합과 같은 분산형 전원은 원전과 유연탄 발전과 달리 수요지 인근에 배치할 수 있기 때문에 송전망 추가건설의 불확실성을 줄이고 수도권의 계통안정성에 기여할 수 있다. 또한 신재생에너지 확대를 감안해 볼 때 원전이나 유연탄보다 복합 화력의 확대가 안정적인 계통운용 측면에서 더 유리하다. 둘째, 경제성의 측면에서 셰일가스의 등장으로 국제 가스 가격의 하향 안정화가 예상되고, 발전원가의 공정한 재평가가 이루어진다면 가스복합으로 인한 추가 비용은 경제적으로 충분히 수용가능할 것이다. 셋째, 사회성 측면에서 가스복합과 같은 분산형 전원은 대규모 장거리 송전망이 필요 없기 때문에 송전망 건설을 둘러싼 사회적 갈등을 줄일 수 있다. 넷째, 환경성 측면에서 원전보다는 이산화탄소를 더 배출하지만 유연탄에 비해 저탄소이기 때문에 온실가스 감축에도 긍정적인 효과가 나타날 것이다. 또한 국제적 온실가스 규제변화에 발맞춰 장기적이고 현실적인 대응이 가능할 것이다. 끝으로 장기적인 에너지전환을 고려할 때 설비투자비가 많이 드는 원전 및 유연탄에 비해 복합화력이 조기폐쇄에 따른 투자비의 손실(후회비용)을 줄일 수 있다. 이처럼 '분산형 저탄소 전략'은 '집중형

11) Natural Gas Combined Cycle: 가스복합화력

저탄소 전략'과 달리 사회적 갈등을 축소하면서 안전하고 안정적인 저탄소를 가능하게 한다.

1.1.4 이명박정부 저탄소 전략의 시사점

1차 에너지계획을 중심으로 한 이명박 정부의 국가에너지전략은 당시 고유가와 온실가스 감축규제라는 세계 에너지수급 상황에서 국가에너지믹스 전략의 변화를 시도했다는 점에서 시기적으로는 적절했다고 할 수 있다. 하지만 에너지원단위 개선에 기초한 저수요 전략에도 불구하고 에너지가격에 대한 개편이 없었고, 오히려 전력요금 억제 등으로 유류와 전력간의 상대가격을 더욱 악화시켜 에너지소비 효율을 저해하고 고탄소를 유발하였다. 에너지믹스도 저탄소 기준만 강조하여 원전의 위험성과 사회적 수용성 그리고 네트워크 요인과 계통운영 문제를 경시함으로써 결국 집중형 네트워크를 바탕으로 한 저탄소 전략으로 귀결되었다. 이는 장기적으로 에너지의 전력화를 지속적으로 유발하여 전력 수요 증가 및 수급 불안정과 함께 원전 및 송전망 갈등을 유발할 가능성이 높다.

이러한 기존 전략의 한계를 극복하고 최근 국내·외의 에너지수급상황 변화를 고려하여 새로운 에너지전략을 모색하기 위해서는 유류와 전력간의 관계 문제 등 에너지믹스 범위의 변화와 네트워크 요인 등의 새로운 기준을 적극 고려할 필요가 있다. 이러한 관점에 입각하여 새로운 국가에너지전략을 제안하면 다음과 같다.

우선 수송용 부문의 저탄소 전략은 기존 내연기관의 효율화 방향이 바람직하다. 이를 위해서 분할 도입안에 기초하여 탄소세를 도입하되 자동차 및 연료의 품질개선을 고려하여 수송용 세제를 개편할 필요가 있다. 친환경차의 경우 차종간 공정 경쟁이 보장되도록 정부 지원 및 혜택을 공평하게 유지할 필요가 있다. 비수송용 부문의 경우 연료수입 낭비를 방지하고 온실가스 감축은 물론 전력수급안정을 도모하기 위해 석유와 가스 등의 화석연료를 적절히 활용하는 전략을 구사할 필요가 있다. 이를 위해서는 유류와 전력간의 상대가격 왜곡을 정정하는 에너지세제와 전력요금 개편이 필요하다. 전력부문의 경우 사회적 수용성이 저하되고 송전망으로 인한 사회적 갈등과 건설 불확실성을 유발하는 원전 중심의 집중형 저탄소 전략이 아니라 가스복합과 다양한 저탄소 분산전원을 중심으로 하는 분산형 저탄소 전략을 적극 고려할 필요가 있다. 이를 위해서는 발전원가의 재평가와 전원구성 방식상 변화가 필요하다. 이는 비수송부문의 에너지 전력화를 방지하는 데에 도움이 될 뿐만 아니라 전력의 수급안정성 측면에서도 긍정적이다.

1.1.5 우리나라의 에너지 관련 지표 변화 추이

정부는 지난 2008년 8월 15일 경축사를 통해 경제성장을 하되, 경제성장의 패턴을 환경친화적으로 전환시키자는 개념인 '저탄소 녹색성장'을 새로운 국가비전으로 선포하였다. 그 이후 '저탄소 녹색성장'을 추진하기 위해 2009년 7월 '녹색성장 국가 전략 및 5개년 계획'을 수립하고, 2010년 1월 '저탄소녹색성장기본법'을 제정하였다. 또한 2009년 11월 중기 국가 온실가스 감축목표를 설정하고, 2011년 7월 부문별・업종별・연도별 온실가스 감축목표를 확정하는 등 다양한 제도와 정책을 수립하고 시행하였다.

하지만 이러한 정책에도 불구하고 2010년 우리나라의 국가 온실가스 총배출량은 전년 대비 9.8%나 증가하여 669백만 톤을 배출한 상황이다. 이는 최근 국가 온실가스 총배출량 추세를 크게 넘어서는 수치이지만, 정부의 정책성과의 성공유무로 평가를 하기는 쉽지 않다.

본 연구에서는 2003년부터 2012년까지 주요 에너지지표의 시계열 분석을 통해 지난 정부의 기후변화 및 에너지 정책에 대한 평가를 하고자 하며, 에너지 관련 저탄소녹색성장의 정책 이행 가능 여부를 검토해보고자 한다. 또한 제1차 국가에너지기본계획(2008년)의 기준전망 및 목표를 주요 에너지 지표 실적과 비교분석해보고자 한다. 이러한 에너지 지표를 통한 정량적 분석을 바탕으로 향후 에너지 정책에 대한 방향을 제안하고자 한다.

(1) 1차 에너지부문 지표 분석

1차 에너지부문 지표를 살펴보면, 전년대비 증가율이 2009년까지는 감소하는 추세를 보이고 있지만, 2010년에 전년대비 증가율이 8.4%로 크게 증가하는 것을 알 수 있다. 원별 구성은 2010년에 석탄과 천연가스 소비가 크게 증가하는 것으로 나타나고 있다. 특히 석탄 소비량은 2003년부터 지속적으로 증가하고 있으며, 2010년에는 전년대비 12%(약 8백 5십만toe)가 증가하였고, 2011년에는 전년대비 9%(약 6백 6십만toe)가 증가하였다. 천연가스 역시 2003년부터 지속적으로 증가하고 있으며, 2010년에는 전년대비 27%(약 9백 1십만toe)가 증가한 것으로 나타나고 있다. 석유는 2008년까지 감소하는 추세였으나, 증가율이 높지는 않지만 2009년부터 다시 증가하고 있다. 원자력은 변화가 크게 없으며, 신재생에너지는 전체 1차 에너지에서 차지하는 비중이 여전히 낮은 것을 알 수 있다.

1차 에너지 소비량의 연평균증가율은 2003~2012년은 2.9%, 2003~2007년은 2.53%, 2008~2012년은 3.27%로 나타나고 있으며, 특히 2008~2012년 석탄의 연평균 증가율이 높게 나타는 것을 알 수 있다. 각 에너지원별 연평균증가율은 <표 1.2>와 같다.

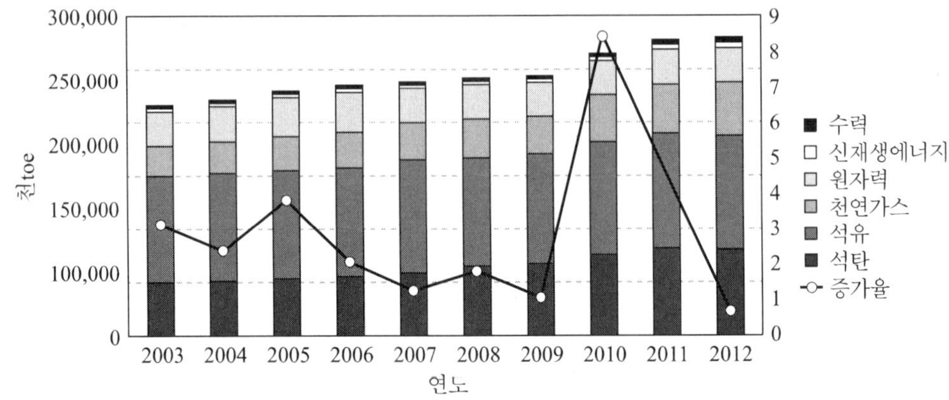

〈그림 1.5〉 우리나라의 1차 에너지 소비량 및 원별구성, 전년대비 증가율
[자료 : 2012 에너지통계연보, 에너지통계월보(2013.11)]
※ 2012년 통계치는 에너지통계월보를 참고하였으며, 잠정치임.

〈표 1.2〉 우리나라의 1차 에너지 소비 및 에너지원별 연평균증가율

구분 (천toe)	2003년	2004년	2005년	2006년	2007년	2008년	2009년	2010년	2011년	2012년	연평균증가율(%)		
											03~07년	08~12년	03~12년
석탄	51,116	53,128	54,788	56,687	59,654	66,060	68,604	77,055	83,640	80,978	3.97	6.30	5.13
석유	102,380	100,638	101,526	101,831	105,494	100,170	102,336	104,366	105,146	106,165	0.59	0.13	0.36
천연가스	24,194	28,351	30,355	32,004	34,663	35,671	33,908	43,008	46,284	50,185	8.46	7.68	8.07
원자력	32,415	32,679	36,695	37,187	30,731	32,456	31,771	31,948	32,285	31,719	0.63	0.63	0.63
신재생 에너지	3,241	3,977	3,961	4,358	4,828	5,198	5,480	6,064	6,618	7,172	10.54	8.24	9.38
수력	1,722	1,465	1,297	1,305	1,084	1,196	1,213	1,391	1,715	1,489	−3.96	6.55	1.16
1차 에너지 소비량	215,068	220,238	228,622	233,372	236,454	240,751	243,312	263,832	275,688	277,708	2.53	3.27	2.90

자료 : 2012 에너지통계연보, 에너지통계월보(2013.11)
※ 2012년 통계치는 에너지통계월보를 참고하였으며, 잠정치임.

사회적 측면에서 에너지 소비는 경제성장과 매우 밀접한 관계가 있으며, 1차 에너지 소비와 경제성장률을 살펴보면 <그림 1.6>과 같다. 2003~2008년은 1차 에너지 소비 증가율이 경제성장률보다 낮고, 2009~2011년은 1차 에너지 소비 증가율이 경제성장률보다 높은 것을 알 수 있다.

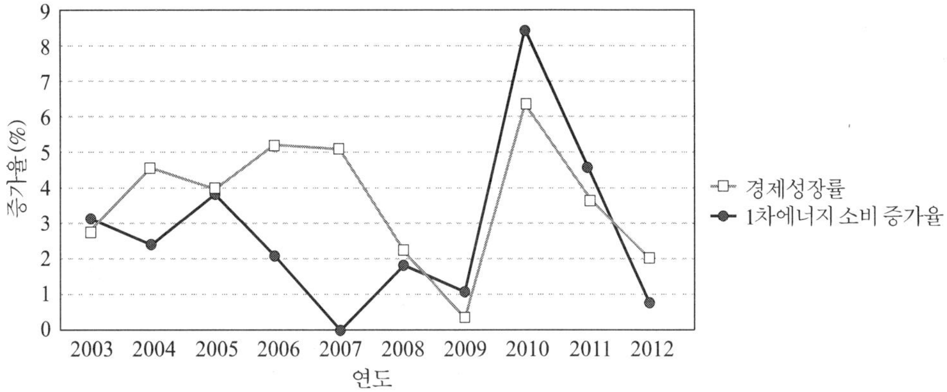

〈그림 1.6〉 경제성장률과 1차 에너지 소비 증가율
[자료 : 2012 에너지통계연보, 에너지통계월보(2013.11)]
※ 2012년 통계치는 에너지통계월보를 참고하였으며, 잠정치임.

(2) 전환(발전)부문 지표 분석

전환(발전)부문 지표를 살펴보면, 2003~2009년 각 연도 증가율은 감소하는 추세였으나, 2010년에 전년대비 증가율이 약 9.5%로 크게 증가하는 것으로 나타났다. 원별 구성은 석탄 발전량이 지속적으로 증가하고 있으며, LNG 발전량은 2010년에 전년대비 약 48%가 증가하고 있다.

총발전량의 2003~2012년 연평균증가율은 5.3%, 2003~2007년은 5.9%, 2008~2012년은 4.8%로 나타나고 있으며, 2008~2012년 집단에너지 및 대체에너지 발전의

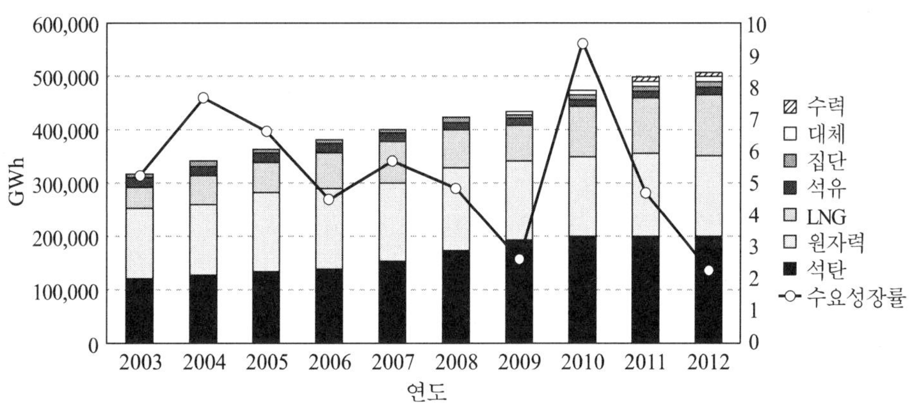

〈그림 1.7〉 우리나라의 총발전량 및 원별 구성, 수요성장률
[자료 : 한국전력공사(2013.5), 한국전력통계, 전력통계정보시스템(www.epsis.kpx.or.kr)]
※ 총발전량에서 상용자가 한전구입 부분은 제외

〈표 1.3〉 우리나라의 총발전량 및 발전원별 연평균증가율

	2003년	2004년	2005년	2006년	2007년	2008년	2009년	2010년	2011년	2012년	연평균증가율(%)		
											03~07년	08~12년	03~12년
석탄	121,931	128,547	134,892	140,346	155,685	174,156	193,803	198,287	199,516	199,330	5.4	5.1	5.2
원자력	129,672	130,715	146,779	148,749	142,937	150,958	147,771	148,596	154,723	150,327	3.7	1.0	2.4
LNG	42,049	56,185	58,243	68,396	78,433	76,037	65,248	96,300	103,712	114,335	14.4	7.8	11.0
석유	17,034	16,491	16,104	14,984	16,281	8,484	12,667	11,605	10,277	14,305	-1.8	-2.6	-2.2
집단	-	3,553	2,759	2,597	3,085	5,054	5,827	8,080	12,429	12,913	-4.6	33.2	17.5
대체	-	350	404	511	831	1,373	1,791	4,478	7,592	8,618	33.4	59.7	49.2
수력	6,887	5,861	5,189	5,219	5,042	5,563	5,641	6,472	7,831	7,652	-1.0	8.7	3.7
총발전량	317,573	341,703	364,370	380,802	402,294	421,626	432,748	473,818	496,080	507,480	5.9	4.8	5.3

자료 : 한국전력공사(2013.5), 한국전력통계, 전력통계정보시스템(www.epsis.kpx.or.kr)
* 총발전량에서 상용자가발전에 대한 한전구입 부분은 제외

연평균 증가율이 매우 높으나 절대량은 크지 않은 것으로 나타나고 있다. 각 발전원별 연평균증가율은 <표 1.3>과 같다.

(3) 최종에너지부문 지표 분석

최종에너지 소비는 2007~2009년은 거의 증가하지 않고 있으나, 2010년에 전년대비 증가율이 7.4%로 크게 증가하는 것으로 나타나고 있다. 원별 구성을 살펴보면, 석유 소비량은 감소 추세를 보이고 있지만 여전히 전체 최종에너지 소비량에서 약 50%를 차지하고 있다. 전력과 천연·도시가스 비중은 지속적으로 증가하고 있으며, 석탄은 2010년을 기점으로 비중이 다시 증가하는 추세를 보이고 있다.

최종에너지 소비의 2003~2012년 연평균증가율은 2.4%로 나타나고 있으며, 2003~2007년은 2%, 2008~2012년은 2.6%로 나타나고 있다. 에너지원별 최종에너지 소비증가율은 다음 <표 1.4>와 같다.

〈표 1.4〉 우리나라의 최종에너지 소비량 및 에너지원별 연평균증가율

구분 (천toe)	2003년	2004년	05년	06년	07년	08년	09년	10년	11년	12년	연평균증가율(%)		
											03~07년	08~12년	03~12년
석탄	22,610	22,194	22,311	22,660	24,249	26,219	23,895	29,164	33,544	31,918	2.3	5.6	4.0
석유	96,155	95,513	96,718	97,037	100,622	97,217	98,369	100,381	101,976	101,711	0.9	0.2	0.6
천연·도시가스	15,470	16,191	17,811	18,379	18,955	19,765	19,459	21,640	23,672	25,516	5.4	6.1	5.8
전력	25,250	26,840	28,588	29,990	31,700	33,116	33,925	37,338	39,136	40,127	5.8	4.8	5.3
열에너지	1,300	1,344	1,530	1,425	1,438	1,512	1,551	1,718	1,702	1,751	3.3	4.0	3.7
신재생에너지	3,250	3,928	3,896	4,092	4,492	4,747	4,867	5,346	5,834	6,322	9.0	7.1	8.0
최종에너지소비량	164,035	166,010	170,854	173,583	181,456	182,576	182,066	195,587	205,864	207,345	2.5	2.7	2.6

자료 : 2012 에너지통계연보, 국가에너지통계종합정보시스템(www.kesis.net)

※ 2012년 통계치는 국가에너지통계종합시스템을 참고하였으며, 잠정치임.

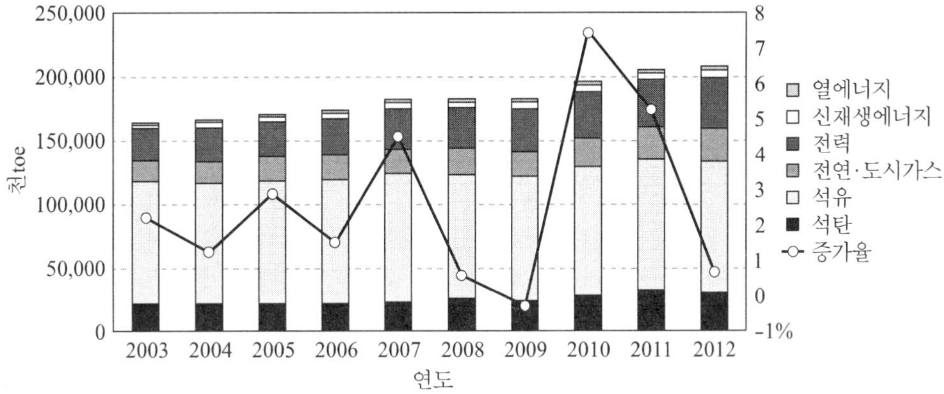

〈그림 1.8〉 우리나라의 최종에너지 소비량 및 원별 구성, 증가율
[자료 : 2012 에너지통계연보, 에너지통계월보(2013.11)]
※ 2012년 통계치는 에너지통계월보를 참고하였으며, 잠정치임.

산업부문이 최종에너지 소비의 약 62%(2012년 기준)를 차지하고 있으며, 2010년과 2011년에 산업부문의 최종에너지 소비량이 크게 증가한 것을 알 수 있다(그림 1.9 참조). 각 연도별 최종에너지 증가량의 비중을 보면 산업부문에서 많이 차지하고 있는 것을 알 수 있다(그림 1.10 참조).

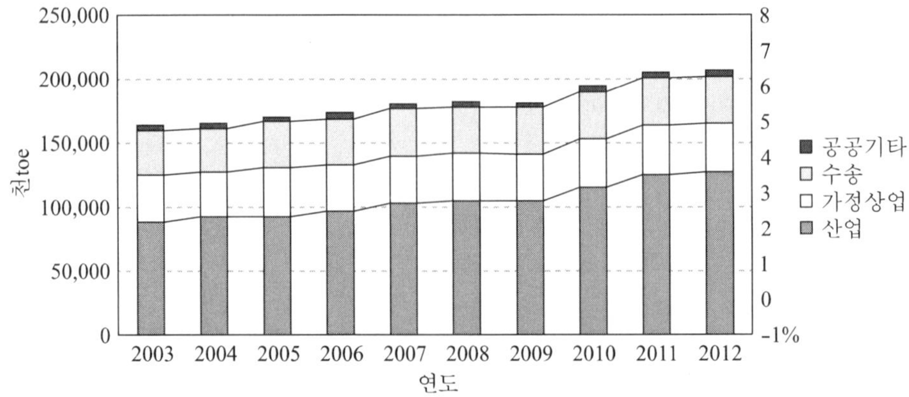

〈그림 1.9〉 우리나라의 부문별 최종에너지 소비량
[자료 : 2012 에너지통계연보, 국가에너지통계종합정보시스템(www.kesis.net)]
※ 2012년 통계치는 국가에너지통계종합시스템을 참고하였으며, 잠정치임.

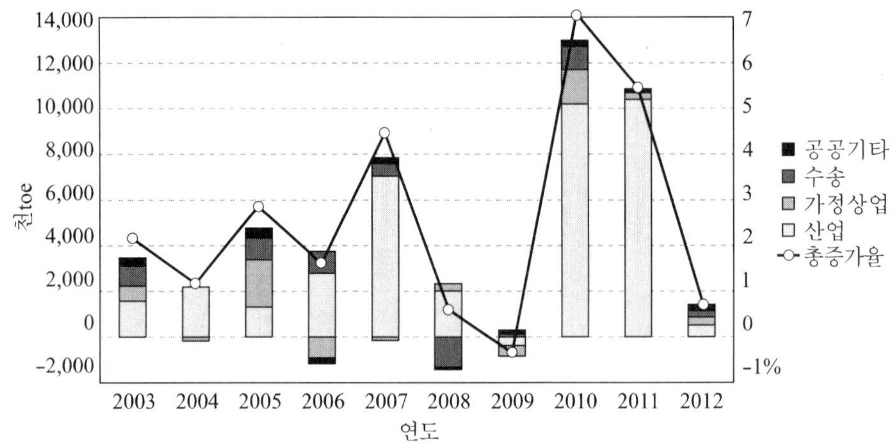

〈그림 1.10〉 우리나라의 최종에너지 증가율 및 부문별 증가량
[자료 : 2012 에너지통계연보, 국가에너지통계종합정보시스템(www.kesis.net)]
※ 2012년 통계치는 국가에너지통계종합시스템을 참고하였으며, 잠정치임.

산업부문의 2003~2012년 연평균증가율은 3.63%, 2003~2007년은 3.18%, 2008~2012년은 4.09%인 것을 알 수 있으며, 가정·상업부문, 수송부문, 공공기타부문 연평균증가율은 다음 <표 1.5>와 같다.

산업부문에서 에너지 사용(연료)과 비에너지 사용(원료)을 살펴보면, 2003년 산업부문 최종에너지 사용량에서 비에너지 사용이 52%, 에너지 사용이 48% 차지하고 있으며, 2011년에는 비에너지 사용이 57%, 에너지 사용이 43%를 차지하는 것으로 나타나고 있다.[12] 전년대비 증가율은 2008년까지는 비에너지 사용이 높은 반면에 2009년과 2010년은 에너지 사용의 증가율이 높게 나타나고 있다(그림 1.11 참조). 에너지 사용부문 연평

〈표 1.5〉 우리나라의 부문별 최종에너지 소비 연평균증가율

구분 (천toe)	2003년	2004년	2005년	2006년	2007년	2008년	2009년	2010년	2011년	2012년	연평균증가율(%)		
											03~07년	08~12년	03~12년
산업	90,805	92,992	94,366	97,235	104,327	106,458	106,119	116,415	126,886	127,471	3.18	4.09	3.63
가정상업	34,964	34,807	36,861	35,986	35,916	36,225	35,722	37,232	37,542	37,885	0.93	1.07	1.00
수송	34,632	34,615	35,559	36,527	37,068	35,793	35,930	36,938	36,875	37,147	1.89	0.04	0.96
공공기타	3,593	3,595	4,068	3,836	4,143	4,099	4,295	4,483	4,560	4,817	5.36	3.06	4.20

자료 : 2012 에너지통계연보, 국가에너지통계종합정보시스템(www.kesis.net)
※ 2012년 통계치는 국가에너지통계종합시스템을 참고하였으며, 잠정치임.

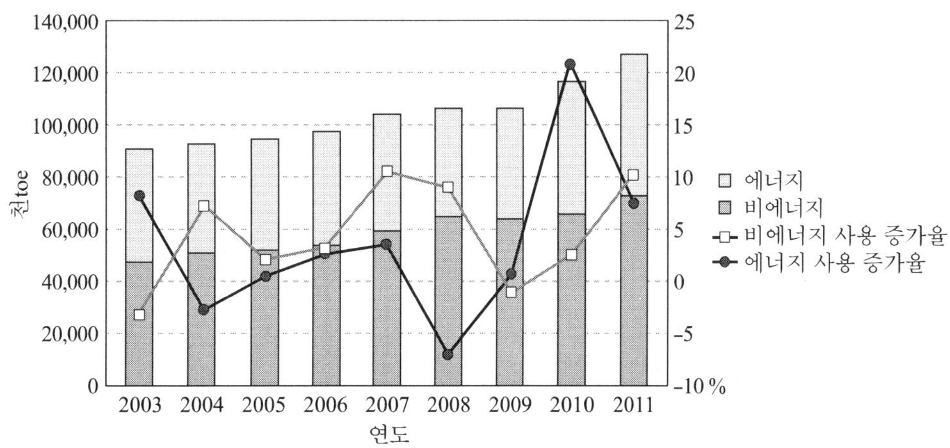

〈그림 1.11〉 우리나라의 산업부문 최종에너지 소비(에너지 및 비에너지)
[자료 : 2012 에너지통계연보]
※ 비에너지 = 석유의 비에너지 부분 + 석탄의 유연탄(원료탄) 부분에너지
= 산업부문 최종에너지 소비량 − 비에너지

〈표 1.6〉 우리나라의 산업부문 최종에너지 비에너지 사용 및 에너지 사용 연평균증가율

구분 (천toe)	2003년	2004년	2005년	2006년	2007년	2008년	2009년	2010년	2011년	연평균증가율(%)		
										03~07년	08~11년	03~11년
비에너지	47,526	50,939	52,077	53,846	59,467	64,826	64,195	65,786	72,540	3.9	5.1	4.5
에너지	43,279	42,053	42,289	43,389	44,860	41,632	41,924	50,629	54,346	2.2	4.9	3.4

자료 : 2012 에너지통계연보

12) IEA 'Energy Balances of OECD Countries 2012' 보고서에서도 비에너지 사용부문이 석탄과 석유제품으로 되어 있다.

균증가율은 2003~2011년 2.6%, 2003~2007년 0.7%, 2008~2011년 6.9%로 나타나고 있다(표 1.6 참조).

(4) 에너지 및 신재생에너지 RD & D 예산 지출 현황

우리나라의 에너지 분야 RD & D 예산은 GDP의 0.53%를 차지하고 있으며, 이는 IEA 회원국의 평균인 0.4%보다 높은 수치이며, OECD 국가 중에서도 높은 수준에 속한다. 우리나라의 에너지 RD & D 예산은 2004년부터 크게 증가하였으며, 2004~2007년은 주로 원자력분야의 비중이 높은 반면 2008~2010년에는 재생에너지분야의 비중이 점차 높아지고 있다. 2002~2010년 에너지 분야 RD & D 총 누적 예산은 3조 6천억 원이며, 비중은 원자력 34%, 재생에너지 18%, 에너지효율 15%, 화석연료 10% 순으로 나타나고 있다.

재생에너지 RD & D 예산은 2009년부터 크게 증가하고 있으며, 태양 및 풍력에너지 분야가 많은 비중을 차지하고 있는 것을 알 수 있다. 2002~2010년 재생에너지분야 총 누적 예산은 6천 7백억 원이며, 비중은 태양에너지 44%, 풍력에너지 23%, 기타 15% 순으로 나타나고 있다.

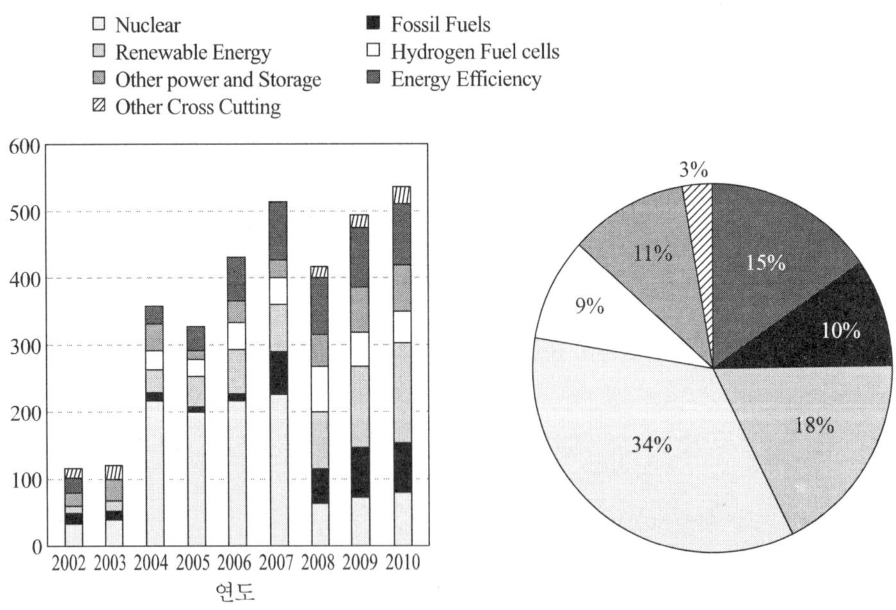

〈그림 1.12〉 우리나라의 에너지 분야 RD & D 예산 지출 현황(2002~2010년)
[출처 : IEA(2012d), 조철흥(2013) 재인용]]

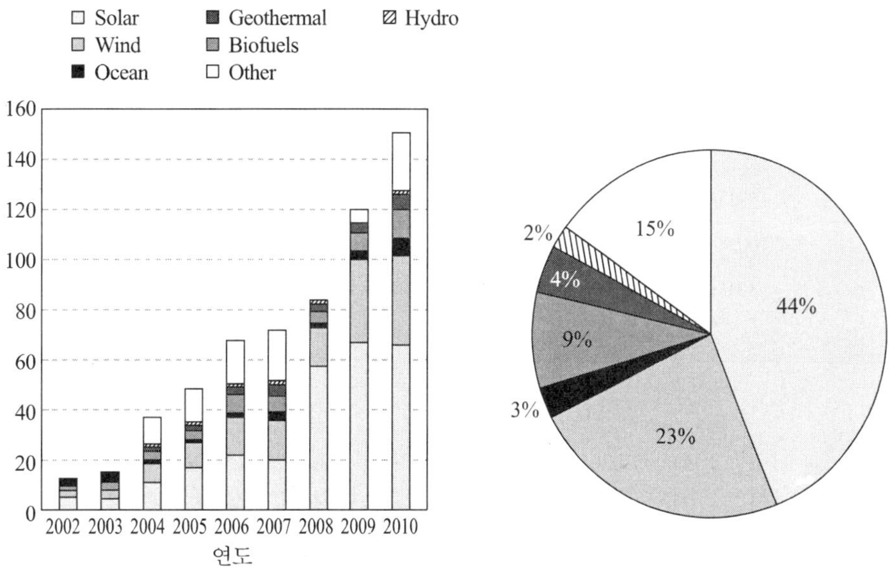

〈그림 1.13〉 우리나라의 재생에너지분야 RD & D 예산 지출 현황(2002~2010년)
[출처 : IEA(2012d), 조철흥(2013) 재인용]

(5) 제1차 국가에너지기본계획(2008) 대비 비교 분석

2012년 1차 에너지 소비량은 약 277백만toe이며, 이미 1차 에너지계획 2020년 목표(안)인 288백만toe에 매우 근접해 있음을 알 수 있다. 1차 에너지계획 2020년 목표(안)를 달성하기 위해서는 2012년 대비 석탄 소비량은 약 17%, 천연가스 소비량은 약 32%를 감소시켜야 하며, 원자력과 신재생에너지 소비량이 2020년에 2012년 현재보다 2배 이상으로 증가하여야 한다.

또한 1차 에너지 수요와 1인당 1차 에너지 소비가 2010년을 기점으로 1차 에너지계획의 기준전망을 넘어서고 있으며, 에너지원단위(에너지/GDP)는 2009년부터 높아지는 추세를 보이다 2012년에 다시 낮아지고 있다(그림 1.15 참조).

2012년 최종에너지 소비량은 약 207백만toe이며, 이미 1차 에너지계획의 2020년 목표인 206백만toe를 넘어서고 있다. 1차 에너지계획의 2020년 목표를 달성하기 위해서는 석탄 소비량은 2012년 대비 약 35% 감소되어야 하며, 신재생에너지 소비량은 약 2배로 증가되어야 한다.

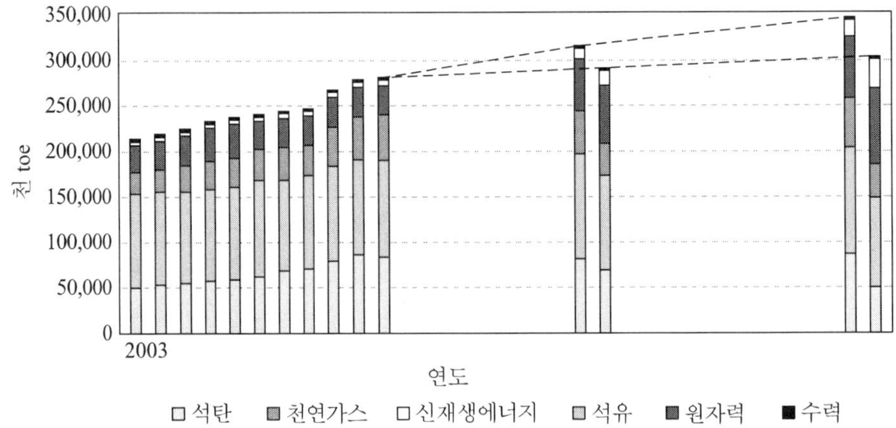

〈그림 1.14〉 1차 에너지 소비 실적과 1차 에너지계획의 1차 에너지 수요 기준안 및 목표안 비교
[자료 : 제1차 국가에너지기본계획(2008), 2012 에너지통계연보, 국가에너지통계종합정보시스템(www.kesis.net)]
※ 2012년 통계치는 국가에너지통계종합시스템을 참고하였으며, 잠정치임.

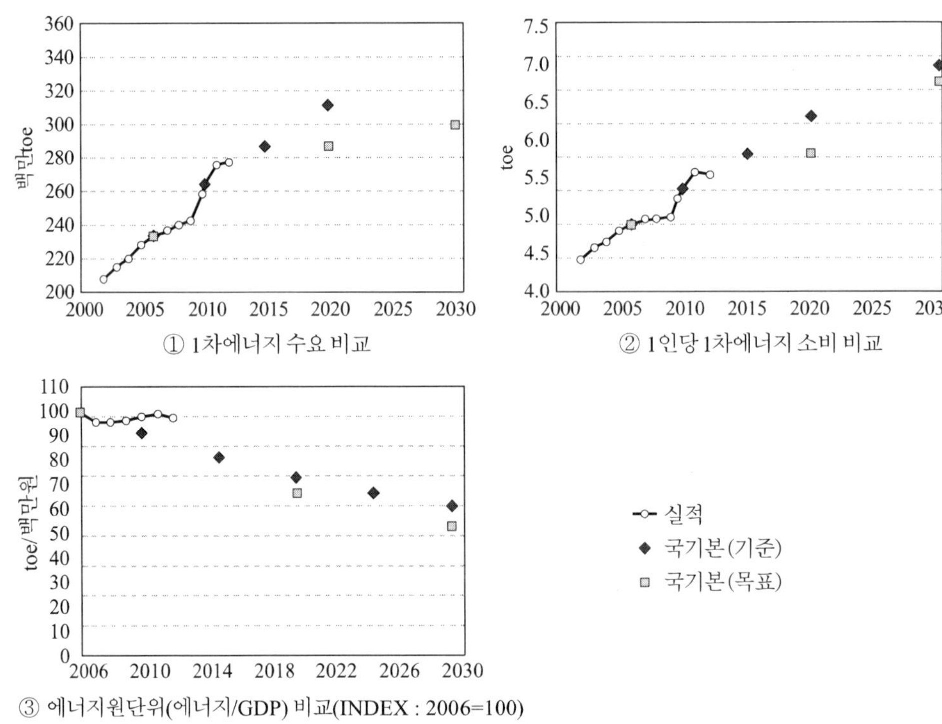

〈그림 1.15〉 1차 에너지 수요, 1인당 1차 에너지 소비, 에너지원단위와 1차 에너지계획 기준안 및 목표안 비교
[자료 : 제1차 국가에너지기본계획(2008), 2012 에너지통계연보, 에너지통계월보(2013.11), 국가에너지통계종합정보시스템]
※ 2012년 통계치는 에너지통계월보(2013.11)를 참고하였으며, 잠정치임.

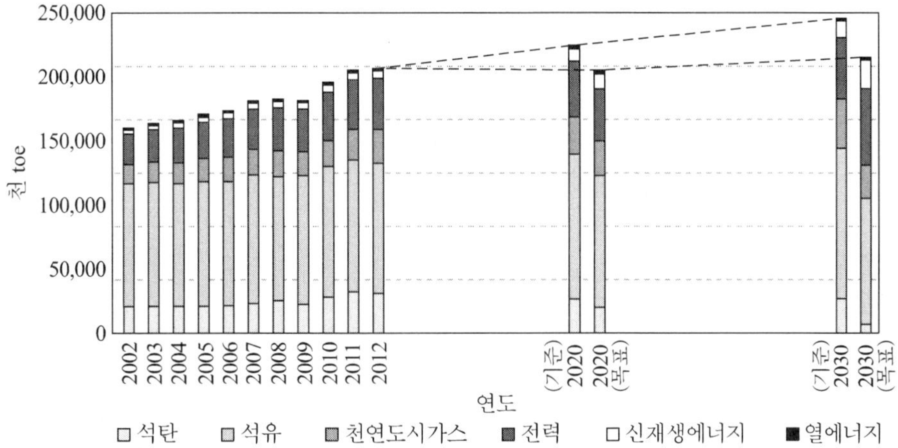

〈그림 1.16〉 최종에너지 소비 실적과 1차 에너지계획의 최종에너지 소비 기준안 및 목표안 비교

[자료 : 제1차 국가에너지기본계획(2008), 2012 에너지통계연보, 에너지통계월보(2013.11), 국가에너지통계종합정보시스템]

※ 2012년 통계치는 국가에너지통계종합시스템을 참고하였으며, 잠정치임.

부문별 최종에너지 소비를 살펴보면 산업부문 최종에너지 소비가 1차 에너지계획의 기준전망까지 크게 넘어서고 있는 것을 알 수 있으며, 산업외부문은 1차 에너지계획의 목표와 유사한 추세를 보이고 있다(그림 1.17 참조).

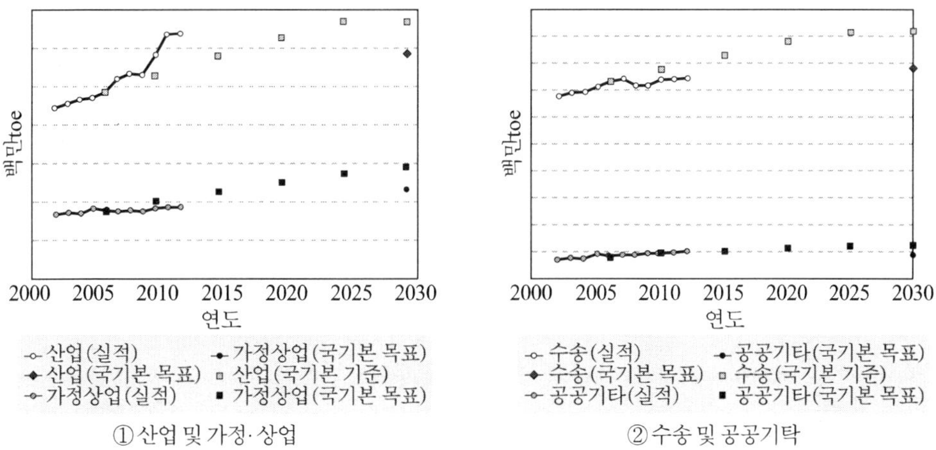

〈그림 1.17〉 부문별 최종에너지 소비 실적과 1차 에너지계획의 부문별 최종에너지 소비 기준안 및 목표안 비교

[자료 : 제1차 국가에너지기본계획(2008), 2012 에너지통계연보, 에너지통계월보(2013.11), 국가에너지통계종합정보시스템]

※ 2012년 통계치는 에너지통계월보(2013.11)를 참고하였으며, 잠정치임.

(6) 에너지 및 기후변화 지표 분석 사례

① CCPI (Climate Change Performance)

CCPI는 독일의 민간연구소 저먼워치(German Watch)에서 2006년부터 매년 발표하고 있는 기후변화대응지수이다. CCPI는 기후정책(Climate Policy), 배출 수준(Emissions Level), 배출 성장(Development of Emissions), 재생에너지(Renewable Energies), 효율(Efficiency) 총 4가지의 평가 관점을 가지고 있으며, 세부적인 지표는 <그림 1.18>과 같다.

CCPI 2014(2013년 기준)에서 한국의 점수는 46.66점으로 53위로 평가되었다. 한국의 순위는 2010년까지 개선되었으나 2011년부터는 악화되고 있다.

[2005년 49위(－0.68점), 2006년 48위(－0.48점), 2007년 51위(41.3점), 2008년 41위(48.1점), 2009년 41위(48.7점), 2010년 34위(54.5), 2011년 41위(52.3점), 2012년 51위(49.93점), 2013년 53위(46.66점)].

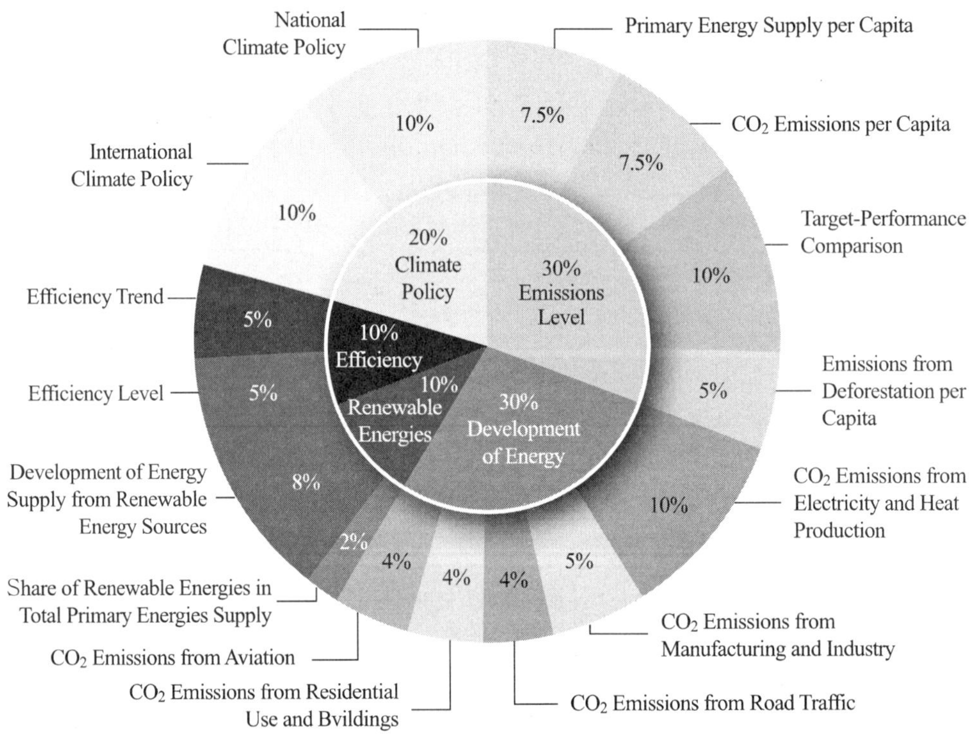

〈그림 1.18〉 CCPI의 구성 요소

[출처 : GERMANWACH(2013), The climate Change Performance Index Background and Methodology]

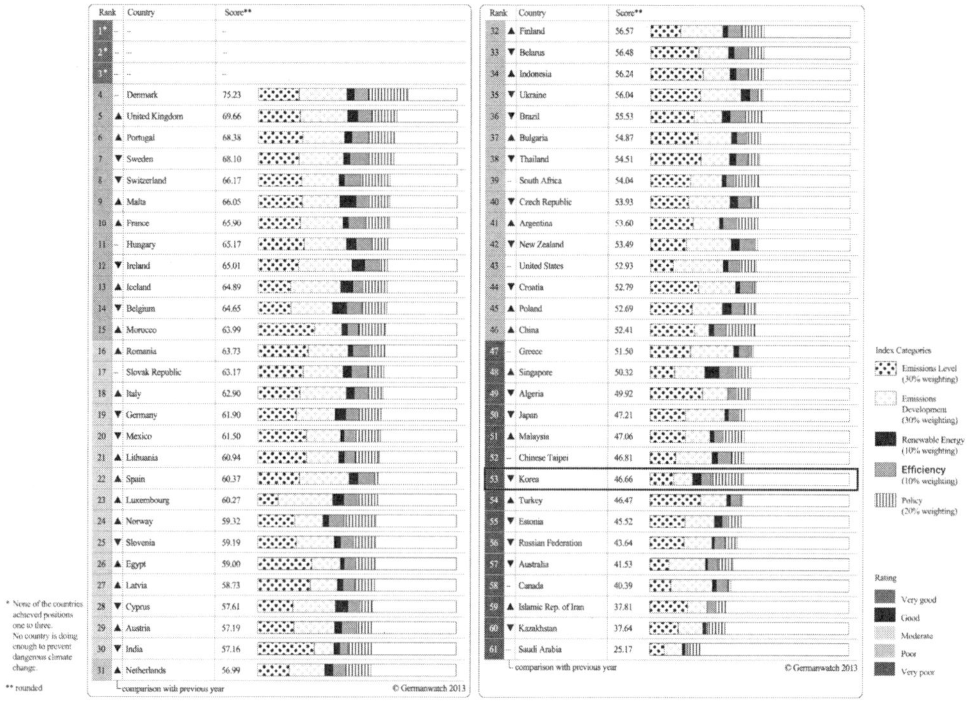

〈그림 1.19〉 CCPI 2014 결과

[출처 : GERMANWACH(2013), The climate Change Performance Index Results 2014]

② EAPI (Energy Architecture Performance Index)

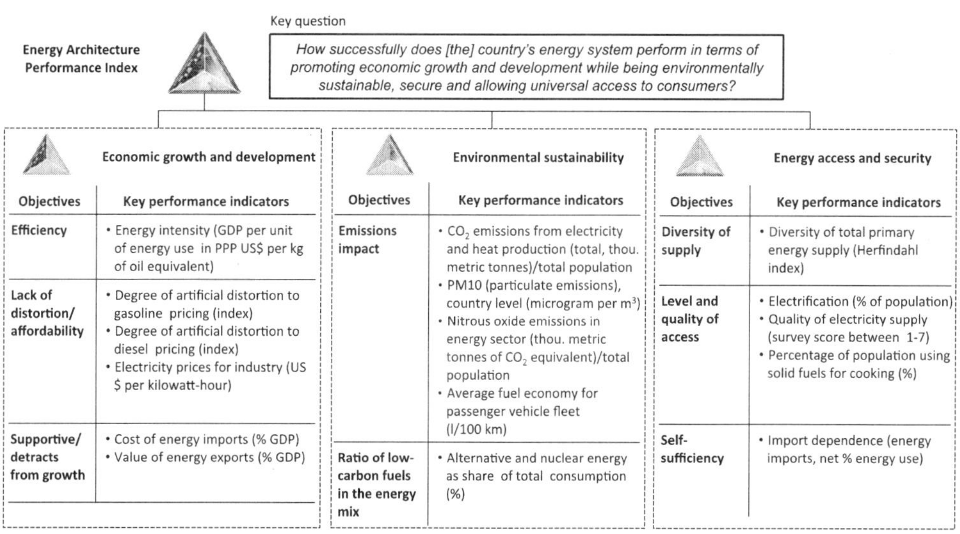

〈그림 1.20〉 EAPI 구성 요소

[출처 : WORLD ECONOMIC FORUM(2012), The Global Energy Architecture Performance Index Report 2013]

EAPI는 2012년 세계경제포럼에서 발표한 지수이며, 경제성장 및 개발(Economic growth and development), 환경적 지속가능성(Environmental sustainability), 에너지 접근 및 안보(Energy access and security) 총 3가지의 평가 관점을 가지고 있다. 세부적인 지표는 <그림 1.20>과 같다.
한국은 경제성장 및 개발은 0.59점, 환경 지속성은 0.43점, 에너지 접근 및 안보는 0.76점을 받았으며, 총점 0.59점으로 전체 105개국 중 38위로 평가되었다.

Country / Economy	Economic Growth and Development	Environmental Sustainability	Energy Access and Security	Overall Rank	Overall Score
Russian Federation	0.58	0.54	0.71	27	0.61
Australia	0.66	0.36	0.81	28	0.61
Belgium	0.51	0.55	0.77	29	0.61
Estonia	0.56	0.59	0.67	30	0.61
Chile	0.57	0.51	0.73	31	0.61
Finland	0.53	0.47	0.81	32	0.60
Greece	0.63	0.48	0.70	33	0.60
Israel	0.61	0.47	0.73	34	0.60
Paraguay	0.60	0.66	0.54	35	0.60
Argentina	0.65	0.48	0.66	36	0.60
Poland	0.60	0.48	0.71	37	0.60
Korea, Rep.	0.59	0.43	0.76	38	0.59
Mexico	0.61	0.50	0.67	39	0.59
Singapore	0.70	0.41	0.67	40	0.59
Netherlands	0.50	0.50	0.77	41	0.59
Azerbaijan	0.47	0.51	0.78	42	0.59
Iceland	0.30	0.70	0.75	43	0.58
Turkey	0.51	0.53	0.70	44	0.58
Thailand	0.54	0.49	0.70	45	0.58
Italy	0.48	0.53	0.72	46	0.58
Panama	0.60	0.54	0.58	47	0.57
Bulgaria	0.56	0.55	0.62	48	0.57
El Salvador	0.48	0.60	0.64	49	0.57
Tunisia	0.43	0.54	0.73	50	0.57
Kazakhstan	0.55	0.45	0.70	51	0.57
Dominican Republic	0.53	0.61	0.55	52	0.56
Czech Republic	0.50	0.40	0.78	53	0.56
Ecuador	0.56	0.52	0.59	54	0.56
United States	0.56	0.34	0.77	55	0.56
Cyprus	0.57	0.51	0.57	56	0.55
Georgia	0.37	0.61	0.66	57	0.55
Algeria	0.37	0.52	0.75	58	0.54
South Africa	0.60	0.49	0.54	59	0.54
Armenia	0.36	0.61	0.64	60	0.54
Philippines	0.41	0.62	0.58	61	0.53
India	0.54	0.59	0.47	62	0.53
Indonesia	0.48	0.56	0.53	63	0.52
Morocco	0.41	0.54	0.61	64	0.52
Malaysia	0.30	0.48	0.77	65	0.52
Libya	0.35	0.47	0.73	66	0.52

〈그림 1.21〉 EAPI 2014 결과
[출처 : WORLD ECONOMIC FORUM(2012), The Global Energy Architecture Performance Index Report 2013]

③ ESI (Energy Sustainability Index)

ESI는 세계에너지협의회(World Energy Council)에서 발표하는 지수로, 에너지 안보(Energy Security), 에너지 형평성(Energy Equity), 환경적 지속가능성(Environmental sustainability) 총 3가지의 평가 관점을 가지고 있다. 세부적인 지표 내용은 <그림 1.22>와 같다.

한국은 에너지 대응 측면에서 2011년 73위, 2012년 72위에 이어 2013년 85위를 차지하고 있으며, 에너지 안보와 에너지 형평성에서 순위가 낮아지고 있다.

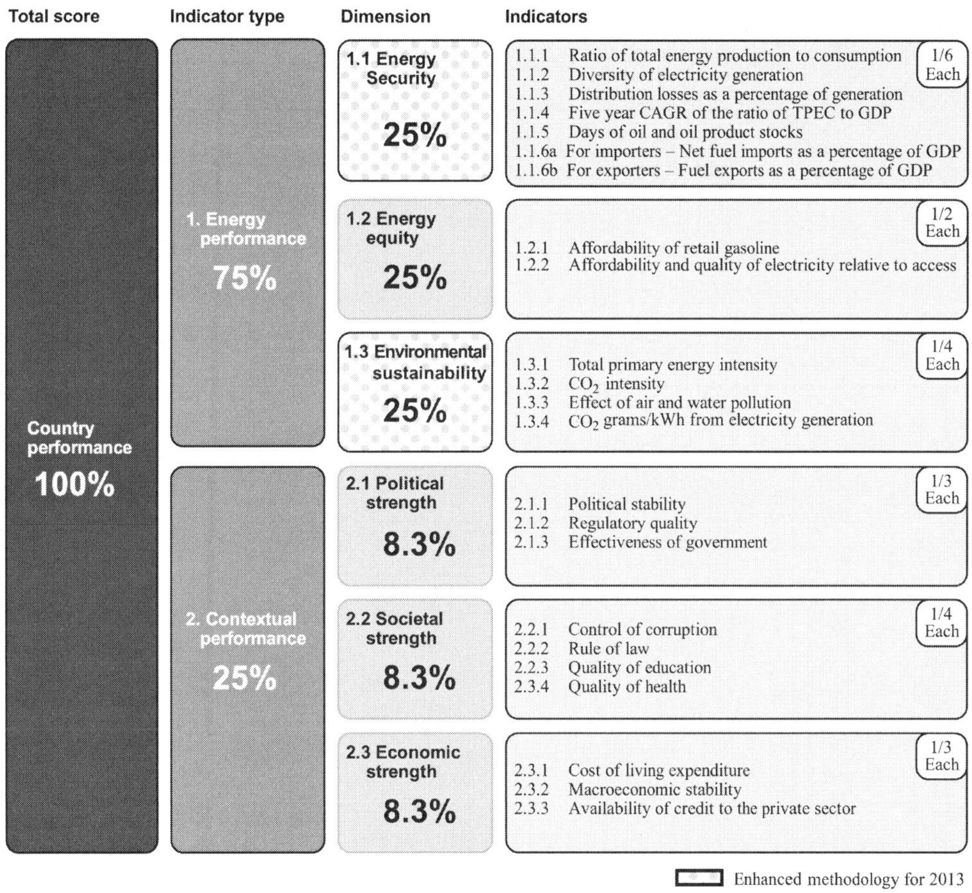

〈그림 1.22〉 ESI 구성 요소

[출처 : WORLD ENERGY COUNCIL(2013), World Energy Trilemma Time to get real－the case for sustainable energy investment]

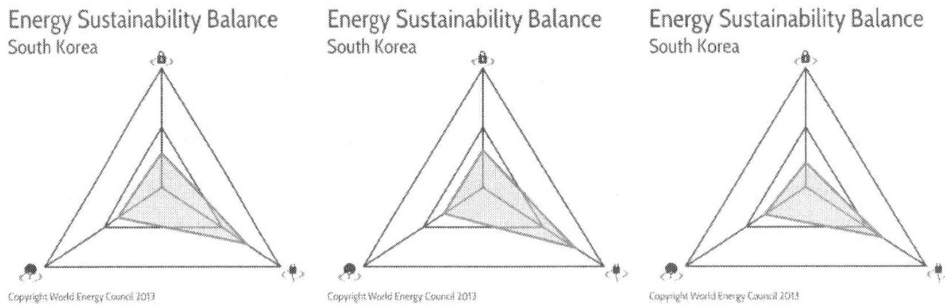

〈그림 1.23〉 한국의 ESI
[출처 : http://www.worldenergy.org/data/sustainability-index (2013.11)]

④ Unsustainable Triangle (가칭)

지금까지 위에서 분석된 다양한 지표 분석 사례를 바탕으로 경제, 환경, 에너지안보 3가지 부문으로 지표분석을 실시한 결과는 <그림 1.24>와 같다. 각 부문의 세 부지표는 에너지원단위(에너지소비/GDP), 1인당 온실가스 배출량, 수입의존도로 설정하였으며, 각 부문 모두 크게 개선되지 않는 것을 알 수 있다.

특히, 1인당 온실가스 배출량의 연평균증가율은 2003～2010년 전체기간 중에도 증가 추세를 보이고 있으며, 2008～2010년 연평균증가율(3.72%)이 2003～2007년 연평균증가율(1.02%)보다 약 3배 이상 높은 것으로 나타나고 있다.

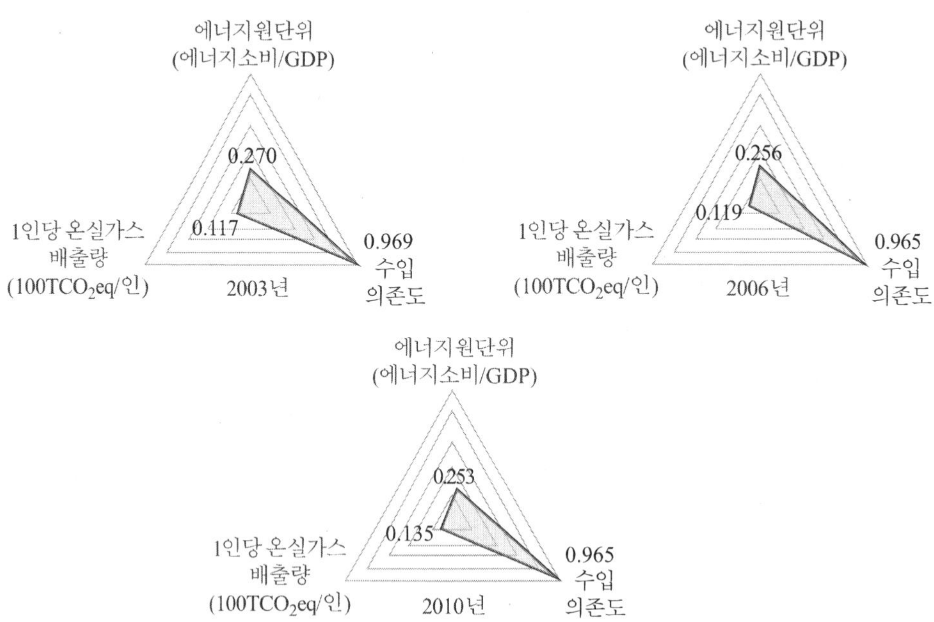

〈그림 1.24〉 한국의 Unsustainable Triangle

〈표 1.7〉 2003~2010년 에너지원단위, 수입의존도, 1인당 온실가스 배출량 및 연평균증가율

구분	2003년	2004년	2005년	2006년	2007년	2008년	2009년	2010년	연평균증가율(%)		
									03~07년	08~10년	03~10년
에너지원단위 (에너지소비/GDP)	0.270	0.265	0.264	0.256	0.247	0.246	0.248	0.253	−1.76	0.80	−0.81
수입의존도(%)	96.9	96.7	96.6	96.5	96.5	96.4	96.4	96.5	−0.12	0.00	−0.08
1인당 온실가스 배출량(tCO_2eq/인)	11.7	11.8	11.8	11.9	12.1	12.3	12.4	13.5	1.02	3.72	2.02

자료 : 2012 에너지통계연보, 2012 국가 온실가스 인벤토리 보고서

1.1.6 에너지 관련 지표 분석을 통한 시사점

2003~2007년과 2008~2012년으로 구분하여 에너지지표를 분석해본 결과 1차 에너지 소비, 총발전량, 최종에너지 소비 모두 2010년을 기점으로 크게 증가하는 것을 알 수 있었다. 특히 산업부문의 에너지 소비가 크게 증가하였으며, 이는 경제성장(전년대비 경제성장률 6.3%)에 따른 것으로 볼 수 있다[13]. 다만 2008년까지는 1차 에너지 소비증가율이 경제성장률보다 낮고, 경제성장률이 상승하여도 1차 에너지 소비증가율은 하락하는 추세를 보였으나, 2008년 이후부터 1차 에너지 소비증가율이 상승하면서 경제성장률보다 높아지는 추세를 보이고 있다. 또한 2003~2011년 동안 전체적으로 산업부문의 에너지 소비 중 납사, 원료탄 등과 같은 비에너지 사용부분이 에너지 사용부분보다 더 큰 비중을 차지하고 있으나 2010년에는 에너지 사용부분이 큰 폭으로 증가한 것을 알 수 있다.

이러한 주요 에너지지표의 추세를 보았을 때, 지난 정부에서 저탄소녹색성장이라는 정책을 강하게 추진하였으나 정책의 가시적인 성과는 크지 않다고 할 수 있으며, 국가에너지정책의 목표를 달성하기 위해서는 더 강도 높은 국가적 노력이 필요함을 알 수 있다. 물론 에너지 분야, 특히 재생에너지분야 RD & D 예산이 크게 증가한 것은 긍정적이지만 이러한 기술개발투자 효과가 단기간에 나타나기는 쉽지 않을 것이다. 그리고 산업부문의 에너지 소비 증가는 경제성장과 온실가스 감축을 동시에 달성하려던 저탄소녹색성장 정책이 실질적으로 산업부문에서 구현되지 못하고 있다는 반증일 수 있으며,

13) 전년대비 2010년 총에너지 소비 증가의 요인별 기여도 중 경제성장 요인이 총에너지 소비 증가분의 89.3%를 설명함(에너지경제연구원, 2010, 에너지수요전망).

이는 산업부문의 수요관리와 에너지효율 개선이 국가 에너지정책에 반영되어야 할 우선 사항임을 나타낸다고 할 수 있을 것이다.

다만 저탄소녹색성장 정책의 성과가 정책 실행 후 어느 시점에서 나타날 것인지에 대한 정확한 예측은 매우 제한적이고, 새로운 행정부 수립으로 인해 정책의 연속성이 떨어지고 있어 이러한 부분에 대한 평가도 필요하다.

1.2 산업부문 온실가스 중기 감축목표[14)]

1.2.1 지수분해분석 소개

인구 증가, 경제 성장, 기술 발전을 통한 환경영향 저감을 연계하여 설명할 때 환경영향에 대한 항등식이 자주 이용된다. I = PAT라는 유명한 항등식에서 환경영향은 인구(Population, P), 소득(Affluence, A), 기술 발전(Technology, T)을 나타내는 지표들의 곱으로 표현된다. Kaya는 IPCC 1차보고서를 발간할 무렵, 이 항등식의 개념을 적용하여 이산화탄소 배출량을 인구, 1인당 GDP, GDP당 1차 에너지 소비량, 1차 에너지 소비당 이산화탄소 배출량으로 제시하였다(박년배, 2006).

에너지 소비나 온실가스 배출량을 인구, 1인당 소득, 소득당 에너지, 에너지당 온실가스 배출량의 곱으로 나타내고, 특정기간 동안의 에너지 소비량과 온실가스 배출량 변화를 항등식의 구성 요인별 합 또는 곱으로 분해하여 설명하는 분석법을 지수분해분석법이라 한다. 이 분석법은 크게 라스파이레스 지수분석법과 디비지아 지수분석법으로 나뉘며, 다시 각각 가법과 승법으로 나뉜다. 계산이 상대적으로 단순한 디비지아 지수분석법이 최근 많이 활용되고 있으며, 특히 요인들로 설명되지 않는 잔차(Residuals)를 제거할 수 있는 장점이 있는 로그평균디비지아지수(Log Mean Divisia Index, LMDI) 분해분석법이 많이 적용되고 있다(Ang 2004; 김수이 · 김현석, 2011).

Ang(2005)는 LMDI 분해분석법의 요인별 승법과 가법 계산식을 제시하고 있다(그림 1.25 참고). 승법은 두 시점 간의 변화율에 대해 분해함으로써 지수들의 상대적 기여도를 분석할 수 있다는 것이 장점이며, 가법은 두 시점 간의 변화량에 대해 지수들의 절대적 기여도를 분석할 수 있다는 것이 장점이다(김수이 · 김현석, 2011; 김수이 · 정경화, 2011).

14) 이 글은 박년배 · 전의찬(2013)의 연구를 수정 · 보완하였다.

IDA identity	$C=\sum_{ij}C_{ij}=\sum_{ij}Q\frac{Q_i}{Q}\frac{E_i}{Q_i}\frac{E_{ij}}{E_i}\frac{C_{ij}}{E_{ij}}=\sum_{ij}QS_iI_iM_{ij}U_{ij}$	
	Multiplicative decomposition	Additive decomposition
Change scheme	$D_{tot}=C^T/C^0=D_{act}D_{str}D_{int}D_{mix}D_{emf}$	$\Delta C_{tot}=C^T-C^0=\Delta C_{act}+\Delta C_{str}+\Delta C_{int}+\Delta C_{mix}+\Delta C_{emf}$
LMDI formulae	$D_{act}=\exp\left(\sum_{ij}\frac{(C_{ij}^T-C_{ij}^0)/(\ln C_{ij}^T-\ln C_{ij}^0)}{(C^T-C^0)/(\ln C^T-\ln C^0)}\ln\left(\frac{Q^T}{Q^0}\right)\right)$	$\Delta C_{act}=\sum_{ij}\frac{C_{ij}^T-C_{ij}^0}{\ln C_{ij}^T-\ln C_{ij}^0}\ln\left(\frac{Q^T}{Q^0}\right)$
	$D_{str}=\exp\left(\sum_{ij}\frac{(C_{ij}^T-C_{ij}^0)/(\ln C_{ij}^T-\ln C_{ij}^0)}{(C^T-C^0)/(\ln C^T-\ln C^0)}\ln\left(\frac{S_i^T}{S_i^0}\right)\right)$	$\Delta C_{str}=\sum_{ij}\frac{C_{ij}^T-C_{ij}^0}{\ln C_{ij}^T-\ln C_{ij}^0}\ln\left(\frac{S_i^T}{S_i^0}\right)$
	$D_{int}=\exp\left(\sum_{ij}\frac{(C_{ij}^T-C_{ij}^0)/(\ln C_{ij}^T-\ln C_{ij}^0)}{(C^T-C^0)/(\ln C^T-\ln C^0)}\ln\left(\frac{I^T}{I^0}\right)\right)$	$\Delta C_{int}=\sum_{ij}\frac{C_{ij}^T-C_{ij}^0}{\ln C_{ij}^T-\ln C_{ij}^0}\ln\left(\frac{I_i^T}{I_i^0}\right)$
	$D_{mix}=\exp\left(\sum_{ij}\frac{(C_{ij}^T-C_{ij}^0)/(\ln C_{ij}^T-\ln C_{ij}^0)}{(C^T-C^0)/(\ln C^T-\ln C^0)}\ln\left(\frac{M_{ij}^T}{M_{ij}^0}\right)\right)$	$\Delta C_{mix}=\sum_{ij}\frac{C_{ij}^T-C_{ij}^0}{\ln C_{ij}^T-\ln C_{ij}^0}\ln\left(\frac{M_{ij}^T}{M_{ij}^0}\right)$
	$D_{emf}=\exp\left(\sum_{ij}\frac{(C_{ij}^T-C_{ij}^0)/(\ln C_{ij}^T-\ln C_{ij}^0)}{(C^T-C^0)/(\ln C^T-\ln C^0)}\ln\left(\frac{U_{ij}^T}{U_{ij}^0}\right)\right)$	$\Delta C_{emf}=\sum_{ij}\frac{C_{ij}^T-C_{ij}^0}{\ln C_{ij}^T-\ln C_{ij}^0}\ln\left(\frac{U_{ij}^T}{U_{ij}^0}\right)$

〈그림 1.25〉 산업부문 에너지 관련 CO_2 배출량의 변화 요인 분해에 대한 LMDI 산정식
출처 : Ang, 2005, p.870.

에너지 소비 또는 온실가스 배출량을 앞에서 언급한 여러 가지 구성 요인별(인구, 소득/인구, 에너지소비/소득, 온실가스 배출량/에너지 소비량 등)로 분해 분석한 연구들이 국내외・적으로 활발히 이루어졌다. Ang and Zhang(2000)은 이러한 지수분해분석법(Index Decomposition Analysis)을 적용하여 2000년 이전까지 20여 년간 수행된 해외 124편의 논문들을 소개하고 있다. 박년배・전의찬(2013)은 국내 연구자에 의해 2000년 이후 수행된 논문과 보고서 20편을 소개하였다. 이 방법론은 국내 대학의 학위논문 연구에서도 다양하게 적용되고 있다(표 1.8 참고).

〈표 1.8〉 국내 지수분해분석 연구개요

유형	저자	년도	분해 분석법	가법, 승법	국가	부문	대상	기간	분해 요인
저널 논문	최기홍	2000	디비지아 분해기법	승법	한국	발전부문	전력	1970~1998	기술진보 효과, 운영기술 향상에 의한 열효율 개선 효과
저널 논문	정해식・이기훈	2001	LMDI	가법	한국	에너지	CO_2	1970~1998	인구 효과, 소득 효과, 집약도 효과, 화석연료 비중 효과, 배출집약도 효과
저널 논문	박희천	2001	인수분해	가법	한국	제조업 계, 4개 에너지다소비업종(철강, 시멘트, 석유화학, 종이펄프)	에너지	1992~2000	생산 효과, 구조 효과, 효율 효과, 잉여항

유형	저자	년도	분해 분석법	가법, 승법	국가	부문	대상	기간	분해 요인
저널 논문	박희천	2006	인수분해	가법	한국	가정 부문	에너지	1990～2000	성장 효과, 구조 효과, 효율 효과
저널 논문	황인창	2008	LMDI	가법	영국, 독일, 미국, 한국	에너지 부문 (에너지공급, 산업, 수송)	CO_2	1990～2005	인구 효과, 소득(생산) 효과, 에너지 집약도 효과, 화석연료 비중, 배출집약도 효과
저널 논문	나인강 · 이성근	2008	LMDI, 계량분석	가법	한국	제조업 (8개 부문)	에너지	1990～2005	에너지 원단위 효과
저널 논문	진상현 · 황인창	2009	LMDI	가법	한국 16개 광역 시도	에너지 부문	에너지	1990～2006	인구 효과, 생산 효과, 집약도 효과
저널 논문	진상현 · 황인창	2009	LMDI	가법	한국 16개 광역 시도	에너지 부문	CO_2	1997～2006	인구 효과, 생산 효과, 집약도 효과, 연료전환 효과, 배출계수 효과
저널 논문	Oh, Wehrmeyer, and Mulugetta	2010	LMDI	가법	한국	에너지 부문 (12개 세 부분, 총계)	CO_2	1990～2005	경제 성장, 구조 변화, 에너지집약도, 연료구성
저널 논문	김규남 · 김강석 · 김연배	2010	LMDI	가법	한국	전력 수요 및 공급 부문	CO_2	1991～2007	• 수요부문 : 생산효과, 전력집약도효과, 산업구조효과, 전력배출집약도효과 • 공급부문 : 전력수요, 송배전손실, 상용자로부터 구입, 보조전력소비, 발전구조변화, 화력발전효율, 연료혼합
저널 논문	김수이 · 김현석	2011	LMDI	가법, 승법	한국	제조업 (9개 부문)	에너지	1991～2007	생산 효과, 구조 효과, 집약도 효과
저널 논문	김수이 · 정경화	2011	LMDI	가법, 승법	한국	제조업 계	온실 가스	1991～2007	생산 효과, 구조 효과, 집약도 효과, 에너지 믹스 효과, 배출계수 효과

유형	저자	년도	분해 분석법	가법, 승법	국가	부문	대상	기간	분해 요인
저널 논문	이재형·임지재·김용기·이재영	2012	LMDI	가법	한국	철도 수송 (노선별)	온실 가스	2000~2007	거리 효과, 생산 효과, 집약도 효과, 전환 효과
저널 논문	박정욱·김수이	2013	LMDI	가법, 승법	한국, 일본	산업부문(제조업 9개 부문, 서비스업, 농림수산업, 광업, 건설업)	에너지	1990~2009	생산 효과, 구조 효과, 집약도 효과
저널 논문	Park, Yun, and Jeon	2013	LMDI	가법	한국	발전부문	온실 가스	1990~2008, 2008~2050	인구 효과, 소득 효과, 전력집약도 효과, 전환 효율 개선, 배출집약도 효과
보고서	오진규	2003	LMDI	가법	한국	제조업 계	에너지	1981~1997, 1997~2001	생산 효과, 구조 효과, 집약도 효과
보고서	정한경	2005	LMDI	승법	한국	제조업 계	에너지	1975~2004	• 2개 : 구조효과, 집약도효과 • 3개 : 구조효과, 생산성효과, 에너지효율효과 • 4개 : 구조효과, 생산성효과, 연료대체효과, 연료효율효과
보고서	이성근·이성인	2008	LMDI	가법	한국	가정, 상업부문 용도별	에너지	1990~2006	성장 효과, 구조 효과, 집약도 효과
보고서	이성인	2011	LMDI, DEA*	가법	한국	제조업	에너지 (납사 포함, 납사제외)	2000~2010	구조 변화 효과, 업종 원단위 효과
보고서	이성인	2012	LMDI, DEA*	가법	한국, 미국, 일본, 독일	제조업	에너지 (납사 포함, 납사제외)	2000~2010	구조 변화 효과, 업종 원단위 효과

유형	저자	년도	분해 분석법	가법, 승법	국가	부문	대상	기간	분해 요인
학위 논문	황인창	2008	LMDI	가법	한국, 영국, 독일	에너지 부문 (에너지공급, 산업, 수송)	CO_2	1990~2005	인구 효과, 소득(생산) 효과, 에너지 집약도 효과, 화석연료 비중, 배출집약도 효과
학위 논문	김강석	2008	LMDI	가법	한국	제조업, 농업광업, 공공, 서비스, 가정, 발전	전력	1991~2005, 2005~2017	• 산업 : 생산 효과, 전력원단위 효과, 구조 효과, 배출계수 효과 • 주거 : 가구 수, 가구당 전력 소비, 배출계수 • 발전 : 소비, 송배전 손실, 에너지원 구성, 발전 구성, 연료 원단위, 배출계수
학위 논문	박년배	2011	LMDI	가법	한국	발전부문	온실 가스	1990~2008, 2008~2050	인구 효과, 소득 효과, 전력집약도 효과, 전환 효율 개선, 배출 집약도 효과
학위 논문	이재형	2012	LMDI	가법	한국	철도 수송 (노선별)	온실 가스	2000~2007	거리 효과, 생산 효과, 집약도 효과, 전환 효과
학위 논문	이범준	2013	LMDI		한국	산업, 상업, 가정, 교통 등 30개 분야	에너지, CO_2	2001~2010	생산 효과, 구조 효과, 집약도 효과, 에너지 믹스 효과, 배출계수 효과
학위 논문	이유나	2013	LMDI	가법	한국	대형 건물	에너지, 온실 가스	2001~2010	연면적 효과, 에너지 원단위 효과, 연료혼합 효과
학위 논문	김현용	2013	LMDI	가법	OECD 20개국	발전부문	CO_2	1980~2010	생산효과, 구조효과, 화력발전 효율효과, 연료 효율 효과, 탄소 배출계수 효과, 연료 믹스 효과

출처 : 박년배 · 전의찬(2013)을 보완함.

* DEA : Data Envelope Analysis

특히 Oh et al.(2010)은 1990~2005년 기간 IMF 구제금융 전과 후로 구분하여 에너지산업부문, 산업부문 업종별, 가정, 상업공공, 수송 부문 배출량을 지수분해분석을 통해 분석하고 있다. 이 연구는 부문별 직접 배출량에 대해 분석하고 있다. 김수이・김현석(2011)은 1991~2007년 기간 제조업 부문 업종별 에너지 소비량에 대해 분해분석을 적용하였으며, 김수이・정경화(2011)는 1991~2007년 기간 제조업 부문 업종별 온실가스 배출량(간접배출량 포함)을 도출한 다음, 제조업에 대한 분해분석을 하고 있다. 대체적으로 인구 증가와 경제 성장은 에너지 소비량과 온실가스 배출량이 증가하는데 기여하는 반면, 에너지 저소비 산업구조로의 전환, 생산당 에너지 소비 집약도, 에너지소비당 온실가스 배출량 집약도 등의 지수 변화는 최근으로 올수록 에너지 소비량과 온실가스 배출량 감소에 기여하고 있다. 본 연구는 2000~2010년 기간 산업부문 업종별 온실가스 배출량(간접배출량 포함)에 대해 생산, 산업구조, 생산당 에너지 소비 집약도, 에너지소비당 배출량 집약도 등의 요인으로 분해하여 분석하였다.

1.2.2 산업부문 온실가스 배출량 중기 감축목표 이행경로

(1) 2000~2010년 분석

2010년도 국가 온실가스 총배출량은 약 6억 7천만 톤CO_2eq.로서, 1990~2010년 기간 총배출량은 연평균 4.2% 증가하였다. 에너지부문은 총배출량에서 가장 큰 비중을 차지하며, 동 기간에 연평균 4.4% 증가하였다. 2010년은 이명박 정부에서 녹색성장 관련 계획을 수립하고, 2020년 중기 온실가스 감축목표를 발표한 이듬해이다. 즉, 녹색성장 정책이 본격적으로 집행된 첫 해라고 할 수 있다. 하지만 2010년에 온실가스 총배출량의 전년 대비 증가량은 1990년 이후 가장 많으며, 전년 대비 증가율도 1993년 이후 가장 높다(그림 1.26 참고).

2010년도 온실가스 총배출량에서 에너지부문은 85.3%로서 대부분을 차지하고 있다(온실가스종합정보센터, 2013). 에너지부문을 세분화하면, 전환부문 44.5%, 산업부문 29.2%, 수송부문 14.8%, 건물부문 10.3%, 탈루배출부문 1.2%이다(산업통상자원부 외, 2013). 참고로 2010년도 최종에너지 소비량에서 산업부문은 59.8%를 차지하고 있다(지식경제부・에너지경제연구원, 2012). 특히 농림어업과 광업을 제외한 제조업 및 건설업은 최종에너지 소비량은 2010년도에 52.9%를 차지하였다. 본 연구는 제조업 및 건설업의 온실가스 배출량(직접 및 간접)에 대해 분해분석을 하였다.

온실가스 배출량을 부가가치, 산업구조, 부가가치당 에너지 소비 집약도, 에너지 소비당 온실가스 배출량 집약도로 구분하여, LMDI 분석법을 이용하여 승법 및 가법 분해분

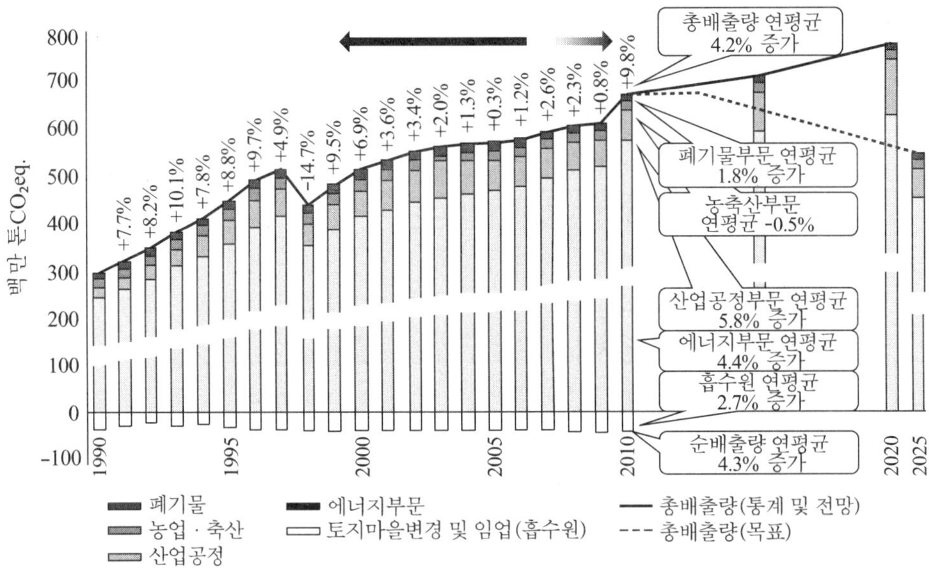

〈그림 1.26〉 국가 온실가스 배출량 통계 및 전망[출처 : 박년배 · 전의찬(2013)]
[주] 녹색성장위원회(2009a), 온실가스종합정보센터 외(2011), 온실가스종합정보센터(2013) 이용하여 작성

석을 하였다.

제조업 및 건설업의 실질 부가가치는 2000～2010년 기간 연평균 5.4%씩 증가하였다. 2000～2007년 기간은 연평균 5.9% 증가하였으며, 2008～2010년 기간은 연평균 4.4% 증가하여, 2008년 이전에 더 높은 증가율을 보였다. 업종별로는 조립금속 업종이 2000～2010년 기간 동안 가장 큰 비중을 차지하였으며, 증가율 또한 가장 높았다(그림 1.27 참고).

제조업 및 건설업의 최종에너지 소비는 2000～2010년 기간은 십년간 연평균 2.7% 증가하였다. 2000～2007년 기간은 7년간 연평균 2.3%씩, 2008～2010년 기간은 3년간 연평균 3.7%씩 증가하였다. 이명박 정부 기간과 그 이전을 비교하였을 때, 제조업 및 건설업의 부가가치 연평균증가율은 더 낮았지만, 최종에너지 소비의 연평균 증가율은 더 높았다. 2000～2010년 기간의 최종에너지의 연평균 증가율은 조립금속 업종이 가장 높았지만, 최종에너지에서 차지하는 업종별 비중(비에너지유 및 원료탄 포함)은 석유화학과 1차금속 업종이 가장 높다(그림 1.28 참고).

제조업 및 건설업의 직 · 간접 온실가스 배출량을 산정하기 위하여 업종별 직접 온실가스 배출량 자료는 산업통상자원부 외(2013)를 이용하였다. 전력 사용으로 인한 간접 온실가스 배출량은 에너지통계연보의 업종별 전력 소비량과 전력거래소의 연도별 전력의 온실가스 배출원단위 자료를 이용하여 산정하였다.

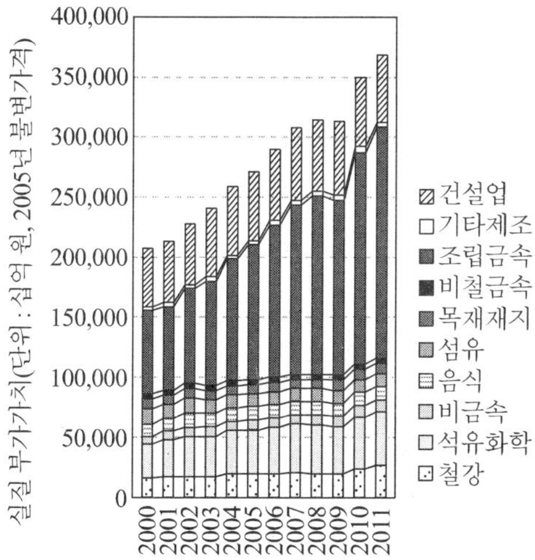

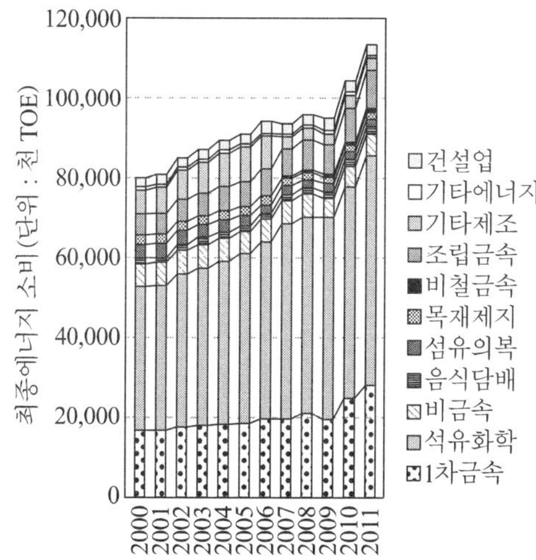

〈그림 1.27〉 업종별 실질 부가가치 〈그림 1.28〉 업종별 최종에너지 소비

[출처 : 박년배 · 전의찬(2013)]

[주] 산업통상자원부 외(2013)와 지식경제부－에너지경제연구원(2012)의 자료 이용하여 작성

제조업 및 건설업의 직접 온실가스 배출량은 2000～2010년 기간에 연평균 2.5% 증가하였으며, 2000～2007년 기간에 연평균 1.6%, 2008～2010년 기간에 연평균 4.7% 증가하였다. 직접 온실가스 배출량에서 1차금속 업종이 가장 큰 비중을 차지하고 있다(그림 1.29 참고).

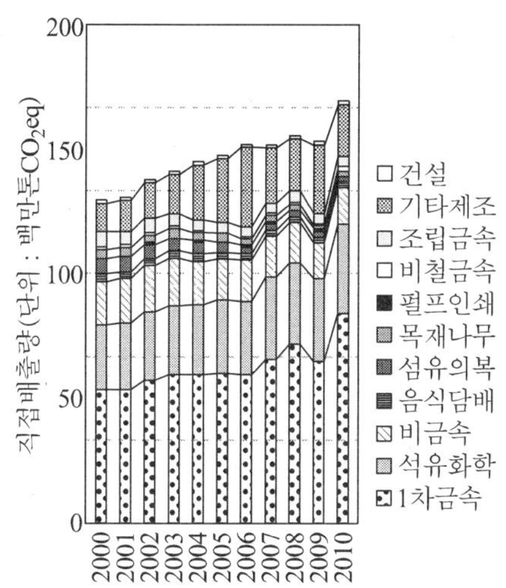

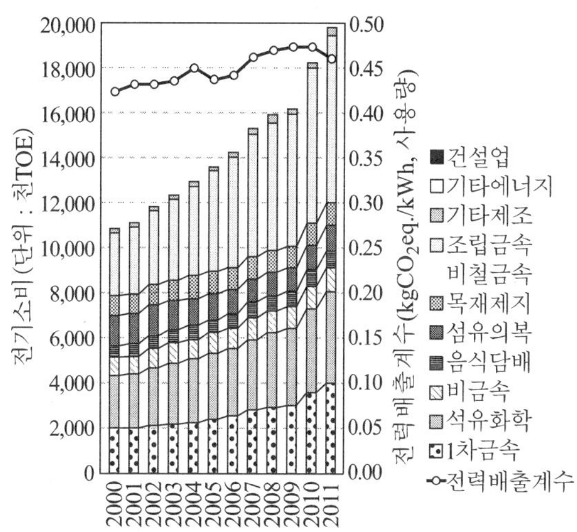

〈그림 1.29〉 업종별 직접 온실가스 배출량 〈그림 1.30〉 업종별 전기 소비량

[출처 : 박년배 · 전의찬(2013)]

[주] 산업통상자원부 외(2013)와 지식경제부 · 에너지경제연구원(2012), 전력통계정보시스템 홈페이지 등의 자료 이용하여 작성

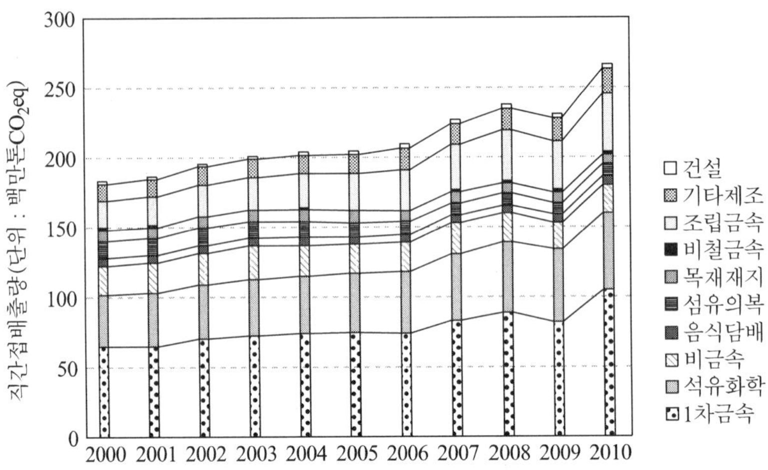

〈그림 1.31〉 업종별 직·간접 온실가스 배출량 [출처 : 박년배·전의찬(2013)]

제조업 및 건설업의 전력 소비량은 2000~2010년 기간 연평균 5.3%, 2000~2007년 기간 연평균 5.0%, 2008~2010년 기간 연평균 6.1% 증가하였다. 조립금속업종은 비중과 연평균 증가율 측면에서 전력 소비 증가를 주도하고 있었다. 전력배출원단위는 2000~2010년 기간에 연평균 1.1%, 2000~2007년 기간에 연평균 1.3%, 2008~2010년 기간에 연평균 0.6%씩 증가하였다(그림 1.30 참고).

제조업 및 건설업의 직·간접 배출량은 2000~2010년 기간에 연평균 3.8% 증가하였으며, 2000~2007년 기간에는 연평균 3.1%, 2008~2010년 기간에는 연평균 5.5% 증가하였다(그림 1.31 참고). 제조업 및 건설업종의 배출량 추세에서 특이하게도 2009년에는 전년 대비 2.9% 감소하였으나, 2010년에는 전년 대비 15.8%의 큰 폭으로 증가하였다. 업종별로는 1차금속 업종이 가장 큰 비중을 차지하고 있다. 1차금속 업종의 연평균 배출량 증가율은 2000~2007년 기간에 3.6%, 2008~2010년 기간에 8.4%, 2000~2010년 기간에는 5.0%이었다. 최근에 1차금속 업종의 온실가스 배출량이 더 빠르게 증가하였음을 확인할 수 있다.

제조업 및 건설업의 에너지 부문 온실가스 배출량 증가를 부가가치, 에너지 소비, 온실가스 배출량(직접 및 간접) 등의 지표를 이용하여 분해 분석하였다. 2000년도 대비 2010년에 부가가치는 1.70배 증가하였으며, 에너지원단위는 0.77배로 감소하였다. 하지만, 전력 소비로 인한 간접배출량까지 고려한 에너지소비당 온실가스 배출원단위는 1.11배로 증가하여, 직·간접 배출량은 1.45배로 증가하였다(그림 1.32 참고).

제조업 및 건설업의 전기 소비로 인한 간접배출량까지 반영한 온실가스 직·간접 배출량은 2000~2010년 기간 약 8천3백만 톤 증가하였다. 생산효과로 약 1억1천7백만 톤

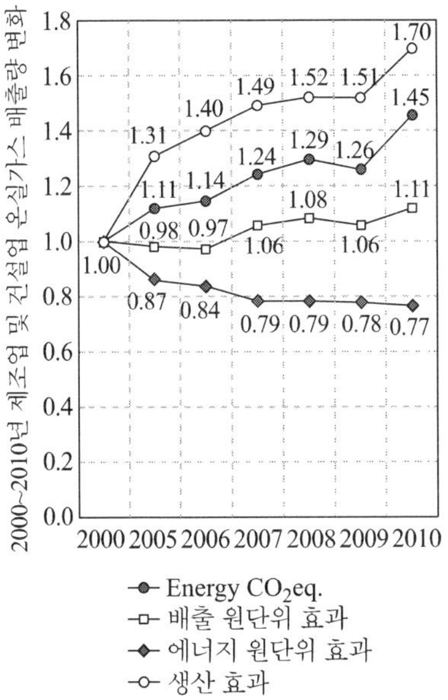

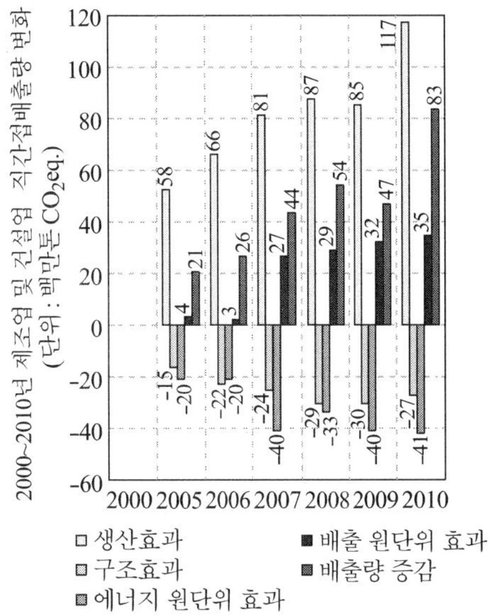

〈그림 1.32〉 2000～2010년 제조업 및 건설업종 직·간접배출량 승법적 분해분석 결과
〈그림 1.33〉 2000～2010년 제조업 및 건설업종 직·간접배출량 가법적 분해분석
[출처 : 박년배·전의찬(2013)]

증가하였으며, 구조 효과로 인해 2천7백만 톤 감소 효과, 에너지원단위 개선으로 4천1백만 톤 감소 효과, 배출원단위 악화로 인해 3천5백만 톤 증가 효과가 있는 것으로 분석되었다(그림 1.33 참고).

기간별로 보면 녹색성장을 강조했던 3년 동안(2008～2010년) 제조업 및 건설업의 온실가스 직·간접 배출량은 3천9백만 톤 증가(연평균 5.5% 증가)하였다. 2000～2007년 기간 동안 배출량이 4천4백만 톤 증가(연평균 3.1% 증가)한 것으로 나타나 녹색성장을 강조 했던 기간의 온실가스 배출량 연평균 증가율이 더 높았음을 확인할 수 있다. 요인별로는 이명박 정부에서 에너지 저소비형 산업구조로의 전환 노력(구조효과)과 에너지 원단위 개선 효과는 이전 정부보다 저조한 반면, 배출원단위 효과로 인한 배출량 증가는 이명박 정부 이전보다 낮아서 저탄소 에너지원으로의 전환 노력은 비교적 긍정적인 것으로 평가된다(표 1.9 참고).

업종별로 보면, 2000～2010년 기간에 1차금속 업종이 약 4천만 톤CO_2eq. 증가하여 가장 많이 증가하였으며, 그 다음은 조립금속(2천2백만 톤CO_2eq.), 석유화학(1천9백만 톤CO_2eq.) 등의 순이다. 특히 2008～2010년 기간에 배출량이 빠르게 증가하였다. 한편, 섬유의복, 비금속, 목재제지는 2010년도 배출량이 2000년에 비해 오히려 감소하였다. 비금속과 목재제지는 2008～2010년 기간 배출량이 빠르게 감소하였다.

〈표 1.9〉 제조업 및 건설업종 온실가스 직·간접배출량 과거 및 전망 분해분석 결과(가법적)

(단위 : 백만 톤CO_2eq.)

구 분		생산 효과	구조 효과	에너지 원단위 효과	배출 원단위 효과	배출량 증감
제조업 및 건설	2000~2007	81.2	−24.4	−39.6	26.6	43.8
	2008~2010	35.4	−2.5	−1.8	8.3	39.4
	2000~2010	116.6	−26.9	−41.4	34.9	83.2
음식품 담배	2000~2007	2.4	−2.1	0.0	0.3	0.5
	2008~2010	0.8	−1.0	0.3	0.1	0.3
	2000~2010	3.2	−3.1	0.2	0.4	0.8
섬유의복	2000~2007	4.3	−5.1	−4.3	1.1	−4.1
	2008~2010	1.3	−1.2	−0.3	0.0	−0.2
	2000~2010	5.6	−6.3	−4.6	1.1	−4.3
목재제지	2000~2007	3.3	−3.2	−1.2	0.8	−0.3
	2008~2010	0.9	0.1	−1.6	0.1	−0.5
	2000~2010	4.2	−3.1	−2.7	0.9	−0.8
석유화학	2000~2007	17.2	−2.5	−1.0	−1.4	12.3
	2008~2010	7.1	−2.5	−0.1	2.0	6.5
	2000~2010	24.3	−5.0	−1.1	0.6	18.8
비금속	2000~2007	8.3	−3.6	−5.2	0.6	0.1
	2008~2010	2.4	0.1	−3.9	0.3	−1.1
	2000~2010	10.7	−3.5	−9.1	0.9	−0.9
1차금속	2000~2007	28.9	−8.7	−9.4	7.2	18.0
	2008~2010	14.6	0.3	5.5	1.9	22.4
	2000~2010	43.5	−8.4	−3.9	9.1	40.4
비철금속	2000~2007	0.2	−0.1	0.1	−0.1	0.2
	2008~2010	0.1	−0.2	0.1	0.0	0.0
	2000~2010	0.3	−0.3	0.2	−0.1	0.2
조립금속	2000~2007	10.4	7.6	−9.3	4.4	13.1
	2008~2010	5.3	4.0	−2.0	1.5	8.8
	2000~2010	15.7	11.6	−11.3	6.0	21.9
기타제조	2000~2007	5.6	−6.3	−9.2	12.9	2.9
	2008~2010	2.5	−1.9	0.1	2.3	3.1
	2000~2010	8.1	−8.2	−9.1	15.2	6.0
건설	2000~2007	0.7	−0.3	−0.1	0.7	1.0
	2008~2010	0.3	−0.3	0.1	0.0	0.1
	2000~2010	1.0	−0.6	0.0	0.7	1.1

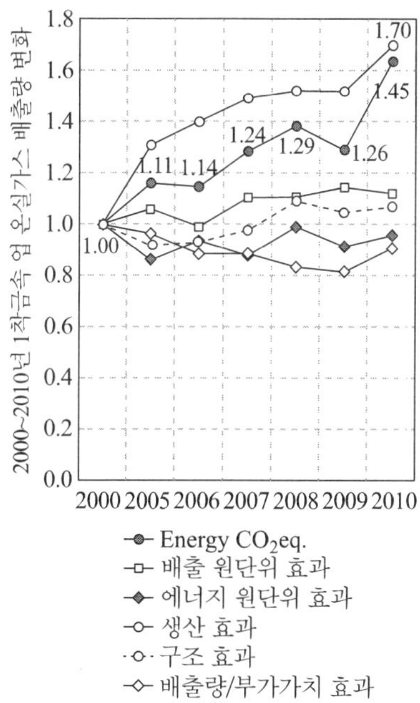

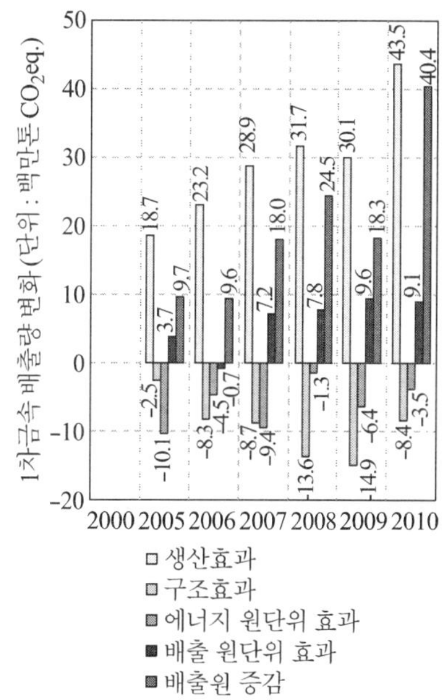

〈그림 1.34〉 1차금속 업종의 온실가스 배출량 승법 분해분석
〈그림 1.35〉 1차금속 업종의 온실가스 배출량 가법 분해분석

특히, 1차금속 업종은 2010년도 온실가스 배출량이 약 1억 톤으로 국가 총배출량 6억 6천9백만 톤의 약 15.6%를 차지한다. 1차금속 업종의 2000년도 대비 2010년에 부가가치는 1.70배 증가하였으며, 산업구조 변화로 구조효과는 0.90배로 감소하였으며, 에너지 원단위는 0.95배로 감소하였다. 하지만, 에너지소비당 온실가스 배출원단위가 1.12배로 증가하여, 직·간접 배출량은 1.63배로 증가하였다(그림 1.34 참고). 1차금속 업종은 2010년에 2000년과 비교하여 약 4천40만 톤의 온실가스 배출량이 증가하였다. 생산 효과로 인해 4350만 톤 증가하였고, 산업구조 변화로 인해 온실가스 배출량이 840만 톤 감소하였으며, 에너지원단위 개선으로 390만 톤 감소하였다. 하지만, 배출원단위가 악화되면서 온실가스 배출량이 910만 톤 증가하는데 기여하였다(그림 1.35 참고).

2011년부터 시행된 온실가스·에너지목표관리제의 명세서 통계를 보면, 산업 부문 업종 중에서는 철강 업종이 2007년도와 비교하여 2012년도 온실가스 배출량의 절대량 증가가 가장 크다. 2007~2012년 기간 연평균 5.4% 증가하였다(표 1.10 참고). 2010년에 현대제철이 본격적으로 조강 생산을 하였으며, 2010년도에 전년대비 철강업종의 목표관리제 참여대상의 온실가스 배출량 증가량에서 포스코(주)와 현대제철이 차지하는 비중은 각각 54%와 36%로 총 90%를 차지하고 있어, 두 업체의 배출량 저감 노력이 절대적이다(온실가스종합정보센터 홈페이지 참고).

〈표 1.10〉 목표관리제 관리대상 개수 및 배출량 추이(단위 : 개수, 천 톤 CO_2eq., %)

대분류	세분류	2007		2008		2009		2010		2011		2012		2007~2012
		개수	배출량	개수	배출량	개수	배출량	개수	배출량	개수	배출량	개수	배출량	배출량 증가율
전환	발전, 도시가스, 지역난방	30	188,072	33	195,077	33	214,796	33	232,752	33	242,485	40	256,180	6.38%
산업	정유	4	22,150	5	24,293	5	24,636	5	24,758	5	28,254	5	28,849	5.43%
	광업	2	252	2	228	2	203	2	248	2	257	2	237	− 1.22%
	철강	39	81,211	40	87,518	40	78,059	40	94,306	40	107,015	44	105,649	5.40%
	시멘트	24	45,900	24	45,819	24	43,006	24	42,585	23	43,298	25	43,149	− 1.23%
	석유화학	77	41,391	82	41,992	83	43,610	83	46,409	80	46,658	89	48,313	3.14%
	제지목재	54	7,759	54	7,637	54	7,639	54	7,914	53	7,966	53	7,948	0.48%
	섬유	13	4,495	14	4,328	14	4,343	14	4,539	14	4,405	16	4,609	0.50%
	요업	22	5,260	22	5,299	22	5,002	22	5,514	22	5,891	28	5,589	1.22%
	비철금속	20	4,138	23	4,525	24	5,140	24	5,731	22	6,136	24	6,492	9.43%
	기계	15	1,093	20	1,305	20	1,208	20	1,342	19	1,373	27	1,497	6.50%
	반도체디스플레이전기전자	30	15,790	33	16,213	34	16,038	35	18,461	34	19,667	45	26,100	10.57%
	자동차	19	3,612	20	3,577	20	3,273	20	3,835	19	3,947	28	4,247	3.29%
	조선	8	1,917	8	2,247	8	2,411	8	2,475	8	2,738	10	2,618	6.44%
	음식료품	27	2,625	28	2,394	28	2,420	28	2,585	26	2,477	29	2,763	1.03%
	통신	5	2,315	6	2,538	6	2,535	6	2,666	6	2,740	7	3,058	5.72%
	수도	1	487	1	498	1	505	1	528	1	551	3	738	8.65%
	소계	360	240,395	382	250,411	385	240,027	386	263,897	374	283,373	435	291,857	3.96%
수송	운수, 자가용	11	4,177	11	4,198	11	4,033	11	4,064	11	4,048	15	4,273	0.46%
건물	가정, 상업	33	2,192	39	2,925	39	3,071	39	3,308	40	3,853	52	4,601	15.98%
공공기타		-	-	-	-	-	-	-	-	-	-	-	-	-
농림어업		-	-	-	-	-	-	-	-	-	-	-	-	-
폐기물		20	8,813	25	8,854	25	8,590	25	8,659	25	8,484	31	9,319	1.12%
소계		454	443,650	490	461,465	493	470,517	494	512,679	483	542,243	573	566,229	5.00%

주 : * 배출량을 미공개한 관리업체(2007~2010년 6개, 2011년 7개)의 배출량은 반영되지 않음.
출처 : 온실가스종합정보센터 홈페이지, 명세서 주요정보 재구성

〈표 1.11〉 주요국(OECD 및 G20 동시 회원국)의 철강부문 최종에너지(비에너지용 제외) 소비 추이(단위 : 백만TOE)

구분		2000	2001	2002	2003	2004	2005	2006	2007	2008	2009	2010	2011	2001 ~ 2007	2008 ~ 2011	2001 ~ 2011
OECD	미국	28,398	25,135	24,129	23,430	25,039	21,690	21,692	21,524	20,993	17,488	20,860	20,790	-3.9%	-0.9%	-2.8%
	일본	20,266	19,576	20,123	20,754	20,600	22,159	22,627	23,665	21,122	19,428	20,540	20,760	2.2%	-3.2%	0.2%
	한국	7,100	6,753	8,146	8,259	8,557	8,142	8,979	9,130	9,648	9,442	10,440	10,760	3.7%	4.2%	3.9%
	독일	8,507	8,201	8,191	8,208	8,928	8,594	9,385	9,639	9,700	7,092	8,150	8,740	1.8%	-2.4%	0.2%
	이탈리아	5,601	5,862	5,376	5,841	6,102	5,978	5,867	5,433	5,128	5,128	4,830	5,010	-0.4%	-2.0%	-1.0%
	멕시코	5,063	4,172	4,589	4,471	4,564	4,515	4,672	4,724	4,970	4,090	4,420	4,150	-1.0%	-3.2%	-1.8%
	터키	2,340	2,190	2,186	2,292	2,361	2,501	2,519	2,977	3,334	2,972	3,920	4,660	3.5%	11.9%	6.5%
	캐나다	4,712	4,064	4,299	4,159	4,341	4,538	4,046	4,211	3,447	3,004	3,750	3,670	-1.6%	-3.4%	-2.2%
	프랑스	4,134	4,018	4,242	4,065	4,044	4,278	4,508	4,511	3,908	2,939	3,540	3,370	1.3%	-7.0%	-1.8%
	오스트레일리아	2,296	2,558	2,019	1,935	2,161	1,858	1,644	1,717	1,851	2,085	1,570	2,080	-4.1%	4.9%	-0.9%
	영국	3,271	2,448	2,250	2,241	2,246	2,045	2,341	2,199	2,251	1,669	1,500	1,490	-5.5%	-9.3%	-6.9%
비OECD	중국	67,371	68,745	73,595	90,404	103,464	132,022	151,587	170,258	181,012	183,588	200,629	221,629	14.2%	6.8%	11.4%
	러시아	29,691	29,940	29,617	30,240	30,125	33,743	34,998	36,037	34,677	36,205	34,632	36,204	2.8%	0.1%	1.8%
	인도	10,601	10,480	13,384	13,403	14,785	15,276	18,135	16,439	14,858	17,627	30,678	35,727	6.5%	21.4%	11.7%
	브라질	11,784	10,966	11,871	12,483	14,288	13,517	13,239	14,440	14,368	10,532	13,165	13,724	2.9%	-1.3%	1.4%
	남아공	4,517	4,561	4,708	4,535	4,871	4,903	4,846	4,667	4,449	3,589	6,439	5,978	0.5%	6.4%	2.6%
	아르헨티나	1,580	1,434	1,513	1,755	1,764	1,885	2,315	2,164	2,336	1,428	2,143	2,217	4.6%	0.6%	3.1%
	인도네시아	1,113	1,147	852	916	1,076	827	804	707	573	1,109	1,207	975	-6.3%	8.4%	-1.2%
	사우디아라비아	0	0	0	0	266	294	279	319	414	409	448	470	-	10.2%	-

출처 : IEA, 2011, 2012a,b, 2013a,b.

G20 국가이면서 OECD 국가들(11개국)의 1차금속(Iron and Steel)의 2010년도 에너지용 소비는 2007년을 정점으로 이후 세계금융위기로 인해 감소했다가 증가하였지만 2007년도에 비해 감소한 수준이다(표 1.11 참고).[15] 그러나 한국의 철강업종 에너지 소

15) IEA의 에너지 통계에서는 에너지용 소비만이 업종별로 제시되며, 비에너지용 소비는 산업부문으로 합쳐져서 제시된다.

비량도 세계 금융위기로 인해 2009년에는 감소하였다가 다시 증가하여, 2011년도 에너지 소비량이 2007년보다 18% 증가하였다.[16)]

(2) 2020년 목표 달성 이행 경로 분석

우리나라는 2013년 말까지 새로운 온실가스 배출량 중장기 기준 전망이 수립할 예정이다. 2011년에 발표된 업종별 중기 2020년 온실가스 감축목표가 동일하게 적용될지는 아직 미지수이지만, 본 장에서는 2020년 업종별 기준전망과 목표전망을 산정한 다음, 이를 달성하기 위하여 어떤 경로를 따르게 될지를 분해 분석하였다. 2020년의 업종별 부가가치, 에너지 소비량, 온실가스 배출량을 전망하기 위해, 에너지경제연구원(2012)과 온실가스종합정보센터 외(2011)의 가정을 이용하였다(표 1.12 참고). 업종별 부가가치 전망에 따른 에너지 수요와 온실가스 배출량이 함께 전망된 자료를 이용하는 것이 바람직하지만, 그런 자료를 이용하는 것이 어려워 두 기관의 자료를 적용하였다. 향후 새로운 온실가스 업종별 배출전망이 발표되면, 부가가치 전망과 에너지 수요 전망에 대한 자

〈표 1.12〉 2010~2020년 기간 주요 지수에 대한 가정

구분	부가가치 연평균 증가율	에너지 연평균 증가율	온실가스 배출량 비율	
			2020(BAU)/2007	2020(목표)/2007
음식품담배	1.75%	−0.8%	0.91	0.86
섬유의복	0.23%	−1.2%	0.82	0.77
목재제지	2.49%	−1.1%	0.89	0.83
석유화학	3.94%	3.2%	1.25	1.16
비금속	2.19%	−0.7%	1.01*	0.93*
1차금속	4.94%	3.8%	1.41	1.32
비철금속	2.81%	−0.6%	0.93	0.89
조립금속	4.49%	4.6%	2.87**	2.06**
기타제조	2.41%	−0.4%	0.96	0.94
건설	3.16%	−0.4%	1.29	1.2

출처 : 박년배 · 전의찬(2013)

자료 : 부가가치와 에너지의 연평균 증가율은 에너지경제연구원(2012)의 증가율 적용. 온실가스 배출량 변화비율은 온실가스종합정보센터 외(2011)의 배출량 값을 이용하여 산정

* 비금속 업종의 배출량 비율은 시멘트와 유리/요업을 합쳐서 산정

** 조립금속 업종의 배출량 비율은 기계, 전기/전자, 전자표시장치, 반도체, 자동차, 조선의 에너지만 합쳐서 산정

16) G20/OECD 국가들 중에서는 2008~2011년 기간 터키와 호주의 철강부문 에너지소비가 한국보다 빠르게 증가하였다. 하지만, 한국의 1차금속 업종의 에너지 소비 절대량 규모가 이 두 나라보다 훨씬 크다.

료를 입수하여 본 연구를 보완할 수 있을 것이다.

업종별 2020년 온실가스 배출량 전망은 2010년과 비교하여, 제조업 및 건설업은 125% 수준이며(연평균 2.2% 증가), 조립금속은 227%로 가장 많이 증가할 전망이다. 2020년의 목표 배출량은 2010년 대비 제조업 및 건설업이 109%(연평균 0.8% 증가), 조립금속은 163% 수준이다. 1차금속은 104%, 석유화학은 102% 수준이다. 2020년 업종별 감축목표는 전망치와 비교하여, 제조업 및 건설업은 13%를 감축해야 하며, 조립금속은 28% 감축으로 가장 엄격하고, 석유화학 8% 감축, 1차금속 6% 감축하는 수준이다. 2010년도 배출량과 비교할 경우, 제조업 및 건설업은 2020년까지 9%를 더 배출할 수 있다. 조립금속은 2010년도 배출량보다 63%를 더 배출할 수 있는 반면, 섬유의복은 21%를 감축해야 한다. 1차 금속은 4%, 석유화학은 2%까지 더 배출할 수 있다(그림 1.36 참고).

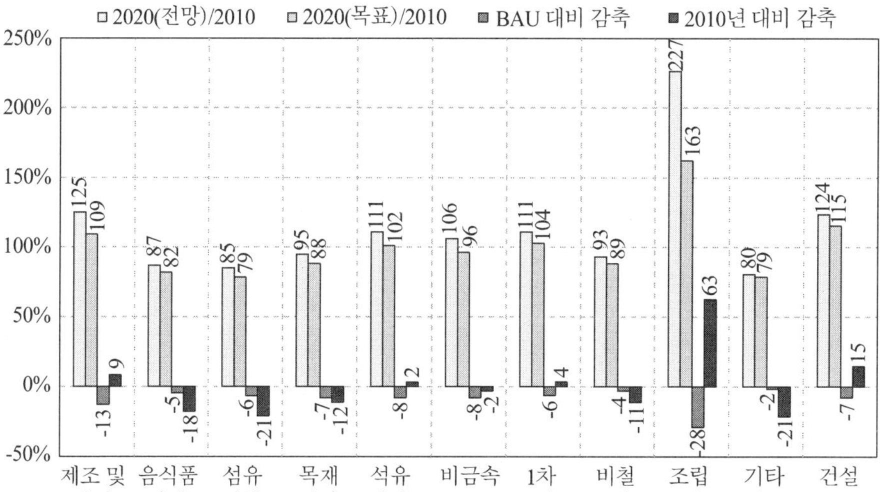

〈그림 1.36〉 업종별 2020년 온실가스 목표 배출량 수준 비교

제조업 및 건설업의 온실가스 배출량은 2020년까지 2010년 대비 기준 전망에서 약 6천6백만 톤이 더 증가할 전망이며, 목표 전망에서는 약 2천3백만 톤 증가하게 되고, 이 경우 기준 전망의 약 35% 수준이다. 2007~2010년 기간 온실가스 배출량이 증가하면서, 2011~2020년 기간에 목표를 달성하려면 허용되는 배출량이 크게 감소하였다. 2011~2020년 기간의 배출량 증가량은 2000~2010년 기간의 배출량 증가량(8천3백만 톤CO_2eq.)에 비해 기준 전망은 21% 감축, 목표 전망은 72% 감축해야 하는 수준이다. 생산 효과를 제외한 나머지, 즉 구조 효과, 에너지원단위 효과, 배출원단위 효과가 모두

배출량 감소에 기여해야 한다. 제조업 및 건설업 부문의 목표 전망에서는 에너지의 배출원단위로 인한 배출량 감소분이 기준 전망에 비해 약 2배 수준으로 커야 한다(그림 1.37 참고).

1차금속은 2000~2010년 기간의 온실가스 배출량이 연평균 5% 증가하여 4천만 톤이 증가하였지만, 2020년 목표를 달성하기 위해서는 연평균 증가율이 0.3%로 감소해야 하며, 이 경우 2010년 배출량에 비해 3백7십만 톤 더 배출할 수 있다. 생산 효과와 에너지원단위 효과 또한 배출량 증가에 기여하고, 구조 효과와 배출원단위 효과는 배출량 감소에 기여하는 것으로 분석되었다. 목표 전망에서 배출원단위 효과로 인한 배출량 감소가 더 크다(그림 1.38 참고).

석유화학 업종의 배출량은 1,880만 톤 증가하였지만, 2020년 기준 전망에서는 2010년 배출량보다 590만 톤 증가할 전망이며, 목표를 달성하기 위해서는 130만 톤 더 배출하는 수준으로 관리해야 한다. 석유화학의 경우 생산효과와 구조 효과가 배출량 증가에 기여하고, 에너지원단위 개선과 배출원단위 개선이 배출량 감소를 이끌어야 한다. 조립금속 업종은 목표를 달성하기 위한 배출허용량이 다른 업종에 비해 높으며, 에너지원단위 효과만이 배출량 감소에 기여하는 것으로 나타났다. 한편, 기타제조, 섬유의복, 음식품담배, 목재제지, 비금속, 비철금속 등 6개 업종은 2020년 목표 배출량이 2010년 배출량보다 낮았다. 생산효과를 제외한 모든 효과, 즉 구조 효과, 에너지원단위 효과, 배출원단위 효과가 모두 배출량 감소에 기여하는 것으로 분석되었다.

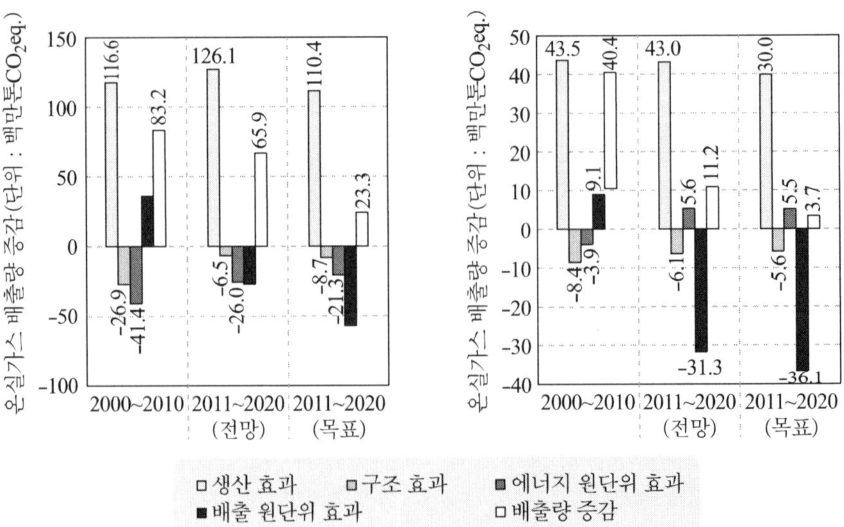

〈그림 1.37〉 제조업 및 건설업의 배출량 전망에 대한 분해분석

〈그림 1.38〉 1차금속 업종의 배출량 전망에 대한 분해분석

〈표 1.13〉 제조업 및 건설업종 온실가스 직·간접배출량 과거 및 전망 분해분석 결과

(단위 : 백만 톤CO_2eq.)

구분		생산 효과	구조 효과	에너지원단위 효과	배출원단위 효과	배출량 증감
제조업 및 건설	2000~2010	116.6	-26.9	-41.4	34.9	83.2
	2011~2020(전망)	126.1	-6.6	-26.0	-27.5	65.9
	2011~2020(목표)	110.4	-8.7	-21.3	-57.0	23.3
음식품 담배	2000~2010	3.2	-3.1	0.2	0.4	0.8
	2011~2020(전망)	2.4	-0.2	-2.6	-0.4	-0.9
	2011~2020(목표)	2.3	-0.1	-2.6	-0.7	-1.2
섬유의복	2000~2010	5.6	-6.3	-4.6	1.1	-4.3
	2011~2020(전망)	4.1	-3.2	-1.8	-0.5	-1.3
	2011~2020(목표)	3.9	-2.9	-1.6	-1.1	-1.8
목재제지	2000~2010	4.2	-3.1	-2.7	0.9	-0.8
	2011~2020(전망)	3.5	-1.5	-3.0	0.6	-0.4
	2011~2020(목표)	3.2	-1.4	-2.8	0.0	-0.9
석유화학	2000~2010	24.3	-5.0	-1.1	0.6	18.8
	2011~2020(전망)	23.9	2.0	-7.1	-12.8	5.9
	2011~2020(목표)	21.9	2.1	-6.8	-15.9	1.3
비금속	2000~2010	10.7	-3.5	-9.1	0.9	-0.9
	2011~2020(전망)	10.1	-4.2	-6.0	1.3	1.2
	2011~2020(목표)	9.2	-3.9	-5.4	-0.5	-0.5
1차금속	2000~2010	43.5	-8.4	-3.9	9.1	40.4
	2011~2020(전망)	43.0	-6.1	5.6	-31.3	11.2
	2011~2020(목표)	39.9	-5.6	5.5	-36.1	3.7
비철금속	2000~2010	0.3	-0.3	0.2	-0.1	0.2
	2011~2020(전망)	0.3	-0.1	-0.2	-0.1	0.0
	2011~2020(목표)	0.2	-0.1	-0.2	-0.1	-0.1
조립금속	2000~2010	15.7	11.6	-11.3	6.0	21.9
	2011~2020(전망)	32.3	8.4	-6.1	18.7	53.3
	2011~2020(목표)	23.4	4.7	-2.8	1.0	26.2
기타제조	2000~2010	8.1	-8.2	-9.1	15.2	6.0
	2011~2020(전망)	5.5	-1.8	-3.6	-3.8	-3.7
	2011~2020(목표)	5.3	-1.7	-3.5	-4.1	-3.9
건설	2000~2010	1.0	-0.6	0.0	0.7	1.1
	2011~2020(전망)	1.1	0.1	-1.3	0.7	0.6
	2011~2020(목표)	1.0	0.1	-1.2	0.5	0.4

1.2.3 산업부문 온실가스 감축을 위한 시사점

2000~2010년 기간 제조업 및 건설업 부문의 온실가스 배출량은 약 8천3백만 톤 증가하였으며, 생산 효과가 배출량 증가에 가장 크게 기여하였으며, 구조변화 효과와 에너지원단위 효과는 배출량 감소에 기여하였다. 그러나 전력 배출원단위가 악화되면서 에너지의 배출원단위 또한 배출량 증가에 기여하였다.

기간별로 보면 녹색성장을 강조하던 2008~2010년 기간(특히, 2010년)에 2000~2007년 기간보다 온실가스 배출량이 더 빠르게 증가하였다. 이는 산업구조 변화와 에너지원단위 감소 노력이 상대적으로 저조했던 것이 주원인으로 분석되었다.

1차금속 업종의 경우, 연평균 배출량 증가율은 2000~2007년 기간 3.6%, 2008~2010년 기간 8.4%, 2000~2010년 기간 5.0%이었다. 목표관리제가 2011년부터 도입되었지만, 최근 철강업종의 생산 증가로 인해 온실가스 배출량이 더 빠르게 증가하였다.

녹색성장 정책이 실효가 있으며, 2020년 국가 온실가스 감축목표를 달성하기 위해서는, 즉 경제성장과 온실가스 배출의 탈동조화를 이루기 위해서는 산업구조 변화, 에너지원단위 감소, 배출원단위 감소(특히 전력배출원단위 감소) 등이 동시에 수반되어야 함을 확인할 수 있었다.

2020년 산업부문 온실가스 감축목표를 달성하기 위해서는 과거(2000~2010년 기간 배출량 증가 8,320만 톤)에 비해 훨씬 낮은 수준의 배출량 증가(2,330만 톤)가 요구된다. 과거에 구조효과와 에너지원단위 효과가 배출량 감소를 이끌었다면, 앞으로는 생산효과를 제외한 모든 요인, 즉 구조효과, 에너지원단위 효과뿐만 아니라 배출원단위 효과도 배출량 감소로 이어져야 한다. 본 장에서 1차금속 업종의 경우, 향후 생산 효과와 에너지원단위 효과는 배출량 증가에 기여하지만, 구조효과와 배출원단위 효과가 배출량 감소에 기여하고, 목표를 달성하기 위해서는 특히 배출원단위의 개선이 매우 중요함을 시사하고 있다.

2013년 말까지 정부는 새로운 에너지기본계획과 온실가스 중기 기준 전망을 수립할 예정이다. 새로운 계획에서 에너지와 온실가스 기준 전망의 내용과 에너지원별 믹스 등을 예의주시할 필요가 있다. 온실가스종합정보센터 외(2011)는 2020년 국가 온실가스 감축목표를 달성하기 위한 연도별 경로를 제시하였는데, 이에 따르면 2014년에 배출량이 정점에 도달한 다음에 2020년 목표 배출량 수준으로 감소하는 경로를 제시하고 있다. 2013년 초에 발표된 6차 전력계획에 따르면, 2020년 화력발전(석탄, 가스, 석유, 집단)의 발전설비 비율은 5차 전력계획의 60%보다 높은 62%로 설정하고 있다(지식경제부, 2012: 지식경제부, 2013). 전력의 약 53%(2011년 기준)가 산업부문에서 소비되고 있는 현실에서, 전력의 배출원단위는 곧 산업부문 온실가스 배출량 산정에 주요 영향 인

자이다.

본 장에서는 2000～2007년, 2008～2010년, 2011～2020년 기간에 대한 산업 부문과 업종별 온실가스 배출량에 대한 LMDI 분해분석을 적용하였다. 향후 온실가스 배출량 기준 전망에 대한 상세 자료가 발표된다면, 새로운 자료에 기반하여 분석해 볼 수 있을 것이다. 본 장은 온실가스에너지목표관리제에 참여하는 세부업종별로 매출액 효과, 에너지원단위 효과, 온실가스배출원단위 효과를 분석하는 연구로도 확장될 수 있을 것이다.

1.3 전력수급기본계획과 온실가스 배출

1.3.1 에너지 정책과 기후변화 정책

기후변화의 영향을 완화하기 위한 세계 각국의 노력이 진행되는 가운데, 이명박 정부는 녹색기술과 청정에너지 개발을 신 성장 동력으로 삼고, 기후변화에 대응하기 위한 국제사회의 노력에 동참하기 위해 2008년 '저탄소 녹색성장'을 국가발전의 새로운 패러다임으로 선포[17]한데 이어, 2020년까지 BAU 대비 30% 감축이라는 자발적인 온실가스 감축목표를 국내외 선포하였다[18]. 2011년에는 온실가스 감축목표 달성을 위한 구체적 후속조치로 부분・업종별 감축목표를 정하고(온실가스종합정보센터 외 2011), 다양한 정책수단을 통해 온실가스 감축을 실행해 오고 있다.

이러한 정책적 노력에도 불구하고, 최근 발표된 국가 온실가스 인벤토리 보고서[온실가스종합정보센터(2013)]에 따르면 2010년도 온실가스 배출량은 6억7천만 톤CO_2eq으로 2009년 대비 약 10% 증가함으로써 온실가스 감축 목표의 달성여부와 정책의 효과와 실효성에 대한 우려가 커지고 있는 상황이다.

본 장에서는 온실가스 감축 정책의 효과와 실효성에 대한 이와 같은 우려가 에너지 정책과 기후변화 정책간의 불일치에서 기인할 수 있다는 가정 하에, 현재 추진되고 있는 에너지정책과 온실가스감축정책의 양립가능성을 발전부문을 중심으로 평가해 보고자 한다. 에너지 연소에 의한 온실가스 배출량이 국내 총 온실가스 배출량의 85%(2010년 현재)를 차지하는 상황에서, 온실가스감축정책과 에너지정책은 불가분의 관계에 있다고 할 수 있다. 즉, 구속력 있는 온실가스감축정책의 목표 달성은 그에 상응하는 에너지정

17) 대통령, 2008년 8.15 경축사

18) http://www.greengrowth.go.kr/?page_id=42461

책의 추진 없이는 불가능하고, 반대로 에너지정책의 목표도 온실가스 감축을 통합적 차원에서 고려해야 한다고 할 수 있다.

우리나라 발전부문은 2010년 기준 국내 총 1차 에너지의 25%를 사용하여, 최종에너지의 20% 차지하는 전력을 생산 · 공급하며, 연료 연소에 의한 온실가스 배출량의 40%를 배출하는 주요 에너지 산업이다[지식경제부 · 에너지경제연구원(2012)]. 동시에 발전부문은 빠른 전기화와 지속적 수요 증가에 대응하는 안정적 전력 공급, 공급위주 정책을 둘러싼 사회적 갈등 해결, 시장기능의 부재와 정치적 논리에 의한 수요관리의 어려움, 원전 등 바람직한 전원믹스에 대한 사회적 합의의 부재, 온실가스 감축 목표 달성 등 여러 가지 난제들에 직면해 있는 것이 현실이다.

정부는 전력의 수요와 공급을 둘러싼 다양한 정책적 과제를 다루는 전력부문의 최상위 정책과 계획으로서 전력수급기본계획(이하 '전력계획')을 수립해오고 있다. 전력수급기본계획은 전기사업법에 의거하여 에너지정책 수립의 주무부처인 산업통산자원부 장관이 2년 단위로 전력수급의 안정을 위해 수립 · 공고하는 전력의 수요와 공급에 관한 정부의 최상위 정책이다. 전력수급기본계획은 15년의 계획기간 동안 전력수요 전망, 수요관리 목표, 적정예비율, 전원믹스, 신재생 비중, 발전소 건설계획 등의 정책 방향을 제시하는 중장기 전력수급 안정을 위한 정부의 목표계획이다.

본 장은 2013년 발표된 6차 전력계획[지식경제부(2013)]에 근거하여, 향후 발전부문 온실가스 배출의 범위를 상향식 에너지 모형인 MESSAGE (Model for Energy Supply System Alternatives and their General Environmental impacts)를 통해 정량적으로 시뮬레이션해보고, 온실가스 감축 목표의 달성 가능 여부를 평가해 보고자 한다. 6차 전력계획에 의해 확정된 설비계획 하에서 전력수요, 재생에너지 이용률, 연료대체 등 발전믹스에 영향을 미치는 요인들을 조합하여 6가지 온실가스배출 시나리오를 구성하였고, 발전부문 온실가스 감축목표 달성을 위한 필요조건과 비용 등을 분석 · 제시함으로써, 향후 전력수급기본계획 수립시 고려해야 할 시사점과 관련 에너지정책의 방향 등을 제시하고자 한다.

1.3.2 MESSAGE 모형 및 분석 시나리오 구성

(1) MESSAGE 모형

본 장은 한국의 전력 부문을 묘사하고 정부정책의 영향을 분석하기 위해 MESSAGE 모형을 사용한다. MESSAGE 모형(Messner and Strubegger, 1995)은 대표적인 상향식 에너지 시스템 최적화 모형으로 중장기 에너지 계획, 에너지 정책 분석, 에너지－환경

연계 시나리오 개발 및 분석에 널리 사용되고 있다(Nakićenović et al., 1998; Nakicenovic and Swart, 2000; Metz, 2001; Metz, 2007; Riahi et al., 2011; GEA, 2012). MESSAGE 모형은 종횡으로 연계된 에너지 시스템의 상호의존성과 시스템의 경계안에서 발생하는 환경적 영향을 묘사하고 분석할 수 있는 틀을 제공한다. 즉, 연구의 범위와 목적에 따라 에너지 자원의 채취, 수입/수출, 전환, 수송과 분배, 유용한 에너지 서비스(열, 동력, 조명, 가전/사무기기, 공간적 이동 등) 제공에 이르기까지 다양한 에너지 부문의 상호연계성을 묘사・분석할 수도 있고, 특정 부문의 에너지 수요와 공급, 그와 관련된 환경적 영향을 묘사・분석할 수도 있다.

MESSAGE 모형은 주어진 에너지 시스템의 경계(energy system boundary) 안에서 최적의 에너지 흐름, 최적의 투자와 그에 상응하는 에너지 기술 포트폴리오를 제시한다. 즉, MESSAGE 모형은 외생적으로 주어진 에너지 수요를 만족시키는 여러 가지 경우 중에서 최소비용으로 만족시키는 경우를 최적의 해(solution)로 제시한다. 이러한 모형의 작동 원리는 동적선형계획법(Dynamic Linear Programing)에 의한 최적화(Optimization)라는 MESSAGE 모형의 특성 때문에 가능한 것이다. 즉 MESSAGE 모형은 환경, 투자, 기술보급, 자원 등 여러 제약조건 하에서, 시스템 경계내의 에너지의 수요와 공급의 균형을 최소비용으로 만족시키는 해를 찾고, 이 해에 상응하는 최적의 에너지 기술에 대한 투자 전략, 기술의 포트폴리오, 에너지 흐름 등을 제시한다. 최적의 에너지 흐름과 기술 포토폴리오의 제시는 에너지 기술의 특성(성능, 비용, 환경적 영향)에 대한 자세한 묘사가 가능한 상향식 모형의 장점이라고 할 수 있다.

모형의 최적화 과정은 서로 다른 공학적 성능, 경제성, 환경적 특성을 가진 에너지 기술에 대한 선택과 투자 결정을 해야 하는 의사결정자가 최소비용의 대안을 찾는 과정에 비유할 수 있다.

최적화 과정을 통해 에너지 시스템(에너지 기술의 조합)의 변화는 모형에서 내생적으로 결정된다. 비용은 에너지 기술 설비의 투자비, 고정・변동 운전 유지비, 연료비용과 사용자가 정의할 수 있는 환경오염 비용 등으로 구성된다. 이러한 비용 자료는 시스템의 총 비용(할인을 통해 현가화한 비용의 총합)을 계산하는데 사용된다.

본 장에서 사용한 국내 전력부문 모형은 MESSAGE 모형의 최적화 기능을 부분적으로 사용한 경우이다. 전력계획이 온실가스 배출에 미치는 영향을 평가하기 위해 6차 전력계획에서 확정된 2030년까지의 발전설비계획을 고정함으로써, 신규 발전설비에 대한 기술선택과 그에 따른 투자결정이 최적의 해를 구하는데 반영되지 않으며, 주어진 신규 설비계획 하에서 연료비용만을 고려한 상태에서 최적의 에너지 흐름을 제시한다.

(2) 시나리오의 전제 및 구성

6차 전력계획에 근거하여 2030년까지 국내 발전부문의 에너지원별 설비 구성을 고정한 상태에서 에너지원별 발전 믹스와 그에 따른 온실가스 배출량 전망을 6개의 시나리오를 통해 구성하였다. 주어진 설비 하에서 발전 믹스 및 온실가스 배출량에 미치는 요인으로는

① 전력수요
② 재생에너지 이용률
③ 연료대체

를 고려하였으며, 6개의 시나리오는 세 가지의 요인의 서로 다른 조합이다.

6차 전력계획의 발전 설비 계획을 소개하고, 각각의 요인별 시나리오의 전제조건과 시나리오 구성을 설명한다.

① 발전설비

국내 발전설비의 총 용량은 2010년 현재 약 76GW로 에너지원별 구성과 연식(vintage) 구조는 <그림 1.39>와 같다. 설비용량(괄호 안은 설비 비중)은 석탄 24.2GW(32%), 천연가스 20.0GW(26%), 원자력 17.7GW(23%), 기타[19] 9.3GW(12%) 순이다. 오른쪽 원형그래프는 76GW의 설비용량을 연식에 따라 비중으로 나타낸 것이다. 76GW의 설비용량중 약 37%는 수명이 10년 이하인 것이고, 30년 이상 된 노후설비의 비중은 약 9% 정도이다.

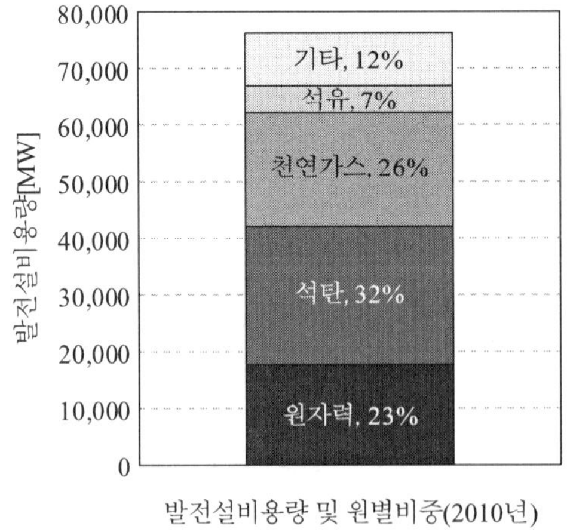

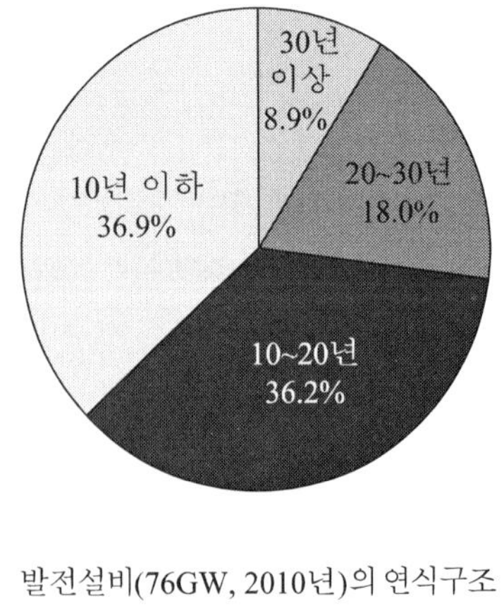

〈그림 1.39〉 2010년 발전 설비의 에너지원별 발전용량 및 연식구조

19) 기타는 수력, 집단, 대체에너지의 설비용량을 포함함.

현존하는 발전설비에 추가하여, 전력수급기본계획은 향후 예상된 전력수요의 증가에 대응하기 위해 발전사업자의 발전소 건설의향을 검토하여 적정한 전원구성을 제시한다. <그림 1.40>은 6차 전력계획에서 확정된 에너지원별 신규 발전용량을 기간별(5년 단위)로 나타낸 것이다[20]. 초기에는 화석연료(석탄, 가스복합)기반의 설비용량이 대규모로 추가되며, 후반으로 갈수록 신규 설비용량의 절대량은 줄어드나, 신재생 발전설비들이 대부분을 차지하고 있음을 알 수 있다.

<그림 1.41>은 에너지원별 신규 용량과 투자비를 2010년부터 2029년까지 누적

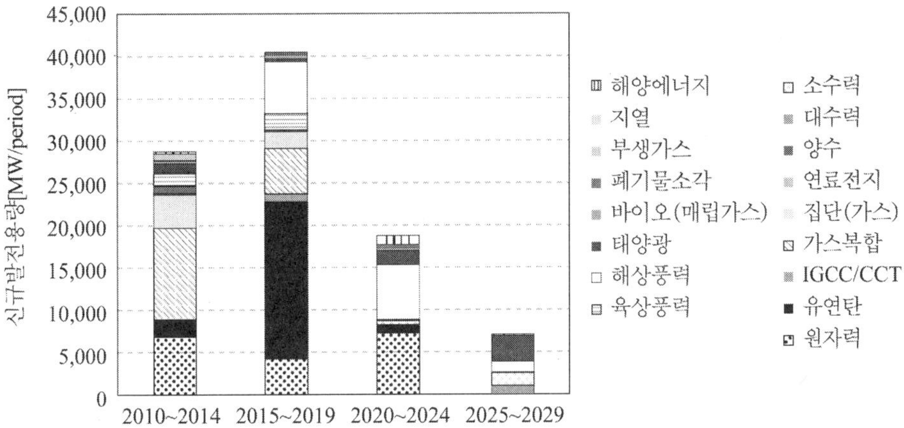

〈그림 1.40〉 6차 전력계획의 발전원별 신규 용량
[연도별 신규 발전용량(MW)을 기간(5년 단위)별로 합산한 값]

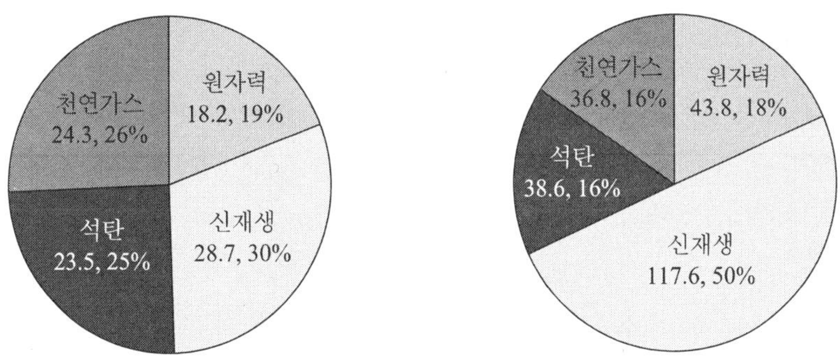

발전원별 신규 발전 용량(GW) 및 비중(%) 누적(2010~2030)

발전원별 신규 설비 투자비(조원) 및 비중(%) 누적(2010~2030)

〈그림 1.41〉 6차 전력계획의 발전원별 누적(2010～2029) 신규 용량 및 투자비

20) 6차 전력계획의 기간이 2013년부터 2027년까지이기 때문에 2010년부터 2012년까지는 실적(출처 : 전력거래소 전력통계정보시스템)을 반영하였고, 마지막 기간(2025～2029)의 설비계획은 2025년부터 2027년의 연평균 설비계획을 5개년으로 확장하였음.

으로 나타낸 것이다. 누적 기준으로 신재생에너지 (수력, 풍력, 태양광, 바이오, 폐기물, 부생가스, 지열[21], 해양에너지)의 신규용량이 28.7GW으로 가장 큰 비중(30%)을 차지하며, 다음으로 천연가스(가스복합, 집단(가스), 연료전지)와 석탄(유연탄, IGCC · CCT)이 각각 24GW으로 총 50%의 비중을 차지한다. 원자력의 설비용량은 18.2GW으로 총 신규 발전 용량의 19%를 차지할 계획이다. 발전원별 누적 투자비 측면에서는 신재생 에너지가 차지하는 비중이 50%에 해당하며, 이는 신재생에너지의 투자비가 상대적으로 높은 현실을 반영한다.

② 전력수요

전력수요는 발전량과 그에 따른 온실가스 배출량을 결정짓는 중요한 요인 중의 하나이다. <그림 1.42>의 왼쪽 그림은 1999년부터 2012년까지 전력수요 실적과 지난 전력수급기본계획의 전력수요 전망을 대비하여 보여준다. 본 장에서 시나리오의 전제로 사용한 전력수요 전망에 대한 소개에 앞서, 과거 수요전망의 정확성에 대한 평가를 수요예측 자체의 오류와 에너지정책과 기후변화정책간의 불일치라는 두 가지 관점에서 고찰해 보았다.

㉮ 수요예측의 오류

그림을 통해 시각적으로 볼 수 있듯이, 지난 10년간 전력수급기본계획은 미래의 전력수요를 지속적으로 과소예측하는 경향을 보여준다. 예를 들어, 2010년

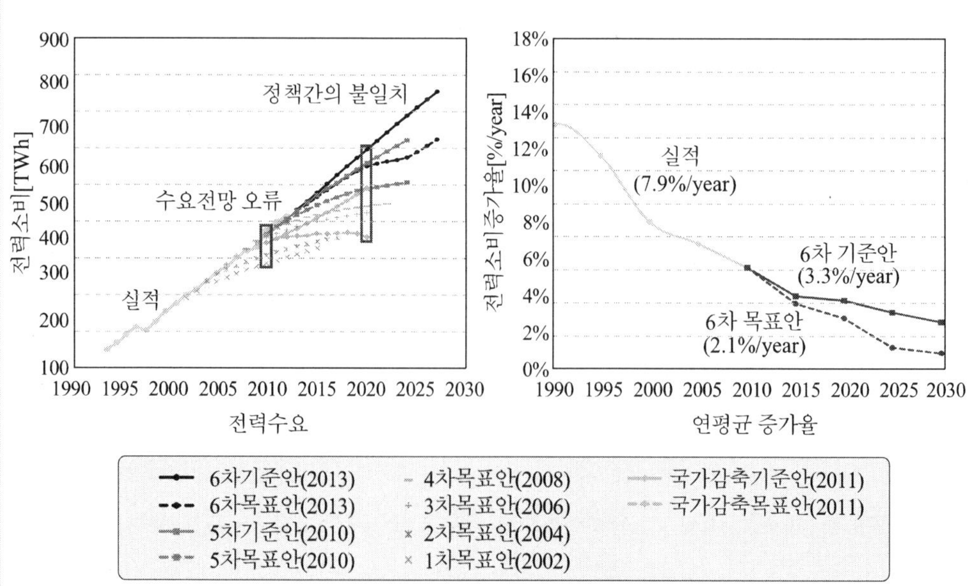

〈그림 1.42〉 전력수요와 연평균 증가율의 실적과 전망

21) 지열발전은 5차 전력계획(지경부, 2010)의 설비 계획을 반영하였음.

전력수요 전망은 실적에 비해 최대 27%(2002년 수립된 1차 계획의 목표수요 대비) 과소 예측되었다. 이는 전력수급기본계획 수립 시 사용되는 수요전망 방법론의 오류 또는 수요관리 정책의 실패, 경제성장 및 기후, 산업구조의 변화 등 전망자체에 내재된 불확실성이 복합적으로 작용된 결과라고 추론할 수 있다. 향후, 전력계획이 안정적인 전력공급 전략을 위한 정부의 계획으로서 역할을 하기 위해서는 전력수요(총량, 부하) 예측의 정확성을 개선할 필요가 있다.

㈏ 정책간의 불일치

본 장의 목적인 에너지정책과 기후변화정책의 양립 가능성 측면에서도 전력수요 전망의 차이는 두드러진다. 2011년 국가 온실가스 감축목표 설정 시 발전부문의 감축목표(BAU 대비 26.7% 감축) 달성을 위한 2020년 목표수요는 420 TWh로 6차 전력계획의 기준수요(640 TWh)보다 34% 낮고, 목표수요(590 TWh) 보다도 29% 낮다. 이러한 차이(약 220 TWh)는 원자력 발전소 27기의 연간 발전량(1기당 1 GW 설비용량과 약 90% 이용률 기준)에 해당한다. 즉, 발전량과 온실가스 배출에 영향을 미치는 전력수요 목표가 서로 다른 정책 하에서 상이하게 설정되어 있는 것이다. 이는 양 정책간 정책 우선순위의 이질성과 정책 조정 기능 부재의 결과라고 할 수 있다. 보수적 수요 저감과 안정적 공급이라는 전력수급기본계획의 정책 우선순위와 환경적 목표 달성을 위한 공격적 수요 저감이라는 온실가스 감축 정책 우선순위간의 불일치를 보여주는 하나의 사례라고 할 수 있다. 이는 에너지 정책과 환경(기후)정책의 통합적 접근이 필요하다는 것을 방증하는 하나의 예라고 할 수 있다.

본 장은 가장 최근의 계획인 6차 전력계획의 기준수요와 목표수요 전망을 각각 시나리오의 전제로 사용하였으며, 연도별 수요전망은 <표 1.14>와 같다. 기

〈표 1.14〉 6차 전력계획의 전력수요 전망

전력 수요 전망		2010	2015	2020	2025	2030 [22]
6차 기준수요	총량 (Gwh)	434,160	526,356	630,964	733,060	830,229
	(1인당소비량, Mwh)	(8.79)	(10.40)	(12.27)	(14.10)	(15.92)
6차 목표수요	총량 (Gwh)	434,160	516,156	590,565	624,950	651,268
	(1인당소비량, Mwh)	(8.79)	(10.20)	(11.48)	(12.02)	(12.49)

22) 6차 전력계획의 기간은 2027년까지이나, 본 연구는 5년 단위로 기간을 설정하고, 2030년까지를 모형의 계획기간으로 설정하였기 때문에 2030년의 전력수요는 연평균 증가율의 추세를 반영하여 외삽(extrapolation)을 한 값임.

준수요에 따르면 2030년 국내 총 전력소비량은 2010년 대비 91%(연평균 3.3% 증가한 830 TWh에 이를 것으로 전망되며, 목표수요는 50%(연평균 2.1%) 증가한 651 TWh에 이를 것으로 전망된다.

③ 연료가격 및 발전기술별 이용률

연료가격은 발전기술별 비용 경쟁력을 결정하는 주요한 요인 중의 하나이다. <그림 1.43>은 국내 발전부문에서 사용되는 주요 에너지원별 연료가격[23]의 변화를 보여준다. 단위 열량당(Kwyr) 화석 연료의 가격은 지속적으로 증가해온 반면, 원자력 발전연료는 지난 10년간 큰 변동이 없었음을 알 수 있다. 본 연구에서는 2010년의 연료가격이 2030년까지 지속된다고 가정하였다. 이러한 가정은 미래 연료가격의 변화 가능성을 고려하지 않는다는 한계가 있지만, 연료별 상대가격의 차이를 2010년 수준에서 유지함으로써, 발전기술별 비용 경쟁력이 시나리오의 결과에 반영되도록 하였다.

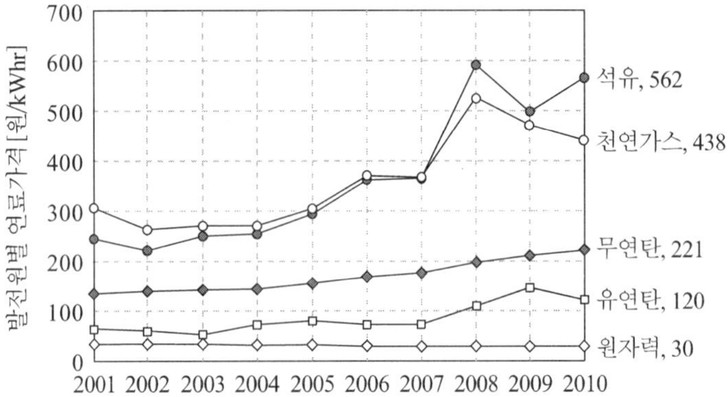

〈그림 1.43〉 발전원별 연료가격 변화추이 및 시나리오의 전제 [출처 : 전력통계정보시스템]

발전기술별 비용경쟁력은 연료가격뿐 아니라 설비의 효율, 이용률, 투자비용, 내구연한 등에 의해 결정된다. <그림 1.44>는 2010년 현재 국내 주요 발전기술의 전력균등화비용(LCOE, Levelized Cost of Electricity)과 연간 설비 이용률을 보여준다. 전력균등화비용은 설비의 기술적 특성, 투자된 자본과 운영비용, 연료비용을 종합적으로 고려한 발전원가로 발전기술별 비용을 비교하는 수단으로 널리 사용된다(IEA and NEA, 2010).

23) 본연구의 모든 화폐가치는 2010년 불변가격으로 환산한 수치임.

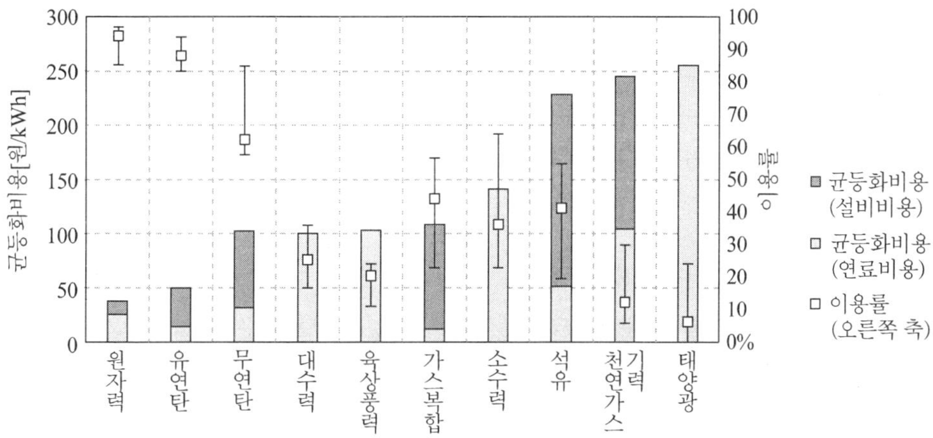

〈그림 1.44〉 발전기술별 전력균등화비용(2010년) 및 이용률

[출처 : 조철흥(2013), 전력통계정보시스템]

[주] 빨간색 정사각형은 2000년부터 2010년까지 발전원별 이용률의 중간값(median)을 나타내며, 오차막대는 각각 최대값과 최소값을 나타냄.

<그림 1.44>는 우리나라 전력공급시장에 경제적 급전 원리가 작동되고 있음을 보여준다. 발전단가가 낮은 원자력과 유연탄은 높은 이용률을 보이며 기저부하를 만족시키고, 연료비용으로 인해 상대적으로 높은 발전단가를 가진 천연가스(가스복합 및 기력)와 석유 발전은 중간 및 최대부하만을 만족시키므로 상대적으로 낮은 이용률을 보인다. 기술적으로 부하추종과 가능한 이와 같은 발전기술들과 다르게, 풍력과 태양광등 재생에너지는 발전단가가 상대적으로 높을 뿐 아니라, 간헐적 특성에 의해 낮은 이용률을 보인다.

〈표 1.15〉 주요 발전기술의 기준 이용률과 최대 이용률 전제

발전기술	기준 이용률	최대 이용률	발전기술	기준 이용률	최대 이용률
원자력	85%	-	대수력	25%	35%
유연탄	90%	-	소수력	36%	63%
무연탄	62%	-	육상풍력	20%	25%
IGCC/CCT	85%	-	해양풍력	36%	40%
석유(기력)	41%	-	태양광	15%	24%
가스(기력)	85%	-	바이오(매립가스)	57%	61%
가스복합	85%	-	부생가스	42%	56%
집단	45%	-	폐기물 소각	19%	43%
연료전지	85%	-	해양에너지	12%	12%
			지열	69%	69%

<표 1.15>는 본 장에서 사용한 발전기술별 설비 이용률이다. 부하추종이 가능한 설비의 이용률은 한 가지 수치만 사용하였고, 재생에너지의 이용률은 기준과 최대 이용률로 구분하였다. 재생에너지의 기준 이용률과 최대 이용률은 개별기술의 2000~2010년 이용률의 중간값과 최대값을 각각 사용하였다. 국내에서 운영 경험이 없는 기술들의 이용률은 IEA(2012)의 OECD 평균값을 사용하였다.

④ 시나리오의 구성

본 장은 총 6개의 시나리오를 구성하였다. 각각의 시나리오는 온실가스 배출에 영향을 미치는 3가지 주요 요인(전력수요, 재생에너지 이용률, 연료대체)들의 서로 다른 조합이다. 모든 시나리오에 공통적으로 적용되는 전제는 발전 설비가 고정되어 시나리오별로 차별화되지 않는다는 점과, MESSAGE 모형의 특성상 시나리오의 결과는 비용 최적화의 결과라는 점이다. 발전설비의 경우, 기존설비는 설계수명[24] 후 폐쇄되고, 신규설비는 6차 전력계획의 설비계획에 따라 발전설비 믹스에 편입된다. 모든 시나리오에서 설비의 구성이 동일하게 고정되어 있기 때문에, 모형은 비용최적화를 위해 연료비용만을 결정변수로 고려하게 된다.

시나리오의 구분은 먼저 전력수요를 6차 전력계획의 기준수요와 목표수요에 따라 고수요(H)와 저수요(L)로 나누고 비용최적화에 따라 해를 찾는 시나리오('ref'), 각각의 전력수요에 재생에너지의 이용률을 최대화하는 시나리오('ren'), 그리고 가법적으로 천연가스가 석탄 발전을 대체하는 시나리오('ng')로 구분하였다. <표 1.16>은 6개 시나리오의 구성에 대한 설명이다.

〈표 1.16〉 시나리오의 구성과 각 시나리오별 전제

시나리오	시나리오의 구성	공통전제
H_ref	기준수요	현(2010) 발전설비의 연식구조(설계수명 후 퇴역) + 6차계획에 의한 설비계획 (~2029) + 비용최적화
H_ren	기준수요+재생에너지 최대 이용률	
H_ng	기준수요+재생에너지 최대 이용률+LNG의 석탄 대체	
L_ref	목표수요	
L_ren	목표수요+재생에너지 최대 이용률	
L_ng	목표수요+재생에너지 최대 이용률+LNG의 석탄 대체	

24) 발전기술별 설계수명은 조철흥(2013)을 참조하였음.

1.3.3 시나리오별 발전부문 장기 영향 평가

(1) 에너지원별 발전설비용량

에너지원별 발전설비 용량 전망은 기존 발전설비(2010년 현재 약 78GW)의 연식(vintage)과 6차 전력계획에 의해 확정된 신규 설비계획이 종합적으로 시뮬레이션 된 결과이다. 즉, 기존설비는 설계수명에 도달하는 순서에 따라 점차적으로 폐지되고, 신규설비는 계획에 따라 새롭게 편입되어 최종적으로 각 연도별 총 설비를 구성하게 된다. <그림 1.45>는 2030년까지 에너지원별 발전설비 용량과 그 구성비를 나타낸다.[25)]

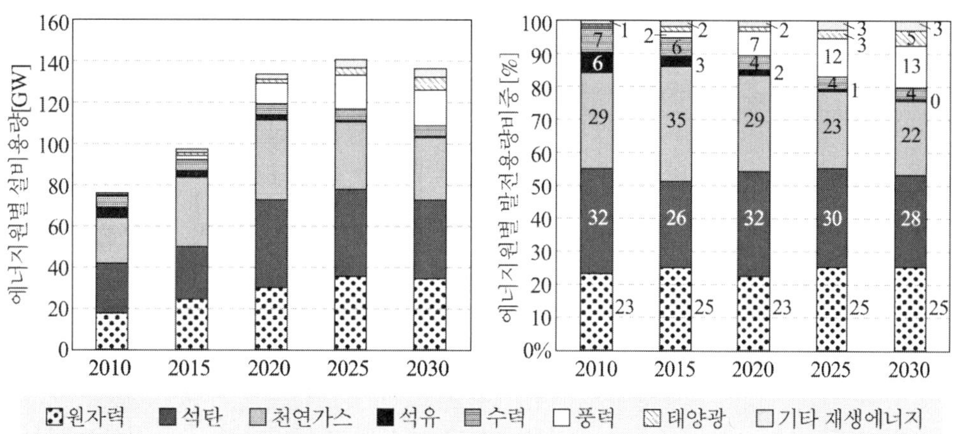

〈그림 1.45〉 에너지원별 발전설비 용량 및 비중

[주] '석탄'은 IGCC포함, '천연가스'는 집단에너지 및 연료전지 포함, '수력'은 양수 포함, '풍력'은 육상과 해상 포함, '기타 재생에너지'는 바이오(매립가스), 부생가스, 폐기물 소각, 해양에너지, 지열 포함

총 발전 설비 용량은 2030년 약 140GW에 이를 것으로 예상되며, 에너지원 별 설비용량 및 비중은 석탄 38GW(28%), 원자력 35GW(25%), 천연가스 31GW(22%), 풍력 17GW(13%), 태양광 6GW(5%), 수력 5GW(4%), 기타 재생에너지 4GW(3%) 순이 될 것으로 예상된다.

25) 모형의 시뮬레이션 결과로서 에너지원별 발전 설비 용량 전망은 6차 전력계획의 전원 구성 전망과 정확히 일치하지 않는다. 그 이유는, 본 연구에서는 연식 구조에 근거하여 현존 설비 용량이 설계 수명에 도달하면 예외 없이 폐지되는 것을 전제로 한 반면, 6차 전력계획에서는 특정 발전소(해당 발전 설비 용량)에 대한 폐지계획을 설비수명과 무관하게 설정하고 있기 때문이다.

(2) 에너지원별 발전량

주어진 시점에 발전설비가 고정되어 있다 하더라도 발전량의 에너지원별 구성(즉, 발전믹스)과 그에 따른 온실가스 배출은 전력수요의 변화, 공급시스템의 운영 등 위에서 언급한 시나리오 구성요소에 따라 달라진다. 본 장에서 발전믹스는 MESSAGE 모형의 최적화 특성에 따라 주어진 발전설비 하에서 운영비용(즉, 연료비용)을 최소화하는 방식으로 결정된다.

<그림 1.46>은 본 장에서 설정한 6가지 시나리오 중 4개의 시나리오의 발전믹스의 변화를 보여준다. 'H_ref'와 'L_ref'는 각각 기준수요와 목표수요를 만족하는 최소비용의 발전믹스를 보여준다. 'H_ref'와 'H_ren'의 비교는 고수요에서 재생에너지 이용률을 극대화하는 경우 발전믹스에 미치는 영향을 보여주며, 'H_ref'와 'L_ref'의 비교는 전력

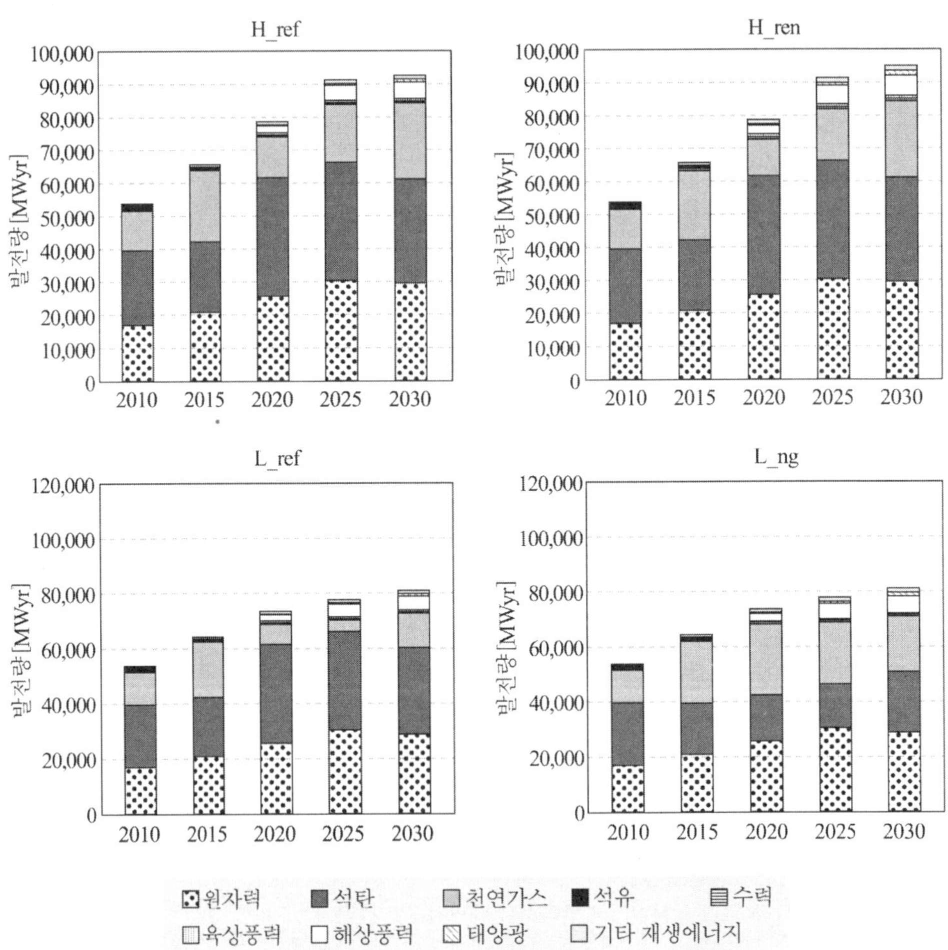

〈그림 1.46〉 주요 시나리오의 발전원별 발전량 믹스

수요 감소의 효과를 보여준다. 또한 'L_ref'와 'L_ng'의 비교는 저수요에서 가스발전이 석탄발전을 대체하는 경우 발전믹스에 미치는 영향을 나타낸다. 다른 모든 조건이 일정한 경우, 재생에너지의 이용률 확대는 비용최소화라는 모형의 작동원리에 따라 한계발전비용(즉, 본 연구에서는 연료비용)이 높은 천연가스 발전을 대체하는 효과를 발휘하게 된다. 수요가 감소한 경우에도, 한계비용이 높은 천연가스 발전이 가장 먼저 제외되는 효과를 낳는다. 'L_ng'는 한계비용이 높은 천연가스 발전이 석탄발전을 대체하여, 기저발전 역할을 대신하는 경우에 해당한다.

(3) 천연가스 구축(crowding out) 효과

<그림 1.47>은 수요 감소와 재생에너지 확대(재생에너지의 이용률이 높아지는 경우)에 따라 천연가스 발전이 어떻게 반응하는지를 좀 더 자세히 보여준다. 즉, 시나리오의 다른 전제 조건이 동일할 경우, 재생에너지의 이용률 확대는 한계기술인 천연가스의 발전량을 구축(crowd out)하는 효과를 낳는다. 전력수요가 감소되는 경우 천연가스 구축효과는 더욱 두드러진다. 반면 상대적으로 저렴한 연료가격으로 인해 기저 발전을 담당하는 석탄발전의 발전량은 수요 감소와 재생에너지의 확대 여부와 무관하게 일정한 발전량을 보여준다. 이러한 결과는 재생에너지 발전기술의 보급 확대가 온실가스 감축에 미치는 영향에 대한 차별된 시사점을 제시한다. 비용최적화라는 경제적 논리에 의해 저탄소 재생에너지가 천연가스를 대체한다면, 석탄을 대체했을 경우보다 온실가스 감축효과는 완화될 것이다. 재생에너지 기술 보급이 탄소집약도가 높은 석탄 대신, 한계비용은 높지만 탄소집약도가 상대적으로 낮은 천연가스를 대체함으로써, 저탄소 기술의 보급에 따른 온실가스 감축효과를 상쇄하게 되는 것이다. 따라서 재생에너지 공급의무화 정책

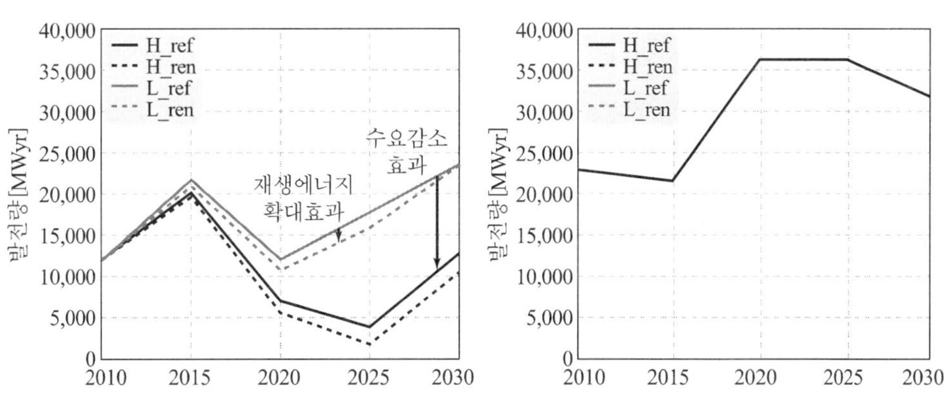

〈그림 1.47〉 수요 감소와 재생에너지 확대가 천연가스와 석탄 발전에 미치는 영향

(RPS)은 온실가스 감축에는 제한적인 효과만을 발휘하는 정책수단이며, 효과적인 온실가스 감축을 위해서는 보완적인 온실가스 감축정책(탄소세나 배출권거래제 등)이 병행되어야 한다는 점을 시사한다.

(4) 시나리오별 온실가스 배출 전망

<그림 1.48>은 6개 시나리오의 온실가스 배출전망과 2011년도에 확정된 2020년 배출전망(256 $MtCO_2e$)과 감축목표(187 $MtCO_2e$)를 보여준다. 6차 전력계획에 의해 달성 가능한 온실가스 배출의 범위는 2020년 최소 193에서 최대 291 $MtCO_2e$, 2030년 최소 174에서 최대 321 $MtCO_2e$에 이를 것으로 전망된다.

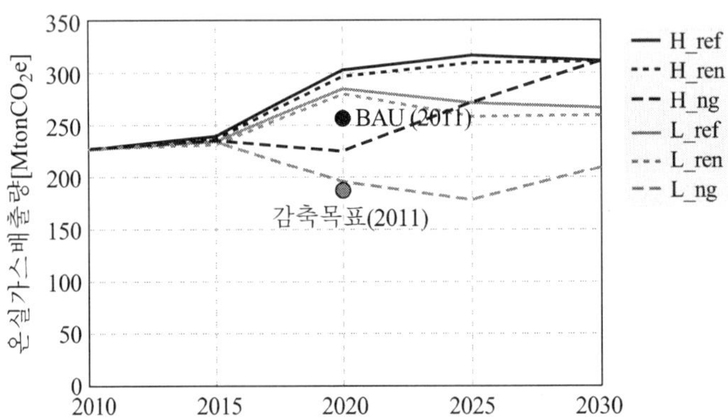

〈그림 1.48〉 시나리오별 온실가스 배출 전망 및 2011년 발전 부문 배출 전망 및 감축목표

6개 시나리오 중에서 2020년 온실가스 감축목표(187 $MtCO_2e$)에 근접하는 시나리오는 'L_ng' 시나리오뿐이다. 이러한 결과는 비록 현재의 전력계획 하에서 2020년 국가 온실가스 감축목표 달성은 기술적으로는 가능하지만, 다양한 수단들이 전례 없는 강도로 추진되어야만 달성 가능한 목표이고, 단기적으로 상당한 수준의 비용(다음 절에서 설명)을 수반할 수밖에 없음을 보여준다.

'L_ng' 시나리오는 6차 전력계획의 목표수요 달성, 재생에너지 이용 극대화, 천연가스의 석탄 대체 등 온실가스 배출을 완화하는 모든 수단들을 조합한 탄소배출이 가장 적은 시나리오다. 세 가지 수단 중 어느 것 하나라도 달성되지 않는다면(H_ref, H_ren, H_ng, L_ref, L_ren) 온실가스 배출량은 지속적으로 증가하여, 향후 20년간 2010년의 수준을 상회할 것이다. 예를 들어, 재생에너지 이용률을 극대화하고 천연가스가 석탄을 대체하더라고, 전력수요가 목표수요만큼 감소하지 않는다면(H_ng의 경우) 온실가스 배출은 2020년까지 현재 수준에 머무르다, 2020년 이후에는 늘어나는 전력수요에 맞춰 전력을 공급하기 위해 석탄발전의 가동을 확대함으로써 더욱 늘어날 것이다.

2020년 기준 'H_ref' 대비 'L_ng'의 온실가스 감축량은 약 98 $MtCO_2e$으로, 수단별로는 천연가스의 석탄 대체(79 $MtCO_2e$), 전력수요저감(17 $MtCO_2e$), 재생에너지 이용률 극대화(2 $MtCO_2e$) 순으로 잠재량이 높은 것으로 나타났다. 상대적으로 청정한 천연가스가 석탄을 대체하여 기저부하를 만족시키는 경우가 가장 온실가스 감축 잠재량이 높은 것이다.

(5) 천연가스의 확대에 의한 경제적 영향

천연가스의 석탄 대체는 연료비용 상승과 유연탄 설비투자 매몰비용 발생이라는 두가지 측면에서 비용을 유발한다. 첫째, 상대적으로 연료비용이 높은 천연가스가 저렴한 석탄을 대체함으로써 연료비용이 추가로 발생한다. <그림 1.49>는 시나리오별 총 연료비용의 변화를 보여준다. 전력수요 감소를 위한 여타의 정책비용을 제외하더라도, 천연가스 확대로 인한 연료비용 상승('L_ref'과 'L_ng'의 차이)은 2020년 당해 연도 기준으로 약 10.8조원에 이를 것으로 예상된다. 이 비용을 온실가스 톤당 감축비용으로 환산하면 약 12만원/tCO_2e에 해당한다.[26] 즉, 현재 확정된 발전설비계획 하에서 온실가스 감축목표를 달성하기 위해서는 연료대체비용만으로 약 톤당 12만원의 온실가스 감축비용이 소요됨을 의미한다.

두 번째는 유연탄 발전 설비의 유휴로 인한 설비투자 매몰비용 발생이다. 천연가스가 석탄의 기저부하 역할을 대체함으로써 유연탄 발전의 이용률은 낮아지고, 그 만큼의 유

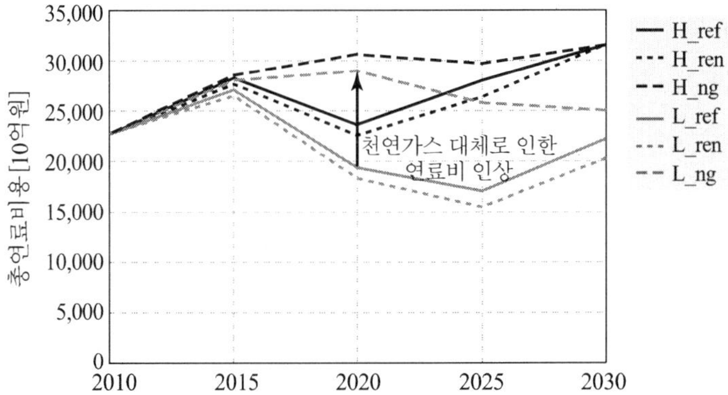

〈그림 1.49〉 시나리오별 총 연료비용

26) 'L_ref'와 L_ng'간의 연료비용 차이를 배출량 차이로 나눠서 단순 계산한 값
(28.9조원 − 18.2조원) / (284 $MtCO_2e$ − 196 $MtCO_2e$) = 12만원/tCO_2e

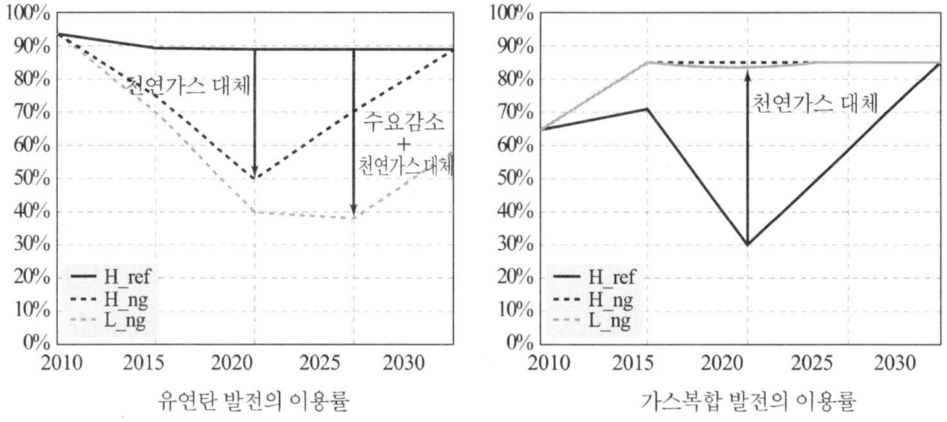

〈그림 1.50〉 시나리오별 유연탄 발전과 가스복합 발전의 이용률 변화

휴설비가 발생하게 된다. <그림 1.50>은 천연가스의 석탄대체가 유연탄 발전과 가스복합 발전의 이용률의 변화에 미치는 영향을 보여준다. 'H_ref'의 경우 유연탄 발전은 경제성에 의해 90%의 이용률(시나리오의 전제조건)을 보여주는 반면, 동일한 수요에서 천연가스가 석탄을 대체하는 'H_ng'의 경우에는 이용률이 50%까지 떨어지게 된다. 낮은 수요에서 천연가스가 석탄을 대체하는 'L_ng'경우에는 유연탄 발전의 이용률은 더 낮아져, 최소 40%에 이르게 된다.

가스복합 발전의 이용률은 반대의 그림을 보여준다. 경제적 급전 원리에 따라 설비들이 운영되는 경우(H_ref)에 가스복합 발전은 한계기술로 첨두부하에만 가동되기에 이용률이 낮아지지만, 천연가스가 석탄을 대체하는 경우(H_ng, L_ng)에는 85%(시나리오 전제조건)의 이용률을 나타낸다.

유연탄 발전의 이와 같은 낮은 이용률은 이미 설치된 총 40GW(2020~2025년 사이)의 유연탄 발전용량중 약 23GW의 설비가 가동되지 않아, 약 31조원[27]에 해당하는 유연탄 설비 투자비용이 매몰(sunk)됨을 의미한다.[28]

요약하면, 6차 전력계획의 설비계획 하에서 발전부문 온실가스 감축목표 달성을 위해서는 천연가스의 석탄 대체로 인한 발전믹스의 변화가 불가피하며, 이러한 믹스변화는 연료비용 상승과 유연탄 발전설비의 유휴화에 따른 투자비용 매몰을 유발할 수밖에 없다. 이러한 결과는 6차 전력계획으로 대표되는 전력부문 에너지정책과 온실가스 감축정책은 적어도 경제적 관점에서는 양립하기 어렵다는 것을 보여준다고 하겠다.

27) 유연탄 발전설비의 용량당 투자비용(134만원/Kw) × 23GW = 31조원

28) 물론 전력 수요의 불확실성(총량과 부하)과 안정적인 전력공급을 위한 위험 관리 차원에서 적정 설비예비율이 고려된다면, 이와 같은 매몰비용은 과대평가된 측면이 있다는 점은 주지할 필요가 있다.

(6) 에너지정책의 장기 환경 영향

중앙 집중적인 대규모 발전설비는 장기 내구연한과 자본집약의 특성을 가지고 있다. 일반적으로 발전설비는 30~40년의 설계수명을 가지고 있으며, 설비 당 수조원에 달하는 자본이 투자된다. 즉, 투자된 대규모 자본의 회수를 위해서는 오랜 기간 설비운영이 요구되며, 이런 측면에서 발전설비에 투자된 자본은 비가역적(irreversible)이며, 발전설비에 의한 환경적 영향 또한 오래 기간 지속된다. <그림 1.51>은 현시점에서 확정된 국내 발전설비(기존설비와 6차 전력계획의 발전설비계획)들이 기술의 한계 내에서 경제성에 따라 설계수명까지 운영된 후 자연적으로 폐지되는 경우(자연퇴화 시나리오)의 온실가스 배출 궤도를 6개 시나리오의 배출범위와 함께 나타낸 것이다. 자연퇴화 시나리오의 경우 2050년의 배출량이 여전히 2010년 배출량의 50%에 해당하는 120 $MtCO_2e$에 이를 것으로 예상된다. 이런 결과는 내구연한이 길고, 자본집약도가 높은 발전설비(일반적으로는 에너지 관련 기반시설)에 대한 오늘의 정책적 결정(전력계획)이 온실가스 배출에 오랜 기간 영향을 미친다는 점을 시사한다.

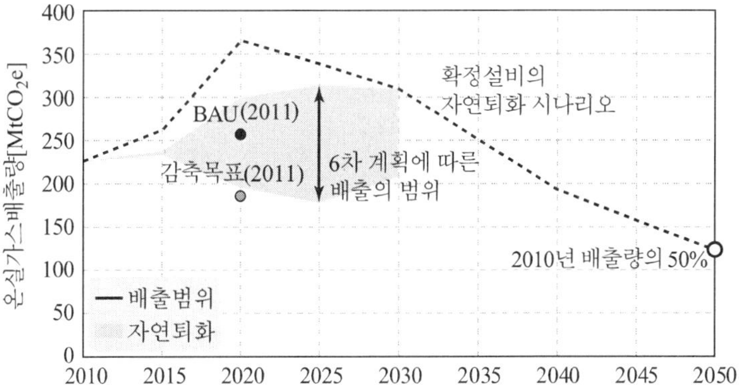

〈그림 1.51〉 확정설비(기존설비와 6차 전력계획의 계획설비)의 자연퇴화에 따른 온실가스 배출 전망

1.3.4 발전부문 온실가스 감축목표 달성 방안

본 장은 6차 전력계획을 바탕으로 발전부문 온실가스 배출의 범위를 시뮬레이션해 보고, 온실가스 감축목표의 달성 가능 여부를 평가해 봄으로써 에너지 정책과 기후변화 정책의 양립가능성을 고찰해 보고자 하였다. 6차 전력계획의 발전설비 계획을 확정설비로 전제하고, 온실가스 배출에 영향을 미칠 수 있는 전력수요, 재생에너지 이용률, 연료대체의 3가지 조합을 시나리오로 구성하여 시뮬레이션 해보았다. 발전부문 온실가스 배출

량은 2020년에 최소 193에서 최대 291 $MtCO_2e$, 2030년에 최소 174에서 최대 321 $MtCO_2e$에 이를 것으로 전망되었다.

2020년 최소 배출 전망치(193 $MtCO_2e$)는 정부가 정한 발전부문 감축목표(187 $MtCO_2e$)에 근접하긴 하나, 이는 전례가 없는 도전적 전력 수요관리와 온실가스 저감을 위한 전력 공급 시스템 운영(재생에너지 이용률 극대화와 천연가스의 석탄 대체)이 동시에 추진되어야만 달성 가능하며, 상당한 비용이 수반될 것으로 예상된다. 목표수요 달성을 위한 수요관리 비용을 제외하더라도, 온실가스 감축목표를 달성하기 위해서는 천연가스의 석탄 대체로 인해 연간 10조원(2020년 기준)의 추가 연료비용이 발생할 것으로 예상된다. 또한, 연료대체는 결과적으로 최대 23GW에 해당하는 이미 투자된 유연탄 발전설비의 유휴화를 야기하며, 이는 약 31조원에 해당하는 투자비용이 일시적이나마 매몰(sunk)됨을 의미한다.

발전설비의 장기 내구연한과 자본집약성, 그로 인한 자본의 비가역성을 고려하면, 발전 설비 믹스에 대한 오늘의 정책적 결정(즉, 전력계획)이 온실가스배출에 미치는 영향은 향후 40~50년간 지속된다. 6차 전력계획에서 확정된 발전 설비가 경제성에 따라 설계수명을 다하는 시점까지 가동된다는 자연퇴화 시나리오를 시뮬레이션 해 본 결과, 2050년에도 여전히 120 $MtCO_2e$에 해당하는 온실가스를 배출할 것으로 예상되며, 이는 2010년 배출량의 50%에 해당하는 양이다.

이와 같은 분석 결과는 다음과 같이 몇 가지 결론과 정책적 시사점을 제시한다고 할 수 있다.

첫째, 적어도 현재의 전력수급기본계획으로는 발전부문의 온실가스 감축 목표를 비용효과적으로 달성하기 어렵다는 점이다. 즉, 현재의 에너지정책과 기후변화정책은 경제적 관점에서는 서로 양립하기 어려우며, 둘 중 하나는 구속력 있는 정책이 아니라는 점이다. 이러한 정책간의 불일치는 온실가스 감축목표 달성이라는 정책목표의 신뢰성을 훼손하고, 정책 추진의 불확실성을 증가시킴으로써, 저탄소 경제로의 이행을 위한 시장과 이해당사자의 자발적인 노력을 저해하게 될 것이다.

둘째, 전력수요 저감의 중요성이다. 전력수요의 저감은 온실가스 감축목표 달성을 위한 대전제조건임과 동시에 공급 확대를 둘러싼 다양한 난제를 동시에 해결할 수 있는 일거양득 전략이다. 안정적 전력 공급이라는 기존의 전력수급기본계획의 정책방향에서 벗어나 다양한 정책적 수단(가격 및 에너지효율 정책)을 통한 에너지 절약 및 효율개선으로 정책우선순위를 전환할 필요가 있다.

셋째, RPS제도를 청정에너지 공급의무화 제도(CES, Clean Energy Standard)로 확대함으로써, 현행 RPS 제도가 갖는 제한적 온실가스 감축효과를 보완하고, 천연가스 발전 확대를 위한 인센티브를 제공할 필요가 있다. 현재 국내에도 추진되는 있는 RPS제도는 국제기준에 부합하지 않는 탄소집약적인 기술들(IGCC, 부생가스, 연료전지 등)을 포함하고 있을 뿐 아니라, 석탄발전 대신 상대적으로 청정한 천연가스발전을 구축(crowding out)하는 인센티브를 제공하기 때문에 제한된 온실가스 감축효과를 낳는다. CES제도는 천연가스발전 등 좀 더 다양한 저탄소 발전기술을 공급의무에 포함함으로써 천연가스 발전 확대를 위한 인센티브를 제공할 수 있는 제도이다(Paul et al. 2013). 천연가스의 석탄대체는 중단기적으로 온실가스 감축잠재량이 가장 큰 수단이며, 장기적으로는 간헐적 속성의 재생에너지가 대규모로 전력공급계통에 편입될 때 안정적 전력공급을 위한 백업설비로서의 역할도 수행할 수 있다.

국내 온실가스 총배출의 85%가 에너지의 생산과 전환, 소비의 과정에서 발생한다는 점에서 에너지정책과 기후변화정책은 본질적으로 불가분의 관계에 있다. 향후 에너지-기후변화 정책은 통합적인 관점에서 조정, 수립, 집행될 필요가 있으며, 이는 온실가스 감축을 비용효과적으로 달성할 수 있는 필요조건이라고 하겠다. 특히, 발전부문이 갖는 대규모 자본투자의 경제적 비가역성을 고려하면, 두 정책간의 통합적 조정 및 집행은 자원의 효율적인 배분을 위해서도 중요하다고 하겠다.

1.4 저탄소녹색성장과 기후변화대응계획

1.4.1 기후변화관련법 체계

우리나라에서 기후변화에 대한 대응은 이명박 정부에서 시작한 녹색성장정책의 큰 틀하에서 진행되고 있으며 녹색성장기본법을 근거법으로 하여 각 분야에서 다양한 기후변화 대응계획들이 마련되었고 이의 개정작업이 지속적으로 추진되고 있다. 박근혜정부에서는 기후변화 대응을 창조경제 핵심 분야의 하나로 새로운 가치와 시장을 창출하는 기회로 인식하고 국정과제로 추진하고 있다. 현재 기후변화 대응을 위한 계획은 종합계획 차원에서 기후변화대응종합기본계획, 기후변화 적응대책 등이 있고, 각 부서별로 분야별 기후변화 대응계획을 모두 마련하고 있다. 이런 상황에서는 계획이 부족해서 문제라기보다 오히려 계획이 많은 것이 문제가 될 수 있다. 기후변화는 매우 종합적이고 융합적인 문제여서 각 부서별 관점에서 수립된 기후변화 대응계획들은 융합적인 문제를 협소한 부서별 관점에서 접근한다는 기본적인 한계가 있기 때문이다. 문제는 정부의 여러 부서들이 양산하고 있는 다양한 기후변화 대응계획들이 얼마나 서로 조정되고 통합되어

효율적이고 효과적인 기후변화 대응 체제로 작동할 것인지에 대한 의문이다. 종합계획이 있기는 하지만 이 종합계획과 부서별 계획과의 연계는 물론, 부서별 계획들이 얼마나 상호 연계를 고려하여 수립되었는지는 검토하여야하는 것은 중요한 연구과제이다. 정부의 기후변화 대응이 성공적으로 수행되기 위해서는 명확한 책임의 부여, 기후변화 대응 계획들 간의 유기적이고 협력적인 시스템의 마련, 효과적인 집행메커니즘의 확보가 필수적이다.

이러한 문제의식 하에 이 연구는 현행 기후변화 대응 관련 계획들이 포함하고 있는 정책의 내용, 정책의 대상, 정책의 수단들을 살펴보고 통합적인 수행체제가 어느 정도 가능하게 준비되어 있는지, 이를 위한 법적 뒷받침은 어느 정도 되고 있는지, 그리고 문제가 있다면 어떻게 개선될 필요가 있는지를 파악하고자 한다. 질문은 "다양한 기후변화 관련 계획들에서 계획 간, 부서 간 종합과 조정을 위한 장치는 어떻게 마련되어 있는가?", "계획과 부서간의 종합과 조정을 위한 정부조직의 메커니즘은 어떻게 운영되고 있는가?" 등이다. 목적은 다양한 기후변화 관련 계획들 간의 효과적인 종합과 조정 방안을 찾는 것이다.

이를 위하여 본 연구는 기후변화 대응의 모법이라 할 수 있는 저탄소녹색성장기본법에서 제시하고 있는 기후변화 대응계획들의 구조를 검토하고 각 계획들이 포함하고 있는 비전, 전략, 내용, 수단들을 검토하고자 한다. 특히 기후변화 대응 관련 계획들에서 부서간의 조정과 통합을 위해 어떤 수단을 마련하고 있는지, 법적으로는 어떤 규정이 있는지를 중점적으로 살펴본다. 그리고 각 계획들의 유기적인 조정과 통합을 강화하는 개선방향을 모색한다.

저탄소녹색성장기본법(이하 녹색성장기본법)은 저탄소녹색성장에 관하여 다른 법률에 최우선하는 상위법의 성격을 가진다. 국가와 지자체가 다른 법령에 따라 수립하는 행정계획과 정책은 이 법이 정하는 저탄소녹색성장 추진의 기본원칙과 저탄소녹색성장국가전략과 조화를 이루도록 하고 있다(제8조 2항, 3항).

녹색성장기본법은 저탄소 사회의 실현을 위하여 저탄소녹색성장국가전략을 수립 시행할 것을 의무화하고 있다. 녹색성장전략은 녹색경제체제의 구현, 녹색기술과 녹색산

〈표 1.17〉 녹색성장 국가전략에 포함된 주요내용

〈녹색성장 국가전략에 포함 된 주요내용〉
• 녹색기술·녹색산업 및 녹색경제체제의 구현에 관한 사항
• 기후변화 대응, 에너지 및 지속가능발전 정책에 관한 사항
• 녹색생활, 녹색국토, 저탄소 교통체계 등에 관한 사항
• 저탄소 녹색성장 관련 국제협상 및 국제협력에 관한 사항
• 재원조달, 조세·금융, 인력양성, 교육·홍보 등에 관한 사항

업, 기후변화 대응정책, 에너지정책 및 지속가능발전정책, 녹색생활, 녹색국토, 저탄소교통체제, 국제협상과 국제협력, 재원조달, 조세금융, 인력양성, 교육・홍보 등 녹색성장을 위해 필요하다고 인정되는 사항 등을 포함하도록 하고 있다(동법 9조 2항).

그리고 동법 시행령은 국가전략을 효율적으로 이행하기 위하여 5년마다 저탄소녹색성장국가전략 5개년계획을 수립할 수 있게 하고, 이 경우 동 계획은 녹색성장위원회와 국무회의의 심의를 거치도록 하고 있다(동법시행령 제4조). 저탄소녹색성장국가전략은 동법에서 수립과 시행을 명시하고 있는 관련 계획과 대책, 시책 등에 의하여 구체화된다. 녹색성장기본법에서 지정하고 있는 관련 계획은 기후변화 대응기본계획(40조), 에너지기본계획(41조), 지속가능발전기본계획(50조) 기후변화영향평가 및 적응대책의 수립과 시행(48조 2항, 4항) 등이며, 대통령령으로 정하는 바에 따라 중앙행정기관의 추진계획(중앙추진계획), 지방자치단체의 추진계획(지방추진계획)을 수립・시행토록 하고 있다. 이외에 동법은 저탄소녹색성장의 추진을 위하여 녹색경제 녹색산업(23조), 자원순환산업(24조), 기업녹색경영(25조), 녹색기술연구개발과 사업화(26조), 정보통신기술의 보급과 활용(27조), 금융지원 및 활성화(28조), 중소기업지원(33조) 등을 위한 시책을 수립・시행할 것을 명시하고 있다.[29] 그리고 저탄소사회의 구현을 위한 제도로 총량제한 배출권거래제도를 운영할 수 있도록 하고 있다(46조).

이상 기본법에서 정하고 있는 저탄소녹색성장을 위한 전략, 계획, 대책, 시책 중 계획들을 도식화하면 <그림 1.52>와 같다.

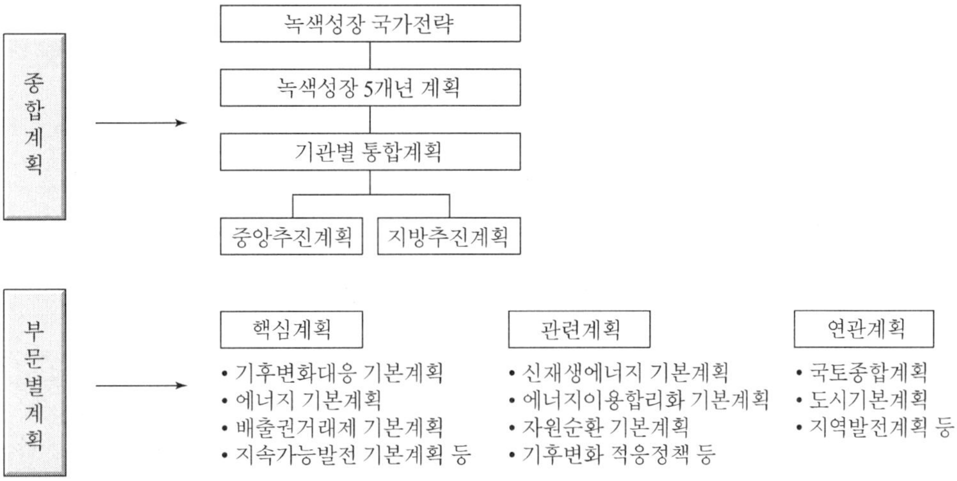

〈그림 1.52〉 국가녹색성장의 계획체계 [출처 : 녹색성장5개년계획(2014~2018)]

29) 다만 녹색기술의 연구개발 및 사업화 등의 촉진(26조), 중소기업의 지원 등(33조)을 위한 시책은 '수립시행 할 수 있다'로 정하고 있으며, 녹색경제 녹색산업의 육성지원시책은 '마련하여야 한다'고 명시하고 있다(23조)

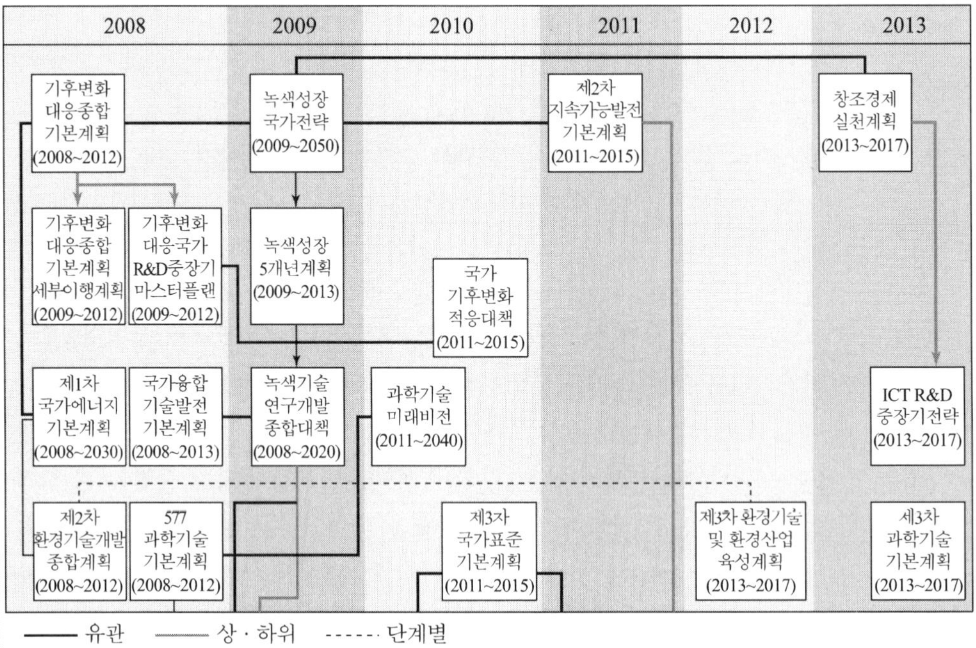

〈그림 1.53〉 녹색정책맵(2008～2013) [출처 : 녹색기술센터(2013.12)]

각종 계획의 연차별 발전, 계획 간의 상호연계성과 위계성은 <그림 1.53>으로 표시할 수 있다. 2008년 기후변화 대응종합기본계획이 만들어지고 이를 포함하는 포괄적인 녹색성장국가전략이 2009년도에 수립되었다. 녹색성장전략의 실행을 위한 녹색성장5개년계획이 1차로 2009년도에 수립되었고 2010년도에는 국가기후변화적응대책이 수립되었다. 녹색성장국가전략이 창조경제실현계획과 유관계획으로 표시되어 있기는 하나 양계획은 다른 계획이며 창조경제실현계획에서 기후변화 대응은 국민안전, 국민행복, 국제공조의 한 업무로 취급되고 있을 따름이다.

(1) 저탄소녹색성장국가전략(2009～2050년)

저탄소녹색성장국가전략(이하 '녹색성장국가전략')은 2009～2050년 기간의 장기 전략으로 저탄소 녹색성장을 위한 정책목표, 추진전략, 정책방향 등을 제시하는 전략계획이며, 저탄소 녹색성장과 관련한 최상위 국가계획이다. 녹색성장국가전략은 녹색성장 정책의 기본철학과 목표를 제시하며 이를 실행하기 위한 5년 단위의 실행계획이 녹색성장 5개년계획이다. 정부의 각 부처와 지자체는 녹색성장국가전략과 실행계획에 따라 세부 중앙추진계획과 지방추진계획을 마련하되, 각 부문별 계획은 녹색성장국가전략 및 5개년계획과 일관성 · 정합성을 유지하도록 하고 있다. 녹색성장의 추진주체는 녹색성장위

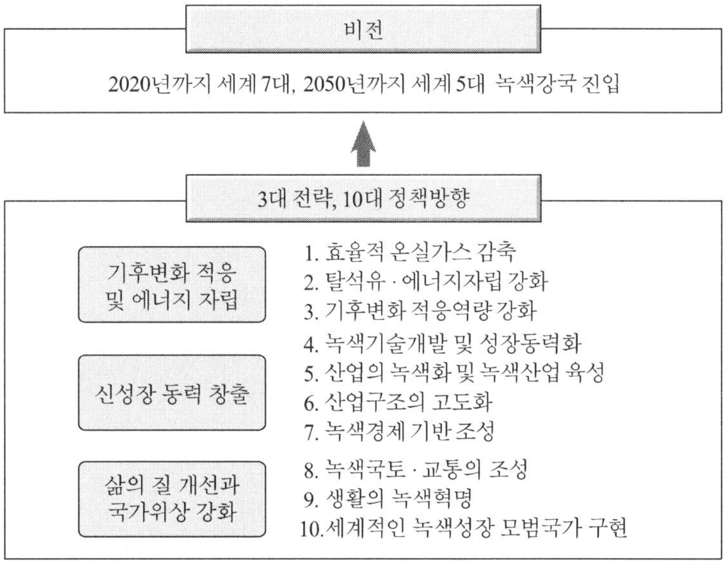

〈그림 1.54〉 녹색성장국가전략 비전체계

원회로, 추진계획을 결정하고 이행상황을 정기적으로 점검한다. 녹색성장국가전략의 비전, 전략, 정책과제는 <그림 1.54>와 같다.

<표 1.18>은 녹색성장을 위한 정책수단들을 나타내고 있다. 정책분류에 따르면 이들 정책수단은 규제정책, 분배정책, 재분배정책 등으로 나뉠 수 있고, 정책수단의 발전단계별로 분류한다면 명령강제방식, 경제적 유인책, 사전예방책, 자발적 참여를 통한 적극적 창조정책 등으로 분류할 수 있다.

국가직접투자는 전형적인 배분정책이며, 외부경제의 내부화는 경제적 유인책에 속한다. 도덕적 설득은 자발적 참여를 통한 적극적 창조정책의 일환으로 볼 수 있다. 정책분류는 유형별 정책이 가지는 특징을 이론적으로 설명할 수 있으며, 이러한 설명을 기반으로 정책과정 참여자간의 상호관계에 대한 예측이 가능해진다. 정책간의 연계성이나 정합성의 문제, 개선방안, 이를 위한 수단들도 이러한 논의를 기반으로 제안될 수 있다.

(2) 제2차 녹색성장 5개년계획(2014~2018년)

녹색성장 5개년 계획은 녹색성장국가전략의 실행을 위한 중기전략으로 5년마다 수립한다. 이에 따라 2009년 7월에 녹색성장국가전략과 제1차 녹색성장5개년계획(2009~2013)이 수립되었고 1차 5개년 계획의 추진기간이 만료됨에 따라 2차 5개년 계획(2014~2018)이 수립되었다.

〈표 1.18〉 녹색성장의 정책수단

정책수단	전개방향	주요 추진 내용
국가직접투자	선택과 집중	● 대규모 재정투자를 통한 인프라 구축 －녹색 R & D 투자 －녹색 뉴딜을 통한 사회간접자본 구축
규제활용	유인책과 공조, 對 시장 메시지 확보	● 에너지 효율 상승 및 청정에너지 활용과 같은 저탄소 녹색성장 관련하여 사회에 명확하고도 직접적인 사인을 제공하고 방향을 제시 －신재생에너지 공급의무화 －자동차 온실가스 배출규제 －에너지 소비효율 등급 표시
유인책	작동 유발을 위한 최소 자극	● 인센티브 지급 등을 통해 신규 시장 창출 및 기술개발 촉진에 기여 －친환경 세제 개편 －발전차액 보조금 제도 등
외부경제의 내부화	개선효과 확산이 가능한 열린 수렴	● 숨겨진 비용이 경제・환경・사회정책에 포함될 수 있도록 돕는 시장원리에 기초한 정책 ● 대표적인 시장원리 기반 환경 정책 －환경제 －오염분담금 －보조금 －배출권거래제
도덕적 설득	생활수칙 개발, 요인 후광효과 활용	● 녹색성장에 교육 또는 홍보를 통해 시민의식 전환 추진 －녹색교육의 정규 학과과정 포함 －대중매체 등을 활용한 홍보

출처 : 녹색성장위원회. 2009. 녹색성장국가전략. p.55

1차 계획의 주요성과로는

① 기후변화를 환경의제가 아닌 국가발전의제로 격상시켜 녹색성장을 국가발전으로 의제화 했다는 점

② 저탄소녹색성장기본법 및 시행령을 제정하고(2010) 녹색성장위원회를 구성하는 등(2009) 추진체계를 구축했다는 점

③ 국가온실가스 감축목표(2020년 BAU 대비 30%)를 선제적으로 설정하고(2009), 온실가스종합정보센터 설치(2010), 온실가스배출권의 할당 및 거래에 관한 법률 제정(2012)으로 배출권거래제 도입기반 마련한 점

④ 신재생에너지 등 녹색기술 개발을 위한 R & D 투자 비중을 증대시키고 선진국대비 녹색기술격차를 좁힌 점

⑤ 녹색기후기금(GCF) 유치, 글로벌녹색성장기구(GGGI), 녹색기술센터(GTC) 설치

등으로 녹색성장을 위한 이론, 재원, 기술을 포괄하는 그린트라이앵글을 구축하면서 국가위상을 제고한 점

등이다.

1차 계획 : 3대 전략, 10대 정책방향, 50대 실천과제

비전

2020년까지 세계 7대, 2050년까지 세계 5대 녹색강국 진입

3대 전략	10대 정책방향	50대 실천과제	
기후변화 대응 및 에너지 자립	1. 효율적 온실가스 감축	① 탄소가 보이는 사회 ③ 탄소를 순환 흡수하는 사회	② 탄소를 줄여가는 사회 ④ 저탄소를 지향하는 그린한반도
	2. 탈석유 · 에너지 자립강화	① 에너지 저소비 · 고효율 사회 구축 ③ 원자력 공급능력 확충	② 청정에너지 보급 확대 ④ 해외자원개발 역량 강화
	3. 기후변화 적응역량 강화	① 기후감시, 예측 및 조기대응체제 구축 ③ 국가 식량안보체계 강화 ⑤ 기후친화적인 해양 이용 및 관리 ⑦ 지속가능한 산림경영	② 기후변화 대응 국민건강관리 강화 ④ 녹색기술산업개발을 위한 인프라 확충 ⑥ 기후변화 대응 재해관리 강화
신성장 동력 창출	4. 녹색기술개발 및 성장동력화	① 녹색기술개발투자의 전략적 확대 ③ 녹색기술이전 및 사업화 촉진 ⑤ 녹색기술개발을 위한 국제협력 활성화	② 효율적 녹색기술개발체계의 구축 ④ 녹색기술산업개발을 위한 인프라 확충 ⑥ 신성장동력 녹색기술산업 육성
	5. 산업의 녹색화 및 녹색산업 육성	① 자원순환형 경제산업구조 구축 ③ 녹색 중소 · 벤처기업 육성	② 산업별 녹색전환 및 혁신 확산 ④ 지식주도형 녹색클러스터 육성
	6. 산업구조의 고도화	① 신성장동력 첨단융합산업 육성	② 고부가서비스산업 육성
	7. 녹색경제 기반 조성	① 녹색기술산업에 대한 정책금융활성화 ③ 탄소시장 육성 ⑤ 녹색상품산업에 대한 조세지원 ⑦ 에너지 복지 ⑨ 녹색인재 양성 확대	② 녹색금융 인프라 구축 ④ 친환경세제 운영 ⑥ 저탄소사회를 위한 규제 및 유인 혁신 ⑧ 녹색일자리 창출 촉진
삶의 질 개선과 국가 위상 강화	8. 녹색국토 · 교통의 조성	① 녹색국토도시의 조성 ③ 녹색건축물 확대 ⑤ 자전거 이용 활성화	② 생태공간의 확충 ④ 녹색교통체계 구축
	9. 생활의 녹색혁명	① 녹색성장 교육 및 녹색시민 양성기반 구축 ③ 녹색소비 활성화 ⑤ 생태관광 활성화	② 녹색생활의 실천 확산 ④ 녹색마을 조성 및 운동 전개
	10. 세계적인 녹색성장 모범국가 구현	① 글로벌 녹색성장 실현에 협력하는 국가 ③ 개도국의 녹색성장을 도와주는 국가	② 녹색성장 모범으로 인정받는 국가 ④ 녹색성장의 모델을 보여주는 국가

〈그림 1.55〉 1차 녹색성장5개년계획 비전, 전략, 정책방향, 실천과제

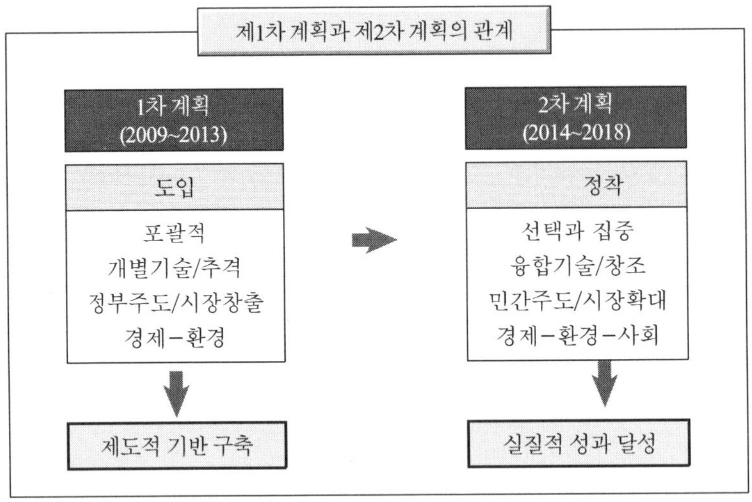

〈그림 1.56〉 제1차 계획과 제2차 계획의 관계
[출처 : 녹색성장위원회, 관계부처합동, 2014, 제2차 녹색성장5개년계획]

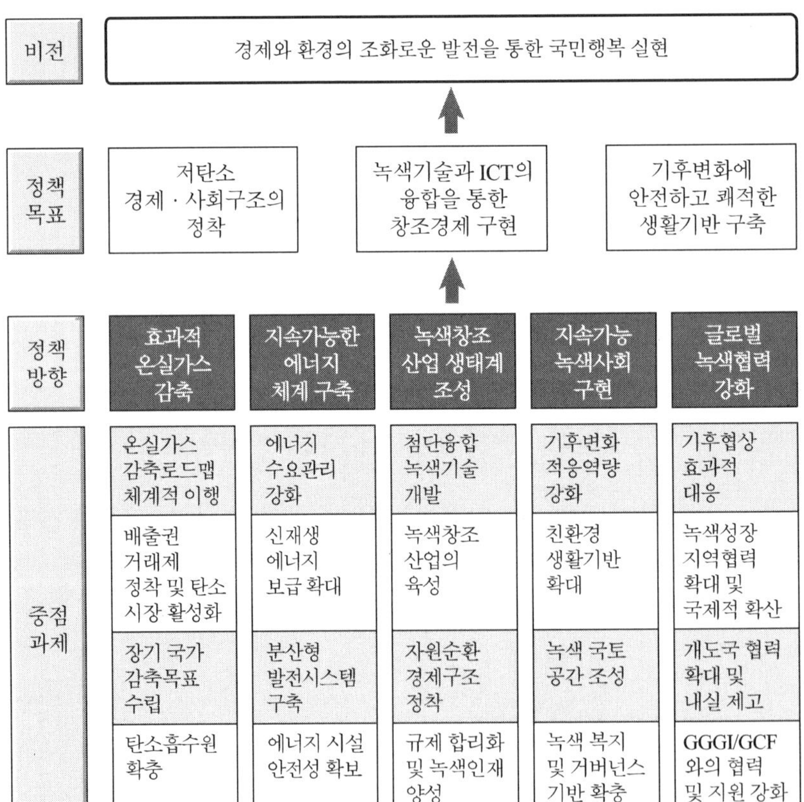

〈그림 1.57〉 제2차 녹색성장5개년계획 기본구조
[출처 : 관계부처합동, 2014, 제2차 녹색성장5개년계획]

그러나 1차 계획의 한계로 정부의 자체평가가 지적하고 있는 것은

① 태양광 과잉투자로 공장가동률이 50% 수준이며, 스마트그리드시장 창출이 미흡하고, 온실가스배출량이 605.4백만CO_2e톤(2008)에서 697백만CO_2e톤(2011)으로, GDP당 온실가스배출량(톤CO_2e/10억원)은 618.7(2008)에서 644.8(2011)로 증가하여 실질적 성과가 미약했다는 점
② 정부주도의 공급중심 정책추진으로 에너지소비량이 증가추세이며, 원전비리 등으로 원전에 대한 국민적 신뢰가 하락하고, 해외자원개발 실패로 내실화가 미흡했다는 점
③ 이해관계자 소통과 사회적 형평성에 대한 고려가 부족했다는 점

등이다(관계부처합동, 2014).

2차 녹색성장5개년계획은 1차 계획의 미비점을 보완, 발전시킨 것으로 저탄소 경제사회구조의 정착, 녹색기술과 ICT 융합을 통한 창조경제의 실현, 기후변화에 안전하고 쾌적한 생활기반의 구축 등을 목표로 삼고 있다.

(3) 제2차 지속가능발전기본계획(2011～2015년, 2011년)

지속가능발전기본계획은 2006년 10월, 제1차 국가지속가능발전전략 및 이행계획이 수립되어 4대전략, 48개 이행과제, 229개 세부이행과제로 추진되었다. 2차 지속가능발전기본계획은 2010년 11월 시안이 마련되고 관계기관협의와 지속가능발전위원회의 사전검토를 거쳐 2011년 6월 지속가능발전위원회에서 사전심의로 의결되고 2011년 7월 녹색성장위원회 심의로 의결되었다.

2차 지속가능발전기본계획은 1차 계획과 달리 2007년 유엔총회에서 기후변화를 지속가능발전의 주요현안으로 인식하고, 유엔지속개발위원회(UNCSD)와 기후변화에 관한 정부 간 협의체(IPCC)에서 각국의 국가지속가능발전전략에 기후변화 대응정책 통합을 제안함에 따라 기후변화 대응을 기본계획에 포함하게 되었다. 제2차 지속가능발전기본계획은 저탄소녹색성장기본법에 근거하여(제50조) 수립된 법정계획으로 1차 계획과 비교하여 사회적 형평성을 제고하고 국토환경자원의 지속가능성을 강화하기 위한 이행과제를 중점적으로 도출하였다. 기본방향은 세대 내 형평성, 발전과 보전의 조화, 생태적 형평성이며, 비전, 목표, 4대전략, 25개 이행과제로 구성되어 있다.

기후변화 적응 및 대응체계의 확립을 위한 방향과 목표치는 다음과 같이 설정하고 있다.

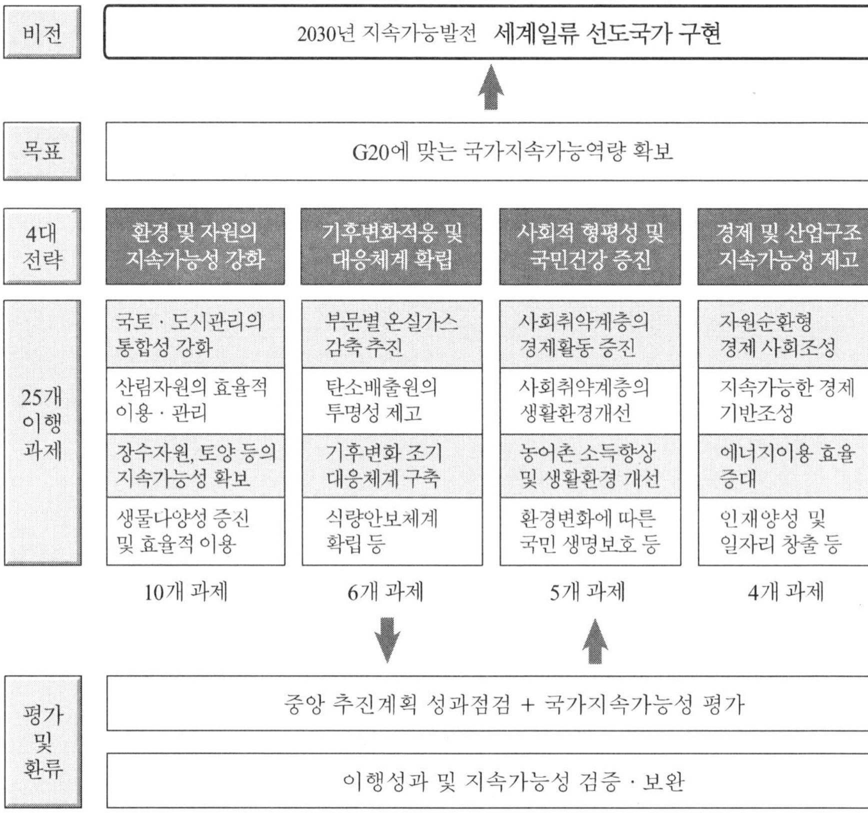

〈그림 1.58〉 제2차 지속가능발전기본계획 비전, 전략, 과제 체계
[출처 : 관계부처합동, 2011, 제2차 지속가능발전기본계획, p.11.]

〈표 1.19〉 기후변화 적응 및 대응체계 확립의 방향

- 효율적인 온실가스 감축을 통해 저탄소사회 구축
- 기후변화 대응 시나리오 개발 등을 통해 기후변화 적응역량 강화
- 기후산업 육성을 통한 경쟁력 확보 및 시장선점

〈표 1.20〉 기후변화 적응 및 대응 목표

주요지표	2010년		2015년
1인당 온실가스 배출량(tCO_2)	10.31(2008)	➡	8
산림 탄소저장량(백만tCO_2)	1,494	➡	1,695
기상 · 기후산업 육성(억원)	540	➡	2,315
식량자급률(%)	54.7	➡	57
대도시 대중교통분담률(%)	54	➡	60

세부 이행과제에서 부처별 소관부서를 보면 한 세부과제의 주관부처가 환경부, 국토해양부, 농림수산식품부, 산림청으로 4개부서인 경우, 주관부서는 국토해양부인데 협조부처는 행정안전부, 환경부, 농림수산식품부, 산림청, 문화재청, 지방자치단체 등인 경우로 중앙의 5개부서와 지방자치단체인 경우 등 여러 개의 주관부서와 협조부서가 있다. 그러나 동계획에서 이들 부서와의 협조와 조정을 어떤 방식으로 할 것인지에 대한 계획은 보이지 않는다. 다만 부처별 이행계획 추진실적을 성과지표에 따라 매 2년마다 평가하고, 지속가능발전지표의 평가와 연계하여 지속적으로 보완·발전시키고, 이행계획을 UN에 보고하고 이행성과를 정기적으로 국제사회에 소개한다는 언급만 있다.

(4) 창조경제실현계획(2013~2017년)

창조경제실현계획은 박근혜정부의 창조경제계획으로 경제단체의견과 각 부처 계획 등을 종합하여 3대 목표, 6대 전략, 24개 추진과제를 선정하여 2013년 6월에 수립되었다. 창조경제실현계획은 박근혜정부가 내세우고 있는 창조경제의 기본계획이다. 동 계획에 의하면 창조경제는 "국민의 상상력과 창의성을 과학기술과 ICT에 접목하여 새로운 산업과 시장을 창출하고, 기존산업을 강화함으로써 좋은 일자리를 만드는 새로운 경제전략"을 의미한다. 다만 동 계획에서 제시되는 창조경제의 예시는 지나치게 ICT와의 융합사례만을 제시하고 있어 창조경제의 범위가 ICT와의 융합을 뜻하는 것으로 좁게 인식될 위험이 있다. 창조경제실현계획에 기후변화와 관련되는 직접적인 계획내용은 없다. 다만 ICT와 과학기술을 응용한 창조적인 아이디어가 기후변화 완화와 적응에 관련되면

〈표 1.21〉 창조경제실현전략

비전	창조경제를 통한 국민행복과 희망의 새 시대 실현
	⬆
목표	• 창조와 혁신을 통한 새로운 일자리와 시장 창출 • 세계와 함께 하는 창조경제 글로벌 리더십 강화 • 창의성이 존중되고, 마음껏 발현되는 사회 구현
	⬆
전략	① 창의성이 정당하게 보상받고 창업이 쉽게 되는 생태계 조성 ② 벤처·중소기업의 창조경제 주역화 및 글로벌 진출 강화 ③ 신산업·신시장 개척을 의한 성장동력 창출 ④ 꿈과 끼, 도전정신을 갖춘 글로벌 창의인재 양성 ⑤ 창조경제의 기반이 되는 과학기술과 ICT 혁신역량 강화 ⑥ 국민과 정부가 함께 하는 창조경제문화 조성

출처 : 관계부처합동. 2013. 창조경제실현계획. p.5

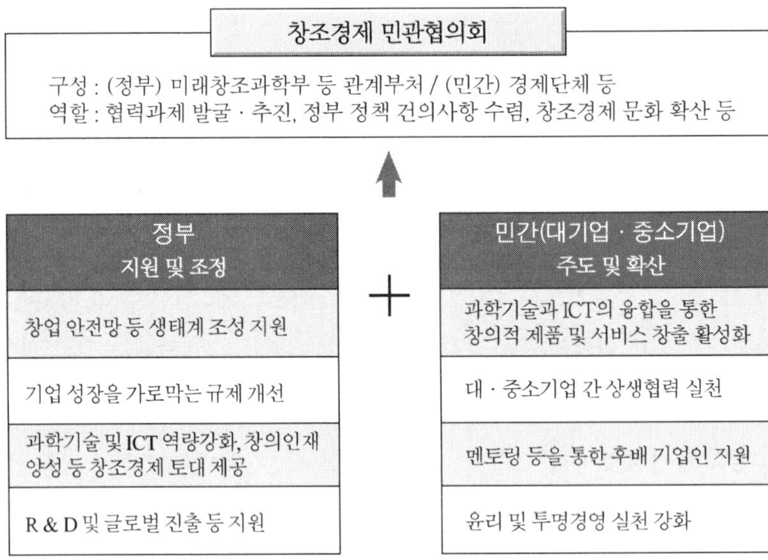

〈그림 1.59〉 창조경제 민관협의회 [출처 : 관계부처합동. 2013. 창조경제실현계획. p.23]

서 산업화로 이어진다면 창조경제실현계획상의 창업기업 지원 등에 의한 지원을 확보할 수는 있다. 창조경제 24개 추진전략은 <표 1.22>와 같다.

창조경제의 실현을 위한 추진체계는 미래부 등 정부와 민간경제단체간 고위급 추진체계로 창조경제민관협의회와 실무협의회를 구성하여 민관 협력과제를 발굴하여 추진하고 정책 건의사항 등을 수렴하여 정부에 환류하는 소통 협력창구의 역할을 수행토록 하였다.

창조경제실무위원회는 미래부장관(위원장), 관계부처 차관(급)으로 구성되는데 창조경제민관협의회에서 제안된 사항들의 검토 및 정책반영, 창조경제실현 계획의 원활한 추진을 위한 부처 간 협력 및 조율 등을 담당하도록 하고 있다. 이외에 창조경제 추진 지원조직에 관한 사항이 언급되고 있으나 구체적인 실무안은 없으며, 추진지원조직의 인력 및 기술보강이 필요함만을 지적하고 있다(관계부처합동. 2013:24).

(5) 기후변화대응종합기본계획(2008년 9월)

정부는 1999년부터 4차에 걸쳐 기후변화 종합대책을 수립 · 추진하였는데 이명박 정부에서는 기후변화 대응을 기존의 성장위주 발전전략을 대체하는 새로운 국가발전 패러다임으로 전환하는 차원에서 기후변화종합대책(5개년, 2008 ~ 2012)을 수립 · 추진하게 되었다. 이에 따라 동 계획의 비전은 저탄소 녹색성장이었고, 목표는 기후친화산업을 신성장동력으로 육성, 국민의 삶의 질 제고와 환경개선, 기후변화대처를 위한 국제사회 노

〈표 1.22〉 창조경제 24개 추진전략

▌전략 1▌ 창의성이 정당하게 보상받고 창업이 쉽게 되는 생태계 조성

[추진과제 1-1] 창의적 아이디어 · 기술에 대한 투자 확대
[추진과제 1-2] 손쉬운 창업여건 조성
[추진과제 1-3] 아이디어 · 기술의 지식재산화 및 보호 · 활용 촉진
[추진과제 1-4] 창의적 자산의 사업화 촉매기능 활성화
[추진과제 1-5] 재도전이 가능한 창업 안전망 구축

▌전략 2▌ 벤처 · 중소기업의 창고경제 주역화 및 글로벌 진출 강화

[추진과제 2-1] 벤처 · 중소기업의 성장발판 마련
[추진과제 2-2] 벤처 · 중소기업의 글로벌 시장 개척 지원
[추진과제 2-3] 대 · 중소기업간 상생 · 협력 촉진
[추진과제 2-4] 벤처 · 중소기업 인력난 등 애로사항 해소

▌전략 3▌ 신산업 · 신시장 개척을 의한 성장동력 창출

[추진과제 3-1] 과학기술과 ICT융합으로 기존산업 신성장활력 창출
[추진과제 3-2] SW · 인터넷 기반 신산업 및 고부가 콘텐츠 산업 육성
[추진과제 3-3] 사람중심 기술혁신을 통한 새로운 시장 창출
[추진과제 3-4] 미래 유망 신산업 발굴 · 육성을 통한 신시장 개척
[추진과제 3-5] 규제합리화를 통한 산업융합 및 시장창출 촉진

▌전략 4▌ 꿈과 끼, 도전정신을 갖춘 글로벌 창의인재 양성

[추진과제 4-1] 융합형 창의인재 양성 강화
[추진과제 4-2] 도전정신 · 기업가정신 고취를 위한 교육 확대
[추진과제 4-3] 창의인재의 해외진출 및 국내유입 활성화

▌전략 5▌ 창조경제의 기반이 되는 과학기술과 ICT 혁신역량 강화

[추진과제 5-1] 잠재력 확충과 사업화 강화를 위한 R & D 시스템 개선
[추진과제 5-2] 창조경제 가속화를 위한 ICT 혁신역량 강화
[추진과제 5-3] 일자리 창출 중심 산 · 학 · 연 지역 협력 강화
[추진과제 5-4] 글로벌 문제를 해결하는 과학기술 · ICT 역할 강화

▌전략 6▌ 국민과 정부가 함께 하는 창조경제문화 조성

[추진과제 6-1] 창의성과 상상력이 발현될 수 있는 창의문화 조성
[추진과제 6-2] 정부 3.0을 통한 공공자원과 국민의 아이디어 통합
[추진과제 6-3] 창조경제 실현을 위한 정부의 일하는 방식 혁신

출처 : 관계부처협동. 2013. 창조경제실현계획. p.6

력을 선도하는 것이었다. 추진전략은 저탄소사회 구현을 위한 탄소집약도 개선, 녹색성장을 위한 생태효율성 제고, 국민과의 소통을 위한 저탄소녹색성장비전의 전파, 대외원조 기조에 저탄소녹색성장비전을 반영, 소극적 대응에서 벗어나 적극적으로 국가발전전략화를 도모, 목표별 핵심실천과제를 장단기과제로 구분해 가시적 성과도출이 가능한 과제를 우선 추진하는 것이었다. 추진정책수단과 방안으로는 금융 및 재원지원 배분정책과 R & D투자확대, 저탄소 소비생산 패턴의 촉진을 위한 점진적 가격구조의 조정, 사회간접자본 시설의 탄소집약도와 생태효율성 개선, 법적 제도적 기반 강화, 대국민홍보와 참여를 제고하는 것을 계획하였다. 특히 제도적기반의 강화 부문에서는 기후변화 대응계획의 집행 실효성을 담보하기 위하여 정부업무평가기본법에서 규정한 중앙행정기관, 지방자치단체, 공공기관을 대상으로 기후변화 대응 성과를 정부업무평가와 연계하여 평가하도록 하였다. 민간부문은 환경영향평가에 탄소집약도 생태효율성 등 개념 및 기준의 반영을 검토하기로 하였다.

(6) 국가기후변화적응종합계획(2009~2030년)

기후변화적응종합계획은 기후변화협약에서 국가차원의 적응계획 수립을 권고한 것이 적응종합계획 수립의 계기가 되었고, 2007년 5월 제3차 기후변화대책위원회에서 국가기후변화 적응 마스터플랜 수립을 결정하였다. 2008년 9월 확정된 기후변화 대응종합기본계획에 국가기후변화적응종합계획(마스터플랜) 수립을 명시하고 있다. 이 계획의 시간

〈표 1.23〉 기후변화적응의 비전 목표 전략

비전	**기후변화 적용을 통한 안전사회 구축 및 녹색성장 지원**
	⬆
목표	• 단기목표(~2012년) : 종합적이고 체계적인 기후변화 적용역량 강화 - 한반도 시·공간적 취약성 지도 100% 작성 - 예측·감시 기술 수준 선진국 대비 70% 달성 • 장기목표(~2030년) : 기후변화 위험 감소 및 기회의 현실화 - 과거 10년(1996~2005) 대비 기상재해피해 10% 감소 - 기후변화 적응 관련 생산 GDP 대비 1% 달성
	⬆
추진전략	[전략 1] 과학적이고 종합적인 기후변화 위험평가 체계 구축 [전략 2] 비용 효과적이고 지속가능한 적응 프로그램 마련 [전략 3] 적응역량 강화 및 인식제고를 위한 국내 파트너십 구축 [전략 4] 국제협력과 기여를 통해 글로벌 리더십 확보 [전략 5] 적응행동 이행 강화를 위한 제도적 기반 확보

적 범위는 2009~2030년(단기 2009~2012, 장기 2013~2030)을 목표로 하고 있으며 기후변화적응정책의 비전과 방향을 제시하는 국가기본계획이고, 장기비전 저탄소 녹색성장의 주요 행동계획이며, 사업범위는 기후변화 감시와 예측, 영향 취약성평가, 적응사업으로 구성되며, 범부처 참여형 종합계획으로서의 성격을 가진다.

적응종합계획은 적응대책반 소속 중앙행정기관의 협의와 기후변화대책위원회에 상정 심의 후 확정하는 것으로 되어 있다. 각 부처는 매년 이행계획을 수립 시행하고 자체 평가하여 그 결과와 이행계획을 총괄부처에 제출하고 총괄부처는 취합된 결과를 기후변화대책위원회에 보고하게 되어 있다. 그리고 적응대책은 기후변화 대응과 관련된 제반여건 변화에 따라 매 5년마다 적응대책을 재수립하여 대처토록 하고 있다(환경부 외, 2008.12).

국가기후변화적응종합계획의 이행을 위한 세부이행계획은 2009년도에 마련되었는데, 동 계획에서는 국내외 협력기반의 구축과 교육홍보에 관한 사항을 마련하고 있다. 여기서 계획 간의 정합성과 계획과 정책간의 조정통합을 위한 요소들을 보면 다음과 같다.

① 기후변화 적응성과와 이행평가기법을 마련하여 평가시스템을 구축하였다.

② 국가 장기계획 및 정책수립 시 기후변화 위험요소를 반영하도록 법제도를 개선하는데, 전략환경영향평가 시 기후변화요소를 포함하는 프로세스를 개발하고 있다. 특히 환경영향평가항목에 온실가스를 도입하여 탄소집약도와 생태효율성에 대한 고려와 평가를 위해 환경영향평가법시행령을 개정하여 2010년 11월부터 시행하고 있다.

③ 환경부-지자체간 적응협력체계를 위한 거버넌스 구축을 위해 기후정책협의체를 구성하여 중앙과 지방간의 계획과 정책간의 정합성과 정책간의 조정과 통합을 도모하고 있다(환경부 외, 2009.4).

국가 기후변화 적응대책(2011~2015)
(총괄 : 환경부)

건강	재난/재해	농업	산림	해양/수산업	물관리	생태계	기후변화 감시예측	적응산업 에너지	교육홍보 및 국제협력
복지부 환경부	행안부 국토부 방재청 환경부	농식품부 농진청	산림청	국토부 농식품부	국토부 환경부	환경부 농식품부 국토부 등	환경부 교과부 기상청	지경부 환경부 국토부	관련부처

〈그림 1.60〉 국가기후변화적응대책 부문별 담당부처 [출처 : 관계부처합동, 2010.10]

(7) 기후변화적응대책(2011~2015년)

국가기후변화적응대책은 저탄소녹색성장기본법 시행에 따른 법정계획으로 2010년 10월에 수립되었다. 동 계획은 건강, 재난/재해, 농업, 산림, 해양/수산업, 물 관리, 생태계, 기후변화 감시 및 예측, 적응산업, 교육・홍보 및 국제협력 등 10개 분야 87개 대과제를 수립하였고, 이에 따라 관계부처(13개)와 지자체는 동 대책의 실행을 위한 세부시행계획을 수립했다. 대책의 분야와 소관부처를 보면 건강, 재난/재해 등 10개 부문 대책에 13개 중앙부처가 참여한다.

동 계획의 추진체계는 환경부차관을 위원장으로, 위원은 관련 13개 부처의 국장으로 구성된 기후변화적응관계부처협의회를 구성・운영하고 관계부처와 지자체의 과장 및 전문가로 구성된 적응실무위원회를 운영토록 하고 있다. 그리고 국가기후변화적응센터를 설립하여 세부시행계획의 수립과 추진을 지원토록 하였다. 중앙부처는 세부시행계획을 수립하여 추진사항을 자체평가하고, 차년도 실행계획을 총괄부처인 환경부에 매년 제출토록 하였다. 광역지자체는 2011년 상반기까지 세부시행계획을 수립하여 추진상황과 차년도 실행계획을 환경부에 제출한다. 국가기후변화적응대책은 매 5년마다 재수립하여 추진토록 하고 있다. 그리고 관련 기관과 네트워크 확대 및 전문가토론회를 계획하고 있다(관계부처합동, 2010.10:xxii, 295).

〈표 1.24〉 기후변화적응비전과 부문별 대책

비전	기후변화 적용을 통한 안전사회 구축 및 녹색성장 지원
	⬆
부문별 적응대책	• 건강 : 폭염・대기오염 등으로부터 국민 생명 보호 • 재난/재해 : 방재・사회기반 강화를 통한 피해 최소화 • 농업 : 기후친화형 농업생산체제로 전환 • 산림 : 산림 건강성 향상 및 산림재해 저감 • 해양/수산업 : 안정적 수산식량자원 확보 및 피해 최소화 • 물관리 : 기후변화로부터 안전한 물관리 체계 구축 • 보호・복원을 통한 샘물다양성 확보
적응기반 대책	• 기후변화감시 및 예측 : 적응 기초자료 제공 및 분확실성 최소화 • 적응산업/에너지 : 기후변화 적응 신사업・유망사업 발굴 • 교육・홍보 및 국제협력 : 대내・외 적응 소통 강화

출처 : 관계부처합동, 2010.10:vi

(8) 배출권거래제 기본계획

배출권거래제 기본계획은 '온실가스 배출권의 할당 및 거래에 관한 법률'에 근거하여 거래제가 시행되는 2015년부터 10년 단위로 하여 5년마다 기획재정부가 수립한다(법 제4조 1항, 시행령 제2조 5항).

배출권거래제의 시행체계는 기획재정부가 기본계획을 수립하고 환경부가 주무관청으로 할당계획 수립과 배출권거래제의 집행과 운영을 담당한다.

부처별 유사 중복사업의 개선을 위하여 정책목표를 분명히 제시하여 일원화하고 이를 기반으로 각 기관별로 산발적으로 진행되고 있는 유사 중복사업을 개선한다.

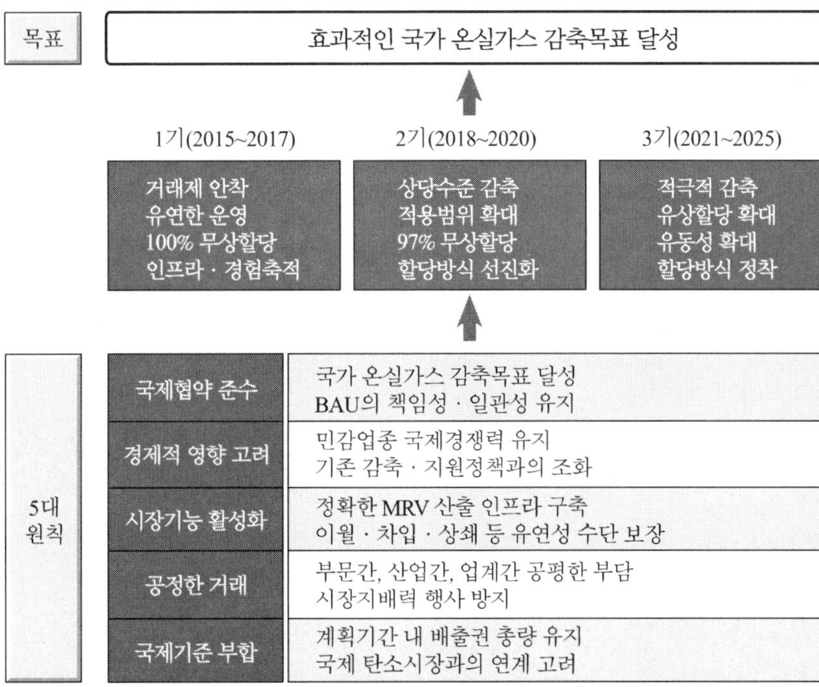

〈그림 1.61〉 배출권거래제의 목표와 원칙
[출처 : 기획재정부. 2014.1. 배출권거래제 기본계획(안)]

〈표 1.25〉 배출권거래제 단계별 목표와 운영

	제1기(2015~2017년)	제2기(2018~2020년)	제3기(2021~2025년)
주요목표	• 경험축적 및 거래제 안착	• 상당수준의 온실가스 감축	• 적극적인 온실가스 감축
제도운영	• 상쇄인정범위 등 제도의 유연성 제고 • 정확한 MRV 집행을 위한 인프라 구축	• 거래제 범위확대 및 목표 상향 조정 • 배출량 보고·검증 등 각종 기준 고도화	• 신기후체제 대비 자발적 감축유도 • 제3자 거래제 참여 등 유동성 공급 확대
할당	• 전량 무상할당 • 목표관리제 경험 활용	• 유상할당 개시 • 벤치마크 할당 등 할당방식 선진화	• 유상할당 비율 확대 • 선진적 할당방식 정착

출처 : 기획재정부. 2014.1. 배출권거래제 기본계획(안)

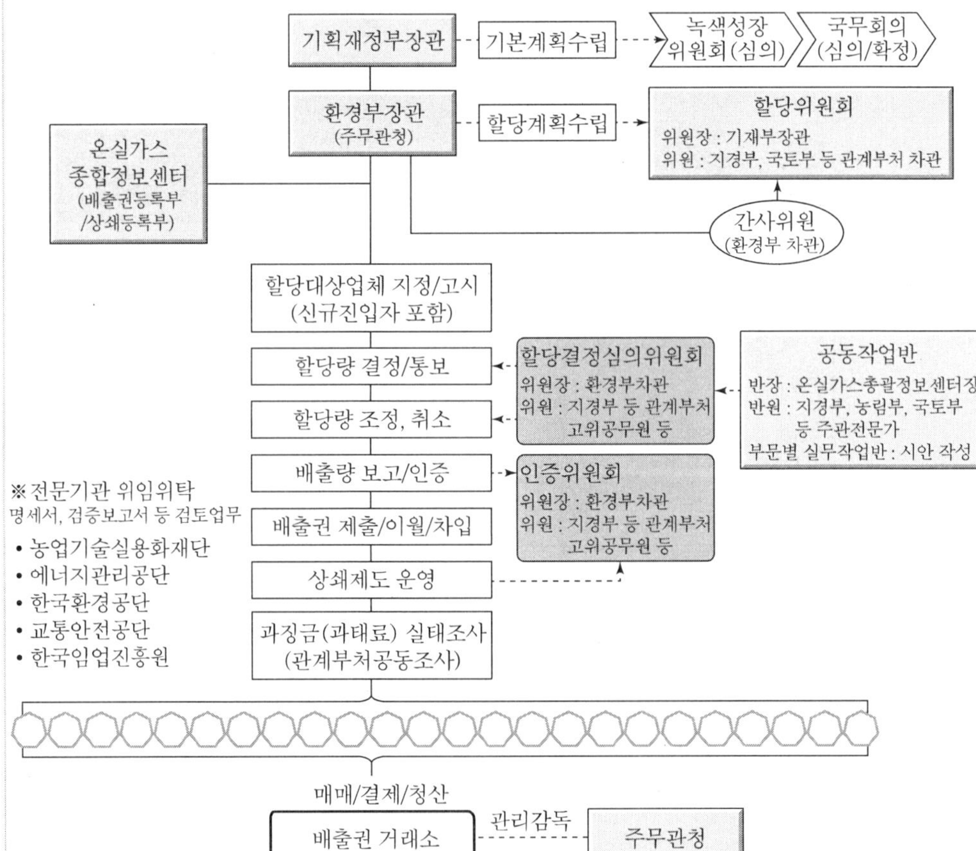

〈그림 1.62〉 배출권거래제의 운영체계

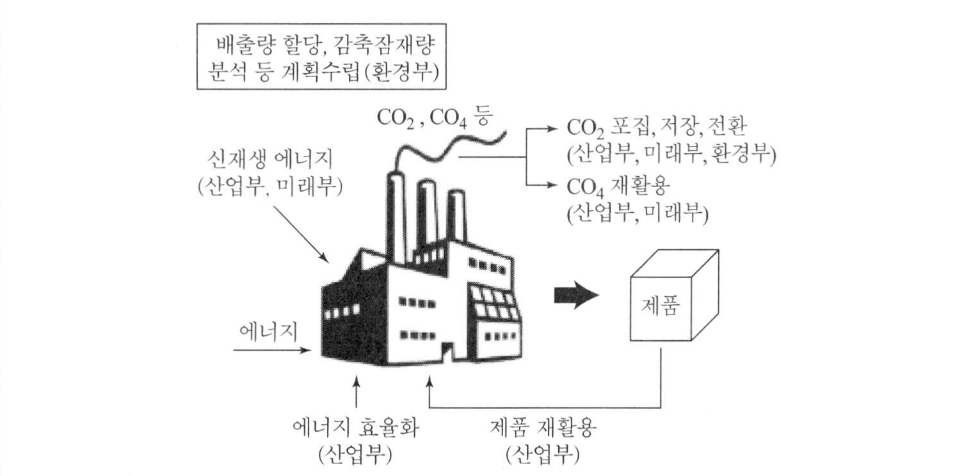

(현행) 각 부처별 개별 추진(효율 ↓, 연계 ↓, 재정효율 ↓)

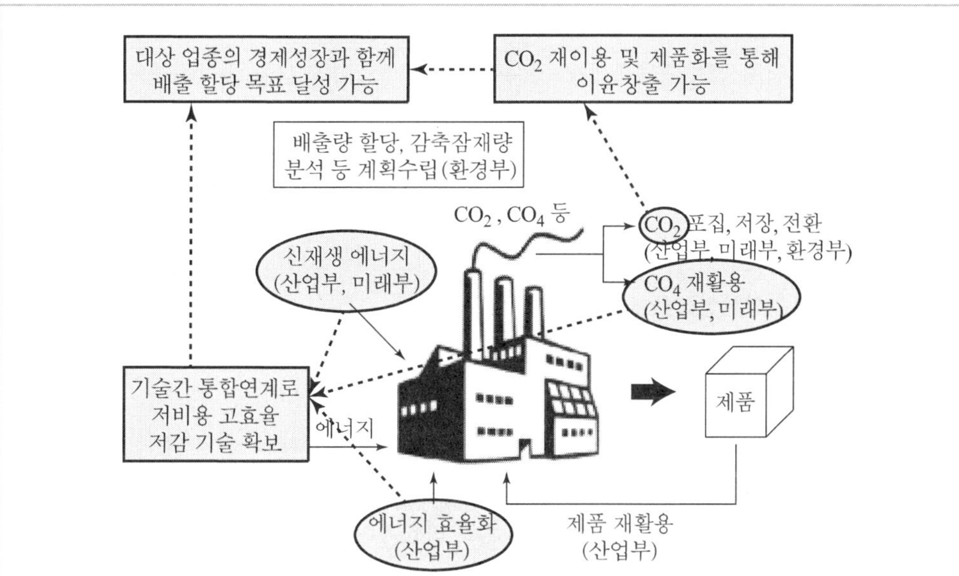

(개선) 사업장 내 연계·통합 기술개발(효율 ↑, 연계 ↑, '에너지 input zero, CO_2 output zero' 추진)

〈그림 1.63〉 부처별 중복사업의 개선방향 [출처 : 배출권거래제기본계획(안)]

(9) 제2차 에너지기본계획

에너지기본계획은 저탄소녹색성장기본법 제41조, 에너지법 제10조 제1항에 근거하여 20년을 계획기간으로 5년마다 수립·시행되며 다른 에너지 관련 계획에 대해 원칙과 방향을 제시하는 에너지 관련 최상위 계획이다. 에너지기본계획은 에너지위원회 → 녹색성장위원회 → 국무회의의 3단계 심의를 거쳐서 수립된다. 그리고 에너지기본계획은 중장기 에너지정책의 기본철학과 비전 제시를 주목적으로 하며 이를 달성하기 위해 주요 목표들을 함께 제시한다. 에너지계획의 주요내용은 ① 국내외 에너지수요와 공급의 추이 및 전망, ② 에너지의 안정적 확보, 도입·공급 및 관리를 위한 대책, ③ 에너지 수요목표, 에너지원 구성, 절약 및 에너지이용효율향상, ④ 신재생에너지 등 환경친화적 에너지의 공급 및 사용을 위한 대책, ⑤ 에너지 안전관리를 위한 대책, ⑥ 기술개발, 전문인력의 양성, 국제협력, 자원개발, 에너지복지 등이다(저탄소 녹색성장기본법 제41조 제3항).

1차 에너지기본계획은 2008년에 수립되었는데 1차 에너지기본계획에서는 에너지안보, 경제성장, 환경을 동시에 고려하는 지속가능발전을 중장기 에너지정책의 최대 목표로 설정하였다. 에너지정책의 3E로 Energy Security(안보), Efficiency(효율), Environment (환경)를 지향하는 계획이었다. 1차 계획의 핵심 정책목표는 '저탄소 녹색성장'으로 원전과 신재생을 최대한 확대하고, 수요를 억제하여 원단위를 획기적으로 개선하는 한편, 녹색 기술개발로 신성장동력을 창출하는 것이었다. 1차 기본계획 이전까지의 에너지정책은 경제성장과 산업활동을 뒷받침하기 위한 '값싸고 안정적인 공급'이라는 본원적 기능에 초점을 두었으나, 1차 계획은 에너지 산업의 지속가능성을 모색하고, 녹색 기술을 통한 국가 신성장동력 창출이라는 진일보한 패러다임을 제시한 에너지계획이었다. 그러나 동 기간 중 에너지정책은 낮은 에너지가격정책을 지속하여 에너지소비가 급증하고 전력소비의 편중이 심화되었다. 에너지소비가 전력으로 편중됨에 따라 생산과정에서 63%의 전환손실이 발생하여 매우 비효율적인 에너지생산과 소비구조의 악순환을 가져오게 되었다. 낮은 전기요금은 신재생에너지, 스마트그리드 등 새로운 시장창출에도 큰 장애요인으로 작용하였다. 그리고 후쿠시마 원전사고로 인한 원전안전에 대한 국민요구가 높아짐에 따라 에너지믹스에서 원전의 비중이 재설정될 필요가 있었다.[30] 이외에도 현재의 에너지정책은 양적성장과 초대형 설비위주의 중앙집중식, 공급중심이라는 점, 신재생에너지의 현재 보급률은 2.75%에 불과하여 1차 계획 목표의 85%에 그치고 있는 점 등의 문제가 노정되었다. 2차 에너지기본계획은 이러한 문제들을 해소하는 차원에서 기본방향이 설정되었다.

30) 에너지믹스에서 원전의 비중은 1차계획의 41%에서 29%로 하향조정되었다.

〈표 1.26〉 제2차 에너지기본계획의 기본방향(6대 중점과제)

1. 수요관리 중심의 에너지 정책 전환
–주요목표 : 2035년 전력수요의 15% 감축 –주요과제 : 에너지 세율조정, 전기요금 체계 개선, ICT 수요관리 시스템 구축 등
2. 분산형 발전시스템의 구축
–주요목표 : 2035년 발전량의 15% 이상을 분산형으로 공급 –주요과제 : 송전제약 사전검토, 분산형 전원 확대 등
3. 환경, 안전과의 조화를 모색
–주요목표 : 신규 발전소에 대한 최신 온실가스 감축기술 적용 –주요과제 : 기후변화 대응제고, 원전 안전성 강화 등
4. 에너지 안보의 강화와 안정적 공급
–주요목표 : 해외 자원개발 역량강화, 신재생에너지 보급 11% –주요과제 : 자원개발 공기업 내실화, 신재생 보급확대, 국제공조 강화 등
5. 원별 안정적 공급체계 구축
–주요목표 : 석유, 가스 등 전통에너지의 안정적 공급 –주요과제 : 도입선 다변화, 국내 비축여력 강화 등
6. 국민과 함께 하는 에너지 정책추진
–주요목표 : 2015년부터 에너지 바우처 제도 도입 –주요과제 : 에너지복지 강화, 에너지 갈등관리의 선체적 대응 등

출처 : 산업자원통상부. 2014. 제2차 에너지기본계획. p.22

〈표 1.27〉 제2차 에너지기본계획 7대 중점과제

① 에너지 가격체계 개편 : 전기–비전기 간 소비왜곡 해소 ② 지속가능 전원믹스 : 경제성, 수용성, 환경, 계통여건 등을 종합 고려 ③ 전원시스템 분산화 : 분산형 전원 활성화, 합리적 송전망 운영 ④ 수요관리 강화 : 가격, 기술, 정책 등을 활용한 전향적 수요관리 ⑤ 환경정책과의 조화모색 : 부문별 온실가스 감축노력 강화 ⑥ 에너지산업의 투명성·수용성 제고 : 산업생태계 개선, 적극적 갈등관리 ⑦ 신성장 동력 창출 : 신재생, 스마트그리드 등 신산업 활성화

출처 : 산업자원통상부. 2014. 제2차 에너지기본계획. p.28

제2차 에너지기본계획 확정 이후 에너지 공급 수요관리측면에서 10개 하부계획[31]을 통하여 구체적 대책을 마련하고 추진하고 있다.

31) 에너지이용합리화계획, 신재생에너지기본계획, 전력수급기본계획, 장기천연가스수급계획, 집단에너지공급기본계획, 지역에너지계획, 석유비축계획, 해외자원개발기본계획, 에너지기술개발계획, 석탄산업장기계획

타 계획과의 관계에 대하여 동 계획은 다른 에너지 관련 계획들과 체계적으로 연계하고 거시적인 관점에서 조정하는 종합계획임을 밝히고 있다. 그리고 하부계획간, 기본계획-하부계획간 정책의 정합성은 가능한 범위에서 최대한 확보해야함을 명시하고 있다. 그러나 계획 간의 정합성을 어떻게 확보할 것인지에 대한 내용은 없다. 동시에, 기본계획이 하부계획들을 구속할 경우 에너지 정책의 왜곡을 심화시킬 수 있으므로 하부계획들이 기본계획의 철학과 기본원칙을 준수하는 범위에서 수립 당시의 여건변화와 계획별 특성을 고려하여 자율적으로 수립토록 하고 있다(산업자원부, 2014:2).

1.4.2 기후변화관련법의 집행력 향상방안

(1) 저탄소녹색성장기본법

기후변화 관련 계획의 최상위법인 저탄소녹색성장기본법은 저탄소녹색성장을 위한 국가의 책무로 '국가가 각종정책을 수립할 때 경제와 환경의 조화로운 발전 및 기후변화에 미치는 영향 등을 종합적으로 고려'할 것(저탄소녹색성장기본법 제4조 2항), 그리고 지방자치단체의 책무로 '지방자치단체는 관할구역 내에서의 각종 계획 수립과 사업의 집행과정에서 그 계획과 사업이 저탄소녹색성장에 미치는 영향을 종합적으로 고려하고, 지역주민에게 저탄소 녹색성장에 대한 교육과 홍보를 강화'할 것(동법 제5조 3항), 그리고 '관할구역내의 사업자, 주민 및 민간단체의 저탄소 녹색성장을 위한 활동을 장려하기 위하여 정보제공, 재정지원 등 필요한 조치를 강구'할 것을 정하고 있다(동법 제5조4항). 이어서 동법은 저탄소 녹색성장을 위한 사업자와 국민의 책무를 정하고 있으며 타 법률과의 관계에서는 다른 법률을 동법의 목적과 기본원칙에 맞도록 제・개정하도록 하고(동법 제8조 1항), 국가와 지자체가 다른 법령에 따라 수립하는 행정계획과 정책은 동법 제3조에 따른 저탄소 녹색성장 추진의 기본원칙 및 제9조에 따른 저탄소녹색성장 국가전략과 조화를 이루도록 정하고 있다(동법 제8조 3항)[32]. 녹색성장국가전략과 중앙추진계획의 이행사항은 국무총리가 점검 평가하고 그 결과를 녹색성장위원회와 협의토록 하고, 지방추진계획의 이행상황은 시・도지사가 점검 평가하고 그 결과를 지방의회에 보고하고 녹색성장위원회에 제출토록 하고 있다(동법 제12조 1항, 2항). 그리고 저탄소녹색성장의 원활한 추진을 위하여 중앙행정기관의 장 및 시도지사는 소속공무원 중에서 녹색성장책임관을 지정할 수 있도록 하고 있다(동법 제21조).

이상 살펴본 바에 의하면 녹색성장기본법에 기후변화 관련 정책과 계획의 협의와 조

32) 녹색성장국가전략에는 기후변화 대응정책, 에너지정책 및 지속가능발전 정책에 관한 사항을 포함한다(저탄소녹색성장기본법 제9조 2항 3호)

정을 위한 별도 규정은 없으며 녹색성장기본법 시행령에는 정책, 계획 간의 협의와 조정을 위한 규정은 별도로 없고 부분별 계획과 관리에서 필요한 경우 관계중앙행정기관의 장과 협의하도록 규정하고 있다.

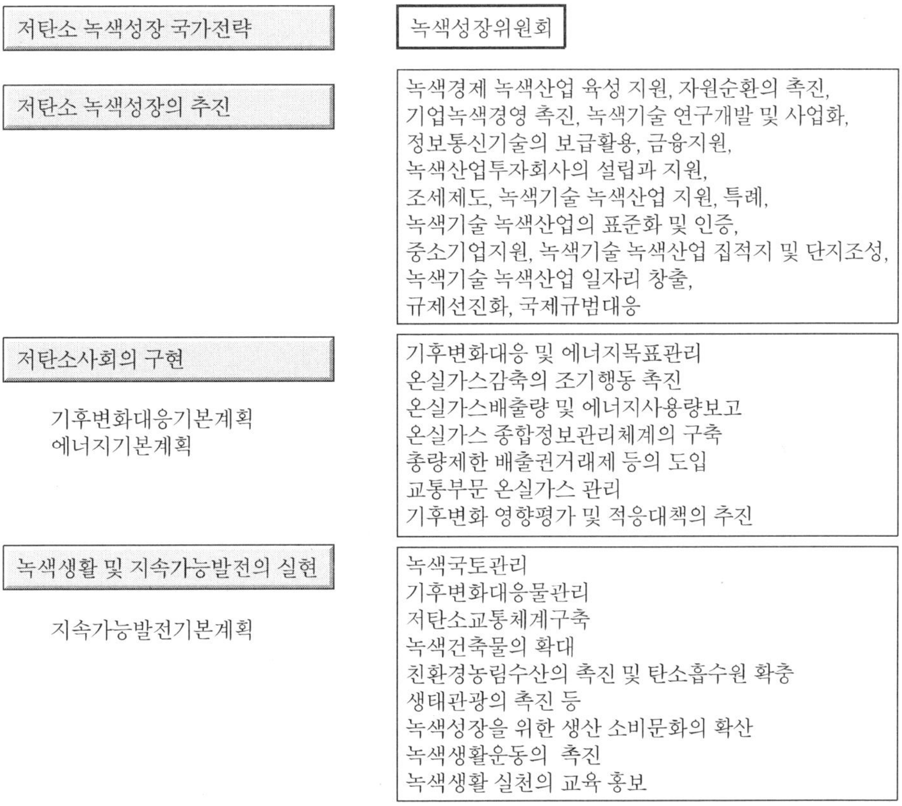

〈그림 1.64〉 저탄소녹색성장기본법의 구조

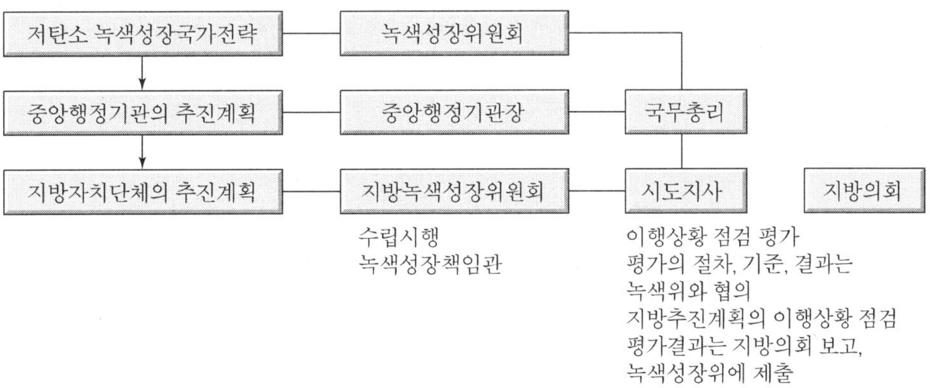

〈그림 1.65〉 저탄소녹색성장국가전략, 이행전략간의 연계관계

(2) 지속가능발전법(2013.12.12시행)

지속가능발전법은 녹색성장기본법에 의하여 대체된 이후 사실상 상징적인 법에 머물고 있다. 지속가능발전기본계획의 근거법이 녹색성장기본법으로 개정되었기 때문이다. 정책과 계획 간의 협의 조정에 대해서는 '중앙행정기관의 장이나 시・도지사는 다른 중앙행정기관이나 시・도의 저탄소녹색성장기본법에 따른 중앙지속가능발전기본계획(국가이행계획) 또는 지방지속가능발전기본계획(지방이행계획)이 중앙행정기관 또는 시도의 이행계획 시행에 지장을 초래하거나 초래할 우려가 있다고 인정할 때에는 대통령령으로 정하는 바에 따라 상호 협의 조정하여야 하고, 중앙행정기관의 장이나 시・도지사는 그 협의 조정사항에 관하여 지속가능발전위원회 또는 해당 지방녹색성장위원회의 의견을 들을 수 있도록 하고 있다(지속가능발전법 제7조 국가・지방이행계획의 협의 조정). 추진상황의 점검은 위원회가 2년마다 점검하고 그 결과를 관계기관의 장에게 송부하여야 한다. 그리고 관계 중앙행정기관의 장은 제1항에 따라 위원회로부터 송부받은 점검결과에 따라 필요한 경우에는 국가이행계획을 수정 및 보완할 수 있다(제9조 추진상황의 점검).

다른 법령에 따른 계획과의 연계에 대해서는 국가와 지방자치단체는 다른 법령에 따라 수립하는 행정계획과 정책이 저탄소녹색성장기본법 제49조에 따른 기본원칙과 같은 법 제50조에 따른 지속가능발전기본계획과 조화를 이루도록 노력해야 한다(제10조 다른 법령에 따른 계획과의 연계). 그리고 법령 제개정에 따른 통보는 중앙행정기관이 위원회에 통보하고 위원회의 검토결과가 타당하다고 인정되는 경우 그 검토내용을 해당법령의 제개정에 적절히 반영하도록 하고 있다(제11조 법령 제개정에 따른 통보 등).

따라서 지속가능발전기본계획에 대한 조정과 협의는 기본적으로 녹색성장기본법에서 정한 조정과 협의에 의하게 되어 있다. 다만 지속가능발전법시행령에서 정하고 있는 지속가능발전위원회의 당연직위원이 기획재정부・행정자치부・농림축산식품부・산업통상자원부・환경부・국토교통부 및 해양수산부(지속가능발전법시행령 제13조 지속가능발전위원회의 위원 등)이어서 동 위원회에서 협의와 조정이 법상으로는 가능하다. 그러나 지속가능발전위원회에 타 행정기관이 참여하는 경우는 드문 편이고, 회의자체도 서면회의로 대체되는 경우가 많아 상징적인 위원회에 머물고 있다.

(3) 에너지법(2013.7.30개정, 2013.10.31시행)

에너기기본계획은 저탄속녹색성장기본법이 수립의 근거법이 되고 에너지법은 '에너지기본계획의 효율적 달성과 지역경제의 발전을 위한 지역에너지계획'과 비상시 에너지수급계획 수립의 근거법이 되고 있다. 지역에너지계획은 5년마다 5년 이상을 계획기간으로 하여 수립 시행하도록 되어 있다(제7조 지역에너지계획의 수립). 에너지법상 정책과 계획의 협의나 조정에 관한 규정은 별도로 없다. 다만 에너지법에 의한 에너지위원회의 기능에 에너지기본계획 수립・변경의 사전심의, 에너지 관련 정책에 대한 심의가 포함되어 있고, 위원회의 구성이 산업통상자원부장관을 위원장으로 하고 위원으로 기회재정부, 미래창조과학부, 외교부, 환경부, 국토교통부 차관을 정하고 있어 동 위원회에서 협의와 조정이 법상으로는 가능하게 되어 있다.

1.4.3 기후변화관련계획간 연계성과 정책간의 통합성

융합적이고 종합적인 문제를 해결하기 위한 정부조직의 형태는 가장 전형적인 것이 위원회를 설립하거나 T/F팀을 구성하거나, 또는 정부부서의 다양한 기능을 통괄하는 전담통합부서를 창설하는 것이 일반적이다. 그러나 위원회는 실행력이 취약하고 정책 결정과 집행에 대한 책임이 분산되는 약점이 있다. 융합적인 문제를 전담하여 통솔하는 전담통합부서를 새로이 설치하는 것도 좋은 대안이 될 수 있으나 정부조직의 확대는 현실적으로 어려울 때가 많으며, 이슈별로 전담통합부서를 창설하는 것도 한계가 있다. 현존하는 정부조직을 그대로 두고 정부조직 간의 거버넌스 시스템을 어떻게 법 제도적으로 구성하는가에 따라 단절된 부처별 기능들은 정책목표의 달성을 위해 효과적으로 연계될 수 있다. 이런 점에서 성공적이라고 평가되는 기존의 모델들을 살펴보면 다음과 같다.

(1) 영국의 거버넌스 모형[33)]

영국은 교토의정서에 입각하여 2008~2012년 1차 의무 감축기간 중 1990년 대비 12.5% 온실가스 감축이라는 국가목표를 설정하고 이 프레임 안에서 기후변화 대응 거버넌스 체제를 구축하여 실행하고 있다. 2008년에는 기후변화법(Meeting the Climate Change Act)을 제정하여 2050년까지 1990년 대비 최소한 80% 온실가스 감축을 국가목표로 설정하고 있다. 미국에서 주정부가 온실가스 감축정책을 수립하고 주정부 관할 구역내의 도시계획조직들(metropolitan planning organizations)에게 그 이행을 위한 정책과 계획을 준비하도록 하는 반면 감축목표는 설정하지 않는 것과 달리 영국은 중앙정부가 국가목표를 설정하고 지방정부가 이를 달성하기 위한 세부정책들을 시행하고 있다(Gopinath, 2012).

33) 김정해(2009; 2012), 국립환경과학원(2012).

① 중앙정부 차원

영국의 온실가스 감축과 적응정책은 행태변화, 에너지효율향상, 신재생・저탄소에너지 지원을 기본방향으로 하고, 기후변화법, 에너지법, 그리고 계획법을 중심으로 운영되고 있다. 영국은 1990년에서 2006년 사이 온실가스 15% 감축을 달성하여 교토의정서상의 목표치를 달성한 상태이다(김정해, 2009:105).

영국의 기후변화정책에 대한 방향을 제시하고, 최종적인 조정과 결정은 수상이 중심이 되는 내각회의에서 이루어진다. 기후변화와 관련해서는 경제개발장관회의 산하의 '환경에너지소위원회'와 수상이 의장인 '국제기후변화위원회' 2개의 위원회가 운영되고 있는데 기후변화에 대한 최고지도기관으로서의 지위를 지닌다. 또 의회 소속의 기후변화위원회가 있어 정책자문이나 권고기관으로 행정부의 기후변화정책에 많은 영향을 미친다.

중앙정부 수준에서 기후변화 대응을 위한 정책기구는 에너지기후변화부(Department of Energy and Climate Change: DECC)와 환경식품농업부(Defra)가 대표적이다. DECC는 Defra와 기업규제개혁부(BERR)의 후신인 경제혁신부(BIS)의 일부기능이 통합되어 만들어졌는데 DECC는 기후변화 완화정책의 총괄책임을 지고 Defra는 기후변화 적응정책을 중점적으로 담당하는 이원적체제로 마련되었으나 두 기관 사이에 업무분담이 명확치 않고 감축과 적응정책을 엄격히 분리할 수 없다는 점 때문에 혼란이 생기고 있다는 논의가 있다(김정해, 2009).

한편 2008년 기후변화법이 제정되면서 동법에 의하여 기후변화위원회(Climate Change Committee)가 설립되었는데 이는 독립된 비정부조직으로 DECC와 관련부처의 공공서비스협정과 전략적 목적을 지원한다. 기후변화위원회는 영국정부, 스코틀랜드정부, 웨일즈 의회정부, 북아일랜드 정부에 의해 합동으로 지원받으며, 각 정부의 장관은 해당 의회에 기후변화위원회의 사업에 대하여 책임을 진다. 이 위원회의 목표는 감축목표 수준과 탄소예산 설정, 기후변화 일반에 대한 정부 자문, 분석, 정보제공 등의 지원을 담당하며, 의회에 연차보고서를 제출하고 적응프로그램에 대한 평가를 담당한다.

② 지방정부 차원

영국의 지방정부는 강한 자치권을 가지고 있다. 이에 중앙정부는 다양한 방법을 통해 지방정부를 유도하고 있다. 기후변화 대응정책에서 대표적인 수단이 기후변화협정(Concordat)인데, 2008년 기후변화법은 협정체결을 통해 스코틀랜드, 북아일랜드 지역에 중앙정부의 기후변화 정책이 통일성을 가지고 자발적으로 수행하도록 유도하고 있다. 또 지방협정(Local area agreements)을 통해 중앙정부와 지방

정부는 지방에서 취해야할 조치들의 우선순위를 설정한다. 지방정부와의 협약은 감사원으로부터 성과평가를 받게 하여 협정의 이행을 유도하고 있다. 성과평가의 지표에는 기후변화 관련 지표가 포함되어 있어 지방정부의 기후변화 노력을 유도하고 있다. 또 지방정부에 대한 중앙정부의 예산지원이 지방정부에 대한 중앙정부의 통제와 관리에 큰 영향을 미치고 있다.

③ 협력적 거버넌스

기후변화 대응을 위하여 지역－지방, 중앙－지방, 공공부문－민간부문 간에 다양한 협력적 거버넌스가 구축되고 있다.

첫째, 지역－지방수준에서는 지역별 통합행정청(Government Office)이 각 지역에서 중앙정부의 정책을 지역과 지방정부로 전달하고 조정하는 역할을 수행한다. 통합행정청은 기후변화 적응네트워크를 구축하고 있다. 각 지역별로 독립적인 지역기후변화 파트너십(Regional Climate Change Partnership: RCCPs)을 확립하고 있는데 여기에는 지역개발청(Regional Development Agencies), 지역의회(Regional Assembly) 등을 비롯한 지역 부처기관부터 소규모 지방단체에 이르기까지 지역이해관계자들로 구성되어 있으며, 기후영향에 대한 자문과 조사역할을 한다.

둘째, 중앙－지방수준에서는 지방 및 지역적응 파트너십 위원회(The Local and Regional Adaptation Partnership Board: LRAP)가 기술향상, 협력증진, 정책수단제공 등을 통해 지방과 지역수준에서 기후변화정책과 적응조치를 조장한다. 그리고 농촌지역에서 기후변화에 대한 업무의 조정자와 촉진자로서 농촌기후변화포럼(Rural Climate Change Forum)을 두어 인식을 제고시키고 Defra가 농촌의 견해와 조언을 받도록 하고 있다.

셋째, 공공부문－민간부문 수준에서는 정부－민간－기업 간 새로운 파트너십 위원회(A new Partnership Board)가 있는데 국가, 지역, 지방수준을 대표하는 공공, 사적, 제3섹터 영역의 주요조직으로 구성되어 Defra에 자문을 제공한다. 또 에너지부족자문그룹(Fuel Poverty Advisory Group: FPAG)은 에너지산업, 자선단체, 소비자단체와 같은 조직의 대표급으로 구성되어 있으며 에너지 부족 관련 정책에 대한 보고서, 자문, 주요행위자들의 활동을 촉진시키는 역할을 담당하고 있다. 공공-민간간의 협력적 거버넌스를 촉진하기 위하여 정부－기업 간 기후변화협정(Climate Change Agreement)을 맺어 에너지 효율을 향상시키고, 감축목표를 달성한 기업에게 기후변화세(Climate Change Levy)를 할인해 주고 있다. 탄소감축이행안(Carbon Reduction Commitment)은 지역정부, 대기업, 공공부문을 포함하는 광범위한 탄소배출 감축을 위한 계획으로 참여조직이 구매한 배출할당량에서 남

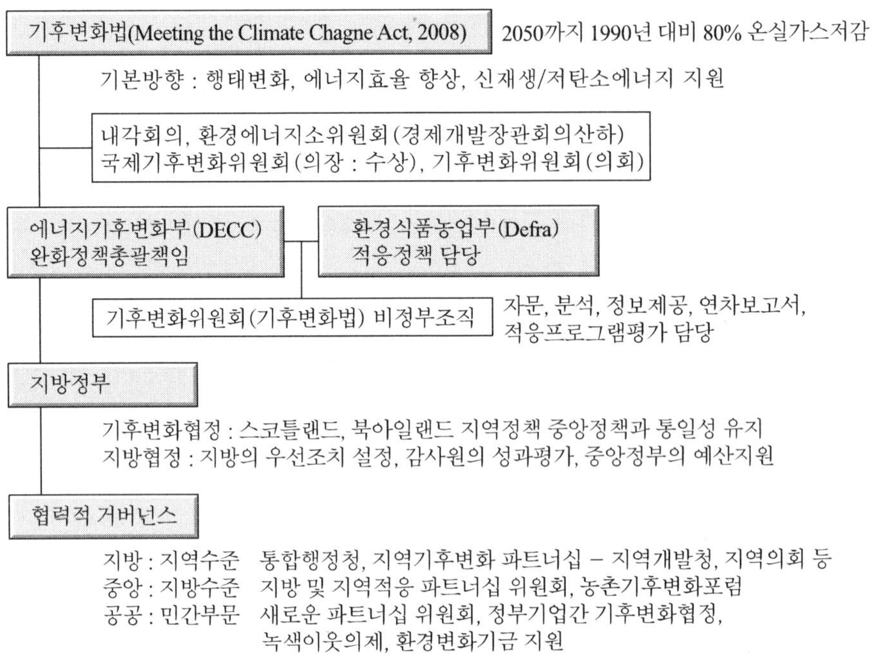

〈그림 1.66〉 영국의 기후변화 대응 거버넌스 시스템

은 탄소배출권을 판매하여 재정적인 보상을 얻고, 순위공개로 조직의 이미지를 제고할 수 있도록 한 제도이다. 녹색이웃의제(Green Neighbourhoods Initiative)는 지역차원에서 탄소배출 감소를 위한 조직으로 가정, 커뮤니티그룹, 지방기관, 에너지공급자, 은행, 사기업들 간의 협력과 동맹을 기초로 마을 또는 지방의 환경성과를 개선하기 위해 노력한다. 환경변화기금(Environmental Transformation Fund)이 에너지절약조합(Energy Saving Trust)을 통해 지원되고 있다.

(2) 미국 캘리포니아 모형[34)]

미국은 약 8만9000개의 자치정부로 구성되어 있는 복잡한 연방정부체제로 이들 간의 관계는 협력, 경쟁, 갈등의 측면을 모두 내포하고 있다. 50개주, 3034개의 카운티, 1만9431개의 시정부, 1만6506개의 타운십, 1만3522개의 교육자치구, 3만3356개의 특별자치구로 구성되어 있다. 연방－주간의 관계는 행정의 중요한 부분을 차지하며 그 관계는 정책, 재정, 행정적인 차원이 다원적으로 연계되어 있는 구조이다. 기후변화협약에 미온

34) 최현선(2012.3.9). "기후변화에 대응하는 광역거버넌스체계 -캘리포니아사례를 중심으로-", CFSS 포럼 발표자료. 국립환경과학원. 2012. 2050 기후친화적 안전사회모형개발을 위한 기초연구. (사)환경과문명 (사)한국기후변화학회

적인 미국 연방정부와 달리 캘리포니아 주정부는 적극적으로 교토의정서의 온실가스 감축을 따르고 있다. 이의 실행을 위해 캘리포니아 주정부는 지구온난화해결법(Global Warming Solution Act, AB32, 2006.9.27)을 통과시켜 기후변화에 대한 제도적 정치적 목표를 천명하였다. 그리고 구체적인 감축내용을 지속가능커뮤니티기후보호법(Sustainable Communities and Climate Protection Act, Senate Bill 375, 2008.10)에서 정하였다. AB32는 2020년까지 온실가스배출량을 1990년 수준으로 감축할 것으로 목표로 천명하고 있으며, SB375는 지역교통계획(Regional Transportation Plan : RTP), 지속가능커뮤니티전략(SCS)이 이 목표를 달성할 수 있도록 하고 있다.

이상 법들에 따라 캘리포니아주의 온실가스 감축을 위하여 지속가능커뮤니티전략(Sustainable Communities Strategies, SCS)과 교통 및 주택계획을 변화시키고, SCS의 집행을 위한 유인책을 제공하고 있으며, 지역계획을 온실가스 감축을 위한 접근방법으로 사용토록 하였고, 캘리포니아대기위원회(California Air Resource Board : CARB)가 지역별 온실가스 배출목표를 설정하도록 하였다. 이를 위한 타임스케줄을 SB375는 다음과 같이 정하고 있다

- 2009.1.31. 캘리포니아대기위원회(CARB)가 지역 온실가스 감축목표 설정을 위하여 지역온실가스감축자문위원회(Regional Targets Advisory Coimmittee, RTAC) 구성
- 2009.6.30. ARB는 온실가스감축목표 초안을 지역별로 보내 검토를 받는다.
- 2009.9.30. RATC가 CARB에 권고안 제출
- 2010.9.30. ARB가 최종 지역감축목표를 발표
- 2010.10.1. MPO들은 온실가스 감축목표를 반영한 SCS의 작성을 시작

SB375는 4개의 중요한 광역계획－토지사용에 관한 지역장기비전계획프로그램(Regional Blueprint Planning Program), 주택정책과 관련된 지역주택수요배분(Regional Housing Needs Allocation, RHNA), 지역교통계획(RTP), 대기환경과 관련된 지역교통개선프로그램(Regional Transportation Improvement Program, RTIP)－간의 협력적 관계를 증대시킨다.

첫째, 지속가능커뮤니티전략(SCS)이 전체적인 광역행정과 기후변화에 대처하는 온실가스 감축집행의 핵심이 되도록 하였다. SCS는 광역지역상황을 관리하는 지역종합계획(local general plan)의 성격을 가진다. 둘째, 광역계획(SCS, RTP, RHNA)의 기획요소와 기능 등을 통합하였다. 장기적인 교통계획(RTP는 20년 이상의 계획)과 단기적인 주택정책(RHNA는 8년 기간 계획)을 SCS와 연계해 같은 기획의 단계와 기간을 사용하도록 하였다. 셋째, 재정적 또는 규제 관련 인센티브를 제공하였다. 예를 들면 온실가스감축목표와 부합되는 광역계획들(SCS, RTP, RHNA)에 대하여 연방정부의 보조금을 지원하

고 규제의무를 면제한다. 넷째, 캘리포니아 전역의 광역도시계획기구(MPO, Metropolitan Planning Organization)들이 광역적인 지역의 필요와 상황을 분석하여 구체적인 감축목표를 설정하도록 하였다. 다섯째, 구체적인 스케줄과 목표량(전체 배출량, 인구당 배출량, 가구당 배출량) 등을 하향식과 상향식의 기술적이고 정치적인 과정을 거치며 결정하였다.

지역별 온실가스 감축목표 설정과정은 사전준비단계로 목표설정을 위한 기술적 방법론적 준비를 해서 핵심적인 내용을 온실가스감축목표자문위원회(Regional Target Advisory Committee, RTAC)[35] 위원들에게 보고하고, 준비단계로 각 지역별 가상시나리오와 토지사용의 변화에 따라 어떠한 영향이 생기는지 수량적 분석을 시행하고, 목표안 채택단계에서는 주민들의 참여와 합의의 과정, 협력적 광역 접근(Collaborative Regional Approach)을 사용하여 지역별로 감축 목표안을 채택하였다.

이는 AB32와 SB375법이 18개 광역계획기관들이 주요 지역개발계획들(SCS, RTP, RHNA)의 계획기능을 통합하여 운영하게 한 사례이다. 여기서 MPO들은 온실가스 감축을 위하여 CARB의 하향식 접근에 협력하여 상향식 접근의 역할을 수행하였다. 그리고 캘리포니아 주정부는 기후변화에 대응하는 정책의 실행을 위하여 별도의 조직을 구성한 것이 아니라 기존조직의 역할과 관계를 법으로 변경시켜 다원적인 거버넌스 체제에 입각한 대응을 가능케 하고 있는 점이 주목된다.

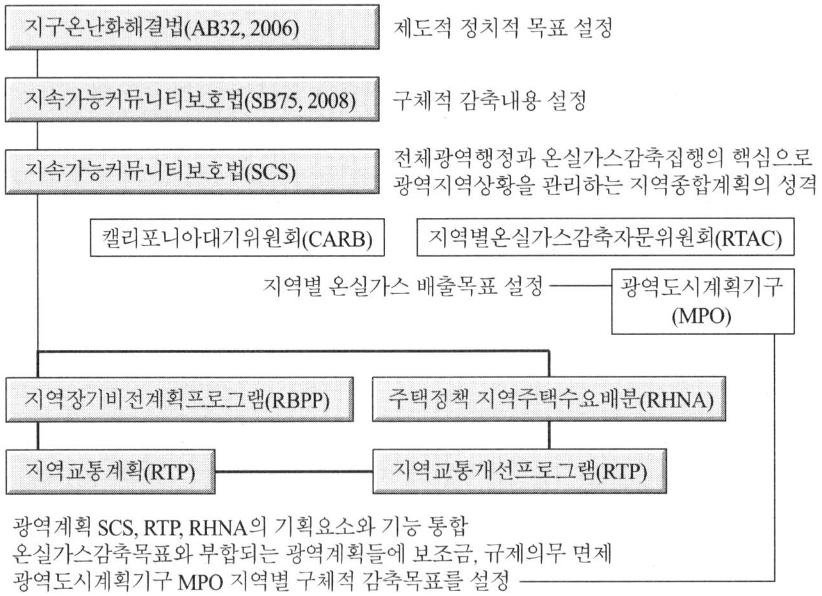

〈그림 1.67〉 미국 캘리포니아의 온실가스 감축계획 간의 연계성과 정합성향상을 위한 메커니즘

35) 18개 MPO대표, 캘리포니아 주정부대표, 디벨로퍼 등 총 21명으로 구성

(3) 국정과제 위원회 모형

참여정부의 국정과제위원회는 미국 클린턴행정부의 국가성과심의회(National Performance Review)를 참고하고 노무현 대통령의 아이디어가 반영되어 구성되었다. 미국의 국가성과위원회는 정부개혁기구로 설치되었는데 이 심의회는 개혁추진과제를 마련하고 이슈별로 여러 개의 팀을 두었으며, 각 부처로부터 공직자를 파견 받아 활용하고 각 부처에는 행정개혁을 관장하는 수석운영관을 두어 개혁정책의 집행을 유도하였다(박혜정, 2014:88). 그러나 국가성과위원회와는 달리 국정과제위원회는 대통령이 집중적으로 챙겨야 할 대통령프로젝트를 전적으로 담당하여 추진하기 위해 신설된 조직이었다. 국무총리가 일상적인 부처 현안을 총괄하는 책임총리가 되고, 대통령은 대통령프로젝트에만 집중하는 이원적인 행정 구조를 지향한 것이다. 국정과제위원회는 다양한 과제를 다루는 자문위원회들의 조합의 형태를 띠고 있다. 국정과제 중 일부과제는 먼저 T/F형태의 조직을 통하여 기획하고 관련 부처가 해당과제를 집행하였다. T/F팀은 과제의 중요도에 따라 이후에 대통령소속자문위원회로 개편되었다. 그리고 국정과제위원회에서 수립한 정책들을 각 부처에 전달하고 대통령프로젝트가 효과적으로 수행되도록 청와대 비서실에 정책실을 새로 설치하였다. 비서실은 정무기능을 주도하였고 정책실은 국정과제 관련 정책영역을 총괄하였다. 책임총리제의 시행으로 관료체제가 국무총리 중심체제로 바뀌면서 정책실은 초기에는 부처 현안에 직접 관여하지 않았다. 그러나 수십 년간 청와대의 지휘를 받던 부처들이 갑자기 총리중심으로 변하게 되자 부처도, 총리실도 현안에 대처하는 능력이 현저히 떨어지게 되었다. 그리고 결국 2003년 포항시 트레일러 물류대란이 일어나 한 도시가 완전히 마비되는 사건이 발생하였다. 이 사건을 계기로 정책실은 정책기획위원회를 신설하여 대통령이 주재하는 국정과제회의를 지원하도록 하였다. 그리고 국정과제위원회에는 독자적인 사무기구를 두어 정부부처에 대해 협조요청을 공식화하고 부처 내에도 추진단, 업무혁신팀 등을 구성하여 국정과제위원회에 대한 지원체

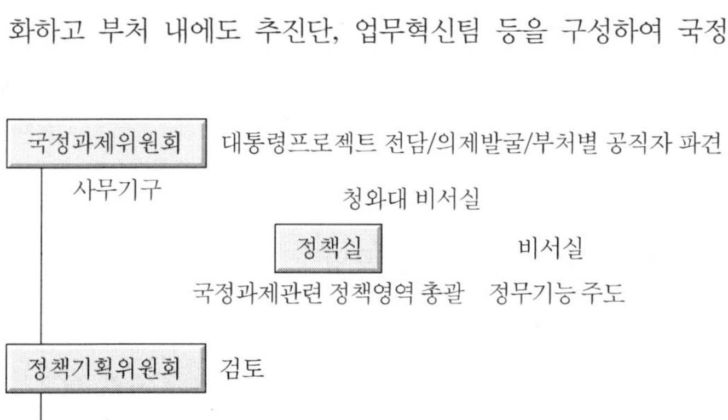

〈그림 1.68〉 국정과제위원회의 정책통합과 이행구조

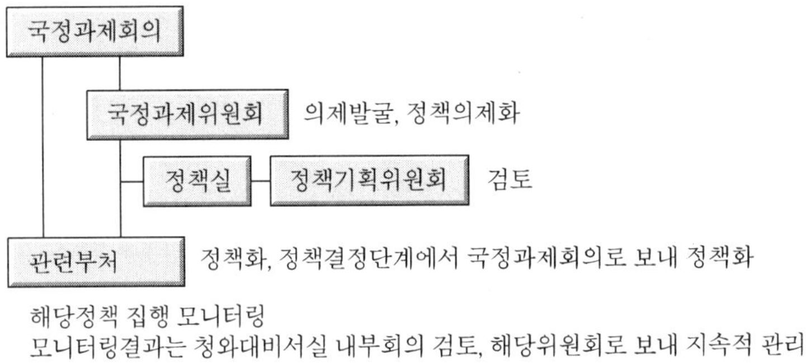

〈그림 1.69〉 국정과제위원회의 정책과정

계를 갖추어 상호협조체계와 실행력을 갖도록 하였다(박혜정, 2014:98-106). 이런 구조하에서 정책과정은 우선 국정과제위원회에서 의제를 발굴하면 정책기획위원회의 검토를 거쳐 국정과제위원회에서 이를 정책의제화 하고, 정책의제가 관련 부처로 넘어가면 해당부처는 이를 정책화하여 정책결정단계에서 이를 국정과제회의에 상정하여 최종적으로 정책화하는 과정을 거치게 되었다. 이후 관련 부서는 해당정책의 집행에 대한 모니터링을 담당하고 이를 청와대비서실 내부회의에서 검토하고 해당위원회에 보내 지속적으로 관리하게 하였다(박혜정, 2014:110-114).

지속가능발전위원회는 새로 임명된 3기 위원들부터 국정과제 추진의 역할을 부여하여 국정과제위원회에 포함되게 되었다. 제1차 지속가능발전기본계획의 수립과 집행 방식을 보면 독특하다. 비전과 전략과 대과제를 정하고 대과제별로 정부의 각 부처에서 관련되는 사업들을 제시하도록 하여 이를 다시 세부과제와 사업으로 묶어나가는 방식을 취하였다. 그리고 세부 사업별 관련 부처를 명시함으로써 해당부처가 수행해야 할 사업들을 분명히 하고 동시에 부처별로 추진팀을 구성하여 이를 집행하게 하였다. 여러 부처가 관련되는 사업을 사업별로 묶어 나가는 과정에서 계획 간의 정합성이 확보되고 이에 따른 각 부처별 담당 업무들이 분명해짐으로써 업무추진의 통합성이 확보되도록 한 것이었다.

(4) 인천시 부평구의 지속가능발전전략 모형

인천시 부평구의 지속가능발전전략 모델은 초기 지속가능발전위원회의 지속가능발전기본계획의 수립모델과 유사하다. 민선 시장의 시정비전과 공약을 바탕으로 전략[36)]을 설정하고, 부평구청 부서별로 현재 수행하는 사업 중에서 전략과 관련되는 세부사업들

36) 전략 1. 문화가 함께하는 부평, 전략 2. 자연이 함께하는 부평, 전략 3. 다함께 풍요로운 부평, 전략 4. 이웃이 함께하는 부평, 전략 5. 참여하는 투명한 행정

을 전략부문별로 제시하게 하였다. 이렇게 제시된 부평구청의 부서별 세부사업들은 전략수립팀이 재분류하여 단위과제와 이행과제로 재분류하였다. 세부사업의 시행에 여러 부처가 관련되는 경우 관련 부서들이 명시되고, 각 부서들은 주관부서와 협조부서에 따라 협동으로 이 세부사업을 수행케 하고 있다. 그리고 세부사업에 대해서는 성과지표를 설정하여 이를 지속적으로 모니터링을 하도록 하였다. 전략의 집행과정에서 부서 간 조정과 협업이 가능해지는 것은 지속가능발전전략모델의 수립과정에 부서별로 팀원이 참여하여 전략을 수립하였기 때문에 전략, 이행과제, 단위과제의 수립과정의 맥락과 이러한 구조의 의도에 대한 이해가 깊고, 참여팀원이 자기의 해당부서에서 관련 세부사업의 집행을 담당토록 하여 이를 성과지표로 모니터링하기 때문이다. 이러한 구조는 일종의 매트릭스 조직의 형태인데 참여하는 부서별 팀원이 전략 부문별로 관련된 소속부서의 세부사업을 제시하면서 전략이 수립되고, 수립 후에는 자신이 소속된 부서에서 이의 집행을 담당케 함으로써 계획 간의 연계성과 정합성을 높이고 집행을 담보하도록 하고 있다.

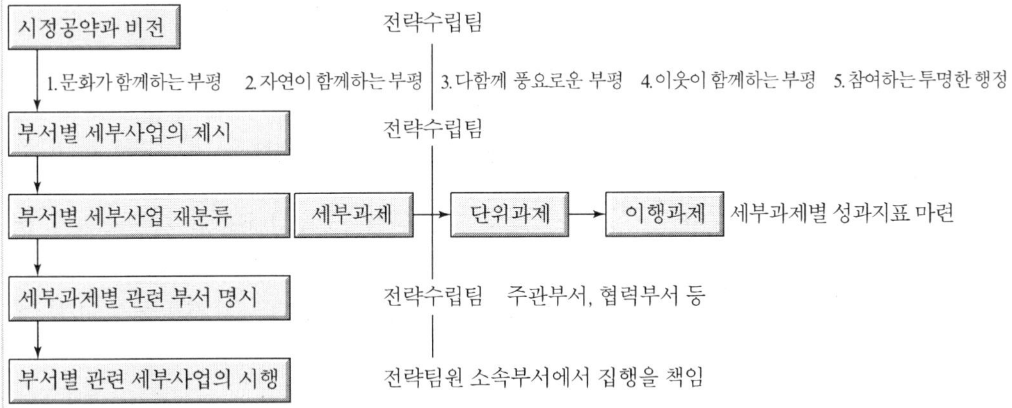

〈그림 1.70〉 인천시 부평구 지속가능발전전략 수립 및 이행구조

(5) 시사점

본 장의 목적은 종합적이고 융합적인 기후변화문제에 대응하는 관련계획이 양산되고 있는 상황에서 계획 간의 조정과 통합이 얼마나 잘 이루어지고 있는지를 검토하고 이의 개선방향을 찾기 위한 것이었다.

이를 위하여 지금까지 저탄소녹색성장기본법을 근거법으로 하는 기후변화 관련 제반 계획들의 구조와 내용들을 살펴보았고, 계획 간의 조정・협의와 연계성 개선을 위한 영국의 거버넌스 모형, 미국 캘리포니아의 모형, 한국의 국정과제위원회와 부평구의 지속가능발전위원회 모형 등을 살펴보았다.

저탄소녹색성장기본법에서 저탄소녹색성장의 추진과 저탄소사회의 구현을 위한 핵심 계획으로 지정하고 있는 계획은 기후변화대응기본계획, 에너지기본계획, 지속가능발전 기본계획이다. 이 기본계획들을 바탕으로 중앙정부와 지방정부는 국가이행계획과 지방자치단체의 이행계획을 수립하게 되어 있다. 중앙정부에서는 부서별로 관련 계획을 수립하게 되어 있고 지방정부는 중앙정부의 부서별 계획에 따른 관련 계획을 수립하고 이행하게 되어 있으니 중앙정부와 지방정부가 수립하고 집행하는 거의 모든 계획이 기후변화와 관련되는 내용을 담고 있다고 볼 수 있다.

이렇게 방대하고 다양한 규모의 계획이 잘 이행되고 계획의 목표를 달성하기 위해서는 계획 간의 조정과 통합이 필수적이다. 그러나 기후변화 대응기본계획, 지속가능발전 기본계획, 에너지기본계획 간의 연계성은 법적기반이나 내용적 측면, 그리고 절차적인 측면에서 매우 약하게 구성되어 있다. 근거법인 녹색성장기본법과 시행령에서 계획 간의 관계와 위계가 명시되어 있지 않고, 중앙정부의 부서별 이행계획, 지방정부의 이행계획의 역할과 상호관계에 대한 명확한 규정이 없다. 내용적인 측면에서 보면 기본계획의 내용이 중복되거나 상호 배치되는 측면이 없지 않다. 그렇다고 이들 간의 조정과 협의를 제고하기 위한 절차적인 지침이 계획에 포함되어 있는 것도 아니었다.

계획 간의 조정·협의와 연계성 개선을 위하여 살펴본 모형들을 대별하면, 구조적인 거버넌스접근모형, 법접근모형, 매트릭스위원회모형 등으로 그 특징들을 요약할 수 있다.

거버넌스 접근모형이 시사하는 바는

① 수상이 의장인 국제기후변화위원회와 의회소속의 기후변화위원회를 두고 있어 행정부와 입법부 양자가 기후변화문제에 대한 대응을 정부의 고위차원에서 접근하고 있다.
② 독립비정부조직인 기후변화위원회를 설립하여 지역별 기후변화 관련 정책에 대한 자문, 분석, 정보제공의 역할을 담당하여 중앙정부와 스코틀랜드, 웨일즈, 북아일랜드 정부의 기후변화 관련 정책간의 조정과 협의를 용이하게 하고 있다.
③ 지방정부 차원에서는 중앙과 지방정부와의 다양한 협정과 예산지원을 통하여 우선순위를 설정하고 있으며, 협약은 감사원 성과평가를 받게 하여 협정의 이행을 유도하고 있다.
④ 지역-지방, 중앙-지방, 공공-민간 부문 간의 협력을 위하여 파트너십위원회 등 다양한 거버넌스장치를 마련하고 있다.

는 점 등이다.

캘리포니아 법접근모형이 시사하는 점은

① 하향식접근방식인 영국과 달리 미국은 기후변화에 대한 국가 감축목표나 단일법이 없이 주정부와 지방정부에서의 개별적 정책과 계획들에 의한 상향식 접근방식 위주로, 하향식 방식을 병행하여 사용하고 있다.
② 온실가스 배출량 감축의 구체적인 목표, 법 간의 위계와 계획 간의 위계를 명시하는 법을 제정했다는 것이다. 또한 지속가능커뮤니티전략이 광역행정과 기후변화에 대처하는 온실가스 감축집행의 핵심이 되도록 지정하고, 이 지속가능커뮤니티전략이 지역의 온실가스배출에 큰 영향을 미치는 기존의 광역계획-토지사용에 대한 장기비전계획프로그램, 주택정책과 관련된 지역주택수요배분, 지역교통계획, 대기환경과 관련된 지역교통개선프로그램이 상위법의 감축목표를 각 계획에 구체적으로 반영하고 있다.
③ 법이 분명한 목표와 명확한 규정을 통하여 기존 계획 간의 위계를 정하여 계획 간의 유기적인 협력관계를 증진시키도록 함으로써 새로운 조직이나 조직개편 없이 계획 간의 조정과 협의, 그리고 통합성을 향상시킨다.

는 점 등이다.

우리나라의 국정과제위원회, 지속가능발전위원회, 부평구의 지속가능발전위원회 등 매트릭스위원회모형이 시사하는 점은

① 위원회가 관련 부서 공무원들로 구성되어 이들이 전략방향과 전략과제를 만들고 전략과제를 각 부서별로 보내 부서에서 전략과제와 관련되는 부서의 세부사업을 제시하게 하고 유사한 세부사업들을 단위사업으로 묶고 이의 집행을 관련 부서에서 담당하게 하였다.
② 집행은 위원회의 계획수립에 참여했던 공무원들이 자기부서에서 집행을 책임지거나 부서별로 혁신팀을 투어 집행을 담당하게 하였다.
③ 위원회의 계획수립에 참여하는 공무원은 부서에서 실질적으로 의사결정을 내리는 중견급 이상의 공무원 또는 팀장이 참여하도록 하였다.
④ 위원회의 통합적인 기능을 사무적으로 전담할 수 있는 사무국의 설치 또는 사무국에서 부서간의 조정과 협의를 위한 모든 연락과 회의주선 등의 업무를 담당한다.

는 점 등이다.

이상의 검토내용을 바탕으로 계획 간의 조정, 협의, 연계성 개선을 위한 방향은 다음과 같이 정리할 수 있다.

첫째, 정부부서 간 조정과 협의를 주도할 수 있는 주무담당부서의 명확한 지정과 고위급 정책결정자들로 구성된 위원회 또는 회의를 활용한다.

둘째, 각종 관련 계획에서 공통적으로 모두 달성해야 할(감축목표 등) 궁극적인 목표를 제시하고 이 목표의 달성을 위해 관련 계획이 수립되도록 한다. 이때 기존계획 중 주도계획을 지정하고 이 계획에서 하위계획을 조정할 수 있는 계획 간의 위계를 명시하는 법의 제・개정이 필요하다.

셋째, 계획수립 시에는 매트릭스위원회조직을 활용하되 실질적 의사결정권자의 참여가 중요하며, 관련 부서의 세부사업 집행을 담당하도록 하는 것이 중요한다. 사무국 또는 집행을 위한 전담요원의 지정이 성공적인 조정, 협의, 집행을 위해 필수적이다.

PART

2

주요 국가의 기후변화 · 에너지정책

1980년대 교토의정서가 채택된 이후 30여년이 지났다. 여전히 기후변화에 대응하기 위한 각국의 온실가스 배출량 감축 및 적응은 국별로 중요한 미래의 도전요인으로 작용하고 있다. 다행히 지난 12월 페루 리마에서 개최된 기후변화당사국총회(COP20)에서 2020년 이후 신기후체제를 규정하는 협정문 작성을 위한 주요 내용이 합의된 것은 긍정적이다.[37] 그리고 기후변화와 관련해 가장 적극적인 행보를 취하고 있는 국가가 바로 EU라 할 수 있다.[38] EU는 선진국 중에서도 기후변화에 대응하기 위해 다양한 정책을 마련하여 추진 중에 있으며, 이런 적극적인 행보는 국제사회에 시사하는 바가 크다고 할 수 있다. 이미 2008년 기후변화 및 에너지 패키지를 통해 법적으로 온실가스 배출량 감축목표를 제시하고 재생에너지의 사용비중을 제시한 것은 다른 나라에도 영향을 미치며 유사한 정책마련의 원인이 되고 있기도 하다.

사실 기후변화에 관한 국제 협상에서 가장 큰 걸림돌로 여겨지고 있는 것은 선진국인 미국과 급속도로 발전하고 있는 중국이 현존하는 교토의정서 체제에 동참하고 있지 않다는 것이다. 그럼에도 불구하고 연방정부와 주정부에서 이루어지고 있는 미국의 국내 기후변화 정책은 대통령의 행정명령을 중심으로 이루어지고 있다. 특히 오바마 대통령은 녹색정책(Green Policy)을 통해 기후변화에 대응하는 친환경 청정에너지 정치를 실현하고, 이를 통해 일자리를 창출하겠다는 공약을 밝혔다.

중국도 12차 5개년계획을 통해 2015년까지 에너지 소비량을 석탄으로 환산하여 6억 7000만을 삭감하고자 한다. 구체적으로 보면 대기오염을 막기 위하여 중국은 2017년까지 1조 위안을 투자하여 천연가스 발전소를 세우고 기존의 화력 발전소는 폐쇄할 계획이다. 이를 위하여 에너지 절약 개조(공업용 보일러 운전 · 전기 계통 운용의 효율을 끌어올려 여열 · 여압에 의한 발전 능력 증가 등)을 위하여 2억 2700만 위엔, 에너지 절약 제품 구입에 대한 정부 보조금으로 1200만 위엔, 에너지 절약 서비스 회사의 활용에 의한 에너지 소비 기업의 에너지 절약 추진으로 6000만 위엔, 그리고 에너지 절약 기술 산업화를 위하여 500만 위엔을 투자하려고 한다. 그러나 중국은 기존의 다양한 환경 규제 정책만으로는 되지 않는다고 판단해 세계적으로 도입되기 시작한 배출권거래제를 유럽의 지원을 받아 7개 시를 중심으로 시범 운영하고 있고, 칭다오시는 2015년에 도입할

37) 2014년 12월 1일부터 12일 기간 중 개최예정이었던 기후변화당사국총회(COP20)는 기한을 넘긴 토론 끝에 2020년 이후 신기후체제를 규정하는 협정문(2015 Agreements) 작성을 위한 주요 요소를 도출했다. 더불어 GCF 초기 재원조성 목표액인 100억 달러를 초과 확보하는 성과를 도출한 것으로 알려졌다.

38) EU는 현재 28개국(오스트리아, 벨기에, 불가리아, 크로아티아, 키프로스, 체코, 덴마크, 에스토니아, 핀란드, 프랑스, 독일, 그리스, 헝가리, 아일랜드, 이탈리아, 라트비아, 리투아니아, 룩셈부르크, 몰타, 네덜란드, 폴란드, 포르투갈, 루마니아, 슬로바키아, 슬로베니아, 스페인, 스웨덴, 영국)으로 구성되어 있으며, 회원국 이외에 독립 기관인 EU 집행위원회(우리나라의 행정부에 해당), 유럽의회, EU 이사회 등이 있다.

예정이다.

이에 본 장에서는 EU, 미국, 중국의 에너지 및 기후변화정책을 살펴보고 시사점을 도출하고자 한다.

2.1 EU

2.1.1 기후변화 및 에너지 패키지, 'Triple 20'의 이행 및 성과

2007년 EU 집행위원회는 온실가스 감축 및 에너지 효율 목표를 담은 기후변화 및 에너지 패키지를 채택함으로써 전환점을 마련했다. 일명 'Triple 20'으로 불리는 동 패키지는 2020년까지 온실가스 20% 감축 및 재생에너지 사용비중 20% 달성을 목표로 하고 있다.[39] EU 역내 에너지 시장의 경쟁력 강화와 함께 온실가스 배출 감축노력을 통해 기후변화 대응에 있어서 적극적이고 선도적인 역할을 수행한다는 것이다. 이를 위해 제시한 목표의 달성 노력, 회원국별 이행노력의 공평성, 이행비용의 최소화, 2020년 이후 지속적인 노력, 포괄적인 국제적 노력을 위한 EU의 노력 등 다섯 가지의 원칙이 제시되었다. 이런 원칙을 바탕으로 2020년 목표 달성을 위해 EU 집행위원회는 EU 배출권거래제(ETS: Emission Trading System), 재생에너지 사용 확대, 에너지 효율성, 온실가스 배출 감축, 관련 투자 확대 등의 다양한 방안을 활용할 계획이다. 이번 절에서는 EU 집행위원회가 패키지에서 제시하고 있는 방안을 살펴보도록 한다.

(1) 패키지 주요 방안[40]

① EU ETS 개정

EU는 제1기(2005~2007년) 기간 중 시행된 EU ETS의 경험을 바탕으로 제2기(2008~2012년)에서 추진될 EU ETS의 일부 내용을 개정하기로 결정했다. 특히 배출시설 규모 및 할당 대상 온실가스, 국가별 할당문제, 할당기간 및 할당량, 유상화(auctioning) 비율, 감독(monitoring)·보고(reporting)·검증(verification) 강화, 개발도상국과의 ETS 관련 협력 등에서 개선의 필요성이 제기되었기 때문이

39) European Commission(2008a).

40) (1)절의 내용은 오태현(2008)의 일부 내용을 정리한 것임을 밝힌다.

다. 개정안에 따르면, 온실가스 종류 및 대상 산업이 확대되었는데, 이산화탄소 이외에도 산화질소(N_2O) 및 과불화탄소(PFCs)가 온실가스 감축대상 가스에 포함되었다.

배출시설의 경우 규모 수준 상위 7%의 배출시설이 전체 CO_2 배출량의 60%를 차지하고 있는 반면, 전체 배출시설 중 14%를 차지하고 있는 1,400여개의 소규모 배출시설은 전체 CO_2 배출량의 0.14%만을 차지하고 있다. 따라서 개정안은 비용효과적인 측면에서 25 MW 이하의 전력을 이용하면서 연간 1만톤 이하의 CO_2를 배출하는 소규모 시설은 EU ETS에서 제외되었다. 당시 EU ETS의 적용을 받는 대상은 1만2000여개의 발전소와 생산시설이며, 2012년부터는 항공부문이 편입되었다. 또한 개정안에 따르면 배출설비 및 대상가스의 확대로 인해 제2기 할당량의 2.6%에 이르는 약 100만 CO_2환산톤이 추가로 EU ETS에 편입될 것으로 평가받았다.

한편 국가별 할당방안과 관련해 EU는 회원국별로 계획안을 제출하게 하고 이를 평가한 후 결정하는 시스템을 갖추고 있다. 그러나 제1기 EU ETS를 검토한 보고서에 따르면, 각 회원국이 독자적으로 배출량을 결정하는 과정에서 자국 내 기업에 할당할 때 실제 능력보다 더 많은 배출량을 할당함으로써 온실가스 배출 감축 의지에 대한 의문이 제기되었다. 유럽환경청(EEA: European Environmental Agency)의 분석에 따르면 2005~2007년 동안 회원국들이 할당받은 배출량보다 3%나 적은 배출량을 기록함으로써 탄소시장에서 탄소가격이 1유로까지 하락하기도 했다. 이에 따라 EU 집행위원회는 2013년부터 EU차원에서 직접 할당량을 결정하는 방식(EU-wide cap)으로 전환하여 회원국의 할당개입을 차단할 것을 제안했다.

또한 2013년부터 발전부문의 배출량을 전량 유상화하고, 기타 부문은 점진적으로 유상화 비율을 제고하여 전량 유상화하는 방안을 제안했다. 이에 따라 개정안은 2013년에 전체 온실가스 배출량 중 2/3에 해당하는 배출량을 유상화한다는 목표를 세웠다. 이는 유상화 정책이 오염자부담원칙이라는 EU의 전통적인 환경규범원칙에 부합하는 것이라는 판단과 함께 CO_2 배출 감축을 위한 조기행동에 대한 보상이라는 비용효율적인 측면이 고려된 것이다.

그러나 유상화 비율 제고는 한편으로 비용의 증대를 가져와 기타 국가와의 경쟁력 문제를 초래하는 만큼 온실가스 배출시설의 EU역외 이전 가능성 문제가 제기되었다. 이에 대해 EU 집행위원회는 전력시설도 지역난방 및 산업시설에 대한 전력공급에 대해서는 무상할당을 인정했다. 그리고 EU ETS 지침 개정안은 시설 이전 가능성이 높은 산업부문에 대해서 탄소균형화체제(carbon equilisation system)

을 도입하는 방안을 고려했다. 탄소균형화체제는 온실가스 배출시설이 자국 밖으로 이전될 경우, 그에 따른 온실가스 배출 감축을 인정하지 않는 것이다.

마지막으로 감독, 보고 및 검증이 강화된다. 개정안이 마련되기 이전 EU ETS 지침과 Annex에서는 국가별 온실가스 배출량에 대한 검증에 있어 최소한의 요건만을 제시하고 있고 이에 따라 회원국별로 검증절차가 상이하다는 문제가 있었기 때문이다. 그리고 검증을 통해 의무를 준수하지 않은 회원국에 대해서는 벌칙 또는 벌금을 부과하며 이때 벌칙이나 벌금이 향후 재발을 방지할 수 있을 만큼 충분히 실효적이야 한다는 입장이다.

② 재생에너지 사용비중 확대

EU 집행위원회가 동 지침을 만들 당시 재생에너지 사용 비중 확대가 소수의 회원국에서만 가능할 뿐, EU 차원에서는 목표를 달성하기 어렵다는 평가가 제기되었다. 평가의 이면에는 재생에너지 사용과 관련된 공동체 차원의 합의 부재, 강력하고 효율적인 프레임워크 부재, 중장기적인 비전 제시 부재가 있었다. 이에 EU 집

〈표 2.1〉 2020년 에너지원에서 재생에너지 사용 비중 목표(단위 : %)

	2005년 기준 재생에너지 사용비중	2020년 재생에너지 비중 목표		2005년 기준 재생에너지 사용비중	2020년 재생에너지 비중 목표
벨기에	2.2	13	룩셈부르크	0.9	11
불가리아	9.4	16	헝가리	4.3	13
체코	6.1	13	몰타	0.0	10
덴마크	17.0	30	네덜란드	2.4	14
독일	5.8	18	오스트리아	23.3	34
에스토니아	18.0	25	폴란드	7.2	15
아일랜드	3.1	16	포르투갈	20.5	31
그리스	6.9	18	루마니아	17.8	24
스페인	8.7	20	슬로베니아	16.0	25
프랑스	10.3	23	슬로바키아	6.7	14
이탈리아	5.2	17	핀란드	28.5	38
키프로스	2.9	13	스웨덴	39.8	49
라트비아	34.9	42	영국	1.3	15
리투아니아	15.0	23			

자료 : European Commission(2008d), p.41.

행위원회는 재생에너지의 사용비중을 2020년까지 전체 에너지 사용의 20%로 확대한다는 지침을 발표한 것이다. 2005년을 기준연도로 삼고 2020년까지 회원국별로 최저 10%에서 최고 40%의 재생에너지 사용비중 목표가 설정되었다.

재생에너지 사용 확대를 위해서는 EU 차원에서의 지원뿐만 아니라 회원국 차원에서 자국의 상황을 반영한 정책지원이 요구되는바, 특히 기준가격 의무구매제인 발전차액지원제도가 적극적으로 활용되고 있다. 또한 재생에너지 사용 촉진을 위해 EU 집행위원회는 재생에너지 인증서(guarantee of origin) 거래제가 도입되었다. 재생에너지 인증서는 일정량의 에너지가 재생에너지원을 활용하여 생산되었음을 인증하는 것으로 이 인증서를 다른 회원국에 양도하는 것을 가능케 함으로써 재생에너지 사용목표 달성을 위한 회원국 간 거래를 인정하는 것이다. 다만 재생에너지 인증서 거래의 부정적 효과를 방지하기 위해 최근 2년간 재생에너지 목표를 달성한 회원국에 한해서만 재생에너지 인증서를 양도할 수 있도록 하였다. 또한 지침에 따르면 회원국은 자국 내 에너지 수급 안정성 확보, 재생에너지 사용목표 달성을 위해 회원국 간 인증서 거래에 대한 사전허가제를 설립해야 한다. 사전허가제는 자의적인 차별을 금지하고 있으며, 사전허가제를 시행하려는 회원국은 EU 집행위원회에 사전에 통보를 하고, EU 집행위원회는 이를 공표하도록 했다.

한편 EU 집행위원회는 바이오연료가 전체 자동차 부문 연료의 10%를 차지하도록 하는 목표도 함께 제시했다. EU 전체 에너지 소비에서 도로교통의 에너지가 차지하는 비중이 26.5%로, 철강, 시멘트, 알루미늄 등의 에너지 집약산업(energy intensity industry) 다음으로 높다. 그리고 CO_2 배출에 있어서도 다른 부문과 달리 급격히 증가하고 있어 동 조치는 자동차의 연료효율성 제고와 재생에너지 사용비중 확대를 동시에 목표로 하고 있다. 바이오연료의 사용을 강제하는 것은, 그렇지 않을 경우 상대적으로 다른 재생에너지원에 비해 생산비용이 많이 들어가는 바이오연료에 대한 투자가 적을 것이라는 우려가 기저에 깔려있기 때문이다. 회원국별로 상이한 재생에너지 사용목표가 제시되었던 것과 달리, 바이오연료의 사용비중은 모든 회원국에 동일하게 10%를 요구하고 있는 점이 특징이라 할 수 있다. 이는 자동차 연료가 다른 에너지원과 달리 수월하게 다른 회원국에서 수입해올 수 있다는 이유 때문이다.

③ 회원국별 EU ETS 제외부문 감축부담 방안 결정

EU 집행위원회는 EU ETS의 적용을 받지 않는 산업부문(교통, 건물, 농업 및 폐기물 처리)에 대해서도 온실가스 감축을 제안했다. EU 전체적으로는 2013년부터 2020년까지 2005년 대비 10% 감축한다는 목표 아래 감축목표는 회원국별로 최대 +20%(불가리아), 최소 -20%(덴마크, 아일랜드, 룩셈부르크) 범위 내에서 설정되었다. 감축목표 설정 시 회원국별 경제규모가 감안되었다. 감축대상이 되는 온실가스에는 CO_2 이외에도 EU ETS에서 제외된 메탄, 이산화질소, 수소불화수소, 과불화탄소, 육불화황이 포함되었다.[41)]

④ **탄소포집 및 저장(CCS) 관련 지침**

EU는 CO_2 감축을 위해 에너지 효율 개선이나 재생에너지 사용 등의 수단만으로는 감축목표를 달성할 수 없다는 판단에 따라 CO_2의 직접적인 포집 및 저장(CCS : Carbon dioxide Capture and Storage)에 대한 지침을 제안했다.[42)] CCS는 에너지를 얻기 위해 사용되는 화석연료를 연소 또는 처리하는 과정에서 발생하는 CO_2를 대기 중으로 방출하지 않고 포집하여 격리하는 것이다. CCS와 관련한 기존 지침들이 주로 CCS의 위험성 관리에 초점을 맞추고 있는바, 탄소포집 및 파이프라인을 통한 수송 및 저장의 환경에 대한 평가[43)], CCS에서 야기되는 환경손상에 대한 책임 규정[44)], 탄소배출시설 이전으로 인한 할당량 감축의 포기를 요구함으로써 기후변화에 대한 책임을 요구하고 있다.[45)] 동 지침은 원칙적으로 EU 역내 및 배타적 경제수역, 대륙붕에서의 지질적 CO_2 저장에 대해서만 적용되며, 연구와 관련된 CO_2 저장에는 적용되지 않는다. 다만 연구와 관련된 프로젝트가 100킬로톤 이상 저장을 목적으로 할 경우에는 예외적으로 적용된다.

(2) 자동차 온실가스 배출 규제[46)]

1990년 이후 다른 산업부문에서의 온실가스 배출량 감축에도 불구하고 도로교통 부문의 CO_2 배출량은 오히려 증가하면서 2005년 기준 EU CO_2 배출량의 19.1%를 차지하게 되었다. 더욱이 자동차 업계가 자발적으로 온실가스 배출량을 줄이겠다고 약속했으나 더디게 이루어지면서, EU 집행위원회는 자동차 온실가스 배출에 대한 강제규제의 필요성을 인식하게 되었다. 이에 2007년 2월 EU 집행위원회는 새로운 전략안과 함께 자동차 규제에 관한 장기 정책방향을 발표하였다.[47)] 1995년의 전략안을 개정한 새로운

41) EU의 온실가스 총 배출량 중에서 CO_2가 차지하는 비중이 80%이며, 나머지 20%가 비CO_2 온실가스이다. 비CO_2 온실가스의 경우 대부분이 농업부문이나 폐기물 처리과정에서 배출되고 있다.

42) European Commission(2008d).

43) European Council(1985)

44) European Union(2003)

45) European Union(2004)

46) (2)절의 내용은 오태현(2008)의 자료 일부를 정리한 것임을 밝힌다.

47) European Commission(2007a, 2007b)

전략안은 2012년까지 EU의 목표치인 CO_2 배출량 120g/km 달성을 위해 자율적 약속이행이 아닌 법을 통한 강제성을 부과하고, 더불어 목표 달성을 위한 통합적인 접근을 요구하고 있다.

개정 전략안에 따르면 자동차 제조업체들은 자동차의 구동기술 자체만으로 CO_2 배출량 130g/km을 달성하고, 동시에 보완적인 조치로 10g/km을 추가로 감축해야 한다. 보완적인 조치로 바이오연료 사용 확대, 에어컨의 최소 효율기준 설정, 강제적인 적정 타이어 공기압 모니터링시스템 도입, 최대 타이어 회전저항기준 설정, 변속지시장치 적용, 경상용차 기준 향상 등이 있다. 결과적으로 EU 집행위원회의 목표가 현실적으로 달성되기 어렵다는 자동차업계의 의견을 대변하는 EU 기업 및 산업총국의 주장과 환경총국 간 협상 끝에 동 전략안이 마련될 수 있었다.

이에 2007년 12월 EU 집행위원회는 자동차의 CO_2 배출 규제를 위한 강제규정안이 제안되었다.[48] 동 규정안은 이전 전략안에 추가적으로 차량무게별 CO_2 배출량 감축목표 설정, 자동차 제조업체별 공동대응(pool)허용, 에너지 효율적인 자동차의 구매촉진을 위한 탄소세 도입 및 라벨링 조치 등이 있다.[49] 우선 차량 중량별 CO_2 배출량 감축목표는 독일 자동차업계가 원했던 것으로 독일 자동차업계를 포함한 유럽자동차공업협회(ACEA)는 차량 중량별 CO_2 배출량 감축목표를 설정하는 것이 공정하다고 한 반면, 관련 압력단체인 유럽교통환경연합(T & E : European Federation for Transport and Environment)은 무게를 토대로 감축목표를 설정하는 것은 비생산적이라고 비판했다. 그러나 결국 ACEA의 요구를 받아들인 강제규정안은 차량별 최대 CO_2 배출 허용량을 다음과 같이 정했다.

2013년 기준 승용차 및 경상용차 CO_2 배출 허용량

승용차량 중량별 최대 CO_2 배출허용량 $= 130 + ax(M - M_0)$

여기서, M : 차량 중량(kg)

M_0 : 1,372.0

a : 0.0457

경상용차량 중량별 최대 CO_2 배출허용량 $= 175 + ax(M - M_0)$

여기서, M : 차량 중량(kg)

M_0 : 1,706.1

a : 0.093

자료 : EEA(2014c)

48) European Commission(2007c)

49) 강제규정안은 연간 신규등록 대수가 1만대를 넘지 않는 소규모 자동차업체에 대해서는 적용되지 않는다.

또한 이번 강제규정안은 자동차의 CO_2 배출규제가 강화되는 것과 관련해 자동차 제조업체별로 일종의 연합을 형성해 공동으로 대응하는 것을 허용하기로 했다. 즉, 자동차 제조업체들은 하나의 풀을 형성해 단일제조업체처럼 CO_2 배출량 감축방안을 모색할 수 있게 된 것이다. 따라서 제조업체들은 융통성을 발휘할 수 있도록 공개적이며 투명하고 차별이 없는 연합체를 구성할 수 있다. 단, 연합체의 형성기간이 5년을 초과할 수 없지만, 갱신은 가능하다고 강제규정안은 밝히고 있다. 마지막으로 강제규정안은 에너지 효율적이며 CO_2 배출이 낮은 자동차의 구매를 촉진하기 위해 자동차 광고에 있어 최소 20% 비율을 이에 대한 정보제공에 할애할 것을 제안하였다.

EU 집행위원회는 강제규정을 준수하지 못하는 자동차 제조업체에 벌금을 부과할 계획이며, 이를 위해 구체적인 기준을 마련했다. 2012년부터 유럽에서 판매되는 자동차 신차의 CO_2 배출이 130g/km을 초과하면 벌금은 3년 동안 단계적으로 부과된다. 2012년부터 이 기준을 초과하는 업체는 첫 CO_2 배출 1g 당 20유로를 판매 대수만큼 내야 한다. 그리고 2013년에는 35유로, 2014년에는 60유로, 2015년에는 95유로로 증가한다.[50)]

반면 CO_2 배출량이 50g/km보다 낮은 자동차에 대해서는 평균배출량을 산출할 때 우대하는 방안이 마련되었다. 즉, 자동차 제조업체들이 자발적으로 온실가스 저배출 차량을 개발하기 위한 것이다. 이에 따라 2012～2013년 기간 중에는 대당 3.5대, 2014년 2.5대, 2015년 1대가 적용된다. 다만, 앞에서 알 수 있는 바와 같이 2015년까지 단계적으로 우대조치를 줄이고, 2016년 이후에는 우대조치를 적용하지 않기로 했다.

(3) 이행성과 분석

EU 28개국의 전체 온실가스 배출량은 1990～2012년 기간 중 약 19.2%(10억 8,200만 톤)가 감소했으며, 2012년에는 전년대비 1.3%(5,900만 톤)가 감소했다. EU 15개국 기준으로는 온실가스 배출량이 동 기간 중 15.1%가 감소했으며 2012년에는 전년대비 0.8%가 감소함에 따라 서유럽 선진국보다 중・동지역 유럽 국가들의 온실가스 배출량 감축규모가 더 컸다. 한편 EU 15개국의 경우 교토의정서 상의 감축의무가 있으며, 2009년 이후 감축목표를 충실히 이행하고 있는 것으로 나타났다.

구체적으로 감축실적을 살펴보면, 1990년 대비 2012년 EU 회원국별 온실가스 배출량 감축실적은 －57.7%～50%로 온실가스 감축노력의 정책효과가 상이한 것으로 나타났다. 우선 EU 15개국 중에서는 영국과 독일이 각각 25.0%와 24.8%의 높은 온실가스

50) 당초 규정안에는 2015년 벌금이 1g당 90유로였으나, 2009년 최종 승인 단계에서 95유로로 상향 조정되었다[European Union(2009c)].

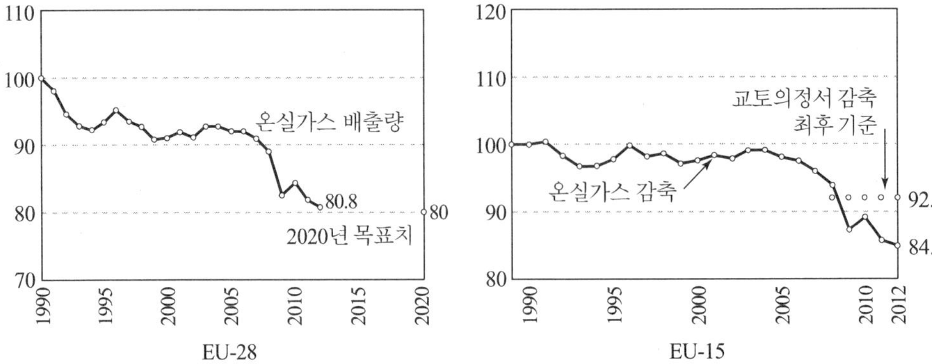

〈그림 2.1〉 EU 온실가스 배출량 추이(기준 : 1990 = 100) (주 : LULUCF 제외) [자료 : EEA(2014b)]

감축을 기록한 반면 스페인은 오히려 20.1% 온실가스 배출량이 증가하는 대조적인 모습을 보였다. 독일의 온실가스 감축은 전력시설의 효율성 증가, 재생에너지 사용비중의 증가, 통독 이후 5개 주의 경제 현대화 등에서 기인한 것으로 분석된다. 영국은 주로 전력생산 에너지원을 석탄 및 석유에서 가스로 전환했기 때문이다. 스페인의 경우에는 제조업 생산 증가와 이에 따른 전력 및 에너지 생산이 동반 상승하면서 온실가스 배출량이 증가했다.

다음으로 중 · 동구 유럽 국가들 중에서는 라트비아와 리투아니아가 55% 이상의 온실가스 감축을 기록한 반면, 키프로스와 몰타는 모두 50% 이상 배출량이 증가했다. 그러나 경제규모를 고려할 경우 중 · 동구 유럽의 상위 3대 국가인 폴란드(14.4%), 체코(33.2%), 헝가리(36.7%) 모두 양호한 온실가스 감축실적을 기록하고 있어, EU의 온실가스 감축노력이 제시했던 목표를 달성하는데 크게 기여하고 있다고 평가할 수 있다. 중 · 동구 국가 중 가장 많은 온실가스 배출하고 있는 폴란드는 에너지 비효율적인 산업의 쇠퇴와 1980년대 말 경제재구조화(restructuring)가 온실가스 배출량 감축에 기여한 것으로 평가된다.

부문별 온실가스 배출량은 EU 28 및 EU 15 모두 에너지 부문이 전체 온실가스 배출량의 약 80%를 차지하고 있으며, 다음으로 농업과 산업공정이 뒤를 잇고 있다. 에너지 부문의 온실가스 배출량 감축이 EU의 온실가스 감축목표 달성에 중요함을 의미한다.

한편 현재 제3기(2013 ~ 2020년)가 운영 중에 있는 EU ETS는 약 1만 2000여개의 산업시설에서 배출되는 CO_2가 대상이었다. 그러나 2013년부터 산업부문과 온실가스가 추가되면서 EU ETS의 적용을 받는 대상이 확대되었다. 2013년 EU ETS의 총 할당량은 20억 8400만 톤으로, 제2기 평균 배출량을 기반으로 제3기에 추가된 산업과 대상시설을 반영하여 결정되었다.

〈표 2.2〉 EU 회원국별 온실가스 배출량 추이(단위 : 백만 톤)

	1990	1995	2000	2005	2010	2011	2012	변화율 (1990년 대비)
오스트리아	78	80	80	93	85	83	80	2.6%
벨기에	143	150	146	142	131	120	117	−18.2%
덴마크	69	76	69	64	61	57	52	−24.6%
핀란드	70	71	69	69	74	67	61	−12.9%
프랑스	557	553	561	559	516	490	490	−12.0%
독일	1,248	1,118	1,040	994	946	929	939	−24.8%
그리스	105	110	127	135	118	115	111	5.7%
아일랜드	55	59	68	70	62	58	59	7.3%
이탈리아	519	530	551	574	499	487	460	−11.4%
룩셈부르크	13	10	10	13	12	12	12	−7.7%
네덜란드	212	223	213	209	209	195	192	−9.4%
포르투갈	61	71	84	88	71	69	69	13.1%
스페인	284	322	380	431	347	346	341	20.1%
스웨덴	73	74	69	67	65	61	58	−20.5%
영국	775	723	690	675	606	563	581	−25.0%
EU 15	4,262	4,171	4,156	4,183	3,803	3,650	3,619	−15.1%
불가리아	109	76	59	64	60	66	61	−44.0%
크로아티아	32	24	27	31	29	29	26	−18.8%
키프로스	6	8	9	10	10	10	9	50.0%
체코	196	152	146	146	137	135	131	−33.2%
에스토니아	41	20	17	18	20	20	19	−53.7%
헝가리	98	78	77	78	68	66	62	−36.7%
라트비아	26	13	10	11	12	11	11	−57.7%
리투아니아	49	22	20	23	21	22	22	−55.1%
몰타	2	2	3	3	3	3	3	50.0%
폴란드	466	441	396	399	407	406	399	−14.4%
루마니아	248	175	134	141	116	122	119	−52.0%
슬로바키아	73	53	49	50	45	45	43	−41.1%
슬로베니아	18	19	19	20	19	19	19	5.6%
EU 28	5,626	5,253	5,122	5,178	4,751	4,603	4,544	−19.2%

주 : LULUCF(토지이용, 토지이용 변경 및 삼림) 제외
자료 : EEA(2014b).

〈표 2.3〉 EU 28의 부문별 온실가스 배출량 추이(단위 : 백만 톤)

	1990	1995	2000	2005	2010	2011	2012
1. 에너지	4,325	4,058	4,004	4,103	3,783	3,642	3,604
2. 산업공정	462	441	394	403	335	332	321
3. 제품사용	17	14	14	12	11	10	10
4. 농업	617	533	521	493	475	475	469
5. 토지이용 · 변경	−258	−291	−302	−304	−312	−311	−304
6. 폐기물	206	207	190	166	147	144	141
7. 기타	0	0	0	0	0	0	0
순CO_2 배출량	5,368	4,963	4,819	4,874	4,439	4,292	4,241
총배출량	5,626	5,253	5,122	5,178	4,751	4,603	4,544

주 : LULUCF 제외
자료 : EEA(2014b).

〈표 2.4〉 EU 15의 부문별 온실가스 배출량 추이(단위 : 백만 톤)

	1990	1995	2000	2005	2010	2011	2012
1. 에너지	3,281	3,215	3,261	3,341	3,048	2,906	2,893
2. 산업공정	354	351	310	311	260	252	243
3. 제품사용	13	12	11	10	8	8	8
4. 농업	443	421	423	394	378	378	373
5. 토지이용 · 변경	−139	−171	−185	−173	−197	−192	−191
6. 폐기물	171	172	152	127	109	106	102
7. 기타	0	0	0	0	0	0	0
순CO_2 배출량	4,123	4,000	3,971	4,010	3,606	3,458	3,429
총배출량	4,262	4,171	4,156	4,183	3,803	3,650	3,619

주 : LULUCF 제외
자료 : EEA(2014b).

〈표 2.5〉 EU ETS 연도별 총할당량(단위 : 백만 톤)

2013	2014	2015	2016	2017	2018	2019	2020	비고
2,084.3	2,046.0	2,007.8	1,969.5	1,931.2	1,893.0	1,854.7	1,816.5	38.3/연

자료 : European Commission

그리고 매년 제2기 평균 할당총량의 1.74%(38.3백만 톤)가 감축된다. 제3기부터는 유상할당을 원칙으로 하고 있으며, 특히 발전부문의 경우에는 100% 유상화 된다.51) 반면 제조업 중 탄소누출 업종은 무상할당을 원칙으로 하되 그 외 업종은 무상할당 비율을 2013년 80%에서 2020년 30%로 축소하고 2027년에는 전량 유상화가 된다. 이에 제3기 유상화 비율은 평균 48%에 이를 것으로 전망된다.

EU 28의 에너지원별 사용추이를 살펴보면, 1990년 대비 2012년 기준, 전체 에너지 소비량은 1% 미만으로 감소했으나, 온실가스 배출량은 약 15.5% 감소한 것으로 나타났다. 에너지 소비량 대비 온실가스 배출량 감축규모가 더 크게 나타난 것은 여러 가지 이유가 있겠으나, 에너지 효율성이 크게 개선되었다는 점과 최종 에너지 소비자들의 에너지 절약에서 원인을 찾을 수 있겠다. 그리고 온실가스를 배출하지 않는 재생에너지의 사용비중이 점진적으로 증가한 것은 EU 집행위원회의 정책적인 노력이 일정부분 기여했다고 할 수 있다. 특히 <그림 2.3>에서 1990년에서 2012년 기간 중 포르투갈을 제외한 전체 EU 회원국에서 재생에너지 사용증가율이 플러스를 나타냈으며, 동 기간 중 재생에너지 사용증가율이 5%를 넘는 국가도 총 10개국에 이른다.

GDP 당 온실가스 배출량을 의미하는 탄소집약도(carbon intensity)의 경우, 모든 회원국에서 지난 22년간 꾸준히 개선되고 있는 모습을 보였다. 특히 대부분의 서유럽 국가

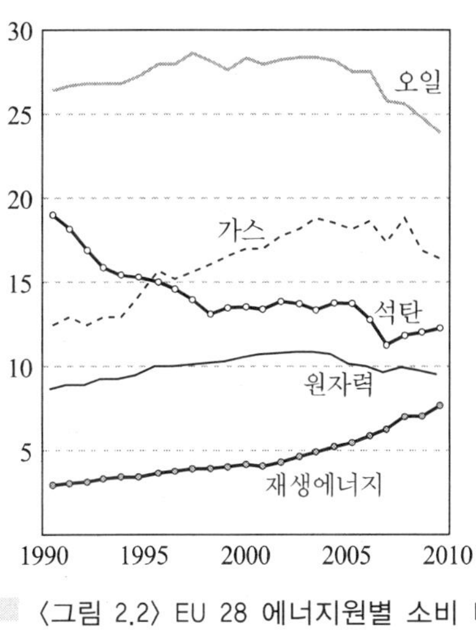

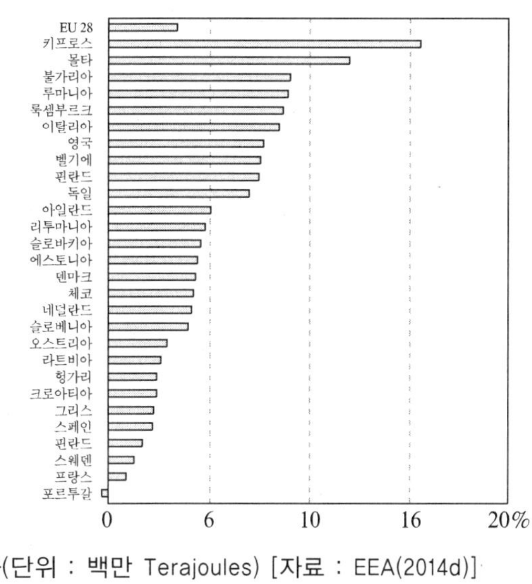

〈그림 2.2〉 EU 28 에너지원별 소비 비중(단위 : 백만 Terajoules) [자료 : EEA(2014d)]
〈그림 2.3〉 EU 재생에너지 사용 증가율(단위 : 연율, %) [자료 : EEA(2014d)]

51) 단, 2004년 이후 가입한 동구권 8개국에 대해서는 기존 발전소에 대해 2019년까지 phase-out 무상할당이 이루어지게 된다.

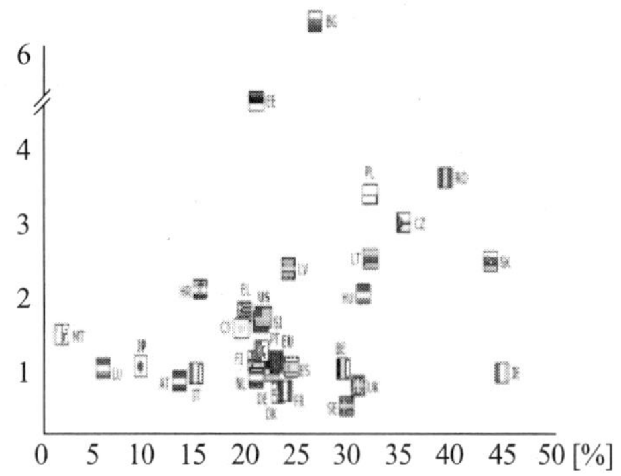

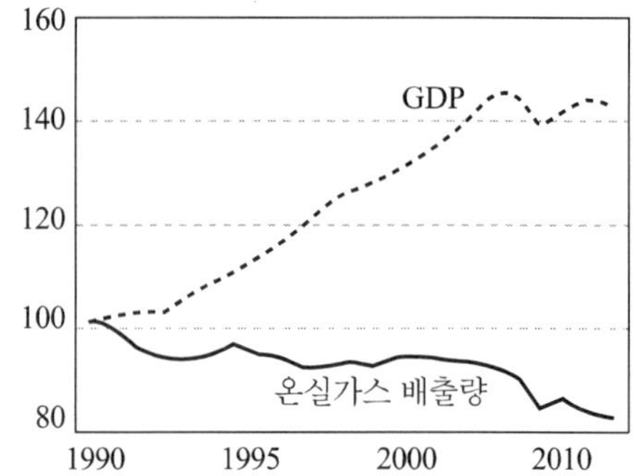

〈그림 2.4〉 주요국의 탄소집약도(2011~2011년 중 탄소집약도 감축) [자료 : Barroso(2014)]
〈그림 2.5〉 GDP와 온실가스 배출량 추이(단위 : 1990 = 100) [자료 : EEA(2014d).]

들은 EU 평균보다 양호한 탄소집약도를 기록하면서 GDP 당 온실가스 배출량이 중·동구 유럽 국가들에 비해 적은 것으로 나타났다. 회원국별 탄소집약도 개선성과를 살펴보면, 2000년에서 2012년 기간 중 아일랜드, 슬로바키아, 루마니아, 체코에서 높게 나타났다. 그러나 다른 한편으로, EU 평균보다 높은 탄소집약도를 기록하고 있는 국가들이 대부분의 중·동구 유럽 국가들로 나타나면서 탄소집약도 개선성과에도 불구하고 여전히 개선이 필요한 부분이라 할 수 있다.

한편 온실가스 배출량과 경제성장률의 추이를 살펴보면, 1990년에서 2012년 기간 중 온실가스는 19.2% 감소한 반면, GDP 규모는 45% 증가한 것으로 나타났다.52) 그러나 이를 온실가스 배출량과 GDP가 음의 상관관계를 맺고 있다고 결정하기에는 주의가 요구된다. GDP가 온실가스 배출량에 영향을 주는 요인이나 유일한 요인은 아니기 때문이다. 즉, 온실가스 배출량과 GDP 간 관계를 위해서는 경제구조와 산업구조에 대한 분석이 병행되어야 하며, EU 회원국 간에도 그 관계가 매우 상이하다는 점을 고려해야 한다.

도로교통 부문의 온실가스 배출은 EU의 정책대응에도 불구하고 다른 분야와 비교하여 온실가스 배출감축 실적이 미흡하다는 평가를 받고 있다. 1990년 대비 2010년 도로교통 부문의 온실가스 배출은 약 23%가 증가했으며, 전체 온실가스 배출량에서 20%의 비중을 차지하고 있음을 감안할 때, 도로교통 부문에서의 온실가스 배출량 감축이 전체 온실가스 감축에 미치는 영향은 작지 않다. 2000년 이후 꾸준히 온실가스가 감축되고 있는 것은 긍정적이라 할 수 있으나, 2007년을 기점으로 EU 전체의 신규 등록대수가 감소하고 있는 사실을 고려할 경우 감축실적에 대한 평가는 조심스러워야 한다.

52) 본 보고서는 온실가스 배출량과 GDP간 상관관계를 계량적으로 분석하지 않고, 유럽환경청(EEA)의 자료를 인용하였는바, 엄밀한 분석이 추가적으로 시행되어야 할 필요가 있다.

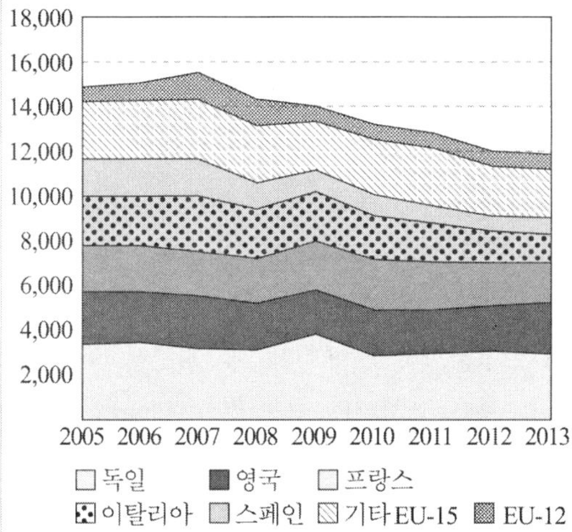

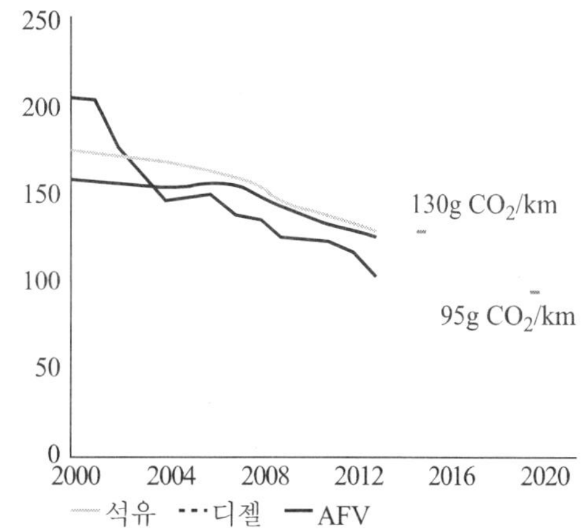

〈그림 2.6〉 EU 신규 자동차 등록대수(단위 : 천대) [자료 : EEA(2014c)]
〈그림 2.7〉 연료유형별 CO_2 배출량 추이(단위 : g CO_2/km) [자료 : EEA(2014c)]

〈표 2.6〉 주요 자동차 제조업체의 온실가스 배출량

	등록대수 (2013년)	평균중량 (kg)	평균 CO_2 배출량(g/km)		
			2013	2012	2011
Renault SAS	793,063	1,262	110	121	129
Automobiles Peugeot	723,688	1,349	115	121	128
Fiat Group SPA	646,554	1,145	116	117	118
Toyota Motor Europe	513,116	1,315	116	122	126
Volkswagen AG	1,486,282	1,382	127	133	135
Kia Motors	285,340	1,320	128	129	137
Volvo Car	203,165	1,700	131	142	151
Nissan International SA	411,702	1,399	131	137	142
Adam Opel AG	804,117	1,443	132	133	134
Audi AG	650,995	1,554	133	138	144
Mazada Motor	133,183	1,422	134	142	147
Daimler AG	661,356	1,577	137	143	153
Hyundai Motor Manufacturing Czech SRO	220,348	1,426	138		
Jaguar Land Rover Ltd.	131,530	2,049	182		

자료 : EEA(2014c)

(4) 2020년 목표 달성 여부 평가

EU 집행위원회는 2020년까지의 기후변화 및 에너지에 관한 목표가 달성가능하다고 평가하면서, 특히 에너지 소비량이 2005년에서 2012년 기간 중 기대했던 것보다 더 빠르게 감소했으며, 재생에너지 사용비중은 중간 목표수준을 넘어섰으며, 온실가스 배출량은 2020년 목표에 거의 근접했다고 언급했다. 그러나 EU 차원이 아닌 회원국별로는 상이한 진행상황을 기록하고 있어 회원국별 정책노력이 요구되는 부분도 있다.

EU 회원국 중에서 9개국은 이미 기후변화 및 에너지 패키지에서 정하고 있는 3가지 목표를 2020년까지 달성할 수 있을 것으로 보인다.[53)] 반면 14개국은 온실가스 배출량 감축에 있어서 충분치 않거나 미흡하다는 평가를 받았다. 또한 11개국은 에너지 소비절약에 있어 추가적인 노력이 필요하다는 평가를 받고 있는데, 그 중에서도 독일, 벨기에, 스웨덴, 에스토니아는 미흡하다는 평가로 인해 추가적인 정책노력이 요구되었다. 재생에너지 사용에 있어서는 많은 수의 회원국이 목표를 달성할 수 있을 것으로 평가받고 있으나, 프랑스, 몰타, 네덜란드는 재생에너지 사용비중을 늘려야 하는 상황이다.

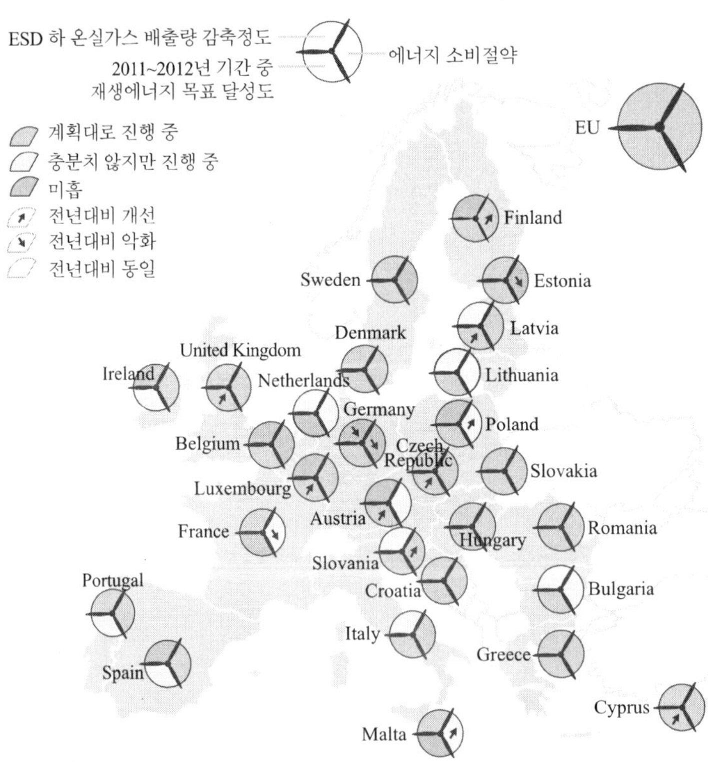

〈그림 2.8〉 2020년 목표 달성여부에 대한 평가
[자료 : EEA(2014). Trends and projections in Europe 2014]

53) 크로아티아, 키프로스, 체코, 덴마크, 그리스, 헝가리, 루마니아, 슬로바키아, 영국

EU 집행위원회는 2020년까지 온실가스 배출량 감축, 에너지 효율 개선, 재생에너지 사용비중 확대는 EU 차원에서 모두 달성 가능할 것으로 전망하면서 2020년을 지나 2030년까지의 새로운 목표를 결정하기에 이른다.

2.1.2 신 기후변화 및 에너지 정책프레임워크, 'Europe 2030'

2008년 합의된 기후변화 및 에너지 패키지로 인해 EU는 온실가스 배출량 감축과 재생에너지 사용비중 확대에 있어서 실질적인 효과를 달성할 수 있었다. 특히 1990년 이후 EU 경제가 45% 성장한 것을 고려할 때 온실가스 감축 및 재생에너지 사용 확대는 중요한 의미를 갖는다고 할 수 있다. 그러나 2008년 이후 글로벌 금융위기와 유럽 재정위기를 겪으면서 EU 회원국들의 투자여력이 위축되고, EU ETS가 저탄소기술에 대한 투자를 촉진하는데 미흡했다는 평가는 기존의 기후변화 및 에너지 패키지를 새롭게 검토할 필요성을 제고하는 계기가 되었다. 특히, 지난 2011년 EU 집행위원회가 제안한 2050년까지의 온실가스 감축목표 로드맵을 비용 효율적으로 추진하기 위해서는 보다 적극적인 감축노력이 요구된다는 평가가 제기되었다.[54] 이에 2014년 10월 EU 정상들은 EU 집행위원회는 1월에 제안한 기후변화와 에너지에 대한 2030년까지의 정책을 담은 프레임워크(일명, 'Europe 2030')에 합의했다.[55]

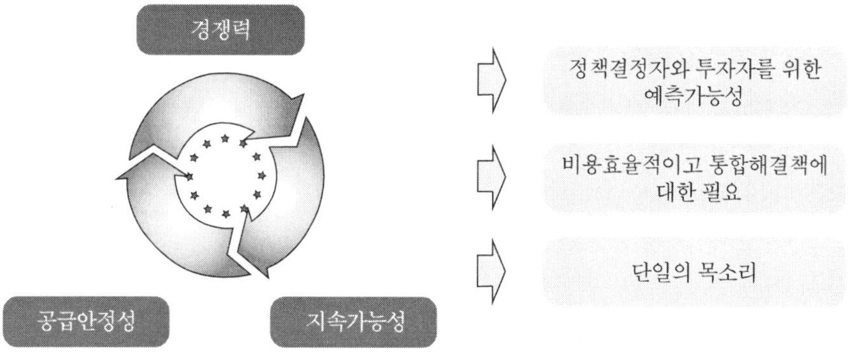

〈그림 2.9〉 EU의 우선순위와 Europe 2030의 필요성 [자료 : Barroso(2014), p.1]

54) European Commission(2011).

55) European Commission(2014a).

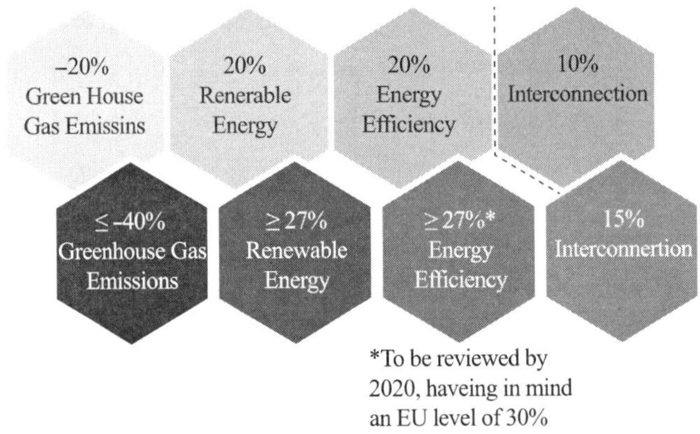

〈그림 2.10〉 Europe 2030의 목표 [자료 : European Commission(2014)]

(1) 주요 내용

① 목표 : 온실가스 감축, 신재생에너지 보급, 에너지 효율

동 프레임워크는 EU 경제 및 에너지 시스템을 보다 효율적이고, 안정적이며, 지속가능하게 만드는 것이다. EU 집행위원회의 기존 2020년까지의 목표를 상향조정한 2030년까지의 목표를 담은 프레임워크에 따르면, 온실가스 배출량은 1990년 대비 40% 감축하기로 했다. 그리고 재생에너지의 비중을 27% 이상으로 늘린다는 목표가 설정되었으나, Europe 2020과 달리 EU차원의 목표만 제시되었을 뿐, 회원국 차원의 재생에너지 사용비중 목표는 별도로 제시되지 않은 것이 특징이다. 마지막으로 에너지 효율성 개선은 이번 프레임워크에서 목표치가 제시되지 않았으나, 에너지 효율성 지침 검토와 함께 추후에 논의하기로 결정했다.

성공적인 온실가스 배출 감축을 위해 회원국의 국내정책과 함께 EU ETS가 중요한 역할을 할 것으로 예상된다. 현재 EU ETS의 적용을 받는 산업분야는 2005년 대비 43%의 온실가스 배출량 감축을 달성해야 하며, EU ETS의 적용을 받지 않

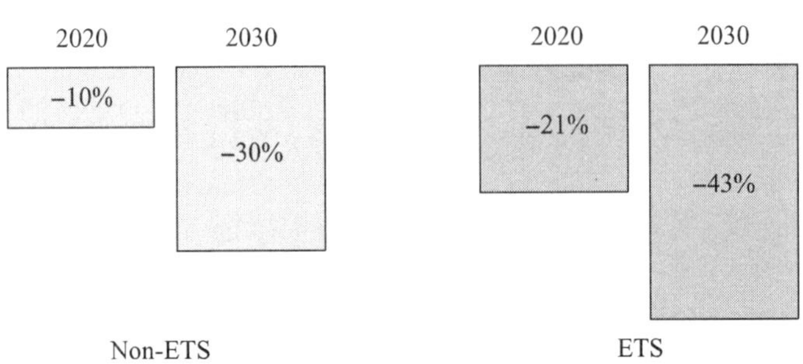

〈그림 2.11〉 EU ETS를 통한 온실가스 감축 연도별 목표

는 산업분야의 경우에는 30%까지 온실가스를 감축해야 한다. EU ETS의 적용을 받는 산업분야는 매년 할당받는 배출총량의 삭감률이 현 1.74%에서 2020년 2.2%로 확대된다. EU ETS의 적용을 받지 않는 산업분야는 회원국 간 형평성 있고 시기적절한 감축노력이 요구되고 있는 바, 1인당 GDP와 같은 상대적인 경제지표를 활용하여 회원국 간 배출량이 최대 20% 감축에서 최소 20% 증가에 이르는 다양한 감축목표를 설정하도록 했다. 특히 상대적으로 소득수준이 낮은 국가에서 관련 비용이나 투자가 감축목표 달성을 위한 중요한 요소로 작용할 것이기 때문에 EU 차원에서 기준을 정하고 투자를 지원한다는 계획이다.[56)]

다음으로 EU 집행위원회는 재생에너지가 경쟁력 있고, 안정적이며, 지속가능한 에너지 시스템으로의 전환을 위해 중요하다고 강조하고 있다. 즉, 시스템 전환을 위해서는 재생에너지의 사용비중 확대 없이는 불가능하다는 것이다. 그러나 다른 한편으로 EU ETS와 재생에너지 사용에 따른 온실가스 배출량 감축이 시장주도의 재생에너지 사용 확대 유인에 도움을 줄 것으로 보고 있다. 이미 EU 내 재생에너지에 대한 투자가 증가하고 있다는 점을 고려할 때, 2030년까지 전력부문에서의 재생에너지 비중은 최소 45%까지 늘어날 전망이다. 그리고 앞에서 언급한 바와 같이, 회원국별 재생에너지 사용비중을 설정하지 않았는데, 이는 온실가스 배출량 감축목표와 함께 회원국들이 유연성을 가지고 정책을 추진할 수 있도록 하기 위함이다.

한편 기존 기후변화 및 에너지 패키지에서 교통부문의 재생에너지 사용비중을 전체 사용연료의 10%로 늘리는 목표가 있었으나, 이번 프레임워크에서는 별도로 목표를 설정하지 않았다. 이는 바이오연료가 기대했던 만큼 교통부문의 온실가스 배출량 감축에 효과적이지 않았다는 평가에서 기인한다. 더욱이 곡물을 활용한 바이오연료(food-based biofuel)에 대한 지원이 2020년까지만 이뤄지지 않는다는 점도 고려된 것으로 판단된다.[57)] 그리고 재생에너지 사용 확대와 관련해 회원국들의 재량을 인정해주는 것은 역내 에너지 시장의 심화와 무관하지 않다. 이는 회원국들이 역내 회원국 간 국경을 초월하는 에너지 인프라 구축으로의 전환에도 기여할 것으로 보인다.

마지막으로 에너지 효율성 개선 측면에서 별도의 목표가 제시되지 않았으나, 2030년까지 온실가스 배출량 감축목표를 달성하기 위해서는 약 25%의 에너지 효율 개선이 필요하다는 분석이다. 당초 EU 집행위원회는 2014년 중 에너지 효율성

56) 예를 들어, EU 평균 GDP의 90% 이하에 해당하는 국가에는 2021~2030년 기간 중 EU 차원의 연간 투자평균액보다 높은 약 30억 유로의 투자재원이 필요할 것으로 EU 집행위원회는 보고 있다.

57) European Commission(2012).

지침의 회원국별 이행입법을 추진하려 했으나,[58] 현재 검토 중에 있다. 그리고 이 검토를 바탕으로 에너지 효율성에 대한 목표 설정여부가 결정될 계획이다. 향후 에너지 효율성 개선을 위해 에너지 집약도(energy intensity) 개선 또는 절대적 에너지 절약(absolute energy savings)으로 제안될 가능성이 높다.

② EU ETS 개혁

2012년 EU 집행위원회는 탄소시장에서 각 회원국에게 배정된 경매할당량이 유럽 재정위기에 따른 경기침체, 국제탄소배출권 거래 접근성, 기 추진 중인 기후변화 및 에너지 정책의 영향으로 잉여할당량(accumulated surplus of allowances)이 발생한 것으로 평가했다. 이에 잉여할당량의 해소를 위해 EU 집행위원회는 EU ETS를 개정할 필요성을 인식하면서, 경매할당량 9억 톤을 2019～2020년까지 연기하기로 합의했다.

그리고 2014년 1월 EU 집행위원회는 EU ETS 제4기가 출범하는 2021년 이후에 적용될 기존 EU ETS 지침 개정안에서 시장안정적립제(market stability reserve)를 제안했다.[59] 시장안정적립제는 미리 설정된 기준에 따라 유상할당량을 자동적으로 공급하는 것으로 시장에의 충격을 최소화하고 시장 안정성을 제고하는 것이다. 또한 EU 집행위원회는 적립제도가 일시적인 수요 급증이 탄소누출(carbon leakage)의 위험이 있는 산업에 주는 충격을 최소화하기 위한 유연한 수단이 될 것으로 보고 있다.

③ 경쟁력 있고 모든 소비자가 수용 가능한 에너지

EU 집행위원회는 에너지가 산업생산 및 서비스 비용, 가계의 구매력 등 회원국의 경쟁력에 결정적인 영향을 미친다고 판단하고 주요 교역 파트너들과의 에너지 가격차(energy price gap)가 확대되고 있지는 않지만, 상대적으로 불리하다는 것을 지적하고 있다. 또한 EU 역내 에너지 다소비 산업분야가 국제적인 경쟁에 노출되어 있다는 점도 경쟁력 있고 모든 소비자가 수용 가능한 에너지 체제 구축을 필요로 한다. EU 집행위원회의 에너지 가격 및 비용에 관한 분석에 따르면 에너지 효율성 개선으로 인해 높은 에너지 가격과 EU ETS가 EU의 상대적 경쟁력에 미치는 영향이 크지 않은 것으로 나타났으나, 그 영향은 산업분야에 따라 상이하고 간접적인 영향이 오히려 중요할 수도 있을 것으로 보인다.[60]

---

58) European Union(2012).
59) European Commission(2014c).
60) European Commission(2014d).

④ 에너지 공급 안보 개선

기후변화에 대응하기 위해 중요한 부문이 바로 에너지를 안정적으로 공급받는 것이다. 2012년 EU의 오일 및 가스의 수입액은 4천억 유로를 넘어섰는데, 이는 EU GDP의 약 3.1%에 해당되며 지난 1990~2011년 평균 1,800억 유로와 비교해서도 수입액 규모가 급증한 것을 알 수 있다. 국제에너지기구(IEA: International Energy Agency)에 따르면, EU의 오일 및 가스 수입의존도는 현재 80% 및 60%에서 2035년까지 90%와 80%로 증가할 것으로 전망되고 있어 에너지 공급과 가격 쇼크에 대한 취약성에 노출되어 있다. 따라서 EU 집행위원회는 에너지 안보 강화를 위해 3가지 접근법을 제시했다.

우선 EU의 오일 및 가스 생산 감소에 대한 대응으로 재생에너지와 전통적·비전통적 화석연료의 지속가능한 토착 에너지원(indigenous energy sources)을 새롭게 발굴하는 것이다. 다음으로 수입 화석연료의 공급 국가 및 루트를 다양화하기 위해 EU 및 개별 회원국들이 공동으로 대응할 필요가 있다. 마지막으로 비용효율적인 에너지 집약도 개선 및 건물과 제품, 생산공정에서 에너지 성과 개선을 위한 절감노력을 지속적으로 추진하는 것이다.

(2) 'Europe 2030' 이행체계

EU 집행위원회는 동 프레임워크를 발표하면서 이행체계(European governance for the 2030 framework)를 동시에 제안했다. 우선 재생에너지, 에너지 효율성, 온실가스 감축에서 지금까지 개별적인 보고 프로세스로 운영되었으나 2020년 이후 이를 하나로 통합하고 기후변화 및 에너지에 있어서 EU 차원의 목표는 회원국 조치와 EU 정책을 함께 활용하여 달성한다는 계획이다. 특히 비ETS 부문 온실가스 감축, 재생에너지, 에너지 절약, 에너지 안보, 연구와 혁신, 원자력·셰일가스·탄소포집과 저장 등 주요 분야에서의 목표 달성을 위한 회원국별 명확한 접근법이 제시되어야 한다. 명확한 목표와 방법이 관련 분야의 투자자들로 하여금 확실성과 투명성을 제고하고 일관성을 유지할 수 있기 때문이다.

또한 EU 집행위원회는 회원국들의 정책 및 계획을 평가하기 위한 거버넌스 구조의 필요성을 인지하고 다음과 같이 3단계로 추진하기로 했다.

- Step 1 : 새로운 거버넌스 프로세스의 운영과 국가계획의 내용에 대한 EU 집행위원회의 세부 가이드라인 개발
- Step 2 : 반복적인 절차를 통한 회원국의 계획 마련
- Step 3 : 회원국의 계획 및 목표에 대한 평가

EU 집행위원회는 경쟁력 있고 안정적이며, 지속가능한 에너지 관련 지표 및 목표를 설정하는 중요하다고 강조하고 있다. 다음은 EU 집행위원회가 제시하고 있는 지표들의 예시이며, 지표에 대해 주기적으로 보고를 하고 필요시 보호조치를 시행할 계획이다.

- EU 및 주요 교역대상국간 에너지 가격 격차
- 에너지 수입 다변화, 에너지 소비에서 토착 에너지원(indigenous energy resources)의 비중
- 스마트그리드 보급과 회원국 간 연계
- 가스와 전력시장의 자유화를 바탕으로 한 에너지 시장의 EU내 동조화(intra-EU coupling of energy market)
- 국가 및 지역 차원에서의 에너지 시장 경쟁과 시장 집중화
- 기술혁신(R & D 지출, EU 특허권, 제3국과 비교한 기술수준에서의 EU 경쟁력)

(3) 부문별 보조 정책(complementary policies)

① 교통

교통부문에 있어서 교통백서는 온실가스 배출량을 2050년까지 1990년 대비 60% 감축한다는 목표를 제시하고 있다. 교통부문의 배출량은 1990~2007년 기간 중 33% 증가 후 고유가와 효율성 개선 등으로 감소추세가 나타나고 있으나, 백서의 목표 달성을 위해서는 추가 정책이 필요하다. 이에 추가적인 정책으로 수송수단간 통합 강화, 비도로 대체수단의 활용, 지능형 교통시스템을 통한 교통량 관리 개선, 신기술과 대체연료를 활용하는 교통시스템으로의 전환이 필요하다. 이밖에도 EU 집행위원회는 국제적으로 항공 및 해운분야에서의 온실가스 감축을 위한 국제기구 간 협력이 필요함을 강조하면서 이를 강화해나갈 계획이다.

더불어 EU 집행위원회는 2014년 중 기존의 승용차 온실가스 배출규제(European Union 2009c)를 개정하였다.[61] 새로운 개정안에 따르면, 온실가스 배출량 감축목표는 변화가 없으나, 자동차 제조업체들의 기술개발 등을 위한 시간을 고려하여 단계별로 적용된다. 또한 온실가스 배출량이 50g/km 이하인 자동차에 대한 우대조치(super credit)가 2016년 이후 폐지되지 않고 2020년까지 2대, 2021년 1.67대, 2022년 1.33대, 2023년 이후 폐지로 연장되었다. 허용되는 온실가스 배출량도 다음과 같이 바뀌게 된다.

61) European Union(2014a).

자동차 온실가스 배출규제 개정안에 따른 배출허용량

승용차량 중량별 최대 CO_2 배출허용량 $= 95 + ax(M - M_0)$

여기서, M : 차량 중량(kg)

M_0 : 1,289.0

a : 0.0333

한편 EU 집행위원회는 국제적으로 항공분야와 해운분야의 국제기구와 온실가스 배출량 감축을 위한 협력 강화에 나서기로 했다. 항공분야의 경우도 2012년부터 EU ETS의 적용을 받고 있으며,[62] 다만 모든 항공이 규제대상이 아니라 회원국의 역내에서 출발하거나 도착하는 항공기를 대상으로 한다. 또한 항공분야에 있어서는 온실가스 유형 중 CO_2로 제한되어있다는 점이 일반적인 EU ETS와 다른 점이라고 할 수 있다.

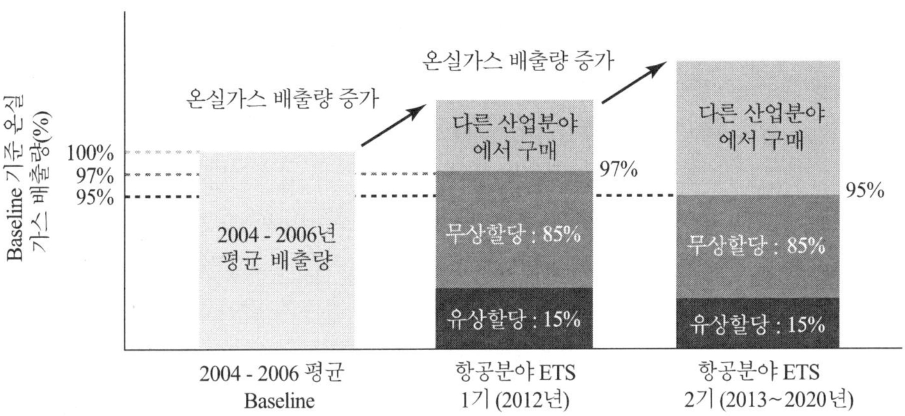

〈그림 2.12〉 항공분야 ETS 배출량 무상 및 유상할당량 비중
[자료 : verifavia(www.verifavia.com)]

항공분야에 할당되는 배출권 총량은 두 기간으로 나누어 과거 운항실적에 따라 설정되었는바, 2012년 1월 1일에서 12월 31일은 과거 운항실적(2004~2006년 기간 중 평균 배출량)의 97% 상당량, 2013년 1월 1일부터는 과거 운항실적의 95%에 할당기간에 상응하는 연수를 곱한 것으로 적용된다. 2012년에는 전체 총량의 85%를 무상으로 배분하고 나머지 15%에 대해서는 유상할당이 되며 2013년 이후부터 유상할당 비중이 점진적으로 늘어난다.

62) European Union(2008)

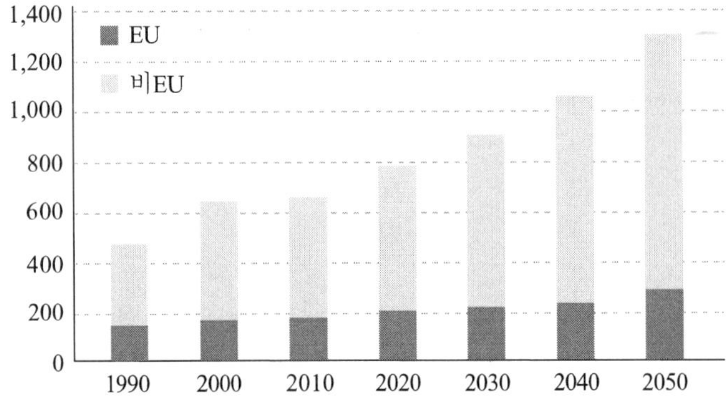

〈그림 2.13〉 해운분야 온실가스 배출량(단위 : 연간 CO_2 백만톤)
자료 : European Commission(2013a)

그러나 2013년 EU 집행위원회는 항공분야 ETS에 대한 개정안을 마련, 2014년 EU 집행위원회의 항공분야 ETS 지침에 대한 개정안(규정)이 승인되어 4월 30일부터 발효되었다. 개정된 지침에 따르면, EEA(European Economic Area) 국가를 운항하는 모든 항공편의 경우 100% 적용을 받으며,[63] 국제항공배출량의 1% 미만을 차지하는 약 80여개 저개발국의 항공운항편은 적용이 면제된다. 동시에 연간 온실가스 배출량 2만 5000톤 이하의 소규모 사업자에 대해서는 배출량의 산정보고(MRV : Monitoring, Reporting, Verification)에 있어서 간소화된 절차가 적용되도록 했다. 그리고 무상할당량은 기존 할당량에서 제3국 운항을 제외한 비율만큼 삭감되었다. 다만, 경매 비율은 기존과 같이 전체 할당량의 15%로 유지된다. 한편 2013년 배출량에 대한 배출권 정산은 당초 2014년에서 1년 연기된 2015년 3월까지 2개년도의 배출량 보고서를 제출하고 4월까지 정산하기로 결정되었다.

해운분야의 경우, EU 집행위원회는 2013년 두 개의 문건을 제안하였는바 전략 커뮤니케이션(Communication)과 해운분야 온실가스 MRV에 관현 규정(Regulation)안이 그것이다. 커뮤니케이션은 단계적인 접근법을 제안하고 있는데, 우선적으로 해운분야의 MRV 시스템을 구축하고 이후 온실가스 감축목표를 설정, 중장기적으로 시장기반조치(MBMs: Market-based measures)를 포함한 추가적인 조치의 도입을 검토하는 것이다. 해운분야에서 EU의 온실가스 배출량이 전체 국제배출량의 4%에 불과하였으나, 향후 배출량 증가가 예상되고 있어 이에 대한 정책필요성이 고려된 것이다.

단계적인 접근법에서 언급된 바와 같이 EU 집행위원회는 해운분야 온실가스 배출량에 대한 MRV 시스템을 구축할 목적으로 규정안을 제안하였는바,[64] 선박의

63) EEA 국가는 EU 28개국과 노르웨이, 아이슬란드, 리히텐슈타인을 의미한다.

국적에 상관없이 EU 회원국의 항구 간 운항, 비회원국의 EU 역내 항구로의 입출항, EU 회원국 항구 내 기항중에 배출된 모든 온실가스가 대상이 된다. 대상선박은 총톤수 5천GT 이상의 모든 선박으로 하나, 전함이나 수송선단, 어선 또는 가공선, 원시적 형태의 목재선, 기계적 형태로 추진되지 않는 선박, 비상업적 목적의 정부소유 선박은 대상에서 제외된다. EU 집행위원회는 동 규정으로 인해 2030년까지 연간 12억 유로 규모의 비용절감 효과가 있는 것으로 분석하였다.

② 농업 및 토지이용

농업 및 토지이용 변화와 삼림부문은 온실가스 감축에 기여하고 있는 바, 2030년 온실가스 감축목표에 이를 포함시켜 비용 효율적으로 온실가스 배출량 감축을 도모한다는 계획이다. 현재 농업부문의 비CO_2 배출은 EU의 Effort Sharing Decision의 적용을 받으며, 감축목표에서 제외되어 있는 토지이용과 삼림의 온실가스 배출 및 제거는 국제공약에서 다루고 있다. 향후 EU 집행위원회는 동 부문의 감축잠재력 평가 및 적절한 정책 발굴을 위해 추가적인 분석을 할 예정이다.

③ 탄소포집과 저장(CCS)

일부 산업분야에 있어서 에너지 효율성에 대한 이론적인 한계와 산업공정 과정에서의 온실가스 배출이 불가피하기 때문에 CCS가 유일한 대안이라고 할 수 있다. 이에 향후 10년간 CCS에 대한 R & D 투자 및 상업화, 실증화가 중요하다. 특히 전력부문에서 CCS는 화석연료를 활용한 전력생산에서의 온실가스 배출을 감축하는데 중요한 기술이다. 따라서 화석연료의 비중이 높은 회원국에서는 비용 감축 및 상업화를 위해 CCS에 대한 투자를 강화할 필요가 있다.

④ 혁신 및 재정

EU는 2020년까지의 기후변화 및 에너지 패키지에서 관련 분야에 대한 R & D 투자를 지원하기 위해 전략적에너지기술계획(SET Plan : Strategic Energy Technology Plan)을 수립하고 연간 32억～54억 유로를 투자하고 있으며, 2014～2020년 기간 중에는 과학기술분야 프로그램인 Horizon 2020을 통해 60억 유로의 자금이 에너지 효율성과 저탄소기술, 그리고 스마트 시티를 위해 투자될 계획이다. 그럼에도 불구하고 EU 집행위원회는 2020년 이후의 기후변화 및 에너지 프레임워크를 지원하기 위해 R & D 정책을 강화할 필요가 있다고 판단했다. 이미 추진 중에 있는 SET Plan에서의 투자방법 및 우선순위 선정경험을 바탕으로 비용절감 및 저탄소기술의 시장출시를 장려하기 위해 활용될 것이다. 그리고 현 EU ETS를 통한

64) European Commission(2013b).

수익을 관련 기술에의 투자를 위한 재원으로 활용하는 것은 물론 유럽투자은행(EIB : European Investment Bank)을 통해 민간자본 유치에 기여할 것으로 EU 집행위원회는 분석하고 있다. 동시에 2014～2020년 기간 중 EU 예산에서 약 230억 유로가 저탄소경제로의 전환을 위해 활용될 예정에 있으며, 민간투자자들의 신뢰를 얻고 공공재정이 추가적인 민간자본을 유치할 수 있도록 하는 방안을 구상 중에 있다.

(4) Europe 2030 영향 분석

EU 집행위원회는 환경영향, 에너지 시스템 영향, 거시경제 및 사회영향, 에너지집약 산업의 경쟁력 및 탄소누출 관련 영향에 있어서 Europe 2030의 영향분석을 실시했다.[65] 우선 환경영향에 있어서 전력부문의 온실가스 배출량이 2005년 대비 약 48～66% 감축될 것으로 전망되고 있다. 반면 교통이나 농업부문의 경우에는 감축효과가 크지 않을 것으로 보여, 교통부문에서 약 12～20%, 농업부문에서 13～28% 온실가스 감축이 예상된다. 에너지 효율성 정책은 EU ETS의 적용을 받지 않는 부문에서의 온실가스 배출량 감축효과가 EU ETS에서보다 높을 것으로 전망되나, 재생에너지의 경우에는 오히려 EU ETS의 적용을 받는 부문에서 효과가 클 것으로 분석되었다.

다음으로 에너지 시스템에 대한 영향측면에서 효율적인 저탄소 기술에 대한 투자확대(2011～2030년 기간 중 매년 170억～930억 유로)가 기대되며, 특히 빌딩부문에서 두드러질 것으로 예상된다. 또한 에너지 효율성 증대는 에너지 안보에도 긍정적인 기여를 하면서 화석연료의 사용 및 수입을 줄이는 효과가 나타날 것으로 기대된다. 그리고 EU ETS의 배출권 가격은 2020년까지는 과잉 잉여할당량과 재생에너지 및 에너지효율 지침과 같은 정책추진으로 인한 온실가스 배출량 감소를 반영하여 낮은 수준을 기록할 것으로 보이나, 2030년까지는 약 11～53유로 사이에서 배출권 가격이 형성될 것으로 전망된다.

세 번째로, 거시경제 및 사회적 영향과 관련해서는 EU ETS의 적용을 받는 산업부문의 할당량 경매와 EU ETS의 적용을 받지 않는 산업부문에 대한 탄소세 부과 등이 경제에 긍정적으로 작용할 것으로 분석되었다. 즉, 배출되는 탄소에 대한 가격부과로 인한 수입증대가 다시 경제로 환원되면서 경제성장에 일정부문 기여할 수 있다는 의미다. 한편 고용 부문에서는 긍정적인 영향과 부정적인 영향이 혼재되어 있다고 할 수 있으나 산업 내 및 산업 간 고용의 변화가 있을 것으로 전망되었다. 다만 이를 위해서는 노동 관련 정책이 충분히 마련되고 이행되어야 한다는 가정을 전제로 하고 있다. 구체적으로

65) European Commission(2014b)

는 엔지니어링, 기초제조업, 교통설비, 건설 및 비즈니스 서비스가 고용측면에서 혜택을 보는 분야인 반면 화석연료 추출부문은 고용악화가 예상된다.

마지막으로, 에너지집약산업의 경쟁력 및 탄소누출과 관련해서 온실가스 배출량 감축 목표가 동 산업의 국제경쟁에서 부담으로 작용할 것으로 보이며, 특히 EU 이외의 국가들에서 온실가스 감축노력이 병행되지 않을 경우에는 동 산업의 부담이 가중될 것으로 분석되었다. 결국 에너지집약산업의 탄소누출 가능성이 증가할 수 있다. 따라서 경쟁력 제고와 탄소누출 가능성을 제한하기 위해서는 현재 무상으로 할당되고 있는 배출량에 대한 산출방법의 개선이 요구되고, 이를 통한 수입증대가 특정 기술에 대한 투자확대로 연결되면서 선순환적인 구조가 마련될 수 있을 것으로 예상된다.

2.2 미국

2.2.1 오바마 정부의 행정명령

오바마 정부의 첫 기후-에너지 관련 행정명령의 목표는 청정에너지경제(Clean Energy Economy)를 통해 국가의 번영을 가져오고, 에너지안보를 촉진하며, 납세자의 이익을 보호할 뿐만 아니라 궁극적으로 환경을 보호하는 것이다. 에너지 효율 증가와 온실가스 감축에 대한 연방정부의 모범적 행동을 통해 식수원 보호, 쓰레기 감소, 오염 방지, 지속가능 기술 및 자연친화적 상품의 확대, 지속가능한 건물의 건설과 유지 운영 등을 지원하는 것이다. 특히 연방 시설물이 있는 지역을 생기가 넘치고 살기 좋은 곳으로 만들어, 연방의 피고용인들에게 이러한 목표를 알리고 참여시키는 것을 목표로 한다. 관련 기관들은 이러한 목적을 달성하기 위한 사회경제적 비용과 이익을 충분히 고려한 후 정책의 우선순위를 정할 것이고, 매년 성과를 평가해 성과가 있는 정책은 확장·확대하되, 성과가 없는 정책은 재평가하거나 중단하게 될 것이다. 또한 이 정책을 실행하기 위한 기관의 노력과 성과는 연방웹사이트를 통해 공공에 투명하게 공개될 것이다.

(1) 2009년 기후행동계획[66)]

2009년 대통령명령에 의한 기후행동계획은 단기, 중기, 장기에 걸친 정책 목표와 수

66) The White House. 2009. Executive Order: Federal Leadership in Environment, Energy, and Economic Performance. Office of the Press Secretary에 근거함.

단들을 명시하고 있다. 단기적으로, 오바마 정부의 행정명령을 수행하기 위해, 연방 정부의 각 기관들은 각 기관에서 온실가스의 배출에 대한 측정결과(inventory)를 작성하고 행동계획을 실행해야 한다. 행정명령이 발효된 후, 모든 기관의 수장은 30일 이내에 환경질위원회(CEQ : Council on Environmental Quality) 의장과 예산관리국(OMB : Office of Management and Budget) 국장에게 범위 1과 범위 2의 온실가스 감축목표를 보고해야 한다. 여기서 범위1은 연방 기관에 직접 소유하거나 관리하고 있는 원천으로부터 발생하는 직접적인 온실가스 배출을 말하며, 범위 2는 연방 기관에 의해 구매된 스팀, 열, 전기로 인해 결과적으로 나타나는 직접적 온실가스 배출을 말한다. 연방정부 각 기관으로부터 발생하는 온실가스 배출량에 대한 측정결과는 온실가스의 배출장소와 배출량으로 기록되며, 이는 감축목표 설정과 향후 계획을 실행하기 위한 첫 번째 단계로써 필수적인 과정이다. 각 기관의 감축목표는 CEQ 의장과 OMB 국장의 협의를 통해 승인되어야 한다. 이러한 합의를 바탕으로 각 기관장은 아래와 같은 감축방안을 각각의 상황에 맞게 고려한다.

- 기관 건물의 에너지 사용량을 줄인다.
- 재생가능에너지의 사용을 높이고 기관 소유물에 있어서 재생가능 에너지 발전계획을 실행한다.
- 화석에너지 사용을 줄인다. 이를 위해, 온실가스배출이 낮은 교통수단을 이용하고, 기관 보유의 교통수단의 수를 합리화한다. 만약 보유한 교통수단이 20개 이상이라면, 기관은 총 휘발유 소비를 2005년의 수준을 기준으로 하여 2020년까지 매년 2% 이상 줄인다.

중기적으로는 배출량 측정결과 작성 후, 240일 이내에 CEQ의장과 OMB국장에게 범위 3 온실가스 감축목표를 보고해야 한다. 범위 3은 연방기관이 직접 소유하거나 관리하지 않지만, 기관의 활동을 통해 발생하는 온실가스 배출을 말한다. 배달 서비스, 근무자 여행, 통근 등으로 인해 배출되는 온실가스가 이에 해당한다. 이 때 온실가스 측정결과는 2020년까지 감축해야 할 감축량의 절대적 수치와, 2008년 온실가스배출규모에 대한 상대수치를 포함한다. 이 목표는 CEQ 의장과 OMB 국장의 협의 하에 승인되어야 한다. 기관장은 아래와 같은 감축방안을 고려한다.

- 연방정부와 업무협약을 맺는 계약자들(contractor)이 온실가스 감축에 참여하고 활동할 수 있는 기회를 갖는다(제조방식 변화, 배달서비스의 변화, 이동교통수단의 변화, 유통활동의 변화 등).
- 기관 직원들의 저탄소 통근과 출장 지원을 논의하고 환승, 출장, 훈련을 위한 시설을 운영한다.

- 온실가스 감축과 관련된 또 다른 적절한 목표를 추구한다.
- 범위 3의 온실가스 감축을 위해 기관별로 특화된 혁신적 정책을 개발하고 실행한다.

장기적으로는 15개월 이내, 그리고 2010년 이후로 매년 1월말까지 CEQ의장과 OMB 국장에게 (범위 1, 범위 2, 그리고 특정한 범위 3을 포함한) 온실가스 절대량 감축의 포괄적 항목들(inventory)을 보고해야 한다. 장기적 계획과 실행에는 다음과 같은 사항들이 포함되고, 전력과 지역의 연계를 촉진한다. 이를 위해,

- 권역별 교통계획에 참여하고, 현재 마을의 교통 인프라를 확인한다.
- 지역에서 생산하는 재생가능에너지를 향상시키기 위한 지역 계획의 효율성 증대를 위해 연방정책과 공조한다.
- 새로운 연방 시설이나 임대시설은 보행자 친화적이고, 고용센터와 가깝고, 대중교통환승이 가능하며, 현재의 주요도시와 농촌공동체, 계획된 도심을 강화해야 한다.
- 모든 연방의 시설은 1969년의 전국환경정책법(National Environmental Policy Act)에 따라 모든 환경영향문서와 환경평가에 에너지 사용과 대안적 에너지원의 영향을 분석하고 기록해야 한다.
- 권역별 프로그램은 연방, 국가, 부족(tribal), 그리고 지역의 생태시스템, 수원지, 환경관리를 위해 협력한다.

연방건물의 계획, 건설, 운영, 관리, 유지, 폐기에 있어서 지속가능한 방식을 실행한다. 이를 위해,

- 2020년부터 계획에 들어가는 연방의 모든 새로운 건물은 2030년까지 에너지 제로를 달성하도록 계획되어야 한다.
- 모든 연방건물의 신축, 개보수, 수리 등에 있어서 고효율과 지속가능한 건물을 위한 연방 리더십 원칙을 따라야 한다.
- 2015년까지 적어도 15%의 기관 건물과 임대건물은 앞의 원칙을 따라야 하고, 매년 100%가 될 수 있도록 모든 건물에 확대해나가야 한다.
- 비용효율을 추구하며, 고기능단열, 식물지붕, 에너지 물 자원의 소비를 최소화하는 개보수 전략을 추구한다.
- 물품과 서비스 관련 새로운 계약체결 중 95%를 (무기시스템은 제외) 에너지 효율, 에너지관리프로그램, 물 효율성, 생물기반(biobased), 친환경적, 오존 미발생, 리싸이클 포함, 무(저)독성 등을 필수적으로 갖춘다.

전기관리를 향상시키기 위해서,

- EPEAT (Electronic Product Environmental Assessment Tool)에 등록된 전기 생산물을 조달한다.
- 모든 해당 기관의 정기 생산품은 친환경적 특징을 갖거나 전원관리, 양면인쇄 등의 정책을 따른다.
- 에너지 스타(Energy star) 혹은 연방에너지관리프로그램(FEMP: Federal Energy Management Program)으로 설계된 전기 기자재를 조달한다.

이와 같은 노력은 거버넌스를 구축하여 실행함으로써 실제화가 될 수 있다. 이를 위해 연방의 지속가능성을 위한 운영위원회를 설치한다. OMB국장과 CEQ의장은 연방환경행정명령(13423/2007.1.24)에 의해 구성된 연방 지속가능성을 위한 조직간 운영위원회를 구성해야 한다. 아울러, 에너지부서의 연방에너지관리프로그램과 연방환경행정명령 사무국과 협력하여, 온실가스 감축의 기관별 목표를 진전시키기 위해 도움과 가이드를 제시한다. OMB국장은 추가적 책무로써, 모든 기관의 다개년 전략적 지속가능성 실현 계획을 검토하고 승인한다. 동시에 기관의 예산요청에 대한 평가를 함께 검토한다(review). 이를 위해, 연방 기관의 기간에 따른 실천에 대해 순위를 매기는 평가지표(score card)를 마련하고, 그 결과를 공공이 접근할 수 있는 웹사이트에 공지한다. 연방환경처(Federal Environmental Executive)의 의무는 행정명령에 대한 연방의 실행노력을 지원하는 전략과 방법을 찾는 것이다. 이는 가장 성공적인 노력들을 공유하는 것을 포함한다. 또한 CEQ의장과 OMB국장의 실행과 목표달성과정을 감시하고 조언한다. 이 행정명령에서 중요한 점은 각 기관에 기후변화 및 지속가능성 담당자의 지정을 언급했다는 점이다. 행정 명령이 발효된 후, 30일 이내에 모든 기관의 수장은 지속가능담당관(Senior Sustainability Officer)을 지정해야 한다. 이들이 이 행정명령의 이행에 대한 책임자다. 이들의 역할은 아래와 같다.

- 기관전체의 온실가스 감축목표와 항목을 준비한다.
- 240일 이내에 다년간 전략적 지속가능성 실행계획(Strategic Sustainability Performance Plan)을 제출하고 CEQ 의장과 OMB 국장의 승인을 요청한다.
- 승인된 계획의 실행을 준비한다.
- 계획실행 과정을 모니터링하고 CEQ의장과 OMB 국장이 요구하는 방식으로 보고한다.
- 이 행정명령을 실행하는 과정에서 기관의 적절함과 효과성에 대해 매년 기관장에게 보고한다.

행정명령을 통한 연방정부의 노력은 전략적 지속가능성 성과계획(Strategic Sustainability Performance Plan)을 통해 구체화 된다. 이 계획은 다음과 같다.

- 정책 선언문이 포함되어야 한다.
- 온실가스 감량을 포함한 지속가능성의 목표를 달성한다.
- 기관의 전략계획과 예산과정과 연계되어야 한다.
- 기관의 장단기적인 운영과 목표에 있어 기후변화 위험성과 취약성을 평가한다.
- 매년 성과를 평가하고 개선하기 위한 기회를 갖는다.

행정 명령은 각 기관의 온실가스 계산과 보고에 관한 권고사항을 포함하고 있다. 에너지부(The Department of Energy)는

- 180일 이내에 CEQ의장에게 연방온실가스보고와 계산과정을 제공한다.
- 1년 이내에 정확하고 일관된 보고를 위하여 온라인 보고 시스템(electronic Accounting and reporting capability)을 제공한다.
- 매 3년마다 연방 온실가스 보고 과정을 재수정하여 CEQ의장에게 제공한다.

온실가스의 많은 부분이 교통부문에서 발생하고 있으며, 이에 대응하기 위해 일반행정국과 교통국(Department of Transport)은 180일 이내에 일반서비스행정부와 국내안보부, 국방부, 그 외 다른 적절한 기관들과 협력하여 현행 교통 정책을 검토해야 하는데, 이는 주거국과 도시개발환경보전처와의 지속가능 파트너십협정에 따른 것이다. 여기에는 연방 인사, 연방 셔틀버스, 연방이동 교통 루트, 연료 등에 대한 수정사항과 실천적 지원에 대한 권고사항이 포함되며, CEQ의장에게 제안되어야 한다. 교통과 관련하여, 연방차량 관리를 위해 에너지부(Department of Energy)는 연방 차량관리에 대한 가이드라인을 출간한다. 이는 대안연료차량의 구입과 대안연료의 사용을 강화하고, 디젤 차량의 바이오디젤혼합을 권고하고, 전기자동차의 구입을 권고한다. 또한, 자동차연료시장을 활성화하고, 석유사용을 줄이고, 온실가스발생이 낮은 차량을 구매하도록 한다. 연방차량 연료센터에 재생가능에너지공급기를 설치한다.

이러한 연방정부의 노력이 확산되기 위해서는 연방정부와 함께 일하는 민간 부문의 노력도 필수적이다. 이를 위해 행정명령은 연방정부와 계약 관계에 있는 기관에 대한 가이드라인도 제시하고 있다. 이를 위해 일반서비스행정국은 CEQ의장과 OMB국장에게 물품과 서비스의 공급과정에서 발생하는 범위 3의 온실가스배출을 조사하고 이를 감축할 수 있도록 유익한 정보를 제공해야 한다. 이 권고사항에는 연방 하청업체 커뮤니티와 조달과정에 대한 영향이 포함되는데, 이는 소기업과 다른 사회경제적 조달 프로그램과 관련된 것이다.

- 연방정부와의 계약업체는 자발적으로 사회경제적 조달 프로그램에 가입하여, 온실가스배출에 대해서 보고하는 것이 요구된다.

- 연방정부와의 계약업체는 온실가스 항목들과 이를 줄이기 위한 노력을 기록하여 활용할 필요가 있다.
- 연방정부는 물품 구매 시 온실가스 감축과정을 통해 생산된 물품을 구매하기 위한 선호도나 인센티브를 가진다.

물론 대통령 행정명령은 한계와 면제 사항들을 가지고 있다. 첫째, 행정명령은 미국 국내에서만 효력을 가진다. 둘째, 행정명령의 면제사항으로 국가기밀국장(the Director of National Intelligence)은 미국의 기밀활동에 대해서 기밀 자원을 보호하기 위해 판단되는 경우, 비허가 노출에 대해 행정명령을 면제할 수 있다. 또한 각 기관장은 조직 보호를 위해 필요하다고 판단될 경우, 비허가 노출에 대해 행정명령의 적용을 면제받을 수 있다. 그리고 기관장은 방어, 비상대응계획, 군사적 전술적 차량 등에 대해 행정명령에 대한 면제를 받을 수 있으며, 국가의 안보이익과 관련해 행정명령 적용을 면제받을 수 있다. 단, 이를 위해 CEQ의장에게 30일 이내에 면제권 발행에 대해 서면 보고해야 한다.

아울러, 일반적 규정상 이 행정명령은 법과 동등한 방식으로 실행되어야 한다. 또한, 행정명령은 OMB 국장의 기능을 예산적, 행정적, 법적으로 손상시키는 것으로 해석해서는 안 된다. 그리고 이 명령은 연방정부의 내부 관리를 향상시키기 위해서 내려진 것으로, 미국과 행정부서, 기관, 공동체, 공무원, 노동자, 대리인 등 모든 사람들에 대해 사리를 취하거나 법적 강제를 위해 내려진 것이 아니다.

(2) 대통령 기후행동계획(The President's Climate Action Plan)[67)]

2008년과 2009년 대통령 행정명령은 2013년 대통령 기후행동계획으로 더욱 구체화된다. 기후행동계획은 발전소, 재생에너지, 교통부문, 에너지 효율, 기후변화 적응에 이르기까지 종합적인 정책 대안을 제시하고 있다.

첫 번째, 클린에너지 배치 부문에서 기존의 화석연료 특히 발전부분에서의 온실가스 감축 및 재생에너지 사용의 확산을 골자로 하는 정책안이 제시되었다.

- 발전소에서 이산화탄소 오염 줄이기 : 1/3 이상의 미국 이산화탄소 배출이 발전소에서 이뤄짐에도 불구하고 발전소의 배출규모를 제어할 연방의 규칙이 없다(이에 반해 많은 주와 지방정부, 기업이 더 깨끗한 전기 원료를 찾기 위해 나서고 있고, 35개 이상의 주에서 재생가능에너지의 목표치를 정했으며, 25개 이상이 전기효율

67) The White House. 2013. The President's Climate Action Plan. The Executive Office of the President; The White House. 2014. January 2014 Progress Report: President Obama's Climate Action Plan. The Office of the Press Secretary에 근거함.

성의 목표치를 정했다). 2012년 4월 오바마 행정부는 새로운 발전소의 이산화탄소 배출 기준을 제안했다. 클린 에너지를 확대하기 위해서, 오바마는 환경보호국에 현재 그리고 앞으로의 발전소 이산화탄소배출기준을 정할 것을 주문하는 대통령 각서(presidential memorandum)를 발표했다.

- 재생가능에너지 부문에서 미국인의 리더십 촉진하기 : 대통령의 첫 번째 재임기간 동안 미국은 풍력, 태양력, 지열 등으로부터 두 배 이상의 에너지를 얻었다. 오바마 대통령은 2020년까지 이를 다시 두 배로 확대한다는 목표를 세웠다.

재생가능에너지 승인을 촉진하기 위해, 2012년 대통령은 연말까지 10기가 와트의 재생가능에너지를 승인한다는 목표를 세웠다. 이 목표는 달성되었고, 대통령은 내무부(Department of Interior)에 2020년까지 10기가 와트를 더 승인할 것을 주문했다. 2009년 이래, 내무부는 25개의 공공 태양광 시설과 9개의 풍력단지, 11개의 지열 공장을 승인했다. 이는 440만 가정에 공급할 수 있는 전력량이며, 1만 7천개의 일자리 창출을 지원한 셈이다. 또한 아이오와의 데스모이네스 강에 수력발전소를 계획하고 있다. 가장 많은 에너지를 사용하는 소비자인 국방부(Department of Defense)는 2025년까지 3기가 와트의 재생가능에너지시설을 군사시설 내부에 배치하기로 했다. 연방기관들은 연방 보조금을 받는 주택에 2020년까지 100메가와트에 이르는 재생가능한 전력 공급능력을 갖추는 것을 목표로 삼았다.

동시에 그리드(Grid)를 확장하거나 현대화한다는 목표를 실행하고 있다. 전국의 그리드 향상은 전기를 더 활용하고, 소비자들의 돈을 절약하기 위해 반드시 필요하다. 덧붙여 연방기관이 연방, 국가, 부족정부(tribal government) 송전 과정에 대해 검토할 것을 지시하는 대통령 각서(presidential memorandum)를 발표했다.

또한, 청정에너지혁신에 대한 장기 투자를 시작할 요량으로 2014년 회계연도에 청정에너지기술의 연구와 배치를 위해서 790만 달러를 책정했다. 발전된 바이오에너지, 원자력에너지기술 및 청정석탄 등이 여기에 포함된다. 아울러 향상된 화석에너지프로젝트에 대한 투자를 촉진하기 위해 에너지부(Department of Energy)는 화석에너지 향상 프로젝트에 800만 달러의 대출을 보증하는 계획을 발표할 예정이다. 그리고 이러한 노력들은 연방정부 차원에서 매 4년 마다 에너지 리뷰를 통해 보고될 것이다.

둘째, 21세기 교통 부문 세우기는 교통부문에서의 온실가스 감축을 목표로 한다. 이를 위해 연료경제기준(fuel economy standard)을 강화하고 있다. 대형 차량은 두 번째로 많은 온실가스를 배출한다. 2011년 오바마 행정부는 2014～2018년 동안의 대형트럭, 버스, 밴에 대한 연료경제기준을 완성했다. 이 기준은 2억 7000만 메트릭톤의 온실가스를 줄이고, 5억 3000배럴의 오일을 절약하게 할 것이다. 두 번째 임기를 맞아 행정부는

2018년을 목표로 한 번 더 이와 같이 산업계와 협력할 것이며, 이를 위해 발전된 비용효과 기술을 적용하고, 상품이동의 효율성을 증대시키기 위한 노력을 계속할 것이다.

- 오바마 행정부는 승객이동용 차량의 엄격한 기준을 마련했다. 2025년까지 1갤런으로 54.5마일 이상을 달려야 하는데, 이는 차량의 수명기간 동안 총 8000불의 에너지 비용을 줄이는 효과가 있을 것이다. 또한 600만 메트릭톤의 이산화탄소를 줄일 것이다. 이는 미국의 1년 반출량을 넘는다.
- 향상된 교통기술을 발전시키고 적용한다. 바이오에너지는 에너지안보와 농촌경제발전에 기여한다. 또한 온실가스 배출을 줄인다. 행정부는 재생가능한 연료 기준을 지원하며, 바이오에너지 연구에 투자하고 있다. 행정부는 모든 교통체제에서 청정연료와 향상된 배터리 연료셀기술을 활용하도록 공적 · 사적 영역이 파트너십을 형성하도록 영향력을 행사할 것이다. 에너지국은 주별 전기차의 운영비용을 공개할 것이다(전국적인 평균은 갤런당 1.14달러로 가솔린과 비슷하다).
- 가정, 기업체, 공장에서 에너지 낭비 줄이기는 에너지 효율을 높이는 데에서 시작한다. 가정과 기업에서의 에너지 요금을 줄이기 위해, 첫 임기동안 에너지부와 도시개발 및 주택부(Department of Housing and Urban Development)에서 100만 가구 이상에서 에너지효율을 향상시켰으며, 난방과 냉방에 있어서만 1년에 평균 400달러의 요금을 줄였다. 행정부는 2030년까지 2010년의 에너지 생산성을 두 배로 향상시키기 위해 새로운 단계를 밟고자 한다.
- 에너지효율기준의 새로운 목표를 설정한다. 첫 임기동안 오바마 대통령은 식기세척기, 냉장고 등 그 외에 많은 상품의 최소효율기준을 세웠다. 2030년까지 통틀어 이 기준은 소비자들의 전기 요금을 1000달러 이상 아끼게 할 것이고, 2년 동안 8500만 가구의 전기를 아끼게 할 것이다. 또한, 에너지효율기준을 통해 2030년까지 30억 메트릭톤의 이산화탄소배출을 줄일 것이다. 이는 1년 동안 전체 미국에너지섹터로부터 배출되는 양의 2분의 1 이상이다.
- 에너지효율 분야의 투자 장애 줄이기 : 초기 투자비용은 투자에 대한 높은 장애가 되고 있다. 이에 농업국의 농촌시설서비스과에서는 에너지 효율과 보존을 위한 대출프로그램을 개선하여 제시할 것이며, 이는 농촌지역에서 주택소유자와 기업에 의한 효율성 투자를 재정적으로 지원하는 2억 5000만 달러를 제공할 것이다.
- 도시개발 및 주택부는 다주택 에너지 혁신 펀드로 2300만 달러를 조성하여 주택소유자가 고효율주택에너지를 제공하기 위한 새로운 시도를 돕는데 사용할 것이다. 또한 연방주택행정국은 모기지 제공자들과의 라운드테이블을 열어, 주택을 차환(refinance)할 때 주택담보대출의 승인요건 중 하나로 에너지효율성을 보증하는 것에 대해 논의할 것이다.

- 대통령의 더 좋은 건물 만들기 도전 확대 : 더 좋은 건물 만들기 도전(The Better Buildings Challenge)은 2020년까지 미국의 상업적, 산업적 건물들의 에너지효율을 20% 향상시키는 것이다. 이는 이미 효과를 보고 있다. 120개 이상의 다양한 조직이 2020년의 목표를 충족시키기 위해 움직이고 있다. 매년 2.5% 에너지사용을 줄이고, 매년 5800만 달러를 절약하고 있다. 행정부는 이 계획을 다가구주택으로 확대하여 건물 소유주의 공공주택기관이 에너지 낭비를 줄이도록 할 것이다.

셋째, 기후행동계획은 그 외 온실가스 감축을 위한 노력도 포함한다.

- 수소화불화탄소(HFC) 배출을 억제한다. HFC는 냉장고와 에어컨 등에 사용되며 잠재적인 온실가스이다. 2030년에는 현재보다 세 배 증가하고, 2020년까지는 온실가스에서 3%의 비율(현재의 두 배)을 차지하게 될 것이다(기술 개발, 교체, 대안적 구매 등).
- 메탄 배출 줄이기 : 메탄은 현재 국내 온실가스의 9%를 차지하고 이산화탄소보다 지구온난화에 20배 정도 더 큰 영향을 끼친다. 1990년부터 약 8% 줄어들었다. 이를 줄일 수 있는 기술을 갖고 있기 때문이다. 추가적인 진전을 위해 행정부는 기관 간의 메탄 전략을 발전시킨다. 배출을 줄이기 위한 협력적 접근을 추구한다(주정부, 기업, 등과).
- 기후변화를 완화하기 위한 산림의 역할을 보호한다. 미국의 숲은 매년 미국 온실가스의 12%를 없애고 있다. 그러나 최근 기후변화로 인한 산불, 가뭄, 해충 등으로 인해 이 능력이 감소되고 있다. 보호와 지속가능한 관리를 위해 노력할 것이다.

넷째, 연방 수준에서 선도하는 청정에너지 분야와 에너지 효율 향상

- 청정에너지 분야 : 연방기관은 오바마 행정부에서 15% 이상의 온실가스 배출을 줄여왔다. 이는 150만대의 자동차와 맞먹는다. 이에 대해 연방 정부는 2020년까지 에너지 소비의 20%를 재생가능에너지로 소비할 것이다. 현재 7.5%의 두 배 이상이다.
- 에너지효율에서 연방정부의 리더십 : 2011년 12월 2일 '에너지절약프로젝트와 에너지절약을 위한 성과기반계약체결 실행'이라는 양해각서를 승인했다. 2년 동안 200만 달러 정도가 성과 기반 계약에 포함되었다. 성과기반계약은 기술발전과 혁신, 효율증대 등을 촉진한다. 이를 에너지효율에도 적용한다. 그리고 연방건물과 시설의 에너지효율과 온실가스감축 등의 에너지데이터를 종합하여 그린버튼 기준(green button standard)을 촉진한다. 그린버튼 기준은 백악관에서 시작하고 에너지부가 함께하여 에너지 관련 기업이 소비자들에게 쉽게 에너지 사용에 대한 정보를 알려줄 수 있게 하는 방안이다.

다섯째, 기후행동계획은 기후변화 완화(mitigation)뿐 아니라 적응(adaptation) 정책에 대한 사항도 포함하고 있다. 오바마 행정부는 미국의 기후 복원력(resilience)을 강화하기 위해 노력해왔다. 기관 간 기후변화적응 태스크포스(Interagency Climate Change Adaptation Task Force)를 설립했으며, 2009년 10월 기후변화에 대응하기 위한 행정명령을 승인했다. 2013년 2월, 연방정부는 기후변화적응계획을 발표했다. 예를 들어, 교통부는 해안고속도로를 건설할 때 심각한 기후변화와 극단적 날씨상황을 고려하도록 하는 종합지침을 개발했다. 그리고 행정부는 미국의 글로벌체인지 연구프로그램을 통해 기후변화와 영향에 대한 이해를 높이기 위해 과학을 지원할 것이다.

- 강하고 안전한 공동체와 인프라구조를 세운다는 목적 하에 기관에 기후복원 투자를 지원할 것을 지시하였다. 기후변화 복원력에 대한 투자에 방해되는 요소를 제거하고, 기관 보조금, 기술지원 등의 프로그램을 통해 교통에서부터 물 관리보존, 재난구호 등의 영역을 지원하고 격려한다. 기관들은 연방 인프라구조와 자연자원관리계획에 기후위기관리가 충분히 고려되는지를 확인해야 한다. EPA(Environmental protection Agency)는 청정수 및 식용수에 대한 주 단위 기금(Clean Water and Drinking Water State Revolving Funds), 재개발용지정화보조금 등을 통해 기후변화영향을 고려하고 있다.
- 기후변화대비를 위한 주별, 지역별, 부족별 리더들로 구성된 대책팀(Task Force)을 설립하였다. 오바마 대통령은 단기적으로 대책팀을 구성하여 지역대비사항과 복원력형성을 위한 노력을 효과적으로 지원하고자 한다. 복원력 투자에 대한 방해물을 제거하고, 효과적인 지원을 위한 보조금과 대출프로그램을 합리화하고 정보를 제공하도록 도울 것이다.
- 기후변화 영향에 대비하는 공동체를 지원한다. 예를 들어, 2013년 교통국의 연방고속도로부는 19개의 주와 지역별 파트너 그리고 연방기관과 협력하여 지역 교통인프라의 기후변화와 극단적 날씨에 대한 취약성을 평가하고 복원력을 향상하기 위한 방법을 테스트했다. 행정부는 인디안국(Bureau of Indian Affair)을 통해 지역적 해답을 찾는 노력을 지원할 것이다. 환경정의진행보고서(Environmental Justice Progress Report)를 통해 취약한 공동체의 기후변화 영향으로부터 회복되기 위한 혁신적 방법을 발굴할 것이다.
- 건물과 인프라구조의 복원력을 향상시키기 위한 국가기준기술기관(The National Institute of Standards and Technology)은 재난-복원 기준을 마련하기 위한 회의를 소집할 것이다. 연방기관은 연방시설과 인프라구조의 복원력을 향상시키기 위해 기후변화적응계획(Climate Change Adaptation Plan)을 수립할 것이다. 대통령의 2014년 회계연도 예산 중 2억 달러를 기후준비인프라에 할당하고, 교통 리더십 상

(Transportation Leadership Award) 프로그램을 제안했다.

- 허리케인 샌디로부터의 재건과 교훈 얻기 : 2013년 8월 오바마의 허리케인 샌디 재건 대책팀이 구성되어 영향을 받은 지역의 재건 전략을 수립할 것이다. 대책팀은 복원력을 높이기 위한 혁신적 방법을 모집하고 있다(Rebuilding by design). 교통국의 연방 수송행정국(Federal Transit Administration)은 570만 달러를 가장 영향을 많이 받은 수송기관에 지원했고, 130만 달러가 미래 재난에 더 복원력 있는 수송체계를 만들기 위한 지역의 우선적 프로젝트에 배치될 것이다. 해안지역 복원력을 위해서 내무부는 1억 달러를 녹지와 야생동물서식지 등을 개선하여 복원력 있는 자연시스템을 촉진하는 보조금경쟁프로그램에 배치할 예정이다. 2억 5000만 달러가 지역의 해안복구와 복원을 위한 프로젝트에 배치되며, 국방부의 기술부대는 2000만 달러를 샌디로 피해를 입은 지역이 향후의 대규모 홍수와 폭풍에 대한 취약성을 낮추기 위한 연구에 쓸 것이다.
- 기후변화에 취약한 핵심 부문을 찾는다. 에너지국은 조만간 기후변화의 에너지 부문(가뭄으로 인한 발전소의 중단, 심각한 폭풍으로 인한 연료공급의 차질 등)에 대한 영향을 평가하여 공개할 것이다. 2013년 농무부(Department of Agriculture)와 내무부는 기후변화가 미국 농업기업과 산림, 물 공급, 야생동물, 공공지에 미치는 영향에 대한 몇 가지 연구들을 발표했다. 올해와 내년, 연방기관은 다른 핵심 분야에서의 기후변화영향과 이를 알리는 전략에 대해 보고할 것이다. 특별히 건강, 교통, 식량공급, 바다, 해안공동체 등을 우선적으로 다룬다.
- 건강분야에서의 복원력 향상을 촉진한다. 보건부(Department of Health and Human Service)는 기후변화에 견딜 수 있는 병원을 만들기 위한 노력을 시작할 것이다. 16개 주에서 파일럿 프로젝트가 실시되고 있는데, 이것은 공공보건 전문가들과 커뮤니티 리더들이 그들의 공동체에서 기후변화로부터 건강을 지키는 훈련을 도울 것이다.
- 기후 안전을 위한 선도적 보험을 촉진한다. 행정부는 공적·사적 보험 산업이 기후변화로 인한 위험을 계산하기 위한 투자와 과정을 관리하고 계약자들의 위험노출을 줄이도록 유도하기 위하여 보험 산업과 다른 이해당사자들의 대표들을 소집할 것이다.
- 토양과 수자원을 보호한다. 미국의 생태시스템은 경제와 삶, 건강에 결정적인 영향을 미치며, 기후변화의 영향을 개선하도록 해준다. 행정부는 어류, 야생동물, 식물군락, 바다 등의 기후적응전략을 실행할 것이다. 대통령은 연방정부가 연방기간이 극단적 날씨로부터 자연보호망을 향상시키고, 생물다양성을 보호하고, 자연자원을 보존하기 위한 전략을 찾고 평가하도록 지시하고 있다.

- 농업의 지속가능성을 유지한다. 농무부는 농부들과 목장주 그리고 산림소유주들에게 과학에 기반하고 정리된 지식을 전달하기 위한 7개의 새로운 지역별 기후허브(climate hub)를 만들고 있다. 기후허브는 대학, 다른 파트너, 내무부, 국립 해양 대기 행정국 등과 협력할 것이다. 자연자원보존서비스와 내무부의 개간담당부서도 농업용수의 사용자들의 보다 효율적인 사용을 위한 보조금을 제공하고 있다.
- 가뭄을 관리한다. 행정부는 공동체들이 미래의 가뭄에 대비하고 가뭄 영향력을 줄이도록 돕기 위해 '전국 가뭄 회복력 파트너십(National Drought Resilience Partnership)'을 설립할 것이다. 가뭄 준비에 대한 정보를 연결하고, 장기간의 복원 전략을 제시하여 가뭄 관련 위험을 관리하는 것을 도울 것이다.
- 산불위험을 줄인다. 연방기관은 자연지대와 마을을 산불에 덜 취약하게 만들기 위한 숲과 방목장의 복구 노력을 확대하고 우선시할 것이다. 내무부와 농무부는 서부향상 파트너십(Western Enhancement Partnership ; 불에 탈만한 덤불을 제거하는 등 산불의 위험을 감소시키는 5개 서부주의 파일럿프로그램)을 시작하고 있다.
- 미래의 홍수에 대비한다. 연방기관은 연방에서 재정적으로 지원하는 프로젝트에 일관되게 해수면상승과 홍수 위험요소에 대한 고려가 반영되는 홍수 위험(flood risk) 감소기준을 업데이트할 것이다. 이러한 노력은 해수면 상승의 비율을 예측하는 최근의 과학과 결합하고 샌디와 관련된 재건프로젝트가 이 기준을 충족하도록 하는 것을 포함한다.

여섯째, 기후변화영향을 관리하기 위한 건전한 과학의 활용을 강조한다.

- 실행 가능한 기후 과학 개발하기 : 대통령의 2014년 예산은 기후변화의 영향을 이해하고, 위험과 재난 모델화를 탐색하고, 장기간의 기후변화영향과 단기간의 극단적 날씨의 영향에 반응하기 위한 의사결정에 필요한 정보와 도구를 개발하는데 27억불 이상을 책정하고 있다.
- 미국의 기후변화영향 평가하기 : 2014년 봄에 오바마 행정부는 3번째 '미국 기후평가(US Climate Assessment)'를 발표했다. 이것은 과학지식을 알리는 것에 그치지 않고, 처음으로 과학적 통찰을 기후변화를 예측하고 준비하는 의사결정과정에 활용할 수 있는 지식으로 '번역'하는 것에 초점을 맞추었다.
- 기후 정보 이니셔티브를 시작하기 : 행정부는 기후정보 이니셔티브를 통해서 연방정부의 기후 관련 데이터가 국가의 기후변화 준비에 있어서 사적부문의 기업가정신의 혁신을 자극하도록 촉진할 것이다.
- 기후복원력을 위한 도구세트(toolkit)들을 제공한다. 연방기관은 기후복원 도구세트를 제작할 것이다. 도구세트는 상호적인 해수면 상승지도, 해수면 상승 계산기 등을 포함해서 현재의 자원에 쉽게 접근하도록 할 것이다. 또한 조수 데이터, 해수면,

폭풍 파도 높이 등을 조합한 위험정보를 제공한다. 나사가 갖고 있는 기후이미지를 웹사이트와 모바일 앱으로 변화시킨 웹베이스 툴을 제공한다. 토양에 흡수된 이산화탄소의 양을 계산하기 위한 미국 지리연구소의 “시각화 툴”과 폭풍 계산기와 기후평가 툴(Tool) 등을 포함한다.

일곱째, 기후변화를 다루기 위한 국제적 노력을 주도한다.

- 기후변화를 다루기 위한 실천을 위해 다른 국가와 함께 협력한다. 이를 위해 주요 국가에 대한 다자간 개입을 진전시킨다. 2009년 오바마 대통령은 온실가스의 75%를 배출하고 있는 17개 국가와 고위급 포럼을 개최했다. 이 포럼은 폭넓은 협상의 진전을 가져왔고, 동시에 에너지효율을 높이는 개발을 촉진할 청정에너지부처를 수립하게 했다. 미국 연방정부, 특별히 건축분야에서의 더 심화된 효율을 얻는데 초점을 맞춰 올해 주요한 계획을 시작하기 위해 포럼을 만들 것을 제안하고 있다.
- 주요 발전 국가들과의 양자 간 협력을 확대한다(미-중 청정에너지연구센터, 미-인도 선진청정에너지파트너십, 브라질과의 전략적 에너지대화 등). 2번째 임기동안 이러한 노력을 더 확대해나갈 것이다. 이미 시진핑 중국 주석과 HFCs의 소비와 생산을 금지하기 위한 전문가와 기관을 활용하는 역사적 동의를 만들어냈다.
- 단기적 기후오염물질 줄이기 : 단기적 기후오염물질이란 메탄, 블랙카본, HFC 등 상대적으로 대기 중 짧은 기간 존재하지만, 온실효과의 잠재적인 영향은 이산화탄소보다 더 큰 물질이다. 2012년 2월 미국은 이와 같은 오염물질을 줄이기 위한 ‘단기 기후오염물질 감소를 위한 기후 및 청정공기 협의회(Climate and Clean Air Coalition to Reduce Short-Lived Climate Pollution)’를 수립했고, 이 조직은 30개국의 참여로 성장했다. 또한 지구 메탄 이니셔티브(Global Methane Initiative)를 통해 42개 국가와 1만 100개의 사적 부문의 참가자들과 함께 메탄배출을 줄이기 활동을 주도하고 있다.
- 산림파괴로부터의 배출을 줄이기 : 산림파괴와 농업, 토양이용으로 인한 온실가스 배출은 세계적으로 1/3에 해당한다. 개도국의 경우 80%는 토지부문에서 발생한다. 이를 위해 오바마 행정부는 토양 관련 온실가스배출을 줄이기 위해 농촌개발의 새로운 모델을 만들고자 다양한 파트너 국가와 협력하고 있다. 2012년에만 국제개발부의 양자간, 지역적 산림프로그램은 1억 4000만 톤 이상의 이산화탄소를 줄이는데 기여했다. 오바마 행정부는 ‘2020열대우림연합’과 같은 계획을 통해 농업에 의한 산림파괴를 다루고자 협력해왔다.
- 환경적 상품과 서비스의 지구적 자유무역 협상 : 미국은 WTO에서 무역 파트너들과 환경적 상품, 태양광, 풍력, 수력, 지열 등 청정에너지기술의 자유로운 무역을 위한 협상을 시작할 것이다. 21개의 APEC국가들과 이러한 합의에 도달하도록 노

력할 것이다. 이미 2011년 APEC국가들은 2015년까지 54개 협상한 상품에 대하여 관세를 5퍼센트 이하로 줄일 것에 동의했다. 내년에는 90% 이상의 환경상품을 다루는 국가들의 참여를 확보하고자 한다. 이는 매년 4800억 달러의 환경무역을 포함할 것이다.

- 화석연료의 낭비적 소비를 부추기는 보조금 중단 : 국제에너지기구(IEA)는 화석연료에 부가되는 보조금이 연간 5000억 달러 이상이며, 이를 중단할 경우 2050년까지 기업에 의한 온실가스의 10%를 줄일 것이라고 전망했다. 오바마 대통령은 미국 화석에너지 세금보조금을 2014년 예산에서 삭제할 것을 요구하고 있다. 우리는 이런 목표를 위해 세계와 협력할 것이다.
- 더 청정한 에너지를 위한 국제부문 공공금융 주도 : 오바마 행정부는 개도국의 청정에너지투자를 위한 수십억 불을 성공적으로 동원했다. 또한 대통령은 해외에 새로운 석탄발전소 건설지원을 중단할 것을 주장하고 있다. 단, 다른 대안이 없는 국가에 가장 효율적인 석탄 기술을 적용할 경우, 그리고 이산화탄소 포집과 제거 기술이 적용된 시설물일 때를 예외로 하고 있다. 연방정부는 타 국가 혹은 다국적 개발은행도 이와 같은 기준을 적용할 수 있도록 적극적으로 추진할 것이다.
- 기후변화의 글로벌 복원력 강화 : 오바마 정부는 많은 국가들이 기후변화위험에 대응력을 기르도록 촉진하는 역사적인 투자를 해왔다. 아래와 같은 일을 계속할 것이다. 우선 증가하는 변동성에 대처하기 위해 물 사용과 저장의 효율을 높이는 등 정부와 지역공동체의 계획과 반응능력을 강화한다. 그리고 변화하는 강우패턴과 가뭄에 의한 재정위험을 농부와 목축업자들이 관리할 수 있도록 돕는 인덱스 보험(index insurance)과 같은 관리도구를 개발시킨다. 동시에 가뭄에 강한 종자를 보급하고, 기후변화에 대처할 수 있는 농부들의 능력을 향상시키는 관리 프로그램을 촉진한다.
- 기후 금융의 조직 : 국제기후금융은 저탄소배출, 기후복원개발에 중요한 도구이다. 발전된 국가들은 코펜하겐 합의에 따른 대략 300억 달러를 개도국을 돕기 위해 제공했다. 미국은 그 중 3년 동안 750만 달러를 이를 위해 사용했다.
- 미국 정부는 지난 임기동안 국제적 기후협상에서 역사적인 진전을 거뒀다. 2009년 유엔기후변화회의의 코펜하겐 컨퍼런스에서, 모든 주요 국가들이 처음으로 온실가스 제한을 위한 목표와 행동을 실행할 것이며, 이를 국제적 투명성의 새로운 체제하에서 할 것이다. 더반 기후변화회의가 있었던 2011년, 참가국들은 2015년까지 2020년부터 모든 국가들에 적용가능한 동등한 법적 강제력을 갖는 새로운 협의를 만들 것에 협의했다. 이것은 중국, 인도, 브라질 등 다른 신생 국가들은 적용 안 되었던 교토 프로토콜을 넘는 중대한 진전이다. 우리는 2015년 기후 회의가 포괄적

이면서 유연하게 될 것을 추구한다.

동시에 미연방 정부는 다른 중요한 협상에도 진보를 만들어 왔다. 몬트리올 프로토콜에서 우리는 HFCs의 감축을 위한 조항을 만드는데 기여했다. 유엔 국제해사조직(International Maritime Organization)에서 적용 가능한 국제에너지효율기준을 실행하고 있다. 그리고 국제민간항공기구에서 미국은 배출 및 에너지 효율목표를 가지고 있으며 포괄적이고 국제적인 접근을 발전시켜 나가는 협의를 만들기 위해 일할 것이다.

(3) 기후변화 - 에너지 관련 대통령 예산[68)]

미국의 에너지 미래를 보장하고, 이산화탄소 배출을 줄이고, 기후변화의 예상치 못한 영향들에 대비하기 위해서, 예산은 청정에너지 경제의 성장을 촉진하고 에너지 안보를 향상시키고 기후변화에 대비하기 위한 다양한 프로그램들을 지원한다. 대통령 예산은 지속적으로 2020년까지 2005년 수준보다 17% 아래로 이산화탄소 배출량을 줄이는 데 공헌하고 있다. 대통령의 기후변화 행동 계획의 중요한 요소로써, 이러한 프로그램들은 미국 노동자들에게 새로운 사업, 일자리, 기회들을 제공함으로써 클린 에너지 경제를 만드는 데 주요한 것들이다.

국내 생산 클린 에너지 투자에 있어 대통령 예산은 다양한 행위자들을 포함하는 클린 에너지 기술을 위해 대략 69억 달러 상당을 투자함으로써 클린 에너지 분야에서 미국의 주도적 위치를 공고하게 하려는 목적을 가지고 있다.

클린 에너지 기술 투자를 통한 이산화탄소 배출 감소를 위한 예산은 대략 52억 달러 상당으로 에너지부에서 클린 에너지 기술 투자에 제공할 수 있도록 하며, 이는 아래의 사항들을 포함한다.

- 9억 달러 이상을 클린 에너지 기초 조사에 투자한다.
- 8억 6000만 달러 이상을 핵에너지 기술 성장을 위한 프로그램과 인프라에 투자하고, 이는 9700만 달러 상당을 소형모듈원전 자격증 지원 프로그램을 통해 소형모듈원전의 상업화 시기를 가속화하는 데 사용하는 것을 포함한다.
- 7억 달러 이상을 지속가능한 교통수단 기술에 투자한다. 이는 향상된 자동차와 국내 재생 연료의 편리성과 적정성을 늘리기 위한 것이다.
- 5억 달러 이상을 태양열, 풍력, 수력, 조력의 재생에너지 사용 및 비용 절감에 투자한다.

68) The White House. 2014. The President's Budget, Fiscal Year 2015. The Executive Office of the President에 근거함.

- 4억 달러 정도를 화석 연료에서 얻은 더 깨끗한 에너지를 위해 투자한다. 이는 천연 가스 시스템과 결합된 탄소 저장을 설명하기 위한 2500만 달러를 포함한 것이다.
- 3억 2500만 달러를 에너지부의 자료 조사 단체에 투자한다. 이는 에너지 조사에 적용된 잠재적 변화를 뒷받침하기 위한 것이다.
- 주정부 및 지역 정책 결정자들이 재생에너지, 에너지 효율 기술, 대안적 연료 자동차들에 관련된 정책 및 규제들을 전개해나갈 수 있도록 기술적 도움을 준다.
- 전력 생산 효율을 향상시킬 것으로 예상되는 터빈 시스템 기술의 예비 전개 및 비준을 가속화하기 위한 새로운 시범 사업을 시행한다.
- 스마트 그리드 R & D 등을 포함한 다른 활동에 1억 5700만 달러의 투자를 통한 전기 시설망을 현대화한다.
- 클린 에너지 분야에서의 미국의 주도권을 위한 추가적 지원으로 기회, 성장 및 안보 이니셔티브는 새로운 에너지 효율성과 재생에너지 기술들의 발전과 전개의 가속화를 위해 연구조사에 추가적 경제 지원을 한다. 그 예로 전기 자동차가 가솔린 자동차 만큼 적정한 가격과 편리함을 가질 수 있도록 전기 모터, 배터리, 울트라라이트 재료 및 합성물들의 향상된 성능을 위한 R & D 증가를 포함한다. 그리고 화석 연료에서 얻을 수 있는 전기만큼 저렴하고 접근 가능한 재생가능 전력을 만드는 기술적 진보를 포함한다. 또한 기초 조사에서 미국의 국제적 주도권을 유지하고 클린 에너지 미래로 우리의 경제가 발전하는 것을 돕기 위해 다양한 행위자들에게 다른 투자들을 한다.
- 연방정부 뿐만 아니라 지방 정부가 클린 에너지 사용을 촉진하는 것도 중요하다. 이를 위한 예산으로 바이오매스와 바이오 연료 및 바이오를 기반으로 한 제품 개발뿐만 아니라 재생에너지 시스템과 바이오매스 생산 및 에너지 효율성 향상에 관련된 전개 및 입증에 관련된 조사를 위한 다양한 프로그램을 위해 농무부에 3억 4500만 달러를 제공한다. 지방 커뮤니티의 탄소 오염을 줄이고 재생에너지 및 클린 에너지 촉진뿐만 아니라 전력 생산, 전달 및 분배 시 에너지 효율성 향상을 위해, 50억 달러를 농무부에서 지방 전력 협의체 및 시설들에게 빌려줄 수 있도록 지원한다.
- 에너지 안보를 향상시키고 새로운 산업에서 일자리를 창출하기 위해환경부의 재생에너지 개발 프로그램의 핵심 부서에 9500만 달러를 제공한다. 이는 환경부가 재생에너지 생산 능력의 20기가 와트를 허가 해주는 목표를 지속가능하도록 해주고 대통령의 기후 행동 계획의 일환으로 2020년까지 관련 인프라를 짓는 것을 가능케 한다.
- 영구적인 재생에너지 생산 세액 공제와 확장 : 재생에너지 분야의 투자 장려를 위

한 강력하고 지속적인 인센티브를 제공하고 미국 기업들과 제조업자들을 지원하기 위해 세금을 환불 가능하게 만드는 개혁과 재생에너지로 생산하는 전력에 관한 영구적인 세액 공제를 제공한다.

- 연방 정부 각 기관들이 에너지 환경 분야 솔선수범을 지속하게 하기 위해, 연방정부 각 기관의 재생에너지 사용 목표를 2020년까지 20% 이상으로 설정하였다. 행정부는 또한 연방 정부들이 2016년까지 정부 시설들에서 에너지 절감 및 재생에너지 프로젝트 전개에 관련한 에너지 퍼포먼스 계약을 20억 달러 수준으로 늘리고 연장하도록 요청한다.
- 미국 에너지 안보 보장을 위해 에너지 효율에 투자한다. 자동차, 집, 건물 및 빌딩 안에서 낭비되는 에너지 사용량을 줄이는 것은 더 강력하고 지속가능하고 경쟁력 있는 경제를 만드는 기초가 된다. 이에 오바마 대통령은 낭비되는 에너지양을 절반으로 줄이기 위한 목표를 설정하였고, 이는 2030년까지 미국에서 단위당 에너지 사용량을 줄임으로써 경제 산출량이 두 배가 되어 2010년 수준으로 될 것으로 기대된다. 예산은 이 목표를 달성하기 위한 다양한 단계들을 도입한다. 이는 빌딩들에 추가적 효율적 기준의 개발을 지원하고, 산업 및 상업적 빌딩의 에너지 효율성 향상을 촉진하기 위한 '더 좋은 빌딩 도전(better buildings challenge)'을 확장하며, 연방 정부 빌딩의 에너지 효율성을 향상한다. 그린 버튼 이니셔티브를 통한 연방정부와 소비자들의 에너지 데이터 접근을 향상하고, 표준화된 시스템을 구축하여 전력 소비자들이 사용량을 알 수 있도록 정보를 제공하며, 에너지 낭비를 줄이기 위한 주정부와 지역 정책들의 적응을 지원하는 것을 포함한다.
- 기회, 성장, 안보 이니셔티브는 에너지 효율성과 현대화를 위해 아래에서부터 위로의 에너지 낭비 감축을 지원한다. 이러한 투자는 주정부들이 20년 이내에 미국 에너지 생산성을 두 배로 높이기 위한 목표 달성의 과정이며 전력 생산을 현대화함으로써 전력 수요에 비용 효율적으로 대응할 수 있고, 분산된 생산 및 향상된 지속성이라는 결과로 이어질 수 있다.
- 예산은 에너지 효율적인 자동차 개발을 지원하고 필수적인 인프라 구축을 위한 투자를 촉진하기 위해 새로운 세액 공제를 지원한다. 이 제안은 바이오 연료, 천연가스, 수소 또는 다른 대안적 연료들이 서로 다른 커뮤니티 내에서 가장 좋은 연료로써 사적 분야에서 결정될 수 있도록 하는 것도 포함한다. 덧붙여, 연방정부의 예산은 2013년 12월 31일부로 만료되는 바이오 연료 생산자들의 공제를 연장한다. 셀룰로오스 바이오연료는 농촌 경제 성장을 가속화함과 동시에 석유 사용과 탄소오염을 줄일 수 있다. 현재의 세약 공제 확장은 이러한 전환적 교통수단 연료의 발전을 가속화할 것이다.

- 에너지 안보에 대한 투자 : 오바마의 첫 번째 임기동안 미국은 하루에 360만 배럴 이상의 원유 수입을 줄였다. 작년에 미국 내 원유 생산은 1995년 이래로 처음으로 크루드 원유 수입을 능가한 반면, 원유 순 수입량은 1991년 2월 이래로 가장 낮은 수치를 기록하였다. 미국이 보다 강력한 에너지 안보를 보장하기 위해 정부는, 연방예산을 자동차들이 화석연료인 가솔린과 디젤 의존을 줄이도록 재정적 지원인 에너지 안보 신탁을 설립한다. 이를 통해 10년 동안 20억 달러의 투자로 비용 효과적인 기술 관련 R & D를 지원하는 데 쓰일 예정이다. 또한 이 예산은 대안적 연료 관련 새로운 세금 인센티브를 지원하고 이와 관련 인프라를 전개하기 위한 세액 공제 확장을 제안한다.
- 국가 원유 및 가스 자원의 지속 가능한 발전 지원 예산 : 이 예산은 국내 에너지 자원 개발과 원유 수입에 관련한 지속가능성을 확보하기 위한 지원을 위한 것이다. 이 예산은 환경부의 해양 에너지 관리 부서에 1억 7000만 달러를 제공하는 것과, 안전 및 환경 강화 부서에 2억 500만 달러를 각각 제공하는 것을 포함한다. 이는 대륙붕에 있는 원유와 가스 자원들의 개발 감독에 관해 책임을 분담하기 위한 것이다. 현재까지 5년간의 대륙붕 개발 프로그램은 대륙붕 지역에 아직 발견되지 않았지만 기술적으로 개발 가능한 원유와 가스 자원들이 75% 이상일 것이라고 예상하고 있다. 이 예산은 대륙붕 자원의 안전하고 책임 있는 개발을 보장하는 것을 강조함과 동시에, 2010년 딥워터 호라이즌 원유 유출 사례와 같은 산업 공정에서의 실수를 줄이기 위한 지속적인 개혁을 지원하기 위한 것이다.
- 연방 예산은 내륙 에너지 개발 허가 및 감독을 지원한다. 환경부 내 토지관리부서의 원유와 가스 프로그램을 감독하기 위한 자금 지원을 18% 늘리도록 한다. 토지관리 부서의 비용은 2015년에 총 4800만 달러의 새로운 내륙 에너지 개발 조사로 써 사용될 것이며, 이는 내륙 에너지 개발 프로그램에 더 많은 관리 비용이 필요함을 의미한다.
- 안전하고 책임 있는 천연가스와 화석 연료 생산 촉진과 보다 깨끗한 에너지 사용을 위한 예산 : 미국 내 천연 가스 투자와 개발은 산업과 가정의 에너지 비용을 줄이고 있다. 연방정부의 예산은 이 과정에서 안전하고 책임 있는 천연 가스 생산을 보장하기 위한 조사에 투자하는 것을 목표로 한다. 특히, 이것은 수력 파쇄(fraction)를 통한 셰일가스 자원개발과 생산의 환경, 보건, 안전에 관련한 잠재적 영향을 최소화시키고 이해시키는데 지원하기 위한 4800만 달러를 포함한다. 이번 조사는 에너지부, 환경부, 지질 조사, 환경 보호국 간 협업으로 이루어질 것이며 건강과 환경을 보호함과 동시에 효과적인 개발을 보장하기 위한 시기적절한 정책과 관련 과학에 초점을 맞출 예정이다.

- 연방 예산은 천연 가스와 석탄으로부터 탄소포집(carbon capture) 및 저장(carbon storage)기술뿐만 아니라 높은 효율성을 지닌 엔진과 열병합 발전 등 보다 깨끗한 화석 연료의 혁신적인 기술에 투자한다. 또한 지방정부들이 셰일 가스 붐과 더불어 지속가능한 경제 성장에 관련한 경제 성장 로드맵을 만드는 것을 지원하기 위해 에너지부를 통해서 지방 정부들에게 지원금을 보조하기로 한다. 연방 예산은 주정부와 지방정부들이 제조 및 교통 분야에서의 천연 가스를 융합하여 사용하는 것을 지원한다.
- 탄소 오염을 줄이고 주정부 행동의 자발성을 촉진하기 위해 환경보호부(EPA)에 약 2억 달러 상당을 제공한다. 이는 탄소 오염을 줄임으로써 아이들의 건강을 보호하고 전력 생산 공장의 현대화를 통해 사업 분야의 혁신을 촉진하는 것에 초점을 맞추며, 이는 기후변화 행동 계획(Climate Change Action Plan)이라고 불린다. 기후변화 행동 계획은 에너지 스타(Energy Star)와 같은 프로그램을 만들고 주정부가 탄소 오염을 줄이는 것을 감시할 수 있게 하는 지원을 목적으로 한다.
- 기후변화 영향 관련 회복력(resilience)을 보장하기 위해 기후변화의 영향과 회복력을 위한 준비를 강화한다. 이는 특히 주요 인프라들의 취약성을 규명하고 분석하는 데 투자할 뿐만 아니라 연구를 지원하고 주 정부 및 지방 정부 수준에서의 회복 계획 관련 보조금으로 사용될 수 있다.
- 교통국은 주 정부 및 지역단체들과 파트너십을 맺고 주요 교통수단 인프라에 끼치는 영향을 최소화하기 위해 기후변화 정보에 관한 정보들을 수집한다. 이 예산은 2010년과 2011년에 시작된 기후변화 취약성 및 위험을 평가 조사하기 위한 교통국의 시범적 사업을 지속하는 데 도움을 주기 위함이다. 이러한 프로젝트들은 현재와 미래의 취약성에 대한 이해를 향상 시키고 지역 사회에 영향을 미칠 장애들을 최소화 시키고 교통수단의 안전을 향상시키기 위한 정보들을 제공하는 데 도움을 주는 것을 목표로 한다. 또한 기후회복력 관련 예산은 육군 공병들의 기후변화 대응을 위해 500만 달러를 제공하는 것을 포함한다. 예산은 또한 대통령의 기후변화 행동 계획으로 불리는 해양대기관리처의 기후변화 대처 방법 개발을 지원하기 위해 300만 달러를 제공한다. 이 도구(toolkit)는 회복을 위한 노력에 관련된 정책결정에 정보를 제공하는 모델들과 데이터에 쉽게 접근할 수 있도록 하는데 목적을 둔다. 또한 기후변화적응 예산은 홍수로 인한 피해를 줄이기 위한 국가 홍수 보험 프로그램에 1억 5000만 달러를 제공한다.
- 이러한 기반 자금 투자 외에도, 연방 예산은 대통령의 기회, 성장, 안보 이니셔티브 안에 10억 달러 이상의 기후변화 회복 기금을 포함하고 있다. 이는 기후변화로 인한 현재와 미래의 위협에 국가가 좀 더 완벽하게 준비하고자 하기 위함이다. 이 기

금으로 인한 투자는 기후변화 영향에 대한 더 많은 이해를 가능하게 하고, 기후변화 영향에 관련된 지역 사회 계획을 지원하는 도구들과 정보를 제공하며 지역사회, 인프라 및 자원들의 기후변화로 인한 리스크를 줄이는 데 도움을 줄 것이다. 예를 들어, 예산은 기회, 성장, 안보 이니셔티브 내의 사전 재해 경감 프로그램을 위한 4억 달러를 포함하고 있다. 이러한 프로그램들은 향후 재해로 인한 피해로 발생할 재해 손실과 생명 및 재산의 손실을 경감시키는 계획을 가능케 하는 보조금을 제공한다. 또한 이 예산은 도시들과 지역 단체들을 위한 적응 계획과 시범 프로젝트를 위한 지원을 포함한다. 아울러, 홍수 예방 계획을 준비하기 위한 보조금과 빌딩 구조 개선비용, 토양 안정화, 주 정부를 위한 관리 비용을 포함한다.

- 연방 토지와 종족의 보존 : 2015년에 연방정부는 주 정부와 지방정부들이 기후변화 영향으로부터 회복력을 향상시킬 수 있도록 정책 및 프로그램의 현대화를 위해 2700만 달러의 예산을 인상한다. 이는 어류 및 야생 동물국, 토지 관리국, 국가 공원국에 의해 관리되는 공유지 및 자원들을 위한 적응 관리를 위해 쓰인다. 또한, 인디언 부족 토지에 관련한 기후 회복력과 미국 지질조사소 및 여타 다른 조사기관들에 의한 기후변화과학 및 관리 적응 도구들의 개발을 위해 쓰인다.
- 해양에 대한 기후변화 영향의 이해를 위한 예산으로 1500만 달러를 해양 산성화 조사에 제공한다. 이는 해양 화학 및 자원에 대한 대기 이산화탄소 수준의 증가로 인한 영향을 이해할 수 있게 한다.
- 글로벌 기후변화 및 영향에 대한 이해를 위한 예산 : 미국의 국제 변화 조사 프로그램은 기후변화 이해, 평가, 예측, 대응 능력을 높이기 위해 연방 기관과 협력한다. 이 프로그램의 조사 결과는 기후변화 행동 계획을 세우고 실행하는데 기반이 된다. 이를 위해 투입된 예산은 약 25억 달러 수준이며, 지구 시스템의 자연 및 인간 행동의 통합으로 인한 과학적 지식에 대한 향상을 포함한다. 또한 과학적 지식을 제공함으로써 시기적절한 의사 결정을 가능케 하고 국제적인 변화로 인한 영향 및 취약성에 대한 이해, 예측 및 대응을 다양한 수준(지역적)에서 향상시키는 데 도움을 줄 수 있다. 그리고 대중들이 기후의 국제적 변화에 대해 폭넓게 이해할 수 있도록 한다. 이 예산은 기후변화 관찰, 조사, 모델링, 대응을 가능케 하고 이는 기술적인 보고서에 그치는 것이 아니라 다양한 이해 당사자들의 기후변화 적응 및 취약성 평가를 하는 것을 도울 수 있다.
- 기후변화에 대한 국제적 노력 선도 : 8억 3900만 달러를 국제 기후변화 이니셔티브의 목표를 향상시키기 위해 제공하며, 대통령의 기후변화 행동 계획은 양자 간 및 다자간의 연계를 통해 국제사회를 지원한다. 이 예산은 삼림 벌채로 인한 배출량을 감소시키고, 에너지 효율성뿐만 아니라 청정에너지 사용을 확장시킨다. 2010년에

설립된 국제 기후변화 이니셔티브(International Climate Change Initiative)는 미국이 국무부, 국제개발처 및 재무부를 통해 국제 리더십을 제공케 하는데 목적이 있다. 이를 통해 더 깨끗하고 효율적인 에너지를 촉진하고 세계 열대 우림을 보존하고, 지구 온난화의 잠재적 요인인 화학 물질의 사용을 중지하고, 가장 취약한 단체들을 지원하고자 한다.

(4) 미중 기후변화 및 청정에너지협력에 관한 공동 성명[69)]

최근(2014년 11월 17일), 국제기후변화협약에 가장 큰 두 걸림돌이었던 미국과 중국의 정상이 만나서 미중 기후변화 및 청정에너지협력에 관한 공동성명을 발표하였다. 미국과 중국의 온실가스 배출량을 합하면 전 세계 총 배출량의 3분의 1 이상이 된다. 여기서 오바마 대통령은 2025년까지 온실가스배출규모를 2005년 대비 26~28% 줄인다는 목표를 발표하였다. 동시에 중국의 시진핑 주석은 2030년까지 CO_2 배출량 증가를 멈추고, 비화석연료 비율을 20%까지 높인다는 목표를 발표했다. 이러한 노력은 내년의 파리에서의 성공적인 세계기후변화협약을 향한 계기가 될 것이다.

새로운 미국의 목표는 온실가스 감축속도를 2005~2020년 동안 평균 1.2% 감축한다는 것에서 2020~2025년 동안 2.3~2.8%로 감축목표를 두 배로 증가시키는 것을 의미한다. 이러한 과감한 목표는 현행 법 하에서의 온실가스 감축이 가능하다는 집중적인 비용-효율 분석에 근거하고 있으며, 미국이 2050년까지 80%에 맞먹는 경제전반의 감축을 달성하는 경로를 향해 가도록 할 것이다.

미국은 2025년 목표로써 2015년 1분기 이내에 '국가적으로 확정된 협약'으로서의 기후변화 프레임워크 협약을 체결할 것으로 전망된다. 미국은 대기오염해소계획과 시진핑의 에너지혁명에 대한 주장 등 광범위한 경제개혁프로그램을 비탕으로 중국이 2030년 이내에 온실가스 배출 증가를 멈추는데 성공할 것이라고 기대한다. 특히 중국이 2030년까지 온실가스 배출이 없는 에너지소비를 20%까지 늘린다는 목표는 주목할 만한 것이다. 이 목표는 중국이 추가적으로 800~1000기가와트의 핵발전, 풍력, 태양력, 기타 등의 에너지를 늘리는 것을 필요로 하는 것이며, 이는 현존하는 석탄발전소 용량을 넘는 수준이며 미국의 현재 전기생산량과 비슷한 수준이다.

2009년 미국의 온실가스 배출은 증가하고 있었지만, 앞서 살펴봤듯이 오바마 대통령은 2020년까지 2005년 대비 17%까지 줄인다는 목표를 세웠다. 첫 임기동안, 행정부는 800억 달러를 청정에너지기술에 투자했다. 역사적인 연료경제기준을 세우고, 태양력과

69) The White House. 2014. FACT SHEET: U.S.-China Joint Announcement on Climate Change and Clean Energy Cooperation. The Excutive Office of the President에 근거함.

풍력 전기 생산량을 배가하고, 과감한 에너지 효율 증대를 실행하였다. 두 번째 임기 초반에, 오바마 대통령은 온실가스를 줄이고 기후변화충격에 대비하는 기후액션플랜을 발족했다. 이전 임기동안의 노력을 강화하고 재생가능에너지와 효율을 비약적으로 증가시키기 위해 이 액션플랜은 다음과 같은 새로운 수단을 포함한다.

- 청정에너지계획(Clean Power Plan) : EPA는 2014년 6월 발전부문가스배출을 2030년까지 2005년 대비 30% 이하로 줄이는 가이드라인을 제안했다. 이는 55~93억 달러 정도의 이익을 보건 향상과 탄소 감축을 통해 가져올 것이다.
- 대형 엔진과 차량에 대한 기준(Standards for Heavy-Duty Engines and Vehicles) : 2014년 2월, 오바마 대통령은 EPA와 교통부에 2016년 3월까지 대형 차량에 대한 온실가스 배출과 연료효율에 관한 다음단계를 발표할 것을 지시하였다. 이는 대형 차량(2014~2018년 모델에 대한)에 대한 전례가 없는 기준으로 행정부에 의해 제안되고 확정될 것이다.
- 에너지효율기준(Energy Efficiency Standards) : 에너지국은 2030년까지 이번 행정부 기간 동안 에너지절약 기준을 통해 20억 메트릭톤의 온실가스를 줄인다는 목표를 세웠다. 이와 같은 수단은 동시에 소비자들이 몇 십억 달러의 전기세를 줄이게 할 것이다.
- 경제전반의 온실가스 감축수단(Economy-wide Measures to reduce other Greenhouse Gases) : EPA와 다른 기관들은 쓰레기매립지, 석탄광산, 농업, 석유가스시스템 등에서 비용－효과에 입각한 자발적이고 상식적인 기준을 통해 메탄가스의 배출을 줄이고 있다. 동시에 국무부는 잠재적인 산업온실가스인 HFC를 몬트리올 의정서에 따라 감축하고 있다. EPA는 '현저히 새로운 대안 정책(Significant New Alternatives Policy ; SNAP)' 프로그램을 통해 국내 HFC 가스를 줄이고 있다. 그리고 사적 부문은 국제적으로 HFC를 2025년까지 7억 메트릭톤 정도 줄인다고 선언하는 등 진일보해왔다.

미국과 중국은 기후변화와 청정에너지 관련 협력을 위해 아래에 동의한다.

- 공동청정에너지연구발전 확대를 위해 새롭게 개편되고 확장한 미 · 중 CERC [U.S.－China Clean Energy Research Center(CERC)]는 추가적으로 2016~2020년의 5년 기간 동안 운영을 연장한다.
- 세 가지 현재 주요 트랙[효율증대, 청정교통수단, 탄소저장(CCUS : Carbon Capture, Use and Sequestration)]을 이용한 향상된 석탄기술에 대한 펀딩을 갱신한다.
- 에너지와 수자원의 연계에 대한 새로운 트랙을 발족시킨다.
- 주요온실가스 포집, 사용, 저장(Carbon Capture, Use and Storage Demonstrations)

시범 사업을 확장하고 향상시킨다. CCWG와 CERC의 역할 그리고 사적부문의 협력을 확대하면서, 미국과 중국은 주요 온실가스의 포집과 저장프로젝트를 중국에서 실시할 것이다. 이는 적절하고 안전한 지하의 지질학적 저장으로서 장기적이고 전반적 규모의 가스포집 및 처리를 지원할 것이다. 미국과 중국은 동등한 규모의 펀딩을 상호 약속했으며, 다른 국가들과 민간으로부터의 추가적 투자를 유치할 것이다.

- HFC (Hydroflurocarbons)에 대한 협력 증진 : 미국과 중국은 잠재적인 지구온난화 유발물질인 HFC의 사용을 줄이기 시작하는 양자 협력을 향상시킬 것이다. 이는 HFC의 대안물질을 촉진하고, 기후친화적인 냉각제의 조달로의 이행을 포함할 것이다.
- 기후스마트/저탄소 도시 이니셔티브 설립(Climate-Smart / Low-Carbon Cities Initiative) : 도시화는 21세기의 주요 경향이며, 세계적으로 도시들은 세계 온실가스 배출의 주요 부문을 차지한다. 이에 대해 미국과 중국은 기후변화 워킹그룹 하에 기후스마트/저탄소 도시 이니셔티브 설립하고 있다. 이 속에서 양국은 도시 수준에서의 계획, 정책, 지속가능하고, 복원성 있고, 저탄소성장에 적합한 기술의 사용 등의 경험을 공유할 것이다. 이니셔티브는 중국에 도시화에 대한 합리적인 인프라스트럭처의 새로운 기술을 제안할 것이다. 첫 단계로서 미국과 중국은 양국의 주요 도시들이 최선의 실행을 공유하고, 새로운 목표를 세우고, 도시 수준의 리더십을 나누기 위해 도시 정상회담(Climate-Smart / Low-Carbon Cities 'Summit')을 개최할 것이다.
- 녹색재화의 교환 촉진(Promote Trade in Green Goods) : 미국 상무부장관인 페니 프릿츠커(Penny Pritzker)와 에너지 장관인 어네스트 모니즈(Ernest Moniz)가 스마트도시/스마트성장 비즈니스 개발미션을 2015년 4월 12~17일 중국에서 이끌 것이라고 발표했다. 이는 그린 인프라구조, 에너지효율, 그리고 환경 거래 부문에 집중하게 될 것이다. 이 미션은 지속가능한 도시화의 장점과, 중국의 대기오염과 기후변화목표, 그린 빌딩기술을 지원하게 될 것이다. 덧붙여 미국무역대표부(USTDA : U.S. Trade and Development Agency)는 중국의 대표들을 미국에 초대하여 환경, 스마트 그리드, 대기 오염에 대응하는 기술을 볼 수 있도록 할 것이다.
- 미국의 에너지부(DOE), 주정부, USTDA는 현장에서부터 청정에너지 실행(Demonstrate Clean Energy on the Ground)과 같이 많은 추가적 파일럿프로그램, 적절성 연구, 그리고 중국의 에너지효율과 지속가능에너지목표를 촉진하기 위한 협력적 노력을 할 것이다. 이들은 효과적이고 비용절감적인 재생가능에너지기술의 통합을 가능케 하는 스마트그리드를 포함할 것이며, 중국에서의 첫 380메가와트급 태양광 발전소를 위해 미·중 민간부문의 상업적 협약의 실행도 포함할 것이다.

2.3 중국

2.3.1 중국의 에너지 사용 현황과 온실가스 배출 현황

중국의 GDP는 2013년 기준 전 세계 10%, 에너지 소비량 20%, 탄소배출량 25%를 차지하고 있다. 에너지 소비구조는 석탄 68%, 석유 17.7%, 수력에너지 7.1%, 천연가스 4.7%, 원자력에너지 0.8%, 기타 1.2%로 이루어진다.

중국의 12차 5개년 계획에 따르면, 2015년까지 에너지 소비량을 석탄으로 환산하여 6억 7000만을 삭감한다. 전력발전에서 비(非)화석연료 비중을 2020년까지 15%(2015년까지 11.4%) 이상으로 높이는 재생에너지 발전 목표를 설정했다.70)

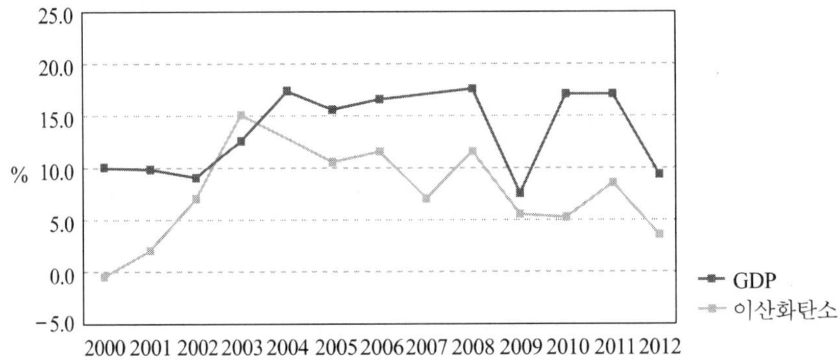

〈그림 2.14〉 중국 GDP와 탄소 배출량 증가율(단위 : 십억 kwh)
[출처: 문진영, 이성희, "최근 주요국의 온실가스 감축노력과 시사점", 오늘의 세계 경제, 2014.11]

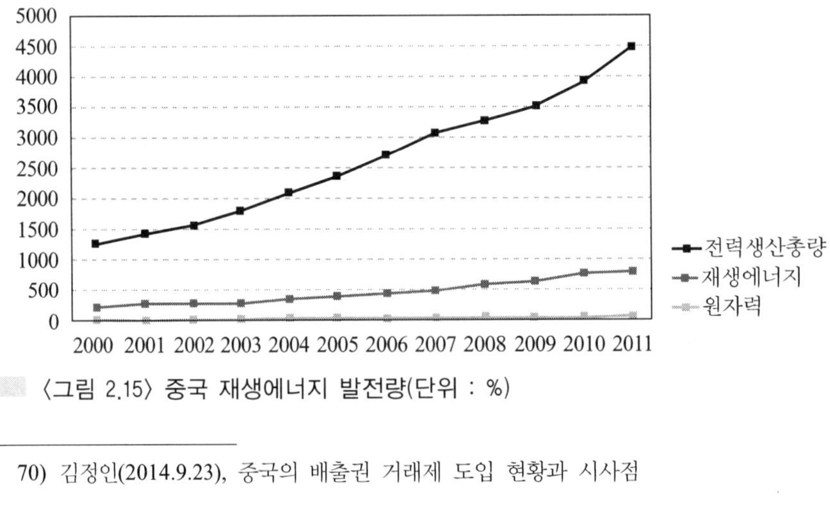

〈그림 2.15〉 중국 재생에너지 발전량(단위 : %)

70) 김정인(2014.9.23), 중국의 배출권 거래제 도입 현황과 시사점

〈표 2.7〉 중국의 에너지 소비량 추이(2011~2013)

연도	에너지 소비 총령 (만톤 표준석탄)	에너지 소비량 비율(%)			
		석탄	석유	천연가스	수전발전, 풍력, 원자력에너지
2001	150406	68.3	21.8	2.4	7.5
2002	159431	68	22.3	2.4	7.3
2003	183792	69.8	21.2	2.5	6.5
2004	213456	69.5	21.3	2.5	6.7
2005	235997	70.8	19.8	2.6	6.8
2006	258676	71.1	19.3	2.9	6.7
2007	280508	71.1	18.8	3.3	6.8
2008	291448	70.3	18.3	3.7	7.7
2009	306647	70.4	17.9	3.9	7.8
2010	324939	68	19	4.4	8.6
2011	348002	68.4	18.6	5	8
2012	362000				
2013	375000				

출처 : 중국 통계국, 각 년도

〈표 2.8〉 중국의 에너지구조 변동 방향

구 분	내 용
친환경 메탄올 연료 이용	• 친환경 메탄올 연료 이용 시 자동차 폐기율 50% 감소 • CO 배출량 90% 이상 감축 • NC 화합물과 HC화합물 등 90% 이상 감축 가능
녹색도시 계획 및 건축물 에너지 소비	• 건축물 에너지 소비는 전국 에너지 소비량의 30%차지 • 공업 에너지 소비 및 교통운수 에너지 소비와 같이 중국의 3대 에너지 소비 분야 • 신재생에너지 등을 이용하여 녹색 건축물 시도
원자력과 신재생에너지	• 원자력 기술은 2015년까지 완성될 예정 • 수력, 풍력, 태양에너지 등 다양한 발전방식 이용 • 바이오매스 발전을 적극적으로 이용할 예정
천연가스 및 비전통 석유, 가스주목	• 2012년 탐사결과 중국의 천연가스 9,612.2억m^3, 매장량은 5,008.3억 m^3 • 생산량은 1,067.6 m^3 • 석탄층 메탄가스의 생산량은 126억m^3, 매장량은 5,429 m^3로 알려짐 • 2020년 이후 셰일가스를 적극적으로 이용할 예정으로 150억 m^3를 생산하여 1차 에너지 소비량의 0.45%를 차지 • 2,400억 톤의 오일셰일을 채굴 • 해양과 동토 내에 천연가스 부산물 등이 중국내에 다량으로 존재하며, 새로운 에너지원으로 개발・이용되고 있음

〈표 2.9〉 2000~2010년 세계 CO_2 배출량(단위 : 백만 톤)

	2000년	2001년	2002년	2003년	2004년	2005년	2006년	2007년	2008년	2009년	2010년	2011년
중국	3659.3	3737.0	3969.8	4613.9	5357.2	5932.0	6519.6	6979.5	7146.7	7546.7	8332.5	9700
미국	6377.0	6248.4	6296.2	6343.5	6472.4	6493.7	6412.0	6523.8	6332.6	5904.0	6144.9	5420
인도	952.8	959.2	1001.2	1030.5	1118.4	1172.9	1222.4	1327.1	1442.2	1563.9	1707.5	1970

중국은 에너지 소비구조를 변화시키기 위해 2020년까지 1차 에너지 소비량 중 비화석에너지 비율 15%를 목표로 하고 있다. 또한 2020년까지 GDP CO_2 집약도를 2005년보다 40~45% 감축을 목표로 하고 있다. 향후 20년간 석탄 소비 비중을 20~50%까지 축소시킬 의무가 있다.

2012년 중국의 이산화탄소 배출량은 90만8600억 톤으로 전 세계 배출량의 3분의1을 차지하고 있다. 이산화탄소 배출량은 지난 20년간 약 3배 증가하였다.

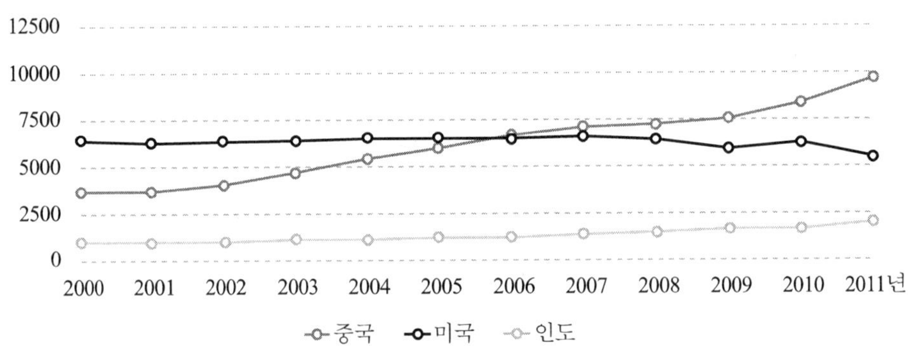

〈그림 2.16〉 중국, 미국, 인도의 온실가스 배출량 추이

특히 2000년부터 2012년까지 이산화탄소 배출량은 총 840억 톤으로 미국 740억 톤, EU 520억 톤의 누계치를 크게 상회한다. 중국의 주요 목표는 2011년부터 2015년까지 원단위 배출량(또는 탄소집약도)을 17%, 2020년까지 2005년 대비 40~50% 감축이다.

중화인민공화국국무원의 2014~2015년 동안 에너지 절약 및 온실가스 감축 및 저탄소발전방안을 보면, 2014~2015년 동안 GDP 단위당 소비량을 COD, SO_2, NH, NO의 경우 각각 해마다 3.9%, 2%, 2%, 2%, 5% 이상을 감축하고 GDP 단위당 CO_2 배출량은 2년씩 각각 4%, 3.5% 이상을 감축한다는 목표를 가지고 있다.

〈표 2.10〉 十二五 국내생산 총액 당 CO_2 집약도 하향지표(단위 : %)

지방	단위 국내생산 총액 CO_2 배출량 하향	단위 국내 생산 총액 에너지 소비 하향	지방	단위 국내생산 총액 CO_2 배출량 하향	단위 국내 생산 총액 에너지 소비 하향
베이징	18	17	텐진	19	18
허베이	18	17	산서성	17	16
내몽고	16	15	랴오닝	18	17
지린성	17	16	흑룡강성	16	16
상하이	19	18	강수	19	18
저장성	19	18	안후이성	17	16
복건성	17.5	16	강시	17	16
산동	18	17	허남	17	16
후베이	17	16	후남	17	16
광동	19.5	18	광시	16	15
해남	11	10	충칭	17	16
사천성	17.5	16	귀주성	16	15
운남성	16.5	15	서장	10	10
산시성	17	16	간쑤성	16	15
칭하이성	10	10	닝샤후이족 자치구	16	15
신장웨이 우얼자치구	11	10			

출처 : 중국의 12.5 국가 계획

〈표 2.11〉 중국 에너지 절약 및 온실가스 감축목표

정 책		목 표
온실가스배출	탄소집약도	2015년 : 2012년 기준의 17% 감축
		2020년 : 2005년 기준의 40~45% 감축
에너지소비	에너지 원단위	2015년 : 2010년 기준의 16% 감축
	에너지 소비총량	2015년 1차 에너지소비 42억 표준석탄 이하
	전략 에너지 소비총량	2015년 : 61,500억 kW 이하
	1차에너지 소비 중 신재생에너지 비율	2015년 : 11.4%
		2020년 : 16%

2.3.2 중국의 배출권 거래제 도입 동향

중국은 2011년 11월부터 탄소 배출권거래 시범 사업을 시작하여, 2012년 6월 국가발전개혁위원회에 '온실가스 자발적 감축 거래관리 잠정방법'을 발표하고, 국가에서 인증된 자발적 감축 프로젝트, 거래 상품, 거래 플랫폼 및 제 3자 심사인정기관, 보고 및 등록 접수 등을 추진하고 있다.

2013년 6월 18일 선진시(深圳市) 탄소배출권 거래 시장을 시작으로 베이징시(北京市), 상하이시(上海市), 광둥성(广东省), 후베이성(湖北省), 충칭시(重庆市) 등이 탄소배출권 거래 시장을 운영하고 있다. 2014년 10월 말 까지 중국의 7개 탄소배출권 거래소에서 이산화탄소 1,375만 톤, 총 거래액은 5억 위안을 기록하고 있다.

중국은 2010년 7월 19일 광둥성(广东省), 랴오닝(辽宁), 후베이성(湖北省), 산시(陕西), 원난(云南) 5개 성 및 텐진시(天津市), 충칭시(重庆市), 선진시(深圳市), 샤먼(厦门), 항주(杭州), 남창(南昌), 구이양(贵阳), 보정(保定) 8개 도시가 시범적인 저탄소 도시로 지정했다. 2012년 두 번째 시범 도시를 확대하고 성 6개 및 도시 36개를 포함한다.

중국은 탄소배출권 거래 제도를 수립하고 보완하기 위해 국가의 계획을 '3단계로 나누어 걷기'방식, 즉 3기간에 나누어 추진할 생각이다. 우선 1단계로 제12번째 5개년 계획(2011~2015년)을 설정할 수 있을 것이고, 이는 중국 탄소배출권 거래 제도의 시작 단계이다.

두 번째 단계 기간은 2016~2020년(제13번째 5개년 계획)으로 설정할 수 있다. 이는 중국 탄소배출권 거래 제도의 초보 수립 단계이다. 1단계의 시범 작업을 거친 후 주요 임무는 초보적으로 자신들의 탄소배출권 거래 제도를 수립하는 것이고 각 항목의 제도

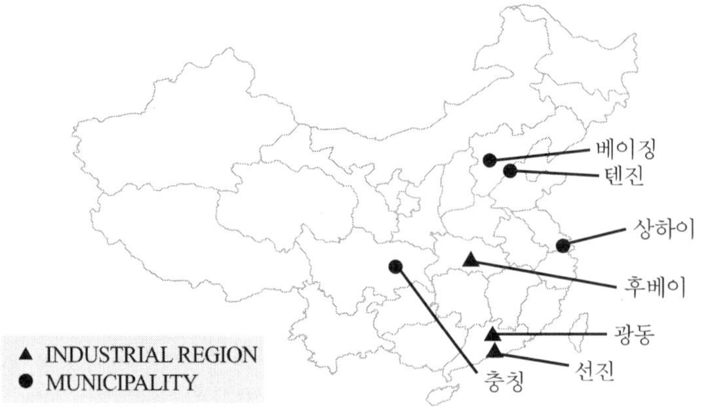

〈그림 2.17〉 중국 탄소배출권거래소 시범 지역

[출처 : Jin Guoliang, "Emissions Exchanges As a Strategic Solution to Sustainable Economy." 2014.10.23]

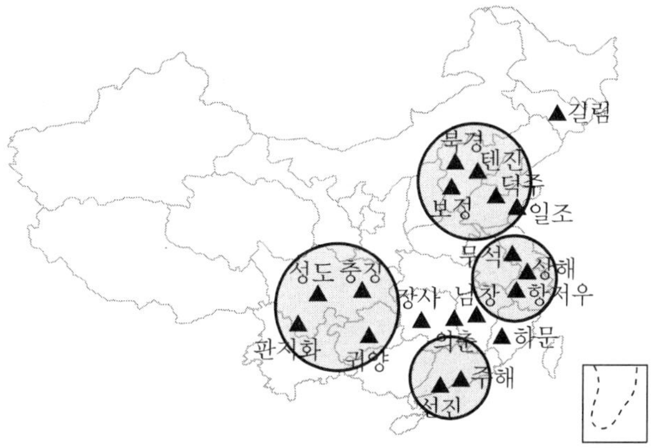

〈그림 2.18〉 중국 저탄소 도시 분포도 [출처 : 중국 바이두(百度)사이트]

와 규범을 수립하는 것이다. 이러한 제도들과 규범들은 이산화탄소 등 온실가스의 총량 통제 제도, 탄소배출권의 초기 분배 제도, 탄소배출권의 이전 및 거래의 관리 감독 제도에만 국한된 것이 아니다.

제3단계 기간은 2021년 이후다. 이는 중국 탄소배출권 거래 제도의 발전 보완 단계이다. 3단계는 2단계에서 나타난 문제들에 대해서 지속적으로 발전 및 보완하면서 선물옵션 시스템을 도입해서 중국 탄소배출권 선물옵션 거래 시장을 만들려는 것이다.

이같이 진정한 거래제도의 도입 시기를 늦추는 이유는 중국의 경제성장과 연관되어 있다고 본다. 호청(胡倩)·왕쟁(王铮)·최려려(崔丽丽)·등일평(郑一萍)(2010)은 NP (non-linear program)모델을 이용해서 4가지 상황에 대한 가설을 세우고 결론을 제시한다. 만약 중국이 2025년 전에 배출 감소를 진행하지 않는다면 중국의 경제는 비교적 높은 성장 수준을 유지할 것이므로 2025년 이후에 배출 감소를 진행하는 것이 더 효과적이라는 것이다. 만약 중국이 매년 0.2% 감소하여 온실가스를 배출한다면 경제는 여전히 비교적 높은 성장률을 유지할 수 있다는 것이다. 하지만 매년 0.5%를 줄인다면 경제 성장은 더딜 것으로 나타났다.71)

(1) 배출권 거래제 대상 사업 지역

중국의 거래제도는 2개의 성과 5개의 시에서 하는데 국내총생산(GDP), 경제 발전 및 산업구조 등이 각자 달라서 이로 인해 배출권거래제 참여 기업 수와 산업 부문도 다를 수밖에 없다.

71) 위자흔, "중국의 배출권 거래제 연구", 중앙 대학교 석사학위 논문, 2015.2 예정에서 일부 재인용한 것임.

베이징시는 이산화탄소 배출량이 연평균 1만 톤 이상인 기업에 한해서 탄소배출권 시장 참여 허가를 허용했다. 상하이시(上海市)는 비공업기업과 공업기업으로 나누어 관리하고 있고, 시장 진입 기준도 이산화탄소 배출량 2만톤 이상이다. 선진시는 공업기업과 건축업 기업으로 나누어 관리하고 있고, 공업기업 진입 기준이 이산화탄소 배출량이 5000만 톤 이상, 공공건축물 2만 m^2 이상, 국가 기관 건축물 1만 m^2 이상이다. 광둥성과 텐진시는 이산화탄소 배출량이 연 평균 2만 톤 이상 공업 기업들이 배출권거래제에 참여한다.

〈표 2.12〉 2성, 5시의 거래제 시범 지역

구분	베이징 (北京市)	텐진시 (天津市)	충칭시 (重庆市)	상하이 (上海市)	후베이 (湖北省)	광둥성 (广东省)	선진시 (深圳市)
성시	시	시	시	시	성	성	시

〈표 2.13〉 2013년 각 시범 지역 거래 시행 범위 및 시간

시행 지역	적용 산업	대상 업체 기준	기업 수	대상 온실가스
선진시 (深圳市)	• 공업 : 전력, 철강, 석유화학, 비철금속, 건축, 방직업, 제지업, 고무, 석유화학 • 건축업	• 공업해당 탄소배출량 5천만 톤 이상 • 공공건축물 : 2만 m^2 이상 • 국가기관 사무건축물 : 1만 m^2 이상	• 공업 : 635개 • 건축업 : 197개	CO_2
상하이시 (上海市)	• 공업 : 전력, 철강, 석유화학, 비철금속, 건축, 방직업, 제지업, 고무, 화학섬유 • 비공업 : 공항, 항구, 백화점, 호텔, 비지니스건축물, 철도	• 공업 : 해당 2만 톤 이상 • 비공업 : 해당 1만 톤 이상	191개	CO_2
베이징시 (北京市)	전력, 열에너지, 시멘트, 석화, 기타 공업, 서비스업	해당 1만 톤 이상	490개	CO_2
광둥성 (广东省)	전력, 시멘트, 철강, 석유화학	해당 2만 톤 이상	242개	CO_2
텐진시 (天津市)	전력, 시멘트, 철강, 석화, 화학, 가스 채굴업	해당 2만 톤 이상	114개	CO_2
후베이성 (湖北省)				CO_2
충칭시 (重庆市)				CO_2, N_2O, PFC 등 6종 온실가스

출처 : 중국탄소시장 보고서 2014

(2) 거래 업종의 차이

배출권거래제 대상 업체 기준을 보면 전력, 열에너지, 시멘트, 석유 화학, 철강 등 업체들이 시장에 참여할 수 있다. 베이징시, 상하이시, 선진시에서는 서비스업과 대형 공공 건축물까지 포함된다. 탄소배출권 거래소에서 참여할 수 있는 기준을 보면 2014년 4월 2일 개시한 후베이성의 탄소배출권 거래소에서 제일 높다. 즉 2010년, 2011년 해당 종합 에너지 소비량이 6만 톤 표준석탄(이산화탄소 배출량 12만 톤) 이상 업체들이 참여할 수 있다. 상하이시, 광둥성, 톈진시, 충칭시에서는 이산화탄소 2만 톤 이상 배출량 수준으로 잡고 베이징시 같은 경우는 2009~2010년 동안 이산화탄소 배출이 1만 톤 이상 업체들이 참여할 수 있다. 선진시는 이산화탄소 3000톤 이상 배출하면 거래할 수 있다. 각 탄소배출권거래 시장의 공통점은 현지 지역에서 최대배출자인 업체들이 주로 참여하고 있다는 점이다. 광둥성과 톈진시 시장에서 거래한 배출량은 지역의 60% 차지하고 있다.

한편 탄소배출권 거래 범위와 지역 산업구조는 서로 일치한다. 광둥성, 톈진시, 후베이성과 충칭시는 2차 산업이 GDP 점유율의 50% 정도로 2차 산업 업체들이 거래에 많이 참여한다. 그러나 베이징시와 상하이시의 3차 산업은 GDP의 76.85%, 62.24%로 큰 점유율을 차지하고 있지만, 2013년 전의 자료를 보면 선진시와 베이징시의 경우 3차 산업의 국내총생산(GDP)의 점유율이 가장 높다. 따라서 선진시와 베이징시의 시장에서는 배출량 5000톤, 1만 톤 이상 업체들이 참여할 수 있다. 상하이시의 경우 2차 산업과 3차 산업에서 모두 잘하고 있기 때문에 거래 업체를 고려할 때 공업기업과 비공업 기업을 나눠서 계산한다.

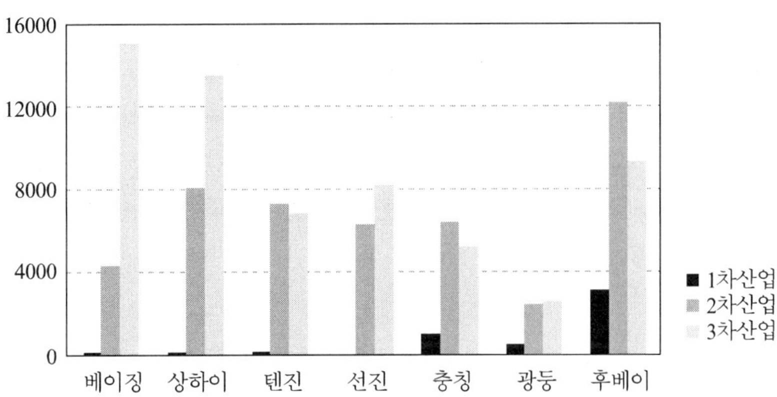

〈그림 2.19〉 2013년 각 시범 지역 산업 분포도
[출처 : 베이징시(北京市) 통계국, 상하이시(上海市) 통계국, 톈진시(天津市) 통계국, 선진시(深圳市) 통계국, 충칭시(重庆市) 통계국, 광둥성(广东省) 통계국, 후베이성(湖北省) 통계국]

(3) 거래 주체의 차이

'베이징시 탄소배출권 거래 시행 실시 방안(2012~2015년)'에 따라 중국 정부는 2009~2010년을 기준으로 평균적으로 직간접 배출을 포함하여 이산화탄소 1만톤 이상 배출한 600개 업체들을 대상으로 배출권거래제를 강제 시행하였다. 베이징시의 탄소배출권 거래 상품은 직접적 이산화탄소 탄소배출권과 간접적 이산화탄소 탄소배출권으로 분류된다.

간접적 이산화탄소 탄소배출권은 거래의 가장 큰 특징이라고 할 수 있다. 메탄 및 석유 소비의 경우는 이산화탄소가 직접적으로 배출되나, 전기 소비의 경우 이산화탄소가 간접적으로 배출된다. 베이징시에서는 전력 1 kw 사용시 3분의 2가 들어가기 때문에 이에 소비되는 전력량이 간접적 이산화탄소 거래 배출량으로 볼 수 있다.

또한 상하이시는 베이징시의 배출권거래제와 대부분 동일하지만 거래 주체를 공업과 비공업으로 구분하여 적용한다. 공업의 경우 상하이시의 탄소배출량이 2만 톤 이상인데 베이징시의 두 배 이상 수준이다. 공업산업은 2010~2011년 2만 톤 이산화탄소 배출이 가능하나 비공업산업은 동일 기간 중 1만 톤 이산화탄소 배출이 허용된다.

베이징시와 상하이시는 배출량 계산 방식에서의 차이가 존재한다. 상하이시에서는 이산화탄소 배출량의 최고 배출량을 기준으로 삼고 있으나 베이징시에서는 평균 배출량을 기준으로 삼는다.

광둥성은 종합 에너지 소비량을 추가시키는 특징이 있다. '광둥성(广东省) 탄소배출권 거래 시행 실시 방안'에 따라 전략, 시멘트, 철강, 요업, 석유화학, 방직, 비철금속, 플라스틱, 제지업 등 공업산업은 2011~2014년 기간 중 한 번 배출량 할당을 받아 이산화탄소 배출량 2만 톤(종합 에너지 소비량 1만 톤 표준석탄) 이상 배출 기업들이 의무적으로 시장에 참여하게 된다.

선진시는 철강, 시멘트 등 대형 이산화탄소 배출 산업에서의 배출량을 감축하기 위하여 노력하고 있다. 선진시의 경우 최대 배출기업이 존재하지 않기 때문에 26개 산업의 800개 기업을 의무적으로 배출권거래제 시장에 참여시킨다. 후베이성의 경우 해당 종합에너지 배출량이 6만 톤 표준석탄 이상의 기업을 배출권거래제 참여 대상으로 보고 있다. 해당 종합에너지 소비량이 8000톤 표준석탄 이상 되는 기업은 강제 보고의 의무도 부과하고 있다.

〈표 2.14〉 각 시범 지역 감축목표 및 거래 주체 비교

지역	감축 목표	거래 대상 온실가스	시범사업 참여 대상 업종 및 참여기업 조건	보고 범위
광둥성 (广东省)	19.5%	CO_2	• 전력, 시멘트, 철강, 요업, 석화, 방직, 비철금속, 플라스틱, 제지업 • 탄소배출량 해당 2만 톤 이상	해당CO_2 배출량 1만 톤(종합 에너지 소모량 5천 톤 표준석탄) 이상 공업기업
후베이성 (湖北省)	17%	CO_2	• 해당 종합 에너지 소비량 6만 톤 이상 공업 기업	해당 에너지 소모량 8천 톤 표준석탄 이상 공업기업
상하이시 (上海市)	19%	CO_2	• 철강, 석유화학, 비철금속, 전력, 건축자재, 방직, 고무 등 해당 탄소배출 2만 톤 이상 • 항공, 철도, 금융, 호텔, 항구 등 탄소배출 해당량 1만 톤 이상 비공업 기업	CO_2 해당 배출량 1만 톤 이상 기업
텐진시 (天津市)	15%	CO_2	• 철강, 전략, 열에너지, 석유화학, 천연가스 채굴 등 기업 탄소배출 해당량 2만 톤 이상 • 민간용 건축 해당 배출량 2만 톤 이상	강철, 화학, 전략, 열락, 석화, 천연가스 채굴 등 기업 해당 탄소배출량 1만 톤 이상 민간용 건축 기업
선진시 (深圳市)	15%	CO_2	• 탄소배출량 5000톤 이상의 기업과 사업 단위, 2만 제곱미터 이상의 공공건축물 1만 제곱미터 이상의 국가기관 사무 빌딩, 자발적인 감축과 인증된 기타 건축물	해당 탄소배출량 3천 톤 이상 5천 톤 이하의 기업과 사업 단위 건축물
베이징시 (北京市)	18%	CO_2	• 탄소배출량(직접과 간접) 1만 톤 이상 기업은 거래 주체, 종합 에너지 소비 해당량 2천 톤 이상 기업 자발적 참여 (조건 맞은 기타 기업 거래 가능)	해당종합 에너지 소모량 2천 톤 표준석탄 이상 기업
충칭시 (重庆市)	17%	CO_2, N_2O, PFC 등 6종 온실가스	무	무

(4) 감축목표의 차이

광둥성은 중국의 전체 성 중에서 이산화탄소 배출량이 가장 높은 성이기 때문에 높은 감축부담을 안고 있다. 2015년까지 2010년 기준 온실가스 배출량을 18% 감축하는 목표를 세웠다. 이는 국내총생산(GDP)당 2010년 기준 이산화탄소를 19.5% 감축하는 분량과 동일하다. 감축목표는 현재 중국 전체 중 가장 높은 수준이다. 후베이성은 12.5 계획기간의 감소목표로 국내총생산(GDP) 당 이산화탄소 배출량을 2010년 대비 17%, 국내총생산(GDP) 당 종합 에너지 소모량을 16% 감축하려고 한다. 후베이성, 우한시는 2010

년 탄소배출권거래제 시범사업에 신청하여 전국에서 가장 먼저 탄소배출권거래 시범산업을 신청한 도시가 된다.

상하이시는 12.5 계획 기간 국내총생산(GDP) 당 종합 에너지 소비량을 0.58톤 표준석탄/만 위안까지 내리고 2010년 대비 18% 낮추는 감축목표를 설정한다. 또한 국내총생산(GDP)당 이산화탄소 배출량을 2010년 대비 19%로 감축할 것이다. 텐진시는 12.5 계획 기간 온실가스 감축목표를 국내총생산(GDP) 당 이산화탄소 배출량을 19%, 국내총생산(GDP) 당 화석연로 이산화탄소 배출량을 1.69톤 이하, 국내총생산(GDP)당 종합에너지 소비를 2010년 대비 15% 이상 감축하는 목표를 설정하였다. 선진시는 12.5 계획 기간 감소 목표를 2015년까지 국내총생산(GDP)당 에너지 소비량 19.5%, 국내총생산(GDP)당 이산화탄소 배출량 2005년 기준 30% 이상 및 2010년 기준 15% 감축하는 목표를 설정한다. 베이징시는 12.5계획 기간 베이징시(北京市) 시내의 1만 위안 GDP당 에너지 소모량을 18% 줄이는 것으로 목표를 설정한다. 마지막 시범 도시인 충칭시는 2015년까지 온실가스 감소 목표를 2010년 대비 국내총생산(GDP)당 이산화탄소 배출량 17%, 총 생산량 종합 에너지 소비량을 2010년 대비 16% 감축하는 목표를 설정하였다.

(5) 할당 분배의 차이

탄소배출권을 거래하기 위해서는 할당이 가장 중요하며 합리적으로 분배되어야 한다. 광둥성은 2010~2012년 간 이산화탄소 배출량 데이터를 기준으로 분배한다. 참여 기업들을 2013~2015년 탄소배출권 할당량을 일시에 분배한다. 그리고 탄소배출권 할당을 초기 무상 위주로 분배한다. 2013~2014년 무상 및 유상 방식은 97% 및 3%이다. 2015년 비율은 90% 및 10%로 예상된다. 그러나 광둥성이 탄소배출권 할당량을 일시불로 분배하면서 문제점도 있다. 할당량이 너무 많고 거래 가격이 떨어질 수 있는 경우도 생길 수 있기 때문이다. 그리고 3년 할당량을 일시에 분배하면 거래 시장 규정과 거래 제도를 완성시키는데 어려움이 있다.

후베이성은 과거 배출량 데이터를 가지고 있지만 같은 업종의 발전, 합리적인 중가 등의 요소를 고려하면서 같은 업종에 따른 BASE-LINE 기준에 따라서 할당을 분배한다. 이 수준에 따르면 기업들이 받은 할당량이 많지 않아서 거래 시장에서 활발하게 거래 할 수밖에 없다.

한편 광둥성과 상하이시처럼 3년 할당량을 일시에 분배할 수 없는 후베이성은 해당 할당량을 분배한다. 즉, 6월 30일 이전에 무상으로 분배한다. 이 해당 방식으로 분배하면 시장 관리의 상황을 잘 파악한다고 하며 할당이 공급과잉이 되면 다음해 줄일 수 있도록 한다. 그리고 그 반대의 경우도 마찬가지이다. 그러나 공업도시라서 만약 공업 산업 불경기시 공장이 생산을 중지하고 생산량을 줄이는 경우가 나타나면 탄소배출권 거래 시장에 치명적이다.

상하이시는 2009~2011년 간 이산화탄소 배출량 데이터를 기준으로 계산하고 3년 할당량을 일시로 분배한다. 그리고 같은 업종의 발전, 합리적인 증가 등의 요소를 고려하면서 같은 업종 BASE-LINE 기준에 따라 할당을 분배한다. 시행기간 중 할당량은 무상으로 분배한다. 상하이시와 광둥성은 배송 방식을 같은 일시불로 계산한다고 한다. 상하이시처럼 같은 업종의 BASE-LINE 기준으로 분배하는 방법은 좋은 점도 있지만 나쁜 점도 있다. 업종별이 없고 같은 기준으로의 할당량 분배 보다 같은 업종의 BASE-LINE 기준이 더욱 합리적 있다. 하지만 선진시 기업들은 같은 업종에서 BASE-LINE 기준이 불공평하다고 주장한다. 즉, 미리 감축하고 있는 기업이 업종 BASE-LINE 때문에 할당을 많이 받을 수 없고 감축노력을 하지 않는 기업도 업종 BASE-LINE 때문에 할당을 많이 받을 수 있어서 잉여 할당을 거래 할 수 있는 경우가 생길 수 있기 때문이다. 중국 7개 탄소배출권 거래 시장에서 상하이시의 과거 데이터 기준 및 업종 BASE-LINE 기준 두 가지를 동시에 실시하는 것은 처음이다. 할당량을 무상분배 방식으로 진행하고 있지만 적절한 시기에 경매 등 유상 방식으로 바꾸려고 한다.

〈표 2.15〉 각 시범 지역 할당 및 분배방식

지역	할 당	분배방식
광둥성 (广东省)	• 과거 데이터 기준 • 2013~2014년 97% 무상, 3% 유상 • 2015년 90% 무상, 10% 유상	일시불 (3년)
후베이성 (湖北省)	• 과거 데이터 기준 및 기타 • 해 6월 30일전 무상	1년씩
상하이시 (上海市)	• 2009~2011년 간 과거 데이터 기준 및 같은 업종 baseline기준 • 무상과 유상	일시불 (3년)
텐진시 (天津市)	• 과거 데이터 기준 및 base line기준 • 무상 위주, 경매 혹은 고정 가격으로 유상	1년씩
선진시 (深圳市)	• 무상 할당액 90% 및 이상, 고정 가격 및 경매(3% 이하) • 기타 유상 방식	1년씩
베이징시 (北京市)	• 제조업, 기타 공업, 서비스업 과거 배출량 데이터 기준 • 열에너지와 전략발전소가 과거 탄소 집약도 배출량 데이터 기준	1년씩
충칭시 (重庆市)	무	1년씩

텐진시는 과거 데이터 기준 방식으로 할당을 분배한다. 그리고 미래 감축상황을 고려하면서 분배할 수 있는 할당이 많지 않다. 거래량을 남기는 경우가 거의 없어 보인다. 그리고 2009년 데이터 기준으로 계산한다. 후베이성도 할당량 분배는 마찬가지다. 기업에 할당이 무상 분배되지 않고 유상 방식으로 바뀔 수 있도록 노력하고 있다.

선진시는 총 탄소배출량을 통제하고 산업 특징 등을 고려하여 할당량을 분배한다. 2009~2011년 배출량 데이터 기준으로 2013~2015년 3년 할당량을 일시에 분배한다. 건축 산업에 대한 할당은 '선진시 공공 건축물 에너지 소비 정액 표준'에 따른다.

베이징시의 할당액은 연도별로 발급하며, 2013년 1월 1일 전 운행한 제조업, 기타 공업, 서비스업은 2009~2012년 탄소배출량 데이터 기준에 따라 계산하고 있다. 2013년 1월 1일 전 운행한 열에너지 산업, 발전 산업은 2009~2012년 탄소집약도 데이터에 따라 계산을 한다. 2014년과 2015년의 이산화탄소 배출할당량은 각각 전년도의 배출 데이터 수준을 근거로 계산한다. 그리고 12.5 계획 기간에는 할당량을 무상으로 분배하고 소량을 예비로 남겨두고 경매를 통해 분배할 예정이다.

(6) 상벌제도의 차이

광둥성에서는 탄소배출권 할당을 이행하지 못한 부분을 시장에서 거래되는 평균 가격의 3배로 벌금을 부과한다. 후베이성은 탄소배출권 할당을 이행하지 못한 부분에 광둥성과 같은 3배의 가격을 내고 다음 해 할당액 중 2배가량을 공제시킨다. 그리고 기업 탄소배출량을 계산할 수 없거나 보고하지 못한 기업들에 다음 해 할당액 중 반 정도를 분배한다.

상하이시는 감축기업뿐만 아니라 심사기관거래소, 근무인원의 상벌제도가 있다. 감축기업이 배출량에 대한 보고를 못하는 경우에는 1만 위안 이상 3만 위안 이하의 벌금을 내고, 허위 정보로 보고할 경우 1만 위안 이상 3만 위안 이하의 벌금을, 제3자 인증 및 심사기관에 무리한 소송을 하는 경우 3만 위안 이상 5만 위안 이하 벌금을 내며, 할당 약속을 이행하지 못하는 경우에는 부여받은 할당액에서 미달되는 금액을 제하고 5만 위안 이상 10만 위안 이하의 벌금을 낸다. 심사기관 규정을 위반하는 경우 3만 위안 이상 10만 위안 이하, 거래소가 규정을 위반하면 1만 위안 이상 5만 위안 이하 벌금을 내고 행정 기구가 규정을 위반하는 경우 법으로 한다.

선진시는 규정 시간 내에 제 3자 심사기관이 심사 보고서를 못 내면 경고 한번 또 안 내면 1만 위안 이상 5만 위안 이하 혹은 5만 위안 이상 10만 위안 이상 벌금을 내며, 베이징시, 텐진시, 충칭시는 탄소배출 시장의 상벌제도를 만들고 있다.

〈표 2.16〉 각 시범 지역 상벌제도 비교

지역	상 벌 제 도
광둥성	시장 평균 가격의 3배
후베이	시장 평균 가격의 3배, 동시 다음해 할당액 중 2배 공제
상하이	● 시험기간 : 보고의무를 미실행 : 1만 위안 이상 3만 위안 이하 ● 허위재무제표 제공 및 중요정보 숨기기 : 1만 위안 이상 3만 위안 이하 ● 제3방 심사기관 방해 : 3만 위안 이상 5만 위안 이하 ● 할당량 의무 미완성 : 5만 위안 이상 10만 위안 이하
텐진시	무
선진시	● 검사보고서 보고 시간 경과 : 1만 위안 이상 5만 위안 이하, 혹은 5만 위안 이상 10만 위안 이하 ● 보고 시간 경과한 할당액과 CCER : 강제 공제, 부족부분 다음해 할당액 중 공제, 벌금은 당월 전 6개월동안 거래 평균가격의 3배 ● 회사 전축, 해산, 파산 전 의무 미완성 : 강제공제, 부족부분 다음해 할당액 중 공제, 벌금은 당월 전 6개월 동안 거래 평균가격의 3배
베이징시	무
충칭시	무

(7) 칭다오(青島)시

산동성 칭다오시는 인구가 3,000만 명이고 국내총생산규모가 방글라데시와 같으며, 공업과 석유화학 중심으로 에너지 소모량이 많다. 2015년 감축목표는 2010년 대비 국내총생산(GDP)당 19~20%로 설정하였다. 따라서 대형기업 300개의 탄소배출량을 제한하고, 중국에서 8번째로 탄소배출권거래제가 2015년부터 개시될 것으로 예상된다. 2014년 칭다오시 발전개혁위원회에서 '칭다오시(青島市) 저탄소 발전계획'을 밝혔다. 계획을 따르면 2015년까지 단위 국내총생산(GDP)당 이산화탄소(CO_2)배출량을 2010년 대비 20% 감축할 예정이다. 또한 비화석원료가 1차 에너지 소비에서 차지하는 비중을 3%까지, 삼림율은 40% 이상으로 확대하려 한다. 2020년까지 단위 국내총생산(GDP)당 이산화탄소 배출량은 2005년 대비 50%, 2010년 대비 37.8% 감축하고 비화석원료의 1차 에너지 소비에서의 비중은 8%, 삼림율은 45% 이상으로 확대해 이산화탄소 배출량 감축에 총력을 다 할 계획이다. 2015년까지 1차적으로 온실가스 배출 관련 관측 및 통계, 조사 시스템을 갖추고 탄소거래 시장 조성에도 나설 예정이다. 또한 2020년까지 저탄소 발전을 위한 장기플랜을 세우고 부서 간 협력, 자금회전, 정보공유 활성화를 위한 제도 마련에 나설 계획이다.

2.4 시사점

2008년 EU는 기후변화 및 에너지 패키지를 통해 계량적인 감축목표를 제시하고, 재정위기에도 불구하고 이를 성공적으로 이행하고 있다는 점에서 EU의 기후변화 및 에너지 대응정책은 지금까지 성공적이라고 평가할 수 있다. 더불어 EU 집행위원회가 새롭게 제시한 Europe 2030의 목표 달성도 불가능하지 않을 것이라는 평가를 받고 있다. 그러나 회원국별로는 진행상황이 매우 상이하여, 예를 들면 재생에너지 사용비중에 있어 추가적인 정책노력이 없다면 목표달성이 어려운 국가도 있을 것으로 전망되고 있다. 이에 EU 집행위원회는 EU 차원의 정책뿐만 아니라 회원국 차원의 정책을 강조하면서도 동시에 EU 차원에서 성과가 미흡한 회원국을 지원할 수 있는 정책에도 적극적으로 나서고 있다. 또한 EU의 기후변화 및 대응정책이 성공적으로 추진되고 있는 배경에는 정책수립에서 추진에 이르기까지 이해당사자들의 의견을 수렴하고 정책으로 인해 피해를 보는 당사자들이 적극적으로 관련 기술개발에 나서도록 지원하는 정책을 함께 고려한데 있다. 사실 기후변화 및 대응정책의 추진은 산업에 비용 부담을 가중시켜 전 세계 경쟁자들보다 경쟁우위를 지키는 것을 더욱 어렵게 만든다. 그러나 EU 집행위원회는 기후변화 및 에너지에 대한 목표설정 후 다양한 정책을 통해 이를 지원하는 접근방법을 추진함으로써 이를 극복하려 했다. 즉, EU는 조세정책, 자동차 지원정책, R & D 정책, 투자정책 등을 동시에 추진함으로써 정책의 부정적인 효과를 최소화하면서도 정책목표를 달성하기 위해 노력하고 있다. 마지막으로 EU의 정책입안과정을 자세히 다루지 않았으나, EU는 정책입안자, 산업계, 소비자가 함께 정책을 수립하고, 그 과정에서 지속적으로 협력하면서 정책의 목표달성도를 높이는 노력을 했다는 사실이 간과되어서는 안 된다.

기후변화 협상에서 미국의 역할은 미미하다고 여겨져 왔다. 그러나 오바마 행정부의 행정명령을 살펴보면, 연방정부 차원에서는 비전, 조직－거버넌스 구조, 예산, 국제 기후변화 협력관계에 있어 비교적 양호한 발전 단계를 확인할 수 있다. 우선, 연방정부의 기후변화－에너지 관련 계획은 비전을 명확하게 밝히고 있다. 기후변화에 대응하는 것뿐만 아니라, 청정에너지 체계 구축을 통해 경제적 성장과 고용 창출을 추구한다. 이러한 비전을 달성하기 위해서, 조직 체계와 거버넌스를 구축하는 것은 반드시 필요한 단계이다. 우선 행정 명령은 어떤 조직의 누가 기후변화－에너지 관련 계획을 책임지는지 명확히 하고 있다. 환경질위원회(CEQ)와 예산관리국(OMB)은 내용과 행정－예산 사항에 대한 고려를 위해 기후변화－에너지 관련 행정 명령의 책임을 맡고 있다. 동시에 각각의 관련된 기관들이 각 주제에 맞춰 기후변화에 대처하고 있다. 교통부, 내무부, 농무부, 에너지부, 환경국은 각각의 전문 영역에서 연구, 계획, 집행과 평가를 담당한다. 비전과 조직을 구성하면, 이를 실행하기 위한 적절한 예산 분배가 뒤따라야 한다. 에너지 안보, 에너지 효율화, 기후변화 적응과 회복력 향상을 위한 예산, 재생에너지 생산과 기술 향상을 위한 예산, 에너지 친화적인 건물, 지속가능한 교통 시스템을 구축하기 위한 예산 등 종합적인 계획을 실행하기 위한 예산의 분배가 이루어져 왔다. 국제적 노력에 있어서, 최근 중국과의 기후-에너지 분야 협력을 강화하기로 한 결정으로 앞으로 국제 기후변화 협상에서도 중요한 이정표로 작용할 수 있다. 에너지효율, 재생에너지와 스마트 그리드 등의 기술 협정뿐만 아니라, 도시간의 기후-에너지 협력 강화는 온실가스를 가장 많이 배출하는 두 강대국 정상의 의지를 확인해보는 계기였다. 물론 이러한 합의가 실제로 잘 이행되었는가를 평가하고 확인하는 것도 중요한 일이다. 물론, 미국의 정치적 분열과 공화당이 상하원 의회의 다수를 차지하는 정치적 지형에서 오바마 대통령의 기후변화-에너지 관련한 이니셔티브가 얼마나 작동할지 우려하는 목소리도 높다. 민주당은 기후변화에 있어 보다 적극적인 미국의 역할을 강조하는데 반해, 공화당은 막대한 예산투입과 에너지 수급 구조에 변화를 가져올 정책에 부정적이기 때문이다(최현정, 2014). 기후변화에 대한 정치적 분열을 해소하고, 연방 정부뿐만 아니라 미국 국내 정치에서 기후변화-에너지 관련 정책을 확산하는 것이 앞으로 미국 정부의 과제일 것이다. 앞서 살펴 본 미국의 기후변화-에너지 관련 정책이 계속될 경우, 미국 내에서 기후변화-에너지 관련 기술과 산업이 성장할 가능성이 높다. 또한 미국과 중국이 기후변화-에너지 협력을 확대해 나아갈 때, 한국의 기업과 정부도 이 분야의 시장 경쟁력을 갖춰 나아가야 할 것이다. 특히 재생에너지분야, 에너지 저장, 스마트그리드, 그린 빌딩, 도시 에너지 관련 기술, 탄소 포집 기술에 대한 투자와 상용화가 이루어져야 할 것이다.

중국이 현재 운영하고 있는 7개 탄소배출권 거래 시장은 참여 대상 업종, 참여기업 조건, 보고제도 범위에 관련한 적용기준이 일치하지 않고, 다양한 업종의 베이스라인을 설정하고 있어, 이에 대한 관리와 감독 문제가 생길 수 있다. 동시에 상벌제도도 미흡하

〈표 2.17〉 한국 ODA 규모(2005~2012) (단위 : 백만 달러)

구분	2005	2006	2007	2008	2009	2010	2011	2012
공적개발원조(ODA) (ODA/GNI, %)	752 0.10	455 0.05	699 0.07	802 0.09	816 0.10	1,174 0.12	1,325 0.12	1,551 0.14
양자간 원조	463	376	528	539	581	901	990	1,162
무상원조	318	259	361	369	367	574	575	696
유상원조	145	117	167	171	214	327	415	466
다자간 원조	289	79	205	263	235	273	335	389

자료 : OECD International Development Statistics Online DB, 2013

다. 탄소 배출권거래제의 효과적인 시행을 위해서는 시장 메커니즘을 이용하는 배출권 거래제와 감축목표를 달성하지 못할 시의 상벌제도가 동시에 도입되어야 한다.

이러한 환경 에너지 규제의 강화는 에너지 기업이나 환경 기업에게는 중국 수출의 좋은 기회가 된다. 중국을 통한 일자리 창출과 에너지 환경 산업의 수출을 적극 장려하기 위해서는 우선 환경 · 에너지기술 이전과 수출을 전담하는 대규모 에너지 환경 수출 센터를 설립하여 지원하여야 한다. 두 번째는 한중일 간에 '한중 에너지 환경 협력'을 체결하면서 에너지 산업의 공동 개발 협력이 이루어지도록 모색해야 한다. 기존의 에너지 효율을 비롯하여 신재생에너지 기술에 대한 지원이 이루어지도록 해야 한다. 세 번째는 대기업과 중소 중견 기업들이 연합하여 진출할 수 있도록 비즈니스 모형을 개발 하면서, 숨은 중소기업의 뛰어난 기술을 제철산업이 발견하도록 해야 한다. 네 번째는 Green ODA의 사업을 중국에서 조속히 진행하도록 적극 추진하여야 한다. ODA 사업은 명분도 있으면서 자연스럽게 시장에 진출할 수 있는 방안이라는 점에서 과거의 일본처럼 이를 적극적으로 이용하여야 한다. 통상부와 공동 협력을 추진화면서 '에너지 ODA' 사업의 발굴을 위한 연구를 중국을 비롯하여 맞춤형으로 추진할 필요도 있다고 본다.

참고로 동아시아기후파트너십(East Asia Climate Change Partnership, EACP)은 아시아의 녹색성장을 지원하기 위한 대표적인 녹색 ODA 프로그램으로 KOICA에서 주도적으로 수행하고 있다. 대표적인 사업 분야는 기후변화 대응을 위한 장기적 인프라 구축, 기후변화 대응을 위한 기술 지원, 국제기구 사업, 연구개발 사업, 국내 초청 연수, 연례 포럼 개최 등이다. EACP 사업의 중점지원 분야는 물 관리 분야, 폐기물 분야, 저탄소 에너지 분야, 저탄소 도시 분야, 산림과 바이오매스 분야 등으로 동아시아 지역의 개발도상국에 지원하고 있다. 다섯 번째는 산업 부분 중심의 거래제도에서 유럽이 2013년부터 도입하고 있는 비 산업 배출권 거래제도인 수송, 유통 및 물류, 대형 건물 등에도 확대되어야 한다는 논리의 개발과 정부에 대한 주문을 해두어야 한다. 정부는 건물 부분의 법들을 재조정하여 감축이 더 확산될 수 있도록 할 필요가 있다. 여섯 번째는 신재생에너지에 대한 대폭적인 개선을 통하여 실질적인 확산이 증대되도록 해야 한다. 예컨대 폐열의 재활용을 의무화 하고 이를 재생에너지 차원에서 인정하도록 해야 한다.

EU의 성공적인 기후변화 대응정책의 원동력에는 소통이 매우 중요한 역할을 차지했다. 정책수립 단계부터 이해당사자들의 의견을 수렴하고, 이를 바탕으로 경쟁우위가 위협받는 산업을 위한 지원 정책을 적극적으로 추진했다. 결과적으로 기후변화 대응정책에 대한 산업계의 저항을 최소화하여 제도가 안착할 수 있었다. 우리나라도 기후변화 대응 정책을 성공적으로 추진하기 위해서는 정부-산업계-비영리단체 간 원활하고 효과적인 소통이 필수적이다. 미국의 경우, 연방정부의 기후변화-에너지 계획의 목적은 기후변화에 대응하는 것뿐만 아니라, 청정에너지 체계 구축을 통해 경제적 성장과 고용을 창출하는 것이다. 즉, 기후변화 위기 극복을 경제성장의 장애물이 아니라 성장의 기회로 인식하는 것이다. 이런 패러다임 안에서 한국의 기업과 정부도 청정에너지 분야에서 시장 경쟁력을 갖춰 나아가야 할 것이다. 특히 재생에너지분야, 에너지 저장, 스마트그리드, 그린 빌딩, 탄소 포집 기술에 대한 투자가 이루어져 상용화가 가속화되어야 할 것이다. 중국의 환경 에너지 규제 강화는 에너지 기업이나 환경 기업에게는 중국 수출의 좋은 기회가 될 것이다. '한중 에너지 환경 협력'을 체결하면서 에너지 산업의 공동 개발 협력이 이루어지도록 모색하여야 할 것이다. 또한, 대기업과 중소기업들이 연합하여 진출 할 수 있는 비즈니스 모형을 개발하고, Green ODA 사업을 중국에서 진행하도록 적극 추진해야 할 것이다.

PART

3

온실가스 감축목표

지난 2011년 남아공 더반에서 열린 제17차 당사국총회에서 선진국만을 대상으로 하는 교토의정서를 2020년까지 연장하는 대신, 2020년 이후부터 선진국뿐만 아니라 개도국까지 모든 당사국이 참여하는 新기후체제에 대한 논의를 2015년까지 마무리하기로 결정하였다. 포스트교토체제를 대비하여 온실가스 감축의무 할당 방식에 대한 연구가 지속적으로 이루어져 왔으며, 대표적인 할당 방식은 축소수렴방식(C & C : Contraction and Convergence), 공통의 차별화된 수렴방식(CDC : Common but Differentiated Convergence), Triptych 방식, 다단계 방식(Multi Stage), 배출집약도 방식(Intensity target)이다. C & C와 CDC 방식은 국가적 상황을 고려하기 어렵고, Triptych 방식과 다단계 방식은 접근방식이 매우 복잡하며, 배출집약도 방식은 환경적 효과를 보장할 수 없다는 단점을 가지고 있어 기후변화협약의 모든 당사국들이 합의하기에는 어려운 부분이 많다. 현재 각 국가들의 2020년까지의 공약을 살펴본다면 2015년 당사국총회에서 공약들이 어떻게 형성될지 예측해 볼 수 있을 것이다.

본 장은 2011년 기준 연료연소부문 CO_2 배출 10위 국가를 대상으로 국가별 온실가스 감축목표 유형을 조사하고, 이를 국가별 온실가스 배출량 및 경제지표(GDP, 인구 등)에 따른 온실가스 감축공약 형태로 분석해보고자 한다. 또한 이러한 비교 평가를 통해 우리나라 온실가스 감축목표 설정 방식에 대한 적용 방안도 함께 검토하고자 한다.

3.1 국가 간 온실가스 감축의무 할당 방식

3.1.1 국가 간 온실가스 감축의무 할당 방식

(1) 축소수렴방식(C & C : Contraction and Convergence)

1인당 배출량 균등화의 대표적인 사례는 1990년 제2차 세계기후회의에서 소개된 바 있는 글로벌공유자산연구소(GCI : Global Commons Institute)의 축소수렴방식(Contraction and Convergence)이다. 기후변화를 방지하기 위해서는 새롭고 엄격한 형평성 원칙이 필요하다는 인식하에 2100년까지 대기 중 이산화탄소 농도를 안정화하기 위한 1인당 이산화탄소 배출량의 수렴경로를 제시하고 있다. 지구생태학적으로 수용 가능한 대기 중 이산화탄소 농도를 유지하기 위한 배출량의 감축(Contraction) 시나리오와 함께, 정치적으로 이를 달성하기 위한 국가별 배출량의 배분에 있어서 1인당 배출량 기준에 따른 수렴(Convergence)이라는 형평성 원칙이 포함되어 있다[김용건(2002)].

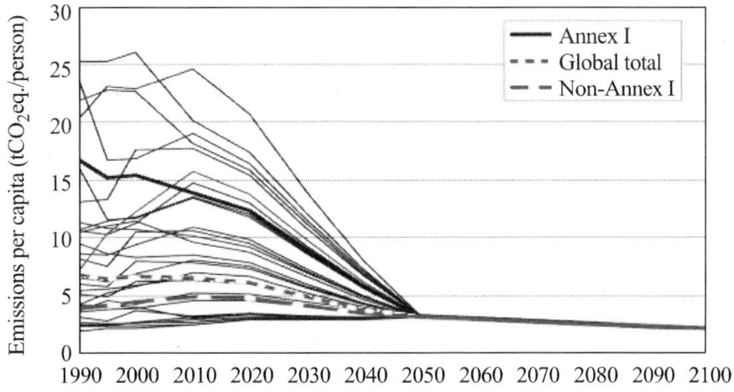

〈그림 3.1〉 C & C 방식 예시 [출처 : 채여라 외(2007)]

(2) 공통의 차별화된 수렴방식(CDC : Common but Differentiated Convergence)

CDC 방식은 C & C와 유사하지만, 장기적으로 1인당 배출허용량에 초점을 맞추고 있으며, C & C는 국가의 역사적 책임을 더 고려하고 있다. 비부속서 I 국가의 경우, 1인당 배출량이 전 세계 평균 대비 일정 수준 이상이 되는 시점부터 수렴방식의 적용을 받게 된다.

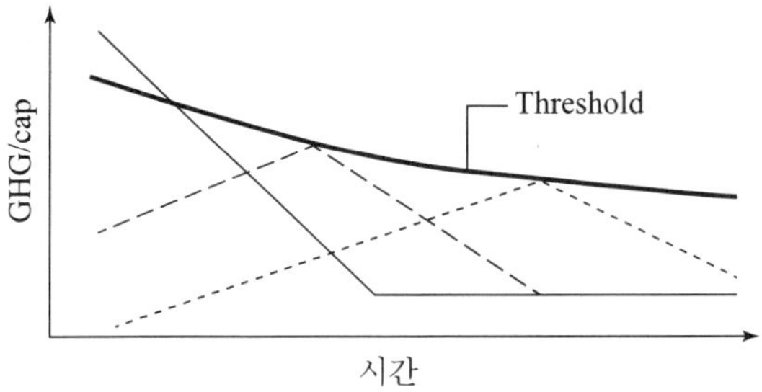

〈그림 3.2〉 CDC 방식 예시 [출처 : 채여라 외(2007)]

(3) Triptych 방식

Triptych 방식은 위트레흐트(Utrecht)대학에서 개발되어 EU 내에서의 국가 간 감축목표 배분에 적용된 방식으로 이후 전 세계를 대상으로 이러한 접근을 적용하는 연구가 다수 진행되어 왔다. 배출량 혹은 삭감 잠재력과 관련된 국가별 특성을 반영하기 위해 부문별로 상이한 기준을 적용하는 방식으로, 전력 및 산업부문의 경우 생산량 증가와 생산효율 향상 기준이 적용되고 국내 부문의 경우 1인당 배출량 수렴이 가정되었다[김용건 외(2009)].

Industry	Adjusted BAU production growth with efficieney improvement	
Electricity	Adjusted BAU production growth with limit on sources	
Domestic	Converging per-capita emissions	
Fossil fuel Production	Decline to low level	⇒ National emission target
Agricultural	Percentage reduction below BAU	
Waste	Converging per-capita emissions	
Land use change and forestry	Decline to zero (here excluded)	

〈그림 3.3〉 Triptych 방식 [출처 : 채여라 외(2007)]

(4) 다단계 방식(MultiStage)

다단계 방식은 국가별로 1인당 배출량 또는 1인당 GDP가 일정 수준을 넘을 때마다 단계가 높아지고, 각 단계별로 상이한 형태와 강도의 감축의무를 부과하는 방식이다. 1단계(No commitments)는 일정 수준 이하의 1인당 배출량을 갖는 국가는 감축의무가 없이 기준 시나리오 배출량을 배출하는 것으로 가정한다. 2단계(Enhanced sustainable development)는 지속가능발전을 위한 명확한 방법을 약속하고, 환경적 목적이 개발 정책에 반영되도록 한다. 3단계(moderate absolute target)는 기준 시나리오 배출량보다 낮은 수준의 총량배출한도가 적용되며, 한도를 초과하더라도 벌칙은 없으며, 한도 이내로 줄일 경우 추가로 줄인 양은 배출권 시장에 판매가 가능하다. 4단계(Absolute reduction target)는 1990년 배출량 대비 일정비율 삭감목표가 부과되며, 1인당 배출량이 큰 국가일수록 더 많은 삭감목표가 부과된다.

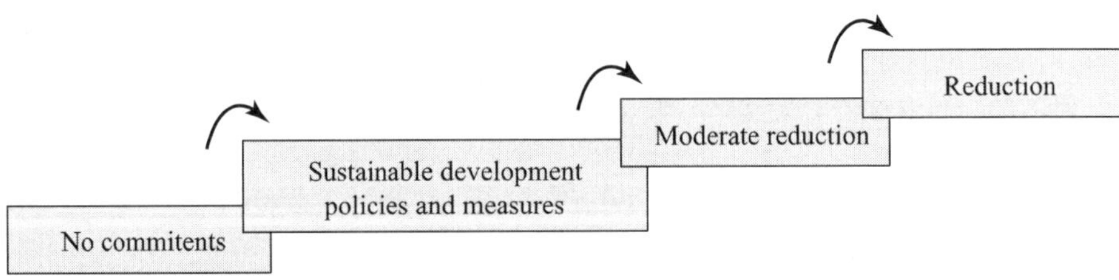

〈그림 3.4〉 다단계 방식 [출처 : 채여라 외(2007)]

(5) 배출집약도 방식(Intensity target)

배출한도를 사전에 확정하지 않고, 이행 기간 중의 경제상황(GDP 등)을 고려하여 사후적으로 결정하는 동적 목표(dynamic target) 방식이다. 배출집약도란 배출량을 경제활동지표로 나눈 값을 뜻하며, 경제활동지표로는 통상 GDP가 이용되고 있다. 각 방식의 장·단점은 <표 3.1>과 같다.

〈표 3.1〉 국가 간 온실가스 감축의무 할당 방식의 장·단점

구분	장점	단점
C & C	• 모든 국가 참여 • 전 세계 배출에 대한 확실성 • 간단하고 명확한 개념 • 전 세계 배출권거래제를 통한 비용효과적인 감축 옵션 포함(개도국 포함) • 잉여배출권을 통한 최빈국 지원	• 역사적 책임을 포함한 국가적 상황 미고려(단, 한 지역에 있는 국가들은 국가적 상황을 고려하여 재할당 가능) • 높은 1인당 배출량을 가지고 있는 국가나 개도국의 감축노력이 크게 감소 • 최빈국도 배출권거래제 참여 • 최빈국을 위한 잉여배출권은 개도국의 더 강력한 감축목표로 보완 필요.
CDC	• 투명하고 포괄적인 접근방식으로 간단한 규칙 적용 • 비부속서 I 국가의 과거 배출에 대한 책임 유보 • 전 세계 배출에 대한 확실성 • 'hot air' 요소를 제거(저배출 국가에 대한 초과 할당 없음)	• 1인당 배출량 및 현재 부속서 I 국가 외에 국가적 상황 미고려 • 너무 간단할 수 있으며, 국가 상황을 고려하지 않음.
Triptych	• 국가 상황을 명확하게 고려 • 모든 국가가 효율 상승을 통한 경제성장이 가능 • 국제적 경쟁 산업을 같은 수준으로 배정 • 성공적인 사례(EU)	• 접근방식이 복잡하여 전 세계에 적용하기 위해서는 많은 결정과 부문별 자료가 필요하며, 투명성 확보가 어려움. • 중공업과 전력에 대한 생산증가율 예측에 대한 합의가 어려울 수 있음.
Multi-stage	• 국가적 상황을 고려한 단계적 도입이라는 UNFCCC 이념에 부합 • 기본적인 프레임워크로 다양한 아이디어를 제공하고, 다양한 수요를 만족시킴. • 점진적인 의사결정이 가능 • 선진국들의 솔선수범을 통한 신뢰 구축	• 많은 결정이 필요하고 예외가 적용되어 복잡한 시스템이 될 수 있음. • 국가들이 온실가스 감축노력에 너무 늦게 합류하여 장기 안정화 옵션이 소실될 수 있음. • 국가에 필요한 인센티브가 특정 단계에서만 존재
Intensity target	• 경제성장을 허용하고, 경제활동의 탄소 효율 증가에 초점	• 전 세계 배출 수준이 불확실 하고, 환경적 효과를 보장할 수 없음. • 경제 악화로 GDP가 감소하는 문제 • 목표를 설정하고 국가간 비교하는 것이 어려움. • GDP 모니터링 필요

출처 : 채여라 외(2007)

3.2 온실가스 감축목표 공약(Pledge) 분석

3.2.1 온실가스 감축목표 공약 현황

2015년 기후변화협약총회에서 각 국가들의 공약이 어떻게 형성될지 예측해볼 수 있는 방법 중의 하나는 각 국가들이 지금까지 발표한 공약을 살펴보는 것이다. 비록 현존하는 공약을 각 국가들의 2020년 이후 공약에 대한 지표로 바라보는 것은 매우 제한적인 방법이지만, 그럼에도 불구하고 현존하는 공약들을 살펴본다면 각 국가 정부가 고려하는 2020년 이후 공약의 형태에 대한 방향성을 알 수 있을 것이다.

지난 16차 기후변화협약총회(COP 16)에서 당사국들은 각 국가들이 제출한 감축목표와 대응에 주목하기로 합의하였다. 2013년 5월까지 모든 Annex I 국가(터키 제외), Non-Annex I 57개 국가 및 아프리카 그룹들이 공약을 제출하였다. 이 국가들의 온실가스 배출량이 2010년 전 세계 온실가스 배출의 80%를 차지하고 있지만, 이 공약들이 결정될 때 어떠한 지침도 제공되지 않았다. 다만, 선진국들은 "정량화된 범경제적 배출 감소 목표"를 제출하여야 했고, 개발도상국들은 "국가적으로 적절한 완화 대응"을 제출하여야 했다. 그 결과, 국가들이 자신들의 상황을 반영하여 다양한 정량적 그리고 정성적 공약들을 제출하였고, 공약 중 다수는 2020년을 목표로 하고 있다.

<표 3.2>는 감축공약의 가능한 형태와 예시를 정리한 내용이다. 평균 온실가스 배출, 탄소중립, GDP당 온실가스 배출은 온실가스와 관련된 측정기준으로 표현된 공약 형태이고, 마지막은 위 3가지를 제외한 정량적 대응을 포함한다. 이는 1인당 온실가스 배출량, 누적 온실가스 배출량과 같은 다양한 온실가스 관련 측정 기준으로 표현되거나 온실가스 배출에 영향을 미칠 수 있는 산림 면적, 재생에너지 비중과 같은 비온실가스 측정 기준으로 표현될 수 있다.

몇몇 국가들은 한 가지 이상의 공약 형태를 제출하기도 한다. 예를 들어 중국의 경우, GDP 단위당 이산화탄소를 감소하겠다는 공약과 더불어 주요 에너지 소비에서의 비화석연료를 2020년까지 약 15%로 끌어올리겠다는 공약을 발표하였고, 2005년 대비 2020년까지 산림 지역과 산림흡수(forest stock)를 각각 4000만 ha와 13억 m^3 증가시키겠다는 공약을 발표하기도 하였다. 이러한 경우에 다수의 공약 사이에서 강화되는 상호작용이 있을 수 있다. 중국의 경우, 비화석연료 목표 달성은 온실가스 감축공약을 달성하도록 할 수 있다. 몇몇 국가들은 유엔기후변화협약 하의 범경제적 온실가스 감축목표와 더불어 비온실가스 목표를 국내법에 명시하기도 하였다. 예를 들어, 유럽연합은 유엔기후변화협약이 아닌 유럽연합법에 의해 법적 구속력이 있는 재생에너지와 에너지 효율 목

〈표 3.2〉 현존하는 온실가스 감축공약(pledge) 종류 및 예시

구분	고정 수준(예, base year)	BAU 수준
평균 온실가스 배출	• EU : 2020년까지 1990년 기준 20~30% 온실가스 배출 감축	• 브라질 : 2020년까지 BAU 대비 36~39% 온실가스 배출 감축
탄소중립	• 코스타리카 : 탄소중립을 달성하겠다는 장기 목표	해당되지 않음.
GDP당 온실가스 배출	• 중국 : 2020년까지 2005년 대비 GDP당 이산화탄소 배출량 40~45% 감축	제출된 공약에는 이 형태가 없음. (하지만 생길 가능성은 있음)
다른 정량적 방법	• 튀니지 : 2009년 12.8%인 산림면적을 2020년까지 16%로 증가 • 가나 : 2020년까지 총에너지의 10~20%를 재생가능에너지로 생산 • 콜롬비아 : 2020년까지 국가 연료 소비의 20%를 바이오 연료로 대체	제출된 공약에는 이 형태가 없음. (하지만 생길 가능성은 있음)

출처 : Gregory B. et al.(2013)

〈표 3.3〉 온실가스 감축공약(pledge)별 장·단점

공약 형태	장점	단점
기준년도를 기준으로 한 (경제전반에 걸친) 온실가스 감축	• 미래 배출량에 대한 확실성 • 단순한 배출권거래제	• 경제 상황 미반영
BAU를 기준으로 한 (경제전반에 걸친) 온실가스 감축	• 개도국 참여 가능 • 새로운 공약의 형태가 될 수 있음.	• 미래 배출량 불확실 • 복잡한 배출권거래제 • 낮은 투명성 • 복잡한 MRV
기준년도를 기준으로 한 GDP당 온실가스 감축	• 경제상황 변화 반영 가능	• 미래 배출량 불확실 • 경제성장이 높으면 예상배출량보다 높아질 수 있음. • 복잡한 배출권거래제
기준년도를 기준으로 한 한 부문 또는 여러 부문의 온실가스 감축	• 해당부문 미래 배출량에 대한 확실성 • 단순한 배출권거래제	• 해당되지 않은 분야로 생산이동이 발생할 경우 누출(leakage)이 발생할 수 있음. • 경제활동에서 발생하는 모든 배출을 해결하지 못함.
비온실가스부문으로 표현된 공약	• 개도국 참여 가능 • 공동이익에 초점을 맞추고, 정부가 더 강한 통제가 가능한 경제부문에 초점을 맞출 수 있음.	• 미래 배출량 불확실 • 복잡한 배출권거래제

자료 : Philibert (2005a; 2005b), Gregory B. et al.(2013) 재인용

표를 가지고 있다. 만약 이 목표들이 달성된다면 온실가스 감축목표보다 더 큰 배출 감소를 가져올 수도 있다.

<표 3.3>에는 각 공약 형태의 장단점이 나타나 있다. 하지만 어떤 한 형태의 공약이 더 효과적이라는 의미는 아니며, 어떠한 형태의 공약도 강한 감축목표가 될 수 있다. 배출원단위 목표 또는 BAU 대비 감축목표가 절대량 대비 배출 감축목표와 동등할 수 있으며, 오히려 더 강한 목표일 수도 있다. 다만, BAU 대비 공약은 기준년도 대비 배출 감축공약에 비해 더 많은 정보와 MRV(Measurable, Reportable, Verifiable)가 필요할 수도 있다. 또한 <표 3.2>에 포함된 정량적 공약 형태 외에도 국가들은 온실가스 배출에 잠재적으로 중요한 영향을 미치는 다른 형식의 공약을 표현할 수 있다. 예를 들어 탄소가격제 도입, 화석연료 보조금의 단계적 폐지, 에너지 부문 규제제도 개혁 등이 있을 수 있다.

3.2.2 온실가스 배출 주요 국가별 온실가스 감축공약

2011년 기준 연료연소부문 CO_2 배출 10위 국가(중국, 미국, 인도, 러시아, 일본, 독일, 한국, 캐나다, 이란, 사우디아라비아)를 대상으로 국가별 온실가스 감축목표 공약을 여러 문헌을 조사하여 정리하였다(표 3.4 참조).

각 국가별로

① 온실가스 배출 총량(과거 기준 절대량 및 BAU)
② 재생에너지 비중 및 설비 용량
③ 에너지효율/에너지원단위
④ 탄소배출원단위
⑤ 연료 생산
⑥ 원전 설비 비중

으로 총 6개 항목으로 구분하여 비교하였다. 그 결과 미국, 러시아, 일본, 독일, 캐나다 등은 과거 기준 절대량 대비 온실가스 감축목표를 가지고 있었으며, 중국, 인도와 같은 경제성장률이 높은 개발도상국들은 원단위 개념의 온실가스 감축목표를 가지고 있었다. 재생에너지 정책을 통한 간접적인 온실가스 감축목표는 대부분의 국가가 가지고 있었다.

〈표 3.4〉 연료연소부문 CO_2 배출 10위 국가(2011년 기준)의 온실가스 감축공약 현황

CO_2 배출량 순위		1위	2위	3위	4위	5위	6위	7위	8위	9위	10위
구분		중국	미국	인도	러시아	일본	독일	한국	캐나다	이란	사우디 아라비아
온실 가스 감축	목표	–	–17%	–	–15~ –25%	–25%	–40%	–30%	–17%	–	–
	목표년도	–	2020	–	2020	2020	2020	2020	2020	–	–
	기준년도	–	2005	–	1990	1990	1990	BAU 대비	2005	–	–
재생 에너지	목표	15% (최종 에너지)	13~ 25% (전력 생산)	–	전력 생산의 2.5% (4.5)	태양광 및 풍력으로 5,000MW 생산	30% (60%)	11% (1차 에너지)	–	1,500 MW (풍력)	–
	목표년도	2020	2020	–	2015년 (2020년)	2020	2020년 (2030년)	2020	–	2013	–
	기준년도	–	–	–	–	–	–	–	–	–	–
에너지 효율/ 에너지 원단위	목표	16% (에너지/ GDP)	45%	–	26%	45%	–	–	45%	–	–
	목표년도	2015	2035	–	2010	2035	–	–	2035	–	–
	기준년도	–	2005	–	2000	2005	–	–	2005	–	–
탄소 배출 원단위	목표	40~45% (CO_2/ GDP)	–	20~25% (CO_2/ GDP)	–	–	–	–	–	–	–
	목표년도	2020	–	2020	–	–	–	–	–	–	–
	기준년도	2005	–	2005	–	–	–	–	–	–	–
연료	목표	–	바이오 연료 1360억 L	–	–	–	–	–	–	–	–
	목표년도	–	2022	–	–	–	–	–	–	–	–
	기준년도	–	–	–	–	–	–	–	–	–	–
원자력	목표	80~86 GW	–	–	44GW	–	–	29% (43GW 추가 건설)	–	–	–
	목표년도	2020	–	–	2030	–	–	2035년	–	–	–
	기준년도	–	–	–	–	–	–	–	–	–	–

자료 : Jotzo, F(2010), Townshend, T. et al(2011), REN 21(2011), Ji, Z. Sha. et al(2011), Chow, Larry(2011), UNFCCC(2011, 2013), EIA(2011), IEE(2011) 재구성

3.2.3 지표를 통한 국가 간 온실가스 감축목표 공약 비교

온실가스종합정보센터(2014)에 따르면, 2007년 이후 국가 온실가스 총 배출량(LULUCF 분야 흡수량 제외 시)은 1억 600만톤CO_2eq. 증가하였으며, 배출량 증가의 대부분은 에너지 분야에서 기인하였다. 에너지 분야를 제외하면 산업공정 분야와 농업 분야의 배출량은 각각 2.6백만톤CO_2eq., 0.2백만톤CO_2eq. 증가하였으며, 폐기물 분야는 3.2만톤CO_2eq. 감소하였다. LULUCF 분야의 흡수량은 2.9백만톤CO_2eq. 증가하였다. 2007년 이후 국가 총 온실가스 배출량 변화요인에 대한 분석[온실가스종합정보센터(2014)]에 따르면, 2010년 이후 국가 온실가스 배출량은 큰 폭으로 증가하고 있으며, 가장 큰 원인은 경제성장이었다. 또한 최근의 변화는 그 이전과는 달리 에너지집약도, 화석연료의존도, 연료구성 효과들이 모두 온실가스 배출량을 증가시키는 방향으로 작용하고 있다(그림 3.5 참조). 이는 독일, 영국, 스웨덴 등 온실가스 배출량을 감축하고 있는 국가들이 에너지효율을 개선하고, 재생가능에너지 비중을 높이며, 탄소집약도가 낮은 연료로 에너지원을 대체해 가면서 경제와 인구성장에 따른 온실가스 배출량 증가분을 대부분 상쇄하고 있는 점과 대비된다. 이에 경제성장, 인구, 에너지집약도 및 탄소집약도를 지표로 하여 각 국가별 온실가스 감축목표 공약을 살펴보았다.

먼저 경제성장(GDP PPP[72]), CO_2 배출량, 인구를 기준으로 각 국가의 온실가스 감축목표를 비교해보았다(그림 3.6 참조). 우리나라와 경제성장, CO_2 배출량 수준이 비슷한

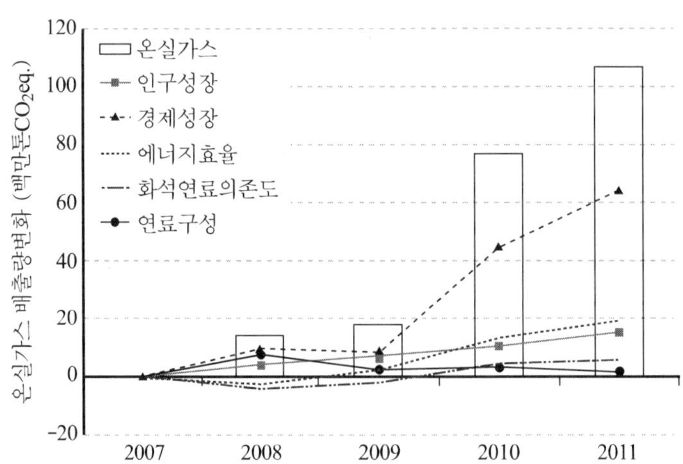

〈그림 3.5〉 우리나라 국가 총 온실가스 배출량 변화요인
[출처 : 온실가스종합정보센터(2014)]

72) 구매력평가(PPP : Purchasing-Power Parity) 환율 기준 GDP는 각국의 통화단위로 산출된 GDP를 단순히 달러로 환산해 비교하지 않고 각국의 물가수준을 함께 반영하는 것이다.

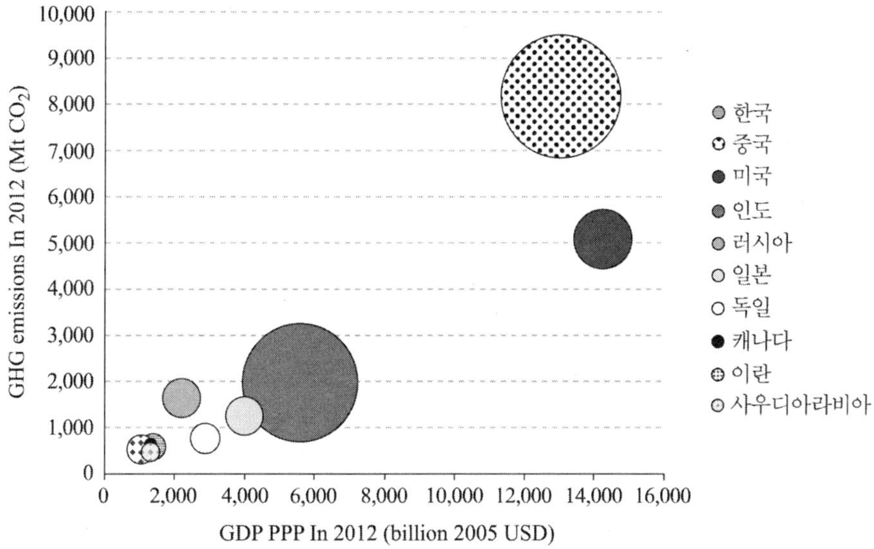

〈그림 3.6〉 경제성장(GDP PPP), CO_2 배출량, 인구 기준 각 국가의 온실가스 감축목표 공약 비교 [자료 : IEA 홈페이지(2014) 자료로 구성]

※ 버블 크기 : 인구, 단색 원 : 절대량 감축목표 공약, 세로줄무늬 원 : 원단위 감축목표 공약, 가로 줄무늬 원 : BAU 대비 감축목표 공약, 격자무늬 원 : 온실가스 감축목표 공약 없음

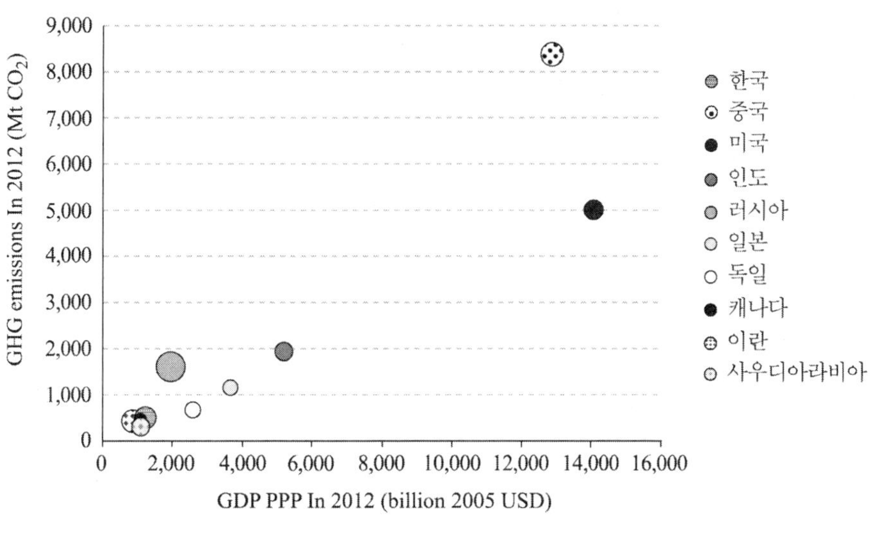

〈그림 3.7〉 경제성장(GDP PPP), CO_2 배출량, 에너지집약도(에너지/GDP PPP) 기준 각 국가의 온실가스 감축목표 공약 비교 [자료 : IEA 홈페이지(2014) 자료로 구성]

※ 버블 크기 : 에너지집약도, 단색 원 : 절대량 감축목표 공약, 세로줄무늬 원 : 원단위 감축목표 공약, 가로 줄무늬 원 : BAU 대비 감축목표 공약, 격자무늬 원 : 온실가스 감축목표 공약 없음

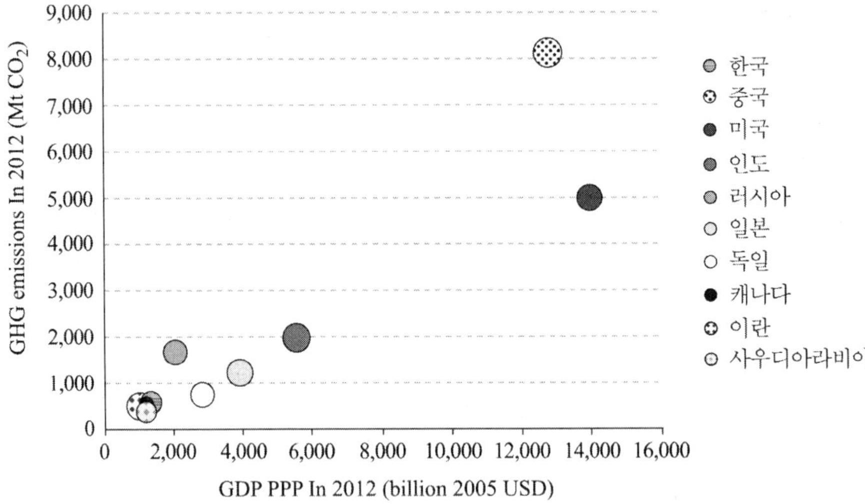

〈그림 3.8〉 경제성장(GDP PPP), CO_2 배출량, 탄소집약도(CO_2 배출량/에너지) 기준 각 국가의 온실가스 감축목표 공약 비교 [자료 : IEA 홈페이지(2014) 자료로 구성]

※ 버블 크기 : 탄소지집약도, 단색 원 : 절대량 감축목표 공약, 세로줄무늬 원 : 원단위 감축목표 공약, 가로 줄무늬 원 : BAU 대비 감축목표 공약, 격자무늬 원 : 온실가스 감축목표 공약 없음

국가는 캐나다(절대량 감축목표 공약), 이란(온실가스 감축목표 공약 없음), 사우디아라비아(온실가스 감축목표 공약 없음)이며, 인구 수준은 독일(절대량 감축목표)과 유사하다. 에너지집약도 측면에서도 캐나다, 이란, 사우디아라비아가 우리나라와 유사한 형태를 나타내고 있으며, 우리나라는 중국, 이란 다음으로 에너지집약도가 낮게 나타나고 있다(그림 3.7 참조). 탄소집약도 측면에서는 일본, 독일, 캐나다, 사우디아라비아 등이 유사하게 나타나고 있다(그림 3.8 참조).

위 그림을 통해 절대량 감축목표 공약을 가지고 있는 캐나다, 온실가스 감축목표 공약이 없는 이란과 사우디아라비아가 우리나라와 유사한 여건을 가지고 있는 것을 알 수 있다. 그리고 절대량 감축목표 공약을 가지고 있는 독일, 일본, 러시아가 우리나라와 가깝게 위치하고 있다. 하지만 이는 단편적인 지표를 통해 분석이 이루어진 것이기 때문에 우리나라 온실가스 배출 요인 중 가장 큰 비중을 차지하는 경제성장 측면을 시계열적으로 다시 한 번 분석해보았다(그림 3.9 참조). 이를 통해 알 수 있는 것은 CO_2 배출량 10위 국가 중 우리나라는 경제성장과 온실가스 배출 측면에서 과도기적 성격을 나타내고 있으며, 향후 절대량 감축목표 공약을 가지고 있는 미국, 캐나다, 독일, 일본의 온실가스 배출과 경제성장의 경로로 갈 가능성이 큰 것으로 분석되었다.

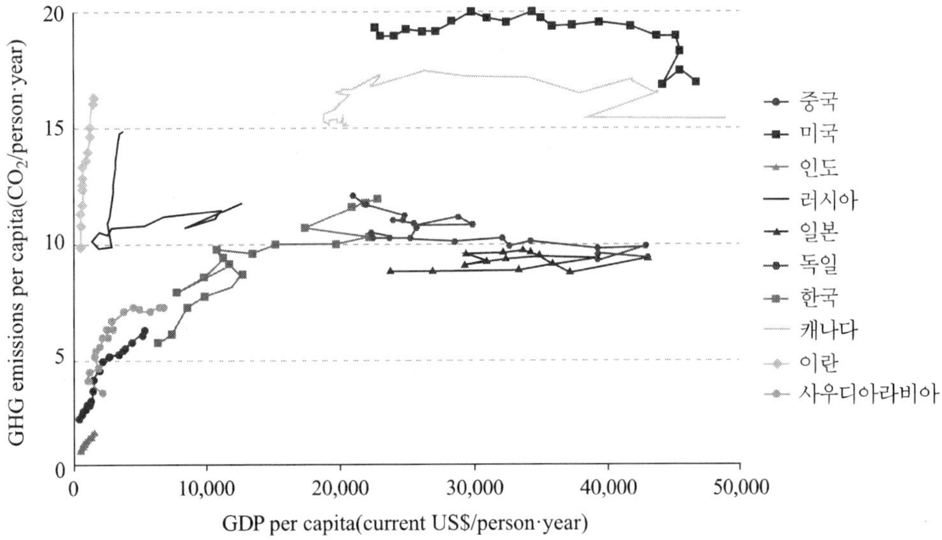

〈그림 3.9〉 각 국가의 경제성장과 CO_2 배출 추이(1990~2011년)
[자료 : IEA 홈페이지(2014), World Bank 홈페이지(2014) 자료로 구성]

3.2.4 시사점

국가 간 온실가스 감축의무 할당 방식에 대한 방법론 연구는 1990년대 초부터 많은 연구가 진행되었다. 하지만 C & C와 CDC 방식은 국가적 상황을 고려하기 어렵고, Triptych 방식과 다단계 방식은 접근방식이 매우 복잡하며, 배출집약도 방식은 환경적 효과를 보장할 수 없다는 단점을 가지고 있다. 이러한 상황에서 유엔기후변화협약의 모든 당사국들이 감축의무 할당 방식에 대한 합의를 하기에는 제한적일 수밖에 없다.

현존하는 온실가스 감축공약은 ① 기준년도를 기준으로 한 온실가스 감축, ② BAU를 기준으로 한 온실가스 감축, ③ 기준년도를 기준으로 한 GDP당 온실가스 감축, ④ 기준년도를 기준으로 한 한 부문 또는 여러 부문의 온실가스 감축, ⑤ 비온실가스 부문으로 표현된 공약으로 구분될 수 있다. 하지만 어떤 한 형태의 공약이 더 효과적이라는 의미는 아니며, 어떠한 형태의 공약도 강한 감축목표가 될 수 있다. 배출원단위 목표 또는 BAU 대비 감축목표가 절대량 대비 배출 감축목표와 동등할 수 있으며, 오히려 더 강한 목표일 수도 있다. 다만, 공약 형태 상 기준년도를 기준으로 한 온실가스 감축공약이 미래 배출량에 대한 확실성이 있기 때문에 온실가스배출권거래제를 운영하는데 더 나을 수 있다. 또한 BAU 대비 공약은 기준년도 대비 배출 감축공약에 비해 더 많은 정보와 MRV(Measurable, Reportable, Verifiable)가 필요할 수도 있다.

경제성장, 인구, 에너지집약도 및 탄소집약도를 지표로 하여 각 국가별 온실가스 감축목표 공약을 살펴본 결과, 캐나다, 온실가스 감축목표 공약이 없는 이란과 사우디아라비아가 우리나라와 유사한 여건을 가지고 있는 것을 알 수 있다. 그리고 우리나라 온실가스 배출 요인 중 가장 큰 비중을 차지하는 경제성장 측면을 시계열적으로 분석해본 결과, CO_2 배출량 10위 국가 중 우리나라는 경제성장과 온실가스 배출 측면에서 과도기적 성격을 나타내고 있으며, 향후 절대량 감축목표 공약을 가지고 있는 미국, 캐나다, 독일, 일본의 온실가스 배출과 경제성장의 경로로 갈 가능성이 큰 것으로 나타났다. 다만, 미국, 캐나다와 같이 경제성장과 함께 1인당 온실가스 배출량이 높은 수치에서 안정화되는 경로와 독일, 일본과 같이 1인당 온실가스 배출량이 상대적으로 낮은 수준에서 안정화되고, 더 나아가 점차 감소하는 추세를 보이는 경로 중 어느 경로를 선택하게 될 것인지 중요한 시점에 있다고 할 수 있다.

지난해 11월 12일 중국 베이징에서 개최된 정상회담을 통해 미국과 중국이 공동으로 온실가스 배출 감축목표를 발표하였다. 미국은 2025년까지 온실가스 배출량을 2005년 대비 26~28% 감축하기로 했는데, 이는 2009년에 오바마 대통령이 제시한 공약(2020년까지 2005년 대비 17% 감축)보다 더욱 발전된 것이다. 중국은 2030년을 전후하여 자국의 온실가스 배출량이 정점(peak)에 도달하도록 할 것이며, 이를 위해 비화석 연료 비중을 2030년까지 20% 수준에 이르도록 하겠다고 발표하였다. 중국의 이러한 공약은 대외적으로 온실가스 감축의지를 표명하였을 뿐만 아니라 구체적인 시점, 이를 위한 수단과 목표치를 제시하였다[최준영(2014)]. 또한 중국은 현재 일부 지역(2014년 현재 7개 지역)에 한해 배출권거래제를 시범실시하고 있으며, 장기적으로는 배출권거래제를 전국 규모로 확대할 계획을 갖고 있고 2016년부터 탄소 배출량 상한제를 추진할 가능성이 있음을 밝혔다. 배출량 절대치에 대한 상한제는 그 동안 원단위 배출량 감축 목표를 강조해온 중국이 보다 강력한 온실가스 규제 및 감축의지를 내비친 것으로 해석할 수 있다[문진영 외(2014)]. 그리고 지난 제20차 유엔기후변화협약 당사국총회는 COP 결정문인 'Lima Call for Climate Action'을 통해 각국에 기여(INDC, intended nationally determined contributions) 제출을 권고하면서 기존 공약 수준보다 하향된 수준의 공약을 방지하도록 하고 있다. 이러한 국제적 상황을 고려할 때, 우리나라는 현재 온실가스 감축공약(2020년까지 BAU 대비 30% 감축)보다 상향된 수준의 공약을 제출하여야만 하는 상황이다.

하지만 위에서 언급되었듯이 배출원단위 목표 또는 BAU 대비 감축목표가 절대량 대비 배출 감축목표와 동등할 수 있으며, 오히려 더 강한 목표일 수도 있다. Gregory B. et al.(2013)는 온실가스 감축공약은 여러 가지 측면을 가지며, 공약의 목표치는 각 차원과 국가 상황에 달려 있다고 설명하고 있다. 즉, 온실가스 감축잠재력이나 감축비용이 국가 간에 차이가 있을 수 있으며, 이로 인해 서로 다른 국가들의 노력 수준을 비교하는 것은 어려울 수밖에 없다. 명시적인 감축비중이나 수치가 높다고 해도 다양한 측면으로 고려했을 경우 온실가스 감축효과가 낮을 수 있다(그림 3.10 참조). 따라서 우리나라도 post-2020에 따른 온실가스 감축공약을 설정할 때, 기준년도 대비 감축이나 BAU 대비 감축 또는 명시적인 감축비중이나 수치 외에도 다양한 측면을 고려할 필요가 있을 것이다. 측정 기준(누적 배출량, 1인당 배출량, 에너지당 배출량, 전력소비당 배출량 등), 시간[단년도 기준(2020년), 다년도 기준(2020~2030년) 등], 대상 가스, 대상 부문, 재원 등 여러 가지 요소를 감안하여 온실가스 감축공약을 설정할 필요가 있다.

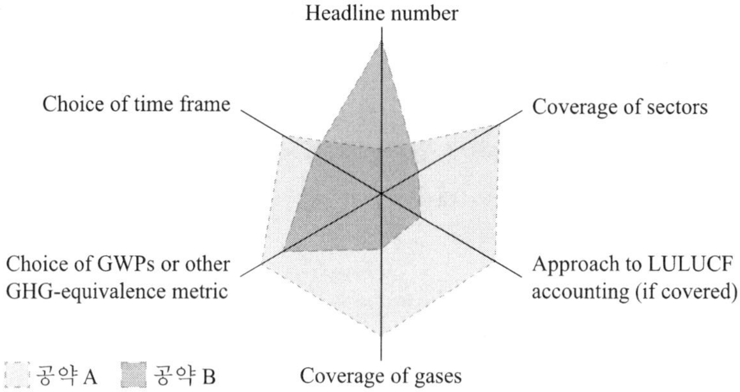

〈그림 3.10〉 다양한 측면에서의 공약 비교 예시 [출처 : Gregory B. et al.(2013)]

3.3 우리나라의 온실가스 배출현황 및 감축공약

지구평균기온 상승을 산업화 이전 대비 2℃ 이내로 억제하자는 장기 기후 목표가 2009년 15차 기후변화협약 당사국총회에서 제안된 이래, 많은 국가들은 국가 차원의 온실가스 감축목표를 설정하고 관련 기후변화·에너지 정책을 입안 및 집행해오고 있다. '코펜하겐 합의'(Copenhagen Accord)의 일환으로 42개 부속서 1(Annex I)국가들은 2020년까지의 정량화한 온실가스 감축목표를 제출하였으며, 45개의 비부속서 1(Non-Annex I) 국가들도 국가별 '감축행동'(Nationally Appropriate Mitigation Actions, NAMAs)을 수립하였다. 코펜하겐 공약(Copenhagen Pledges)으로 불리는 각국의 감축목표 및 계획은 이후 더반(2011)과 도하(2012) 당사국 총회를 거치면서 일부 수정 및 업데이트되기도 하였다.

각국의 감축공약은 공약 이행여부에 대한 평가뿐 아니라, 범지구적 기후목표 달성여부를 평가하는 관련 연구에 기초자료로 활용되고 있다. 감축공약을 활용한 연구는 크게 2가지로 나뉜다.

첫째는 각 국가별 감축공약 달성가능성을 평가하는 일련의 연구들이다.

Roelfsema et al.(2014)은 14개 국가의 주요 기후/에너지 정책이 각국의 코펜하겐 공약에 명시된 2020년 온실가스 감축목표 달성을 위해 충분한지를 분석하였다. 인도, 중국, 러시아는 공약된 목표보다 낮은 수준의 배출에 이를 것으로 전망한 반면, 호주와 EU의 법적 구속력 있는 감축정책은 비 조건부 감축목표(unconditional pledges)는 달성 가능하나, 조건부 감축목표(conditional pledges)는 달성하기 어려울 것으로 예상하였다. 일본, 한국, 브라질, 인도네시아는 코펜하겐 공약 달성여부가 확실하지 않다고 분석하였다. 캐나다와 미국의 현 정책들은 2020년 배출량을 감소시킬 것이나, 감축공약 달성을 위해서는 추가적인 정책이 필요할 것으로 분석하였다.

Den Elzen(2013)은 칸쿤합의의 일환으로 배출전망(BAU) 대비 정량적인 감축공약을 공표한 16개 비부속서 I 국가의 배출전망과 감축공약 이행에 따른 배출량을 산정하였으며, 부속서 I 국가들의 감축공약을 종합적으로 고려하여 2℃ 목표달성을 위한 범지구적 배출경로와의 일관성 여부를 평가하였다. 중위(medium)의 확률로 2℃ 목표를 달성하기 위해서는 부속서 I 국가들의 총 배출량이 2020년까지 1990년 대비 약 50% 이상 감소하거나(비부속서 I 국가들의 감축이 현 감축공약수준에서 머무는 경우), 비부속서 I 국가들이 배출전망치보다 22~34% 감축을 해야(부속서 I 국가들이 공약대로 2020년까지 1990년 배출량 대비 13%~18%를 감축하는 경우)하는 것으로 평가하였다.

Hof et al.(2013)은 2011년 더반과 2012년 도하당사국 총회 이후 업데이트된 각국의 공약을 재산정한 결과 2020년 범지구적 배출전망은 이전 전망보다 약 4 $GtCO_2e$이 증가한 52.7~56.6 $GtCO_2e$에 이를 것으로 추정하였다. 이는 2℃ 달성을 위한 배출경로와 비교하여, 약 8.7~12.6 $GtCO_2e$(66%보다 높은 확률)에서 6.7~10.6 $GtCO_2e$(50~66%의 확률)이 초과함을 의미하며 2020년 이후 훨씬 높은 수준의 감축노력이 요구됨을 밝히고 있다.

둘째는 상대적으로 단기(2020년)목표인 국가별 공약의 총합이 장기 기후 목표 달성을 위한 배출경로에 부합하는지를 평가하는 연구들이다.

Höhne et al.(2012)은 코펜하겐과 칸쿤합의에 명시된 각국의 감축공약 달성을 전제로 지구적 차원의 2020년 배출수준을 추정하였다. 감축공약에 대한 해석, 현재의 배출수준과 향후 배출전망의 불확실성으로 인해 각 국가 및 국가그룹의 배출전망은 상당한 차이를 나타내지만, 이와 같은 불확실성과 상관없이 현 감축공약에 따른 배출수준은 2℃ 달성을 위한 배출경로를 상회하는 것으로 평가하였다.

UNEP(2013)의 '배출격차보고서 2013'은 같은 시리즈의 4번째로 2009년 코펜하겐 합의와 2010년 칸쿤합의 이후 선진국과 개도국이 발표한 감축공약과 행동을 평가/집대성하여 2℃ 목표달성을 위한 경로와의 배출격차를 분석하고 있다. 이 보고서는 최근의 정보를 집대성한 결과, 2020년 범지구적 온실가스 배출수준을 연간 59 $GtCO_2e$으로 평가하고, 각국의 감축공약이 온전히 이행되었을 때 연간 3～7 $GtCO_2e$ 정도 감축될 것으로 평가하고 있다. 기후목표 달성을 위한 2020년 배출격차(장기 기후 목표 달성을 위한 배출수준과 각국의 감축공약달성을 전제한 배출수준과의 차이)는 연간 8～12 $GtCO_2e$에 달하는 것으로 평가하고 있다. UNEP(2013)은 배출격차를 줄일 수 있는 가능성은 시간이 갈수록 점점 희박해지고 있으며, 세계 각국은 2℃ 달성을 위해서 2020년 이후 점점 어렵고 비용이 높아져 위험한 수단에 의존하게 될 것이라고 경고하고 있다.

한국의 감축공약과 그 이행여부에 대한 평가는 국외의 여러 연구에서 다루어졌다. UNEP(2013)은 <표 3.5>와 같이 한국의 2020년 배출공약 달성에 대해 평가하였다. 보고서는 배출전망에 대한 정부의 공식적 평가는 없고 관련 정보가 제한적임을 언급하며, 현재의 기후/에너지 관련 정책만으로는 2020년 감축공약인 543 $MtCO_2e$ 달성이 가능하지 않을 것으로 평가하였다. 다만, 감축공약 달성을 위해서는 현재 논의되고 있는 배출권거래제 등 새롭고 적극적인 정책들이 추가적으로 필요함을 강조하였다.[73)]

〈표 3.5〉 한국의 감축공약과 배출전망

Party	Pledge threshold for 2020 ($MtCO_2e$)	Pledge median estimate from this study (Figure 2.2)	Current trajectory for 2020($MtCO_2e$)		Observation	Notes and references
			Official estimate	Independent estimate(s)		
Republic of Korea	543	543	N/A	630 ~ 675	Information on the Republic of Korea's emission trajectory is limited; Independent estimates indicate that further action and/or offsets will be needed to meet the piedge. The Republic of Korea is currently developing new policies, including an emission-trading scheme.	Pledge threshold based on the Republic of Korea 2011; current trajectory from Roelfsema et al. (2013); excludes LULUCF.

출처 : Table 2.1 Pledge versus current trajectories for G20, The Emission Gap Report 2013(UNEP 2013)

73) UNEP(2013)의 12쪽, 각주 38. "No official government estimate is available that concludes that the Republic of Korea is not on track to meet its pledge. However, since independent estimates point towards emission levels that are largely inconsistent with those required to meet the pledge, and given that the government of the Republic of Korea is currently developing new, aggressive policies including an emissions trading scheme, it is likely that the country is indeed not yet on track to meet its pledge through current policies. The new policies being developed may reverse this situation"

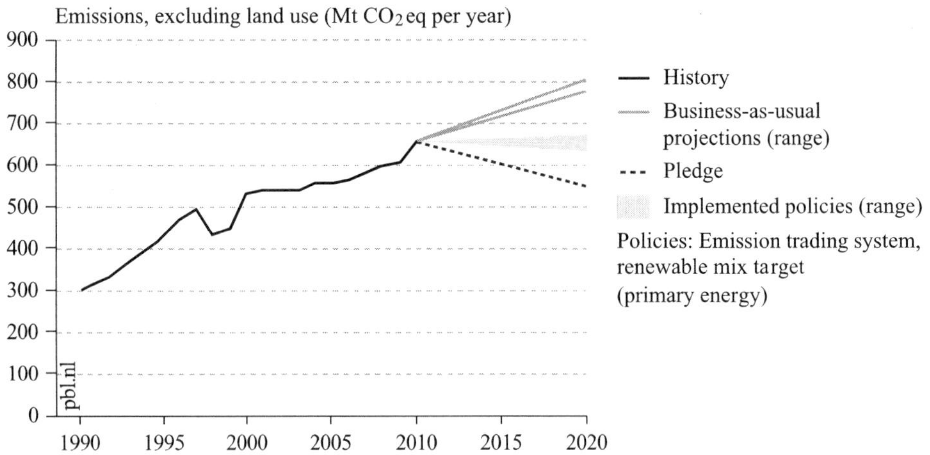

〈그림 3.11〉 한국의 기후정책이 온실가스배출에 미치는 영향

출처 : Fig.11, Impact of climate policies on greenhouse gas emission projections for South Korea (Roelfsema et al. (2013)

Roelfsema et al.(2013)은 현재 국내에서 추진되고 있는 재생에너지 공급 정책[2020년까지 1차 에너지의 6% 공급[74]]과 2015년 실행 예정인 배출권거래제 등의 실행을 전제로 2020년 국내 온실가스 배출수준을 전망하였다. 위의 두 가지 정책이 계획대로 실행될 경우, 한국의 2020년 온실가스 배출수준은 공약된 배출목표인 543 $MtCO_2e$에 못 미치는 630~670 $MtCO_2e$에 이를 것으로 평가하였는데 이는 공약목표 대비 최소 87 tCO_2e에서 최대 127 tCO_2e의 배출격차가 존재함을 의미한다.

한국 정부는 2008년 '저탄소 녹색성장'을 국가발전의 새로운 패러다임으로 선포하고,[75] 기후변화 대응을 위한 국제사회의 노력에 동참하기 위해 비부속서 I 국가임에도 2020년까지 BAU 대비 30% 감축이라는 온실가스 감축목표를 국내외에 공약하였다.[76] 2011년에는 구체적 후속조치로 부문·업종별 감축목표를 확정하고(대한민국정부, 2011), 온실가스 감축공약 이행을 위해 다양한 정책수단을 도입·추진하고 있다(대한민국정부, 2014a, 2014b). 하지만, 온실가스 '감축공약'[77] 이행을 위한 정책적 노력에도 불구하고, 2010년과 2011년도 국내 온실가스 배출량은 각각 668백만톤 $MtCO_2e$와 698 $MtCO_2e$으

74) 1차 에너지기본계획(대한민국정부, 2008)상의 신재생에너지 보급 목표를 준용한 것으로 판단됨. 1차 에너지기본계획은 1차 에너지(목표안)의 신재생 비율을 2020년에 5.8%, 2030년에 10.7%로 명시하고 있다.

75) 대통령, 2008년 8.15 경축사

76) http://www.greengrowth.go.kr/?page_id=42461

77) 본 글에서는 2010년 칸쿤합의(UNFCCC, 2010)에 따라 대한민국정부가 유엔기후변화협약(UNFCCC)에 제출한 정량적인 온실가스 감축목표(대한민국정부, 2011)를 '감축공약'이라고 통칭함.

로 전년 대비 약 10%, 4.5% 증가하였다(온실가스종합정보센터, 2013). 이러한 추세는 온실가스 감축공약 달성에 대한 우려뿐만 아니라 공약의 적정성에 대한 논란을 낳고 있다.

본 장은 감축공약 달성 가능성에 대한 객관적·공식적 평가가 부재한 상황에서 최근에 확정된 국내 최상위 에너지정책인 '2차 국가에너지기본계획'에 근거하여 2035년까지 에너지연소에 의한 온실가스 배출의 범위를 평가해 봄으로써, 다음과 같은 두 가지 질문에 답변을 모색해 보고자 한다.

첫째, 정부의 현 에너지정책은 온실가스 감축정책과 양립가능한가? 에너지 연소에 의한 온실가스 배출이 총 배출량의 87%(2012년 현재)를 차지하고 있는 현실에서 국가전체의 온실가스 감축공약 달성을 위해서 에너지의 생산과 소비를 계획하는 에너지기본계획은 향후 에너지 연소에 의한 온실가스배출을 규정하는 중요한 정부의 정책이다. 본 장은 에너지계획에 명시된 에너지원별 최종에너지 소비에 상응하는 배출경로를 평가함으로써, 2020년 온실가스 감축공약의 달성여부를 평가하고 공약목표와의 배출격차(emission gap) 분석을 통해 에너지정책과 기후변화정책의 일관성과 양립성을 평가해 보고자 한다.

둘째, 2020년 이후의 온실가스 감축목표가 아직 확정되지 않은 상황에서 현 에너지정책이 내포하는 달성 가능한 온실가스배출의 범위를 평가함으로써 기후변화정책의 장기목표 수립에 활용될 뿐 아니라, 역으로 장기 기후변화정책 목표에 상응하는 에너지정책 수립에 활용할 수 있을 것이다. 현 에너지정책이 함의하는 장기 온실가스 배출범위에 대한 평가는 국가별 post-2020 감축공약과 이행계획(INDCs) 제출이라는 최근의 '리마 합의'[78]의 요구에 대한 대응차원에서도 활용 가능할 것이다.

본 장의 결과는 또한 최신의 에너지정책이 반영된 세계 8위의 다 배출 국가의 장기 온실가스배출 전망을 제공함으로써 범지구적 기후변화 목표달성을 위한 배출격차 연구를 진행하는 국제 모델링 그룹에 기초자료로 활용될 수 있을 것이다.

우리나라의 2012년 온실가스 총배출량[79]은 688 $MtCO_2e$으로 1990년도 총배출량(296 $MtCO_2e$) 대비 133% 증가하였다. 이는 연평균 약 4.5% 성장이다. 연도별 총배출량 추이를 살펴보면, 1990년부터 1997년까지는 배출량이 매년 5% 이상 증가하였으며, 1998년 동아시아 금융위기에 따른 경기 침체로 배출량이 크게 감소하였다가 경기회복과 함

78) 20차 기후변화협약 당사국총회의 결과인 리미합의는 선진국과 개발도상국 구분 없이 모든 당사국들이 온실가스 감축을 위한 공약과 공약달성을 위한 이행계획과 정책들을 21차 당사국 총회 이전에 UNFCCC 사무국에 제출할 것을 명시하고 있다. Intended Nationally Determined Contributions (INDCs)이라고 알려진 국가별 감축공약과 이행계획은 비록 법적 구속력이 있는 요구는 아니지만, 당사국들의 자발적 감축공약으로서 온실가스 감축노력을 평가할 수 있는 주요 기준이 될 것이며, 범지구적 장기 기후변화 목표 달성을 위한 배출경로를 평가하는데 기초자료로 사용될 것이다.

79) LULUCF 분야를 제외한 나머지 분야만 합산한 배출량(gross emission)을 의미한다.

께 배출량이 다시 증가하였다. 국가 배출량의 약 87%를 차지하는 에너지 분야의 2012년 배출량은 600 $MtCO_2e$으로 1990년 대비 149% 증가하였다. 산업공정 분야의 배출량은 51.3 $MtCO_2e$(비중 7.4%)으로 1990년 대비 152% 증가하였다. 농업 분야는 22 $MtCO_2e$(비중 3.2%)으로 1990년 대비 7.4% 감소하였다. 마지막으로 폐기물 분야의 2012년 배출량은 14.8 $MtCO_2e$(비중 2.2%)으로 1990년 대비 약 49% 증가하였다. 총배출량에서 에너지 연소에 의한 배출이 차지하는 비중은 지난 20여 년간 82%에서 87%로 지속적으로 증가하고 있는 반면, 농업의 비중은 8%에서 3%로 감소, 산업공정 및 폐기물은 각각 7~10%, 2~4%의 보합세를 보이고 있다.

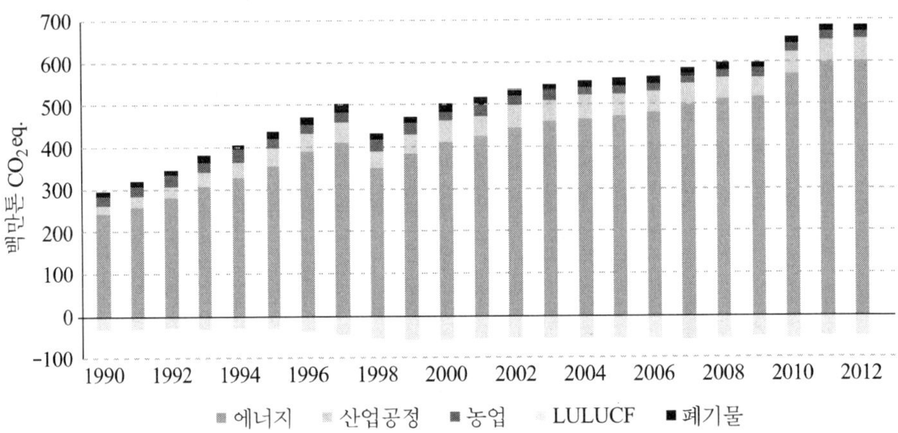

〈그림 3.12〉 국가 온실가스 배출량 추이
[출처 : 2014 국가 온실가스 인벤토리 보고서(온실가스종합정보센터, 2014)]

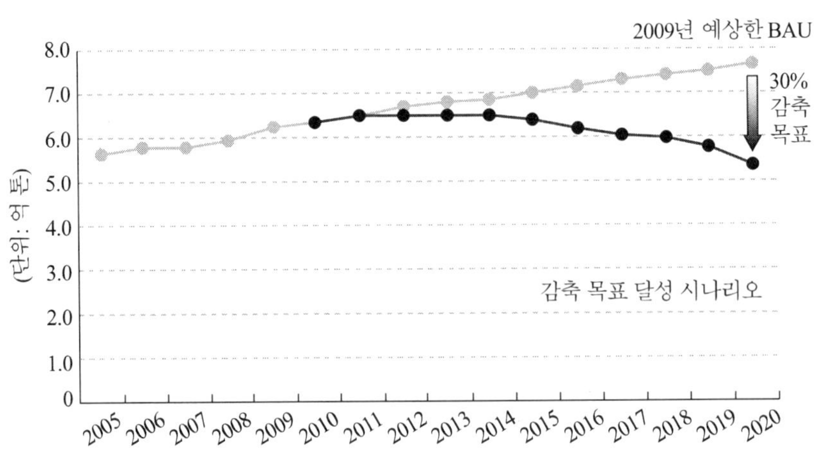

〈그림 3.13〉 연도별 온실가스 총배출량 전망 및 감축경로
[출처 : 제1차 대한민국 격년갱신보고서(대한민국정부, 2014b)]

〈표 3.6〉 한국의 온실가스 감축공약

$MtCO_2e$	2005	2010	2011	2012	2013	2014	2015	2016	2017	2018	2019	2020
배출전망	560	657	686	688	691	695	709	721	733	747	761	776
감축 후 배출량					669	659	637	621	614	604	585	543
감축률				1.6%	3.3%	5%	10%	14%	16%	19%	23%	30%

비고 – 2014년부터 배출전망, 감축 후 배출량, 감축률은 '국가 온실가스 감축목표 달성을 위한 로드맵'(대한민국정부, 2014a) 참조
– 2013년 배출전망은 2012년 실적과 2014년 전망의 산술평균, 2013년 감축 후 배출량은 배출전망에 감축률을 곱하여 산정

한국의 온실가스 감축공약은 2020년까지 배출전망(BAU)대비 30% 감축하는 것으로 요약된다(대한민국정부, 2011; 2014a; 2014b). 2020년 배출전망은 2005년 대비 약 39% 증가한 776 $MtCO_2e$에 이를 것으로 예상되며, 감축공약은 이를 30% 줄인 543 $MtCO_2e$을 달성하는 것이다. 연도별 감축경로를 고려하면 감축공약은 배출전망 대비 누적(2013~2020년)으로 약 900 $MtCO_2e$(누적 감축률 15%, 연평균 112 $MtCO_2e$)의 온실가스를 줄이는 것이다. 감축공약에 따르면 국내 총 온실가스 배출량은 2013~2014년 사이에 650 $MtCO_2e$ 수준에서 배출정점(emission peak)에 도달하고 이후에는 지속적으로 감소되어야 한다.

부문별 배출전망과 감축공약을 살펴보면, 추가적인 기후정책을 고려하지 않은 배출전망 시나리오는 산업공정 배출량이 가장 빠르게 증가할 것으로 전망하고 있으며(2010년 대비 87% 증가), 에너지 부문(10% 증가)이 그 뒤를 따르며, 농업과 폐기물 부문의 배출량 수준은 2010년 대비 감소할 것으로 예상하고 있다. 감축공약은 2020년까지 배출전망치 대비 30%를 줄인다는 국가전체의 목표 하에서 세부 부문별로는 산업공정 51%, 에너지 27%, 폐기물 12%, 농업 7%를 감축목표율로 설정하고 있다. 감축률의 순서와 달리 감축절대량으로는 에너지 부문이 172 $MtCO_2e$로 국가 감축공약 달성을 위해 필요한 총 감축량(234 $MtCO_2e$)의 74%를 차지하고 있다.

3차 국가보고서를 통해 정부가 발표한 감축공약은 <표 3.7>에서 제시된 부문별 감축공약보다 자세한 세부부문별 배출전망과 감축공약을 제시하고 있지 않고, 본 연구에서 활용할 에너지계획에도 비에너지부문의 온실가스배출량 산정을 위한 자료를 제공하고 있지 않기 때문에, 본 장에서는 에너지 부문 중 탈루성 배출을 제외한 연료연소에 의한 배출량[즉, 온실가스 인벤토리 보고를 위한 Common Reporting Form(CRF)의 1.A 목록]만을 산정의 범위로 삼기로 한다.

〈표 3.7〉 부문별 배출전망 및 감축공약[3차 국가보고서(대한민국, 2011)]

$MtCO_2e$	2005	2010	BAU		감축목표		감축률	
			2015	2020	2015	2020	2015	2020
에너지	469	569	588	627	542	455	8%	27%
산업공정	54	52	86.7	117	63	58	28%	51%
농업	22	22	19.5	19	19	18	3%	7%
폐기물	16	14	14.8	14	14	12	9%	12%
합계	559	657	709	776	637	542	10%	30%

3.4 우리나라 에너지 관련 계획과 온실가스 배출

본 장은 에너지 연소에 의한 미래 온실가스 배출 범위를 산정하기 위해 제2차 에너지기본계획(산업통상자원부, 2014 2차 에너지계획)과 제6차 전력수급기본계획(지식경제부, 2013, 이하 6차 전력계획)을 활용하였다. 2차 에너지계획의 기준안과 목표안의 에너지원별 최종소비량 전망에 근거하여 각각 배출량으로 산정하였고, 전력 소비에 따른 배출량을 산정하기 위해서 6차 전력계획에 따른 전력배출계수 전망을 연구한 선행연구를 활용하였다.

3.4.1 제2차 에너지기본계획

'에너지기본계획'은 '저탄소녹색성장기본법'과 '에너지법'에 근거하여 수립되는 에너지 분야 최상위 정부 계획이다. 모든 에너지 부문을 총망라하여 에너지원별, 부문별 세부 에너지 관련 계획들과 체계적으로 연계될 뿐 아니라 거시적인 관점에서 조정된 중장기 에너지 정책의 기본 철학과 비전을 제시하는 종합계획이다. 20년을 계획기간으로 5년마다 수립·시행되는 에너지 기본계획은 다음과 같은 주요 내용을 포함한다.

① 국내외 에너지 수요와 공급의 추이 분석 및 전망 제시
② 에너지의 안정적 확보, 도입, 공급 및 관리를 위한 대책
③ 에너지 수요 목표, 에너지원 구성, 절약 및 에너지 이용 효율 향상 대책
④ 신재생에너지 등 환경친화적 에너지의 공급, 사용을 위한 대책

⑤ 에너지 안전관리를 위한 대책

⑥ 기술개발, 전문인력 양성, 국제협력, 자원개발, 에너지 복지 대책

2차 에너지계획은 2014년 1월 수립된 가장 최근 계획이며, 수요관리 중심의 에너지 정책 전환, 분산형 발전시스템 구축, 환경보호, 안전강화, 기술 등 지속가능성 제고, 에너지 고립 탈피를 위한 에너지 안보강화, 원별 안정적 공급체계구축, 국민과 함께 하는 에너지 정책 추진 등 여섯 개의 주요 정책목표를 제시하고 있다.

2차 에너지계획은 2035년 총 1차 에너지 소비가 현재(2010년) 대비 약 43% 증가한 378 kTOE에 이를 것으로 전망하고 있다. 이는 경제전반의 에너지집약도가 현재의 0.255(TOE/백만원)에서 0.180(TOE/백만원)으로 약 30% 개선되는 것을 전제로 한 결과이다(산업통상자원부, 2014). 1차 에너지 소비 증가를 연평균 증가율로 환산하면 약 1.4%로, 지난 20년간의 연평균 증가율 5.3%에 비하면 상대적으로 낮은 증가율이다. 에너지원별로는 신재생/기타가 가장 빠르게 증가할 것으로 예상되며, 석유 소비량은 지속적으로 감소하여 현재보다 적은 양이 소비될 것으로 전망되었다. 1차 에너지 원별 소비 중 석탄이 약 30%로 여전히 가장 큰 비중을 차지하고 석유(27%), 천연가스(19%), 원자력(19%)의 순이 될 것으로 예상되었다.

2차 에너지계획은 최종에너지 원별 소비에 대한 2가지 안을 제시하고 있다. 기준안은 기준경제성장률 전망 하에서 정부의 추가적인 정책 없이, 경제주체의 과거 에너지 사용 행태가 미래에도 지속된다는 가정 하에 산출한 전망이다. 반면 목표안은 수요관리 정책 강화, 가격/세율 조정, R & D확산 등을 통해 에너지 당국이 달성하고자 하는 최종 에너지 소비의 목표치이다. 기준안에 따르면 2035년 최종에너지소비는 현재 대비 30% 증가한 254 kTOE에 이를 것으로 전망하고 있다. 이는 연평균 약 1.1% 증가에 상응하는 것

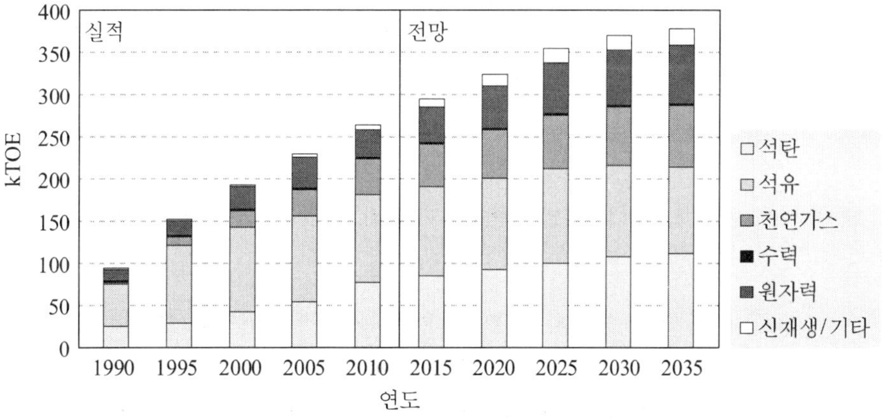

〈그림 3.14〉 에너지원별 1차 에너지 소비 실적 및 2차 에너지계획의 전망

〈표 3.8〉 에너지원별 1차 에너지 소비 실적 및 2차 에너지계획의 전망

kTOE	실적					전망(2차 에너지계획 기준안) *				
	1990	1995	2000	2005	2010	2015	2020	2025	2030	2035
석탄	24.4 (26.2)	28.1 (18.7)	42.9 (22.2)	54.8 (24.0)	77.1 (29.2)	84.8 (28.9)	92.5 (28.5)	100.2 (28.3)	107.7 (29.1)	112.4 (29.7)
석유	50.2 (53.8)	94.0 (62.5)	100.3 (52.0)	101.5 (44.4)	104.3 (39.5)	106.5 (36.2)	108.8 (33.6)	111.0 (31.3)	107.1 (29.0)	101.5 (26.9)
천연가스	3.0 (3.2)	9.2 (6.1)	18.9 (9.8)	30.4 (13.3)	43.0 (16.3)	50.3 (17.1)	57.5 (17.8)	64.8 (18.3)	69.8 (18.9)	73.3 (19.4)
수력	1.6 (1.7)	1.4 (0.9)	1.4 (0.7)	1.3 (0.6)	1.4 (0.5)	1.5 (0.5)	1.6 (0.5)	1.7 (0.5)	1.9 (0.5)	2.0 (0.5)
원자력	13.2 (14.2)	16.8 (11.1)	27.2 (14.1)	36.7 (16.1)	31.9 (12.1)	41.2 (14.0)	50.4 (15.6)	59.6 (16.8)	65.3 (17.7)	70.0 (18.5)
신재생/기타	0.8 (0.9)	1.1 (0.7)	2.1 (1.1)	4.0 (1.7)	6.1 (2.3)	9.6 (3.3)	13.2 (4.1)	16.8 (4.7)	18.0 (4.9)	18.8 (5.0)
계	93	150	193	229	264	294	324	354	370	378

* 2차 에너지계획에는 1차 에너지 원별 소비에 대한 목표안은 명시되어 있지 않음.

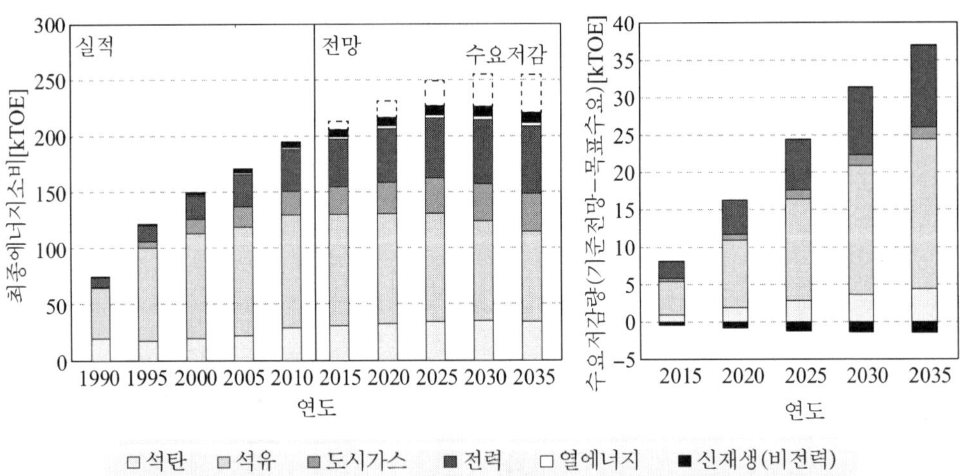

〈그림 3.15〉 에너지원별 최종에너지 소비 전망(기준안, 목표안) 및 수요저감 목표

으로, 과거 20년 동안의 연평균 4.9% 증가율과 비교하면 상당히 낮은 증가율이다. 정부는 2035년 최종에너지 소비 목표를 기준안보다 13% 낮은 220 kTOE로 삼고 있으며, 이는 향후 25년간 최종에너지 소비의 연평균 증가를 0.5% 수준으로 억제하는 것을 의미

한다.

최종에너지의 원별 구성 측면에서 전력, 도시가스, 열에너지 등 망 기반 에너지와 저탄소/신재생에너지의 비중을 지속적으로 확대하는 반면, 석탄과 석유의 비중은 유지 내지 감소시키는 것을 목표로 하고 있다. 2차 에너지계획은 최종에너지 소비에서 가장 큰 비중을 차지하는 석유와 전력의 소비 감소 잠재성을 높게 평가하고 있으며, 비전력 신재생에너지의 소비는 오히려 기준안 대비 확대하는 것을 목표로 하고 있다.

부문별 최종에너지 소비에 대한 기준안과 목표안을 보면, 현재와 마찬가지로 2035년에도 산업부문은 가장 많은 최종에너지를 소비(60%, 목표수요 기준)할 것으로 예상되며, 그 뒤를 수송(16%), 상업(11%), 가정(11%) 부문이 따를 것으로 예상된다. 하지만 계획대로 목표수요가 달성된다면 현재 대비 산업, 상업, 가정 부문의 최종에너지 소비는 각각 14%, 54%, 11% 증가에 그치고 수송은 오히려 8% 감소하게 된다. 즉, 수송부문만이 유일하게 현재 대비 25년 후 에너지 소비량이 감소하는 부문이 되는 것이다. 2035년 목표수요 달성을 위한 에너지 소비 감소량 34 kTOE 중 약 83% 는 산업(46%)과 수송(37%)부문에서 실현가능한 것으로 전망되었다.

종합하면 2차 에너지계획은 에너지원별로는 석유와 전력, 부문별로는 산업과 수송부문의 소비 감소를 통해 기준안 대비 약 13%(약 34 kTOE)의 최종에너지 소비 감소를 목표로 하고 있다.

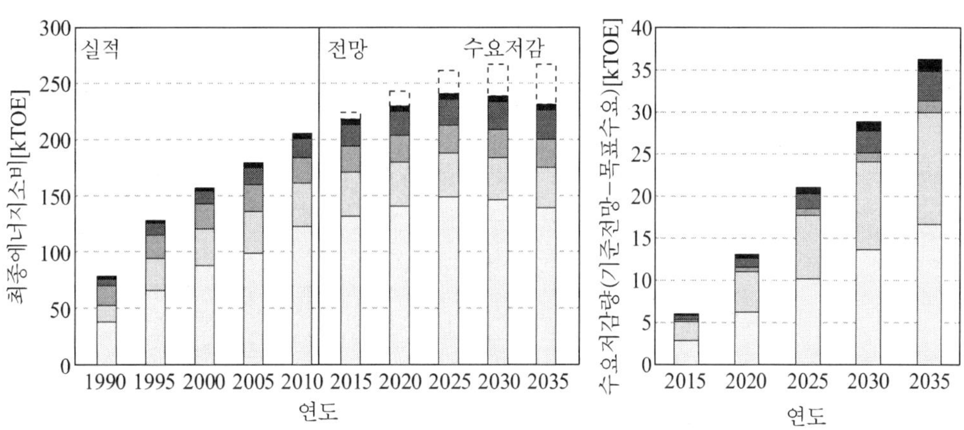

〈그림 3.16〉 부문별 최종에너지 소비 전망(기준전망, 목표수요) 및 수요저감 목표

〈표 3.9〉 에너지원별 최종에너지 소비 실적 및 전망

kTOE	실적					전망 (2차 에너지계획 기준안 및 목표안)									
	1990	1995	2000	2005	2010	2015		2020		2025		2030		2035	
						기준	목표	기준	목표	기준	목표	기준	목표	기준	목표
석탄	19.9 (26.4)	17.8 (14.6)	19.8 (13.2)	22.3 (13.1)	29.2 (15.0)	31.9 (15.0)	31.0 (15.1)	34.7 (15.0)	32.9 (15.2)	37.4 (15.0)	34.7 (15.3)	38.8 (15.3)	35.3 (15.6)	38.6 (15.2)	34.4 (15.6)
석유	45.3 (60.3)	82.9 (68.0)	93.6 (62.5)	96.7 (56.6)	100.4 (51.5)	103.3 (48.5)	99.0 (48.1)	106.2 (46.0)	97.6 (45.2)	109.1 (43.9)	96.2 (42.4)	105.1 (41.3)	88.8 (39.3)	99.3 (39.1)	80.3 (36.4)
도시가스	1.0 (1.3)	5.6 (4.6)	12.6 (8.4)	17.8 (10.4)	21.1 (10.8)	24.9 (11.7)	24.5 (11.9)	28.7 (12.4)	28.0 (12.9)	32.5 (13.1)	31.4 (13.9)	34.4 (13.5)	33.0 (14.6)	35.3 (13.9)	33.8 (15.3)
전력	8.1 (10.8)	14.0 (11.5)	20.6 (13.7)	28.6 (16.7)	37.3 (19.1)	44.8 (21.0)	42.7 (20.7)	52.2 (22.6)	48.0 (22.2)	59.7 (24.0)	53.3 (23.5)	65.6 (25.8)	57.1 (25.3)	70.2 (27.6)	59.9 (27.2)
열에너지	0.1 (0.1)	0.6 (0.5)	1.1 (0.7)	1.5 (0.9)	1.7 (0.9)	2.1 (1.0)	2.1 (1.0)	2.5 (1.1)	2.4 (1.1)	2.9 (1.2)	2.8 (1.2)	3.1 (1.2)	3.0 (1.3)	3.3 (1.3)	3.2 (1.5)
신재생 (비전력)	0.8 (1.1)	1.1 (0.9)	2.1 (1.4)	3.9 (2.3)	5.3 (2.7)	5.9 (2.8)	6.3 (3.1)	6.5 (2.8)	7.3 (3.4)	7.1 (2.9)	8.3 (3.7)	7.4 (2.9)	8.7 (3.9)	7.4 (2.9)	8.8 (4.0)
계	75.1	122.0	149.9	170.9	195.0	212.9	205.6	230.8	216.1	248.7	226.7	254.4	225.9	254.1	220.4

〈표 3.10〉 부문별 최종에너지 소비 실적 및 전망

kTOE	실적					전망 (2차 에너지계획 기준안 및 목표안)									
	1990	1995	2000	2005	2010	2015		2020		2025		2030		2035	
						기준	목표	기준	목표	기준	목표	기준	목표	기준	목표
산업	36.1 (48.1)	62.9 (51.6)	83.9 (56.0)	94.3 (55.2)	116.9 (59.8)	128.5 (60.2)	125.8 (60.6)	140.0 (60.6)	134.1 (61.3)	151.6 (60.9)	142.0 (62.0)	152.3 (59.9)	139.5 (61.4)	148.4 (58.4)	132.8 (60.3)
수송	14.1 (18.8)	27.1 (22.2)	30.9 (20.6)	35.6 (20.8)	36.9 (18.9)	39.3 (18.4)	37.2 (17.9)	41.6 (18.0)	37.2 (17.0)	44.0 (17.7)	36.9 (16.1)	45.5 (17.9)	35.7 (15.7)	46.5 (18.3)	34.0 (15.5)
가정	16.8 (22.4)	19.6 (16.1)	21.4 (14.3)	22.5 (13.2)	21.2 (10.8)	22.2 (10.4)	22.0 (10.6)	23.2 (10.0)	22.7 (10.4)	24.2 (9.7)	2.4 (10.2)	24.6 (9.7)	23.6 (10.4)	24.9 (9.8)	23.6 (10.7)
상업	5.2 (6.9)	9.9 (8.1)	11.0 (7.3)	14.3 (8.4)	16.1 (8.2)	18.6 (8.7)	18.2 (8.7)	21.1 (9.1)	20.1 (9.2)	23.6 (9.5)	21.9 (9.6)	26.0 (10.2)	23.6 (10.4)	28.1 (11.1)	24.8 (11.3)
공공/기타	2.8 (3.7)	2.4 (2.0)	2.6 (1.7)	4.1 (2.4)	4.5 (2.3)	4.8 (2.2)	4.6 (2.2)	5.1 (2.2)	4.6 (2.1)	5.4 (2.2)	4.7 (2.0)	5.8 (2.3)	4.8 (2.1)	6.2 (2.4)	4.8 (2.2)
계	75.0	121.9	149.8	170.8	195.6	213.3	207.7	231.1	218.8	248.8	229.0	254.2	227.2	254.1	220.1

3.4.2 제6차 전력수급기본계획

전력수급기본계획은 전력의 수요와 공급을 둘러싼 다양한 정책적 과제를 다루는 최상위 정책으로서 2년 주기로 수립·집행되고 있다. 우리나라 전력부문은 2010년 현재 총 1차 에너지의 25%를 사용하여, 최종에너지 소비의 20%를 차지하는 전력을 생산・공급하며, 연료연소에 의한 온실가스 배출량의 40%를 배출하는 주요 에너지산업이다(지식경제부・에너지경제연구원, 2012, 온실가스종합정보센터, 2013). 15년을 계획기간으로 하는 전력수급기본계획은 전력수요 전망, 수요관리 목표, 적정예비율, 전원믹스, 신재생 비중, 발전소 건설계획 등의 정책 방향을 제시하는 중장기 전력수급 안정을 위한 정부의 목표계획이다(지식경제부, 2013).

본 장은 전력소비에 의한 온실가스 배출 범위를 산정하기 위해 전력소비전망은 2차 에너지계획에서, 전력의 온실가스 배출계수(단위 전력생산량당 온실가스 배출량)는 가장 최근의 계획인 6차 전력계획에 근거하여 온실가스 배출범위를 산정한 조철흥・전의찬(2014)을 활용하였다.[80] 조철흥, 전의찬(2014)은 6차 전력계획의 발전설비계획을 확정된 것으로 전제한 상태에서, 전력부문 온실가스 배출에 영향을 미치는 3가지 요소(전력수요, 재생에너지 이용률, 연료대체)의 조합에 따른 배출범위를 상향식 에너지 모형인 MESSAGE를 통해 시뮬레이션 하였다.

<그림 3.17>은 위 3가지 요소를 조합한 6가지 시나리오별 온실가스 배출경로와 감축공약상의 배출전망과 감축공약을 함께 보여준다. 가장 높은 배출경로를 보이는 'H_ref'는 주어진 발전설비 하에서 높은 전력수요(H)를 만족시키기 위해 모형이 최소비용(ref)의 발전믹스를 찾는 시나리오이다. 가장 낮은 배출경로를 보이는 'L_ng'는 낮은 전력수요(L)-6차 전력계획의 목표수요가 달성됨과 동시에 추가적인 온실가스 감축을 위해 천연가스 발전이 유연탄 발전을 대체하는 시나리오다.

본 장에서는 6가지 전력부문의 배출경로 중에서 'H-ref'와 'L-ref'를 각각 2차 에너지계획의 기준안과 목표안에서 전망한 전력수요에 상응하는 전력배출계수로 가정하였다. 물론 천연가스 발전이 유연탄 발전을 대체하는 시나리오들(H-ng, L-ng)이 다른 시나리오에 비해 배출경로가 낮지만, 이 시나리오들은 경제적 비용[81]을 고려하여 본 장에서는 고려하지 않았다.

80) 2차 에너지계획에는 전력소비전망 이외에 전력부문의 온실가스 배출량 산정에 필요한 전원구성, 발전믹스 등에 대한 추가적인 정보들을 명시하지 않고 있다. 이러한 제약으로 인해 가장 최근의 전력수급기본계획인 6차 전력계획을 근거로 발전부문 온실가스 배출범위를 산정한 선행연구를 활용하였다.

81) 조철흥, 전의찬(2014)에 따르면 'L-ng'의 배출경로를 달성하기 위해서는 'L-ref'와 비교하여 추가적으로 평균 12만원/tCO_2e 온실가스 감축비용이 소요되는 것으로 평가되었다.

6차 전력계획의 수요전망과 전력설비계획에 따르면, 전력배출계수는 현재 약 460 gCO_2e/kWh에서 향후 25년간 330 gCO_2e/kWh('H-ref')에서 360 gCO_2e/kWh('L-ref')로 개선될 것으로 보인다.

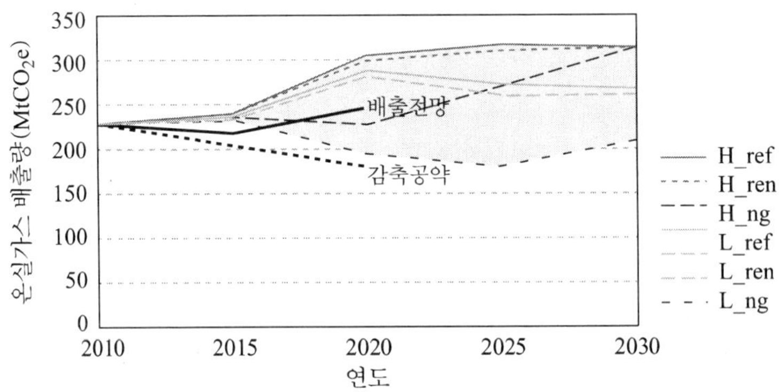

〈그림 3.17〉 6차 전력계획에 따른 전력부문 온실가스 배출 범위 [출처 : 조철흥, 전의찬(2014)]

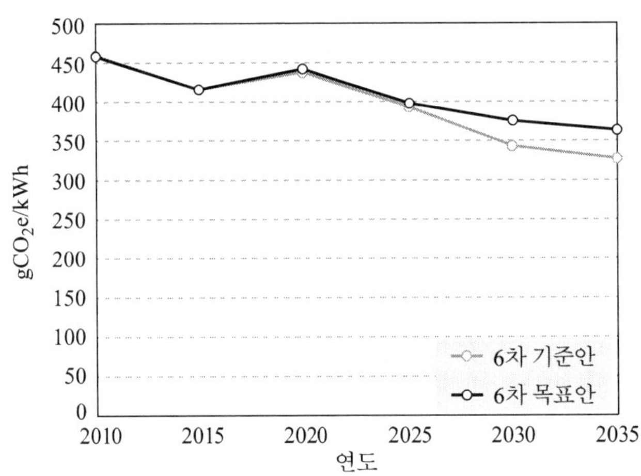

〈그림 3.18〉 6차 전력계획에 따른 전력배출계수 전망

〈표 3.11〉 6차 전력계획에 따른 전력배출계수 전망 [출처 : 조철흥, 전의찬(2014)]

전력배출계수		2010	2015	2020	2025	2030	2035
기준안	[tCO_2e/TOE]	5.327	4.827	5.083	4.571	3.990	3.792
	[gCO_2e/kWh]	458	415	437	393	343	326
목표안	[tCO_2e/TOE]	5.327	4.827	5.118	4.618	4.350	4.211
	[gCO_2e/kWh]	458	415	440	397	374	362

3.4.3 배출량 산정 방법론 및 시나리오 구분

에너지 직접연소에 의한 이산화탄소 배출량을 계산하기 위해 다음의 산정식을 사용하였으며, 연료별 각종 계수는 '2013년 국가 온실가스 인벤토리 보고서'(온실가스종합정보센터, 2013)의 내용을 준용하였다. 여타의 온실가스를 포함하여 이산화탄소환산(CO_2e)으로 변환하기 위해 CH_4, N_2O 등의 연료별 배출량을 별도로 계산하는 대신 CO_2e배출량에 1.0072 비례계수[82)]를 적용하였다.

$$E_{ij} = \sum [(TA_{ij} - NA_{ij} \times FCS_{ij}) \times CF_i \times EF_i \times OF_i]$$

여기서, E : CO_2배출량(tCO_2)
TA : 총연료사용량(TOE)
NA : 비연료사용량(TOE)
FCS : 탄소몰입율
CF : 전환계수(순발열량/총발열량)
EF : 배출계수(tCO_2/TOE)
OF : 산화계수
i : 연료 유형
j : 부문

〈표 3.12〉 시나리오 구분

분류	시나리오 명칭	시나리오 설명
감축공약	BAU	3차 국가보고서의 에너지부문의 배출전망
	감축공약	3차 국가보고서의 에너지부문의 감축 후 배출량
에너지정책 (2차 에너지계획 +6차 전력계획)	기준안_최대	2차 에너지계획 기준안, 6차전력계획 기준안 전력배출계수, 석유의 비에너지 사용 비중(45%) 고정
	기준안_최소	2차 에너지계획 기준안, 6차 전력계획 기준안 전력배출계수, 석유의 비에너지 사용 비중(65%) 확대
	목표안_최대	2차 에너지계획 목표안, 6차 전력계획 목표안 전력배출계수, 석유의 비에너지 사용 비중(45%) 고정
	목표안_최소	2차 에너지계획 목표안, 6차 전력계획 목표안 전력배출계수, 석유의 비에너지 사용 비중(65%) 확대

82) 비례계수 1.0072는 연료연소에 의해 CO_2배출량 대비 CO_2e의 5년(2007~2011년까지) 평균값이다(온실가스종합정보센터, 2013).

〈표 3.13〉 석유의 용도별 사용 비중 전제

	2010	2015	2020	2025	2030	2035
에너지	45%	40%	34%	29%	26%	25%
LPG	10%	10%	10%	10%	10%	10%
비에너지	45%	50%	56%	61%	64%	65%

온실가스 배출 범위를 산정하기 위해 총 4가지 경우를 구성하였다. 먼저 2차 에너지계획에 따라 에너지원별 최종수요를 기준안과 목표안으로 구분하고, 각각의 수요 전망에 석유의 총 사용량 중 비에너지 사용 비중을 2가지 경우로 구분하였다. 석유의 비에너지사용 비중이 45%(2010년 비율)로 고정된다고 가정한 경우를 최대 배출 시나리오로, 비에너지 사용량이 45%에서 점진적으로 증가하여 2035년 65%까지 증가하는 경우를 최소 배출 시나리오로 구성하였다. 석유의 비에너지 비중 증가는 석유를 원료(즉, 비에너지)로 많이 사용하는 석유화학업종의 부가가치와 비에너지 사용량의 과거 상관관계를 활용하여 산출하였다.

3.4.4 연구결과

(1) 시나리오별 배출 전망

최근의 에너지계획에 근거한 에너지 연소에 의한 온실가스 배출의 범위는 2020년에는 최소 608 $MtCO_2e$에서 677 $MtCO_2e$, 2035년에는 최소 592 $MtCO_2e$에서 최대 695 $MtCO_2e$에 이를 것으로 평가되었다. 배출정점은 모두 2025년에 도달하며 가장 높은 정점은 709 $MtCO_2e$(기준안_최대), 가능 낮은 정점은 610 $MtCO_2e$(목표안_최소)에 이를 것으로 예상되었다. 현 에너지계획을 통해 달성 가능한 온실가스 감축률(즉, 최대 배출경로와 최소 배출경로간의 비율)은 2025년에 6.7~10.1%, 2035년에 9.3~14.8% 정도일 것으로 평가되었다.[83)]

현 에너지계획으로 향후 25년간 달성 가능한 온실가스 배출의 범위는 모두 2010년 현재의 배출수준(562 $MtCO_2e$)을 상회하고 있다. 감축공약 상의 배출전망(BAU) 경로는 에너지계획에 따른 배출범위의 중간 경로(목표안_최대)와 유사하지만, 감축목표경로는 어떤 시나리오도 달성 가능하지 않은 것으로 보인다.

83) 높은 범위의 감축률은 석유의 사용량 중 비에너지 사용 비중이 증가할 것을 가정한 것으로 순수한 의미의 감축수단으로 평가하기 어렵다.

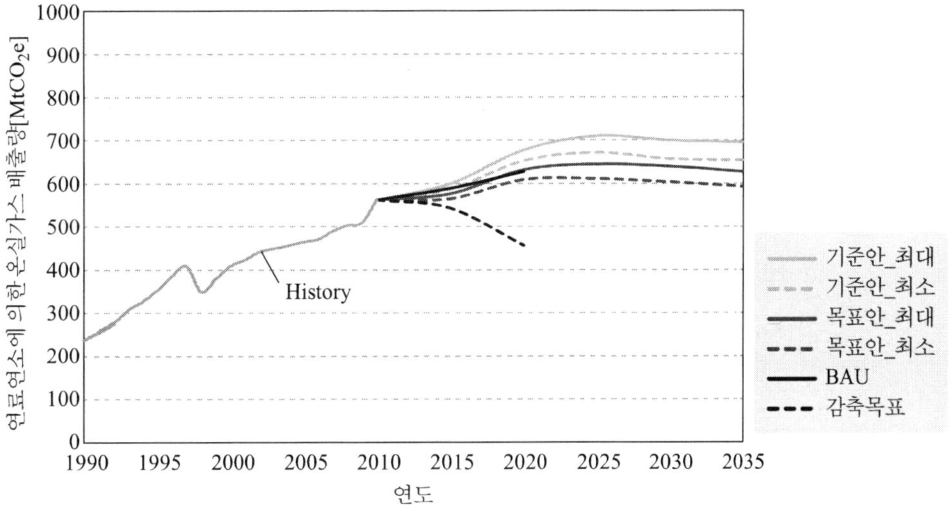

〈그림 3.19〉 온실가스 감축공약과 2차 에너지계획에 따른 온실가스 배출 범위

〈표 3.14〉 시나리오별 연료연소에 의한 온실가스 배출 전망

$MtCO_2e$	2010	2015	2020	2025	2030	2035
BAU	562	588	627	n.a	n.a	n.a
감축목표	562	542	455	n.a	n.a	n.a
기준안_최대	562	599	677	709	699	695
기준안_최소	562	587	652	671	656	653
목표안_최대	562	576	631	644	639	626
목표안_최소	562	564	608	610	602	592

감축공약과 에너지계획 간의 배출격차는 유량(flow)과 저량(stock) 모두를 분석하였다. <그림 3.20>의 왼쪽 그림에 따르면 2020년 당해 연도의 배출격차는 최소 153 $MtCO_2e$('목표안_최소')에서 최대 176 $MtCO_2e$('목표안_최대')에 이르는 것으로 평가되었다. 2차 에너지계획의 목표수요를 달성하더라도 (연료연소에 의한) 온실가스 감축목표 달성은 가능하지 않으며, 그 격차는 감축공약 상의 2020년 감축량(627 − 455 = 172 $MtCO_2e$)에 육박한다. 다시 말하면, 온실가스 감축공약 달성을 위해서는 현 에너지계획의 목표를 통해 달성 가능한 온실가스 감축량의 2배를 감축해야 한다는 것을 의미한다.

<그림 3.20>의 오른쪽 그림은 저량(stock)개념으로 감축공약과 에너지계획 간의 배출격차를 평가한 것이다. 즉, 각각의 배출경로에 대하여 누적(2010~2020년) 배출량을 계산하고 에너지계획의 목표안과 차이를 계산하였다. 누적 개념으로는 최소 491 $MtCO_2e$에서 최대 606 $MtCO_2e$의 배출격차가 있는 것으로 분석되었다.

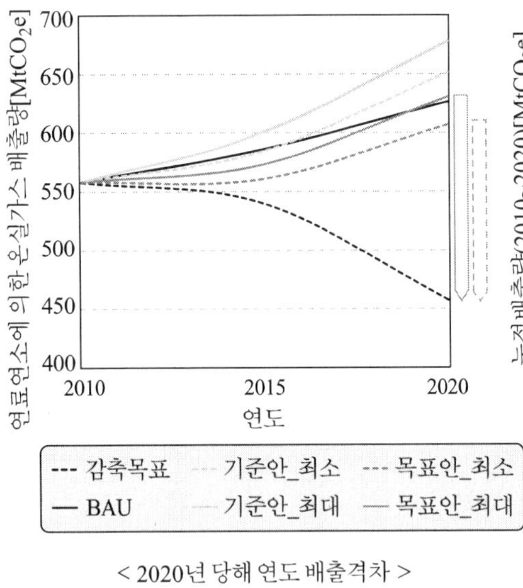

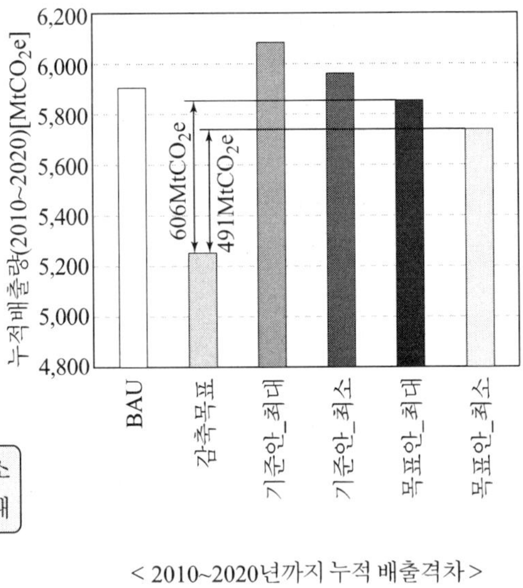

〈그림 3.20〉 감축공약 달성을 위한 배출격차(emission gap)

본 장은 정부의 최상위 에너지 정책인 국가에너지기본계획에 근거하여 에너지 연소에 의한 미래 온실가스 배출량을 시뮬레이션 해봄으로써, 2020년 온실가스 감축공약의 이행 가능여부와 배출격차를 분석해 보았고, 나아가 에너지기본계획을 통해 달성 가능한 장기(2035년까지) 온실가스 배출의 범위를 산정해 보았다.

2차 에너지계획(에너지원별 최종 소비)과 6차 전력계획(전력수요와 발전설비계획)에 명시된 기준안과 목표안에 상응하는 온실가스 배출수준을 산정한 결과, 2020년의 배출 범위는 최소 608 $MtCO_2e$에서 최대 677 $MtCO_2e$, 2035년에는 최소 592 $MtCO_2e$에서 최대 695 $MtCO_2e$에 이를 것으로 전망되었다.

수요관리, 연료전환, 신재생보급 등 현 에너지계획의 목표가 계획대로 달성된다 하더라도 2020년 온실가스 감축공약과의 배출격차는 최소 153 $MtCO_2e$에서 최대 176 $MtCO_2e$에 이를 것으로 분석되었다. 이러한 격차는 추가적인 조치나 대대적인 수정 없이 현 에너지계획을 통해 온실가스 감축공약을 이행하는 것은 가능하지 않으며, 기후변화정책의 목표와 에너지정책의 목표는 서로 양립가능하지 않음을 방증한다고 하겠다.

장기적인 측면에서도 현 에너지정책에 따른 에너지부문의 온실가스 배출은 향후 지속적으로 증가하다 2025년 이후에야 현재 수준(560 $MtCO_2e$)보다 높은 600 $MtCO_2e$(목표안)에서 700 $MtCO_2e$(기준안) 수준에서 안정화될 것으로 평가된다. 이러한 분석은 최근 결정된 '리마합의'가 요구하는 2020년 이후의 감축공약 및 이행계획의 수립 및 집행에도 시사하는 바가 적지 않다. 즉, 에너지정책의 목표에 대한 수정 없이는 이미 수립된 온실가스 감축공약의 달성이 가능하지 않을 뿐 아니라, 2020년 이후의 감축공약도 현재의 배출수준을 하회하는 엄격한 목표를 설정하기 어렵다는 것이다.

종합하면, 현 에너지정책과 기후변화정책의 목표는 양립가능하지 않으며, 서로 밀접한 관련이 있는 두 정책은 상호간의 일관성과 정합성이 결여되어 있다고 보인다. 온실가스 감축정책 추진의 신뢰성을 유지하고 정책 추진의 불확실성을 해소하며, 저탄소 경제로의 이행을 위한 시장과 이해당사자의 자발적인 노력을 유도하기 위해서라도 에너지정책과 기후변화정책은 일관성 있게 추진되어야 할 것이다.

PART

4

에너지세제와 신 · 재생에너지

4.1 에너지세제 현황

4.1.1 국내 에너지세제의 현황 및 문제점

우리나라는 천연 에너지자원이 풍부하지 않은 만큼 에너지원 간 비중, 즉 에너지믹스를 적절하게 운영하는 것이 국가경제 및 에너지안보를 위해 필수적이다. 그러나 최근 우리나라의 상황은 에너지믹스 조절의 실패로 에너지원 간의 불균형이 일어난 것으로 보인다. 이를 나타내는 단적인 예가 에너지의 전력화이다. 경제가 성숙해짐에 따라 에너지원의 전력화 또는 전기화가 일어나는 것은 일반적인 현상이지만 그 진행 속도가 너무 빠르면 전력 수급의 불안정성이 가중될 수 있다. 전력을 포함한 에너지 수급의 불안정성은 단기적으로 개개인이 소비를 줄이는 형태로 해결이 불가능하며, 이는 전반적인 에너지 시장의 구조적 문제에 기인하므로 보다 본질적인 해결책이 필요하다.

근래 이슈가 되고 있는 낮은 전력 예비율은 기 계획된 공급 능력보다 수요가 더 빠르게 늘어날 때 발생한다. 실제로 1차 에너지계획에서는 2006년부터 2011년까지 연평균 전력 수요의 증가율을 약 2.4%로 예상하였으나, 동 기간 동안 실제 나타난 전력 수요 증가율은 4.8% 수준이었다. 에너지의 본질적 특성상 에너지 공급능력은 일반적으로 10여년 이상의 긴 기간을 고려하여 설정하는 것이기 때문에 단기간에 조절하기 어렵다. 따라서 전망치를 넘어서는 과다한 전력에너지 수요는 기존 공급인프라의 용량을 초과하는 블랙아웃 현상을 야기할 수 있기 때문에, 이 문제의 중요성은 매우 크다.

국내 전력 수요의 급속한 확대는 개별 에너지원의 세제 및 가격 체계가 가지는 문제점에 의해 발생하는 것으로 판단된다. 우선, 전기 요금이 비현실적으로 저렴하게 책정되어 있어 지속적으로 전력화를 부추기고 있다. 지금까지 국내 전기 요금은 물가 안정 등의 이유로 원가에 못 미치는 수준에서 결정되어 왔으며, 이에 따른 타 에너지원 소비가 전력으로 바뀌는 전환수요를 발생시키고 있다. 또한 용도별로 차등 요금을 적용하여 소비자 계층 간 교차보조를 발생시키고 있다. 바꾸어 말하면 산업용 전기 요금에 대해 낮은 전기요금을 책정하여 주택용, 일반용 전력 소비자의 사회적 후생 손실을 야기한다는 것이다. 특히 현재의 전기 요금 체계 및 전력 수급 구조는 1980년대 이후 별다른 변화 없이 지속되어 왔으며, 이는 산업 부문에 비효율적 에너지 소비 구조가 고착화 되는 현상을 야기하였다. 반면 높은 유류세는 이중 세금, 과중 세금 등으로 국민에게 직접적인 부담을 주고 있으며, 높은 유류세로 인해 초래된 높은 석유제품 가격은 산업경쟁력을 약화시키는 요인으로도 작용하고 있다. 무엇보다도, 일부 부문에서 1차 에너지인 석유에너지(제품) 보다 2차 에너지인 전력의 가격이 더 낮아지는 역전 현상이 발생함에 따라 에너지 소비의 비효율성이 심화되고 있으며, 에너지원간 형평성을 저해하고 있다.

이와 같이 잘못된 에너지 세제 및 전기요금 정책에 의하여 에너지 소비 구조가 왜곡되고 이에 따라 사회적 손실이 지속적으로 발생하고 있는 상황에서, 이를 올바른 방향으로 개선하는 방안을 모색해야 할 것이다. 에너지 정책은 단일 정책 변수가 야기하는 다양한 영향들이 복잡하게 얽혀 있기 때문에 보다 넓은 시각에서 문제를 바라보면서, 통합적이고 체계적인 개선 방안을 마련해야 한다. 따라서 본 장에서는 국내 에너지 시장 왜곡 실태와 이에 따라 국민경제에 미치는 부작용을 살펴보고자 한다.

(1) 국내 에너지믹스의 변화 : 에너지 전력화의 가속

시간에 따른 국내 에너지믹스 변화 과정에서 가장 주요한 특징은 앞서 언급한 바와 같이 전반적으로 에너지 전력화가 빠르게 진행되고 있다는 것이다. 특히 1990년대 후반 외환위기를 전후로 하여 에너지 소비의 양적 변화는 물론 최종에너지의 소비 구조 또한 큰 변화를 나타내고 있다. 에너지 소비의 양적 변화는 글로벌 금융위기와 같은 국제 경제의 환경 변화에 따른 국내 경제성장률 변화와 높은 연관성을 가지고 있으며, 에너지 소비의 구조를 나타내는 에너지믹스의 변화는 에너지 가격 변화의 영향이 상대적으로 크다고 할 수 있다. 본 절에서는 국내 에너지 전력화 문제를 고찰하기 위하여, 최종 에너지 소비 중에서 원료용 납사와 산업용 유연탄을 제외한 연료용 석유, 도시가스, 전력 그리고 LPG를 중심으로 최종 에너지 소비 구조의 변화 추이를 살펴보도록 한다.

<그림 4.1>과 같이 국내 최종에너지 소비 구조는 1990년대 후반 외환위기를 전후로 하여 뚜렷한 변화를 보이고 있다. 우선, 연료용 석유의 경우 외환위기 이전에 가장 빠른

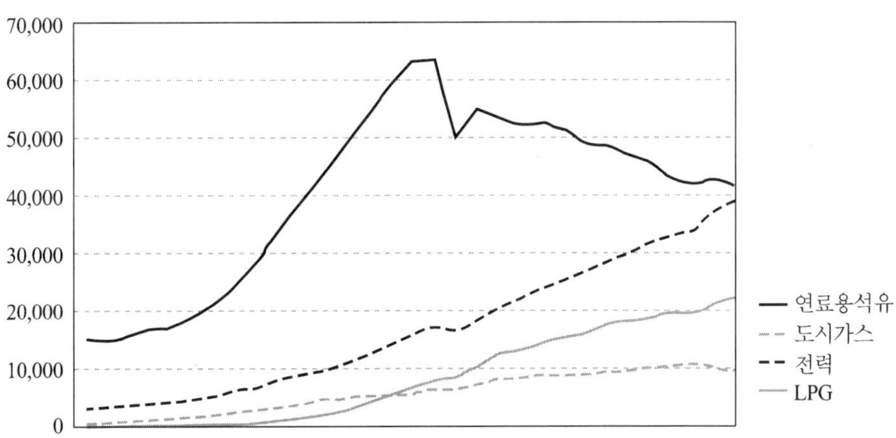

〈그림 4.1〉 최종에너지소비의 주요 항목별 추이(천TOE) [자료 : 국가에너지통계정보]

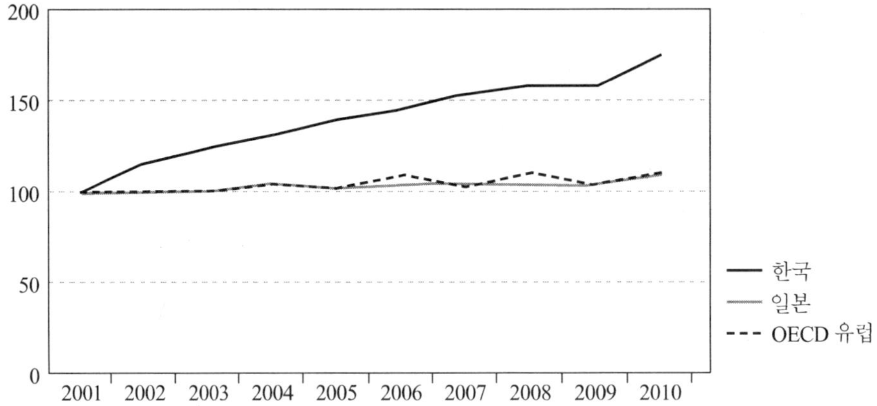

〈그림 4.2〉 OECD와 한국의 전력증가추세 비교/1인당 수요비교
[자료 : IEA Electricity Information 2004, 2006, 2008, 2010, 2012]
주 : IEA Electricity Information 보고서 별로 같은 연도의 데이터 값이 차이 나는 것은 2012년 자료기준으로 보정함; 각 나라별 2001년을 100으로 가정하고, 상대비율로 나타냄

속도로 증가하다가 그 이후에 급격히 감소하고 있으며, LPG의 경우는 최근까지 완만한 증가를 보이다가 다시 감소추세로 접어들고 있다. 반면에 전력과 도시가스 소비량은 지속적으로 증가하고 있다. 특히 전력의 증가세가 도시가스보다 빠르게 증가하고 있으며, 최근 들어 증가추세가 더 가속화되고 있다. 따라서 결론적으로 최근 십여 년간 우리나라 최종에너지소비의 가장 큰 변화는 바로 연료용 석유 사용의 감소와 전력 및 도시가스 수요의 급증으로 요약할 수 있다.

석유사용 비중의 감소와 전력 및 도시가스 사용 비중의 증가는 경제성장과 국민소득의 증가에 따라 나타나는 일반적인 현상이다. 문제는 우리나라의 경우 전력수요의 증가가 지나치게 급속도로 진행되고 있다는 점이다. <그림 4.2>는 우리나라와 OECD국가의 지난 십여 년간의 전력수요의 증가를 나타낸 것이다. OECD의 유럽 국가들이나 일본의 경우 전력수요가 거의 안정적으로 유지되고 있는 것에 비해 우리나라는 지난 십여 년간 전력소비가 거의 2배 증가하였다. 우리나라의 산업구조가 수출 중심의 제조업에 기반하고 있음을 감안하더라도, 이러한 전력소비의 증가 현상은 개발도상국에서 주로 발견되는 형태이다. 결론적으로 현 시점의 한국의 경제규모 및 산업구조를 고려할 때, 지나치게 높은 전력소비 증가율을 보이고 있는 것이다.

국가 에너지의 전반적인 전력화 확대를 좀 더 상세히 살펴보면 다음과 같이 정리할 수 있다. 지난 20여 년간 국내 전부문의 에너지소비추세를 보면 1997년을 기준으로 유류소비의 감소와 전력소비의 증가가 뚜렷이 대비된다(그림 4.3). 이는 국제적 기준으로 낮은 전기요금과 1990년대 후반부터 시작된 유류세제 인상, 2000년대의 국제유가 상승

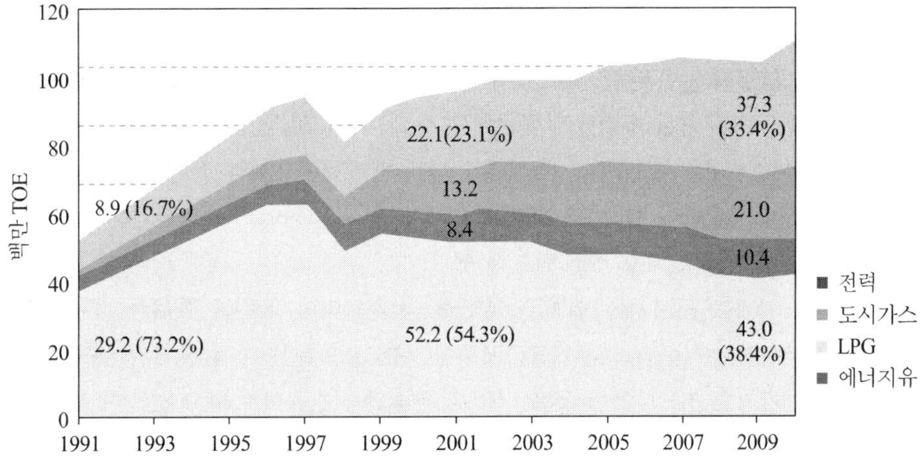

〈그림 4.3〉 국내 전 부문의 에너지원별 소비추세(석탄 및 원료유 제외)
[자료 : 에너지통계연보 2011, 에너지경제연구원]

이 맞물리며 수송부문을 제외한 모든 부문에서 발생하고 있는 현상이다.

위와 같은 자료들을 기반으로 종합적으로 판단할 때 국내 에너지 사용은 전력화가 가속되고 있으며, 이로 인한 대규모 사회적 손실이 발생하고 있다. 왜냐하면 전기는 매우 편리한 에너지이기는 하지만, 1차 에너지를 이용하여 전기로 전환하는 과정에서 비용이 발생함과 동시에 효율의 손실이 많이 발생하는, 상대적으로 비효율적인 에너지이기 때문이다. 예를 들어, 천연가스 1리터를 직접 사용하여 난방을 하는 경우, 동일한 난방효과를 얻기 위해 전기를 사용한다면 이에 해당하는 전력량을 생산하기 위해선 천연가스 2리터 이상이 필요하게 된다. 또한 발전 및 송배전 과정에서 많은 손실이 발생해 통상 40% 이하의 효율성을 보이기 때문에, 화석연료를 직접 사용하는 대신 전기를 사용하는 것은 더욱 많은 양의 에너지를 사용해야 하므로 에너지의 낭비를 불러온다.

전력화로 인한 에너지의 과다한 사용은 결국 온실가스 배출량 증가로 연결된다는 점 또한 문제이다. 우리나라 동일한 양의 국내총생산 대비 온실가스 배출량 원단위는 2000년 이후 점점 증가하여 2010년에는 OECD 국가들 가운데 1위를 차지하게 되는데, 이는 급속한 전기화로 인한 에너지사용량 증가로부터 비롯된 것으로 판단된다. 또한 전력 사용 증가가 야기한 온실가스 배출 증가로 인해, 정부가 에너지 효율 증가와 에너지 절약을 바탕으로 온실가스 배출을 줄이고자 추진하고 있는 에너지 절약사업 및 신재생에너지 보급사업의 성과 역시 막대한 정부 재원(2011년 기준 1조 2,623억원)의 투입에도 불구하고 기대에 미흡한 결과를 보였다.

(2) 전기요금 및 유류세 현황

에너지유의 사용 비율은 상대적으로 줄어드는 반면 전력 사용량(비율)은 지속적으로 증가하는 현재 우리나라 최종에너지 소비구조의 변화 추세는 경제성장과 국민소득증가에 의해 유도된 측면도 있지만 우리나라 에너지세제와 전기요금 정책이 그 추세를 가속화시킨 측면이 더 크다. 따라서 빠른 전력화의 원인으로 지목되는 에너지세제 정책과 전기요금 정책을 점검할 필요가 있다.

전기요금 정책을 먼저 살펴보면, 전기소비의 급속한 확대현상은 에너지세제 정책의 문제점뿐만 아니라 전기요금정책이 가지고 있는 근본적 문제점에도 그 원인이 있다. 전력가격은 전기사업법 등을 근거로 정부의 직접규제를 받고 있으며, 현재 사용 용도에 따라 주택용, 일반용 등의 용도별로 구분되어 각 용도별 다른 요금 체계가 적용되고 있다. 전체 전기 요금 수준은 투자보수율 규제를 받아 산업통상자원부, 기획재정부, 국회의 사전 협의를 통해 결정하게 된다.

이러한 전기요금 정책은 크게 3가지 관점에서 심각한 문제점을 가지고 있다.

첫째, 현재의 전력가격이 수급이나 비용구조보다는 물가안정등과 같은 거시적 정책요인에 의해 결정되고 있다. 발전원별 원가 산정 체계에도 문제가 있지만, 그 원가를 그대로 인정한다고 하더라도 현재 전기 요금이 물가안정 등의 이유로 발전원별 원가에도 미치지 못하는 수준으로 억제되어 있다. 이러한 전력가격 구조의 왜곡은 합리적 에너지 소비구조의 왜곡을 초래하여 국민 경제의 큰 부담으로 작용할 수 있다. 특히, 전기 과소비에 따른 에너지 다소비 구조 고착화, 저탄소 녹색성장 저해, 에너지 및 외화 낭비 유발 등이 우려된다. 또한 에너지 산업 구조의 왜곡을 야기하여 전력 산업의 장기적 성장 잠재력 및 공급 안정성이 훼손되고 있다.

둘째, 전기요금에는 형평성을 저해하는 교차보조의 문제가 존재한다. 교차보조란 '하나의 운영주체에서 다양한 재화나 서비스를 생산할 때, 하나의 재화나 서비스에서 발생한 비용을 다른 부문에 임의로 전가하는 것'이다. 교차보조의 장점은 정부 재정 투입, 규제, 조세 등 직접적 수단을 동원하지 않고 요금체계 내에서 사회 복지, 국가경쟁력 제고 등의 정책 목표를 달성할 수 있다는 점이다. 하지만, 교차보조로 만들어진 요금은 정책목적 소멸 또는 상황 변화 후에도 관성적으로 유지되는 경향이 있다. 이럴 경우 교차보조는 수익자부담원칙을 위배함으로써 소비자간 형평성을 해치고, 균형가격에서 벗어난 가격 책정으로 자원배분 효율성을 저해하여 자중손실(Deadweight Loss)을 발생시키며, 경제여건의 변화로 인해 경쟁력을 상실하여 더 이상 시장에서 활동할 수 없는 한계 재화를 연명시키는 문제점 등을 가져오게 된다. 현행 용도별 요금체계는 가정용 및 일반용 전기요금을 상대적으로 비싸게 유지하고 산업용 전기요금은 저렴하게 책정하여 소비자 간 형평성을 해치고 있으며, 각 용도별 요금이 해당 용도의 전력 공급 원가를 충실하게 반영하고 있지 않아 자원의 효율적 배분에 문제를 발생시키고 있다. 특히 심야전력은 본래 목적이었던 원전의 잉여 전력을 활용하는 것이 아닌 LNG 등 비싼 에너지원의 발전을 유도함으로써 한계재화가 되어버린 지 오래 되었으나 교차보조로 인한 낮은 가격으로 연명하고 있다. 이렇듯 현재 전기요금에서는 교차보조의 모든 문제점이 나타난 상황이다. 이에 더해, 전기요금에는 용도 간 교차보조 이외에도 다른 에너지원 가격이 상승하는 상황에서 전기요금 강제 동결로 인한 손실을 다른 에너지원에서 징수한 회계로 보상해주는 환경유해보조(Environmentally Harmful Subsidies)도 나타나고 있다. 환경유해보조 는 상대가격체계의 왜곡을 통해 경제시스템에 잘못된 가격신호를 보내 자원의 남용을 조장하고, 보다 환경친화적인 기술개발을 저해하며 경제 효율성을 떨어뜨리는 보조금을 의미한다. 이와 같이 현행 전기요금 체계는 소비자 간 형평성 및 에너지원 간 형평성을 해치고 있어 교차보조를 축소하고 수익자부담원칙과 원가주의를 요금체계에 반영할 필요가 있을 것이다.

셋째, 에너지가 가지는 공공재적 특성에 따라 에너지 조세 및 가격 책정은 사회적 비용을 반영하는 원칙에 기반을 두어야 하지만, 현재는 이러한 원칙이 적용되고 있지 않다. 전력을 생산하는 과정에서는 환경오염과 같은 외부성이 존재한다. 보다 합리적인 조세 부가를 위해서는 각 에너지원별로 발생시키는 이러한 사회적 비용을 내부화해야 한다. 하지만, 현재의 전력가격은 이러한 사회적 비용을 고려하고 있지 않다. 이러한 문제에 따라 산업용 요금에 가장 큰 영향을 미치는 원전과 유연탄 설비의 발전원가 자체가 낮게 산정된다. 관세와 부가가치세를 제외할 경우 같은 화석연료이면서 유연탄보다 더 청정한 에너지인 천연가스에는 개별소비세와 수입부과금이 부과되는 반면 이산화탄소 배출이나 환경오염물질을 제일 많이 배출하고 있는 유연탄에는 아무런 세금이 부과되어 있지 않다. 이는 그만큼 석유, 가스 등에 비해 전기요금의 상대가격에 유리하게 작용한다. 원전의 요금은 더 심하게 왜곡되어 있다. 이를 간접적으로 보여주는 것이 일본과 한국의 원전 발전단가의 차이다. 일본의 경우 2011년 후쿠시마 원전사태 이후 범정부 차원의 발전단가 위원회를 수립하여, 사회적 비용을 고려한 원자력의 발전단가를 재 추정하였다. 2004년 kWh당 5.9엔 이었던 원전 발전단가는 2010년 사회적 비용을 고려하여 kWh당 약 8.9엔 정도로 추정되었고, 이 값은 석탄, LNG 발전과 유사한 수준이다. 우리나라의 경우 2011년 기준 원자력 발전을 통한 전기 구입 단가는 kWh당 약 39.2원으로 사회적 비용을 고려한 일본 원전 단가의 절반 수준도 되지 않는다. 발전단가를 산정하는 방식에는 여전히 논란이 있을 수 있으나, 사고 위험 비용, 폐로비용 등의 사회적 비용을 추가하거나 현실화하는 과정이 필요하다.

결론적으로 말한다면 국내 에너지세제는 유류에 대해서는 높은 과세를 부과하는 반면 전력과 관련된 연료에는 거의 면세수준을 유지하고 있다. <표 4.1>은 2012년 1월 기준 우리나라의 에너지세제의 과세기준을 나타낸 것이다. 관세의 경우 유류에는 3%의 관세를 부과하고 있으나, 발전용 연료인 유연탄에는 1%의 관세를 부과하고 있으며 개별소비세, 교통에너지환경세, 교육세, 지방주행세에서도 큰 차이를 보이고 있다. 즉 수송용 유류는 물론 비수송용 유류에는 여러 가지 세금이 부과되고 있으나, 전력생산에 대부분을 차지하는 유연탄이나 우라늄(원전)에는 이에 부응하는 세금이 하나도 부과되지 않고 있다. 수입안정성에 대비한다는 차원에서 부과되는 수입부과금 역시 유류에는 부과되고 있으나, 발전용 연료인 유연탄과 우라늄에는 부과되지 않는다. 다만 전력의 경우 공공사업을 위한 전력산업기반기금이 전기요금의 3.7%로 부과되고 있다.

〈표 4.1〉 우리나라 에너지세제 및 부과금(2012년 1월 현재)

<table>
<tr><th colspan="2" rowspan="2">구분</th><th rowspan="2">휘발유
(원/L)</th><th rowspan="2">경유
(원/L)</th><th colspan="2">LPG(원/kg)</th><th rowspan="2">LNG
(원/m^3)</th><th rowspan="2">등유
(원/L)</th><th rowspan="2">중유
(원/L)</th><th rowspan="2">유연탄</th><th rowspan="2">전력
(원/kwh)</th><th rowspan="2">관련회계
/기금</th></tr>
<tr><th>부탄</th><th>프로판</th></tr>
<tr><td rowspan="2">관세</td><td>기본</td><td>3%</td><td>3%</td><td>3%</td><td>3%</td><td>3%</td><td>3%</td><td>3%</td><td>1%</td><td>-</td><td rowspan="4"></td></tr>
<tr><td>할당</td><td>3%</td><td>3%</td><td>2%</td><td>2%</td><td>2%</td><td>3%</td><td>3%</td><td>-</td><td>-</td></tr>
<tr><td rowspan="2">개별
소비세(a)</td><td>기본</td><td>-</td><td>-</td><td>(252)</td><td>20</td><td>48</td><td>90</td><td>17</td><td>-</td><td>-</td></tr>
<tr><td>탄력</td><td>-</td><td>-</td><td>275</td><td>14</td><td>-</td><td>-</td><td>-</td><td>-</td><td>-</td></tr>
<tr><td rowspan="2">교통
에너지
환경세(b)</td><td>기본</td><td>(475)</td><td>(340)</td><td>-</td><td>-</td><td>-</td><td>-</td><td>-</td><td>-</td><td>-</td><td rowspan="2">교 · 특(80%)
환 · 특(15%)
에 · 특(3%)
광 · 특(2%)</td></tr>
<tr><td>탄력</td><td>529</td><td>368</td><td>-</td><td>-</td><td>-</td><td>-</td><td>-</td><td>-</td><td>-</td></tr>
<tr><td colspan="2">교육세
(a, b × 15%)</td><td>79</td><td>55</td><td>41</td><td>-</td><td>-</td><td>14</td><td>3</td><td>-</td><td>-</td><td rowspan="3"></td></tr>
<tr><td colspan="2">지방주행세
(b × (36%)26%)</td><td>(171)
138</td><td>(122)
96</td><td>-</td><td>-</td><td>-</td><td>-</td><td>-</td><td>-</td><td>-</td></tr>
<tr><td colspan="2">부가가치세</td><td colspan="9">10%</td></tr>
<tr><td colspan="2">수입부과금</td><td>16</td><td>16</td><td>-</td><td>-</td><td>20</td><td>16</td><td>16</td><td>-</td><td>-</td><td>에 · 특</td></tr>
<tr><td colspan="2">판매부과금</td><td>36
(고급)</td><td>-</td><td>62.28</td><td>-</td><td>-</td><td>-</td><td>-</td><td>-</td><td>-</td><td rowspan="3"></td></tr>
<tr><td colspan="2">안전관리부담금</td><td>-</td><td>-</td><td>4.5</td><td>4.5</td><td>3.9</td><td>-</td><td>-</td><td>-</td><td>-</td></tr>
<tr><td colspan="2">품질검사수수료</td><td>0.47</td><td>0.47</td><td>0.03</td><td>0.03</td><td>-</td><td>0.47</td><td>0.47</td><td>-</td><td>-</td></tr>
<tr><td colspan="2">전력산업기반기금</td><td>-</td><td>-</td><td>-</td><td>-</td><td>-</td><td>-</td><td>-</td><td>-</td><td>3.7%</td><td>전산기금</td></tr>
</table>

주 : 지방주행세의 경우 지방세법상 36%이나 탄력세율로 26%가 적용되고 있음.
자료 : 기획재정부, 지식경제부

〈표 4.2〉 국내 유류세 현황 및 부과금

구분	근거법	납세대상	사용처	세수 (2011년)
관세	• 관세법 관세율표 – 품목 27류 2709.00~2716호 • 관세법 71조(할당관세)	모든 수입 에너지원	• 중앙정부 재정에 사용 • 보통세로 용도 미지정	1.2조
부가가치세	• 부가가치세법 제1, 2조 및 14조	모든 에너지원	• 중앙정부 재정에 사용 • 보통세로 용도 미지정	5.6조
개별소비세	• 개별소비세법 제1조	등유, 중유, LPG(프로판, 부탄), LNG	• 중앙정부 재정에 사용 • 보통세로 용도 미지정	6.0조
교통에너지 환경세*	• 교통에너지환경세법 제2조 • 교통시설특별회계법 제8조 • 환경개선특별회계법 제5조 • 에너지 및 자원사업 특별회계법 제7조 • 국가균형발전특별법 제36조	휘발유, 경유	• 교통시설특별회계 80% • 환경개선특별회계 15% • 에너지 및 자원사업 특별회계 융자계정 3% • 광역지역발전특별회계 2%	13.7조
교육세**	• 교육세법 제5조 • 지방교육재정교부금법 제3조	휘발유, 등유, 경유, 중유, LPG 부탄	• 지방교육재정교부금 100%	4.8조
주행세** (자동차세와 통합)	• 지방세법 제135조	휘발유, 경유	• 지방정부 재정에 사용 • 보통세로 용도 미지정	2.8조
수입부과금	• 석유 및 석유대체연료사업법 및 시행령 제18조 및 37조 • 에너지 및 자원사업 특별회계법 제5조	휘발유, 등유, 경유, 중유, LNG	• 에너지 및 자원사업 특별회계 투자계정	1.7조
품질검사 수수료	• 석유 및 석유대체연료사업법 제25조 및 41조	휘발유, 등유, 경유, 중유, LPG(프로판, 부탄)	• 한국석유관리원 운영비용	0.02조
안전관리 부담금	• 고압가스 안전관리법 제34조 • 에너지 및 자원사업 특별회계법 제5조	LPG(프로판, 부탄), LNG	• 에너지 및 자원사업 특별회계 투자계정	0.11조
판매부과금	• 석유 및 석유대체연료사업법 및 시행령 제18조 및 37조 • 에너지 및 자원사업 특별회계법 제5조	휘발유(고급), LPG 부탄	• 에너지 및 자원사업 특별회계 투자계정	0.33조
합계				36.7조

* 교통에너지환경세는 2013년 1월 1일부터 폐지 후 개별소비세에 통합될 예정

**교육세와 주행세는 부가세로, 개별소비세 및 교통에너지환경세에 정해진 세율 중 일정 비율을 부과

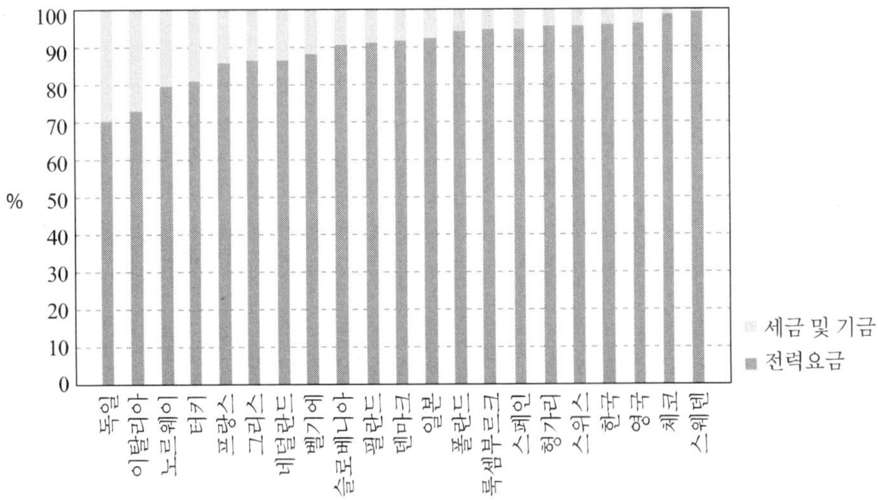

〈그림 4.4〉 주요국의 산업용 전력 가격 내 세금 비중
[자료 : IEA Energy Prices and Taxes, IEA Statistics, 2012로부터 재구성]
주 : 우측에 위치한 국가일수록 세금의 비중이 낮음.

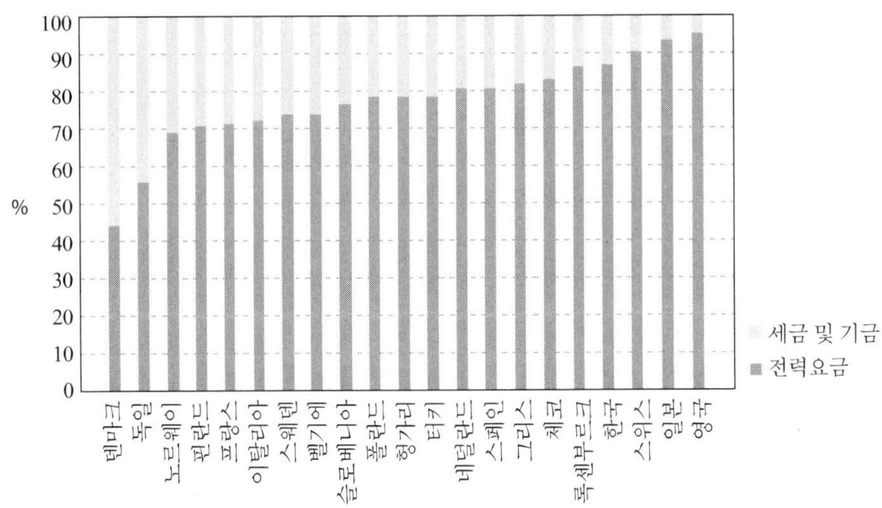

〈그림 4.5〉 주요국의 가정용 전력 가격 내 세금 비중
자료 : IEA Energy Prices and Taxes, IEA Statistics, 2012로부터 재구성
주 : 우측에 위치한 국가일수록 세금의 비중이 낮음.

국내 에너지세제를 세계 주요국들과 비교할 경우 주요국들의 전력 요금 당 세금 비중이 한국의 경우보다 훨씬 높게 나타나는 것을 다시 한 번 확인할 수 있다. <그림 4.4> 및 <그림 4.5>에서도 확인할 수 있듯이, 산업화된 국가 중에서 우리나라는 전력가격 내

세금 비중이 하위 4위권에 있는 것을 확인할 수 있다. 전력가격 내 세금 비중이 높은 국가들은 환경세 등을 추가로 전기요금에 부과하거나, 발전용 연료에 추가 세금을 부과하는 등 여러 가지 전력관련 세금을 운용함으로써, 에너지세제의 일관성을 추구하고 전력수요관리를 하는 것으로 보인다.

이처럼 에너지세제 정책에서 정부는 전력요금과 관련되는 연료에는 미미한 수준의 과세 또는 거의 면세 수준의 혜택을 부여하고 있다. 물론 최종재에 가까운 에너지에 과세를 하고 중간재로 사용되는 에너지에 세수를 낮게 부과하는 것이 산업경쟁력을 확보하고 물가안정을 도모한다는 측면에서 이해할 수 있는 부분이 있다. 하지만 에너지원에 대한 과도한 과세차별은 에너지원간 공정경쟁을 저해할 뿐만 아니라, 에너지소비의 비효율성을 유발한다는 점에서 부정적인 측면이 있다는 점을 함께 고려할 필요가 있다.

본격적으로 유류세의 국내외 현황을 알아보면 다음과 같다. 먼저 국내 유류세 현황을 설명하기 위해서는 먼저 석유 및 가스 관련 가격 구조[84]를 점검할 필요가 있다. 석유제품 가격은 시장에서 결정되지만 정부의 세금 및 보조금 지급에 의해 최종소비자 가격이 크게 영향을 받는다. 정유사 판매가격은 정유사에서 싱가포르 석유제품 가격 평균과 환율, 시장경쟁상황 등을 고려하여 자율적으로 결정하며, 대리점 및 주유소 공급가격은 정유사 판매가격에 정부 부과 유류세가 더해진 것이다. 또한, 최종소비자 가격은 대리점 및 주유소 공급 가격에 유통마진과 부가가치세가 더해진 것이다. LPG 가격 체계는 타 석유제품과 유사하나 사우디 Aramco 고시 가격을 기준으로 정유사 판매가격을 책정한다. 도시가스 가격은 정부의 직접규제 대상으로 LNG 수입비용, 제조비용 및 마진, 공급비용 및 마진, 세금 및 부과금으로 구성되어 있으며 세금 및 부과금에 대해서 살펴보면 다음과 같다.

한국의 유류세 구조를 여타 주요국들과 비교하면, 대부분의 국가들이 석유제품 소비에 대해 개별소비세를 부과하고 있으며 일부 국가들은 개별소비세와 별도로 환경세를 부과하고 있다. 한편 주행세와 교육세는 우리나라만 있는 세목으로 조사되었다.

우리나라의 유류세 부과수준이 어느 정도인지 가늠하기 위해서 OECD 국가들 간의 세율을 산업용 석유제품 및 가정용 석유제품으로 구분하여 비교하였다[85]. 우선 산업용 유류세율 순위와 가정용 유류세율 순위는 각각 <표 4.4>와 <표 4.5>과 같다.

84) 박광수, 에너지 가격체계 현안 및 개선방향, 에너지경제연구 제10권 제2호, 2011.9
85) 상동

〈표 4.3〉 주요국 유류세 구성 세목 비교

국가	유류세 구성 세목	비고
미국	• 개별소비세(Excise Tax) • 유출지하저장탱크기금조성세금(LUST tax)	• 개별소비세는 연방, 지방 별도 부과
일본	• 석유 및 석탄세(Petroleum and Coal tax) • 휘발유세(Gasoline tax) • 항공유세(Aviation fuel tax) • 석유가스세(LPG tax) • 자동차용 디젤세(Light oil delivery tax) • 지방도로세(Local road tax)	
독일	• 개별소비세 • 수송용 유류에 대한 환경세	• 유류에 최소한의 친환경연료 포함하도록 규제 • 모든 유류에 대해 비상수급 대비 유류비축기금 마련을 위한 금액이 세전 가격에 포함되어 부과[86)
프랑스	• 개별소비세	• 천연가스의 경우, 연간 18,000 GJ 이상의 산업용 소비에 대해서는 누진세 형식으로 소비세 이외에 특별세 부과(TICGN)[87)
영국	• 개별소비세(탄화수소세) • 기후변화세(환경세)	
한국	• 개별소비세 및 교통에너지환경세 • 주행세 • 교육세	

〈표 4.4〉 산업용 유류세율 순위

구분	등유	중유(고유황)	중유(저유황)
USD 기준	12/26	5/8	18/21
PPP 기준	10/26	4/8	14/21
GDP(명목) per Capita 기준	8/26	4/8	14/21
GDP(PPP) per Capita 기준	12/26	5/8	17/21

주 : 이용 가능한 수치들을 바탕으로 유류세율이 높은 순서로 순위를 매김

〈표 4.5〉 가정용 유류세율 순위

구분	등유	경유	휘발유
USD 기준	18/28	22/31	18/32
PPP 기준	15/28	10/31	8/32
GDP(명목) per Capita 기준	13/28	10/31	10/32
GDP(PPP) per Capita 기준	17/28	17/31	14/32

주 : 이용 가능한 수치들을 바탕으로 유류세율이 높은 순서로 순위를 매김

86) IEA(2012). Energy prices and taxes, quarterly statistics third quarter 2012, OECD
87) 상동

(3) 현행 에너지 세제의 문제점

본 절에서는 앞서 상세히 설명한 현행 국내 에너지세제의 문제점을 점검하고 요약하여 정리하고자 한다. 현행 에너지세제의 경우 에너지가격 왜곡의 부작용이 다양하게 나타나게 된다.

첫째, 효율성이 떨어지며 비효율적인 연료낭비를 초래할 수 있다. 전기는 1차 에너지원을 이용하여 만든 2차 에너지로서, 난방의 경우 1차 에너지를 직접 사용하지 않고 전기로 난방을 하면 결과적으로 연료를 낭비하는 결과가 발생한다. 예를 들어 난방의 경우, 등유 또는 가스 난방을 이용하는 것이 연료 수입액 측면에서 전기 난방을 이용하는 것보다 효율적이다.

<표 4.6>은 전기난방 증가에 따른 경제적 손실을 계산한 것으로 전기난방과 동일한 열량을 소비한다는 가정 하에서, 일반등유난방의 등유 수입액과 전기난방을 위한 발전연료수입액 손실을 계산하였다. 유가 수준에 따라 결과가 달라지기는 하나 유가 100달러를 기준으로 1 MWh 당 연료수입액 손실이 등유 난방대비 33.7달러(일반)~45.6달러(콘덴싱), 가스난방 대비 54.1달러(일반)~62.8달러(콘덴싱)에 달한다.

이 수치는 전력단위당 손실액이기 때문에 전기난방으로 인해 발생하는 연료낭비총액을 알기 위해서는 전기난방으로 사용한 연간전력소비량을 알아야 한다. 농촌지역 심야전기의 경우 2011년의 18,606,804 MWh, 유가 100달러로 가정할 경우 등유 및 가스 콘덴싱 기준으로 연간 8.5억(등유 콘덴싱)~11.7억 달러(가스 콘덴싱)의 손실이 발생한 것으로 판단된다. 하지만 도시지역 전기난방의 경우 전기난방의 보급대수와 사용시간에 대한 정확한 자료가 없어서 정확한 손실액을 추산하기 어렵다. 다만 몇 가지 단순한 가정에 의거하여 그 정도를 보수적으로 추산해 보고자 한다.

〈표 4.6〉 전기난방 1 MWh 증가에 따른 경제적 손실(단위 : 달러)

구 분		유가수준에 따른 연료수입액 손실		
		90 $	100 $	110 $
등유	일반	32.3	33.7	35.1
	콘덴싱	43.0	45.6	48.2
가스	일반	49.7	54.1	58.5
	콘덴싱	57.6	62.8	67.9

주 : 복합화력 기준(소내전력율 2% 송배전손실율 4%), 계산방식은 조영탁 · 김창섭(2008)과 동일

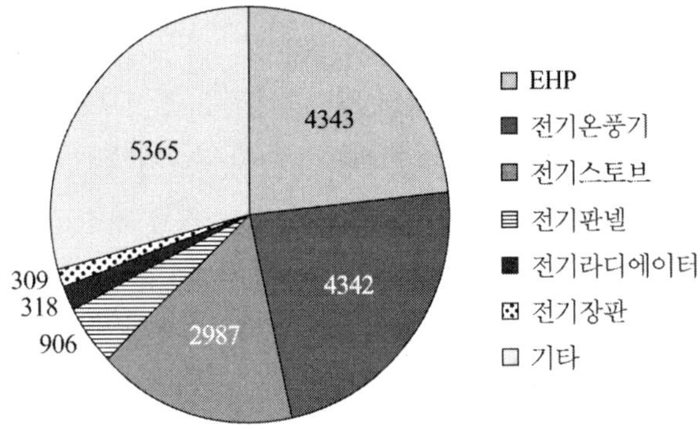

〈그림 4.6〉 전기난방기기별 용량 분포(최대전력기준) [자료 : 에너지관리공단(2011)]

〈표 4.7〉 도시전기난방의 연료손실액 시나리오

용량(MW)	사용시간	전력량(MWh)	달러(억$)
11,672	4시간 × 60일	2,801,280	1.8
11,672	6시간 × 60일	4,201,920	2.6
11,672	8시간 × 60일	5,602,560	3.5

대체로 도시전기난방은 EHP, 전기온풍기, 전기스토브 등이 큰 비중을 차지하는데, 에너지관리공단에 따르면 추정보급용량은 최대전력수치를 기준으로 EHP(4,343 MW), 전기온풍기(4,342 MW), 전기스토브(2,987 MW)로 총 11,672 MW로 추측된다(그림 4.6 참고).[88] 구체적인 사용시간에 대한 자료가 없기 때문에 아주 보수적이고 단순한 시나리오를 상정하여 동절기 12주 동안 주5일 기준으로 하루 4, 6, 8시간을 사용할 경우 유가 100달러 기준으로 가스 콘덴싱과 비교한 손실액을 계산하였다(난방효율은 모두 95%로 가정).[89]

계산결과 도시전기난방의 경우 하루 6시간 사용 기준으로 2.6억 달러의 연료손실이 발생하는 것으로 나타났다. 전술한 심야전기난방보다 손실액이 적게 나타난 것은 도시전기난방의 경우 모든 전기난방기기가 아니라 대표적인 3가지 전기난방유형만 대상으로

88) 전기난방기기의 보급총량은 18,570 MW로 추산된다.
에너지관리공단(2011), '전기난방기기 보급현황 및 수요 관리방안 개발' 참고

89) EHP는 다른 전기난방기기와 달리 외부 잠열을 이용하여 투입된 에너지보다 더 많은 열량을 생산하기 때문에 효율(성능계수)이 100%를 훨씬 상회한다. 하지만 외부온도가 낮아지면 효율은 현저하게 떨어진다. 이러한 점을 고려하고 전기스토브의 효율은 낮다는 점, 전기난방기기 중 현재 3가지 유형만 고려하고 있다는 점을 감안하여 계산편의상 3가지 전기난방기기의 효율을 95%로 단순화시켰다.

하였고, 사용시간은 정확한 자료가 없어서 보수적인 가정 하에 추산하였기 때문이다. 이상의 분석에서 전기난방(심야 및 도시전기난방)으로 인해 우리나라는 연료비손실만 최소한 연간 10억 달러(심야전기 8.5억 달러 + 도시전기난방 1.8억 달러) 이상에 달할 것으로 판단된다.

둘째, 형평성 측면의 문제로 소득역진적 난방연료가격이 책정되고 있다는 점이다. 높은 등유가격이 유발하는 또 다른 문제 중 하나는 바로 난방비 부담의 형평성 문제다. <그림 4.7>은 월 소득 구간별로 주택용 에너지원의 소비 비율을 나타내고 있는데, 소득이 높은 가구일수록 전체 에너지 소비 중 유류소비의 비중이 낮고 전력소비의 비율이 높게 나타나는 한편 소득이 낮은 가구일수록 높은 유류소비 비율과 낮은 전력 소비비율을 나타낸다. 이런 소비 추세를 바탕으로 볼 때, 저소득층 또는 소외지역 거주자들이 이용하는 난방연료인 등유나 프로판이 비싼 반면 도시가스의 가격은 상대적으로 저렴하여 도시가스를 이용할 수 없는 저소득층 거주자들이 더 비싼 난방을 이용하고 있다. 난방연료의 유효열량당 가격 비교는 <표 4.8>과 같다. 표에서도 확인할 수 있듯이, 도시가스의 열량당 가격이 등유의 65%, 프로판 가스의 42%에 그쳐 난방연료별 비용부담에 큰 차이가 있음을 알 수 있다. 그 뿐만 아니라 세금 역시 등유 소비자가 도시가스 소비자보다 유효열량당 2.5배 더 많은 세금을 부담하고 있다.

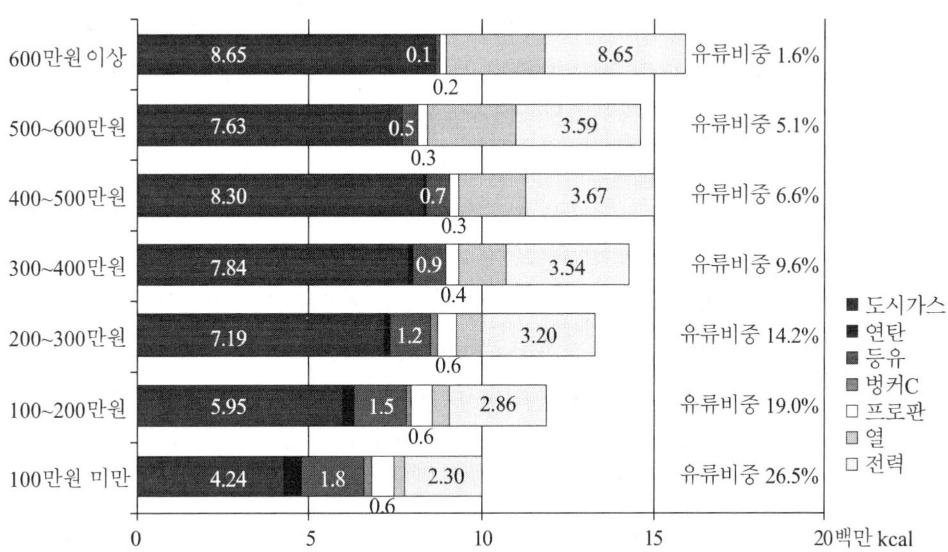

〈그림 4.7〉 월소득 구간별 주택용 에너지 소비 (2010)
[자료 : 에너지총조사 2011, 에너지경제연구원]

〈표 4.8〉 난방용 연료의 유효열량당 가격 및 세금비교(2012년 5월 첫째 주 기준)

구분	소비자가격(세금)	유효열량(kcal)	원/1000 kcal	상대비율
도시가스(m^3)	916(48)	8,440	108.5(5.7)	100(100)
등유(리터)	1,419(104)	7,160	198.2(14.5)	183(255)
프로판(kg)	2,207(14)	9,640	228.9(1.5)	211(26)

주 : 괄호는 난방연료에 부과되는 세금(교에환세, 개별소비세, 교육세)자체만 비교한 수치임.

〈표 4.9〉 전기난방 1 MWh 증가에 따른 경제적 손실

구분		이산화탄소 추가배출량(kg)	구분		이산화탄소 추가배출량(kg)
등유	일반	146.7	가스	일반	215.8
	콘덴싱	191.5		콘덴싱	249.7

주 : 난방전기발전은 복합화력 기준(소내전력율 2% 송배전손실율 4%), 계산방식은 조영탁・김창섭 (2008)과 동일

셋째, 환경성 측면의 문제로 현행 에너지 세제는 이산화탄소의 추가배출을 유발하고 있다. 에너지 전력화로 인해 이산화탄소가 추가적으로 배출되고 있다는 것이다. 전기는 2차 에너지이기 때문에 이산화탄소도 1차 에너지로 직접난방 하는 경우보다 더 많이 배출된다. 전기난방 증가에 따른 이산화탄소 배출량을 앞의 연료손실액 계산 기준과 동일한 가정 하에 산출하였다(표 4.9 참고). 전기난방은 등유난방보다 1 MWh 당 146.7 kg(일반)~191.5 kg(콘덴싱), 가스난방보다 215.8 kg(일반)~249.7 kg(콘덴싱)의 이산화탄소가 더 배출되는 것으로 나타났다.

넷째, 수급안정성 측면의 문제로 전력수급의 불안정이 심화되고 있다. 에너지 전력화는 국가적인 에너지 수급 안정성을 저해하는 문제 역시 가지고 있다. 최근 이루어진 급격한 전력화로 인해 폭발적으로 늘어난 전력 수요를 공급량이 감당하기 어려워지고 있으며, 특히 피크수요가 최대공급예비력에 근접하며 공급예비력은 지속적으로 하락 중에 있다. <그림 4.8>에서도 볼 수 있듯, 1년 중 가장 낮은 공급예비율을 기록한 것을 의미하는 최저공급예비력이 지속적으로 하락 중에 있어 우리나라 전력 수급의 불안정이 심화되고 있음을 알 수가 있다.

다음으로 현행 국내 유류세의 문제점을 정리하면 다음과 같다. 첫째, 높은 유류세로 인해 국민 부담이 가중되고 있다. 현재 우리나라 석유제품이 가계 지출에서 차지하는 비중은 꽤 높은 편이다. 통계청이 발표한 2012년 10월 기준 소비자 물가지수(통계청, www.kosis.kr)에 따르면, 총 481개 품목별 가중치(합계=1000) 중 휘발유가 28.7로 전세 및 월세에 이어 3위를 차지하고 있다. 경유 역시 13.5의 가중치로 481개 품목 중 12

위를 차지할 정도로 비중이 매우 높아, 석유제품 소비 지출이 가계에 실질적인 부담이 되고 있음을 확인할 수 있다.

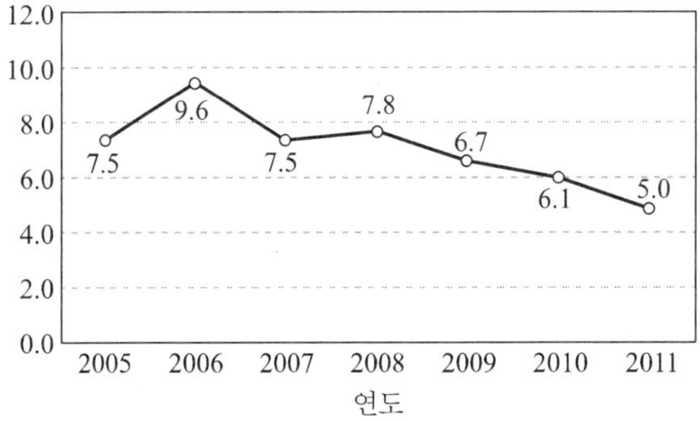

〈그림 4.8〉 우리나라 최저공급예비력 실적 [자료 : 전력거래소]

〈표 4.10〉 2012년 10월 기준 소비자 물가지수

순위	품목	가중치	순위	품목	가중치
1	전세	61.3	18	보육시설이용료	10
2	월세	30.5	19	구내식당식사비	8.9
3	휘발유	28.7	20	인터넷이용료	8.5
4	이동전화료	26.7	20	맥주(외식)	8.5
5	전기료	20.8	22	가정학습지	8.4
6	도시가스	19.6	23	돼지고기	8.3
7	학원비(중학생)	19.2	24	학교급식비	7.9
8	외래진료비	16.5	25	쇠고기(국산)	7.8
9	스마트폰이용료	16.4	26	납입금(고등학교)	7.6
10	납입금(사립대학교)	16.2	27	납입금(유치원)	6.9
11	공동주택관리비	14.4	27	미용료	6.9
12	경유	13.5	29	생선회(외식)	6.7
13	학원비(고등학생)	12.9	30	LPG(자동차용)	6.6
14	치과진료비	12.7	77	등유	2.9
14	학원비(초등학생)	12.7	104	지역난방	2.1
16	입원진료비	12.4	153	LPG(취사용)	1.4
17	시내버스료	10.9			

자료 : 통계청

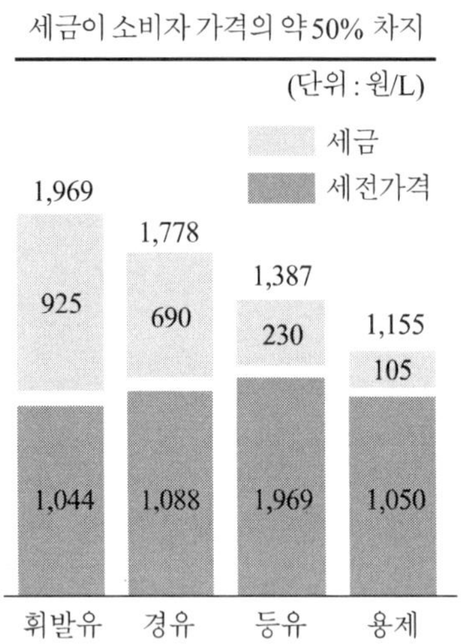

세제 목적상 에너지유와 비에너지유에 차별적 유류세 부과

		에너지유			비에너지유
구분		휘발유	경유	등유	용제
유류세	교통세	529	375	X	X
	교육세	79	56	14	X
	주행세	138	98	X	X
	소비세	0('1)	0('1)	90	X
부가가치세		179	161	105	105
합 계		925	105	230	105

(제품별 최종소비자가격 Opinet 유가정보서비스 2012년 6월 기준)
('1) 교통세가 부과되는 휘발유, 경유에 대해서는 소비세를 부과하지 않음

〈그림 4.9〉 석유제품의 소비자 가격 및 세금 구조

특히 우리나라는 석유제품에 부과된 세금이 소비자 가격의 약 50%로 높은 비중을 차지하므로(그림 4.9 참조), 유류세 인하를 통해 석유제품 소비자 가격을 낮추어 가계 부담 완화 및 물가 안정화를 도모하는 것도 고려할 수 있다. 특히 휘발유의 경우 최종소비자 가격이 10% 인하될 때마다 소비자 물가가 0.287% 인하되는 효과를 가져와, 전기요금이나 도시가스 요금을 동일한 비율만큼 인하할 때보다 더욱 큰 효과를 기대할 수 있다. 따라서 유류세 인하에 따른 물가안정화 효과는 매우 크다고 볼 수 있다. 또한 석유제품은 필수재이므로 소득계층 간 지출액 차이는 적지만, 소득 중 석유제품이 차지하는 비중은 소득계층 간 차이가 크기 때문에 현행의 유류세는 저소득층에게 더 큰 가계 부담으로 작용하는 역진적 성격이 강하다. 때문에 유류세 인하는 저소득층의 실질적 가계 부담 경감에도 큰 역할을 할 것으로 기대된다.

유류세를 인하하여 소비자 가격을 낮추어야 할 실질적 유인이 있는지를 확인하기 위해 구매력지수로 조정한 휘발유 가격 및 경유 가격을 국제비교해 볼 필요가 있다. 2012년 2분기 기준 경유 소비자 가격을 세금부과 이전과 이후 가격, 세금 비중 등으로 나누어 OECD 30개 국가와 비교한 결과는 <표 4.11>과 같다.

비교 결과, 우리나라의 세금부과 이전 경유 가격은 OECD 30개 국가 중에서 5위로 높은 편이며, 세금 수준은 13위, 세금부과 이후 가격은 8위로, 경유 가격이 OCED 타 국가들에 비해 높은 편이다. 다만 세금부과 이후 가격에서 세금이 차지하는 비중은 24위로 낮은 편이다. 그러나 세금부과 이후 경유 가격이 우리나라와 동일한 비산유국이면

〈표 4.11〉 2012년 2분기 기준 경유가격의 OECD 국가간 비교(총 30개 국가)

국가	PPP로 조정한 세금부과 이전 가격 (A)		PPP로 조정한 세금 (B)		PPP로 조정한 세금부과 이후 가격 (C = A + B)		가격에서 세금이 차지하는 비중 (B/C)	
	값	순위	값	순위	값	순위	값	순위
대한민국	1.38	5	0.84	13	2.22	8	38.0%	24
오스트리아	0.85	22	0.79	18	1.64	17	48.0%	9
벨기에	0.94	18	0.79	17	1.73	15	45.7%	16
칠레	1.16	10	0.37	23	1.52	19	24.2%	24
체코	1.39	4	1.22	3	2.62	3	46.7%	13
덴마크	0.74	28	0.66	19	1.40	18	47.2%	12
에스토니아	1.37	6	1.16	4	2.54	3	45.9%	13
핀란드	0.83	25	0.80	13	1.63	15	49.1%	6
프랑스	0.83	24	0.77	15	1.60	15	48.0%	7
독일	0.97	16	0.88	10	1.85	12	47.5%	8
그리스	1.18	8	0.98	7	2.16	6	45.5%	10
헝가리	1.76	1	1.59	1	3.35	1	47.3%	8
아일랜드	0.96	17	0.92	7	1.89	9	48.9%	6
이스라엘	1.07	13	1.06	4	2.13	5	49.7%	5
이탈리아	1.01	15	1.12	3	2.12	5	52.6%	2
일본	0.86	21	0.36	12	1.22	13	29.7%	12
룩셈부르크	0.80	27	0.53	11	1.33	10	39.8%	10
멕시코	1.10	11	0.18	11	1.27	11	13.8%	11
네덜란드	0.91	19	0.80	6	1.71	7	46.7%	5
뉴질랜드	0.85	23	0.13	11	0.98	11	13.3%	11
노르웨이	0.66	30	0.72	8	1.38	8	52.3%	2
폴란드	1.71	2	0.77	7	2.48	2	31.2%	8
포르투갈	1.28	7	1.01	3	2.29	3	44.1%	5
슬로바키아	1.61	3	1.17	2	2.78	1	42.1%	5
슬로베니아	1.17	9	0.94	2	2.10	2	44.5%	4
스페인	1.10	12	0.80	3	1.89	2	42.1%	4
스웨덴	0.82	26	0.83	2	1.64	2	50.3%	2
스위스	0.67	29	0.61	2	1.28	2	47.6%	2
영국	1.02	14	1.36	1	2.39	1	57.2%	1
미국	0.90	20	0.14	1	1.04	1	13.5%	1

자료 : 'National Accounts of OECD Countries(www.oecd.org/std/ppp)'와 'IEA, Energy Prices and Taxes 2012(Q3)'을 바탕으로 재구성

〈표 4.12〉 2012년 2분기 기준 휘발유 가격의 OECD 국가간 비교(총 31개 국가)

국가	PPP로 조정한 세금부과 이전 가격(A)		PPP로 조정한 세금(B)		PPP로 조정한 세금부과 이후 가격(C = A + B)		가격에서 세금이 차지하는 비중(B/C)	
	값	순위	값	순위	값	순위	값	순위
대한민국	1.33	6	1.13	13	2.46	9	46.0%	24
오스트리아	0.81	26	0.90	21	1.72	22	52.7%	13
벨기에	0.93	17	1.05	15	1.98	18	53.0%	12
캐나다	0.82	25	0.33	29	1.15	30	28.7%	28
칠레	1.14	10	0.84	24	1.98	17	42.5%	25
체코	1.30	7	1.37	6	2.67	5	51.3%	14
덴마크	0.73	30	0.88	23	1.61	24	54.5%	9
에스토니아	1.36	5	1.23	9	2.59	7	47.5%	19
핀란드	0.76	28	1.02	17	1.78	21	57.2%	3
프랑스	0.83	23	1.00	18	1.83	20	54.8%	8
독일	0.93	18	1.15	12	2.08	15	55.4%	7
그리스	1.07	12	1.41	5	2.48	8	56.8%	4
헝가리	1.70	2	1.66	1	3.36	2	49.5%	17
아일랜드	0.90	19	1.07	14	1.96	19	54.4%	10
이스라엘	1.05	14	1.05	16	2.09	14	49.9%	16
이탈리아	0.98	15	1.28	8	2.26	12	56.6%	5
일본	0.82	24	0.59	26	1.41	27	41.9%	26
룩셈부르크	0.78	27	0.69	25	1.47	25	46.8%	23
멕시코	1.14	11	0.18	30	1.32	28	13.8%	30
네덜란드	0.89	20	1.23	10	2.12	13	57.8%	2
뉴질랜드	0.88	22	0.58	28	1.46	26	39.7%	27
노르웨이	3.47	1	0.89	22	4.36	1	20.4%	29
폴란드	1.64	3	1.47	3	3.12	3	47.3%	20
포르투갈	1.22	8	1.42	4	2.64	6	53.8%	11
슬로바키아	1.54	4	1.49	2	3.03	4	49.3%	18
슬로베니아	1.15	9	1.18	11	2.33	10	50.6%	15
스페인	1.06	13	0.95	19	2.01	16	47.2%	21
스웨덴	0.74	29	0.94	20	1.68	23	55.9%	6
스위스	0.65	31	0.58	27	1.23	29	47.2%	22
영국	0.94	16	1.35	7	2.28	11	59.0%	1
미국	0.88	21	0.14	31	1.02	31	13.2%	31

자료 : 'National Accounts of OECD Countries(www.oecd.org/std/ppp)'와 'IEA, Energy Prices and Taxes 2012(Q3)'을 바탕으로 재구성

서 경쟁국인 일본(21위), 프랑스(24위), 독일(16위), 이탈리아(15위)보다 높은 수준으로 국민들에게 큰 부담을 주고 있으므로 경쟁력 확보 차원에서 세금 부분의 인하를 적극 고려해야 할 필요가 있다.

마찬가지로, 2012년 2분기 기준 휘발유 소비자 가격을 세금부과 이전과 이후 가격, 세금 비중 등으로 나누어 OECD 30개 국가와 비교한 결과는 <표 4.12>와 같다.

우리나라의 세금부과 이전 휘발유 가격은 OECD 31개 국가 중에서 6위로 높은 편이며, 세금 수준은 13위, 세금부과 이후 가격은 9위로, 휘발유 가격이 OECD 타 국가들에 비해 높은 편에 속한다. 다만 세금부과 이후 가격에서 세금이 차지하는 비중은 24위로 낮은 편이다. 그러나 세금부과 이후 휘발유 가격이 우리나라와 동일한 비산유국이면서 경쟁국인 일본(27위), 프랑스(20위), 독일(15위), 이탈리아(12위)보다 높은 수준으로 국민들에게 큰 부담을 주고 있으므로 경쟁력 확보 차원에서 세금 부분의 인하를 적극 고려해야 할 필요가 있다.

또한, 높은 유류세로 인해 산업경쟁력 약화가 초래되고 있다. 현재 우리나라의 휘발유, 경유, 등유 수요의 약 2/3는 산업용 중간재로 사용되고 있다(표 4.13 참조). 이런 상황을 감안할 때, 높은 유류제품 가격은 결국 대외 산업경쟁력의 약화로 귀결될 것이다. 따라서 산업경쟁력 확보의 측면에서도 유류세를 인하하여 석유제품 가격을 낮추는 것이 바람직할 것이다. 한편 유류세가 인하되면 석유제품에 대한 수요가 증가하고 이는 원유 수입 증가를 유발하여 무역수지를 악화시킨다는 반론을 제기될 수 있다. 하지만 석유제품에 대한 수요는 가격에 대해 비탄력적이므로 유류세 인하를 통해 소비자 가격이 인하되더라도 수요 자체가 크게 늘어나지는 않는다. 또한 석유제품에 대한 소비증가가 경제 성장을 유발한다는 국내외 연구결과가 많음을 감안하면, 수입이 늘어나더라도 GDP의 증가가 이를 상쇄할 수 있는 최적 소비 비중을 도출할 수 있을 것이다.

이러한 측면에서 2011년 기준 38.7%라는 현재의 석유소비 비중이 과연 바람직한가에 대해 검토해 볼 필요가 있다. GDP를 최대화하는(GDP-maximizing) 최적 석유소비 비중을 도출하기 위해 최적 정부규모, 최적 SOC 투자 규모 도출에서 활용되는 경제학적 모형을 차용하여 1차 에너지 소비에서 석유소비가 차지하는 비중의 최적값(optimum)을

〈표 4.13〉 한국은행 발표 2010년 산업연관표 기준 유류제품 소비구조

구분	휘발유	경유	등유	합계
산업용 중간재	5조 6,306억원	26조 1,196억원	2조 1,376억원	31조 7,502억원
민간 최종재	12조 5,557억원	3조 3,530억원	1조 5,859억원	15조 9,087억원
소계	18조 1,863억원	29조 4,696억원	3조 6,935억원	47조 6,589억원

자료 : 한국은행(2012), 2010년 산업연관표 연장표

도출하였다. 분석을 위해서 1차 에너지 소비 및 석유소비는 국가에너지통계시스템(http://www.kesis.net)에서 제공하는 1981～2011년의 자료를 활용하였고, 노동 및 자본스톡 자료는 EU KLEMS Growth and Productivity Accounts(http://www.euklems.net)를 활용하였다. EU KLEMS Growth and Productivity Accounts는 1970～2007년까지의 자료를 담고 있기에, 두 자료의 교집합에 해당하는 1981～2007년까지의 27년치 자료를 이용하여 분석하였다.

모형에 대해 간략히 설명하면 다음과 같다. t기의 어떤 경제 내에서의 산출량은 총 노동 투입량(L_t), 총 자본 투입량(K_t), 총 에너지 소비량(E_t)의 세 부문의 함수로 구성된다고 가정한다. 이 때 총 에너지 소비량은 석유 소비량(P_t)와 비석유 에너지 소비량($E_t - P_t$)로 구분될 수 있으며, 총 에너지 소비량 중 석유 소비량의 비중을 λ로 정의한 후 Cobb-Doublas 생산함수를 가정하여 log를 취하면 다음과 같다.

$$\ln Y = \ln A + \alpha \ln L + \beta \ln K + \gamma \ln P + \delta \ln[(1-\lambda)E]$$

이때 α, β, γ, δ가 0보다 크고 1보다 작다고 가정하면(not homogeneity of degree one), 석유 소비량은 생산량에 양의 영향을 미치면서 체감하고$\left(\frac{\partial Y}{\partial P} > 0,\ \frac{\partial^2 Y}{\partial P^2} < 0\right)$, 총 에너지 소비량 중 석유비중은 생산량에 음의 영향을 미치면서 체증하게 된다$\left(\frac{\partial Y}{\partial \lambda} < 0,\ \frac{\partial^2 Y}{\partial \lambda^2} < 0\right)$. 이때 생산함수에 석유 소비량 대신 $P_t = \lambda E_t$와 상수항 대신 $a = \ln A$를 대입하면 추정식은 다음과 같이 도출된다.

$$\ln Y_t = a + \alpha \ln L_t + \beta \ln K_t + \gamma \ln \lambda E_t + \delta \ln[(1-\lambda)E_t] + \epsilon_t$$

추정된 결과를 바탕으로 생산량을 극대화시키는 최적 석유소비비중(λ^*)은 다음 식을 통해 구할 수 있다.

$$\lambda^* = \frac{\gamma}{(\delta + \gamma)}$$

상기 모형을 분석할 때에, 시계열분석에서 문제가 되는 1차 계열상관(first-order auto-correlation)의 문제를 해결하기 위해 코크란－오컷(Cochrane－Orcutt)의 반복추정법 및 힐드레드－루(Hildreth－Lu)의 반복추정법을 적용했다. 두 추정법을 이용한 분석결과가 별다른 차이를 보이지 않으므로 편의상 전자의 추정결과를 제시하면 <표 4.14>와 같다.

추정 결과, 최적 석유소비 비중은 46.81%(t-값 = 5.44)로 추정되었는데, 이는 과거 실적 기준으로 보면 2003～2004년에 해당하는 값으로서 2011년 기준 석유소비 비중 38.7%에 비해 현저하게 높은 값이다. 따라서 성장을 극대화하기 위해서는 현행 석유소

〈표 4.14〉 추정 결과($R_2=0.999$, $DW=1.83$)

	모수 추정치	t-값	P-값
상수항	5.0168**	3.14	0.002
노동항(α)	0.3941**	3.06	0.002
자본(β)	−0.0038	−0.11	0.914
석유 소비항(γ)	0.2076**	4.30	0.000
비석유에너지소비항	0.2359**	2.76	0.006
ρ	0.9648**	54.72	0.000

비 비중을 상향 조정할 필요가 있다는 결론을 내릴 수 있으며, 석유소비 비중이 낮아진 것이 급속한 전력화에 기인한 것이라는 사실을 유추할 수 있다. 석유소비 비중을 상향 조정하는 데 있어서는 유류세 인하가 가장 결정적인 역할을 할 수 있으므로, 유류세 인하를 통해 1차 에너지 소비에서 석유소비가 차지하는 비중을 늘리는 정책을 적극 추진해야 할 필요성이 있다.

4.1.2 에너지세제 개편의 필요성

현행 국내 전기요금 개편의 필요성 및 당위성은 다음과 같이 정리할 수 있다. 앞서 살펴본 바와 같은 왜곡된 전기의 소비구조 및 폐해를 최소화하기 위해서는 전기가격 정상화가 시급하다. 2차 에너지인 전기가 1차 에너지보다 싼 현재의 왜곡된 가격구조 하에서는 급속한 전기화를 막는 것은 사실상 불가능하며, OECD 국가 중 등유가 전기보다 비싼 국가는 우리나라가 유일하다는 사실에 비추어볼 때(그림 4.10 참조), 전기가격을 조정해야 할 필요성은 충분하다.

세부적으로 에너지 세제와 전기요금이 정책에 의해 결정되는 우리나라 에너지 가격의 특징을 OECD 유럽, 일본과 비교를 통해 살펴보자. <그림 4.11>에서와 같이 가정용 에너지의 경우 한국의 유류가격(등유)이 OECD 유럽국가 평균을 상회하는 것으로 나타나고 있으며, 전력 가격은 일본 및 OECD 유럽 국가들이 약 1/3 수준으로 나타난다. 또한 가정용 도시가스는 OECD 유럽 국가들이나 일본에 비해 저렴한 것으로 나타난다. OECD 유럽 주요국가의 가정부문 에너지 가격을 살펴보면, 대부분 난방 에너지인 도시가스와 경질유의 가격이 낮은 반면 전기의 가격이 높은 편이다. 그러나 한국의 경우는 천연가스의 가격이 낮고, 1차 에너지인 중유보다 2차 에너지인 전기의 가격이 낮은 편이다. 국내 도시가스가 수송과 저장에서 고비용이 소요되는 액화천연가스(LNG)임에도 불구하고 가격이 OECD 유럽 주요국 수준과 유사하다는 점은 특이사항이라고 할 수 있다. 한국처럼 LNG를 사용하는 일본의 가정용 도시가스 가격은 OECD 국가들 보다 매우 높은 수준이다.

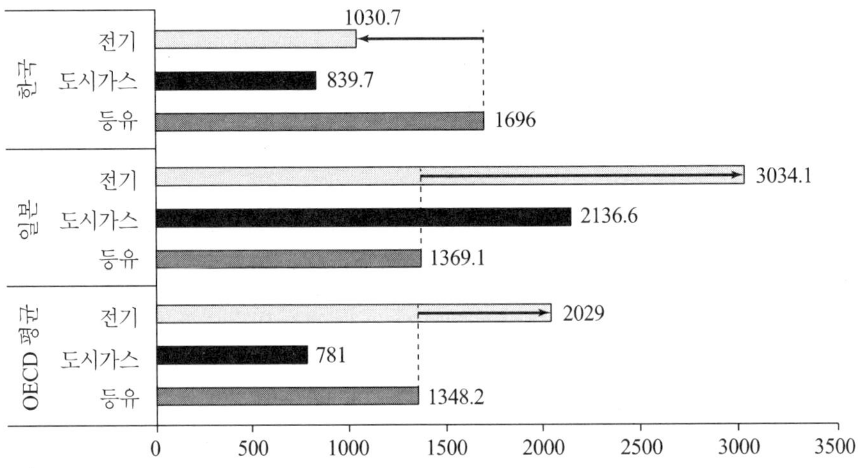

〈그림 4.10〉 국가간 에너지원별 가격비교(USD/TOE)
[자료 : IEA Energy Prices and Taxes 2012, 3rd quarter 및 2007, 3rd quarter]

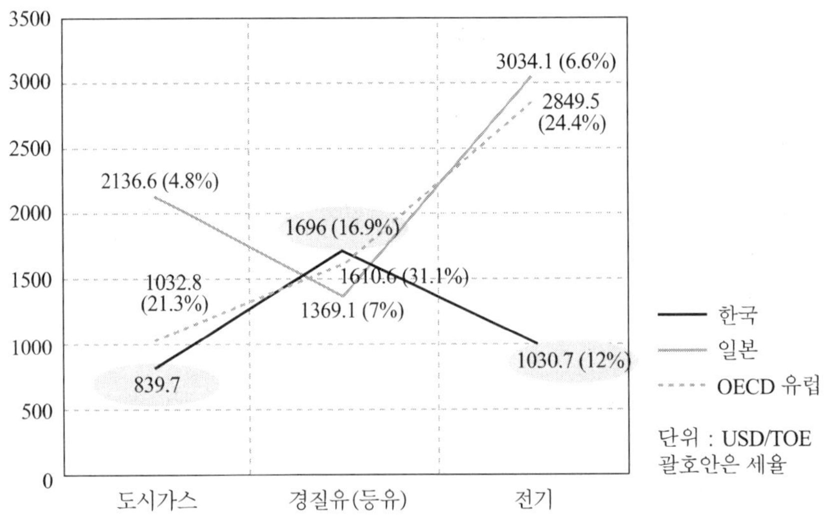

〈그림 4.11〉 OECD 유럽국가와 한국의 가정용 에너지 가격 비교
[자료 : IEA Energy 자료 : Prices and Taxes 2012, 3rd quarter]
주 : 등유의 경우 OECD유럽의 평균 가격이 자료에 제시되어 있지 않아 가격이 명시된 총 21개국의 평균값으로 산출

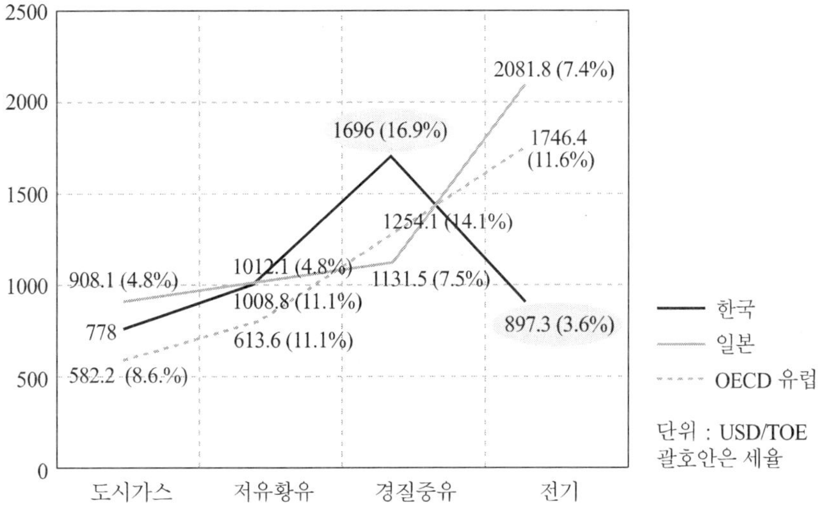

〈그림 4.12〉 OECD 유럽국가와 한국의 산업용 에너지 가격 비교
[자료 : IEA Energy Prices and Taxes 2012, 3rd quarter]

<그림 4.12>에서는 산업용 에너지의 가격을 비교하고 있다. 중유의 경우 일본을 포함한 OECD 유럽국가 대비 높은 것으로 나타나고 있으며, 전력 가격은 가장 낮은 수준을 보이고 있다. 한국의 산업용 전기요금은 OECD 유럽 국가들 혹은 일본에 비해 낮은 수준인데, 이는 국내 산업용 전기요금 중 전체 산업용 전력수요의 많은 비중을 차지하는 낮은 경부하 요금에 의해 산업용 요금 평균이 하락하기 때문으로 보인다.

가정용 에너지와 산업용 에너지 가격을 OECD 유럽국가 및 일본과 비교하여 살펴본 결과 공통적으로 나타나는 현상은 한국의 전력가격이 매우 저렴하게 나타난다는 점이다. 특히, 비교 대상 국가들에서는 1차 에너지원인 석유가 2차 에너지원인 전기에 비해 낮은 가격을 나타나고 있으나, 한국은 2차 에너지원인 전기가 1차 에너지원인 석유보다 낮은 가격을 나타낸다. 이렇게 전력 가격이 낮게 나타나는 데에는 전력 부문에서 발전원가가 낮은 원자력과 유연탄 발전의 비중이 상대적으로 높아 공급원가 자체가 낮다는 점과 주택용 심야전기, 산업용 경부하 요금 등 가격이 낮은 밤 시간대의 전력 소비 비중이 높아 각 용도별 요금의 평균이 낮아진 것으로 판단된다.

전기요금 조정을 통한 전기 소비 정상화에 대한 시사점은 수도요금 현실화 정책을 통해 상수도에 대한 수요관리에 성공한 사례로부터 얻을 수 있다. 우리나라는 1970년대 이후 상수도 소비량이 급증하였는데, 이를 억제하기 위해 물이용 부담금 부과, 원가반영 비율 상승 등의 정책적 수단을 이용했다. 물이용 부담금은 1999년 8월부터 일반 가정과 음식점, 기업들의 물 사용량에 비례하여 수도요금 통합고지서에 같이 고지하는 방식으로 부과하였으며, 최초에는 한강 수계인 수도권에만 적용하다가 2002년 7월부터 낙동강, 금강, 영산강 · 섬진강 수계로까지 확대하였다. 부담금은 한강 및 금강 수계의 경우 1 t 당 160원, 낙동강 수계의 경우 150원, 영산강 · 섬진강 수계는 170원으로 수계에 따라 차별적으로 부과되었다. 이와 더불어 정부는 2001년 12월에 관계부처 협의를 통해 당시 원가의 80% 수준인 광역상수도 요금을 현실화하기로 하고, 매년 광역상수도 요금을 2002년 원가의 87%, 2003년 원가의 94%, 2004년 100% 수준으로 인상하기로 결정했다.

물론 상수도 수요관리의 성공에는 노후관 교체사업을 통한 누수량 감소, 절수기 설치 등의 요인들이 복합적으로 작용하였지만, 위와 같은 가격정책이 매우 유효한 요인임은 부인할 수 없다. 실제로 1970년 이래 급격한 증가를 보이던 용수수요는 지난 수년간에 걸친 수도요금 인상으로 그 증가세가 상당히 누그러졌을 뿐만 아니라(그림 4.13 참조), 수도요금 현실화가 단계적으로 시행될 경우 용수수요에 보다 안정적인 영향을 미치는 것으로 분석되었다(곽승준 외, 2004). 상수도 수요관리의 경우 사실상 상수도의 대체재가 없기 때문에 가격 인상이 가계 부담으로 직결되는 일부 부작용이 존재하였다. 하지만 전기는 상수도와는 달리 석유라는 대체재를 가지고 있기 때문에, 가격을 현실화시킬 경우에 수요억제뿐만 아니라 보다 효율적인 에너지 소비를 할 수 있도록 유인하는 역할을 할 수 있다.

〈그림 4.13〉 1인 1일 급수량 추이 [자료 : 환경부 상수도통계]

전기요금과 동시적으로 추진해야 할 유류세 개편의 당위성은 다음과 같다. 앞서 살펴본 바와 같이 현재 높은 석유제품 가격은 국민들에게 실질적 부담을 줄 뿐 아니라 산업경쟁력 측면에도 악영향을 가져오므로, 석유제품 가격의 인하를 위해 유류세를 조정해야할 필요성이 대두되었다. 이런 문제점과 더불어 고려해야 할 것은 현행 유류세 체계가 고소득층보다 저소득층의 가계에 더욱 부담이 되는 역진적인 성격이 매우 강하게 나타나고 있다는 것이다(자원경제학회, 2012). <표 4.15>에 따르면, 수송용 유류에 대한 절

〈표 4.15〉 소득별 유류세 분포

순위	수송용 유류 지출액	가계소득에서 차지하는 비중			
		수송용 유류 지출	휘발유 세금	경유 세금	LPG 세금
1	1,170,682	8.5%	2.07%	0.97%	1.59%
2	1,466,096	5.9%	1.67%	0.50%	1.09%
3	1,763,448	5.7%	1.54%	0.63%	0.77%
4	1,838,607	5.1%	1.36%	0.61%	0.58%
5	2,071,453	5.0%	1.28%	0.55%	0.81%
6	2,001,783	4.3%	1.23%	0.45%	0.49%
7	2,185,143	4.1%	1.09%	0.49%	0.53%
8	2,361,414	3.9%	1.02%	0.49%	0.47%
9	2,590,559	3.6%	1.01%	0.34%	0.57%
10	2,871,900	2.8%	0.82%	0.26%	0.37%
전체	2,032,799	4.2%	1.15%	0.45%	0.59%

자료 : 자원경제학회 (2012), 수송용 유류세 개편 연구

대적인 지출액은 소득이 높은 분위에서 높게 나타나고 있지만, 가계소득에서 차지하는 비중은 소득이 낮은 분위의 가구에서 높게 나타나고 있다. 예를 들어, 소득이 가장 낮은 1분위 가구의 경우 소득 중 수송용 유류에 지출하는 금액이 약 8.5%에 이를 정도로 높게 나타나고 있다. 또한 수송용 유류 소비에 따라 부담하는 세금이 가구소득에서 차지하는 비중도 소득이 낮은 분위의 가구에서 높게 나타나 조세부담이 역진적임을 확인할 수 있다.

또한 현재 석유제품에 대한 세금 구조는 교통세, 교육세, 주행세, 소비세로 구성되는 유류세를 매긴 가격에 대해 다시 부가가치세를 부과하는 체계이므로 이를 합리화하기 위해 유류세제를 개편할 필요성이 제기되고 있다. 이는 전기요금 부과액의 경우 전력산업기반기금 납부액을 적용하기 전 전기요금에 대해 부가가치세가 부과되고 있음을 비교할 때, 석유제품 소비에 대해서 이중과세를 취하는 불합리한 구조라고 볼 수 있다. 특히 휘발유의 경우 부가가치세를 현재와 같이 리터당 179원이 아닌 유류세 부과 이전 가격에 부과된 리터당 104원을 징수하는 것이 합리적이므로, 소비자들은 휘발유 리터당 75원(= 179원 − 104원) 만큼 부당하게 세금을 납부하는 것으로 볼 수 있다. 이런 왜곡된 세금 구조를 교정하기 위해서는 유류세 부과 이전 가격에 부가가치세 부과와 유류세 인하라는 두 가지 방식을 고려할 수 있다. 만일 유류세 부과이전 가격과 유류세의 합에 대해 부가가치세를 부과하는 현행 방식을 유지하면서 부당하게 납부하는 리터당 75원 만

큼을 감하려 한다면, 유류세를 약 72원 정도 인하하는 것이 바람직하다.

이외에 불법석유 근절을 위해서도 유류세 개편이 필요하다는 주장을 제기할 수 있다. 현재 국내 휘발유 소비량의 약 6%, 경유 소비량의 28%가 가짜석유로 유통되고 있어 다른 나라에 비해 비교적 높은 수준의 유통비율을 보이고 있다. 이러한 가짜 및 탈세석유로 인한 유류세 손실액은 3.7조원으로 추산되며, 만일 이 금액이 정상적으로 징수되어 정부재정으로 귀속된다면 단위당 유류세를 129원/L 인하할 수 있을 만큼 큰 금액이다. 가짜 및 탈세석유가 유통되는 가장 큰 원인은 세금차이로 인한 부당이익으로(강승진 외, 2012), 특히 소비자가격에서 세금의 비중이 50%에 달하는 수송용 에너지의 경우 조세포탈을 통해 부당이익을 취할 유인이 매우 높다고 볼 수 있다. 현재와 같은 유종별 차등과세 및 용도별 면세제도는 현실적으로 가짜 및 탈세석유를 통해 부당이익을 실현할 수 있는 기회로 작용하기 때문에, 유류세 개편을 통해 이를 해소하는 것이 필요하다.

우리나라는 또한 동일열량 대비 에너지원의 가격을 비교했을 때 1차 에너지인 석유, 석탄, 천연가스보다 전력이 더욱 저렴한 왜곡된 가격 구조를 가지고 있다. 일반적으로 1차 에너지에 비해 2차 에너지인 전력은 낮은 효율과 발전 과정 중 추가적으로 발생하

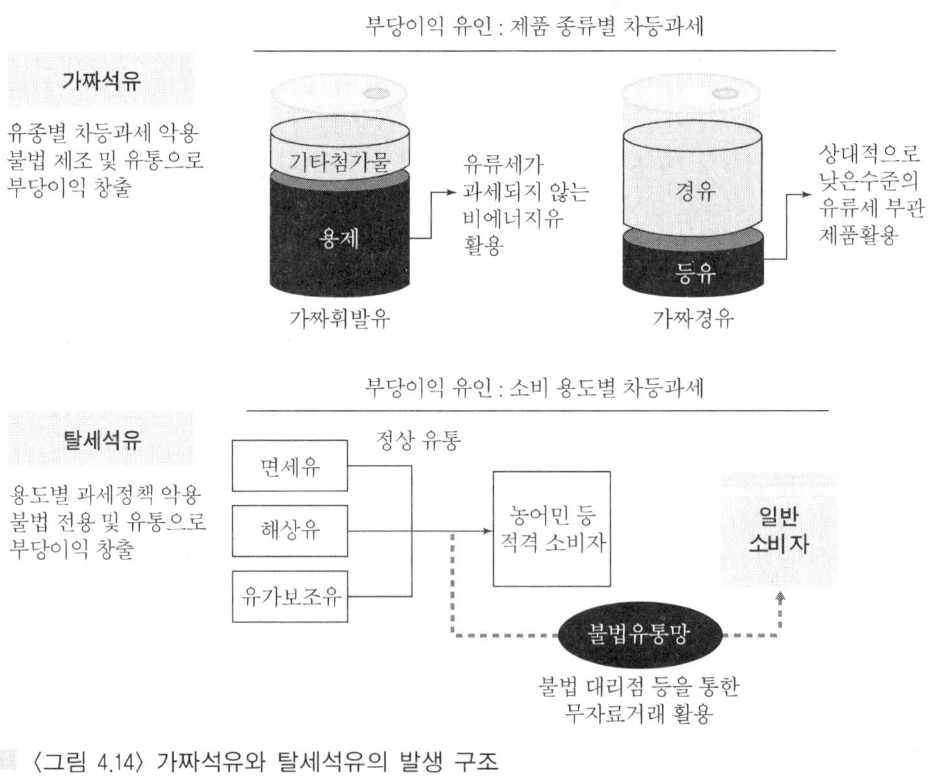

〈그림 4.14〉 가짜석유와 탈세석유의 발생 구조
[자료 : 강승진 외(2012), 가짜·탈세석유 근절방안 연구]

는 사적 및 외부비용 등의 사회적 비용을 고려하여 동일 열량 대비 가격이 더 비싼 것이 자연스럽다. 그러나 우리나라의 경우 정부가 물가관리 차원에서 전기요금 자체를 강하게 통제하고 전력 공급 주체가 한전이라는 공기업이므로, 사업의 지속성을 유지하기 힘든 상황에서도 적자를 감수하고 낮은 전기요금을 고수하고 있다. 그러나 이런 낮은 전기요금은 에너지과소비를 부추기고 에너지절약 유인을 저해하며, 신재생에너지 보급의 걸림돌로 작용하고 있다. 또한 이미 에너지원간 상대가격이 왜곡된 상황에서 과거에 비해 높은 유류제품 가격은 전력과소비 구조를 더욱 악화시킬 것으로 보인다. 전기요금 조정시기가 늦어질 경우 전력과소비 현상의 고착화와 에너지 다소비 형태의 산업구조 전환이 심화될 가능성이 크므로, 장기적이고 거시적 관점에서의 국익과 소비자 편익제고를 위해 전기요금의 조정이 필요하다. 많은 OECD국가들이 온실가스 배출감소를 목표로 국내탄에 대한 지원 중단과 더불어 수입석탄에 대한 과세 확대 정책을 병행하고 있으므로, 국내에서도 대기오염 등 사회적 비용을 에너지원 과세에 반영하여 전력과 타 에너지원 간의 공정경쟁 및 왜곡된 상대적 가격 해소에도 긍정적 영향을 줄 수 있다. 다만 세수 증가를 통해 국민들의 부담만 일방적으로 늘어나는 것은 바람직하지 않으므로, 세수 중립 유지의 차원에서 다른 세금을 경감할 필요성이 있다.

4.2 에너지세제 개선 방향

4.2.1 전기요금 현실화 방안

에너지 시장 왜곡의 가장 큰 문제는 일관되지 않은 조세 기준에 따른 가격 왜곡이다. 에너지 조세 기준에 있어 가장 널리 쓰이며 합리적인 기준은 바로 환경적 비용을 고려하는 것이다. 그러나 우리나라에서 현재 발전용 에너지 조세는 일관된 기준 없이 3대 주력전원(원자력, 유연탄, LNG) 중 LNG에만 약 92,400원/톤[90]이 적용되고 있으며 이는 탄소배출량기준으로 환산 시 33,000원/CO_2톤이다. 반면, 유연탄은 <그림 4.15>와 같이 이산화탄소 배출이 가장 높은 발전원임에도 불구하고 환경 조세에 있어 면세처우를 받고 있어 조세의 일관성 및 형평성을 해치고 있다. 따라서 이산화탄소 배출량을 기준으로 일관된 과세조치를 할 필요가 있다.

---

90) 관세, 안전부담금, 부가가치세 제외

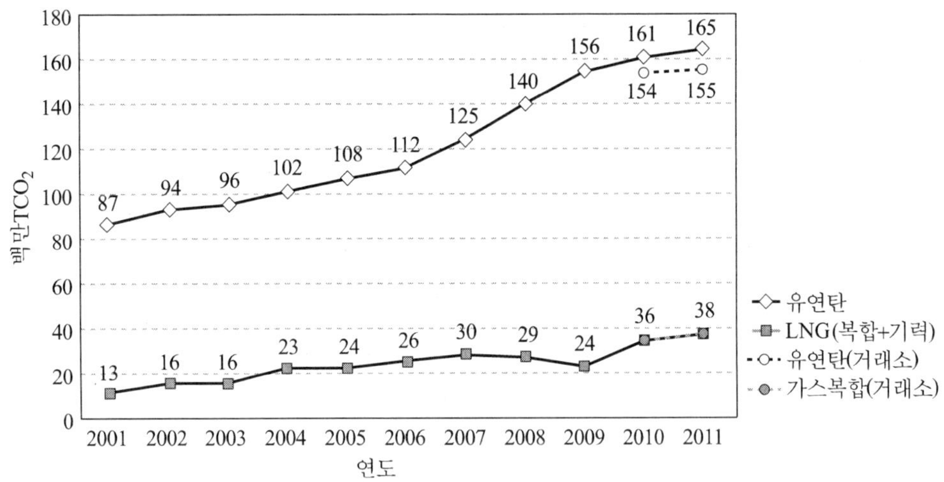

〈그림 4.15〉 발전용 연료의 연간 CO_2 배출량

따라서 발전용 유연탄에 대한 이산화탄소 배출량에 비례하는 탄소세 신설을 개편방안으로 고려해야 한다. 이산화탄소 배출계수를 바탕으로, 현행 LNG 조세 기준을 유연탄에 비례 적용하면 유연탄으로부터 상당량의 세수가 발생할 것으로 예상된다. 이러한 개편안을 수용하였을 경우 발전단가 및 세수 인상 효과가 어떻게 될 지를 분석해 보았다. 현재 LNG 발전에 부과되는 세금은 개별소비세, 수입부과금, 부가가치세이다. 이 외에 부과되는 안전관리부담금의 경우는 가스의 폭발이나 안전사고에 대한 세금이므로 유연탄의 경우엔 이러한 위험이 발생하지 않으므로 고려 대상에서 제외하였고 관세도 마찬가지로 제외하였다. 이렇게 LNG의 이산화탄소 당 부과되는 세금을 기준으로 발전용 유연탄에 비례 과세된다고 가정하였으며, 유연탄 과세액은 이산화탄소 당 세금이 한전의 유연탄 구입액에 그대로 더해진다고 가정하여 도출하였다. <표 4.16>과 같이 최종 구입단가 인상분은 29.4원/kWh로서 기존(2011년)의 구입단가인 67.2원/kWh 기준으로 43.7% 상승하게 된다.

〈표 4.16〉 발전용 유연탄 과세시 구입단가 인상 효과

구분	단위	실적
유연탄 2011년 구입량	MWh	185,778,207
유연탄 2011년 구입액	백만원	12,487,529
유연탄 2011년 구입단가	원/kWh	67.2
유연탄 탄소세	백만원	5,453,783
탄소세적용 시 유연탄 구입단가 인상분	원/kWh	29.4

그 다음으로 고려할 수 있는 것은 바로 원자력에 대한 손해배상세이다. 원자력 발전의 경우 사고발생 시 환경적 피해에 대한 배상과 복구비용은 결국 국가가 부담할 수밖에 없다. 최근 일어난 후쿠시마 사고의 경우를 보더라도, 현재까지의 배상비용이 8.7조엔(약 121조원)에 이르렀으며 향후 총 20조엔(약 280조원)까지 배상비용은 불어날 것으로 예상되는 상황이다. 이 중 대부분을 일본 정부가 국채발생으로 부담하였고, 납세자로부터 세금인상(소비세 100% 인상) 및 도쿄전력의 전기요금 인상방안이 허가되었다. 국내의 경우, 원전 사고 발생 시 발전사업자는 원전부지 당 불과 500억 원의 손해배상책임을 부담하게 되어 있다. 이것은 일본의 경우를 비추어 보더라도 매우 작은 금액이나, 그렇다고 하여 손해배상액을 500억 원 보다 늘릴 경우 이를 책임질 수 있는 민간보험사가 없다는 것이 문제가 된다. 원전사고가 5,000노년(爐年, 500기 × 10년) 당 1회씩 꾸준히 발생해 온 것을 감안할 때, 향후 발생할 수 있는 원전사고에 대한 사전적 배상조치로서 해외 실제사고피해를 기준으로 손해배상조치 기준을 재확립할 필요가 있다. 즉, 현행 민간보험사를 통한 손해배상을 정부 세수로 전환하여, 중장기적으로 국가에 전가되어 있는 부담을 발전사업자가 부담하도록 정상화 조치를 하는 것이 원자력 손해배상세의 취지이다.

원자력 손해배상세는 기본적으로 발전사업자가 위험을 부담하도록 세금을 신설하는 것이다. 원전폐지시한을 30년으로 가정하고, 동 기간 내에 한국수력원자력으로부터 총 보상액 회수 완료 원칙을 적용하면 <표 4.17>과 같이 보험료율 1% 적용 시 연 2.67조, 26년간 69.4조원을 회수할 수 있게 된다. 이때, 계산 편의상 물가상승률 불변을 가정하였고, 후쿠시마 배상액을 기준으로 보상료를 추정하였다.

이러한 원자력 손해배상세로부터 구입단가 인상효과를 도출해 보았다. 일본 원전 손해배상제도를 기준으로 원전 보험료를 재산정 하였으며 위험부담세가 한전의 원전전력 구입액에 그대로 더해진다고 가정하여 도출하였다. 산출 결과 <표 4.18>과 같이 인상분은 18.1원/kWh로서 기존(2011년) 구입단가인 39.2원/kWh 기준으로 약 46% 상승이 일

〈표 4.17〉 후쿠시마 사례 국내적용 시 보상료(추정)

구분	보상기준(10억원)	보상료율	보상료/년(억원)
고리 1~4호기	66,917	0.66%	4,417
신고리 1, 2호기	66,917	0.33%	2,208
영광 1~6호기	66,917	1%	6,692
월성 1~4호기, 신월성 1, 2호기	66,917	1%	6,692
울진 1~6호기	66,917	1%	6,692
계			26,700

〈표 4.18〉 원자력 손해배상세 과세시 구입단가 인상 효과 시 보상료

구분	단위	실적
원전 2011년 구입량	MWh	147,763,461
원전 2011년 구입액	백만원	5,792,964
원전 2011년 구입단가	원/kWh	39.2
원자력 위험부담세	백만원	2,669,988
위험부담금 적용 시 원전 판매단가 인상분	원/kWh	18.1

〈표 4.19〉 1, 2안 동시적용 시 발전단가 인상분

구분	구입량 (MWh)	재산정구입액(십억)	발전단가 (원/kWh)	기존 단가	발전단가 인상분	인상률
원자력	147,763,461	8,463	57.3	39.2	18.1	46.1%
유연탄	185,778,207	17,941	96.6	67.2	29.4	43.7%
무연탄	7,776,893	767	98.6	98.6		
기저	337,987,435	26,753	79.2	50.6	24.0	43.6%
일반	124,369,292	18,214	146.45	49.4		
종합	462,365,727	44,967	97.3	79.7	17.6	22.0%

어나는 것으로 나타났다.

전체 발전단가 인상효과를 보기 위해, 제 1안인 발전용 유연탄 과세만 적용할 경우 <표 4.19>와 같이 우리나라 전체 평균 발전단가가 14.8% 증가하는 것으로 나타났다. 이에 따라 연간 약 5.5조원의 세수가 추가 발생할 것으로 예상된다. 또한 1, 2안을 모두 적용 시에는 평균 발전단가가 22.0% 증가하는 것으로 나타났으며, 연간 8.2조 규모의 추가 세수가 발생하는 것으로 나타났다.

4.2.2 유류세 인하를 위한 고려방안

앞에서 국내외 유류세 현황과 유류세 인하의 근거를 살펴보았다. 하지만 동일한 금액 또는 동일한 비율의 유류세를 인하하더라도, 다양한 유류 에너지원(휘발유, 경유, 등유, LPG 등)마다 사회에 미치는 효과는 다를 수 있다. 특히 물가, 환경, 소비자 수용성 등에 미치는 영향이 다를 수 있고, 이를 고려하여야 에너지원별 적정 세금 인하폭을 제안할

수 있다.

첫째, 물가에 미치는 영향을 고려해야 한다. 모든 재화는 전체 물가에 미치는 영향이 다르다. 각각의 에너지원의 경우도 마찬가지이다. 통계청에서 발표하는 소비자 물가지수(CPI, consumer price index)나 생산자 물가지수(PPI, producer price index)를 이용하여 물가파급효과를 따질 수 있으나, 이 개념은 각각 소비자 지출 및 생산자 지출에서 각 항목이 차지하는 비중을 의미하므로 진정한 의미의 물가파급효과를 볼 수는 없으며, 간접적인 유발효과는 아예 배제되므로 물가파급효과를 따지는 데 적절하지 않다. 따라서 특정 에너지 부문에서의 산출물 가격 변동이 타 산업 또는 국민경제 전체에 직간접적으로 유발하는 물가파급효과를 산정할 수 있어야 한다.

이를 위해서는 W. Leontief가 개발한 레온티에프 가격모형(Leontief price model)을 적용할 수 있는데, 이 모형은 부가가치 부문의 가격변동의 파급효과, 즉 임금인상으로 인한 물가파급효과를 분석하는 데 적절하다. Miller and Blair(1985)[91]는 레온티에프 가격모형을 이용하여 특정 부문 산출물 가격변동의 부문별 물가파급효과를 분석할 수 있는 틀을 제시하고 있기에, 이를 이용하여 주요 10개 에너지원별 부문별 물가파급효과를 분석한 후 국민경제 전체에 미치는 물가파급효과를 추산하도록 한다.

〈표 4.20〉 본 분석에서 사용한 산업분류표

부문	산업명	부문	산업명	부문	산업명
01	농림수산품	14	정밀기기	27	사회 및 개인서비스
02	광산품	15	수송 장비	28	기타
03	음식료품	16	가구 및 기타제조업	29	석탄제품
04	섬유 및 가죽제품	17	전력가스 및 수도	30	나프타
05	목재 및 종이제품	18	건설	31	휘발유
06	인쇄·출판 및 복제	19	도소매	32	등유
07	석유 및 석탄제품	20	음식점 및 숙박	33	경유
08	화학제품	21	운수 및 보관	34	중유
09	비금속광물제품	22	통신 및 방송	35	LPG
10	제1차금속	23	금융 및 보험	36	전력
11	금속제품	24	부동산 및 사업서비스	37	도시가스
12	일반기계	25	공공행정 및 국방	38	증기 및 온수공급업
13	전기 및 전자기기	26	교육 및 보건	-	-

91) Miller R. E. and Blair P. D. (1985), Input-Output Analysis: Foundations and Extensions, Prentice-Hall, Inc.

〈표 4.21〉 주요 10개 에너지원별 10% 가격인상의 부문별 물가파급효과

부문	산업명	석탄제품		나프타		휘발유		등유		경유		중유		LPG		전력		도시가스		증기 및 온수공급	
		물가파급효과	순위	물가파급효과	순위	물가파급효과	순위	물가파급효과	순위	물가파급효과	순위	물가파급효과	순위	물가파급효과	순위	물가파급효과	순위	물가파급효과	순위	물가파급효과	순위
1	농림수산품	0.0277	11	0.0876	8	0.0346	12	0.0324	3	0.3095	4	0.0510	11	0.0089	26	0.1498	24	0.0527	27	0.0089	12
2	광산품	0.0151	19	0.0411	19	0.0225	24	0.0083	22	0.7864	2	0.0655	5	0.0158	14	0.2539	8	0.0848	22	0.0073	14
3	음식료품	0.0162	16	0.0687	11	0.0329	16	0.0154	7	0.1889	7	0.0619	7	0.0150	17	0.1654	23	0.0710	24	0.0111	9
4	섬유 및 가죽제품	0.0158	18	0.1279	2	0.0545	4	0.0087	19	0.0934	18	0.0618	8	0.0153	15	0.3269	3	0.1364	9	0.0304	4
5	목재 및 종이제품	0.0167	15	0.0838	9	0.0350	11	0.0084	21	0.1170	13	0.1570	3	0.0136	18	0.4353	2	0.1380	8	0.0656	1
6	인쇄 및 복제	0.0115	21	0.1032	4	0.0694	1	0.0120	14	0.1072	15	0.0623	6	0.0153	16	0.2300	10	0.1051	12	0.0173	5
7	석유 및 석탄제품	0.0063	27	0.0923	6	0.0375	10	0.0132	11	0.0686	24	0.0450	14	0.0114	23	0.1064	27	0.0407	28	0.0531	2
8	화학제품	0.0271	12	0.9382	1	0.0278	20	0.0085	20	0.0956	17	0.0513	10	0.0133	20	0.2215	15	0.1014	13	0.0493	3
9	비금속광물제품	0.0715	5	0.0470	18	0.0429	6	0.0259	4	0.3628	3	0.1747	2	0.0400	5	0.2987	5	0.1822	5	0.0088	13
10	제1차 금속제품	0.4804	1	0.0243	23	0.0167	26	0.0122	13	0.0889	21	0.0583	9	0.0161	13	0.4556	1	0.2165	3	0.0051	23
11	금속제품	0.1715	3	0.0588	13	0.0377	9	0.0136	10	0.1152	14	0.0498	12	0.0538	3	0.3153	4	0.1792	6	0.0064	21
12	일반기계	0.1027	4	0.0526	15	0.0433	5	0.0097	17	0.0974	16	0.0391	16	0.0161	11	0.2172	16	0.1131	11	0.0060	22
13	전기 및 전자기기	0.0329	10	0.0535	14	0.0182	25	0.0059	27	0.0644	27	0.0278	23	0.0097	25	0.1770	19	0.1007	14	0.0073	15
14	정밀기기	0.0360	9	0.0888	7	0.0269	21	0.0066	26	0.0842	22	0.0284	22	0.0115	22	0.1690	21	0.0993	15	0.0071	18
15	수송장비	0.0631	7	0.0944	5	0.0300	19	0.0067	25	0.0803	23	0.0266	24	0.0123	21	0.1854	18	0.0886	19	0.0071	17
16	기타제조업제품	0.0517	8	0.1251	3	0.0337	13	0.0099	15	0.1239	11	0.0493	13	0.0292	8	0.2263	14	0.0977	16	0.0143	6
17	전력, 가스 및 수도	0.2096	2	0.0244	22	0.0094	28	0.0124	12	0.0680	25	0.1201	4	0.0366	6	0.1738	20	2.2627	1	0.0036	24
18	건설	0.0682	6	0.0524	16	0.0331	15	0.0099	16	0.2709	5	0.0358	18	0.0161	12	0.1682	22	0.0886	20	0.0071	16
19	도소매	0.0090	25	0.0201	24	0.0625	2	0.0237	5	0.2439	6	0.0313	20	0.0323	7	0.2662	6	0.0884	21	0.0070	19
20	음식점 및 숙박	0.0210	14	0.0370	20	0.0268	22	0.0702	1	0.1230	12	0.0352	19	0.0734	2	0.2264	13	0.2183	2	0.0067	20
21	운수 및 보관	0.0079	26	0.0295	21	0.0316	18	0.0096	18	0.9587	1	0.2357	1	0.0752	1	0.1060	28	0.0800	23	0.0097	11
22	통신 및 방송	0.0097	24	0.0138	27	0.0378	8	0.0078	23	0.0921	20	0.0157	26	0.0134	19	0.2613	7	0.0933	18	0.0029	25
23	금융 및 보험	0.0050	28	0.0075	28	0.0320	17	0.0049	28	0.0564	28	0.0118	28	0.0063	28	0.1294	26	0.0548	26	0.0027	27
24	부동산 및 사업서비스	0.0097	23	0.0160	25	0.0395	7	0.0069	24	0.0673	26	0.0129	27	0.0098	24	0.2091	17	0.0957	17	0.0025	28
25	공공행정 및 국방	0.0111	22	0.0149	26	0.0167	27	0.0150	8	0.0934	19	0.0201	25	0.0084	27	0.1484	25	0.0684	25	0.0029	26
26	교육 및 보건	0.0117	20	0.0791	10	0.0263	23	0.0144	9	0.1244	10	0.0362	17	0.0181	9	0.2285	12	0.1358	10	0.0141	7
27	사회 및 기타서비스	0.0159	17	0.0514	17	0.0603	3	0.0178	6	0.1265	8	0.0312	21	0.0179	10	0.2301	9	0.1906	4	0.0104	10
28	기타	0.0217	13	0.0649	12	0.0334	14	0.0437	2	0.1258	9	0.0397	15	0.0470	4	0.2285	11	0.1687	7	0.0112	8

〈표 4.22〉 해당 에너지원 가격 10% 인상이 전반적 물가수준에 미치는 파급효과(%)

산업명	2009년		2010년	
	값	순위	값	순위
전력	0.2169	1	0.2176	1
경유	0.1347	2	0.1507	2
도시가스	0.1237	3	0.1452	3
나프타	0.1162	4	0.1133	4
석탄제품	0.0631	5	0.1115	5
중유	0.0614	6	0.0474	6
휘발유	0.0304	7	0.0320	7
LPG	0.0217	8	0.0202	8
등유	0.0147	9	0.0132	9
증기 및 온수공급	0.0132	10	0.0128	10

분석을 위한 자료는 한국은행의 2010년 기본부문 산업연관표를 적용하되, 분석의 편의를 위해 28부문 한국은행 대분류 기준을 이용하면서 에너지 부문을 추가한 총 29부문표를 활용하였고, 비교를 위해 2009년 산업연관표도 함께 사용하였다.

해당 에너지원 가격을 10% 인상할 때 각 부문별 물가파급효과를 분석한 결과는 <표 4.21>에 제시되어 있다. <표 4.21>에 제시된 결과를 활용하여 각 부문별 총산출에 대해 가중평균을 구하면 <표 4.22>와 같이 해당 에너지원 가격 10% 인상이 전반적 물가수준에 미치는 파급효과를 구할 수 있다.

<표 4.22>를 보면, 전력요금 10% 인상의 물가파급효과는 지역난방요금 10% 인상의 물가파급효과의 17배에 달할 정도로 에너지원 간 물가에 미치는 영향이 큰 차이가 난다는 것을 알 수 있다. 분석된 수치를 이용하면 에너지원 별 세금을 인하하는 정도에 따라 전체 물가에 미치는 영향이 어떻게 달라지는지 예측할 수 있다. 예를 들어, 전력요금이 1.47% 인상(물가 0.0304% 인상)되고, 휘발유 가격이 10% 만큼 인하(물가 0.0304% 인하)된다면, 전반적으로 물가 변동은 없을 것으로 예측해 볼 수 있다.

둘째, 환경에 미치는 영향을 고려해야 한다. 각 에너지원 단위당 환경에 미치는 영향은 크게 이산화탄소 배출에 의한 사회적 비용과 비이산화탄소(Non-CO_2) 배출에 의한 사회적 비용으로 나누어서 살펴볼 수 있다. 안창남 & 길병학(2010)[92]은 이산화탄소 배

92) 우리나라 탄소세 도입방안 연구 －과세제도 및 체계를 중심으로－ 2010, 안창남 & 길병학, 조세연구 10(2), 221-274.

〈표 4.23〉 에너지원별 단위당 CO_2 배출비용 추정

연료	단위당 사회적 비용	
	단위당 CO_2 배출량 × CO_2 가격/1000	단위당 CO_2 배출비용
휘발유(L)	2.12 × 30,721원/1,000	65원/L
등유(L)	2.44 × 30,721원/1,000	75원/L
경유(L)	2.59 × 30,721원/1,000	80원/L
B-C유(L)	3.00 × 30,721원/1,000	92원/L
항공유(L)	2.43 × 30,721원/1,000	75원/L
부탄(L)	2.85 × 30,721원/1,000	87원/L
프로판(kg)	2.89 × 30,721원/1,000	89원/kg
LNG(m^3)	2.23 × 30,721원/1,000	68원/m^3
무연탄(kg)	1.85 × 30,721원/1,000	57원/kg
유연탄(kg)	2.31 × 30,721원/1,000	71원/kg

출에 따른 사회적 비용을 아래 <표 4.23>과 같이 에너지원 단위당 이산화탄소 배출량에 유럽 탄소 배출권 평균 거래 가격(2008년 기준)을 곱하여 계산하였다. 하지만, 현재 탄소 배출권의 가격이 2008년보다 현저히 낮은 것을 고려하면 이 수치는 다시 산정될 필요가 있어 보인다. 또한, 이산화탄소보다 사회적 비용이 훨씬 높은 황산화물이나 질소산화물을 종합적으로 고려해야 에너지원별 사회적 비용을 정확하게 추정할 수 있으나, 본 보고서에서는 이에 대한 내용은 포함하지 않았다.

셋째, 소비자 수용성에 미치는 영향을 고려해야 한다. 에너지원의 가격이 인상되거나 인하될 때 소비자들이 느끼는 심리적 부담이 에너지원별로 다를 수 있다. 예를 들어, 전기 가격이 상승하고 유류 가격은 인하되는 것을 더 선호할 것인지, 다양한 유류 에너지원 중에서 휘발유 가격보다 경유의 가격이 낮아지는 것을 더 선호할 것인지 등의 문제가 있다.

소비심리적인 측면에서 볼 때 전기 가격 상승의 부담을 유류세를 완화함으로써 낮춰주는 것은 합리적인 대안일 수 있다. Thaler(1985)[93]는 개인, 가계 및 기업에게 심리적으로 지출 계정을 나눠서 관리하는 심리적 계정(mental accounting)이 있다는 것을 실험을 통해 밝혔다. 보고 싶었던 공연의 티켓을 분실한 날 다시 똑같은 티켓을 사는 것은 낭비라는 생각이 들지만, 저녁에 비싼 식사를 하는 것은 특별히 부담이 없다고 생각하는 것이 한 예다. 이는 공연비용이라는 단일한 심리적 계정에 생각보다 더 많은 돈을 지출

93) R. Thaler, 1985, Mental Accounting and Consumer Choice, Marketing Science 4(3), 199-214.

하는 것은 심리적으로 불편하나, 암묵적으로 나누어 놓은 다른 계정의 지출은 이와 상관없다고 느끼기 때문이다. 즉, 전체 비용 지출이 동일하다고 하더라도 어떤 심리적 계정에서 지출되느냐가 중요하다는 것이다. 이런 관점에서 전기와 유류비용은 소비자들에게 에너지 계정이라는 동일한 계정으로 생각될 가능성이 높고, 전기 가격 상승 부담을 유류비용 절감으로 보상해 주는 것은 소비자 수용성 측면에서 유리하다고 생각된다.

보다 정확한 전기와 유류비용의 트레이드오프에 대한 소비자 수용성 분석과 유류 에너지원별 소비자 수용성의 정도 차이 분석은 추후 설문을 기초로 한 연구를 통해 연구될 필요성이 있다.

4.2.3 우리나라의 에너지세제 개선방향

본 장에서는 우리나라 에너지 시장 전반에 걸친 데이터 수집과 정량 분석을 통해, 우리나라 에너지 시장 왜곡 실태를 파악하고 근본적인 문제점을 식별하고자 하였다. 우리나라 에너지믹스는 석유의 감소와 전력의 확대로 요약할 수 있으며, 이를 가속화시킨 것이 바로 에너지세제 왜곡이다. 경제성장과 국민소득 증가에 따라 에너지소비에서 전력이 증가하는 것은 일반적인 경향이나 우리나라의 경우 그 추세와 정도가 매우 빠르다. 이러한 추세는 기본적으로 우리나라의 에너지세제와 전기요금정책에 의해 촉발된 측면이 강하다. 즉, 에너지세제상 수송용은 물론 난방용 유류에는 에너지세제를 부과하고 있지만 전력과 관련된 유연탄과 우라늄에는 아무런 과세를 하지 않고 있으며, 전력자체에 대한 세금부과도 전력산업기반기금을 제외하고 별도의 에너지세제가 부과되어 있지 않다. 전기요금 역시 물가안정, 산업경쟁력 지원 등의 요인에 의해 원가이하에서 책정되는 경우가 많으며, 오랜 기간 용도별 요금체계로 인한 교차보조로 인해 산업용 전기요금은 많은 혜택을 누려왔다. 그 뿐만 아니라 발전과정에서 발생하는 여러 가지 사회적 비용이 전기요금에 포함되어 있지 않다. 이러한 정책으로 인해 우리나라의 에너지원별 가격에서 전기 대비 유류의 상대가격이 지속적으로 악화되어 왔으며, OECD 주요국가와의 비교에서도 전기요금이 매우 저렴하게 책정되어 있다. 이로 인해 에너지전력화가 가속화되면서 경제적, 사회적, 환경적 피해는 물론 전력수급의 불안정성까지 심화시키고 있다.

이러한 에너지세제와 전기요금의 왜곡을 정정하고 국가에너지소비를 합리적으로 개선하기 위해서 지금까지 상대적으로 혜택을 누려온 유연탄과 원전에 대해 다른 발전원과 공평하게 탄소세와 손해배상세를 부과하는 방안을 검토해야 한다. 먼저, 발전용 연료에 의한 탄소 배출로 인해 발생하는 환경비용을 에너지원별로 동일하게 적용해야한다는 정당한 원칙하에 '발전용 유연탄 과세' 정책을 시행함으로써 에너지세제의 일관성을 확보하고 전력가격 정상화에 기여할 수 있는 구체적인 대안을 마련해야 한다. 발전용 유연탄 과세는 최종적으로 전력 소매가격 인상 효과와 더불어 상당량의 세수 증대 효과를 가질 수 있을 것으로 예측된다. 또한 사회적으로 우려되고 있는 원자력발전에 대한 위험부담을 발전사업자가 부담하도록 하는 '원자력 손해배상세' 신설을 제안하여, 실효성이 거의 없는 현행 손해보험체계를 대체할 수 있는 구체적인 방안을 마련해야 한다. 이렇게 제안된 전력요금 개편 정책들이 시행될 경우 현재의 상황보다 전기대비 석유 등 유류의 상대가격이 개선될 것이며, 이를 통해 국가에너지소비를 합리화하고 추가적인 세수확보도 가능할 것으로 판단된다.

본문에서 제시한 전력요금 인상 정책으로 얻는 세수만큼 유류세를 인하할 여지가 발생한다. 세수 중립의 원칙에서, 각 전기요금 인상 정책 방안에 대응하는 유류세 인하 시나리오를 구성하고 그에 따른 세금 인하율 및 물가에의 영향, 최종 소비자 가격 변화 등을 분석할 필요가 있다. 앞으로 이러한 분석을 통해 현재 시장의 왜곡 상황을 정량적으로 보여줌과 동시에, 유류세와 전기요금의 통합조정의 기초적인 틀을 제공함으로써 유류세 인하 폭의 가이드라인을 제시해야 할 것이다.

본 장은 전력요금 정책 및 유류세를 한데 모아 포괄적으로 분석함으로써 에너지시장을 통합적 관점에서 조망하고, 정책 수립을 위한 정량적인 분석의 틀을 제공하고자 하였다는 데 가장 큰 의의가 있다. 본 장의 결과는 에너지업계 균형 발전과 국가 에너지위기 극복을 위한 청사진을 마련한다는 점에서 활용될 수 있다. 본 장이 제시한 에너지원에 대한 통합 접근은 전력가격 인상, 에너지가격 조정, 에너지믹스 결정 등 향후 국가 에너지위기를 극복하기 위한 각종 정책 수립에 객관적 자료 및 대안 모색을 위한 자료로 활용이 가능할 것으로 보인다.

마지막으로, 본 장이 에너지시장이 매우 유기적으로 연동되어 있고 에너지 시장의 왜곡을 해소하기 위해서 통합적 관점의 접근이 필요함을 보인만큼, 에너지 관련 각종 세제를 단일세로 한 통합 에너지세제와 통합 에너지가격 규제기구를 설립하는 것을 제안하는 바이다. 지금과 같이 에너지원별 전환이 활발히 일어나는 상황에서는 원별 조정에 한계가 있기 때문에, 기존의 목적세 성격을 가지고 분산되어 있던 각종 에너지 세제를 단일세로 통합하고 일반세로 전환함으로써 예산운영의 유연성과 에너지믹스 조절의 유연성을 확보하는 것이 합리적인 에너지세제 마련을 위해 바람직하다. 또한 전력, 가스, 유류가 상호보완성이 큰 에너지원인 만큼 전기요금, 가스요금, 유류가격 등 에너지가격에 대한 통합적 에너지규제기구를 설립하여 일관성 없는 에너지원간 가격의 정합성을 회복하고, 소비자를 보호하며, 에너지원간 공정경쟁을 도모할 필요가 있다. 미국의 공공사업규제기구(Public Utility Commission)와 영국의 전기가스규제청(OFGEM)을 준용하여 기존 행정부처로부터 독립적인 에너지규제기구를 설립하는 것이 바람직할 것이다. 이러한 통합기구를 통해 통합형 에너지정책을 구현하면, 칸막이 형 에너지원별 산업구조의 융합이 촉진되고 당면한 전력수급위기를 효과적으로 극복해나갈 수 있을 것이다.

이러한 측면에서 국가의 에너지세제의 예측가능성은 투자자의 결정과 에너지소비자의 의사결정에 대단히 중요한 신호로서 작동한다. 현재 에너지세제에서의 에너지 믹스가 갖는 중요성에 대한 사회적 협의가 활발히 진행되고 있다. 특히 전기화의 과도한 속도로 인한 위기신호가 계속 울리고 있는 상황에서 에너지믹스를 결정하는 가격 특히 에너지세제의 장기 시그널은 대단히 시급한 사회적 과제이다. 결국 에너지가격 특히 세제에 대한 명확한 원칙에 대한 정부의 공식적인 입장표명이 필요하고 이를 둘러싼 경제사회 주체들간의 논쟁을 통하여 실천가능하고 합의가능한 수준의 로드맵을 미리 설정하는 과정은 대단히 중요하고 절실하다. 이 때 로드맵의 시기와 세율수준 등에 대한 구체성을 어느 정도로 할 것인가는 논의과정을 통하여 결정되어야 한다. 그러나 어느 수준에서건 에너지세제의 로드맵의 설정은 대단히 주요하다. 이를 통하여 수십 년간 작동하는 각종 에너지인프라에 대한 적정한 투자가 이루어지고 이는 결국 우리나라의 에너지수급 안정성 강화와 세수의 안정적 확보를 담보할 것이다. 특히 에너지분야에 대한 투자 및 규제 불확실성이 줄어들어 투자가 활성화되는 기반이 된다. 이를 통하여 에너지를 둘러싼 일자리 창출에도 획기적인 전기가 마련될 것이다.

결론적으로 현재의 에너지수급과 에너지산업 등을 볼 때 에너지세제의 재조정은 불가피하며 그 재조정의 과정과 방식 역시 보다 선진화되어 형평성과 예측가능성을 보장하는 방식으로 이루어져야 한다. 이는 우리나라의 에너지뿐 아니라 세수 및 산업 경쟁력 확보의 가장 기본적이며 가장 자주적인 수단이다. 이를 위한 에너지세제의 원칙과 로드맵에 대한 사회적 관심과 정부의 결단이 필요하다.

4.3 신 · 재생에너지기본계획

4.3.1 국내외 신 · 재생에너지 보급 현황

2035년까지 정부 단 · 중기 에너지 정책의 근간이 되는 2차 에너지계획이 2014년 1월 14일에 확정되었고 에너지기본계획의 하위 실행계획 중 하나인 4차 신 · 재생에너지기본계획(이하 '신재생에너지계획')도 뒤이어 곧 발표될 예정이다.

2차 에너지계획의 수요 전망, 공급 믹스, 수요관리 정책, 가격 정책 등은 국민 경제

전반에 직간접적인 영향을 유발한다. 특히, 산업계는 에너지소비에서 가장 큰 비중을 차지하고 있고 에너지 가격 변화, 에너지 산업 동향 등에 민감하기 때문에 에너지기본계획 수립 과정에 많은 관심을 보였다.

2차 에너지계획은 변화된 여건을 반영하여 부분적인 변화가 있지만 대체로 제1차 국가에너지기본계획 및 제6차 전력계획의 계획과 전망을 큰 틀에서 유지하고 있다. 비전기-전기간 상대가격 해소 및 전기요금 개편, 중기 원전 설비 비중을 기존 41%에서 29%로 조정 등의 변화에도 불구하고 전력수요 전망이 상향 조정되면서 안정적이고 저렴한 전력공급, 원자력과 화력 위주의 공급 믹스 같은 기조는 유지될 전망이다.

4차 신 · 재생에너지계획은 2차 에너지계획의 에너지 수요 전망과 에너지 믹스를 기초로 신 · 재생에너지 기술 개발, 보급 및 산업 육성에 관한 실행계획을 수립한 것이다. 제2차 에너지계획의 수립 과정에서 신 · 재생에너지 보급 목표와 기본 틀이 확정되었고 제4차 신 · 재생에너지계획 수립도 거의 동시에 추진되었다.

신 · 재생에너지계획은 한국 신 · 재생에너지 산업에 직접적인 영향을 미칠 것이다. 신 · 재생에너지 분야는 아직 성숙한 시장이 주도하는 분야가 아니기 때문에 세계적으로 정부의 개입과 지원이 중요한 역할을 하고 있다. 각국 정부의 정책에 따라서 각국의 재생에너지 보급 및 산업 육성은 뚜렷한 차이를 보이고 있다. 신 · 재생에너지 보급 및 산업 육성은 에너지 안보를 강화하고 온실가스를 감축하며 새로운 일자리를 창출하고 경제에 활력을 불어넣는 등 긍정적인 효과가 다양하다. 산업계로 좁혀서 보면 신 · 재생에너지 정책은 신 · 재생에너지 산업에 결정적인 영향을 미치고 소재, 금속, 기계, 플랜트 등 연관 산업에도 직간접적인 영향을 미칠 것이다. 다른 한편, 신 · 재생에너지 보급 및 산업 육성에 추가적인 비용이 투입되면서 전기 요금 등 에너지 요금의 상승에 영향을 줄 수 있고 이것이 산업을 포함하여 국민 경제 전반에 영향을 미칠 것이다.

본 장에서는 신 · 재생에너지가 에너지 공급에서 차지하는 위상을 분석하고, 2차 에너지계획 및 4차 신 · 재생에너지계획에 따른 신 · 재생에너지 보급 및 산업 육성이 산업에 미치는 영향을 분석하고자 한다. 특히 신 · 재생에너지 보급이 산업계에 민감한 전기요금 인상에 어떤 영향을 미칠지 평가하고자 한다.

(1) 우리나라의 신 · 재생에너지 보급 현황

2012년 기준 한국 신 · 재생에너지 비중은 총 1차 에너지의 3.18%를 차지하고 있다.[94] 이 같은 비중은 제3차 신 · 재생에너지기본계획 상의 목표 3.24% 대비 86% 수준이다. 2003년 신 · 재생에너지 보급량은 4,437,428 TOE에서 2012년 8,850,739 TOE로

94) 에너지관리공단 신·재생에너지센터, 2013, 신·재생에너지보급통계

99.5% 증가했지만 일차에너지 대비 비중은 2003년 2.06%에서 2012년 3.18%로 약간 증가한 수준이다. 같은 기간 일차에너지 소비가 29.6% 증가하면서 비중 증가는 2012년 재생에너지 보급 목표 3.54%에 미치지 못하고 있다.

신 · 재생에너지 원별 비중을 보면 폐가스, 정제연료유 등 화석연료와 산업폐기물 등 비재생에너지를 포함하는 폐기물의 비중이 67.8%로 가장 크고 수력(9.2%), 바이오(15.1%), 태양광(2.7%), 풍력(2.2%) 순이다.[95)]

신 · 재생에너지원별 보급 실적을 보면 지원이 집중된 태양광과 공급이 포화 상태인 수력, 폐기물만 목표를 초과 달성하거나 목표에 근접했고 풍력, 해양, 바이오 등 대규모 보급 분야가 목표에 미달하였다. 2차 에너지계획 신 · 재생에너지 워킹그룹은 사회적 수용성 감소, 미약한 초기시장, 공급자 위주의 보급 등이 보급 목표 달성에 미치지 못하게

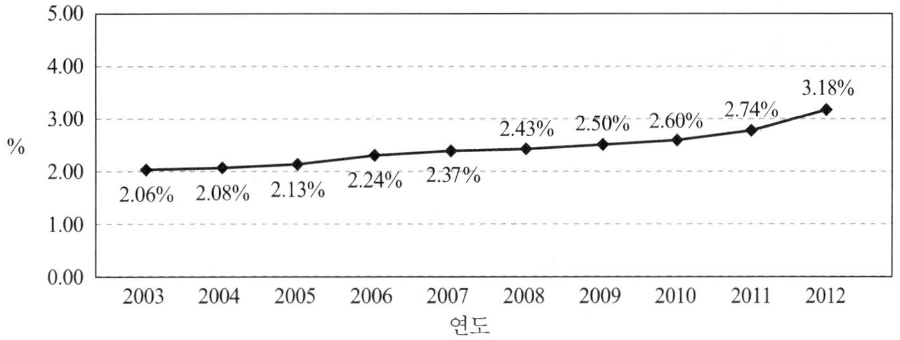

〈그림 4.16〉 신 · 재생에너지 공급 비중 추이 [자료 : 신 · 재생에너지보급통계, 2013]

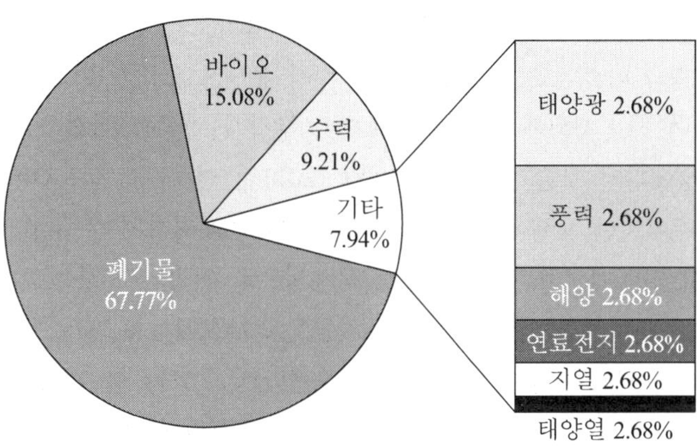

〈그림 4.17〉 2012년 신 · 재생에너지 원별 공급 비중 현황
[자료 : 신 · 재생에너지보급통계, 2013]

95) 에너지관리공단 신 · 재생에너지센터, 2013, 신 · 재생에너지보급통계

〈표 4.24〉 신재생에너지 원별 목표 달성률, 2011년 기준(단위 : TOE)

구분	목표(A)	실적(B)	(B/A)
태양열	42,716	27,435	64.2%
태양광	180,564	197,198	109.2%
풍력	360,594	185,520	51.4%
바이오	1,233,266	963,363	78.1%
수력	1,002,298	965,373	96.3%
지열	66,175	47,833	72.3%
해양	142,993	11,246	7.9%
폐기물	5,318,557	5,121,534	96.3%
합계	8,347,162	7,519,502	90.1%
1차 에너지(백만TOE)	257	276	107.2%
신재생 비중	3.24%	2.75%	84.7%

된 한계와 원인으로 파악하고 있다(제2차 에너지기본계획 신 · 재생에너지분과, 2013).

보다 더 세부적으로 살펴보면 사회적 수용성 감소는 제한된 국토 여건과 대규모 사업 중심의 보급체계, 저렴한 전기요금 등이 복합적으로 작용하였다. 특히 환경 · 입지규제와 주민 반대가 풍력 보급의 발목을 잡았고 야심찬 조력발전 계획(5개소, 2.7 GW)은 갯벌 파괴 우려, 어업권 문제 등으로 254 MW의 시화조력 발전 건설에 그쳐 목표에 크게 미달하였다. 이 때문에 공급가능 잠재량 분석과 공급 목표 설정이 적절하지 못했다는 지적도 꾸준히 제기되었다. 또한 RPS 전환에 따른 시행착오와 열부문 대응정책의 부족으로 초기시장 창출이 미흡했고 공급자 위주의 시장 운영으로 정보비대칭, 소비자 신뢰저하 등이 발생하여 신 · 재생에너지 보급 확대에 부정적 영향을 미쳤다.

한국 신 · 재생에너지 보급 증가율은 2006~2011년 연평균 7%로 OECD 국가들 중에서 중위권 수준이지만 재생에너지 보급 비중은 OECD 최하위 수준이다. 한국 신 · 재생에너지 중에서 산업폐기물, 부생가스 등 국제적으로 인정되지 않는 에너지원을 제외할 경우 총에너지 대비 재생에너지[96] 보급 비중은 2.75%에서 0.7%로 급격히 줄어든다. 이러한 재생에너지 보급 비중은 독일(10.0%), 덴마크(22.2%) 등 재생에너지 선진국은 물론 한국과 국토 여건이 비슷한 일본(4.2%), 영국(4.1%) 등에도 크게 뒤떨어져 있는 수준이다.

96) IEA 재생에너지원은 수력, 지열, 태양열, 태양광, 조력, 풍력, 재생가능 도시폐기물, 고체 바이오연료, 액체바이오연료, 바이오가스 등을 포함한다.

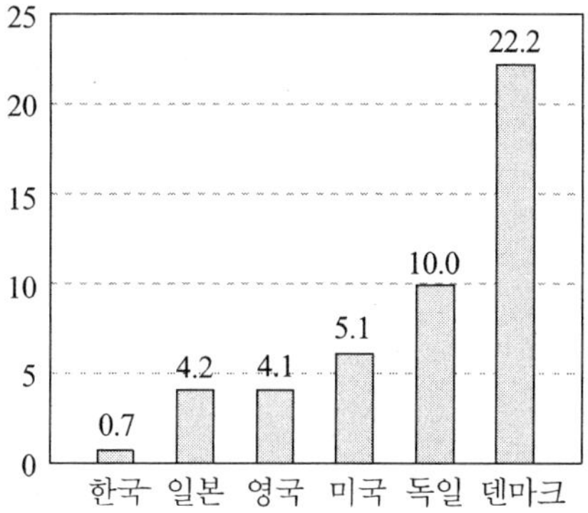

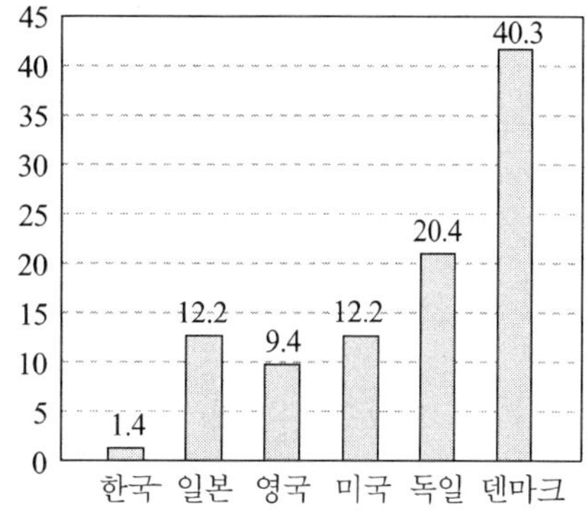

〈그림 4.18〉 2011년 주요국 1차 에너지 대비 재생에너지 공급 비중(%)

〈그림 4.19〉 2011년 주요국 전력 생산에서 재생에너지 공급 비중(%)

[자료 : IEA Renewables Information, 2013]

전력 생산에서 재생에너지가 차지하는 비중도 한국은 주요국에 비해 크게 뒤떨어져 있다. 1990년에는 수력의 비중이 높아 한국의 재생에너지 발전 비중이 6%로 덴마크(3.2%), 독일(3.5%)을 앞질렀으나 지난 20여 년간 덴마크는 풍력과 바이오매스발전, 독일은 풍력, 태양광, 바이오매스발전 등 재생에너지 발전 설비가 크게 늘어난 반면 한국은 상대적으로 원전과 화력발전 설비가 급증하면서 상황이 판이하게 달라졌다. 2011년 기준 한국의 재생에너지 발전 비중은 1.4%로 감소한 반면 덴마크는 40.3%, 독일은 20.4%로 크게 높아졌다.

한편 이명박 정부에서는 신·재생에너지 보급뿐만 아니라 신·재생에너지를 녹색성장의 동력으로 육성하려는 산업 진흥 정책이 강력하게 추진되었다. 신·재생에너지 보급과 산업 육성은 서로 밀접히 관련되어 있지만 후자는 수출 확대의 관점에서 별도의 지원이 뒤따랐다. 2010년 정부는 신·재생에너지산업 발전 전략을 수립하고 2015년까지 약 40조원을 투입하여 태양광 및 풍력분야 세계시장 15% 점유와 동시에 2015년까지 세계 5대 신·재생에너지 산업 강국으로 도약하겠다는 청사진을 제시하였다.

2012년 기준으로 한국 신·재생에너지 산업의 매출은 약 12조 7천억 원, 고용은 약 16만명, 수출은 약 62억 달러로 추정되었다(SNE리서치, 2012 수정). 2007년에 비해 매출은 10.2배, 수출은 8.0배, 고용은 4.3배 급증하는 등 한국 신·재생에너지 산업은 눈부신 성장을 기록했지만 정부가 설정한 발전 전략상의 목표에는 미달하였다. 태양광과 풍력 분야에서 각각 2015년 세계시장 점유율 15%를 목표로 하는 등 워낙 산업화 목표가 거창하게 설정된 탓도 있지만 국내 보급이 지체되고 재생에너지 세계 시장이 불안정해진 것도 신·재생에너지산업의 성장 둔화에 영향을 미쳤다.

〈표 4.25〉 연도별 국내 신 · 재생에너지 산업지표

구분	2007년	2009년	2011년	2012F(A)	2007~2012년 연평균증가율
기업체수(개)	101	193	224	-	22.0%
고용인원(명)	3,661	10,395	14,563	15,886	34.1%
매출액(십억원)	1,249	4,749	9,854	12,718	59.1%
수 출(백만불)	778	2,424	5,105	6,245	51.7%
민간투자(십억원)	696	2,993	4,674	3,540	38.4%

4.3.2 우리나라의 신 · 재생에너지 보급 관련 계획

(1) 제2차 에너지기본계획과 신 · 재생에너지기본계획

2차 에너지계획의 수요 전망과 공급 믹스는 신 · 재생에너지계획의 보급 목표 설정 및 원별 공급 계획 수립의 기본 틀을 제공한다. 산업부의 2차 에너지계획에 따르면 총에너지는 연평균 1.32% 증가하여 2011년 275.7백TOE에서 2035년 377.9백만 TOE로 늘어나고 최종에너지는 연평균 0.88% 증가하여 같은 기간 205.9백만TOE에서 254.1백만 TOE로 증가할 전망이다(산업통상자원부, 2014). 1차 에너지계획에 비해 2차 에너지계획은 에너지수요 전망의 연평균 증가율이 낮아졌다. 경제 성장률, 국제 유가, 산업구조, 인구 등 에너지수요 예측의 주요 변수가 달라진 결과이다. 하지만 2035년 에너지수요량은 기존에 비해 오히려 증가할 전망인데 이것은 제2차 에너지기본계획의 기준년도인 2011년 에너지 소비량이 이미 제1차 계획의 전망치를 크게 초과했기 때문이다.

에너지수요 증가율과는 달리 전력 수요는 연평균 증가율이 1차 에너지계획의 1.6%에서 2차 에너지계획에선 2.47%로 대폭 높아졌다. 전력 소비가 전체 에너지수요 증가세를 주도하는 상황이 지속될 것으로 전망한 것이다. 그 결과 원전의 설비 비중 목표는 41%에서 29%로 크게 줄었음에도 불구하고 2024년까지 기존 원전 설비 증설 계획이 지속되는 것은 물론이고 7 GW 이상의 신규 건설 계획이 수립되어야 한다. 한편, 총에너지에서 신 · 재생에너지가 차지하는 보급 목표는 2035년 11%로, 1차 에너지계획의 목표를 2035년까지 목표연도를 연장해서 달성하는 것으로 수정되었다. 신 · 재생에너지는 열이나 연료보다는 전력의 비중이 크기 때문에 총에너지의 11%를 신 · 재생에너지로 공급할 경우 전력부문에선 신 · 재생에너지의 비중이 약 14.4%에 이를 것으로 분석되었다. 1차 에너지계획에 비해 2차 에너지계획에선 신 · 재생에너지 발전량이 크게 증가하여 2차 에너지계획의 목표 수요량이 이전에 비해 상향 조정되었음에도 불구하고 전력에서 신 · 재생에너지가 차지하는 비중은 오히려 더 커질 것으로 전망되었다.

〈표 4.26〉 1차 에너지계획과 2차 에너지계획(안)의 비교

구분		제1차 계획 (2006년 → 2030년)	제2차 계획 (2011년 → 2035년)
기준수요전망 (백만 TOE)	총에너지	233.4 → 342.8 (연평균 1.6% 증가)	275.7 → 377.9 (연평균 1.32% 증가)
	최종에너지	173.6 → 245.1 (연평균 1.4% 증가)	205.9 → 254.1 (연평균 0.88% 증가)
	전력(*목표수요)	30.0 → 50.3(*44.1) (연평균 2.2% 증가)	39.1 → 70.2(*59.9) (연평균 2.47% 증가)
발전 설비 중 원전 비중		41%	29%
총에너지 대비 신 · 재생에너지 보급		11%	11%

(산업통상자원부, 2014, 재구성)

(2) 제4차 신 · 재생에너지기본계획(안)

2차 에너지계획 신 · 재생에너지 워킹그룹에선 신 · 재생에너지 보급 전망 수립을 위해 세 가지 시나리오를 설정하였다(제2차 에너지기본계획 신재생에너지분과, 2013). 시나리오 별 구체적인 전제조건은 <표 4.27>과 같다.

이 중에서 목표 기준안 시나리오를 적용한 결과를 2차 에너지계획 총괄분과와 산업부 내부의 논의를 거쳐 일부 수정하여 2차 에너지계획 상의 신 · 재생에너지 보급 목표가 설정되었고 이것이 4차 신 · 재생에너지계획에도 적용되었다.

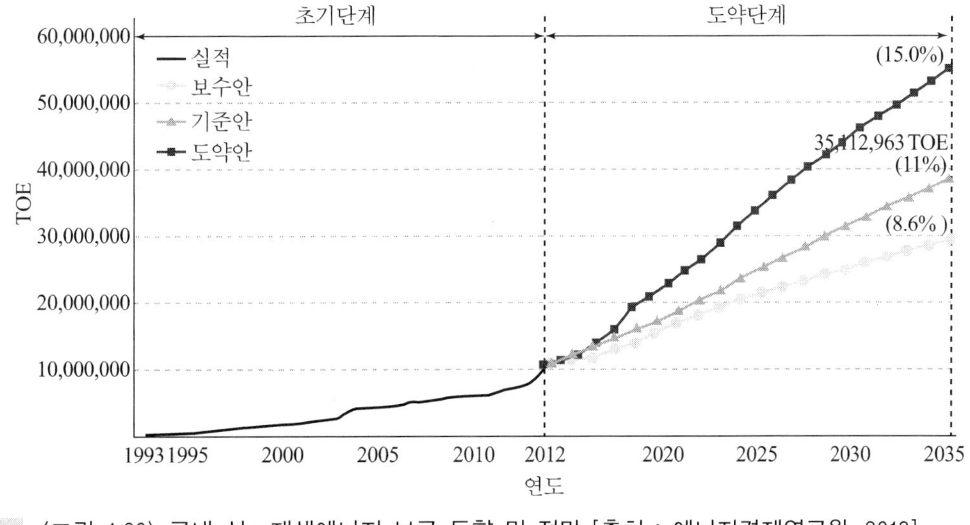

〈그림 4.20〉 국내 신 · 재생에너지 보급 동향 및 전망 [출처 : 에너지경제연구원, 2013]

〈표 4.27〉 신재생에너지 보급 목표 시나리오별 전제조건

구분	목표 보수안	목표 기준안	목표 낙관안
정부 정책	기존정책+신규정책 착실히 이행	기존정책+신규정책 착실히 이행	기존정책+신규정책 착실히 이행
LCOE 하락 속도 (Levelized Cost of Energy)	Slow(2035년 LCOE) ● 태양광 : 180원/kWh ● 육상풍력 : 123원/kWh ● 해상풍력 : 130원/kWh ● 바이오가스 : 135원/kWh ● LFG : 75원/kWh ● RDF : 154원/kWh ● 해양 : 150원/kWh ● 연료전지 : 188원/kWh ● 태양열 : 950천원/TOE ● 지열 : 570원/TOE	Medium(2035년 LCOE) ● 태양광 : 131원/kWh ● 육상풍력 : 123원/kWh ● 해상풍력 : 127원/kWh ● 바이오가스 : 128원/kWh ● LFG : 70원/kWh ● RDF : 147원/kWh ● 해양 : 94원/kWh ● 연료전지 : 107원/kWh ● 태양열 : 844천원/TOE ● 지열 : 475원/TOE	Fast(2035년 LCOE) ● 태양광 : 115원/kWh ● 육상풍력 : 118원/kWh ● 해상풍력 : 122원/kWh ● 바이오가스 : 124원/kWh ● LFG : 68원/kWh ● RDF : 144원/kWh ● 해양 : 92원/kWh ● 연료전지 : 73원/kWh ● 태양열 : 700천원/TOE ● 지열 : 350원/TOE
수력	발전사 의향	발전사 의향	발전사 의향
해양	추가 없음	● 조력 : 가로림만 ● 조류 : 에코아일랜드, 한수원, 울돌목	● 조력 : 가로림만, 강화 ● 조류 : 에코아일랜드, 한수원, 울돌목, 장죽수도, 인천
바이오(발전)	발전사 의향 반영	발전사 의향 반영+추세	발전사 의향 반영+추세
폐기물(발전)	발전사 의향 반영	발전사 의향 반영	발전사 의향 반영
태양광	미래 발전단가 하락(Slow), 과거 추이, 정부정책 반영	미래 발전단가 하락(Medium), 과거 추이, 정부정책 반영	미래 발전단가 하락(Fast), 과거 추이, 정부정책 반영
풍력	미래 발전단가 하락(Slow), 과거 추이, 환경규제 强	미래 발전단가 하락(Medium), 과거 추이, 정부정책 반영, 환경규제 中	미래 발전단가 하락(Fast), 과거 추이, 정부정책 반영, 환경규제 弱
연료전지	미래 발전단가 하락(Slow), 과거 추이	미래 발전단가 하락(Medium), 과거 추이	미래 발전단가 하락(Fast), 과거 추이
석탄 IGCC	실증 플랜트만 고려 (300MW급 1기)	발전사 의향 (300MW급 3기)	300MW급 5기
바이오(수송)	2023년까지 바이오 에탄올 5%, 바이오 디젤 5%로 단계적 의무 강화	2023년까지 바이오 에탄올 5%, 바이오 디젤 5%로 단계적 의무 강화	2023년까지 바이오 에탄올 10%, 바이오 디젤 7%로 단계적 의무 강화
바이오(열)	로지스틱 성장 모형 이용 –추세	로지스틱 성장 모형 이용 –추세	로지스틱 성장 모형 이용 –추세
태양열(열)	RHO 달성+미래 열 단가 하락(Slow)	RHO 달성+미래 열 단가 하락(Medium)	RHO 달성+미래 열 단가 하락(Fast)
지열	RHO 달성+미래 열 단가 하락(Slow)	RHO 달성+미래 열 단가 하락(Medium)	RHO 달성+미래 열 단가 하락(Fast)

<그림 4.21>은 신 · 재생에너지 보급 전망과 목표를 나타낸 것이다. 2035년에 신 · 재생에너지 35.1백만TOE를 보급하여 1차 에너지 대비 비중을 11%로 높이는 것이 제4차 신 · 재생에너지기본계획(안)의 보급 목표이다. 2013～2035년 간 신 · 재생에너지 연평균 증가율은 5.3%로, 같은 기간 총에너지 수요보다 빨리 증가하면서 비중이 커질 것이다.

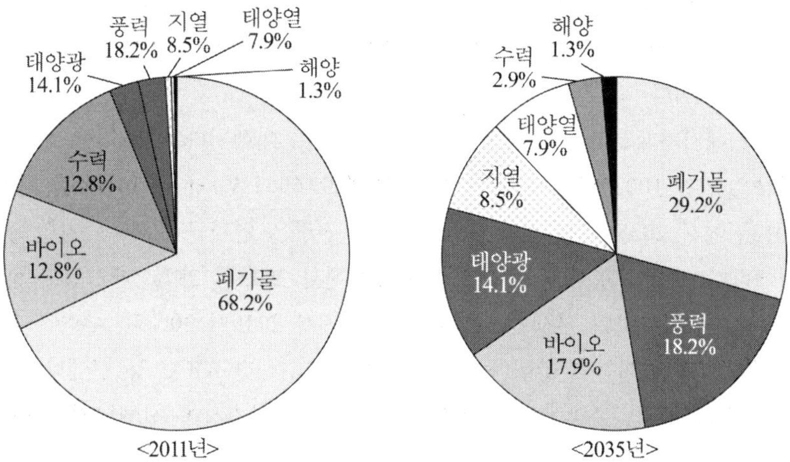

〈그림 4.21〉 신 · 재생에너지 보급 전망(안)
[자료 : 에너지경제연구원, 2013]

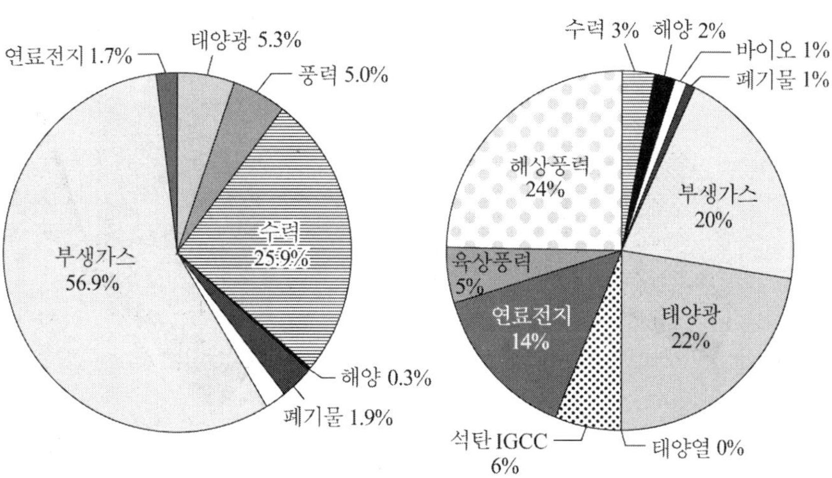

〈그림 4.22〉 신 · 재생에너지 보급 전망(안) - 발전량 기준
[자료 : 에너지경제연구원, 2013]

2차 에너지계획에 제시된 신・재생에너지 보급 목표에 따르면 원별로는 현재 상태에 비해 폐기물의 비중이 감소하는 반면에 2035년이면 태양광과 풍력, 바이오의 비중이 크게 증가할 것으로 전망된다. 폐기물의 비중은 2011년 기준 68.1%에서 29.2%로 크게 줄어드는 반면에 태양광은 2.6%에서 14.1%로, 풍력은 2.5%에서 18.4%로, 바이오는 12.8%에서 17.9%로 늘어난다. 이런 제4차 신・재생에너지계획의 원별 비중 전망은 기존의 3차 계획과도 큰 차이를 보인다. 제3차 계획상의 2030년 신・재생에너지 원별 비중은 폐기물 33.4%, 바이오 31.4%, 풍력 12.6%, 태양열 5.7% 순이었다. 이런 변화는 그동안의 보급 성과와 보급 잠재량에 대한 평가를 통해서 원별 보급 목표치를 대폭 수정한 결과이다.

2차 에너지계획과 4차 신・재생에너지계획이 이행된다면 2035년 신・재생에너지 발전량은 연간 100TWh를 넘겨 목표 전력 수요 696TWh의 약 14.4%를 차지할 전망이다. 2013년에서 2035년 간 신・재생에너지 발전량은 연평균 6.8% 증가할 것이다. 신・재생에너지 발전량 중에서 풍력은 현재 5%에서 2035년 29%, 태양광도 5%에서 22%로 비중이 커지는 반면 부생가스는 현재 57%에서 2035년 20%로, 수력은 26%에서 5%로 비중이 크게 줄어들 전망이다. 하지만 연료전지, 석탄 IGCC 등 신에너지와 부생가스 발전이 차지하는 비중은 2035년에도 40% 이상을 차지하여 신에너지와 비재생 폐기물을 제외하면 재생에너지 발전량은 크게 줄어든다. IEA 통계기준에 따라 신에너지와 폐기물 중 폐가스, 정제연료유, 산업폐기물 등 비재생형(Non Renewable) 폐기물을 제외할 경우 2035년 한국의 총발전량에서 재생에너지 발전량의 비중은 9% 미만에 머물 전망이다.

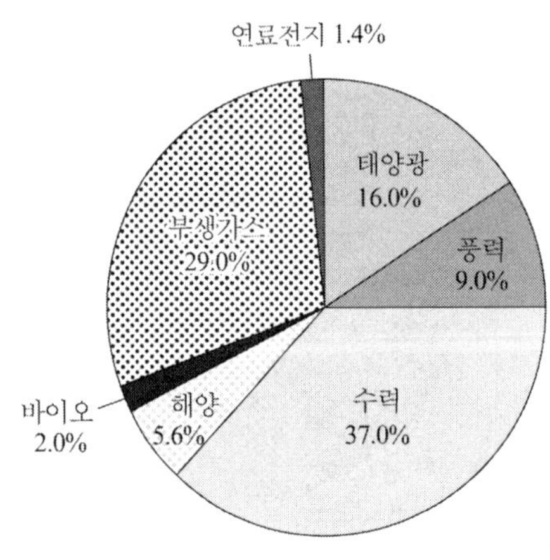

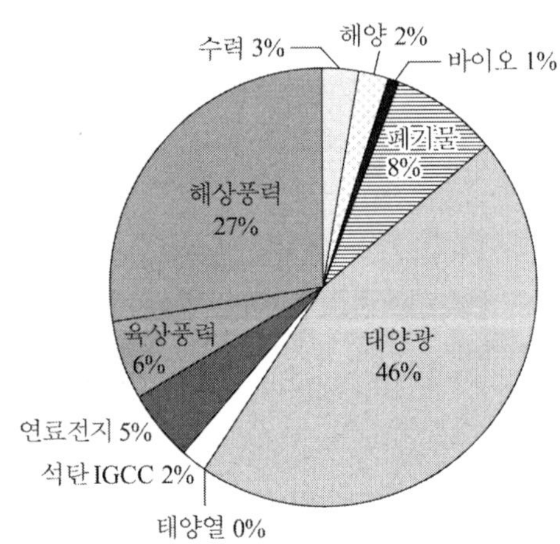

〈그림 4.23〉 신・재생에너지 보급 전망(안) – 발전용량 기준
[자료 : 에너지경제연구원, 2013]

2035년이면 신 · 재생에너지 발전설비 용량은 39GW를 넘길 전망이다. 계획 기간 중 연평균 설비용량 증가율은 8.4%에 이를 것으로 전망된다. 현재 수력과 부생가스 위주의 신 · 재생에너지 발전설비 구성은 2035년이면 태양광과 풍력 위주로 크게 달라질 것이다. 2035년이면 태양광 설비용량이 17.5GW로 전체 신 · 재생에너지 발전설비 용량 중 45%의 비중을 차지하고 육상 2.2GW와 해상 10.5GW를 합쳐 풍력이 32.6%를 차지할 전망이다. 그 다음 폐기물 3.0GW, 연료전지 2.0GW, 수력 1.9GW, 해양 1.0GW, IGCC 0.9GW 순으로 신 · 재생에너지 발전설비가 구성될 전망이다.

계획기간이 2027년인 6차 전력계획과 4차 신 · 재생에너지계획(안)을 설비용량 면에서 비교하면 해양, 바이오, 폐기물, 석탄IGCC, 풍력은 줄고 부생가스, 태양광의 용량은 크게 증가하였다.

4차 신 · 재생에너지계획(안)의 보급정책을 살펴보면 정부는 2022년까지는 RPS (Renewable Portfolio Standards, 재생에너지 공급의무화제도)를 통해 신 · 재생 발전설비를 보급하고 그 이후에는 정부 지원이 없어도 시장 주도로 보급이 이루어질 것으로 기대하고 있다. 바이오연료와 재생가능한 열에너지도 각각 2022년까지 정부가 시행하는 재생연료혼합 의무화 제도(RFS)와 재생열 의무화 제도(RHO)를 통해 늘어나다가 시장 경쟁력이 확보되는 2020년대 초반부터는 시장 주도로 보급이 확대될 것으로 전망된다.

〈표 4.28〉 6차 전력계획과 4차 신 · 재생에너지계획(안)의 2027년 원별 설비용량 비교

구분	6차 전력수급기본계획 (2027년 기준)	4차 신 · 재생에너지기본계획(안) (2027년 기준)
수력	1,865	1,814
해양	1,445	925
바이오	1,205	193
폐기물	688	168
부생가스	992	2,800
태양광	5,414	12,834
석탄IGCC	1,500	900
연료전지	1,749	1,858
육상풍력	17,155	1,859
해상풍력		5,046
합계	32,014	28,397

자료 : 에너지경제연구원, 2013

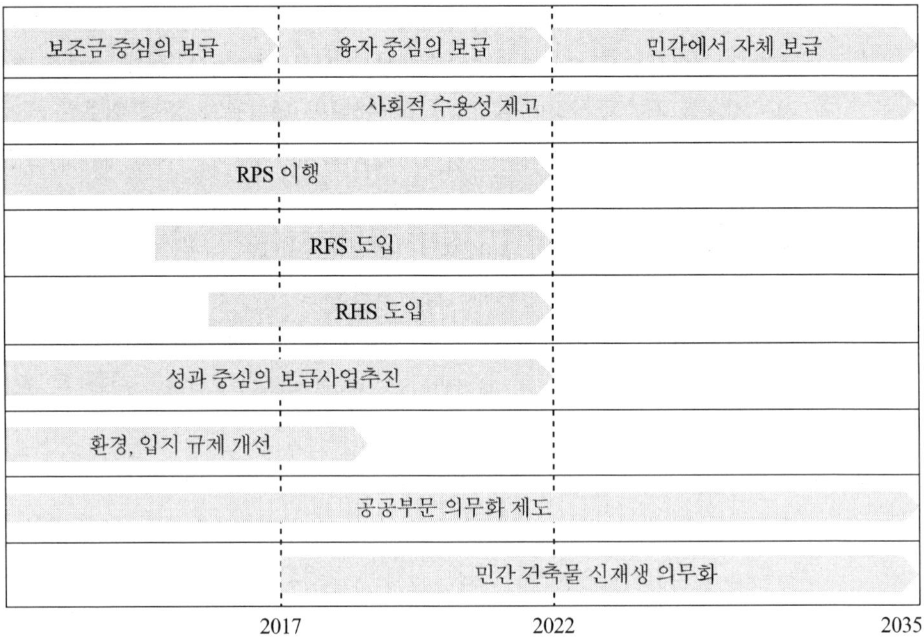

〈그림 4.24〉 4차 신 · 재생에너지계획(안)의 보급정책 로드맵

4.4 신 · 재생에너지 보급과 산업

4.4.1 신 · 재생에너지 산업 육성 추이

신 · 재생에너지는 매우 빠르게 성장하는 산업 분야로 4차 신 · 재생에너지계획은 신 · 재생에너지 산업에 직접적인 영향을 미친다. 이미 2012년 약 2,440억달러 규모로 성장한 재생에너지 시장은 앞으로도 지속적인 성장이 기대된다(REN21, 2013). 현재 세계 일차에너지공급의 13%를 차지하는 재생에너지는 2035년이면 18%로 비중이 늘어날 전망이다(IEA, 2013). IEA에 따르면 이미 OECD 국가 전력공급의 20%를 차지하는 재생에너지는 2035년이면 세계 발전량의 31%를 차지할 정도로 빠르게 성장할 전망이다. 2013년~2035년 기간 중 재생에너지분야 총투자비는 6.5조 달러로 추정되는데 이 중 95%가 발전부문에 투자되고 총 투자의 60%가 OECD 국가에서 이루어질 전망이다.

정부는 4차 신 · 재생에너지계획에서 보급뿐만 아니라 산업 육성을 강조하고 있으며 2035년 세계 3대 신 · 재생에너지 강국에 도달하기 위한 정량적 목표의 설정을 고려하고 있다. 에너지기본계획 신 · 재생에너지분과는 2035년에 태양광, 풍력 등 주요 분야에서 한국의 세계시장 점유율을 15%까지 높이는 목표를 안으로 제시한 바 있다. 국내 신 · 재생에너지 보급 확대를 기반으로 세계시장에서 점유율을 높여나간다면 한국 신 · 재생에너지 산업은 한국 경제를 견인하는 주요 산업으로 성장할 것이다. 특히 태양광은 디스플레이 산업, 풍력은 조선 및 플랜트 산업과 기반기술 및 요소기술이 유사하기 때문에 한국 경제를 견인해 온 디스플레이 산업, 조선 산업의 뒤를 이어 한국 경제의 주요 산업으로 성장할 가능성이 크다.

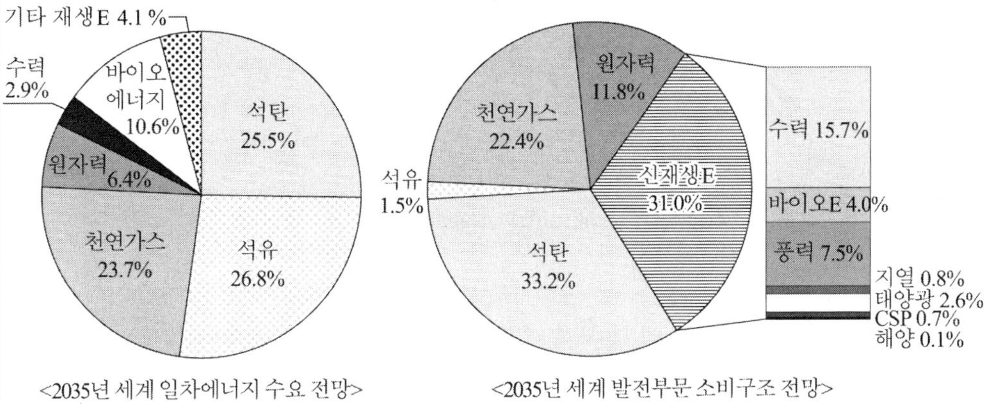

〈그림 4.25〉 IEA의 2035년 세계 에너지 전망(IEA, WEO 2013)

〈표 4.29〉 에너지 산업에 의한 철강 수요(Mt)

<table>
<tr><th>연료</th><th>탐사 및 생산</th><th>수송</th><th>발전소 건설</th><th>정유 및 유통</th><th>송배전</th></tr>
<tr><td>석유</td><td>25</td><td>15</td><td>-</td><td>5</td><td></td></tr>
<tr><td>가스</td><td>20</td><td>40</td><td>5</td><td>-</td><td rowspan="6">10</td></tr>
<tr><td>석탄</td><td>10</td><td>15</td><td>16</td><td>-</td></tr>
<tr><td>수력</td><td>4</td><td>-</td><td>4</td><td>-</td></tr>
<tr><td>원자력</td><td>-</td><td>1</td><td>2</td><td>-</td></tr>
<tr><td>풍력</td><td>-</td><td>-</td><td>5</td><td>-</td></tr>
<tr><td>재생에너지</td><td>-</td><td>-</td><td>1</td><td>-</td></tr>
<tr><td>소계</td><td>59</td><td>71</td><td>33</td><td>5</td><td>10</td></tr>
<tr><td>합계</td><td colspan="5">178 Mt (전세계 철강 생산량의 약 12%)</td></tr>
</table>

자료 : Laplace Conseil, 2013

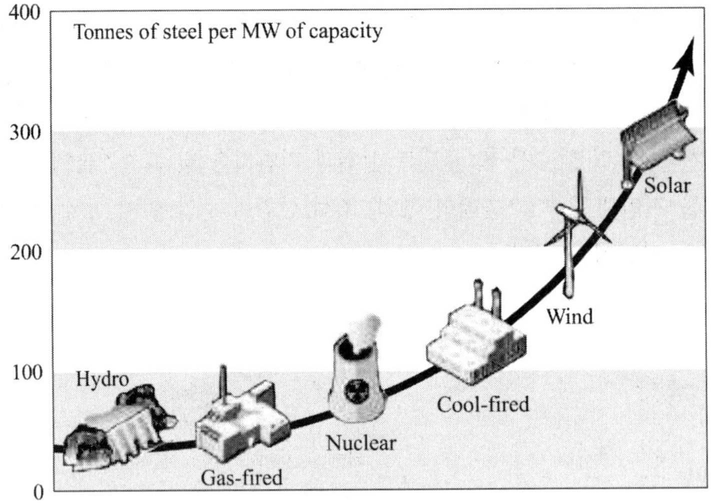

〈그림 4.26〉 발전기술별 철강집약도(톤/MW)
[출처 : Albanese et al, 2011 ; Laplace Conseil, 2013 재인용]

신 · 재생에너지 산업의 성장은 철강 산업에도 직간접적인 영향을 미칠 것이다. 현재 전 세계 철강 생산량의 약 12%가 에너지 탐사 및 생산, 에너지 수송, 발전소 건설, 정유 및 유통, 송배전 등 에너지 산업에서 소비되는 것으로 추정된다. 세계 에너지수요의 증가에 따라 에너지 산업에서 철강 수요는 늘어날 전망이고 특히 빠르게 성장하는 풍력, 태양광 등 재생에너지 분야의 철강 수요도 비례적으로 증가할 것이다. 하지만 재생에너지는 화석에너지를 대체하는 효과도 있기 때문에 재생에너지 분야는 철강 수요를 유발하는 반면 화석에너지 분야의 철강 수요를 억제하는 요인으로 작용할 수도 있다.

발전소 건설에만 국한한다면 발전설비 용량당 철강 사용량은 풍력과 태양광이 석탄화력, 원자력, 가스화력보다 2~3배 많은 것으로 평가된다. 풍력발전기의 경우 기초를 포함하여 전체 발전기 무게의 80% 이상이 철강으로 구성되었는데 해상풍력의 경우 구조물이 커지면서 철강 수요는 더욱 증가할 전망이다(World Steel Association, 2008). 현재 5 MW 해상풍력기의 삼각 기초(tripod) 무게만 개당 1200 t에 이른다. 태양광발전은 태양광전지판을 건물 위나 육상, 수상에 설치할 때 철강소재의 구조물이 필수적이다. 조건에 따라서는 철강이 부품의 주요 재료인 풍력보다 실리콘소재의 전지판을 설치하는 태양광발전에서 단위 발전용량 당 철강 사용량이 더 많을 수도 있다.

4.4.2 신 · 재생에너지 보급 확대와 에너지 가격

FIT(Feed-In Tariff)든 RPS든 재생에너지 보급 제도의 운영에는 이행 비용이 소요된다. 일반적인 재생에너지 보급 제도와 마찬가지로 RPS 또한 재생에너지 발전의 증가에 따라 발생하게 되는 편익을 얻는 시민(전력소비자)이 비용을 부담하는 것이 가장 일반적이다.

독일은 기준가격구매제(Feed-In Tariff) 시행을 통해 전력 생산에서 재생에너지 비중이 2000년 6.2%에서 2011년 20.4%로 크게 증가하였다. 독일에서 기준가격구매제를 이행하기 위해 전력소비자들은 전기요금에서 추가 요금을 부담해오고 있는데 이 FIT 이행 비용이 2010년 이후부터 정부 예상보다 커지면서 비판과 논란이 지속되고 있다(Spiegel, 2013.9.4). 2013년 FIT 이행을 위한 전력소비자 추가요금의 총액은 200억 유로(260억 달러)에 이르렀고 2014년에는 대용량 전력소비자 2천여 개를 제외한 일반 전력소비자들은 kWh당 6.24센트(유로)의 추가 요금을 기준가격구매제 이행 비용으로 부담을 해야 한다.

이런 부담과 논란에도 불구하고 시민사회와 재생에너지업계는 원전 폐쇄와 FIT를 기반으로 하는 재생에너지법(EEG)을 지지해오고 있다. 하지만 독일 시민사회는 에너지다소비업체 2천여 개에 대해 FIT 이행을 위한 추가 요금 부담을 면제해 온 관행에 대해선 강력하게 반발하고 있다. 만약 에너지다소비업체들도 FIT 이행을 위한 추가 요금을 부담한다면 전력소비자들의 부담은 다소 감소할 것이다.[97)]

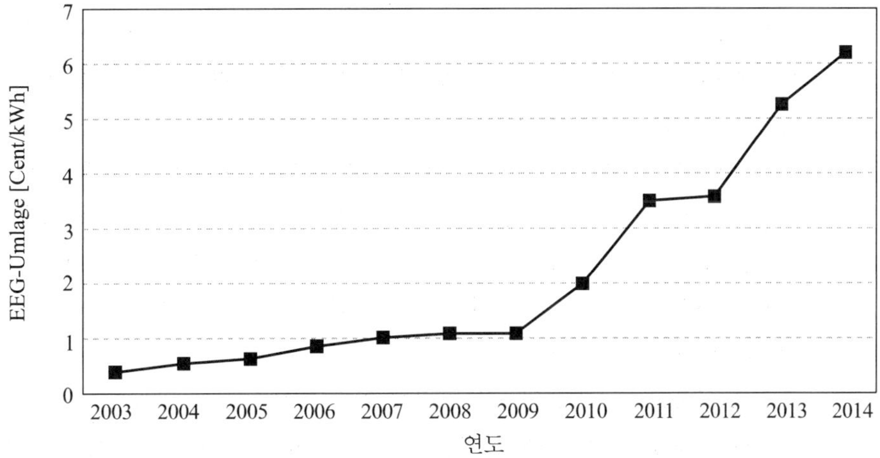

〈그림 4.27〉 독일에서 FIT 시행에 따른 전력소비자의 추가 요금 부담 증가

97) 2009년 기준 독일은 전력 소비에서 산업의 비중이 41%로, OECD국가 중에서는 한국 다음으로 높은 편이다(IEA, 2011).

독일의 전기요금지수 변화를 보면 1998년 전기요금을 100으로 할 때 2013년 167로 증가했는데 여기에는 전력믹스의 변화, 세금과 기금 부과 등도 영향을 미쳤지만 FIT 이행을 위한 추가 요금도 직접적인 전기요금 인상 요인으로 작용하였다.

한편, 미국의 경우 RPS를 시행해오고 있지만 재생에너지 발전의 보급에 따른 전기요금 영향은 크지 않은 것으로 나타났다(박정연, 2013). 미국 에너지부(DOE) 산하의 로렌스버클리국립연구소(2008)의 연구에 따르면 RPS 도입으로 인한 장기 전기요금 인상 효과가 크지 않을 것으로 분석되었다. 독일과 미국의 차이는 보급 제도의 장단점 때문에 나타난 것이라기보다는 재생에너지 보급 목표와 속도의 차이에서 비롯되었다고 볼 수 있다.

2차 에너지계획과 4차 신·재생에너지계획이 확정되더라도 신·재생에너지 보급은 기존 틀에서 크게 벗어나지 않을 전망이다. 전력수요 전망과 신·재생에너지 보급 목표를 보면 2020년 신·재생에너지 발전은 전력수요의 9% 내외를 차지할 것으로 예상된다. 이는 현재 시행 중인 RPS 의무 비율과 비슷한 수준이다. 정부는 2022년까지 RPS 공급의무자의 의무 비율을 10%까지 확대하는 정책을 시행 중이다.

〈표 4.30〉 의무사업자의 신·재생에너지 공급의무 비율

연도	2012	2013	2014	2015	2016	2017	2018	2019	2020	2012	2022
의무비율(%)	2.0	2.5	3.0	3.5	4.0	5.0	6.0	7.0	8.0	9.0	10.0

4차 신·재생에너지계획(안)의 보급 로드맵(안)을 보면 정부는 2022년까지 RPS를 통해 재생에너지를 보급하고 그 이후에는 정부 지원이 없어도 시장 경쟁력을 갖춘 재생에너지가 성숙한 시장을 통해 보급될 것으로 기대하고 있다. 2022년 RPS 목표 달성 이후 신·재생에너지 발전이 시장경쟁력을 갖추어 성장세를 이어간다면 2035년까지 전력수요에서 차지하는 비중은 제4차 신·재생에너지기본계획 상의 목표 수준(약 14%)으로 높아질 것이다. 결국 정부의 신·재생에너지계획이 산업계 관련 에너지 요금에 미치는 영향은 RPS 이행 비용이 전기요금에 미치는 영향을 분석함을 통해 파악할 수 있다는 얘기이다.[98)]

현재 한국에선 전기요금 총괄원가에 RPS 이행 비용을 반영하고 있으며 정부는 앞으로 전기요금 고지서에 별도 항목을 만들어 소비자에게 고지할 구상을 가지고 있다. 미국 대부분의 주에서도 RPS 도입으로 인한 전기요금 인상폭이 제한적일 것이라는 전망, 수

98) RHO와 RFO 등 새로운 재생에너지열 및 연료 의무제가 앞으로 시행되더라도 산업용 연료 가격에는 별 영향을 미치지 않을 것이다.

익자의 비용 부담 원칙, 요금을 통한 비용 회수시 신・재생에너지에 대한 소비자 인식 제고 등을 고려하여 대부분의 주에서 의무 이행 비용을 전기요금으로 회수하고 있다(삼일회계법인, 2011)

에너지관리공단 신・재생에너지센터가 분석한 자료에 따르면 2012년 RPS 이행비용은 약 2,895억 원으로 모든 전력소비자가 부담할 경우 0.63원/kWh의 인상요인이 발생한다. 삼일회계법인(2011)의 연구에 따르면 연도별 RPS 의무 이행 비용은 2012년 약 3,500억 원 가량 예상되며 2022년에는 2.2조원에 달할 것으로 전망되었다. 이 비용은 공급의무 이행의 연기나 불이행이 없을 것을 가정하고 의무 이행 비용 보전 금액은 연

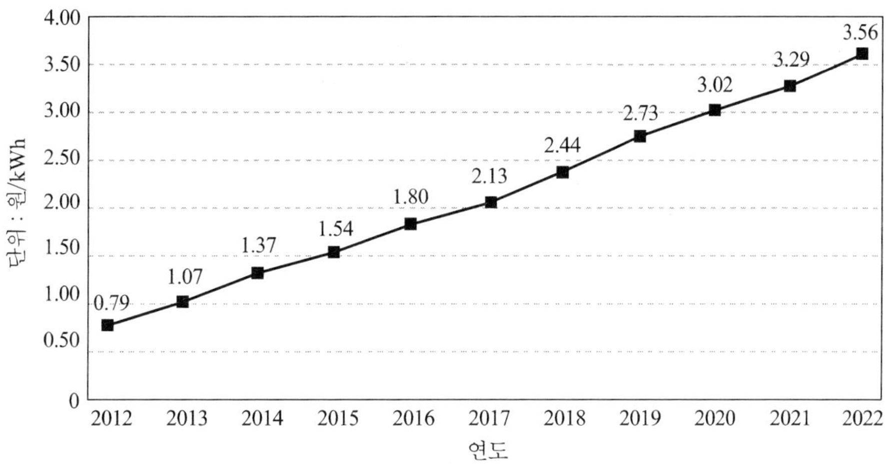

〈그림 4.28〉 연도별 RPS 의무 이행 비용 요금 단가의 전망 [출처 : 삼일회계법인(2011)]

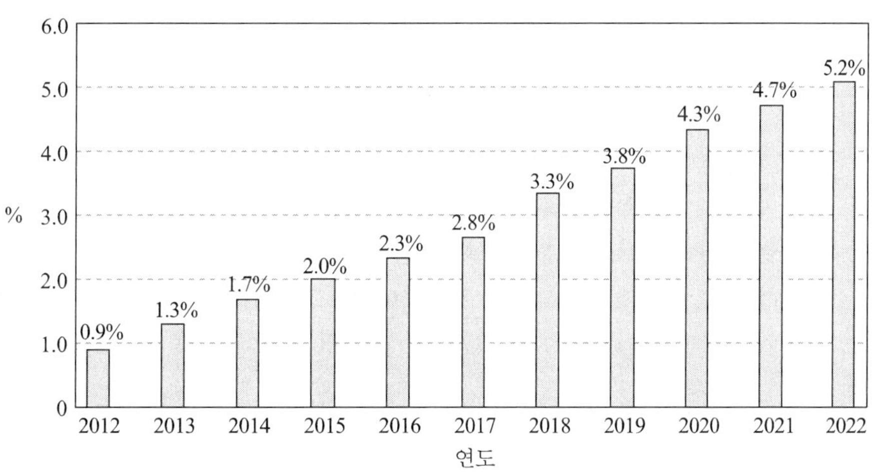

〈그림 4.29〉 의무 이행 비용으로 인한 요금 인상 효과 [출처 : 삼일회계법인(2011)]

도별 공급 의무량에 공급인증서 가격을 곱하여 산정되었다.[99] 의무 이행 비용을 전기요금에 반영한 보전 요금의 단가를 산정하면 2012년 불변가격 기준으로 2012년 0.79원/kWh에서 2022년 3.56원/kWh까지 상승할 것으로 전망되었다.

연도별 의무 이행 비용 보전요금이 전기요금에 반영됨에 따라 전기요금 인상효과가 발생하는데 의무 이행 비용 보전요금으로 인한 기존 전기요금의 인상률은 0.9%수준에서 2022년 5.2%까지 점진적으로 확대될 것으로 예상된다.

그런데 4차 신・재생에너지계획(안)에 따라서 태양광의 보급 목표가 상향 조정되어 RPS에서 태양광의 의무발전 비중이 커지면서 RPS 의무 이행 비용도 이전에 비해선 더 늘어나겠지만 태양광 REC 가격이 예상보다 빠르게 하락하면서 비용을 상쇄하는 효과 또한 예상된다.

결국 4차 신・재생에너지계획(안)에 따라 태양광 보급 목표가 상향 조정되면서 RPS 의무 이행 비용이 상승할 요인이 발생하였지만 전반적으로 RPS 시행이 전기요금 인상에 미치는 영향이 그리 크지 않을 것으로 예상된다. 앞서 언급했듯이 RPS를 선도적으로 시행해 온 미국의 사례를 보더라도 재생에너지 발전의 보급에 따른 전기요금 영향은 크지 않은 것으로 나타났다.

RPS 시행에 따른 전기요금 인상보다는 에너지 생산과 소비과정에서 발생하는 사회적 비용(Hidden Costs: 숨은 비용)을 최종 요금에 반영하는 방식의 발전단가 재산정 작업과 후속 세제개편이 전기 요금을 포함하여 에너지 가격에 미치는 영향이 더 크게 나타날 전망이다(산업통상자원부, 2013).

4.4.3 신・재생에너지 보급과 산업 영향

정부는 2035년 신・재생에너지 비중 11%를 목표로 하는 4차 신・재생에너지계획을 곧 확정할 예정이다. 이런 목표는 2011년 기준 한국의 신・재생에너지 비중 2.75% 에 비해서 높지만 다른 OECD 국가들에 비하면 상대적으로 낮은 수준이다.

4차 신・재생에너지계획(안)에 따르면 현재 68%를 점하는 폐기물의 비중이 대폭 감소하는 반면 2035년에는 태양광과 풍력, 바이오의 비중이 크게 증가할 것이다. 풍력과 태양광이 주도할 발전부문만 보면 2035년 신・재생에너지 발전량은 연간 100TWh에 이르고 목표 전력 수요의 14.4%를 점유할 것이다. 신・재생에너지 발전설비 용량도

99) 공급인증서(REC) 가격은 태양광은 kWh당 200원, 비태양광은 kWh당 40원으로 가정되었다. 현재 공급물량 부족으로 비태양광 REC 가격은 예상보다 높게 형성되었고 태양광은 경제성 향상으로 REC 가격이 대부분 kWh당 200원 이하에서 형성되고 있다.

39GW를 넘길 예정인데 태양광이 45%, 풍력이 32.6%의 비중을 차지할 것이다. 신 · 재생에너지 보급은 전력은 RPS, 열은 RHO, 연료는 RFS를 통해서 추진되지만 RPS 계획 기간인 2022년 이후에는 정부 지원없이 시장 주도로 보급이 이루어질 것으로 기대된다.

정부는 4차 신 · 재생에너지계획에서 보급뿐만 아니라 산업 육성을 강조하고 있으며 2035년 세계 3대 신 · 재생에너지 강국을 지향하고 있다. IEA에 따르면 2013~2035년 기간 중 재생에너지 분야 전세계 총투자비가 6.5조 달러에 이를 전망인데 이중 95%가 발전부문에 투자될 것으로 보인다. 정부 목표대로 한국이 태양광, 풍력 등 주요 분야에서 세계시장 점유율을 15%까지 높인다면 한국 신 · 재생에너지 산업은 조선산업, 반도체 · 디스플레이산업을 이어서 한국 경제를 견인하는 성장동력으로 위상을 확고히 할 것이다. 세계적으로 재생에너지 비중이 높아지면서 재생에너지 분야의 철강 수요도 비례적으로 증가할 것이다. 하지만 재생에너지 분야의 성장은 화석에너지 분야의 철강 수요를 억제하는 요인으로 작용할 수도 있다. 발전부문을 보면 발전설비 용량당 철강 사용량은 풍력과 태양광이 석탄화력, 원자력, 가스화력보다 2~3배 많은 것으로 평가된다. 풍력발전기의 경우 전체 무게의 80% 이상이 철강으로 구성되고 태양광발전은 시공 과정에서 받침대, 지지대 등 구조물을 철강재로 사용하기 때문에 철강수요를 유발한다.

FIT든 RPS든 재생에너지 보급 제도의 운영에는 이행 비용이 소요된다. 일반적인 재생에너지 보급 제도와 마찬가지로 RPS 또한 재생에너지 발전의 증가에 따라 편익을 얻는 전력소비자가 비용을 부담하면서 전기요금 인상효과가 발생한다. 지식경제부에 제출된 연구(2011)에 따르면 2022년 10%의 신 · 재생에너지 공급의무 비율을 목표로 하는 RPS 시행에 따라 전기요금은 0.9%에서 점진적으로 5.2%까지 인상효과가 발생한다. 4차 신 · 재생에너지계획에 따라 태양광의 보급 비중이 높아지면서 RPS 시행에 따른 전기요금 인상효과는 초기보다 커질 수 있다. 하지만 전반적으로 RPS 시행이 전기요금 인상에 미치는 영향은 그리 크지 않을 것으로 평가되었고 결과적으로 신 · 재생에너지 보급 확대에 따른 에너지 요금 인상이 산업에 미치는 영향도 크지 않을 것이다.

IEA는 모든 에너지원 중에서 재생에너지가 가장 빠르게 성장할 것으로 전망하고 있고 비례적으로 세계 시장이 확대될 것으로 보인다. 날로 성장하는 세계 재생에너지 시장에서 국내 기업의 점유율을 높이는 것은 신 · 재생에너지 산업계뿐만 아니라 국민 경제의 미래가 달린 중대한 과제이다. 국내 보급과 연계하여 신 · 재생에너지 산업의 경쟁력을 높이는 정책이 효과적으로 시행되길 기대한다.

PART

5

온실가스 배출권거래제

5.1 배출권거래제와 탄소경영

5.1.1 전략적 탄소경영 및 추진방향

배출권거래제 관련 세부기준을 마련하기 위해서 정부는 2013년 2월에 '배출권거래제 준비기획단'을 발족시켰다. 동 기획단은 거시모형, CGE, IO 모형 등 다양한 경제모형을 활용하여 2020년 온실가스 배출총량을 재검토하였고, 또한 배출권거래제 도입에 따른 국민경제 및 산업에 미치는 영향 분석을 하였다. 동 자료는 對국민 홍보 자료에 활용되고 있다.[100] 그리고 배출권거래제 참여 조직에 대한 합리적인 할당을 목적으로 산업분류를 새롭게 하고 감축기술별 감축잠재량을 분석하기 위하여 선형계획법에 준한 모형을 활용하고 있다.[101]

예치금(deposit & refund system), 부과금(product & emission charge), 배출권거래제(emission trading scheme), 보조금(subsidy), 그리고 친환경세제(예, 탄소세) 등 환경 및 탄소정책의 핵심으로 경제적 유인수단이 자리를 잡게 되어 저탄소 및 친환경 경제체제로의 전환이 가속화될 전망이다. 특히, 환경오염물질 배출이 생산활동 전과정에서 일어나고 있고, 온실가스는 에너지 및 공정・제품 기술과 직결됨에 따라 환경오염물질 및 온실가스 감축을 위한 경제적 유인수단 정책은 저탄소 및 친환경 경제체제로의 전환을 촉진시킬 전망이다. 이것이 '배출권거래제'가 주목받는 이유이다.[102]

친환경 또는 녹색을 강조하는 미래 경제체제에 대응하여 우리 기업은 친환경 및 탄소경영 체제를 바탕으로 지속가능경쟁력 강화에 노력해야 할 것이다. 즉, 환경 및 온실가스 비용과 기회를 내재화하는 등 전사전략과 연계시켜야 할 것이다. 이미 글로벌 업계는

---

100) 경제모형에 의한 분석은 하향식방법(top-down approach)이라고도 한다.

101) 기술 및 공정에 근간하고 있기 때문에 상향식(bottom-up approach)이라고 한다.

102) 전 세계적 경기침체의 여파로 세상의 주목은 받지 못했지만, 2012년 UN 리우+20 회의는 '사회적 포용력을 고려한 녹색경제 체제로의 전환'을 주제로 개최되었다. UN 등 글로벌 세계는 미래 경제체제는 저탄소 녹색경제 체제라는 사실에 동의하면서, 과연 녹색경제 체제가 사회적 약자를 배려 또는 포용할 수 있는지를 고민하고 있다. 한편, UN 정상회의 주제의 변천과정도 시사점을 주고 있다. 1987년 UN은 <우리의 공동의 미래(Our Common Future)>라는 보고서에서 새로운 세기의 이념 또는 성장모형으로 '지속가능발전(sustainable development)'을 선언하였다. 그리고 '환경'의 중요성을 강조한 글로벌 성장 및 개발 모형 ESSD(Environmental Sound & Sustainable Development)를 1992년 리우회의에서 채택하였고, 10년 뒤 2002년 남아공 요하네스버그에서 개최된 '리우+10'회의에서는 빈곤퇴치 등 사회적 책임을 강조하는 지속가능발전을 강조하였다. 그리고 2012년 리우에서 열린 '리우+20'회의에서는 전통적 경제모형에서 건전하고 투명한 환경 및 사회와 함께 하는 책임을 다루는 것을 넘어 사회이슈를 해결할 수 있는 따뜻한 녹색경제 체제로 전환을 논의하게 된다. 즉, UN을 중심으로 세계는 경제패러다임의 전환을 고민하고 있다.

CEO 모임인 ‘세계지속가능발전산업협회(WBCSD)’를 1995년에 발족시키고 친환경경영 전략으로 전환을 강조하는 ‘Changing Course’[103]의 필요성을 제기하였다. 그리고 새로운 주요성과지표(KPI)로 경제 · 환경효율(eco-efficiency)[104]을 강조하였다. 최근에는 WBCSD를 중심으로 글로벌 산업계는 친환경경영을 근간으로 하는 2050비전을 마련하였고 또한 친환경경영의 속도를 높이라는 「Changing Pace」라는 보고서도 발표하였다. Siemens, BASF, DuPont 등이 전사 차원에서 친환경 및 탄소경영을 추진하는 대표적인 기업이라 할 수 있다.

이에 본 장은 탄소경영의 추진방향을 모색하고, 배출권거래제에 시행에 따라 온실가스 감축잠재량 분석 역량이 탄소경영에 끼치는 시사점을 고찰해 보고자 한다. 이를 위해서, 글로벌 동향을 고려한 탄소경영의 체계 및 방향, 배출권거래제에 대응하기 위해서 산업계가 갖추어야 할 분석역량 등을 살펴보고자 한다. 이 과정에서 온실가스 감축기술을 고려한 감축잠재량 및 한계비용을 국내 철강산업을 대상으로 실제 분석하여 전략적 탄소경영에 대한 시사점의 실효성을 높이고자 했다.

(1) 탄소경영과 산업경쟁력 방향

저탄소 녹색경제 시대에서 산업발전 패러다임은 지식 · 기술 집약형 新성장동력을 창출하여 저탄소형 산업구조로 전환함과 동시에, 산업발전과 환경문제 해결의 선순환 구조를 정착시킬 수 있어야 한다. 그래야만 지속가능한 성장잠재력이 확충될 수 있기 때문이다. 이를 위해서는 지금까지의 요소투입 전략에서 탈피하여 고부가가치 친환경 제품 및 공정 그리고 서비스 부문에서 경쟁력을 가질 수 있도록 지식 주도형 혁신창조형 전략으로 전환해야 할 것이다. 특히, 온실가스 및 환경오염 물질의 배출을 감축할 수 있는 혁신적인 저탄소 친환경 기술을 전제로 경제 · 환경효율을 지속적으로 개선시켜야 할 것이다.

경제 · 환경효율의 지속적인 개선은

① 지금까지 우리나라의 고도성장을 주도하였던 화학, 정유, 제철 등 주력 산업의 공정에서 에너지효율의 지속적인 개선과 환경오염물질 배출을 지속적으로 감축시키는 녹색화 노력을 기본으로 하고 있다.

② 주력산업의 녹색화를 위해서 환경 · CO_2 혁신기술의 육성을 바탕으로 환경산업의 경쟁력 강화에 노력해야 할 것이다.

103) 1992년 Schumidheiny가 발간한 저서의 제목이다.

104) 경영성과 특히 효율성을 평가할 때 기존의 경제성 중심의 지표에서 경제성과 환경성을 동시에 평가할 것을 권고하는 지표이다. Eco는 Ecology + Economy의 합성어이다.

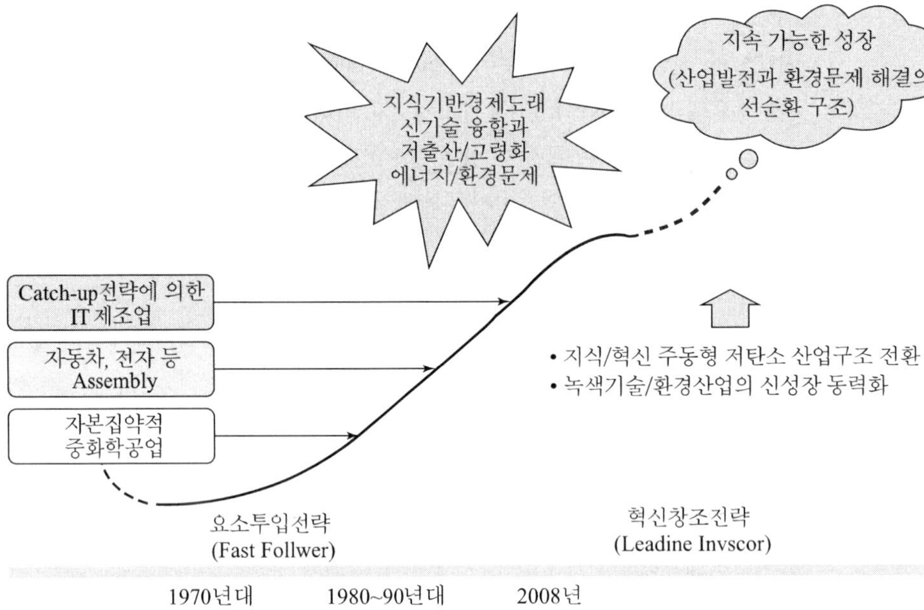

〈그림 5.1〉 저탄소 친환경 경제시대의 산업발전 전략 추진방향 [출처 : 산업연구원(2009)]

③ 공급량 부족 현상이 심화되고 있으며 또한 CO_2 배출과 직결되는 화석연료의 사용을 줄이고 궁극적으로 이를 대체할 수 있도록 신·재생에너지 개발과 관련 부품 및 소재 개발에 노력해야 할 것이다.

이렇게 할 때, 우리 산업의 경제·환경효율은 지속적으로 개선될 것이다.

- 제조업을 포함한 주력산업의 친환경성 강화 및 녹색화: 반도체, 자동차, 철강, 기계, 조선 등 주요 주력산업은 세계 최고의 경쟁력을 갖고 있다. 또한 압축성장 과정의 경험 등은 우리 산업의 녹색화라는 새로운 도전을 위한 주요 자산이 될 것이다.
- 환경설비 등 환경산업의 육성: 주력산업의 녹색화는 환경산업의 기반 없이는 불가능하다. 또한 환경산업은 주력 산업의 해외진출에 기본이 될 것이며, 또한 그 자체로 수출산업으로 의미가 있을 것이다.
- 청정에너지 등 신·재생에너지 발전 및 관련 산업 육성: 저탄소화를 위해서 에너지원을 청정 또는 신·재생에너지로 전환하는 것은 중장기적으로 반드시 필요하다. 또한 주력산업 및 소재·부품의 우수한 기술력을 바탕으로 해외 수출산업으로의 육성도 동시에 추진되어야 한다.
- 주력산업을 포함한 환경산업 및 신재생에너지 산업의 효과적인 육성을 위해선 IT와 접목시켜 녹색 창조경제의 기반을 조성해야 할 것이다.

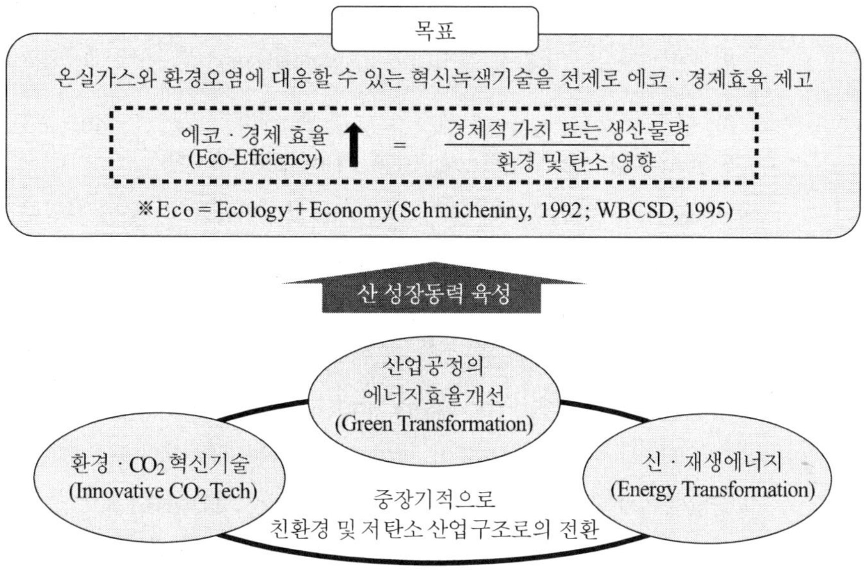

〈그림 5.2 산업발전 패러다임을 통한 저탄소 친환경 성장방향 [출처 : POSRI (2009)]

(2) 전략적 탄소경영의 주요 원칙

저탄소 녹색성장 및 경제·환경효율을 지속적으로 개선시키기 위해서는 친환경경영 및 탄소경영을 바탕으로 혁신환경기술 개발을 촉진할 수 있어야 한다. 친환경경영 또는 탄소경영은 이해관계자 고려, 전과정적 사고 및 전과정책임주의, 오염자 부담원칙, 공정 및 생산방법, 전사 차원의 품질·환경경영, 시장경제적 접근, 상대적 관점 등의 원칙이 기반이 되어야 할 것이다(이병욱, 2005). 온실가스 및 환경오염의 문제는 기본적으로 기업의 이해관계자로부터 제기되었고, 또한 오염물질이 경영활동 전반에서 발생하고 있다. 또한, 환경오염과 관련하여 글로벌 사회는 원인자 부담 원칙 등을 강조하고 있다. 따라서 친환경 및 탄소경영 전략을 수립할 때 상기의 원칙을 고려할 필요가 있다.

① 이해관계자(Stakeholders)

전통적 기업경영에서의 이해관계자는 기업활동과 직접적으로 관련이 있는 주주, 종업원, 고객, 거래업체 및 금융기관 등을 지칭해 왔다. 그러나 환경경영에서 고려해야 할 이해관계자는 일반대중, 지역사회, 환경단체, 언론, 학계 등 보다 확대된 개념이다. 특히, 자원 및 자연생태계가 핵심 이해관계자로 부상하고 있다. 이렇게 할 때 생산 활동의 결과인 산출물에 제품과 함께 오염물질도 포함된다.

② 전과정책임주의(Life Cycle Stewardship)

제품 생산의 전과정에 걸친 환경문제를 효과적으로 관리하기 위해서는 모든 기업

활동의 단계별 의미와 내용을 환경적 관점에서 구체적으로 검토해야 한다. 이를 위한 방법론은 '전과정 분석(life cycle analysis)' 또는 '전과정평가(life cycle assessment)'이다.

③ **오염자부담 원칙(Polluter Pays Principle : PPP)**

'제품이나 서비스로부터 야기되는 모든 환경비용은 그 오염자(공급자)가 부담해야 한다'는 것으로, 최근 각국의 환경법규도 동 원칙에 따라 환경비용의 내재화를 통한 가격경쟁력의 차별화를 유도하는 방향으로 전개되고 있다. 환경경영에서 지향하는 경제성과 환경성의 조화를 촉진하는 제도적 근거를 제공한다.

④ **공정 및 생산방법(Processes and Production Methods : PPMs)**

원료의 취득에서부터 제품이 생산되어 출하될 때까지의 모든 활동을 의미하며, 생산단계에서 발생하는 환경오염의 규제방법에 관한 논의에서 주로 사용되는 개념이다. 동 원칙에 근거하여 제품뿐만 아니라 제품 무관련, 예를 들면 공정도 규제의 대상이 되고 있다.

⑤ **전사적 품질환경경영(Total Quality and Environmental Management : TQEM)**

기존의 전사적 품질경영(Total Quality Management : TQM)에 환경성을 총체적 품질이라는 개념으로 재정의하여 통합한 개념이다. 진정한 TQEM은 모든 조직구성원들이 품질과 환경의 중요성과 상호연계성을 충분히 인식하고, 제품 및 서비스의 품질이나 환경성을 지속적으로 향상시키기 위한 활동에 동참함으로써 실현되며, 그 결과는 궁극적으로 기업의 환경적 우수성과 이윤극대화로 구현된다.

⑥ **시장경제적 접근**

환경경영을 단순히 환경문제에 대한 기업의 사회적 책임 차원에서 접근하기 보다는, 수요 및 공급에 의한 가격 시그널이라는 시장경제 원리에 입각한 경쟁규범의 재편이라는 관점에서 접근하는 방식이다.

⑦ **상대적 기준을 고려한 종합적 관점**

환경오염 및 온실가스의 절대적 감축과 함께 상대적 관점에 준한 감축노력도 적극 고려한다. 특히, 환경계를 포함한 광의의 경제계에서 환경오염의 완전한 감축도 중요하지만 환경과 생산을 고려한 최적의 환경오염 감축을 강조한다.

(3) 전략적 탄소경영 모형 및 추진방향

전략적 탄소경영의 주요원칙은 '지속적 개선'을 지향하고 있다. 이를 위해서 온실가스에 대한 관리역량을 계획－실행－점검－조치(Plan-Do-Check-Act)라는 동태적 접근방법에 준하여 체계적으로 강화할 필요가 있다. 이를 위해서 온실가스 배출을 경영의 위기와 기회(Risk & Opportunity)로 인식하고 조직체제(governance)를 갖출 필요가 있다. 이를 바탕으로 온실가스 인벤토리를 구축하고 주요 탄소경영 활동에 대한 경제성 분석을 실시해야 한다. 특히, 인벤토리를 구축할 때는 글로벌 기준을 고려하여 Scope 1, 2, 3 등 직접배출, 간접배출과 함께 공급망상의 온실가스 배출량도 포함해야 한다. 또한, 각 감축기술의 감축잠재량과 한계비용을 분석하여 경영층의 합리적 의사결정을 지원할 필요가 있다. 그 결과는 자체 또는 제3자의 검증을 실시하고 이를 투자자를 포함한 다양한 이해관계자에게 공개할 필요도 있다. [105)]

<그림 5.3>은 글로벌 동향을 고려하여 온실가스를 리스크 및 기회로 인식한 전략적 탄소모형을 보여주고 있다. 특히, 온실가스는 원료의 공급, 생산, 제품의 폐기 등 모든 경영활동에 배출되고 있으며 온실가스 규제가 글로벌 및 국내에서 강화되고 있고 또한 새로운 탄소시장이 출범하고 있음을 감안할 때, 온실가스를 경영의 리스크 및 기회로 인식해야 할 것이다. 여기서 온실가스 관련 리스크 및 기회는 온실가스의 특징을 감안할 때 법규(규제) 및 물리로 구분할 필요가 있다. 이에 전략적 탄소경영은 경영의 리스크를 줄이고 기회를 확보하여 기업의 지속가능 탄소경쟁력을 개선시키기 위한 종합적인 접근 방법이라 할 수 있다. 즉, 현재의 탄소경영 실태 및 요인을 파악하고, 대응 노력을 체계적으로 분석하기 위해서 온실가스에 따른 리스크와 기회를 P(압력) − S(현황) − R(대응노력)로 구분하여 탄소경영 체계를 구축할 필요가 있다. 다음은 탄소경영 체계와 적용 기준을 도시한 것이다.

① 현재뿐만 아니라 미래까지 고려. 탄소경영의 적용 범위와 함께 현재 온실가스 배출이 경영에 중요할 시기에 대한 언급 필요
② 온실가스 배출에 따른 경영활동의 위험 및 기회 파악
③ 가치사슬을 고려한 현 경영 및 사업활동을 탄소경영의 압박요인으로 파악
④ 온실가스 배출을 포함한 탄소경영 성과의 지속적 개선을 위한 회사의 대응 노력 제시. 특히, 온실가스 배출이 회사 경영에 미치는 중요성에 대한 경영층의 인식 확인 필요
⑤ 현재 온실가스 배출, 가치사슬 상의 기업과의 영향, 그리고 기업의 대응노력에 대한 재무적 평가 또는 탄소회계로 표현

105) 공개정보는 적합성(relevance), 완전성(completeness), 이해가능하고 신뢰할 수 정보(understandable and reliable information)여야 함을 전제로 자료・정보의 객관성 및 투명성을 지향하고 있다. 특히, 한 순간의 획기적인 개선도 중요하지만, 기준년도 또는 경쟁기업 등 비교 기준 대비 한 정보 공개가 필요하다.

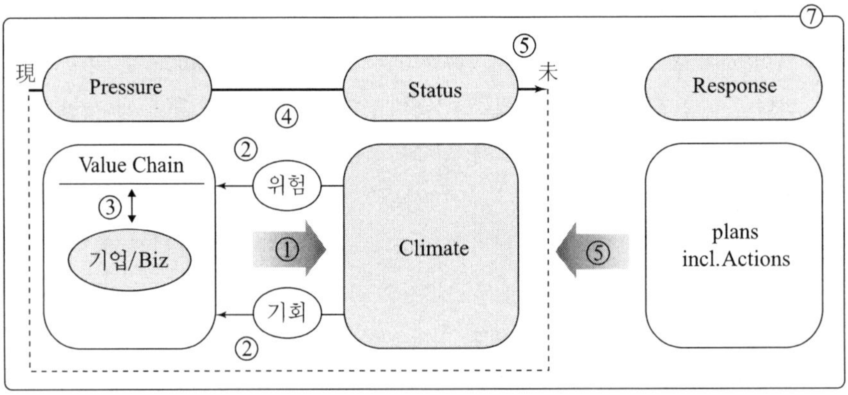

〈그림 5.3〉 Risk/Opportunity에 준한 탄소경영 모형
[출처 : POSRI(CDP 평가기준에 준하여 재수정)]

5.1.2 온실가스 감축잠재량 분석 모형

배출권거래제는 배출권이라는 새로운 상품을 거래하는 시장이다. 이 시장의 배출권 가격의 온실가스를 경제적으로 줄이기 위해서는 특정시점의 배출총량, 국민경제 및 산업에 미치는 영향, 그리고 산업 등 부문별 감축잠재량 등의 분석이 이루어져야 한다. 이러한 다양한 분석 결과는 배출권거래시장의 체계를 갖추고 기업의 탄소경영의 전략 및 추진방향을 설정하는 데 유용한 정보가 될 수 있다. 특히, 배출권거래제에 따른 전략적 의사결정을 위한 기초자료로 활용될 수 있다는 측면에서 분석모형 및 운영체계에 대한 이해는 매우 중요하다.

전략적 탄소경영을 통해서 배출권거래제에 효과적으로 대응하기 위해서는 인구, 경제전망(GDP), 산업구조, 에너지사용량 등의 거시적인 경제요인들을 고려하여 특정시점의 온실가스 배출총량(BAU)을 예측해야 하고, 또한 이를 토대로 수요 및 공급 관리정책에 따른 온실가스 감축잠재량을 추정해야 한다.

온실가스 배출전망, 즉 BAU를 추정하는 모형으로는 계량경제학적 방법을 이용한 회귀모형이나 시계열모형을 이용하는 하향식 경제모형(Top down model)이 있고, 또한 선형계획법을 활용하여 기술을 분석한 상향식 모형(bottom up model)이 있다. 계량경제모형에 의한 전망은 이론적으로 견고하지만 장기전망 시 구조적인 변화를 모형에 감안하기 어려워 변동성이 크게 된다. 따라서 장기전망에는 일반적으로 상향식 모형을 사용하고 있다. 최근에는 상향식과 하향식을 통합한 모형(Macro-Micro Model)이 시도되고 있다. 통합모형은 전반적인 배출량 예측모형, 상향식과 하향식 모형을 모두 포함하는 포괄적인 모형으로서 일반적으로 대형화되고 있다. 이러한 통합모형은 분석기간의 장기화,

분석대상 공간의 확대, 다양한 불확실성(인구, 경제성장률 등)을 고려할 수 있다[106].

이에, 배출권거래제의 원활한 운영을 위해서 전제되어야 하는 배출총량, 국민경제에 대한 영향분석, 감축잠재량 등에 관한 주요 분석방법에 대해서 고찰해 보고자 한다.

(1) 하향식 모형(Top-down 모형)

거시경제적 효과분석을 위한 하향식 모형은 에너지 및 온실가스 감축정책의 경제적 효과를 분석하는 데 활용된다. 또한 거시경제 전체를 분석함으로써 정책효과를 일관성 있게 분석할 수 있으며, 특정 정책의 피드백 효과까지 고려할 수 있다는 장점이 있다. 하향식 거시경제 효과분석 모형으로 '일반균형모형(CGE: computable general equilibrium model)'이 있다. 일반균형모형은 가격시스템의 신축적 조정에 의해 재화의 공급 및 수요의 균형을 지향하는 신고전학파 경제이론에 기초한 모형이다.

일반균형모형은 다부문(multi-sector)의 동태적 균형을 추구하는 모형이다. 생산부문, 신기술, 소비부문, 투자재화 생산 부문, 정부 부문, 자본형성 과정과 균형조건, 성장과 기술진보에 대한 가정, 이산화탄소 배출추정 등으로 구성되어 있다. 일반적으로 20년~30년 기간에 걸친 장기간의 온실가스 특히 이산화탄소 배출 분석에 주로 활용된다.

모형은 재화와 생산요소의 흐름을 파악하는 것으로 되어 있는데, 국내에서 생산된 재화는 수출 또는 국내 재화로 공급된다. 국내 총공급은 국내 생산재화 중에서 국내로 공급된 재화와 수입된 재화의 합으로 이루어진다. 총 수요는 가계 및 정부의 최종 소비와 기업에서 구매하는 중간재화의 합으로 이루어진다. 국내 시장의 총공급과 총수요는 균형을 이루어 가격 메카니즘이 작용된다. 요소시장 또한 공급과 수요의 작용에 의해 임금과 자본수익율을 매개로 균형에 도달하게 된다. 즉, 공급이 수요를 초과하면 가격이 하락하게 되며, 반대로 초과수요가 발생하면 가격이 상승하는 메카니즘을 통해 균형점에 도달하게 된다. 생산요소시장, 생산물시장, 해외부문의 균형조건들이 충족될 때 일반균형이 성립하게 된다.

일반균형모형에서 경제 주체들은 근시안적 예측 능력을 가져 미래의 가격변화가 현재의 의사결정에 영향을 주지 않는다고 가정한다. 외생적으로 주어진 인구, 노동 생산성, 에너지효율 변화를 바탕으로 매기(every term)마다 정태적 방법에 의해 균형점들을 구하는 귀납적(recursive 또는 sequencial) 연산방법이 사용된다.

106) 통합모형의 범주에는 MARKAL-MACRO, AIM, NEMS 모형 등이 있다.

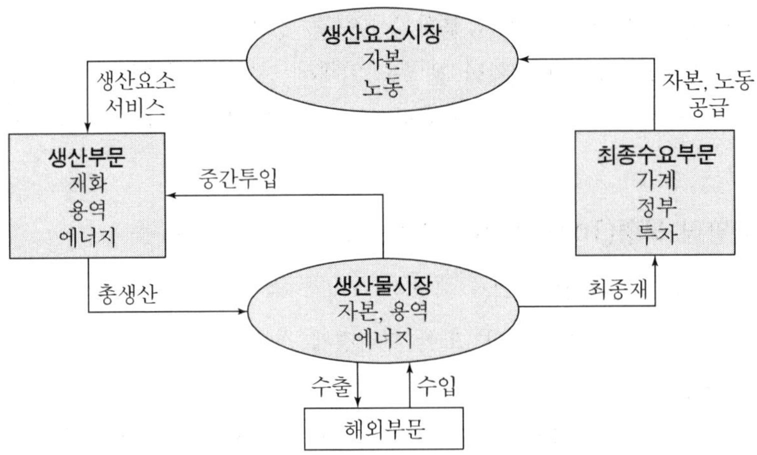

〈그림 5.4〉 국내 CGE 모형의 재화 및 생산요소 흐름 [출처 : POSRI (2005)]

(2) 상향식 모형(Bottom-up 모형)

상향식 모형은 제약조건 하에서 목적함수를 최적화하는 동태적 선형계획 모형이다. 선형성이 가지는 특성으로 결과 해석이 용이하며, 다양한 분석이 가능하다는 장점이 있다. 동태적 선형계획 모형은 에너지부문뿐 아니라 경제 및 환경 요인이 연계되어 목적함수를 최적화하는 해를 구한다. 에너지시스템을 최적화하는 대표적인 선형계획 모형으로는 MARKAL, EFOM-ENV, ICARUS 및 AIM 등이 국제적으로 널리 이용되고 있으며 최근에는 최적화 모형 간 또는 최적화 모형과 하향식 모형을 결합하려는 추세이다.

① MARKAL 모형

온실가스 감축잠재량 분석 도구로는 IEA/ETSAP (International Energy Agency/Energy Technology System Analysis Programme)에서 개발한 MARKAL (MARKet ALlocation)모형이 가장 널리 활용되고 있다.

MARKAL 모형은 에너지, 환경오염, 배출권 거래와 관련된 국가 또는 지역적인 에너지 정책을 평가하기 위한 모형으로 전 세계적으로 널리 사용되고 있다. 현재 IEA에서는 MARKAL 모형을 활용한 ETP(Energy Technology Perspectives) 모델을 사용하여 전 세계적인 에너지 시스템 모형을 통한 혁신기술의 파급효과를 산출하고 있다. 미국 EIA(Energy Information Administration)는 MARKAL/TIMES (The Integrated MARKAL EFOM System) 모델을 이용하여 SAGE(System for the Analysis of Global Energy markets)를 개발하여 국제에너지전망의 기초자료의 생성에 사용하고 있다.

MARKAL 모형은 국가(또는 지역, 도시) 에너지 시스템을 에너지의 수송, 전환,

사용과 같은 전형적인 에너지 기술의 집합으로 분석하는 모형이다. 따라서 중장기적으로 에너지 기술의 선택, 오염원의 배출제약, 기타 에너지 정책 대안 도출 등을 위하여 최소비용의 에너지 및 환경시스템을 계획하는 모형이다. 운용 형태 측면에서 EFOM-ENV와 매우 유사하며, 대표적인 상향식 모형이라 할 수 있다.

② EFOM-ENV 모형

EFOM-ENV (Energy Flow Optimization Model-Environment) 모형은 주어진 기술, 환경 및 경제적 조건에서 전체 에너지시스템의 총 공급비용을 최소화하는 동시에 외생적으로 주어진 최종에너지 또는 유효에너지 수요를 충족시키기 위한 에너지공급 및 이용기술, 에너지 구성을 최적화하는 동태적 선형계획 모형이다.

EFOM-12C MARK I 모형을 모태로 초기에는 에너지 정책의 영향을 평가하는 민감도 분석이 주류를 이루었으나, 신기술 도입의 유용성 및 시장보급 잠재력 평가에 관한 연구로 적용 범위가 확대되었다. 이후 환경 모듈이 추가된 EFOM-ENV 모형으로 발전하면서 오염배출량 및 배출저감비용 평가에도 적용되고 있다.

모형의 장점은 에너지, 기술, 경제 및 환경 측면 등 연구목적에 따라 다양한 형태의 분석이 가능하다는 것이다. 즉 온실가스 감축수단별 감축비용, 투자규모, 연구개발투자 규모 등 국가 또는 기업의 온실가스 대책수립에 필요한 정보를 제공해 줄 수 있다. 그러나 방대한 규모의 DB 구축이 전제되어야 한다.

또한 유효(최종) 에너지 또는 최종제품 수요 등 여러 외생변수가 입력되어야 하므로 모형을 통해 유용한 분석결과를 얻기 위해서는 다른 모형과의 연계가 필요하다. 한편 모형의 수리적인 구조인 선형계획법의 특성상 제약을 주어야 할 에너지공급 및 이용기술(수단)들에 제약이 가해지지 않을 경우 비현실적인 결과가 도출될 위험성도 있다.

③ TIMES 모형

TIMES 모형[107)]은 MARKAL과 EFOM의 장단점을 결합하여 만든 모형으로, MARKAL의 제한적 부하곡선 사용, 모델 운영 기간 변경의 어려움, 제한적 프로세스 사용 등의 단점이 보완되고 기준에너지시스템(RES) 구현의 간편성이라는 장점이 추가되었으며, EFOM의 고유연성 프로세스 기능이 추가되었다. 사용자 인터페이스인 ANSWER와 VEDA도 개발되어 함께 널리 쓰이고 있다. 상향식 모형 중에서 최적화 모델로 구분할 수 있다.

---

107) MARKAL 모형과 함께 IEA의 ETSAP 회원 국가들의 후원을 받고 지속적으로 개발/보급/확산되고 있으며, ETSAP 회원 국가들은 개발된 모형을 지속적으로 활용할 수 있다.

(3) 통합형 모형

① MARKAL-MACRO 모형

MARKAL-MACRO 모형은 기술 중심의 상향식 모형인 MARKAL 모형에 하향식의 거시경제적 모형을 결합하였다. 동 모형은 경제, 에너지, 환경을 통합적으로 분석하고 계획할 목적으로 주로 이용되고 있다. 거시모형 내에서 최적화되고 제약하에서 투입자본, 노동, 에너지 투입량이 결정되고 있다는 점이 의미가 있다. 세계에너지기구 회원국인 미국, 스위스, 네덜란드 등에서 사용되며 특히 미국의 에너지국의 전략개발을 위한 최소비용 산정을 위한 모형으로 활용되었다.

② ICARUS 모형

네덜란드 Utrecht 대학에서 1990년에 개발하여 수차례의 개선과정을 통해 1994년에 ICARUS-3가 발표되었으며, 정부 주도하에 지속적인 개선이 이루어시고 있다. 동 모형은 에너지 소비구조, 에너지 절약기술, 이에 관련된 투자와 비용, 온실가스 배출 등에 관한 자료로 구성된 데이터베이스를 이용하여 에너지 절약투자 및 절약시책의 영향을 분석하고, 이에 따른 에너지 절약과 온실가스 배출저감 잠재량을 추정하는 모형이다.

에너지 효율 향상기술 도입을 위한 기술적 에너지 잠재량 추정에 매우 효과적인 것이 장점이나 추정된 에너지 절약 및 온실가스 감축잠재량은 효율적인 기술도입에 장애가 되는 경제적, 사회적 기타 요인을 고려하지 않고 있기 때문에 실제로 온실가스 감축이 어느 정도 달성될 수 있는 것인지 예측이 어렵다는 단점이 있다.

③ AIM 모형

일본의 국립환경연구소(NIES: National Institute for Environmental Studies)에서 개발되었으며, 국내에서 AIM-KOREA 모형으로 개발되어 발전되면서 기술선택 에너지 효율, 에너지 서비스 수요, 관련 사회 경제적 변수, 에너지 소비량 및 이산화탄소 배출량의 변수관계를 시뮬레이션 할 수 있는 최종에너지 소비모형으로 확립되었다. 장점으로는 이산화탄소 배출저감을 위한 개별 정책의 유효성 평가에 효과적이며 개별 기술의 시장성 정도와 에너지 효율개선의 효과에 대한 예측이 가능하다. 그러나 기술 선택 시 제도적 장애요인 등을 고려하지 않으므로 개별 기술 선택에 의한 이산화탄소 배출 감축량을 과대평가할 가능성이 있고, 현재 실용화되지 않은 기술은 대상으로 하지 않으므로 전체적인 이산화탄소 배출 감축량이 과소평가될 가능성도 있다.

AIM(Asia-Pacific Integrated Model)모형은 ㉠ 온실가스 배출모형(AIM/emission)

② 생산규모 및 경영리스크

1970년 철강의 수입의존도를 낮추고 중화학공업의 후방지원을 위해 정부는 철강공업육성법을 제정, 조강연산 100만톤 이상의 일관제철 사업자에게 다양한 지원과 혜택을 부여했다. 이로써 1973년 연산 103만 톤 규모의 포항제철소가 준공되었고, 현재 우리나라는 국내 일관제철사, 현대제철 등의 대형철강사와 철강다소비 산업 발전에 힘입어 세계 5위 철강생산국으로 성장했다. 1970년에는 한국의 조강 생산량이 50만 톤에 불과했으나, 1973년 포항제철소의 가동을 시발점으로 비약적인 발전을 시작해 철강다소비 산업인 중화학공업을 기축으로 국가경제발전 계획과 맞물려 1990년에는 세계 7위의 철강생산국이 되었다. 2000년에는 세계 6위 생산국, 2006년에는 중국, 일본, 미국, 러시아에 이어 세계 5위 생산국으로 성장하기에 이르렀다. 그리고 2012년에는 생산량이 2006년 대비 약 2천만 톤이 증가했지만 조강생산량 순위는 6위로 2006년 대비 한 단계 떨어졌다(표 5.2 참조).

한편 국내 유일의 일관제철공정을 보유한 한 기업은 연간 3천만톤의 철강을 생산하는 세계적인 철강사로 성장해 규모 측면에서 세계 4위가 되었으며, 철강생산량으로 보았을 때 세계 10위인 브라질과 유사한 수준을 보이고 있다. 과거 1973년 고로 1기가 완공되었을 당시 세계 순위는 70위권 밖이었나, 현 수준의 설비가 완공된 1992년에는 세계 3위 철강사로 도약했고, 1993년부터는 신일본제철에 이어 세계 2위 기업으로 성장했으며, 1998～1999년에는 세계 1위 기업으로 등극하기

〈표 5.2〉 한국 조강생산량의 세계 순위 변동(단위 : 백만톤)

세계 순위	1980		1990		2000		2006		2012	
	국가	생산량	국가	생산량	국가	생산량	국가	생산량	국가	생산량
1	USSR	149.1	USSR	154.4	중국	127.2	중국	422.7	중국	708.9
2	일본	111.4	일본	110.3	일본	106.4	일본	116.2	일본	107.2
3	미국	101.7	미국	88.9	미국	101.5	미국	98.6	미국	88.6
4	서독	43.8	중국	67.2	러시아	59.1	러시아	70.8	인도	76.7
5	중국	37.0	서독	38.4	서독	46.4	한국	48.5	러시아	70.6
6	이탈리아	26.5	이탈리아	25.5	한국	43.1	독일	47.2	한국	69.3
7	프랑스	23.2	한국	23.1	우크라이나	31.4	인도	44.0	독일	42.7
8	폴란드	20.0	브라질	20.6	브라질	27.9	우크라이나	40.9	터키	35.9
9	캐나다	15.9	프랑스	19.0	인도	26.9	이탈리아	31.6	브라질	34.7
10	브라질	15.3	영국	17.8	이탈리아	26.7	브라질	30.9	우크라이나	32.9

출처 : World Steel Association(2013)

〈표 5.3〉 국내 일관제철사의 조강생산량 세계 순위 변동(단위 : 백만톤)

세계 순위	1980		1990		2000		2006		2012	
	회사명	생산량	회사명	생산량	회사명	생산량	회사명	생산량	회사명	생산량
1	신일본제철	32.9	신일본제철	28.8	신일본제철	27.8	A-Mittal	117.2	A-Mittal	9,630
2	USX	21.1	Usinor Sacilor	23.3	국내 일관 제철사	23.4	신일본제철	32.7	신일철주금	4,790
3	NKK	14.0	국내 일관 제철사	16.2	British Steel	15.7	JFE	32.0	허베이	4,280
4	Finsiter	13.7	British Steel	13.8	Usinor Sacilor	15.5	국내 일관 제철사	30.1	상해보강	4,270
5	Bethlehem	13.6	USX	12.4	Riva	14.4	상해보강	22.5	국내 일관 제철사	3,990
6	sumitomo	12.7	NKK	12.1	USX	12.1	USS	21.2	무한	3,640
7	kawasaki	12.7	ILVA	11.5	NKK	12.0	Nucor	20.3	사강	3,230
8	Thyssen-Aktien	12.4	Thyssen	11.1	Arbed	11.5	당산	19.1	수도	3,140
9	Usinor	9.2	Sumitomo	11.1	Kawasaki	11.1	Corus Group	18.3	JFE	3,040
10	Jones - Laughlim	8.8	Kawasaki	11.1	Sumitomo	10.7	Riva	18.2	안산	3,020

출처 : World Steel Association(2013)

도 했다. 2000년 이후 세계 철강업계내의 대형 M&A에 의한 초대형 철강사(A-Mittal, JFE)가 등장하면서 4위로 하락하였으나 여전히 세계 4위 수준의 조강생산량을 유지하고 있는 세계적인 철강사라 하겠다. 그리고 세계철강협회(WSA ; World Steel Association)가 2013년 5월 30일에 발표한 2012년 세계 철강기업의 조강생산 순위는 아르셀로미탈이 1위로 변함이 없다. 그러나 지난해 10월에 신일본제철과 스미토모금속이 합병해 탄생한 신일철주금이 2위로 부상했다. 또한 중국은 10위 내에 전년보다 1개사 늘어난 6개사를 차지해 강세가 이어졌다. 상위 10개사의 전 세계 조강생산에 대한 점유율은 28.2%였다.

이러한 국내 철강산업에 지금까지 가장 큰 경영리스크는 철광석, 석탄 등의 원자재가격의 변동성이었다. 여기에 더해 향후 국내 모든 철강사에 제기될 가장 심각한 도전과제는 바로 기후변화에 따른 경영환경의 변화에서의 생존이다.

기후변화에 대한 국내 논의가 본격화된 2005년 이전 부터 국내 철강사들은 환경오염물질 감축노력을 해왔다. 국내 한 철강사는 친환경 공정 및 제품을 생산하기 위해 2012년 총 설비 투자액의 32.6%에 달하는 6,340억 원을 환경설비에 투자했다. 이는 전년대비 1,512억 원을 증액투자한 것으로 어려운 경기여건 하에서도 공정의 녹색화, 제품의 녹색화에 힘쓰고 있다. 그 대표적인 결과물이 바로 파이넥스(FINEX) 공법의 상용화이다. 일반적으로 제선공정은 전체 CO_2 발생량의 91%를 차지하는데, FINEX 공법은 이러한 제선공정을 획기적인 방법으로 개선하여 CO_2 배출량 3%, 황산화물 81%, 질소산화물 90%를 감축하는데 성공하였다. 여기에 설비투자비를 20% 줄이고, 제조원가를 15% 줄이는 등 경제성 확보에서도 크게 기여하였다. 세계 최초로 상용화에 성공한 FINEX 공법은 새로운 부가가치를 창출할 것이며 국내 철강사가 철강엔지니어링사로 발돋움하는 데 큰 기여를 할 것으로 전망된다.

이 외에 코크스건식소화설비(CDQ), 용광로가스압발전설비(TRT) 등 주요 에너지 회수 설비를 도입[109]하여 부생가스 재활용을 97%에 이를 정도로 극한적인 노력을 하고 있다. 또한 용수 재활용률은 98%로 매일 신규로 필요한 용수공급량은 30만톤 규모인데, 이는 제철소 전체 용수 소요량의 2%에 불과하다.

이와 같은 선제적 노력의 결과로 동 사는 종합 1위의 국제경쟁력을 보유한 것으로 평가받게 되었으며, 이러한 노하우는 한국 철강산업 전체의 경쟁력 향상에 긍정적으로 작용하고 있다. 노동운 외(2005, 2006)의 연구결과에서 볼 수 있듯이, 기술개발이 온실가스 감축에 가장 효과적이다. 하지만 높은 한계비용을 보이고 있는 철강업계가 감당하기 어려운 실정이다. 따라서 정부는 산업계가 장기적으로 미래 저탄소 녹색경제 체제에 대응하고 저탄소 녹색혁신 기술 및 고기능 저탄소 녹색제품 개발을 선도할 수 있도록 해야 한다. 단기적으로는 탄소시장 등 다양한 옵션을 통해 비용효과적인 감축노력을 유도할 수 있어야 할 것이다.

③ 생산공정 및 온실가스 배출 특징

철을 생산하기 위해서는 산화철(Fe_2O_3, Fe_3O_4)에 탄소(C, 코크스)를 주입하여 산소를 제거하는 환원과정을 거쳐 순철을 생산하게 된다. 이러한 제조공정의 특성으로 다량의 석탄이 환원제로 사용되고 다량의 CO_2가 자연스럽게 발생할 수밖에 없는 구조를 띠고 있다. 특히 고로(용광로)에 철광석과 코크스를 넣고 쇳물을 만드는 과정[110]에서 전체 CO_2의 91%가 발생한다. 고로 방식보다 CO_2 발생량이 적

109) 현재 국내 일관제철사의 주요 에너지회수설비 도입율은 세계 최고 수준으로 일본 95%, 중국 49%보다도 앞서는 97% 수준으로 보이고 있다.

110) 철강 생산공정은 크게 쇳물을 만드는 제선공정, 쇳물의 불순물을 제거하는 제강공정, 그리고 쇳물을 틀에 붓고 코일을 만드는 압연공정으로 나누어진다. 철광석을 코크스와 함께 녹이는 제선공정에서 철광석의 환원과정이 활발하게 일어나 가장 많은 CO2가 발생한다.

은 전기로 방식이 있으나, 자동차 강판과 같은 고부가가치 제품은 고로 방식을 사용해야만 생산이 가능하다[111]. 현재의 고로방식을 대체할 철강공정은 존재하지 않는다. 이에 국내에서 두 번째로 일관제철 공정을 도입하는 H社에서도 2010년부터 고로를 통한 철강생산을 시작해 그룹 내 자동차 생산기업과의 시너지를 확보하는 한편, 고부가가치 철강제품을 생산해 국제시장에서의 점유율을 높여나갈 계획이다.

㉮ 일관제철

일관제철 공정은 철광석에서 강재를 생산하기까지의 제선(고로), 제강(전로), 압연공정이 하나의 장소에서 이루어지는 제철법으로 <그림 5.5>와 같이 도식화 하였다. 일관제철 공정은 광석(소결광)과 Coke를 고로 상부로부터 다단으로 장입한 후 고로하부의 송풍구를 통해 약 1100～1200℃의 열풍을 불어넣어 Coke 연소열로 철광석을 용해시켜 용선을 생산하여 제강공정 및 압연공정을 거쳐 제품을 생산하는 공정으로, 온실가스 배출원은 제선공정에 사용되는 원료탄에서 발생하는 온실가스 배출과 외부에서 공급되는 전력에 의한 온실가스 배출이 주종을 이루고 있다.

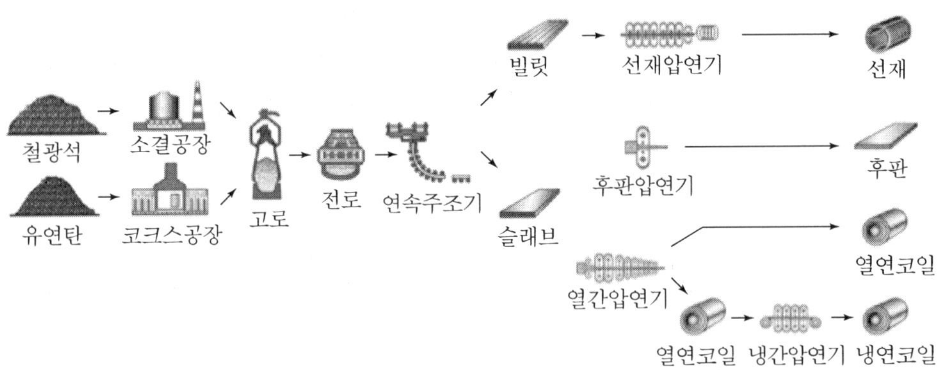

〈그림 5.5〉 일관제철 공정도

일관제철 공정에서 사용되는 에너지의 많은 부분은 용선이 만들어지는 고로공정, 고로에 투입되는 코크스를 만드는 코크스공정, 그리고 용선이 산소에 의해 불순물을 제거하여 용강을 만드는 전로공정 등에서 발생되는 부생가스가 담당하고 있다. 부생가스들은 고로 열풍로, 코크스로, 가열로 등의 여러 요로에 연료로 일부 공급되고, 일부는 자가 발전용 보일러나 저압증기 보일러 등에 공급

111) 석탄이 아닌 수소를 환원제로 사용하는 혁신적인 제철공법이 연구 중에 있으나 원천기술조차도 R & D 단계인지라 상용화에는 아직도 상당한 기간이 소요될 것으로 전망된다.

된다. 일관공정에서 소요되는 에너지의 대부분은 이러한 부생가스에 의해 직접적인 연료로, 또는 전력이나 다른 에너지원으로 전환되어 공급되고, 일부 부족한 에너지인 전력이나 천연가스 등이 외부로부터 공급된다.

㉯ 전기로 제강

전기로 제강공정은 고철(Scrap)을 전기로에 장입한 후 전기아크열과 저항 열을 이용하여 고철을 용해·정련하여 목표 성분 및 온도의 용강을 생산하는 제강법으로 온실가스 배출은 외부에서 구입되어 전기로에 사용되는 전력에 의하여 대부분이 발생되며, 일부 가열로 등에 사용되는 연료에 의하여 발생한다. 철광석에서 산소를 분리하기 위해 사용되는 환원제가 바로 석탄이며, 이 석탄의 사용에서 대부분의 CO_2가 발생한다. 분석의 대상이 되고 있는 국내 한 일관제철사의 2012년 기준 조강생산량은 약 3,799만 톤이며, 석탄사용량은 약 2,500만 톤으로 이 양은 한국의 유연탄 총 수입량 약 9,000만 톤의 27.8%에 해당하는 엄청난 양이다. 조강 1톤 생산에 0.7톤의 석탄이 사용되며 2톤 이상의 CO_2가 발생하는데, 이것이 세계 최고효율의 기술(BAT, Best Available Technology)을 적용했을 때의 CO_2 원단위값[112]이다.

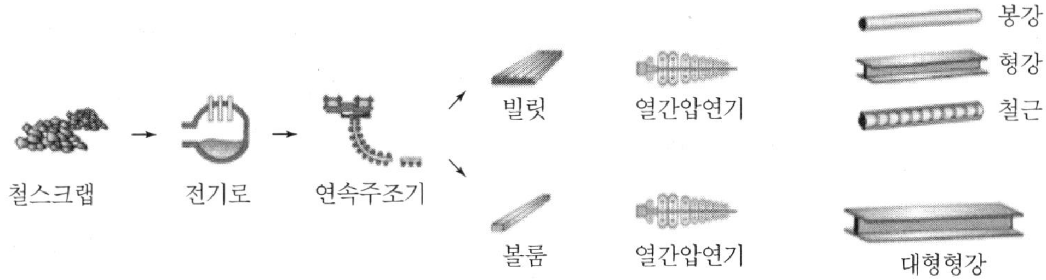

〈그림 5.6〉 전기로 제강 공정도

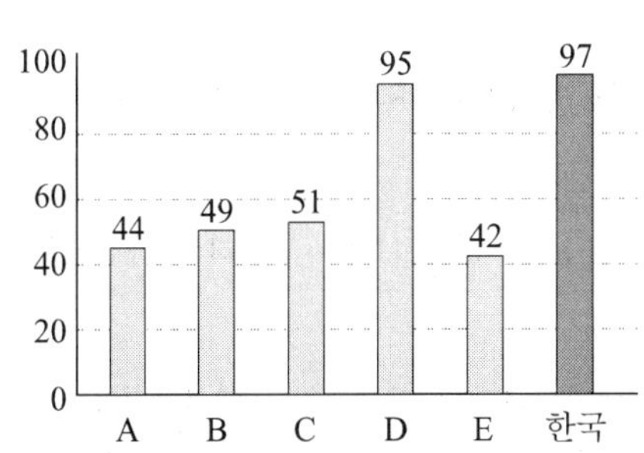

〈그림 5.7〉 주요 에너지설비 도입비교

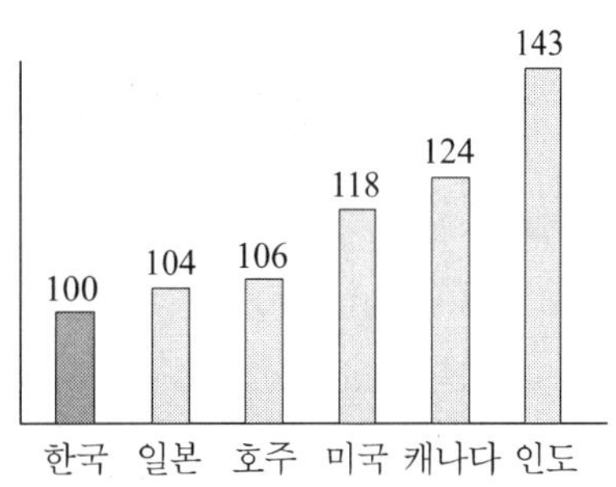

〈그림 5.8〉 에너지 원단위지표(철강)

112) 조강 1톤 생산 시 발생하는 CO_2톤

철강산업의 온실가스 배출을 연료로 구분해 보면, 석탄원료(84%), 전력(10%), LNG(9.8%)로 구성된다. 철강산업이 배출하는 온실가스의 대부분은 제조공정 특성상 대체제가 없는 철광석 환원용 석탄원료 사용에 의해 발생하고 있다. 또한 국내 철강산업은 주요 에너지효율설비 도입으로 세계 최고수준의 에너지효율을 나타내며, 온실가스 추가 감축에는 한계가 있는 것으로 확인되고 있다(참조 그림 5.7 및 그림 5.8).

(2) MARKAL모형에 의한 감축잠재량 분석

① MARKAL 모형의 개요

MARKAL은 1970년대 후반 IEA의 ETSAP(Energy Technology System Analysis Programme)에서 에너지시스템에 대한 기술평가를 위해 개발하였으며 현재 전 세계 50개국 140여개 기관에서 사용하고 있다.[113] 본 장에서는 IEA에서 개발한 MARKAL 모형과 동일한 접근방식인 선형계획법(Linear Programming)을 이용해 상향식 최적화 모형으로 SAS OR을 이용해 철강산업에 적용가능한 모형을 개발해 국내 한 기업의 중장기 CO_2 감축잠재량을 산정하였다.[114] 감축잠재량은 최종제품 수요, 즉 조강생산 비용을 최소화하는 기준으로 달성하도록 프로그램화하여 추정하였고, 감축잠재량과 동시에 한계감축비용을 함께 추정하였다. MARKAL 모형은 선형계획법(Linear Programming)을 이용한 동태적 최적화(Dynamic Optimization) 모형으로 특정 목적에 부합하는 에너지시스템 또는 에너지이용 공정을 구성하기 위해 개발돼 외생적으로 주어진 에너지 수요를 다양한 기술적, 경제적 제약 하에서 최소의 비용으로 충족시킬 수 있는 에너지시스템을 도출할 수 있도록 고안되었다. MARKAL 모형은 본래 다지역·다국가간 자원의 흐름을 파악하는 데에도 유용하게 사용되는 모형이나 본 장에서는 취득 가능한 자료의 한계로 인하여 국내 일관제철사만을 연구대상으로 하였다.

② 철강산업의 감축잠재량 분석을 위한 MARKAL 모형의 설계

㉮ 목적함수

본 장의 목적함수는 총비용의 순현재가치(NPV ; Net Present Value of the to-

113) 우리나라에서는 에너지기술연구원, 에너지관리공단, 한국전력 등에서 사용 중이다. 거시경제분석 기법을 결합시킨 MARKAL-MACRO, 지역간 교역을 반영한 다지역모형 Multi-Region Model 등 다양한 모듈이 개발되어 있으며 이를 합쳐 MARKAL Family라고 한다.

114) 각 공정에 사용된 에너지 및 원료사용에 관한 외부 데이터를 확보하기에 어려운 관계로 해당 기업만을 대상으로 하였으며, 이를 한국 전체 철강사로 확장하는 것은 추후 연구과제로 남겨둔다.

tal costs)로 정의하였다. 목적함수는 분석기간에 발생한 연간비용의 합계를 현재가치로 환산한 함수로서 다음과 같이 표현된다.

$$NPV = \sum_{t=1}^{NPER} \left\{ (1+d)^{NPER \cdot (1-t)} \cdot \left(\sum_{q=1}^{NYRS} (1+d)^{1-q} \right) \cdot Y_t \right\}$$

여기서, t는 기간(time period)을 의미하며, Y_t는 t기의 철강생산비용이다. $NPER$은 기간의 수(number of period)를 의미하며, $NYRS$는 한 기간 내 연도 수(number of years)로 보통 5년으로 둔다. 본 연구의 총 연구대상 기간은 2006~2050년이므로 $NPER=9$, $NYRS=5$라고 할 수 있다. Y_t를 보다 세부적으로 나누어 표현하면 다음과 같다.

$$\begin{aligned} Y_t = & \sum_k \{ a_{tk} \cdot INV_{tk} + b_{tk} \cdot CAP_{tk} + c_{tk} \cdot ACT_{tk} \} \\ & + \sum_c \{ d_{tk} \cdot IMP_{tc} - e_{tc} \cdot EXP_{tc} \} \\ & + \sum_p \{ f_{tp} \cdot ENV_{tp} \} \end{aligned}$$

여기서 k는 각 세부 기술(technologies)이나 공정(processes)을 의미하고, c는 각 세부 상품(commodities)인 에너지 및 석회석과 같은 자원을 의미한다. 그리고 p는 오염배출물질을 의미하며, 본 장에서는 CO_2만을 그 대상으로 삼았다. 그리고 목적함수에 사용된 계수와 각 결정변수에 대한 설명은 다음 <표 5.4>와 <표 5.5>에 제시되어 있다.

〈표 5.4〉 모형에 사용된 계수에 대한 설명

계수5	기준	설명	단위
a_{tk}	세부기술	세부기술별 연간 투자비용	억원/톤, 년
b_{tk}	세부기술	세부기술별 연간 고정비용	억원/톤
c_{tk}	세부기술	세부기술별 연간 변동비용	억원/톤
d_{tc}	에너지 및 원료	에너지원 및 원료의 투입비용	억원/TOE, 년
e_{tc}	에너지 및 원료	에너지원 및 원료의 배출비용	억원/TOE, 년
f_{tp}	배출물질	연간 배출세금	억원/톤

〈표 5.5〉 모형에 사용된 결정변수에 대한 설명

변수	기준	설명	단위
$INV(t,k)$	세부기술	신규설비 투자 용량(capacity)	톤/년
$CAP(t,k)$	세부기술	기존설비 용량	톤/년
$ACT(t,k)$	세부기술	설비가동률이 적용된 생산량	톤/년
$IMP(t,c)$	에너지 및 원료	에너지 및 원료 투입량	TOE/년
$EXP(t,c)$	에너지 및 원료	에너지 및 원료 투입량	TOE/년
$D(t)$	생산품	철강수요 전망치	톤/년
$ENV(t,p)$	오염물질	CO_2 배출량	톤/년

주) 생산품 수요전망(D)과 에너지 및 원료의 물질 배출량(EXP)은 직접 입력한 값을 사용하였으며, 생산품 수요전망(D)은 목적함수에는 사용되지 않고, 제약조건에서 사용됨

㈏ 제약조건

본 장에서 철강의 최종수요를 충족시키는 최소 비용의 에너지시스템이 도출되기 위해서는 다음의 다섯 가지 제약조건이 성립해야 한다.

다섯 가지 제약조건을 하나씩 살펴보면 다음과 같다. 우선 수요의 제약은 최종수요(D_t)는 기존에 설치된 설비용량(CAP_{tk})의 총합보다는 작거나 같아야 한다. 이는 철강제품 전량을 주문생산방식으로 처리하는 국내 일관제철사가 현재와 같은 조업환경을 유지한다고 가정했을 때, 기존 설비용량으로 생산가능한 철강생산량은 최종수요량을 항상 상회하게 된다. 둘째, 각 설비 혹은 기술

〈표 5.6〉 모형에 사용된 제약조건

제약조건	제약식
① 수요의 제약	$D_t \le \sum_{k,d} CAP_{tk}$
② 설비능력의 제약	$CAP_{tk} = \sum_{t} INV_{tk}$
③ 설비이용률의 제약	$ACT_{tk} \le AF \times CAP_{tk}$
④ 에너지 및 자원 밸런스의 제약	$EXP_{tc} \le \sum_{k} (Input_{tkc} - Output_{tkc}) \times ACT_{tk} + IMP_{tc}$
⑤ 오염 배출량의 제약	$ENV_{tp} \le ENV\_limit_{tp}$

주) AF(Availablity Factor, 설비가동률) : 각 설비 혹은 기술(k)의 설비용량(CAP_{tk})의 이용을 제약함

(k)별로 신규설비 용량(INV_{tk})을 모두 합치면 기존의 설비용량(CAP_{tk})이 된다. 다시 말해, 현재 존재하는 모든 설비용량은 과거 시행된 신규설비용량이 합쳐서 이루어진 것이라는 의미이다. 셋째, 설비용량(CAP_{tk})은 생산가능한 최대량을 가리키므로, 실제로는 설비가동률이 80%라고 가정하면 실제 생산량(ACT_{tk})은 설비용량에 0.8을 곱해야 한다. 넷째, 전체 공정상 투입된 에너지 및 자원의 양보다 배출되는 양이 적다는 의미로 공정상 투입되는 에너지 및 자원은 순투입량 외에 폐열 회수 등을 통해 공정에 추가되는 에너지와 자원까지도 포함해 계산한다. 다섯째, 오염물질의 배출량은 일정한 상한(ENV_limit_{tp})이 정해져 있어 그 이상을 배출하지 못한다.

㉰ 모형 투입 자료

모형에 투입되는 자료는 크게 ㉠ 최종수요, ㉡ 가격 및 배출계수, ㉢ 공정별 기술 및 기술관련 자료 등으로 구분된다. 전술한 바와 같이 분석대상 기간은 2006~2050년 9개 기간으로 구별되어 있어, 위의 세 자료도 5년 단위로 분할된 자료를 사용하였다.

<표 5.7>은 최종수요에 관한 모형 투입자료를 제시하고 있다. 실제 최종수요는 외생적인 자료이나 해당기업의 내부 자료를 바탕으로 분석한 결과 최종수요량과 조강생산량 전망치가 거의 유사하게 움직여 온 증거를 확보하였다. 이에 국내 일관제철사의 조강생산량 전망치를 최종수요량 전망치로 대체해 사용하였다. 2006~2015년까지는 해당 기업의 내부 전망자료를 사용하였으며, 2015년 이후부터 2050년까지는 연평균 0.5% 규모로 최종수요가 증가할 것을 가정하였다. 이로써 모형 분석기간 중, 2006~2010년 사이 전체 조강생산량은 1억 6,500만 톤에서 2046~2050년에는 2억 5,000만 톤까지 증가할 것으로 전망되었고 동일하게 철강품의 최종수요도 동일하게 움직일 것으로 전망하였다.

〈표 5.7〉 국내 일관제철사 조강생산량 전망(단위 : 백만톤)

구분	2006~2010	2011~2015	2016~2020	2021~2025	2026~2030	2031~2035	2036~2040	2041~2045	2046~2050
조강 생산량	30.041	40.517	42.612	43.688	44.791	45.922	47.082	48.271	49.490

주 : 2016년 이후는 철강협회 전망자료임.

모형에 사용된 에너지별 단가 전망은 에너지경제연구원 자료를 활용하였고, 전력가격은 한국전력의 한국전력통계를 활용하였으며, 기타 코크스 부생가스 등은 열량을 기준으로 원유가격에서 추정하여 계산하였다. 또한 주요 원료 단가는 국내 일관제철사 구매가격 기준으로 유무연탄 가격 기준으로 추정하였고, 철광석 가격은 RBC Capital Market 자료를 활용해 추정하였다. 마지막으로 에너지원별 탄소 배출계수는 IPCC 및 해당 기업의 내부 자료를 사용하였다. <표 5.8>은 모형에 사용된 공정별 기술 및 기술관련 자료이다. 실증자료가 확보되고, 2030년 전에는 확실히 도입이 가능한 세 가지 기술을 선정하여 본 연구에 적용하였다. 현재 해당 기업의 설비는 적용가능한 기술을 최대한 반영한 상태이며, 아래의 세 기술을 제외하고는 전부 R & D단계기술이거나 정책전제 기술이다. R & D단계 기술이란 현재 해당기술 및 설비가 상용화되어 있지 않으며 추후 R & D성공을 전제로 하고 있는 기술로, R & D 실패 시 해당 온실가스 감축잠재량은 실현되지 않으며, 온실가스 감축을 위한 기술적용에 중장기적 기간이 소요되는 기술로 <표 5.8>에는 반영할 수 없었다. 또한 정책전제 기술이란 현재 해당기술 및 설비를 개발해도 정부 또는 국가 정책의 인프라가 마련되어 있지 않으면 온실가스 감축이 실현되지 않는 기술로 CCS (Carbon Capture and Storage)를 예로 들 수 있다. 이 또한 모형에 반영하기엔 데이터 확보 수준이 낮아 적용 가능한 온실가스 감축기술에 포함되지 않았다.[115]

〈표 5.8〉 적용 가능한 온실가스 감축 기술자료(단위 : 억원)

구분	기준 년도	도입 시기	기술 수명	설비 효율	가동률	투자비용	고정유지 보수비용	변동유지 보수비용
신기술 1	2010년	2030년	50년	100.0%	98.9%	55	5.5	1.1
신기술 2	2010년	2030년	50년	100.0%	98.0%	70	7	1.4
신기술 3	2010년	2030년	50년	100.0%	80.0%	85	8.5	1.7
신기술 4	2010년	2030년	50년	100.0%	80.0%	88	8.8	1.76
신기술 5	2010년	2030년	50년	100.0%	72.2%	65	6.5	1.3

주) 설비효율은 감가상각 없이 유지보수를 통해 100% 그대로 유지하는 것으로 가정하였으며, 고정유지비는 투자비 10%, 변동유지비는 투자비 2%로 가정

115) 추가적으로 더 많은 자료가 확보된다면 다양한 감축기술을 추가해 분석을 시도할 수 있을 것으로 여겨지며, 이는 추후 연구과제로 남겨둔다.

(3) 시나리오에 따른 한계감축비용

현재 국내 일관제철사는 에너지회수설비 등 CO_2 감축기술 도입 수준이 매우 높다. 따라서 추가적 도입을 고려할 수 있는 기술의 대부분은 R & D 단계의 혁신 기술이다. 본 장은 철강산업 CO_2 감축기술을 모두 검토하여 중장기적으로 도입 가능한 CO_2 감축 신기술을 다섯 가지를 적용하였다. 그리고 연구대상 기간 중 신기술이 2030년에 모두 적용되는 것으로 가정하였다.

단, 기준기술을 그대로 조합하여 적용하는 BAU안, 기준년인 2010년을 시작으로 적용 가능한 R & D 단계의 혁신기술이 2030년까지 모두 적용되는 감축 1안, 그리고 2015년까지 이들 다섯 가지 기술이 Demo단계로 적용하다가 2016년부터 이들 기술을 적용하여 2030년까지 모두 적용하는 감축 2안 등 세 가지 시나리오를 적용하였다.

〈표 5.9〉 CO_2 감축기술 조합에 따른 감축안

구분	개요	BAU	감축(1안)	감축(2안)
5년 단위	감축신기술을 2030년에 100% 도입 완료를 전제	기존 기술조합	2030년에 감축신기술을 100% 도입 완료를 가정	2015년까지는 Demo 기술+2030년까지 100% 감축신기술 도입

<표 5.10>과 <그림 5.9>는 국내 일관제철사의 중장기 CO_2 감축잠재량 및 비용을 추정한 결과를 보여주고 있다. 감축 1안, 감축 2안은 BAU안과 대비하여 각각 3.6% 그리고 5.2%의 감축율을 보여주고 있다. 즉, 기존기술의 조합을 적용한 BAU를 적용하는 CO_2 원단위는 2.02를 보여주고 있는 반면, 감축 1안은 1.91, 감축 2안은 1.94의 CO_2 원단위를 보여 주었다.

한편, CO_2 톤당 감축비용은 감축 1안의 경우 1,028,289원, 감축 2안은 1,602,258원으로 나타났다. 국내 일관제철사가 높은 수준의 CO_2 감축기술 적용하고 있어 의미 있는 결과라고 생각된다. 그러나 그렇다고 하더라도 절대적으로 상당히 높은 금액이다. 이러

〈표 5.10〉 시나리오별 한계감축비용, 2011~2030년(20년간)

시나리오	감축 잠재율 (%)	한계 감축비용 (원/tCO_2)	20년간 총비용 (천억원)	20년간 총CO_2배출량 (백만 tCO_2)	단위 배출량 (톤)	20년간 총생산능력 (백만톤)
● Baseline	-	0.0	1,608.8	356.6	2.02	176.4
● 감축(1안)	5.20%	1,028,289	1,799.4	338.0	1.91	177.0
○ 감축(2안)	3.60%	1,602,568	1,814.4	343.7	1.94	177.0

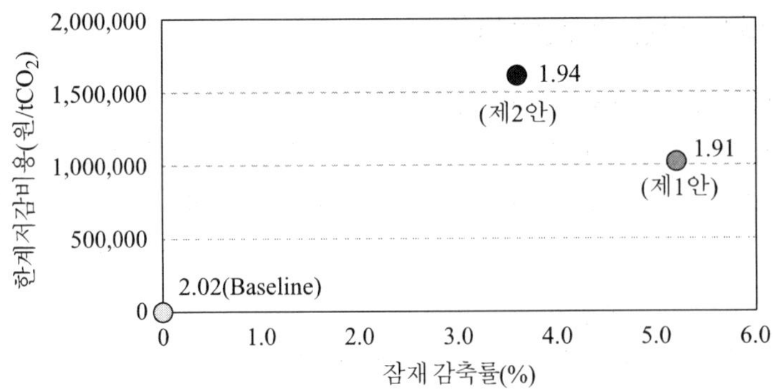

〈그림 5.9〉 시나리오별 한계감축비용, 2011~2030년(20년간)

한 결과는 투자, 고정, 변동비용 등 신기술 관련 비용을 과도하게 반영한 결과라고 이해된다. 이러한 이유로 유추될 수 있는 해당 신기술의 전문가라고 할지라도 2030년까지의 중장기 비용을 전망하는 것이 쉽지 않았을 것이기 때문이라고 판단된다.

따라서 이러한 결과에 대한 해석은 절대적인 숫자에 초점을 두고 해석하기 보다는 미래 단위배출량 및 감축잠재률 그리고 한계감축비용의 방향성을 놓고 해석할 필요가 있다. 첫째, 당초 일관제철사가 높은 CO_2 감축기술로 인하여 추가적인 기술 도입이 쉽지 않다는 사실이 확인되었다는 점, 둘째, 추가기술은 도입하였을 때 온실가스 감축이 가능하지만, 셋째, 한계비용이 급격히 상승할 수 있음을 보여 주고 있다. 본 연구에서 제시한 한계비용을 100% 수용할 수 없을지라도, 한계비용은 매우 높을 것이며 경기여건에 따라 실제 이 같은 한계비용은 가능할 것이라고 판단된다. 다음 그림은 각 감축 시나리오별 CO_2 한계감축비용 및 감축잠재량을 표현하고 있다.

5.1.4 전략적 탄소경영을 통한 철강산업의 경쟁력 강화

새로운 경제 및 경영여건 부상에 따라 산업계를 대표하는 세계지속가능발전협의회(WBCSD)는 2010년에 녹색을 중심으로 2050 비전을 제시한다. 그리고 1992년 녹색을 중심으로 하는 새로운 경영체제를 택하는 Changing Course에 이어, 녹색경영의 속도를 높이라는 Changing Pace라는 실천가이드를 내놓았다. 즉, 친환경 또는 녹색에 근간한 경영은 더 이상 변방이 아니라 전사전략으로 다루어지고 있다. 바스프, 지멘스, 듀폰, 셀 등이 전사경영전략에 친환경 또는 녹색을 적극 고려하고 있는 대표적인 기업이라 할 수 있다.

특히, 기후변화의 원인이 되고 있는 이산화탄소를 포함한 온실가스를 중심으로 하는 전략적 탄소경영에 대한 요구가 커지고 있다. 영국의 탄소공개프로젝트(Clean Development Project)는 산업계의 탄소경영을 촉구하는 대표적인 기구라 할 수 있다. 온실가스를 경영리스크로 인식하고 이에 대한 전략을 수립하며, 목표 및 성과의 지속적인 개선과 함께 그 성과의 공개 등을 요구하는 영국 CDP의 체크리스트는 산업계가 탄소경영 체계를 기획하고 실천할 때 의미 있는 지침서가 되고 있다. 이에 본 장은 영국 CDP의 체크리스트를 분석하여 탄소경영의 틀로 제시하였다. 본 체계는 탄소경영을 위한 개념적인 구조보다는 탄소경영의 실천에 초점을 둔 지침이고, 특히 영국 CDP의 기준을 반영하고 있다는 점에서 실용적인 탄소경영 체계라 할 수 있다. 특히, 영국 CDP는 최근 탄소경영의 기준을 개선시키면서 온실가스를 경영리스크로 인식할 뿐만 아니라 재무적 가치로 표현할 것을 요구하고 있다. 그리고 온실가스의 감축 성과를 포함하여 전략적 감축활동을 요구하고 있다.

이에 본 장에서는 온실가스 감축활동 특히 배출권거래제에 효과적으로 대응하기 위해서 필요한 분석방법을 개괄적으로 고찰하였다. 온실가스 분석방법으로 온실가스 배출전망, 국민경제 영향, 그리고 저탄소 기술에 준한 감축잠재량 분석 등에 활용되고 있는 하향식, 상향식, 그리고 하향식과 상향식을 연계한 모형에 대해서 고찰하여 보았다. 이 과정에서 하향식 모형으로 경제모형에 기반한 일반균형모형(CGE), 선형계획법에 기반한 기술분석모형으로 마칼모형, 그리고 이들 두 모형을 연계한 AIM 등 모형이 다양하게 이용되고 있음을 확인하였다.

한편 본 연구에서 사례 분석이 되고 있는 철강산업은 에너지 다소비 산업일 뿐만 아니라 규모의 경제가 작용하는 대형장치 산업이다. 특히 2000년 이후 철강산업의 경쟁력은 자원전쟁의 심화와 함께 대형 과점화되고 있다. 특히, 철광석 및 원료탄(유연탄) 수입을 전적으로 수입에 의존해야 하는 국내 철강사의 경우, 안정적인 원료 확보와 가격경쟁력을 위해서 일정 규모의 생산능력 확대를 지속적으로 추구하고 있다. 또한 안정적인 철광석 확보와 글로벌 경쟁력 강화 차원에서 해외에 제철소를 짓고 있다. 이들 해외 제철소가 안정화되고 국내 온실가스 규제가 심화되는 경우, 국내 철강기업의 실질적인 탄소누출(carbon leakage) 사례가 될 수도 있을 것으로도 판단된다. 또한 국내 철강기업의 현황을 살펴보면서, 국내 철강사의 에너지효율 설비가 매우 높은 수준이라는 사실을 확인할 수 있었다. 이는 탄소감축에 소요되는 한계비용이 매우 높을 수밖에 없음을 의미한다.

온실가스 감축은 결국 기술이 기반이 되어야 한다. 이에 본 장에서는 마칼모형을 활용하여 국내 철강사를 대상으로 기술에 기반한 감축잠재량과 온실가스 한단위 감축에 소요되는 비용, 즉 한계감축비용을 분석해 보았다. 분석결과, 철강기업의 온실가스 기술적용 수준이 높음에도 불구하고 신기술을 적용함으로써 2030년까지 감축잠재량은 3.6~5.2%인 것으로 확인됐다. 그러나 한계감축비용은 180만원으로 매우 높게 나타났다.

이는 과다한 투입비용이 원인일 수 있어 절대적인 수치는 그대로 수용하기는 쉽지 않지만 그 방향성은 의미 있다고 할 수 있다.

저탄소 녹색경제 체제 특히 2015년부터 시작된 배출권거래제에 따라 탄소경영은 반드시 선택해야 하는 전략경영이 되고 있다. 즉, 온실가스를 경영리스크로 인식하고 이를 감축기술, 배출권거래제 등 감축수단의 화폐적 가치로 평가하여 합리적인 의사결정에 반영하는 전략적 탄소경영이 무엇보다 중요해지고 있다. 따라서 미래 특정시점까지의 배출총량, 경영활동에 미치는 영향, 감축기술에 대한 감축잠재량 및 한계비용, 배출권가격전망, 탄소비용의 원가반영 및 효익평가 등 탄소회계 등이 구축되어야 할 것이다.

이에 위에서 고찰해 본, 하향식 및 상향식 모형은 배출량 전망 및 감축잠재량 분석에 매우 중요하다. 특히, 선형계획법에 기반하여 기술에 의한 온실가스 감축잠재량과 한계비용을 분석하는 기법은 전략적 탄소경영의 핵심이라 할 것이다.

이에 전략적 탄소경영을 바탕으로 산업계의 미래 지속가능경쟁력을 지속석으로 개선시키기 위해서는 다음과 같은 노력이 있어야 할 것이다.

첫째, 2020년 및 2030년 등 중장기적 관점에서 국가, 해당 업종 등에 대한 온실가스 배출총량 전망을 해야 할 것이다. 이를 위해서 생산량 전망이 중장기적으로 이루어져야 할 것이다.

둘째, 저탄소 혁신기술 DB를 구축하고 주기적으로 최신화해야 한다. 특히, 해당 업종뿐만 아니라 연관 업종의 저탄소 혁신기술에 대한 관심을 갖고 DB에 포함 할 수 있도록 주기적으로 검토해야 한다. 특히, 미래에 대한 전망을 바탕으로 산업구조 및 공정·기술을 주기적으로 전망해야 할 것이다. 예를 들어 철강산업의 경우, 지속적으로 강화되는 온실가스 규제를 감안할 때 고로공정 및 관련 기술이 지속될 것인가? 특히 전기로의 위상은? 또 다른 새로운 공정이 부상할 것인가 등을 주기적으로 검토해야 할 것이다.

셋째, 앞서 고찰한 바와 같이 각 기업이 수용 가능한 방법을 활용하여 해당 기업만의 온실가스 감축기술의 감축잠재량과 한계감축비용 분석방법을 구축하고 주기적으로 감축기술의 감축역량과 한계비용을 분석해야 한다.

넷째, 온실가스감축을 위한 경제적 수단으로 탄소세와 배출권거래제가 대표적이라 할 수 있다. 탄소세의 경우, 산업계의 부담은 크지만 상대적으로 불확실성이 적다는 장점이 있다. 그러나 배출권이라는 새로운 상품의 가격은 경기변화, 기술력, 날씨 등 다양한 요소에 의해서 영향을 받고 있다. 즉, 상대적으로 불확실성이 높다는 것이다. 따라서 배출권가격에 대해서 단기, 중기, 장기로 구분하여 주기적으로 분석해야 할 것이다.

다섯째, 저탄소 녹색경제 시대에 있어서 지속적인 온실가스 감축노력이 지속적으로 이루어져야 한다. 특히, 매 순간 가장 경제적으로 효율적인 감축수단을 선택해야 한다. 이를 위해서 온실가스 분석방법 특히 선형계획법에 준한 온실가스 감축기술의 감축잠재량 및 한계비용분석은 산업계의 지속가능경쟁력 강화를 위한 합리적 의사결정의 기초가 될 것이다.

여섯째, 저탄소 기술 DB, 선형계획법에 준한 기술분석 모형, 배출권 가격 등을 종합적으로 연계한 전략적 탄소경영을 위한 의사결정 모형을 수립할 필요가 있다. 동 모형을 활용하여 글로벌 및 국내 여건 변화에 따른 상황 변화를 분석하여 경영층에 보고할 수 있고 또한 의사결정을 할 수 있도록 해야 할 것이다.

5.2 배출권거래제 도입과 제조업 생산비 및 국제경쟁력

환경부는 2014년 11월 28일 온실가스 배출권 할당결정심의위원회를 개최하고 2015년 1월에 시행되는 온실가스 배출권거래제 1차 계획기간(2015~2017년)에 대한 '할당대상업체별 배출권 할당량'을 심의·확정하였다. 1차 계획기간 중 배출권이 할당되는 업체는 석유화학 84개, 철강 40개, 발전·에너지 38개사 등 총 525개사이다.

이러한 정부의 배출권할당 계획에 대해 산업계는 배출권이 과소 할당이 되어 기업 활동에 과도한 부담을 주고 투자를 위축시킴으로써 국내 산업의 공동화와 국제경쟁력 약화를 초래할 것으로 우려하고 있다. 산업계는 이러한 문제점의 개선을 위해서는

① 국가 온실가스 배출전망치 재검증
② 배출권 시장안정화 기준가격 하향 조정
③ 배출권 부족분 공급방안 마련
④ 감축목표에 대한 신중한 재검토

등이 필요하다는 입장이다.

환경부는 이에 대해 증빙서류가 불충분한 신증설 시설에 대한 배출권 수량 제외, 할당신청서 작성 시의 입력 오류 등을 고려하면 산업계가 주장하는 과소할당량의 실제 크기는 과대평가된 것이라는 입장이다. 환경부는 또한 국가감축목표의 효과적 이행과 우리 산업에 미치는 부정적 영향을 최소화하는 방향으로의 배출권거래제 추진, 지속적인 배출권 시장 모니터링에 의한 적정 배출권 가격 형성 유도, 수출주력업종에 대한 배출권 무상할당 등의 방안이 추진될 것이기 때문에 산업계의 부담과 경쟁력 약화 영향은 그렇게 크지 않을 것이라고 주장하고 있다.

온실가스 배출권거래제 도입의 파급영향에 대해 산업계와 환경부 간에 이와 같이 주

장이 크게 엇갈리고 있는 것은 향후의 온실가스 BAU 배출량과 온실가스 배출 감축잠재량 및 한계저감비용, 그리고 현재의 배출권거래제 하에서 마련되어 있는 배출권시장 안정화 시책의 효과 등에 대해 커다란 이견이 존재하기 때문이다. 배출권거래제가 환경부의 의도대로 비용-효율적인 온실가스 감축수단으로서의 역할을 충실히 수행할 수 있다면 이 제도 도입으로 인한 국제경쟁력 약화 영향은 크게 우려할 만한 수준은 아닐 수 있다. 그러나 산업계 판단의 타당성이 크다면 배출권거래제 도입은 국내 산업의 경쟁력을 약화시키고 이는 나아가 국내 경제에도 상당한 부담을 초래할 가능성이 있다. 더욱이 최근 국내 경제가 침체 국면에 놓여 있는 가운데 경제 · 통상 면에서 우리나라의 최대 경쟁대상국인 중국의 산업 경쟁력이 급속히 강화되고 있어 국내 산업의 경쟁력이 약화되지 않도록 배출권거래제의 세부방안이 마련되고 운영이 될 필요성이 강력히 제기되고 있다. 본 장은 이와 같은 시각에 입각하여 온실가스 배출권거래제 도입이 국내 산업의 경쟁력에 미치는 영향을 분석하는 네 목적을 두었다.

본 연구의 분석 대상 범위는 제조업에 국한하였으며, 제조업 업종은 온실가스 배출구조와 경제적 특성이 상이하여 별도로 구분이 필요하다고 판단되는 17개 업종으로 구분하였다. 그러나 온실가스 배출량과 거시경제 파급 영향은 경제 전 부문에 대해 분석하였다. 분석 대상 연도는 우리나라의 온실가스 배출 중기 감축목표가 설정된 2020년으로 정하였다.

본 장의 내용은 크게 다섯 가지로 구성되어 있다.

① 온실가스 배출권거래제 도입의 영향 분석을 위한 첫 단계로 경제 부문별 · 제조업 업종별로 온실가스 배출량을 전망

② 온실가스 배출 감축목표와 배출권 할당 방법을 몇 가지 시나리오로 나누어 생산비 파급 영향을 분석

③ 앞에서 추정된 생산비 상승효과를 이용하여 배출권거래제 도입이 경제 각 부문의 생산, 고용, 수출 등 거시경제에 미치는 파급 영향을 분석

④ 국제경쟁력의 의미를 고찰하고 앞에서 도출된 업종별 생산비용 상승 추정치를 이용하여 제조업 업종별로 경쟁력 영향을 분석

⑤ 앞에서 도출된 분석 결과를 토대로 국내 온실가스 배출권거래제도 도입 시 고려해야 할 정책 시사점과 본 연구의 한계점을 제시

5.2.1 제조업 업종별 BAU 배출량 전망

(1) 전망 방법

온실가스 배출량 전망은 기본적으로 POSCO(2013)에서 사용된 방법을 이용하였다. 다만 온실가스 배출실적에 대한 최신 정보를 이용하기 위해 분석의 기준연도를 2010년에서 국가온실가스 배출 통계가 발표된 2011년으로 변경하였다.

온실가스 배출 전망은 기준연도의 온실가스 배출실적을 기초로 하여 경제부문별 · 업종별 성장률, 에너지 효율, 온실가스 배출원단위, 에너지 정책 등에 대한 전망치 또는 가정된 값을 이용하여 이루어진다. 따라서 배출전망의 가장 기초가 되는 요소는 기준연도의 실적치이다. 그러나 온실가스종합정보센터에서 발표하는 국가 온실가스 인벤토리에는 에너지, 산업공정, 농업, 토지이용 변화 및 임업, 폐기물 등 분야별 배출량 통계만 발표되어 있을 뿐 제조업 업종별로는 배출실적이 집계되어 있지가 않다.

따라서 본 장에서는 국가 온실가스 인벤토리에 부분적으로 나와 있는 일부 제조업 업종의 연료연소, 탈루 및 산업공정에 대한 배출량 통계와 에너지관리공단에서 작성한 제조업 업종별 온실가스 배출량 실적, 업종별 전력사용 실적, 통계청의 제조업 에너지소비 통계 등을 이용하여 경제 부문별 및 제조업 업종별 2011년도 온실가스 배출량을 추정하였다.

2020년의 경제 부문별 및 제조업 업종별 온실가스 BAU 배출량은 이렇게 추정된 2011년 실적 추정치를 기초로 하여 국가 온실가스 감축목표 로드맵(2014년 1월)과 제1차 계획기간(2015~2017년) 중 배출권 할당량(2014.9) 자료에 포함되어 있는 온실가스 배출 전망에 관한 정보를 최대한 이용하고자 하였다. 그 이유는 정부가 이러한 발표 자료를 근거로 온실가스 감축계획을 이행한다면, 배출권거래제의 영향의 정도도 이 계획에 의해 결정될 것이기 때문이다. 즉, 본 연구는 POSCO(2013)와 달리 1차 할당계획의 업종별 할당량에 반영되어 있는 정보를 전망에 고려하여 정부의 의도를 최대한 반영하였다.

그러나 국가 로드맵 상의 부문별 · 업종별 BAU 배출량 전망치는 최근 수년간의 배출량 변동 여건을 충분히 반영하지 못하여, 일부 업종의 경우 실제 배출량은 로드맵 전망보다 크게 증가하였다. 1차 계획기간 중의 업종별 배출권 할당량은 이러한 여건변화를 일부 반영한 것으로 추정되나 어떻게, 얼마만큼 반영하였는지 확인할 수가 없다. 따라서 본 장에서는 이용 가능한 자료와 각 산업의 최근 생산 동향과 추이를 참고하여 독자적으로 2020년 배출량을 전망하였다.

(2) 전망 결과

전망결과 2020년의 제조업 전체의 온실가스 배출량은 2011년 배출량 대비 14.2% 증가하는 것으로 나타났다. 업종별로는 제조업 가운데 성장이 가장 활발할 것으로 예상되는 전기·전자산업이 56.7%의 가장 높은 증가율을 나타내고 그 다음은 정유(38.5%), 조선(33.2%), 기계(25.8%), 석유화학(18.2%) 순으로 예측되었다. 그러나 제조업 전체 배출량 가운데 29%로 가장 큰 비중을 차지하는 철강산업은 동 기간 중 2.6% 증가에 그치는 것으로 전망되었다.

〈표 5.11〉 제조업 업종별 온실가스 배출량 전망(2020)(단위 : 천 tCO_2)

구분	2011	2020	증가율 (2011~2020, %)
제조업 계	393,128	448,818	14.2
음식료	7,210	7,039	−2.4
섬유	9,392	9,037	−3.8
제지목재	8,273	9,443	14.1
정유	15,353	21,263	38.5
석유화학	65,611	77,531	18.2
시멘트	47,996	49,070	2.2
유리요업	6,110	7,137	16.8
철강	114,683	117,630	2.6
비철금속	7,688	8,430	9.7
기계	18,204	22,906	25.8
전기·전자	20,964	32,843	56.7
반도체	17,698	18,630	5.3
디스플레이	24,628	19,621	−20.3
자동차	13,283	12,475	−6.1
조선	3,391	4,516	33.2
기타 제조	12,644	13,678	8.2

5.2.2 제조업 업종별 생산비 파급 영향

(1) 추정 방법

온실가스 배출권거래제 하에서 각 기업은 온실가스 할당계획에 의해 부여받은 온실가스 배출 감축목표를 준수하여야 한다. 기업은 이 감축목표를 온실가스 감축기술의 도입, 에너지 효율 개선, 청정연료로의 연료전환 등의 방법을 도입하여 온실가스 배출을 감축하거나 또는 온실가스 배출권을 구입하여 달성을 하여야 한다.

기업은 할당목표 달성을 위한 가장 비용－효과적인 방법을 선택할 것이다. 따라서 기술도입 등을 통한 온실가스 배출감축의 한계저감비용이 배출권 시장에서 구입할 수 있는 배출권의 가격보다 낮으면 이 방법을 통해 최대한 온실가스 배출을 줄이고, 한계저감비용이 배출권가격보다 높은 경우에는 배출권을 구입하여 감축목표를 달성하려 할 것이다. 따라서 감축목표를 달성하는 데 소요되는 총 비용은 기업의 온실가스 배출 감축기술별 한계저감비용과 저감잠재량에 의해 결정이 된다.

이러한 온실가스 배출의 한계저감비용과 저감잠재량은 생산시설의 에너지 효율, 생산방법 또는 기술, 사용연료의 종류 등에 의해 결정이 된다. 그런데 기업마다 이러한 생산시설과 과정에서의 특징이 크게 차이가 나기 때문에 한계저감비용과 저감잠재량에 대한 정보는 일반적으로 기업이 가장 잘 알고 있다. 그러나 기업은 자신의 온실가스 배출 한계저감비용과 저감잠재량에 대한 정확한 정보를 정책당국에 제공하지 않으려 할 것이다. 한계저감비용이 낮을수록, 그리고 저감잠재량이 많을수록 감축목표가 높게 설정될 것이기 때문에 기업은 실제보다 한계저감비용은 높고 저감잠재량은 작게 평가하려는 유인을 지니게 된다. 더욱이 기업은 장기에서의 기술변화는 적극 고려하지 않는 경향이 있다. 이에 비해 환경부는 다양한 온실가스 배출 감축기술과 방법의 실제 적용 가능성을 높게 평가를 하고 있다. 이와 같은 요인으로 인하여 산업・기업의 온실가스 배출 한계저감비용 및 저감잠재량에 대해 정부의 판단과 기업의 주장 간에는 상당한 괴리가 있을 수밖에 없다.

그럼에도 불구하고 배출권거래제도 시행을 바로 앞둔 현 시점에서도 양측의 주장 간에는 대단히 큰 격차가 존재하고 있어 각 산업의 한계저감비용과 저감잠재량에 대한 정확한 판단이 매우 어려운 실정이다. 따라서 본 연구에서는 POSCO(2013)에서와 마찬가지로 이용가능한 모든 정보를 종합하여 산업별 한계저감비용과 저감잠재량을 정하였다.

이 경우 각 산업의 총 저감비용과 저감잠재량은 온실가스 배출권가격에 따라 상이하게 된다. 정부는 배출권 예비분 운영 등의 방법을 통해 배출권 기준 가격을 배출권 1단위 당 1만원 수준으로 억제한다는 방침을 발표하였다. 그러나 국내 제조업의 경우 온실가스 배출 한계저감비용이 대체로 CO_2톤 당 1만원을 상회할 것으로 보여 온실가스 배출권을 판매할 수 있는 기업은 아주 소수에 불과할 가능성이 크다. 따라서 본 장에서는 배출권 1단위 당 가격을 1만원, 2.5만원 및 5만원의 세 가지 시나리오를 도입하여 분석을 하였다.

기업은 이러한 온실가스 배출 감축비용 이외에 온실가스 배출권을 유상으로 구입하여야 하는 비용부담도 지불해야 한다. 「온실가스 배출권의 할당 및 거래에 관한 법률」 시행령 제13조는 온실가스 배출권의 무상할당비율을 1차 계획기간(2015.1.1～2017.12.31)

〈표 5.12〉 부문별 · 연도별 온실가스 배출 감축목표[단위 : 감축률(%)]

세분류		2013	2015	2020
발전 · 도시가스 · 지역난방		3.0	6.1	26.7
제조업	정유	0.6	2.8	7.5
	광업	0.4	0.6	3.9
	철강	0.2	2.1	6.5
	시멘트	0.5	3.0	8.5
	석유화학	0.6	2.8	7.5
	제지, 목재	0.5	2.4	7.1
	섬유/가죽	0.6	1.1	6.3
	유리/요업	0.5	0.7	4.0
	비철금속	0.5	0.7	4.1
	기계	0.7	1.2	7.6
	전기 · 전자 (에너지) (비에너지)	2.2 (n.a.) (n.a.)	32.3 (n.a.) (n.a.)	61.7 (7.9) (83.9)
	전자표시장치	3.4	26.3	39.5
	반도체	1.8	17.3	27.7
	자동차	1.1	15.2	31.9
	(에너지)	(n.a.)	3.9	(7.8)
	(비에너지)	(n.a.)	(n.a.)	(90.0)
	조선	0.6	1.3	6.7
	기타 제조업	0.2	0.3	1.7
	음식료품	0.6	0.9	5.0
건설업		0.5	3.2	7.1
산업계		3.0	n.a.	18.2

에는 100%, 2차 계획기간(2018.1.1～2020.12.31)에는 97%, 3차 계획기간(2021.1.1 이후)에는 90% 이내로 정하고 있다. 따라서 기업은 할당 배출량의 3%를 배출권가격을 기준으로 구입하여야 한다.

한편 한 산업(전환부문 포함)의 생산비 상승은 제품 가격 상승을 통해 다른 산업의 생산비 증대 효과를 유발한다. 이러한 파급 효과는 산업연관표를 이용하여 추정하였다. 기타 산업별 생산비용 상승 효과 추정 방법은 POSCO(2013)와 동일하다. 각 산업별 직접 생산비 상승효과와 파급효과를 합한 값이 배출권거래제 도입으로 인한 총 생산비 상승 효과가 된다.

(2) 추정 결과

온실가스 배출권거래제도가 제조업과 전환부문의 직접생산비와 타 산업에 미치는 영향에 의한 간접생산비 파급영향을 합한 총 생산비의 2020년 중 증대 효과의 추정결과는 다음과 같다. 제조업 전체로는 2020년 중 1.7～8.5조원의 생산비 상승 영향이 발생하며, 제조업 가운데는 전기・전자산업의 생산비용이 0.3～1.6조 원 증가하여 가장 크고 그 다음은 철강산업(0.3～1.5조원), 석유화학(0.3～1.3조원), 디스플레이(0.1～0.6조원) 순으로 예측되었다.

〈표 5.13〉 온실가스 배출권거래제 도입의 제조업 업종별 총 생산비 상승효과(2020) (단위 : 10억원)

	시나리오 1	시나리오 2	시나리오 3		시나리오 1	시나리오 2	시나리오 3
제조업 계	1,695.4	4,238.6	8,477.2	비철금속	37.3	93.2	186.4
음식료	44.8	112	224	기계	159	397.5	795.1
섬유	22.3	55.7	111.3	전기・전자	325.9	814.8	1,629.7
제지목재	43.4	108.4	216.8	반도체	68.0	170.0	340.0
정유	113.2	283.1	566.2	디스플레이	121.4	303.5	607.0
석유화학	254.1	635.3	1,270.7	자동차	41.8	104.5	209.0
시멘트	82.1	205.3	410.6	조선	7.5	18.7	37.4
유리요업	26.7	66.93	133.7	기타 제조	43.0	107.5	215.1
철강	304.9	762.1	1,524.3				

* 배출권 가격(만원/KAU) : 시나리오 1, 2 및 3 각각 1만원, 2.5만원 및 5만원

〈표 5.14〉 온실가스 배출권거래제 도입에 따른 생산비 상승률* (2020) (단위 : %)

구분	시나리오 1	시나리오 2	시나리오 3
제조업 계	0.09	0.23	0.46
음식료	0.07	0.19	0.37
섬유	0.03	0.08	0.16
제지목재	0.14	0.34	0.68
정유	0.01	0.03	0.06
석유화학	0.02	0.05	0.1
시멘트	0.9	2.25	4.5
유리요업	0.15	0.38	0.77
철강	0.25	0.62	1.24
비철금속	0.08	0.19	0.38
기계	0.06	0.15	0.3
전기 · 전자	0.09	0.22	0.44
반도체	0.1	0.25	0.5
디스플레이	0.14	0.34	0.68
자동차	0.03	0.06	0.13
조선	0.01	0.02	0.04
기타 제조	0.2	0.51	1.02

이러한 생산비 절대 증가액과 더불어 증가율을 아울러 분석하였다. 생산비 증가율은 <표 5.14>의 생산비 증가액을 각 산업의 2020년 중 예상 총생산비로 나눈 값이다. 각 산업의 2020년 총 생산비는 기준연도인 2011년의 총 생산비에다 각 산업의 2011~2020년 중 성장률을 각각 곱하여 구하였다.

그 결과 배출권거래제 도입은 제조업 전체의 생산비를 0.1~0.5% 상승시키는 효과를 가져올 것으로 추산되었다. 그러나 철강산업의 경우에는 생산비 상승률이 0.3~1.2%로 제조업 평균을 크게 상회하는 것으로 나타났다. 그 다음으로는 제지목재와 디스플레이(0.1~0.7%), 반도체(0.1~0.5%), 전기 · 전자(0.1~0.4%) 순으로 나타났다.

5.2.3 온실가스 배출권거래제의 제조업 국제경쟁력 영향

배출권거래제 도입에 따른 제조업의 생산비 상승은 제품 가격 상승으로의 전가를 통해 기업의 경쟁력을 약화시킨다. 본 절에서는 경쟁력 약화 영향의 정도를 수출에 미치는 영향을 통해 분석하였다. 분석방법으로는 앞에서 분석한 생산비용 파급 영향의 추정결과를 제조업체를 대상으로 생산비 상승이 수출에 미치는 영향에 대해 실시한 설문조사 결과에 적용을 하여 결과를 도출하였다.

(1) 경쟁력 개념 및 분석 방법

① 경쟁력 개념

산업의 경쟁력은 다양한 측면에서 파악될 수가 있어 논란의 여지가 많은 개념이다. 일반적으로 어떤 한 부문의 경쟁력은 투입요소 비용, 노동력의 숙련 정도, 제품 품질과 생산비용 개선 능력, 혁신 능력 등 다양한 요소에 의해 결정이 된다. 국제무역을 하고 있는 부문의 경우 생산비용이 수출을 가능케 하고 내수를 확보할 수 있는 수준이면 비용 경쟁력이 있다고 말할 수 있다. 즉, 이러한 경쟁력 개념은 비용, 물가, 임금수준, 환율 등의 변동에 잘 대응할 수 있는 능력을 의미한다. 경쟁력은 이 밖에도 제품의 품질, 판매 능력, 인적 자본 등 비용과 가격 이외의 요소에 의해서도 결정이 된다. 따라서 한 산업의 경쟁력 변동을 분석하기 위해서는 이러한 요소들을 모두 분석하여야 한다. 그러나 본 장에서는 이러한 다양한 요소들 가운데 비용요소를 제외한 다른 요소들은 모두 불변이라는 가정 하에 생산비용 변화가 수출에 미치는 영향을 분석하였다.

② 분석 방법

산업수준에서의 국제경쟁력은 RCA(Revealed Comparative Advantage) 지수 등 수출성과를 이용한 지표를 이용한 평가가 일반적으로 시도되는 방법이다. 그러나 이러한 지표는 과거 실적을 기준으로 현재의 경쟁력 상태를 판단하는 기준으로 사용될 수 있을 뿐, 어떤 외부 요인으로 인한 생산비 증가와 이에 따른 수출가격 상승에 따른 경쟁력 변화는 측정할 수가 없다는 문제가 있다. 따라서 본 장에서는 미래의 경쟁력 변화를 수출변동으로 파악하고자 하였다.

수출제품의 생산비 상승 요인이 발생할 경우 수출업체는 경쟁력 약화를 피하기 위해 단기적으로는 생산비 상승 가운데 일부만을 수출가격으로 전가하는 경우가 일반적이다. 이때 수출가격 전가율 크기는 현재 및 미래에 예상되는 수출대상국에서의 가격 및 비가격 경쟁력에 의해 결정된다. 한편, 가격으로 전가되지 않는 생산비 상승 부분은 수익감소로 이어진다. 경쟁력에 영향을 미치는 다양한 요소 가운데 비용요소를 제외한 다른 요소들은 모두 불변이며 생산비 상승은 100% 가격인상으로 전가된다는 가정 하에 생산비용 변화의 영향만을 분석하였다.

한 산업의 수출 경쟁력은 수출대상국에 따라 상당한 차이가 있을 수 있다. 이러한 의미에서 온실가스 배출권거래제 도입에 따른 경쟁력 변화효과를 수출대상국별로 분석하는 것도 의미가 있다. 그러나 이러한 분석을 가능케 하는 지표는 존재하지 않으므로 본 장에서는 설문조사를 통해 일정 범위의 수출가격 상승이 각 수출대상국의 수출에 미치는 영향 정도를 조사하여 그 결과를 분석에 이용하였다.

이와 함께 배출권거래제 상의 누출업종 선정 기준에 의한 국내 누출업종 선정 결과를 통해 각 산업의 현재의 경쟁력 상태를 검토하였다.

(2) 생산비 상승에 따른 수출가격 상승이 수출경쟁력에 미치는 영향

① 주요 수출대상국별 수출경쟁력 영향 설문 조사 결과

본 장에서는 산업연구원(2010) 제6장의 설문조사 결과를 그대로 이용하였다. 이 연구에서는 2010년 9~10월 중 제조업 17개 업종의 4000여 수출기업을 대상으로 설문조사를 실시하였다. 설문 조사의 주요 내용은 자사 제품의 수출가격이 1~4%, 5~7%, 8~10%, 11~16% 및 16~20% 인상된다고 가정할 경우 수출대상국별로 수출에 미치는 영향에 대한 것이다. 그러나 본 장에서 분석된 배출권거래제 도입에 따른 2020년 중 생산비 상승률은 제조업 모든 업종이 1% 이하를 나타냈기 때문에 수출가격이 1~4% 수준 상승 시 수출에 미치는 영향만을 검토하였다.

수출대상국은 미국, 일본, EU, 중국 및 기타 지역으로 구분하였고, 예상되는 수출경쟁력 영향은 ㉠ 수출 불가, ㉡ 매우 큼, ㉢ 약간 큼, ㉣ 영향이 거의 없음, ㉤ 영향이 전혀 없음 등 다섯 가지로 조사하였다. 그러나 분석의 편의를 위해 분석대상 수출대상국은 미국, 일본, EU, 중국 등 4개 국가(지역)로 한정하였고, 수출경쟁력 영향에서 4번과 5번을 합해 '영향 없음' 항목으로 조정하였다.

② 설문조사 결과

수출가격이 1~4% 상승할 경우 수출에 미치는 영향을 업종별·수출대상국별로 조사한 결과는 <표 5.15>와 같다.

〈표 5.15〉 수출가격 1~4% 상승의 수출경쟁력 영향 응답 비중(단위 : %)

산업	대미 수출				대일 수출			
	수출불가	매우 큼	약간 큼	영향없음	수출불가	매우 큼	약간 큼	영향없음
음식료	-	-	25.0	75.0	-	-	33.3	66.7
섬유	-	11.1	22.2	66.7	-	-	50.0	50.0
목재・종이	-	-	-	100.0	-	-	33.3	66.7
인쇄・출판	-	-	25.0	75.0	-	-	-	100.0
석유・석탄	-	-	-	-	-	100.0	-	-
석유화학	-	60.0	-	40.0	-	66.7	-	33.4
기타 화학	-	80.0	6.7	13	-	83.3	-	16.7
시멘트	-	100.0	-	-	-	83.3	16.7	-
유리, 요업	-	85.7	14.3	-	20.0	80.0	-	-
1차 철강	-	-	65.7	33.3	-	8.3	66.7	25
기타 1차 금속	-	-	40.0	60.0	-	-	60.0	40.0
금속제품	-	-	-	100.0	-	-	-	100.0
일반기계	-	-	33.3	66.7	-	-	25.0	75.0
전기・전자	-	-	-	100.0	-	-	12.5	87.5
정밀기계	-	-	12.5	87.5	-	-	25.0	75.0
수송기계	-	12.0	20.0	68.0	-	10.0	10.0	80.0
기타 제조업	-	100.0	-	-	-	100.0	-	-

〈표 5.16〉 수출가격 1~4% 상승의 수출경쟁력 영향 응답 비중(단위 : %)

산업	대EU 수출				대중국 수출			
	수출불가	매우 큼	약간 큼	영향없음	수출불가	매우 큼	약간 큼	영향없음
음식료	-	-	33.3	66.7	-	-	33.3	66.7
섬유	-	25.0	12.5	50.0	-	33.3	-	66.7
목재・종이	-	-	-	100.0	-	-	-	100.0
인쇄・출판	-	-	-	-	-	-	-	100.0
석유・석탄	-	-	-	-	-	-	-	100.0
석유화학	-	-	50.0	50.0	-	-	33.3	66.6
기타 화학	-	70.0	30.0	-	-	5.6	33.3	61.1
시멘트	-	-	-	-	-	-	-	100.0
유리, 요업	-	33.3	66.7	-	-	28.6	14.3	57.1
1차 철강	-	-	42.9	57.1	-	7.7	15.4	76.9
기타 1차금속	-	-	75.0	25.0	-	-	-	100.0
금속제품	-	-	-	100.0	-	-	-	100.0
일반기계	-	-	50.0	50.0	-	-	-	100.0
전기・전자	-	-	-	100.0	-	11.1	11.1	77.8
정밀기계	-	-	-	100.0	-	-	-	100.0
수송기계	-	12.5	12.5	56.3	-	5.0	25.0	70.0
기타 제조업	-	50.0	50.0	-	-	-	20.0	80.0

③ 수출영향 분석 결과

배출권거래제가 도입돼 배출권가격이 정부가 제시한 대로 단위 당 1만원 또는 최대 5만원에 이르더라도 제조업 각 업종의 생산비는 최대 1% 정도의 상승에 그칠 것이므로 수출 영향은 대체로 매우 미약할 전망이다. 다만 철강과 시멘트 산업의 경우 다른 산업에 비해 생산비 상승률이 높아(제조업 평균 0.1~0.5%, 철강 0.25~1.24%, 시멘트 0.9~4.5%) 수출 감소 효과가 상대적으로 클 것으로 예상된다. 그러나 배출권가격이 5만원 이상 수준에 도달할 경우 수출에 미치는 영향은 수출 지역별로 상이하지만 매우 커질 가능성을 배제할 수 없다.

(3) 누출업종 기준에 따른 산업별 수출경쟁력 비교

① 무역집약도와 생산비용발생도 정의

우리나라는 온실가스 배출권거래제 도입으로 인해 국내 산업의 경쟁력이 약화되는 것을 방지하기 위해 「온실가스 배출권의 할당 및 거래에 관한 법률」 제12조(배출권의 할당) 4항에 무역집약도가 대통령령으로 정하는 기준보다 높거나 이 법 시행에 따른 온실가스 감축으로 인한 생산비용이 대통령령으로 정하는 기준 이상으로 발생하는 업종에 속하는 할당대상 업체에 대하여는 배출권의 전부를 무상으로 할당할 수 있도록 정하고 있다. 동 법 시행령 제14조는 배출권의 전부를 무상으로 할당할 수 있는 업종으로 아래의 세 가지 조건 중 하나에 해당하는 업종으로 규정하고 있다.

- 무역집약도가 100분의 30 이상인 업종
- 생산비용발생도가 100분의 30 이상인 업종
- 무역집약도가 100분의 10 이상이고, 생산비용발생도가 100분의 5 이상인 업종

여기서 무역집약도와 생산비용발생도의 정의는 다음 식과 같다.

- 무역집약도 = (해당 업종의 기준기간의) (연평균 수출액 + 연평균 수입액) / (연평균 매출액 + 연평균 수입액)
- 생산비용발생도 = (해당 업종의 기준기간의) (평균 온실가스 총배출량 × 기준기간의 배출권 평균가격)/(해당 업종의 기준기간의 평균 부가가치 생산액)

여기서 무역집약도는 한국은행(이하 '한은') 매출액 통계 산업분류를 기준으로 한 것과 KSIC 4단위 산업분류에 의한 출하액 통계를 기준으로 하여 각각 도출이 되었다. 한은 매출액 통계는 한국표준산업분류코드(KSIC) 2단위 또는 3단위로 밖에

발표가 되지 않으므로 세부 산업 통계가 없어, 세부 산업분류에 의한 무역집약도 도출을 위해서는 세부 산업통계가 가능한 통계청 출하액 통계를 이용하였다.

생산비용발생도에서 배출권가격은 톤 당 10만원을 가정하였는데, 그 이유는 배출권가격이 톤 당 10만원 미만인 경우에는 취약산업 선정 기준인 생산비용발생도가 0.3 이상에 해당하는 산업이 거의 없는 것으로 나타났기 때문이다. 즉 본 장에서의 가정과 같이 배출권가격이 1KAU 당 1만원 내지 5만원인 경우에는 국내 제조업은 대부분 생산비용발생도 기준을 충족시키지 못할 것으로 보인다. 한편, 부가가치는 산업연관표와 통계청 통계가 약간씩 상이하므로 각각의 경우를 다 같이 분석하였다.

② 국내 제조업의 무역집약도와 생산비용발생도 분석 결과

본 절의 내용은 국내 제조업의 무역집약도와 생산비용발생도를 분석한 산업통상자원부(2013) 제3장 6절의 내용을 요약 · 정리한 것이다.

㉮ 무역집약도

한은 매출액 통계 산업분류는 제조업의 경우 KSIC 3단위로 분류되는 산업에 해당하는 KSIC 2단위 산업을 제외할 경우 총 42개 업종이 된다. 이 42개 산업의 무역집약도 평균은 한은 매출액 통계를 사용한 경우 0.48, 통계청 출하액을 사용한 경우 0.51로 후자가 전자보다 약간 큰 것으로 나타났다.

이 42개 제조업 업종 중 무역집약도가 0.9 이상을 나타낸 산업은 한은 매출액 기준으로는 각각 1.30과 1.21을 나타낸 기타 전기장비업(KSIC 282, 284, 289)과 통신장비업(KSIC 264) 등 2개 업종이고, 통계청 출하액 기준으로는 각각 0.92와 0.91을 나타낸 컴퓨터장치업(KSIC 263), 기타 전기장비업(KSIC 282, 284, 289) 등 2개 업종이다.

한편 온실가스 배출권 무상할당 대상 기준인 무역집약도 0.3 이상인 업종 수는 매출액 기준으로는 총 42개 업종 가운데 73.8%인 31개, 출하액 기준으로는 85.7%인 36개가 되어 국내 산업의 상당수가 무역집약도 측면에서 취약한 것으로 나타났다.

㉯ 생산비용발생도

생산비용발생도를 구성하는 부가가치 변수의 통계는 한은 I-O표의 부가가치 통계와 통계청 광업 · 제조업 조사에서의 부가가치 통계가 있다. 이 두 부가가치 통계는 서로 일치하지 않으므로 각각에 대해 생산비용발생도를 도출하였다. 한편 산업분류는 무역집약도와 마찬가지로 한은 매출액 통계 분류와 KSIC 4단위 분류 각각에 대해 도출하였다.

〈표 5.17〉 무역집약도 기준 충족 업종

<table>
<tr><th colspan="2">한은 매출액 기준</th><th colspan="2">통계청 출하액 기준</th></tr>
<tr><th>산업</th><th>무역 집약도</th><th>산업</th><th>무역 집약도</th></tr>
<tr><td>C282,4,9 기타 전기장비</td><td>1.301</td><td>C263 컴퓨터 및 주변장치</td><td>0.921</td></tr>
<tr><td>C264 통신 및 방송 장비</td><td>1.210</td><td>C282,4,9 기타 전기장비</td><td>0.914</td></tr>
<tr><td>C263 컴퓨터 및 주변장치</td><td>0.884</td><td>C33 기타 제품 제조업</td><td>0.802</td></tr>
<tr><td>C292 특수 목적용 기계</td><td>0.786</td><td>C27 의료, 정밀, 광학기기 및 시계</td><td>0.774</td></tr>
<tr><td>C27 의료, 정밀, 광학기기 및 시계</td><td>0.745</td><td>C261,2 반도체 및 전자부품</td><td>0.755</td></tr>
<tr><td rowspan="2">C312,3,9 철도, 항공기 및 그 외 기타 운송 장비</td><td rowspan="2">0.668</td><td>C15 가죽, 가방 및 신발</td><td>0.726</td></tr>
<tr><td>C133,4,9 기타 섬유제품</td><td>0.722</td></tr>
<tr><td>C29 기타 기계 및 장비</td><td>0.640</td><td>C132 직물직조 및 직물제품</td><td>0.710</td></tr>
<tr><td>C285 가정용 기기</td><td>0.634</td><td>C13 섬유제품(의복제외)</td><td>0.696</td></tr>
<tr><td>C31 기타 운송장비</td><td>0.621</td><td rowspan="2">C26 전자부품, 컴퓨터, 영상, 음향 및 통신 장비</td><td rowspan="2">0.685</td></tr>
<tr><td>C311 선박 및 보트 건조업</td><td>0.615</td></tr>
<tr><td>C28 전기장비</td><td>0.608</td><td>C311 선박 및 보트 건조업</td><td>0.667</td></tr>
<tr><td>C133,4,9 기타 섬유제품</td><td>0.608</td><td>C201 기초 화학물질</td><td>0.664</td></tr>
<tr><td>C242 1차 비철금속</td><td>0.608</td><td>C31 기타 운송장비</td><td>0.654</td></tr>
<tr><td>C203 합성고무 및 플라스틱 물질</td><td>0.597</td><td>C205 화학섬유</td><td>0.630</td></tr>
<tr><td rowspan="2">C26 전자부품, 컴퓨터, 영상, 음향 및 통신 장비</td><td rowspan="2">0.567</td><td>C292 특수 목적용 기계</td><td>0.628</td></tr>
<tr><td>C203 합성고무 및 플라스틱 물질</td><td>0.621</td></tr>
<tr><td>C15 가죽, 가방 및 신발</td><td>0.557</td><td>C131 방적 및 가공사</td><td>0.619</td></tr>
<tr><td>C301 자동차용 엔진 및 자동차</td><td>0.546</td><td>C20 화학물질 및 화학제품(의약품 제외)</td><td>0.609</td></tr>
<tr><td>C261,2 반도체 및 전자부품</td><td>0.544</td><td>C28 전기장비</td><td>0.590</td></tr>
<tr><td>C201 기초 화학물질</td><td>0.534</td><td rowspan="2">C312,3,9 철도, 항공기 및 그 외 기타 운송 장비</td><td rowspan="2">0.586</td></tr>
<tr><td>C13 섬유제품(의복제외)</td><td>0.533</td></tr>
<tr><td rowspan="2">C281 전동기, 발전기 및 전기 변환·공급·제어 장치</td><td rowspan="2">0.531</td><td>C242 1차 비철금속</td><td>0.585</td></tr>
<tr><td>C29 기타 기계 및 장비</td><td>0.581</td></tr>
<tr><td>C132 직물직조 및 직물제품</td><td>0.529</td><td>C285 가정용 기기</td><td>0.580</td></tr>
<tr><td>C291 일반 목적용 기계</td><td>0.518</td><td>C202 비료 및 질소화합물</td><td>0.570</td></tr>
<tr><td>C20 화학물질 및 화학제품(의약품 제외)</td><td>0.501</td><td>C301 자동차용 엔진 및 자동차</td><td>0.560</td></tr>
<tr><td>C19 코크스, 연탄 및 석유정제품</td><td>0.497</td><td rowspan="2">C281 전동기, 발전기 및 전기 변환·공급·제어 장치</td><td rowspan="2">0.555</td></tr>
<tr><td>C24 1차 금속</td><td>0.479</td></tr>
<tr><td>C33 기타 제품 제조업</td><td>0.473</td><td>C291 일반 목적용 기계</td><td>0.531</td></tr>
<tr><td>C221 고무제품</td><td>0.466</td><td>C19 코크스, 연탄 및 석유정제품</td><td>0.513</td></tr>
<tr><td>C241 1차철강</td><td>0.435</td><td>C204 기타 화학제품</td><td>0.499</td></tr>
<tr><td>C204 기타 화학제품</td><td>0.419</td><td>C264 통신 및 방송 장비</td><td>0.497</td></tr>
<tr><td>C202 비료 및 질소화합물</td><td>0.417</td><td>C24 1차 금속</td><td>0.485</td></tr>
<tr><td>C131 방적 및 가공사</td><td>0.415</td><td>C239 기타 비금속 광물제품</td><td>0.479</td></tr>
<tr><td>C22 고무제품 및 플라스틱제품</td><td>0.392</td><td>C30 자동차 및 트레일러</td><td>0.467</td></tr>
<tr><td>C25 금속가공제품(기계 및 가구 제외)</td><td>0.388</td><td>C241 1차철강</td><td>0.449</td></tr>
<tr><td>C30 자동차 및 트레일러</td><td>0.375</td><td>C221 고무제품</td><td>0.446</td></tr>
<tr><td>C222 플라스틱제품</td><td>0.368</td><td>C232 도자기 및 기타 요업제품</td><td>0.426</td></tr>
<tr><td>C243 금속 주조업</td><td>0.366</td><td>C14 의복, 의복액세서리 및 모피제품</td><td>0.397</td></tr>
</table>

한은 매출액 기준		통계청 출하액 기준	
산업	무역 집약도	산업	무역 집약도
C17 펄프, 종이 및 종이제품	0.315	C265,6 영상 및 음향기기, 마그네틱 및 광학 매체	0.384
C232 도자기 및 기타 요업제품	0.312		
C21 의료용 물질 및 의약품	0.307	C243 금속 주조업	0.378
		C302,3 자동차차체 및 트레일러, 자동차 부품	0.365
		C21 의료용 물질 및 의약품	0.334
		C22 고무제품 및 플라스틱제품	0.333
		C17 펄프, 종이 및 종이제품	0.313
		C25 금속가공제품(기계・가구 제외)	0.310
		C222 플라스틱제품	0.301

〈표 5.18〉 KSIC 4단위 기준 무역집약도 충족 상위 30개 업종

KSIC 코드	업종	무역 집약도
1331, 1332	편조원단 제조업, 편조제품 제조업	4.57
2890	기타 전기장비 제조업	1.70
1922	석유정제물 재처리업	1.62
3011	자동차용 엔진 제조업	1.29
2852	가정용 비전기식 조리 및 난방 기구 제조업	1.12
3340	인형, 장난감 및 오락용품 제조업	1.08
1441	편조의복 액세서리 제조업	1.03
2711	방사선장치 및 전기식 진단기기 제조업 등 의료기기	1.02
2611	전자집적회로 제조업	1.01
0621	우라늄 및 토륨 광업	1.01
0722	소금 채취업	1.00
0629	기타 비철금속 광업	1.00
2411	제철, 제강 및 합금철 제조업	0.99
0510	석탄 광업	0.98
0721	화학용 및 비료원료용 광물 광업	0.98
0729	그 외 기타 비금속광물 광업	0.98
3320	악기제조업	0.97
2740	시계 및 시계부품 제조업	0.96
2429	기타 1차 비철금속 제조업	0.94
1449	기타 의복액세서리 제조업	0.94
1711	펄프 제조업	0.93
2631, 2632	컴퓨터 제조업, 기억장치 및 주변기기 제조업	0.92
2926	섬유, 의복 및 가죽 가공기계 제조업	0.91
1321, 1391	직물 직조업	0.89
1512	핸드백, 가방 및 기타 보호용 케이스 제조업	0.87
3311	귀금속 및 관련 제품 제조업	0.86
3131, 3132	항공기, 우주선 및 보조장치 제조업, 항공기용 엔진 및 부품 제조업	0.85
2652	오디오, 스피커 및 기타 음향기기 제조업	0.85
1820	기록매체 복제업	0.84

〈표 5.19〉 한은 매출액 분류 기준 생산비용발생도 충족 기준 업종

I-O 부가가치 기준		통계청 부가가치 기준	
산업	생산비용발생도	산업	생산비용발생도
• C233 시멘트, 석회, 플라스터 및 그 제품	0.551	• C241 1차철강 • C233 시멘트, 석회, 플라스터 및 그 제품	0.329 0.302

한은 매출액 분류를 기준으로 할 경우 중복 업종을 제외한 총 42개 업종의 생산비용발생도 평균은 I-O 부가가치 사용 시 0.020, 통계청 부가가치 사용 시 0.014를 각각 기록하였다. 생산비용발생도가 가장 큰 산업은 전자의 경우 0.551을 기록한 시멘트업(KSIC 233)이고 후자는 0.329를 나타낸 1차 철강업(KSIC 242)이었다. 한편 생산비용발생도가 0.3 이상인 산업은 온실가스 배출권가격이 톤 당 10만원인 경우에도 I-O 부가가치 사용 시 및 통계청 부가가치 사용 시 각각 1개 및 2개에 그쳤다.

한편 KSIC 4단위 기준의 제조업 총 140개 가운데 부가가치 통계가 발표되어 있지 않은 5개 업종을 제외한 135개 업종의 배출권가격이 톤 당 10만원인 경우의 생산비용발생도를 도출하였다. 그 결과 전 업종의 생산비용발생도 평균이 부가가치 통계를 I-O 통계를 사용하였을 때에는 0.114, 통계청 통계를 사용하였을 때에는 0.079로 산출이 되어 양자 간의 차이가 다소 큰 것으로 나타났다.

산업별로는 I-O 부가가치 통계 사용의 경우에는 2.601을 기록한 시멘트·석회 및 플라스터 제조업(KSIC 2331)이, 통계청 부가가치 통계 사용 시에는 3.096을 나타낸 소금채취업(KSIC 0722)이 생산비용발생도가 가장 높았다. 그러나 시멘트·석회 및 플라스터 제조업(KSIC 2331)의 경우 이를 구성하는 시멘트업(KSIC 23311)과 석회 및 플라스터업(KSIC 23312)은 생산공정이 크게 상이하다. 전자의 경우에는 시멘트 소성과정에서 다량의 화석에너지가 소비되어 후자에 비해 온실가스 배출량도 훨씬 많다. 시멘트업의 경우 온실가스 다배출산업으로 EU의 배출권거래제에서도 별도의 산업으로 구분이 되어 탄소누출대상 산업으로 선정이 되어 있다. 따라서 본 연구에서도 시멘트(KSIC 23311)업은 별도로 무역집약도와 생산비용발생도를 구하였다. 그 결과 시멘트업의 생산비용발생도는 5.179로 다른 산업에 비해 월등히 높아 배출권거래제 도입으로 인한 생산비 상승 부담이 대단히 큰 것으로 나타났다.

한편, 생산비용발생도가 0.3 이상이 되어 배출권의 무상할당 대상이 되는 산업의 수는 I-O 부가가치 기준의 경우에는 전체 135개 업종의 6.8%인 9개이고 통계청 부가가치 기준 시에는 전체의 3.0%인 4개로 분석되었다.

〈표 5.20〉 KSIC 4단위 기준 생산비용발생도 기준 충족 업종

I-O 부가가치 기준			통계청 부가가치 기준		
KSIC	산업	생산비용 발생도	KSIC	산업	생산비용 발생도
2331	시멘트, 석회 및 플라스터 제조업	2.601	0722	소금 채취업	3.096
23311	시멘트	5.179	2331	시멘트, 석회 및 플라스터 제조업	1.240
(23312)	(석회 및 플라스터)	(0.178)	23311	시멘트	1.356
0629	기타 비철금속 광업	1.696	(23312)	(석회 및 플라스터)	(0.369)
2319	기타 유리제품 제조업	0.642	1711	펄프 제조업	0.621
2412	철강 압연, 압출 및 연신제품 제조업	0.634	2412	철강 압연, 압출 및 연신 제품 제조업	0.430
1711	펄프 제조업	0.491			
2660	마그네틱 및 광학매체 제조업	0.406			
2311	판유리 제조업	0.387			
2011	기초유기화학물질 제조업	0.342			
1712	종이 및 판지 제조업	0.329			

③ 무역집약도 및 생산비용발생도 기준 동시 충족 산업

현행 배출권거래제 법률은 '무역집약도가 0.3 이상'이 되거나 또는 '생산비용발생도가 0.3 이상'이 되는 산업 이외에 '무역집약도가 0.1 이상이고 생산비용발생도가 0.05 이상'을 나타내는 산업도 온실가스 배출권을 전부 무상할당을 하도록 정하고 있다.

본 절에서는 한은 매출액 및 부가가치 통계를 사용한 경우와 통계청 출하액과 부가가치 통계를 사용한 경우로 나누어 분석을 하였다. 즉, 첫 번째는 한은의 매출액 통계를 사용하여 KSIC 2 또는 3단위로 도출한 무역집약도와 I-O 부가가치 통계를 사용하여 도출한 생산비용발생도를 통해 무상할당 조건을 충족시키는 업종을 분석하였다. 두 번째는 통계청 출하액과 통계청 부가가치 통계를 각각 사용하여 KSIC 4단위 산업분류를 기준으로 하여 도출한 무역집약도와 생산비용발생도에 의해 무상할당 대상 업종을 분석한 것이다. 여기서도 생산비용발생도는 배출권 가격을 CO_2 톤 당 10만원을 가정하여 도출된 결과이다.

분석 결과, 한은 매출액 분류를 기준으로 할 경우 중복 업종을 제외한 총 42개 업종 가운데 한은 통계를 사용한 경우에는 17개 업종이, 통계청 통계를 사용한 경우

에는 14개 업종이 각각 '무역집약도 0.1 이상 및 생산비용발생도 0.05 이상'조건을 충족시키는 것으로 나타났다. 한편, 한은 통계를 이용하거나 통계청 통계를 이용하거나 모두 세 번째 무상할당 기준(무역집약도 0.1 이상 및 생산비용발생도 0.05 이상)을 충족시키는 업종은 42개 업종의 31%인 13개였다.

한편 KSIC 4단위 산업분류 기준으로는 총 136개 업종 가운데 24.3%인 33개 업종이 세 번째 무상할당 기준을 충족시킴으로써 온실가스 배출권의 무상할당 대상이 될 수 있는 것으로 분석되었다.

〈표 5.21〉 한은 매출액 산업분류 기준 무역집약도 및 생산비용발생도 기준 동시 충족 업종

업종	한은 통계 기준		통계청 통계 기준	
	무역집약도	생산비용 발생도	무역집약도	생산비용 발생도
C131 방적 및 가공사	0.415	0.110	0.619	0.079
C133,4,9 기타 섬유제품	0.608	0.071	0.722	0.075
C16 목재 및 나무제품(가구 제외)	0.240	0.079	0.299	0.079
C17 펄프, 종이 및 종이제품	0.315	0.142	0.313	0.140
C19 코크스, 연탄 및 석유정제품	0.497	0.115	0.513	0.230
C201 기초 화학물질	0.534	0.299	0.664	0.246
C202 비료 및 질소화합물	0.417	0.052	-	-
C203 합성고무 및 플라스틱 물질	0.597	0.191	0.621	0.132
C205 화학섬유	0.247	0.214	0.630	0.158
C231 유리 및 유리제품	0.291	0.053	-	-
C232 도자기 및 기타 요업제품	0.312	0.112	0.426	0.089
C239 기타 비금속 광물제품	0.289	0.072	0.479	0.064
C241 1차철강	0.435	0.286	0.449	0.329
C242 1차 비철금속	0.608	0.129	0.585	0.099
C243 금속 주조업	0.366	0.078	0.378	0.077
C302,3 자동차차체 및 트레일러, 자동차 부품	0.245	0.165	-	-
C33 기타 제품 제조업	-	-	0.802	0.050

〈표 5.22〉 KSIC 4단위 기준 무역집약도 및 생산비용발생도 기준 동시 충족 업종

KSIC	업종	무역집약도	생산비용 발생도
0711	석회석 및 점토 광업	0.338	0.060
0722	소금 채취업	0.997	3.096
0729	그 외 기타 비금속광물 광업	0.980	0.054
1310	방적 및 가공사 제조업	0.619	0.079
1399	그 외 기타 섬유제품 제조업	0.655	0.055
1621	박판, 합판 및 강화목제품 제조업	0.353	0.226
1629, 1630	기타 나무제품 제조업, 코르크 및 조물 제품 제조업	0.551	0.079
1711	펄프 제조업	0.934	0.621
1712	종이 및 판지 제조업	0.284	0.214
1722	종이포대, 판지상자 및 종이용기 제조업	0.159	0.054
1790	기타 종이 및 판지 제품 제조업	0.309	0.053
1910	코크스 및 연탄 제조업	0.632	0.060
1921	원유 정제처리업	0.479	0.240
2011	기초 유기화학물질 제조업	0.638	0.285
2012	기초 무기화학물질 제조업	0.782	0.155
2030	합성고무 및 플라스틱 물질 제조업	0.621	0.132
2050	화학섬유 제조업	0.630	0.158
2311	판유리 제조업	0.603	0.242
2319	기타 유리제품 제조업	0.357	0.176
2321	일반도자기 제조업	0.604	0.062
2322	내화 요업제품 제조업	0.268	0.077
2323	구조용 비내화 요업제품 제조업	0.367	0.142
2391	석제품 제조업	0.747	0.097
2331	시멘트, 석회 및 플라스터 제조업	0.112	1.240
(23311)	(시멘트)	(0.108)	(1.356)
(23312)	(석회 및 플라스터)	(0.165)	(0.369)
2399	그 외 기타 비금속 광물제품 제조업	0.380	0.059
2411	제철, 제강 및 합금철 제조업	0.993	0.142
2412	철강 압연, 압출 및 연신제품 제조업	0.393	0.430
2419	기타 1차철강 제조업	0.328	0.065
2421	비철금속 제련, 정련 및 합금 제조업	0.690	0.192
2429	기타 1차 비철금속 제조업	0.945	0.053
2431	철강 주조업	0.151	0.085
2660	마그네틱 및 광학 매체 제조업	0.817	0.108
3399	그 외 기타 분류 안 된 제품 제조업	0.668	0.134

(4) 정책 시사점

무역집약도 도출 결과 매출액과 출하액 가운데 어떤 것을 사용할 것인가 그리고 산업분류를 KSIC 3 단위와 4단위 중 어느 분류로 무역집약도를 도출할 것인가에 따라 무역집약도는 다소의 차이를 나타내었다. 그러나 이 가운데 어느 경우에도 분석대상 업종 가운데 70% 이상이 현재의 취약산업 선정을 위한 무역집약도 0.3 이상 기준을 충족시키고 있는 것으로 분석되었다.

생산비용발생도는 배출권가격이 톤 당 10만원 미만인 경우 무상할당 기준 0.3 이상 조건을 충족시키는 업종이 거의 없었다. 톤 당 10만원을 가정하였을 경우 무상할당기준인 0.3 이상에 해당하는 산업 수가 한은 매출액 통계 분류 기준의 경우 1~2개, 통계청 부가가치 기준 경우 4~9개로, 분석대상 산업 전체에서 차지하는 비중이 전자의 경우 2~5%, 후자의 경우 3~6%에 불과한 것으로 분석되었다.

한편 한은 통계를 사용하거나 통계청 통계를 사용하거나 관계없이 '무역집약도 0.1 이상 및 생산비용발생도 0.05 이상'기준을 충족시키는 업종 수는 한은 매출액 산업분류 기준 시에는 전체 업종 42개 가운데 31%인 13개로 다소 많았다. 또한 KSIC 4단위 산업분류 기준으로는 총 136개 업종의 23.5%인 32개 업종이 이 기준을 충족하는 것으로 나타났다. 이러한 결과로부터 '무역집약도 0.1 이상 및 생산비용발생도 0.05 이상'기준을 충족하는 업종 수는 다소 많음을 알 수 있다.

5.3 배출권거래제와 국내 산업 영향

5.3.1 온실가스 배출권거래제 도입에 따른 산업 영향

정부는 기후변화 및 기후변화협약과 에너지 공급을 둘러 싼 국내외 여건 변화에 적극적으로 대응하기 위한 정책을 추진하고 있다. 2012년부터는 「저탄소 녹색성장 기본법」 및 「온실가스·에너지 목표관리 운영 등에 관한 지침」에 따라 온실가스를 많이 배출하거나 에너지를 다량 소비하는 대규모 사업장에 대해 온실가스 감축과 에너지 절약 목표를 부과하고 관리하는 제도인 '온실가스·에너지 목표관리제'를 도입하여 시행하고 있다. 이와 함께 「온실가스 배출권의 할당 및 거래에 관한 법률 및 시행령」이 2012년 11월 15일에 최종 확정됨에 따라 온실가스 배출 규제를 위한 '온실가스 총량제한 배출권거래제'가 2015년부터 시행되고 있다.

이러한 정책들은 에너지 소비와 온실가스 배출 감축을 촉진한다는 긍정적 측면이 있으나 규제대상이 되는 산업, 특히 철강산업과 같은 에너지 다소비 산업에 대해서는 상당한 부담요인으로 작용할 것으로 우려되고 있다. 기업의 생산비용 증가는 제품 가격 상승을 초래함으로써 기업의 수익성과 경쟁력을 악화시키고 나아가 국가 경제 전체에도 부정적 영향을 가져올 가능성이 있다.

따라서 기후・에너지 정책은 이러한 부정적 영향을 최소화할 수 있도록 제도가 마련되고 운영이 되어야 한다. 온실가스 배출권거래제도의 기본 목적은 시장원리에 기반을 둔 비용 효과적 방식을 통해 산업계의 온실가스 감축부담을 완화하고 최적의 사회적 비용으로 온실가스를 감축하는 것이다. 그러나 배출권거래제도가 이러한 소기의 목적을 거두기 위해서는 많은 전제조건이 충족되어야 한다. 그렇지 못하면 배출권거래제도는 오히려 경제적으로 비효율적인 결과를 초래할 가능성이 크다. 따라서 온실가스 배출권거래제도는 이러한 결과가 초래되지 않도록 세부 운영요소들이 세심하게 검토되어 정해져야 한다.

배출권거래제도의 성패를 결정하는 가장 중요한 요소 가운데 하나는 산업계에 대한 유연성 확보 정도이다. 온실가스 배출권거래제도를 세계에서 가장 먼저 도입하여 시행하고 있는 EU 또한 배출권거래제도(ETS)를 설계하는 데 있어 산업경쟁력 문제를 핵심요소로 간주하고 있다. 산업부문의 지나친 경쟁력 약화를 방지하기 위해서는 각 산업의 온실가스 배출 감축 잠재력과 한계저감 비용, 경쟁력 약화 정도, 산업간 형평성 등을 고려하여 산업별 할당 목표를 설정하여야 한다. 이를 위해서는 우선 온실가스 배출규제에 따른 업종별 영향 분석이 이루어져야 하며, 본 과제의 기본 목적이 바로 여기에 있다. 온실가스 배출규제의 영향은 특히 에너지를 많이 소비하는 에너지다소비 산업에 집중이 될 것이므로, 본 장은 특히 철강산업을 중심으로 한 에너지다소비 산업에 대한 분석에 중점을 두었다.

분석연도는 2010년을 기준으로 하고 2015년과 2020년 및 2025년을 대상으로 하였다. 본 장에서 분석되는 온실가스 배출규제의 형태는 오는 2015년부터 도입될 예정인 배출권거래제도이며, 산업별 영향 분석은 제조업 업종별로 이루어진다. 즉 산업별로 온실가스 배출권거래제 도입으로 인한 생산비 상승 영향과 생산 및 고용 감축 효과를 분석하였다. 제조업 업종 분류는 정부가 온실가스 배출권 무상할당을 위해 고려하고 있는 산업분류 체계에 따라 음식료, 섬유, 제지・목재, 정유, 석유화학, 시멘트, 유리, 기타 요업, 철강, 비철금속, 기계, 전기전자, 반도체, 디스플레이, 자동차, 조선, 기타 제조업 등 17개 업종으로 구분하였다. 그러나 이 가운데서도 특히 철강산업을 세밀하게 분석하였다.

온실가스 배출규제의 업종별 영향 분석을 위해서는 우선 온실가스 배출량이 전망되어야 한다. 이 배출량 전망치에 2020년까지 중기 감축목표 상의 산업별 감축률을 곱하여 산업별 감축 필요량을 도출한다. 그 다음으로는 각 산업별로 온실가스 배출 저감 잠재량과 한계 저감비용을 분석하고 그 결과를 산업별 감축필요량에 적용하여 산업별 온실가스 감축비용을 도출한다. 한편 배출권거래제는 오는 2015년부터 배출권을 유상할당 하게 되므로 배출권거래제 시행령에서 정해진 유상할당 비율을 산업별 배출량에 곱하여 유상으로 구입하여야 할 배출량을 구하고 여기에 가정된 배출권가격을 곱하여 총 배출권 구입비용을 산출한다. 이와 같은 온실가스 배출권거래제 도입에 따른 생산비 상승은 제품 가격 상승을 통해 이 제품을 중간재로 사용하는 다른 산업의 생산비 상승 요인이 된다. 이러한 간접 파급 효과는 산업연관분석을 통해 구한다. 이 직접 생산비 상승효과와 간접 생산비 상승효과를 더한 값이 총 비용 상승에 대한 영향이 된다.

각 산업은 이러한 비용 상승으로 인해 실질생산과 고용이 감소하고 수익성이 낮아지게 되고, 이는 경제 전반에 파급 영향을 미치게 된다. 이러한 거시경제 영향을 분석하기 위해서는 제조업 이외의 산업, 즉 농림어업, 광업, 건설업 및 서비스업 등 다른 산업도 포함한 거시경제 모형이 필요하다. 따라서 산업별 영향 분석을 위한 거시경제 모형을 구축하고 이를 통해 GDP 등 거시경제 영향도 분석하였다.

(1) 온실가스 배출권거래제 도입에 따른 제조업 영향

① 제조업 업종별 BAU 배출량 전망

㉮ 전망 방법

본 장에서는 각 산업에 대한 온실가스 배출권 할당이 에너지 부문 배출량과 생산공정 배출량에 한정된다고 가정하였다. 물론 현재로서는 목표관리제나 배출권거래제 모두 간접배출까지 포함한 총 배출량을 기준으로 할당목표를 설정하도록 되어 있다. 그러나 이 경우 발전부문 규제에 따른 전력요금 상승으로 인한 이중부담 문제가 발생하게 된다.

그러나 간접배출을 포함한 총 배출량을 기준으로 감축목표가 설정되어 있는 현재의 감축정책 기조가 변화할 것으로 기대하기는 어려운 실정이다. 그렇다고 해서 전환부문이 온실가스 배출감축 의무 부담에 따른 막대한 발전단가 상승 요인 발생에도 불구하고 전력요금을 인상하지 않을 것이라 예상되지는 않는다. 향후 에너지 정책의 기본 방향 중 하나는 현재의 불합리한 에너지가격 구조를 개선하는 것이기 때문에 전력요금은 지금보다 훨씬 큰 폭으로 상승할 것이 예상된다. 따라서 본 연구에서는 간접배출이 포함된 총 배출량을 기준으로 온실가스 배출량을 전망하였다.

〈표 5.23〉 산업 부문별 실질 산출량 전망(2010～2025) (단위 : 2010년 불변, 10억 원, %)

구분		2010	2015	2020	2025	연평균 증가율(%)
대분류	세분류					2010～2025
산업부문	농림・어업	52,885	53,842	57,643	60,058	0.9
	광업	3,653	3,409	3,421	3,353	−0.6
	제조업	1,569,783	1,970,572	2,473,896	2,983,216	4.4
	산업부문 계	1,626,321	2,027,823	2,534,961	3,046,627	4.3
발전에너지	전력・가스	72,860	90,301	116,477	142,133	4.6
서비스	건설・수송・서비스	1,424,856	1,700,257	2,069,676	2,431,645	3.6
합계		3,124,037	3,818,381	4,721,113	5,620,405	4.0

자료 : 산업연구원

온실가스 배출량은 기본적으로 산업생산량과 온실가스 배출원단위에 의해 결정 된다. 따라서 온실가스 배출량은 이 두 변수에 대한 예측이 필요하다. 이 중 중장기 경제성장 및 산업별 성장 전망은 정부와 KDI의 거시경제 전망을 바탕으로 국내외 경제여건 변화를 반영한 산업연구원의 최근 산업별 전망자료를 활용하였다.

한편, 온실가스 배출원단위는 온실가스 배출 저감 기술, 에너지 효율, 산업의 에너지 믹스 및 정부의 에너지 및 기후정책 등에 영향을 받으며 업종별로는 다소 다른 양상을 보이지만 일반적으로 시간이 흐르면서 조금씩 낮아지는 추세를 나타낸다. 여기서 각 산업의 에너지 믹스는 각 에너지원의 가격과 제조공정 등에 의해 영향을 받을 것이며, 이 가운데 각 에너지의 가격은 국제 가격과 원전 및 신재생에너지 계획 등 국내 에너지 및 기후정책에 영향을 받는다. 이와 같이 온실가스 배출원단위는 다양한 요소들에 의해 영향을 받기 때문에 이를 모형을 통해 산업별로 정량적으로 예측하는 것은 매우 어렵다. 따라서 본 연구에서는 각 산업의 원단위 개선 추세와 대내외 경제여건 변화 및 정책에 대한 판단에 입각하여 각 산업의 미래 분석 연도에서의 에너지 원단위를 정하여 온실가스 배출량 추정에 이용하였다.

화석에너지 간 및 화석에너지－비화석에너지 간 소비구조의 변화 및 에너지 효율개선의 방향과 정도는 정부의 에너지 정책에 크게 영향을 받으므로 국가에너지기본계획이 참고되어야 한다. 하지만 2008년 국가에너지기본계획에 제시되어 있는 자료들은 미래 에너지 소비에 대하여 지나치게 낙관적이어서 현실성이 떨어진다는 문제점이 제기되었다. 따라서 본 장에서는 국제에너지기구의 미래 에너지 기술 전망(IEA/OECD, Energy Technology Perspective 2010)에서 제시하는 다양한 신재생에너지 기술변화 전망과 국내 에너지 소비의 특성 고려하여 '2008년 국가에너지기본계획' 상의 계획을 다소 수정하여 분석에 이용하였다. 에너지 효율개선과 함께 에너지원별 대체에 의하여 발생하는 에너지 소비 구조변화 효과(대체효과)는 국제에너지기구(IEA : International Energy Agency)와 미국 에너지정보청(US EIA : U.S. Energy Information Agency)이 2012년 발표한 OECD 및 아시아 국가 전망, 한국의 대분류 에너지 소비 전망을 아울러 참조하였다.

한편 이러한 추정에 기준이 되는 기준 연도인 2010년도의 세부 산업부문별 연료 및 전력 사용량은 산업부가 발간하는「에너지총조사보고서」와 에너지경제연구원의「에너지통계연보」를 이용하였다.

㉯ 온실가스 배출량 전망 결과

● 직접 배출량

이런 방식에 의해 도출된 2010년부터 2025년까지 우리나라의 화석연료 연소에 의한 온실가스 배출량과 공정배출량을 합한 총 직접배출량을 추정한 결과 2010년 579.9백만 톤(CO_2톤 기준, 이하 동일)을 기록한 국가 전체의 배출량은 동 기간 중 연평균 2.0% 증가하여 2015년 631.6백만 톤, 2020년 705.5백만 톤, 2025년 785.7백만 톤을 각각 기록할 것으로 예측되었다. 이러한 본 장에서의 2020년 온실가스 배출량 예측치는 현재 에너지・온실가스 목표관리제에서 예상되고 있는 2020년 배출량 688.2백만CO_2 톤과 거의 비슷한 수준이다.

〈표 5.24〉 화석연료 연소에 의한 부문별 온실가스 배출량 전망(2010~2025) (단위 : 천 tCO_2e)

구분		2010	2015	2020	2025	연평균 증가율(%)
대분류	세분류					2010~2025
산업부문	농림・어업	2,338	2,351	2,287	2,234	−0.3
	광업	260	241	233	227	−0.9
	제조업	201,225	238,706	276,488	323,017	3.2
	산업부문 계	203,822	241,298	279,007	325,477	3.2
발전에너지	전력・가스	253,118	262,024	291,760	319,716	1.6
서비스	건설・수송・서비스	123,001	128,277	134,745	140,502	0.9
합계		579,941	631,599	705,513	785,696	2.0

부문별로는 2010~2025년 기간 중 제조업의 온실가스 배출량이 연평균 3.2% 증가하여 가장 빠른 증가율을 나타내는 것으로 전망되었다. 이러한 결과는 제조업 부문이 우리 경제에서 차지하는 비중이 지속적으로 높아진다는 부문별 성장전망을 반영하고 있다. 한편, 같은 기간 중 전환 부문과 서비스 부문은 배출량이 각각 연평균 1.6%, 0.9% 증가하는 것으로 전망되었다. 한편, 농업과 광업은 생산 활동의 부진을 반영하여 온실가스 배출량이 감소하는 것으로 예측되었다.

한편, 제조업 중에는 전기전자 산업과 반도체 산업 및 디스플레이 산업이 2010~2025년 기간 중 활발한 성장세를 반영하여 다 같이 연평균 8.2%의 가

〈표 5.25〉 제조업 온실가스 직접 배출량 전망(2010~2025) (단위 : 천 tCO_2e)

구분	2010		2015		2020		2025		연평균 증가율(%)
		비중 (%)		비중 (%)		비중 (%)		비중 (%)	2010~2025
음식료품	2,982	1.5	2,894	1.2	2,811	1.0	2,743	0.8	−0.6
섬유	1,812	0.9	1,833	0.8	1,725	0.6	1,638	0.5	−0.7
제지・목재	4,913	2.4	4,456	1.9	4,223	1.5	4,034	1.2	−1.3
정유	28,919	14.4	30,821	12.9	31,143	11.3	31,419	9.7	0.6
석유화학	32,357	16.1	35,648	14.9	39,382	14.2	42,867	13.3	1.9
시멘트	12,691	6.3	13,085	5.5	13,149	4.8	13,203	4.1	0.3
유리	1,674	0.8	1,812	0.8	1,905	0.7	1,987	0.6	1.1
기타 요업	281	0.1	304	0.1	319	0.1	333	0.1	1.1
철강	70,017	34.8	84,976	35.6	86,651	31.3	88,101	27.3	1.5
비철금속	2,406	1.2	2,647	1.1	2,877	1.0	3,089	1.0	1.7
기계	1,812	0.9	2,137	0.9	2,480	0.9	2,815	0.9	3.0
전기전자	17,244	8.6	24,452	10.2	38,297	13.9	56,204	17.4	8.2
반도체	4,733	2.4	6,711	2.8	10,511	3.8	15,426	4.8	8.2
디스플레이	17,271	8.6	24,490	10.3	38,357	13.9	56,292	17.4	8.2
자동차	1,436	0.7	1,709	0.7	1,855	0.7	1,989	0.6	2.2
조선	282	0.1	330	0.1	407	0.1	486	0.2	3.7
기타 제조	393	0.2	402	0.2	395	0.1	390	0.1	−0.1
제조업 계	201,225	100.0	238,706	100.0	276,488	100.0	323,017	100.0	3.2

장 높은 증가율을 나타내어 제조업의 온실가스 배출량 증가를 주도할 것으로 전망되었다. 그 다음은 조선 산업과 기계 산업이 제조업 평균과 유사한 수준인 3.7%와 3.0%를 각각 나타낼 것으로 추정되었다. 한편, 우리나라 제조업 온실가스 배출 중 가장 커다란 비중(2010년 기준 34.8%)을 차지하고 있는 철강산업 배출량은 동 기간 중 연평균 1.5% 증가할 전망이다. 이 밖에 정유, 석유화학 등 여타 에너지다소비 산업도 각각 0.6% 및 1.9%의 증가율을 나타낼 것으로 전망되었다.

- 간접 배출량

경제 각 부문의 온실가스 간접 배출량은 각 부문별로 전력소비량을 예측하고 여기에 전력 온실가스 배출원단위를 곱하여 구하였다. 전력 온실가스 배출원단위는 신재생에너지 생산증가의 영향으로 2015년까지 소폭 개선되다가, 그 이후에는 증가하는 전력소비를 충당하기 위한 발전량의 상당 부분이 화석연료 발전에 의존할 것이라는 판단에 따라 2025년까지 2015년 수준이 유지될 것으로 가정하였다.

이러한 가정에 근거하여 추정된 국가 전체의 온실가스 간접배출량은 2010～2025년 기간 중 연평균 1.6% 증가하여 직접배출량의 2.0%보다는 약간 낮은 증가세를 나타낼 것으로 전망되었다. 부문별로는 산업부문의 간접배출은 동 기간 중 연평균 1.7% 증가할 것이나 이러한 증가는 연평균 1.8% 증가하는 제조업 증가에 의한 것으로, 농림·어업과 광업의 간접 배출량은 감소세를 나타낼 전망이다. 한편 서비스업은 연평균 1.3% 증가가 예측되었다.

제조업 업종별로는 디스플레이 산업의 배출량이 동 기간 중 연평균 8.2% 증가

〈표 5.26〉 부문별 온실가스 간접 배출량 전망(2010～2025) (단위 : 천 tCO_2e)

구분		2010	2015	2020	2025	연평균 증가율(%)
대분류	세분류					2010～2025
산업부문	농림·어업	5,804	5,043	4,887	4,720	−1.4
	광업	973	775	704	639	−2.8
	제조업	201,225	231,521	264,251	284,320	1.8
	산업부문 계	203,822	234,113	266,771	286,781	1.7
발전에너지	전력·가스	4,958	5,244	6,123	6,926	2.3
서비스	건설·수송·서비스	81,618	83,114	91,592	99,742	1.3
합계		215,561	223,145	248,469	272,278	1.6

〈표 5.27〉 제조업 온실가스 간접 배출량 전망(2010∼2025) (단위 : 천 tCO_2e)

구분	2010		2015		2020		2025		연평균 증가율(%)
		비중(%)		비중(%)		비중(%)		비중(%)	2010∼2025
음식료품	5,049	4.1	4,715	3.7	4,858	3.3	4,749	3.0	－0.4
섬유	7,145	5.8	7,183	5.6	7,824	5.4	8,086	5.0	0.8
제지・목재	6,804	5.6	5,739	4.4	5,404	3.7	4,779	3.0	－2.3
정유	3,189	2.6	2,787	2.2	2,724	1.9	2,667	1.7	－1.2
석유화학	21,787	17.8	22,012	17.1	24,060	16.6	25,721	16.1	1.1
시멘트	3,301	2.7	2,773	2.1	2,601	1.8	2,213	1.4	－2.6
유리	2,186	1.8	2,430	1.9	2,826	1.9	3,186	2.0	2.5
기타 요업	1,229	1.0	995	0.8	898	0.6	740	0.5	－3.3
철강	24,179	19.8	22,696	17.6	23,483	16.2	24,309	15.2	0.0
비철금속	4,422	3.6	4,106	3.2	4,212	2.9	3,957	2.5	－0.7
기계	8,022	6.6	9,178	7.1	10,853	7.5	12,672	7.9	3.1
전기전자	7,605	6.2	9,444	7.3	11,668	8.0	13,994	8.7	4.1
반도체	6,278	5.1	7,537	5.8	9,152	6.3	10,287	6.4	3.3
디스플레이	7,937	6.5	13,596	10.5	19,124	13.2	25,752	16.1	8.2
자동차	8,547	7.0	9,239	7.2	10,561	7.3	11,391	7.1	1.9
조선	3,132	2.6	3,071	2.4	3,285	2.3	4,047	2.5	1.7
기타 제조	1,398	1.1	1,470	1.1	1,629	1.1	1,700	1.1	1.3
제조업 계	122,209	100.0	128,971	100.0	145,163	100.0	160,251	100.0	1.8

하여 가장 높은 증가율을 나타내고 그 다음은 전기・전자(4.1%), 반도체(3.3%), 기계(3.1%) 등의 순으로 예측되었다. 철강산업의 2025년 간접배출량은 24.3백만 톤으로 2010년의 24.2백만 톤과 거의 동일한 수준에 머무를 것으로 전망되었다. 또 다른 에너지다소비 산업인 석유화학업과 정유 산업은 각각 1.1%와 －1.2%가 전망되었다.

▪ 총 배출량

온실가스 총 배출량은 직접 배출량과 간접 배출량을 합한 것으로 2010년부터 2025년까지 국가 전체로는 연평균 1.9% 증가할 것으로 예측되었다. 부문별로는 동 기간 중 제조업이 연평균 2.7% 증가하여 국가 전체 수준을 크게 웃돌

〈표 5.28〉 부문별 온실가스 총 배출량 전망(2010～2025) (단위 : 천 tCO_2e)

구분		2010	2015	2020	2025	연평균 증가율(%)
대분류	세분류					2010～2025
산업부문	농림・어업	8,142	7,394	7,174	6,953	－1.0
	광업	1,232	1,015	937	866	－2.3
	제조업	323,433	367,677	421,651	483,268	2.7
	산업부문 계	332,807	376,086	429,762	491,088	2.6
발전에너지	전력・가스	258,076	267,267	297,883	326,642	1.6
서비스	건설・수송・서비스	204,619	211,391	226,337	240,244	1.1
합계		795,502	854,744	953,982	1,057,973	1.9

것으로 전망되었다. 산업부문 중 농림・어업과 광업은 모두 감소세가 예측되었고 전환부문과 서비스 부문도 국가 평균 수준을 밑도는 1.6% 및 1.1%가 예측되었다. 이러한 전망 결과는 앞서 제시된 부문별 경제지표의 성장률 결과가 보여주듯이 제조업이 우리 경제의 성장을 주도하는 것을 반영한 것이다.

제조업 업종별로는 제조업 가운데 성장이 상대적으로 가장 활발할 것으로 예측되는 디스플레이와 전기전자 및 반도체 산업의 배출량이 2015～2025년 기간 중 각각 8.2%, 7.2% 및 5.8% 증가하여 제조업 평균을 크게 웃돌 것으로 전망되었다. 이에 비해 석유화학과 철강 산업은 상대적으로 저조한 성장세로 인해 각각 1.6% 및 1.2%에 그칠 전망이다. 한편 음식료와 섬유 등 경공업은 각각 －0.5%와 0.5%를 나타낼 것이 예측되었다.

이러한 성장세 차이를 반영하여 각 산업 배출량의 제조업 내 비중은 2010년과 2025년 사이에 커다란 변화를 나타낼 것으로 보인다. 제조업 가운데 배출량이 가장 빠르게 증가한 디스플레이와 전기전자 산업은 2025년 중 각각 82.0백만 톤과 70.2백만 톤을 배출하여 제조업 비중이 철강산업 다음으로 높은 17.0%(2010년 7.8%)와 14.5%(2010년 7.7%)에 이를 것으로 예측되었다. 한편, 제조업 가운데 배출량이 가장 많은 철강업의 2025년 배출량은 112.4백만 톤(2010년 94.2백만 톤)으로 제조업 내 비중이 제조업 중에는 여전히 가장 높지만 2010년의 29.1%보다는 크게 낮아진 23.3%로 낮아질 전망이다. 또한 2010년에는 총 배출량이 54.1백만 톤으로 제조업 비중이 철강 다음으로 높았던(16.7%) 석유화학산업의 경우에도 2025년에는 배출량이 68.6백만 톤으로 제조업 비중이 14.2%로 낮아질 것으로 전망되었다.

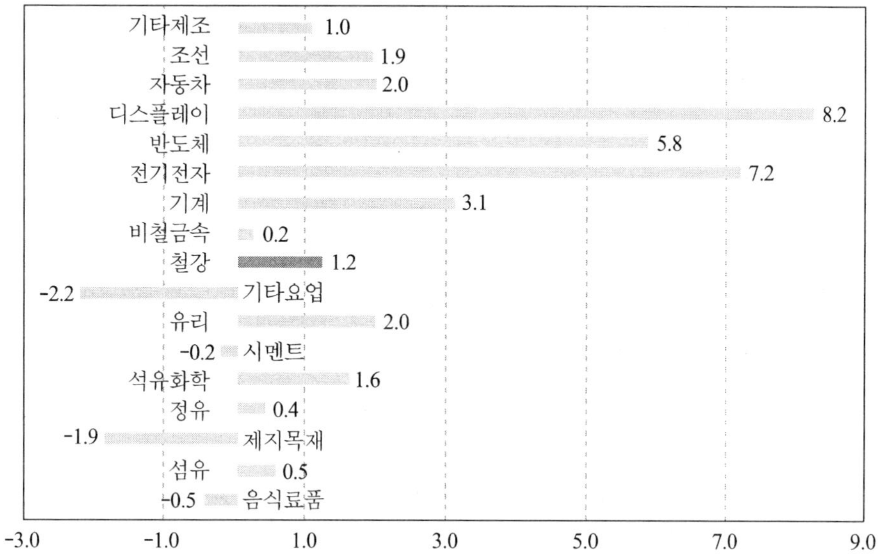

〈그림 5.10〉 제조업 업종별 온실가스 총 배출량 연평균 증가율(%) 전망(2010~2025)

〈표 5.29〉 제조업 온실가스 총 배출량 전망(2010~2025) (단위 : 천 tCO_2e)

구분	2010		2015		2020		2025		연평균 증가율(%)
		비중(%)		비중(%)		비중(%)		비중(%)	2010~2025
음식료품	8,032	2.5	7,609	2.1	7,669	1.8	7,492	1.6	0.5
섬유	8,957	2.8	9,016	2.5	9,549	2.3	9,724	2.0	0.5
제지・목재	11,718	3.6	10,194	2.8	9,626	2.3	8,813	1.8	−1.9
정유	32,108	9.9	33,608	9.1	33,867	8.0	34,086	7.1	0.4
석유화학	54,144	16.7	57,660	15.7	63,442	15.0	68,588	14.2	1.6
시멘트	15,991	4.9	15,858	4.3	15,750	3.7	15,416	3.2	−0.2
유리	3,860	1.2	4,242	1.2	4,731	1.1	5,174	1.1	2.0
기타 요업	1,510	0.5	1,299	0.4	1,217	0.3	1,074	0.2	−2.2
철강	94,196	29.1	107,672	29.3	110,134	26.1	112,411	23.3	1.2
비철금속	6,828	2.1	6,753	1.8	7,089	1.7	7,046	1.5	0.2
기계	9,834	3.0	11,316	3.1	13,333	3.2	15,487	3.2	3.1
전기전자	24,849	7.7	33,895	9.2	49,966	11.8	70,198	14.5	7.2
반도체	11,011	3.4	14,248	3.9	19,663	4.7	25,713	5.3	5.8
디스플레이	25,209	7.8	38,086	10.4	57,482	13.6	82,044	17.0	8.2
자동차	9,983	3.1	10,948	3.0	12,416	2.9	13,380	2.8	2.0
조선	3,414	1.1	3,401	0.9	3,691	0.9	4,533	0.9	1.9
기타 제조	1,791	0.6	1,871	0.5	2,024	0.5	2,090	0.4	1.0
제조업 계	323,433	100.0	367,677	100.0	421,651	100.0	483,268	100.0	2.7

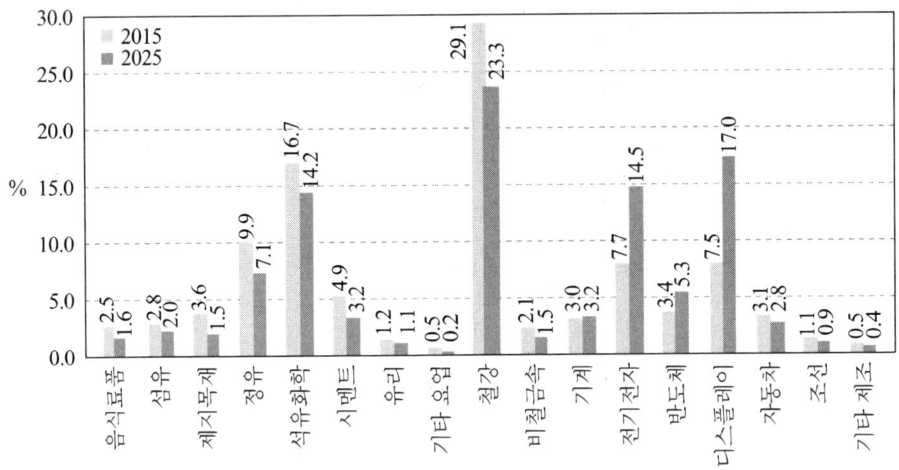

〈그림 5.11〉 업종별 총배출량의 제조업 내 비중(%) 비교(2010, 2025년)

〈표 5.30〉 총배출량 상위 5개 업종의 총배출량 비중 변화(2010, 2025년) (단위 : 백만 tCO_2e, %)

구분	2010년		2025년	
	배출량	비중	배출량	비중
제조업 계	323.4	100.0	483.3	100.0
철강	94.2	29.1	112.4	23.3
디스플레이	25.2	7.8	82.0	17.0
전기전자	24.8	7.7	70.2	14.5
석유화학	54.1	16.7	68.6	14.2
정유	32.1	9.9	34.1	7.1
소계	230.5	71.3	367.3	76.0

이러한 각 업종간 배출량 증가세 차이로 인해 제조업 상위 5개 업종의 제조업 내 총 배출량 비중은 2010년의 71.3%에서 2025년에는 76.0%로 5%p 가까이 높아질 전망이다.

② 배출권거래제 도입의 제조업 업종별 경제적 파급 영향

㉮ 업종별 생산비 상승 영향

환경규제가 도입될 경우 기업은 생산에 투입되는 자원의 일부를 환경규제를 준수하는 데 사용해야 하므로 그 만큼 생산비가 증가하게 된다. 총량제한 배출권거래제도 마찬가지이다. 물론 온실가스 배출 감축을 위한 수단으로 도입되는 에너지 효율 개선 투자의 경우에는 에너지 소비 감소와 이에 따른 에너지

비용 감소를 통해 결과적으로 기업에 오히려 이익이 될 수도 있다. 그러나 에너지 효율 증대 이외의 수단에 의한 온실가스 배출 감축에 따른 비용증가 효과는 국내 산업의 경우에는 에너지 효율에 의한 비용 감축효과보다 크게 나타나고 있다. 즉, 온실가스 배출권거래제 도입은 국내 산업에 대해서는 생산비 상승 영향을 가져오는 것이 보다 일반적이다.

'온실가스 배출권의 할당 및 거래에 관한 법률'이 2015년부터 시행되면서 기업은 각 업종별로 정해져 있는 온실가스 배출 감축 목표를 달성하기 위해 가장 비용 효율적으로 온실가스 배출을 감축할 수 있는 방안을 강구해야 한다. 이러한 온실가스 감축활동은 각 기업에 대해 크게 두 가지 경로를 통해 기업의 생산비 상승 요인으로 작용을 하게 된다.

첫 번째는 기업이 온실가스 배출을 감축하기 위해 직접적으로 지출하게 되는 비용이다. 직접비용의 경우 크게 세 가지 요소에 의해 결정된다. 첫 번째는 온실가스 배출 감축 필요량이고, 두 번째는 에너지 효율 제고를 위한 설비투자와 온실가스 배출저감 기술 도입 등 온실가스 배출 감축 방안의 도입에 의한 배출저감 가능량과 이에 따른 저감비용, 그리고 세 번째는 배출권 구입비용 등 배출감축 의무 달성을 위한 기타 비용이다.

두 번째는 각 기업의 생산비 상승이 이 기업이 생산하는 제품의 가격 상승으로 부분적 또는 전부가 전가가 되어 이 제품을 중간재 또는 생산요소로 사용하는 다른 기업들의 생산비를 상승시키는 간접적인 파급 영향이다. 이러한 간접적 생산비 파급 효과는 산업연관분석을 통하여 도출하였다. 따라서 배출권거래제 도입에 의한 총 생산비 상승효과는 직접 생산비 상승효과와 간접적인 파급 효과를 더한 값이 되며, 이를 기준으로 다음 장에서 거시경제 및 경쟁력에 미치는 영향을 도출하게 된다.

총량제한 배출권거래제에 의한 온실가스 배출감축 필요량은 배출권거래제하의 감축 목표, 배출권 할당 방법 등에 따라 달라지므로 이를 시나리오로 설정하고, 각 시나리오별로 비용 상승효과를 추정하였다.

- 추정 방법

기업은 온실가스의 총량제한 배출권거래제 참여에 따른 경제적 손실을 최소화하기 위해 온실가스 배출을 감축하기 위한 가능한 모든 수단을 강구할 것이다. 이러한 수단 중 중요한 것으로는 ㉠ 온실가스 배출 감축 ㉡ CDM 사업 등을 통한 배출권 획득 ㉢ 국내외 배출권 판매자로부터의 배출권 구입 ㉣ 생산거점의 해외 이전 ㉤ 생산 감축 등을 들 수 있다. 그러나 생산거점의 해외 이전이 엄격한 환경규제로 인한 경우는 드물다는 여러 실증 분석의 결과[116]를 준용하여 본 연구에서는 '생산거점의 해외이전'에 의한 온실가스 감축비용 효과를 분석 대상에서 제외하였다. 생산 감축 또한 기업이 온실가스 배출권거래제 도입으로 인해 비용부담이 발생할 가능성이 있다고 해서 온실가스 배출감축 수단으로 강구할 것으로는 예상되지 않는다. 기업은 일반적으로 생산수준을 판매제품의 수요와 공급 균형에 의해 사후적으로 결정하기 때문이다.

따라서 배출권거래제 도입이 기업의 생산비에 미치는 영향은 크게 다음의 세 가지로 대변할 수 있다. 첫 번째는 정부에 의해 부과되는 배출량 감축 목표를 달성하기 위해 온실가스 배출을 감축하는 데 소요되는 비용이다. 두 번째는 배출권이 유상 배분될 경우 이를 구입하는 비용이다. 마지막 세 번째는 생산요소로 투입 되는 부품과 소재의 가격과 전력 요금이 배출권거래제 도입으로 인해 상승함으로써 받게 되는 간접적인 영향이다.

이 세 가지 생산비 상승 요소 가운데 처음 두 가지 요소는 각 산업이 직접 부담해야 하는 직접 비용이다. 그리고 세 번째 요소는 투입 요소 비용 상승으로 인한 간접비용이다. 따라서 배출권거래제 도입으로 인해 초래되는 산업의 총비용 상승은 직접 비용과 간접비용을 합한 값이 된다. 이러한 영향 추정은 다음과 같이 3단계를 통해 이루어졌다.

- 1단계 : 온실가스 배출 감축 비용 추정

기업의 온실가스 배출을 감축하는 비용은 감축해야 할 배출량에 온실가스 1톤당 저감비용을 곱한 값이다. 각 산업별로 배출량과 감축 목표가 상이하므로 감축 필요량 또한 상이하다. 각 산업의 2025년까지 온실가스 배출량은 본 장에서 전망이 되었다. 감축 목표는 2020년까지는 국가 온실가스 중기 감축 목표에 의해 정해져 있어 이 값을 사용하였으나 2025년 감축 목표는 발표되어 있지 않으므로 본 연구에서 가정하였다.

감축비용 추정과 관련하여 부딪치는 여러 문제 가운데 가장 중요한 것 중 하나는 각 산업의 감축목표가 적용되는 배출량에 간접배출, 즉 전력사용에 의한 간접적인 배출량을 포함할 것인가의 문제이다. 현재의 목표관리제는 이러한 간접배출량도 규제대상에 포함하고 있고 배출권거래제도도 마찬가지일 것으로 판단되고 있다. 간접배출을 감축대상에 포함해야 한다는 주장은 전력소비도 간접적이기는 하지만 온실가스 배출 원인이 되기 때문에 이 또한 감축대상이

116) 환경규제 강화에 대응하여 기업이 생산거점을 환경규제가 상대적으로 약한 국가(주로 개도국)로 이전한다는 가설이 "Pollution Havens" 가설이다. 그러나 Leonard(1988), Duerksen and Leonard(1980), Knodgen(1979), Walter(1982), Pearson(1987), Pearson(1987) 등 많은 실증 분석들은 이 가설의 타당성을 부인하는 결과를 제시하고 있다.

되어야 한다는 논리에 근거하고 있다. 그러나 전환부문은 일반 제조업과는 달리 온실가스 감축에 따른 생산물의 가격 상승, 즉 전력요금 상승이 다른 산업에 미치는 파급 영향이 대단히 크다. 따라서 간접배출에 대해서도 감축 목표를 부여 받고 동시에 전력 요금 상승부담도 감수해야 한다면 이는 기업에 대한 불합리한 이중 부담이다. 따라서 이 문제는 앞으로 합리적인 방향으로 조정 될 가능성이 있다. 그러나 본 장에서는 현재의 정책당국 방침이 견지된다고 가정하고 간접배출을 포함한 총 배출량을 기준으로 각 업종별로 감축 필요량을 산정하였다.

한편, 온실가스 배출한계저감 비용은 기존의 관련 자료 및 연구 결과와 산업계의 주장 등을 종합적으로 고려하여 합리적이라고 판단되는 수준의 한계저감비용을 적용하여 도출하였다.

- 2단계 : 온실가스 배출권 구입비용 추정

「온실가스 배출권의 할당 및 거래에 관한 법률」 시행령 제13조는 계획기간 별로 배출권의 무상할당 비율을 정하고 있으며, 동 시행령 제14조는 법 제12조 4항에 따라 시행령 제13조의 무상할당 비율과 관계없이 배출권을 전부 무상할당 받을 수 있는 업종 기준을 규정하고 있다. 그런데 무상할당 대상 업종은 아직 선정이 되어 있지 않으므로 본 연구의 배출권거래제 도입에 따른 영향 분석에서는 모든 산업을 배출권 유상할당 대상으로 가정하고 배출권 구입비용을 추정하였다.

온실가스 배출권거래제법률 시행령 제13조는 배출권의 무상할당 비율을 1차 계획기간(2015.1.1 ~ 2017.12.31)에는 100%, 2차 계획기간(2018.1.1 ~ 2020.12.31)에는 97%, 3차 계획기간(2021.1.1 이후)에는 90% 이내로 정하고 있다. 이에 따라 배출권거래제에 참가하는 기업은 2차 계획기간 이후에는 자신의 BAU 배출량에서 감축목표에 의한 의무감축량을 제외한 나머지 배출량, 즉 배출권을 보유해야 하는 총 배출량 가운데 무상할당을 받는 양을 제외한 배출량에 해당되는 배출권을 구입하여 보유하여야 한다. 한편, 2025년의 무상할당 비율은 아직 정해져 있지 않으나 2차 기간의 90%보다 크게 낮아질 것으로는 예상되지 않아 80%로 가정하였다.

이에 따라 각 산업이 배출권 구입을 위해 지출해야 하는 비용은 유상할당 배출량에 배출권 가격, 즉 배출권 한 단위 당 배출권가격을 곱한 값이 된다.

- 3단계 : 간접비용 및 총 비용 추정

1단계에서 추정된 비용과 2단계에서 추정된 비용은 총량제한 배출권거래제에 참여하는 기업이 직접 지출해야 할 직접적인 규제준수 비용이다. 이러한 직접

비용은 수익성을 악화시킬 것이므로 기업은 이를 최소화하기 위해 생산비 상승을 가격인상으로 전가하게 된다. 그 결과 배출권거래제 도입에 따른 직접 생산비 발생 분은 제품의 가격 상승을 통해 이 제품을 원자재 또는 부품으로 사용하는 다른 산업의 생산비를 상승시키는 요인으로 작용한다.

이러한 간접영향은 산업연관분석에 의해 도출되어 앞에서 도출된 직접 생산비 상승효과와 합해져 배출권거래제 도입이 각 산업에 미치는 총 생산비 상승 영향이 된다. 이 총 생산비 상승 영향은 본 연구의 거시경제모형 분석을 통해 거시경제 및 각 산업의 생산에 미치는 영향이 추정된다.

- 데이터 및 가정

배출권거래제 도입에 따른 생산비를 결정하는 여러 요소 가운데 가장 핵심이 되는 것은 온실가스 배출 의무감축량, 기업/산업의 온실가스 배출저감 잠재량 및 한계저감비용, 배출권 구입비용 등이다. 따라서 배출권거래제 도입으로 인한 각 산업의 생산비 상승 영향을 추정하기 위해서는 이 세 요소들과 관련한 데이터가 필요하다. 이 중 일부는 이미 정해져 있어 이를 분석에 이용하면 되지만 일부는 아직 미정 또는 불확실한 상태이므로 가정을 할 수 밖에 없다. 따라서 본 연구에서는 현재 가능한 모든 관련 정보를 바탕으로 하여 가정하고, 이를 시나리오로 하여 분석 하였다.

- 온실가스 배출 의무 감축량

각 산업별 온실가스 배출 의무감축량은 온실가스 배출량에 정부의 온실가스 감축목표(감축률)를 곱한 값이다. 정부는 2011년 7월 저탄소 녹색사회 구현을 위한 로드맵의 일환으로 오는 2020년까지의 부문별・업종별・연도별 국가 온실가스 감축목표를 발표하였다. 동 감축목표에 따르면 산업부문과 전환(발전)부문은 2020년까지 BAU 배출량 대비 각각 18.2% 및 26.7% 감축하도록 되어 있다. 이 두 부문의 연도별 감축률은 <표 5.31>과 같다.

업종별 감축목표 가운데 자동차 산업의 경우 비에너지 배출은 냉매 배출로서 자동차 산업의 생산공정에서 배출되는 온실가스가 아니므로 자동차 산업이 달성해야 할 감축 목표가 아닌 것으로 판단된다. 따라서 자동차 산업의 감축 목표는 에너지 부문 감축 목표를 적용하였다. 그런데 자동차 산업의 2015년의 에너지 부문 감축목표가 발표되어 있지 않으므로, 자동차 산업 전체의 2015년 감축목표(15.2%)가 2020년(31.9%)의 절반 수준 가량임을 고려하여 2015년 에너지 부문 감축 목표는 2020년 7.8%의 절반인 3.9%로 가정하였다.

본 장에서는 2015년과 2020년, 2025년을 분석대상 연도로 설정하였으므로 2025년도 감축 목표도 필요하다. 그러나 2025년의 감축 목표는 아직 정해져 있지 않으므로 가정이 필요하다. 국가전체의 감축목표는 2012년 1.6%, 2013년 3.3%, 2015년 10.0%, 2020년 30.0%로 2012년 이후 2020년까지 급격히 상승하는 형태를 띠고 있다. 따라서 이러한 추세를 적용하면 2025년의 감축목표는 대단히 높아지게 될 것이나, 감축 목표가 BAU 대비 30%를 넘어서게 되면 한계저감비용도 급속히 상승하여 산업부문에 미치는 경제적 영향이 급증할 가능성이 크다. 정책당국으로서도 이 문제를 고려하지 않을 수 없을 것으로 보여 본 장에서는 2025년의 감축목표를 2020년 수준 대비 30% 강화되는 것으로 가정하고, 모든 업종에 이를 일률적으로 적용하여 감축 목표를 설정하였다.

〈표 5.31〉 부문별 · 연도별 온실가스 배출 감축 목표[단위 : 감축률(%)]

대분류	세분류		2012	2013	2015	2020	2025(가정)
전환	발전 · 도시가스 · 지역난방		1.5	3.0	6.1	26.7	34.7
산업	제조업	정유	0.4	0.6	2.8	7.5	9.8
		광업	0.4	0.4	0.6	3.9	5.1
		철강	0.1	0.2	2.1	6.5	8.5
		시멘트	0.3	0.5	3.0	8.5	11.1
		석유화학	0.4	0.6	2.8	7.5	9.8
		제지, 목재	0.4	0.5	2.4	7.1	9.2
		섬유/가죽	0.4	0.6	1.1	6.3	8.2
		유리/요업	0.4	0.5	0.7	4.0	5.2
		비철금속	0.4	0.5	0.7	4.1	5.3
		기계	0.45	0.7	1.2	7.6	9.9
		전기전자 (에너지) (비에너지)	0.2 (n.a.) (n.a.)	2.2 (n.a.) (n.a.)	32.3 (n.a.) (n.a.)	61.7 (7.9) (83.9)	80.2 (n.a.) (n.a.)
		전자표시장치	2.4	3.4	26.3	39.5	51.4
		반도체	1.0	1.8	17.3	27.7	36.0
		자동차 (에너지) (비에너지)	0.3 (n.a.) (n.a.)	1.1 (n.a.) (n.a.)	15.2 3.9 (n.a.)	31.9 (7.8) (90.0)	- (10.1) (n.a.)
		조선	0.5	0.6	1.3	6.7	8.7
		기타 제조업	0.2	0.2	0.3	1.7	8.6
		음식료품	0.5	0.6	0.9	5.0	6.5
	건설업		0.2	0.5	3.2	7.1	-
산업 계			1.4	3.0	n.a.	18.2	-

- 산업별 온실가스 배출 저감 잠재량 및 한계저감비용

각 산업의 온실가스 배출 저감 잠재량과 한계저감비용을 정확히 예측하는 것은 매우 어렵다. 산업마다 온실가스 배출저감 잠재량을 결정하는 요인들이 각기 크게 다르고, 또 에너지 효율, 온실가스 배출저감 기술과 방법, 신재생에너지 발전 기술 등 배출 저감 잠재량과 한계저감비용을 결정하는 요인들의 불확실성이 매우 크다. 정부에 비해 이에 대한 정보를 상대적으로 훨씬 많이 갖고 있는 기업의 경우에도 대부분은 자신의 온실가스 배출 저감 잠재량과 한계저감비용을 정확히 판단하고 있지 않다. 더욱이 기업은 일반적으로 자신의 온실가스 배출에 대한 정보를 그대로 공개하지 않는 경향을 보이고 있다. 기업비밀 유출 문제 뿐 아니라, 정부는 경제적 효율성 달성을 위해 온실가스 배출 저감 잠재량이 크고 한계저감비용이 낮은 산업에 대해 상대적으로 큰 감축의무를 부담할 것이므로 기업은 이를 우려하여 자신에게 불리한 징보를 공개하기 끼리는 경향이 일반적이다. 그 결과 산업계에서는 온실가스 배출을 저감하는 것이 정부가 판단하는 것 보다 훨씬 더 어렵고 따라서 한계저감비용도 매우 높다고 주장하고 있다.

온실가스 배출 한계저감비용은 일반적인 오염물질의 경우와 같이 감축량이 늘어날수록 높아진다고 볼 수 있다. 따라서 본 연구에서는 한계저감비용을 의무감축률이 3% 미만인 경우, 3% 이상 5% 미만 경우, 5% 이상 10% 미만 경우, 10% 이상 등 네 가지로 구분하였다.

온실가스 한계저감비용은 산업계와 정책 당국 간에 매우 커다란 이견을 보이고 있다. 따라서 본 연구에서는 한계저감비용을 범위를 두어 설정하였고, 이 중 최저치를 저시나리오(L : low), 최대치를 고시나리오(H : high)로 각각 정하여 분석 하였다. 3% 미만의 경우 한계저감비용은 CO_2 톤 당 가장 낮은 산업이 1만~2만원, 가장 높은 산업이 8만~12만원으로 가정되었다. 그리고 감축률이 3~5% 경우에는 최저 2만~3만원 및 최고 12만~18만원, 5~10% 경우에는 최저 3만~4만원, 최고 18만~27만원, 그리고 10% 이상은 최저 4만~5만원, 최고 27만~40.5만원으로 각각 가정 되었다. 따라서 예를 들면, 감축률이 7.5%인 경우 BAU 대비 3% 감축량에 대해서는 3% 미만에 해당하는 한계저감비용이, BAU 대비 2% 감축량은 3~5% 해당 한계저감비용이, 그리고 나머지 BAU 대비 2.5% 배출량에 대해서는 5~10% 해당 한계저감비용을 각각 적용하여 총 감축비용을 도출하였다. 철강산업의 한계저감비용은 감축률에 따라 각각 2.5~3.8만원(3% 미만), 3.8~5.6만원(3~5%), 5.6~8.4만원(5~10%), 8.4~12.7만원(10% 이상)으로 가정되었다.

한편, 전환부문의 경우 온실가스 배출저감 잠재량과 한계저감비용은 제조업과 크게 다른 성격을 갖는다. 부문별·연도별 감축목표에는 발전, 도시가스 및 지역난방 부문이 한데 묶여 감축률이 정해져 있으나 이 가운데 전환부문만이 한계저감비용에 관한 정보가 일부 도출되어 있어 전환부문의 한계저감비용을 이 산업 전체의 한계저감비용으로 간주하였다. 전환부문은 제조업과 마찬가지로 에너지 효율개선, 배출저감기술 도입 등의 방법을 통해 온실가스 배출을 저감할 수 있으나, 이와 더불어 발전사업자에게 총발전량에서 일정비율[117]을 신재생에너지로 공급하도록 의무화하는 제도인 '신재생에너지 의무할당제(RPS)'의 적용을 받는다. 신재생에너지는 아직 생산에 대단히 커다란 비용이 들어 전환부문이 RPS 의무를 이행하면서 감축목표를 달성하기 위해서는 상당한 비용발생이 불가피할 것으로 예측되고 있다. 본 장에서는 해외 관련 문헌에서 제시된 전환부문의 한계저감비용과 국내 발전사들이 제공한 온실가스 배출 한계저감비용 등을 참고하여 CO_2 톤 당 저감비용을 2015년에는 10만원, 2020년 12만원, 2025년 15만원으로 각각 가정하였다.[118]

- 배출권 무상할당 비율

온실가스 배출권거래제에서 기업은 온실가스 배출감축 목표를 준수하기 위해 온실가스 배출을 감축해야 할 뿐 아니라 온실가스 배출권을 유상으로 구입하여야 한다. 「온실가스 배출권의 할당 및 거래에 관한 법률」 시행령 제13조는 온실가스 배출권의 무상할당비율을 1차 계획기간(2015.1.1～2017.12.31)에는 100%, 2차 계획기간(2018.1.1～2020.12.31)에는 97%, 3차 계획기간(2021.1.1 이후)에는 90% 이내로 정하고 있다.

EU의 배출권거래제는 배출권의 무상할당 비율을 1차 계획기간(Phase I : 2005～2007)에는 일부 탄소누출업종을 제외하고는 100%이지만, 2차 계획기간(Phase II : 2008～2012)은 80%, 3차 계획기간(Phase III : 2013～2020)의 마지막 연도인 2020년에는 70% 수준으로 낮출 계획이다. 이러한 EU의 무상할당 비율 감축 추세를 참조하여 우리나라의 2025년의 제조업 및 전환부문 무상할당 비율은 80%로 가정하였다.

- 배출권 가격

온실가스 배출권거래제가 실시될 경우 배출권 가격은 배출권거래제 세부 요소의 내용에 의해 영향을 받는 국내 배출권 시장의 수급 상황과 국제 배출권 시

117) RPS에 의한 연도별 신재생에너지 의무비율은 2012년 2.0%, 2015년 3.5%, 2020년 8.0%, 2022년 이후 10%임

118) 전환부문은 한계저감비용을 시나리오로 나누지 않았음.

장 여건에 의해 결정이 될 것이다. 그러나 미래에 있어서 이러한 국내외 여건이 어떻게 나타날지가 불확실하므로 배출권 가격 수준 또한 불확실하다. 따라서 본 장에서는 이미 시행 중인 EU의 배출권거래제도인 EU ETS의 배출권 가격 추이와 배출권거래제 전문가들의 배출권 가격 전망을 참고하여 미래의 배출권 가격을 가정하였다.

유럽 배출권거래시장(EU-ETS)에서 배출권 가격은 2008년 여름에는 CO_2 톤당 38달러 정도까지 상승했으나 배출권 과잉할당, 경기침체 등의 요인으로 그동안 하락세를 지속하여 2012년 말에는 3.6유로 수준까지 떨어졌다. 국제배출권거래연맹(IETA : International Emission Trading Association)은 앞으로도 배출권가격이 약세를 지속하여 EU ETS 배출권가격이 2020년까지 평균 10유로 수준을 나타낼 것으로 전망하였다.[119] 물론 일부 전문가들의 경우 향후 선진국들의 온실가스 배출규제가 더욱 강화되고 유가가 배럴당 100달러 이상으로 다시 상승할 경우 배출권 가격이 톤당 100달러를 넘어설 가능성도 있다고 주장하고 있다.

그러나 국내 산업의 경우 온실가스 한계저감비용이 CO_2 톤 당 현재로서는 EU를 제외한 미국, 일본, 중국 등 주요국들이 온실가스 배출을 강력히 감축하는 정책을 추진할 것으로 기대하기 어려워 국제 배출권시장에서 배출권가격이 현재 수준에 비해 크게 높아질 가능성은 크지가 않다. 이러한 상황에서 국내 배출권시장에서의 배출권 가격은 국제 시세를 크게 벗어나기가 어려울 것임을 고려하여 본 연구에서는 IETA의 전망을 참고하여 우리나라의 배출권 가격이 2025년까지 톤 당 1만원과 5만원의 두 가지 경우를 가정하였다. 이 중 전자의 경우는 L시나리오, 후자는 H시나리오로 정하였다.

이에 따라 온실가스 배출감축 비용과 관련하여 설정된 L시나리오와 H시나리오의 내용은 다음과 같다.

〈표 5.32〉 시나리오별 내용

구분	L시나리오	H시나리오
온실가스 배출 한계저감비용	부문·업종별로 상이	감축률 3% 미만(이상) : L시나리오의 2배(1.5배)
배출권가격 (CO_2 톤 당)	1만원	5만원

119) Bloomberg.com, "EU Carbon Price Expectations Plunge 47% in a Year, IETA Says", 2013.5.29

〈표 5.33〉 온실가스 배출권거래제 도입의 경제 부문 및 제조업 업종별 총 생산비 상승 영향 (단위 : 10억 원)

구분	2015		2020		2025	
	L	H	L	H	L	H
농림·수산업	25.1	41.0	196.7	356.3	449.3	876.8
광업	240.5	298.0	1,355.8	1,800.4	2,656.3	3,925.4
제조업	2,664.5	3,648.5	11,278.2	17,251.3	23,064.2	40,340.3
음식료품	28.0	45.3	218.5	392.9	490.2	965.3
섬유	33.9	49.2	245.3	396.9	488.7	905.8
제지목재	108.9	159.9	603.6	992.9	1,238.6	2,261.9
정유	92.2	128.3	528.3	830.5	1,084.3	2,025.2
석유화학	135.1	196.2	744.7	1,245.1	1,568.4	3,194.5
시멘트	121.9	190.7	671.2	1,166.8	1,419.6	2,685.4
유리	328.5	435.3	977.6	1,400.7	2,029.6	3,245.3
기타 요업	95.5	142.0	562.6	964.8	1,236.0	2,422.5
철강	178.8	270.9	1,015.6	1,836.7	2,152.9	4,995.2
비철금속	126.1	169.6	539.3	801.0	1,083.7	1,814.7
기계	53.7	78.0	400.9	646.9	828.8	1,510.8
전기전자	547.5	710.3	1,856.5	2,477.3	3,587.5	5,014.0
반도체	94.5	128.2	287.0	420.8	577.4	971.8
디스플레이	468.3	614.2	1,244.1	1,719.5	2,564.5	3,911.9
자동차	69.3	106.1	291.6	491.2	565.8	1,082.3
조선	7.3	11.7	62.5	108.3	141.5	276.9
기타 제조	175.0	212.8	1,028.9	1,359.0	2,006.7	3,056.9
발전·에너지	2,016.5	2,051.7	11,822.4	12,150.4	21,415.0	22,512.8
서비스	57.9	94.4	459.4	831.2	1,093.4	2,085.0
합계	5,004.4	6,133.7	25,112.6	32,389.6	48,678.2	69,740.4

- 시나리오별·업종별 총 생산비 상승 추정 결과

  이러한 가정 하에서 온실가스 배출권거래제도가 제조업과 전환부문의 직접생산비와 타 산업에 미치는 영향에 의한 간접생산비 파급영향을 합한 총 생산비 증가 영향은 다음과 같이 추정되었다. 전환부문은 2015년에는 약 2조 원, 2020년에는 약 12조 원, 그리고 2025년에는 22조 원 가량의 생산비 상승 부담을 안게 될 것으로 추정되었다. 전환부문의 비용이 이처럼 높게 추정된 것은 전환부문의 감축목표가 높은 이유도 있으나 그 보다는 온실가스 배출의 한계저감비용이 제조업에 비해 매우 높은 수준인데 크게 기인한 것으로 해석된다. 한편 제조업 전체로는 2015년 2.7~3.6조 원, 2020년 11.3~17.3조 원, 2025년 23.1~40.3조 원의 생산비 상승 영향이 발생하는 것으로 예측되었다. 2025년의 경우 제조업 가운데는 전기·전자산업의 생산비용이 3.6~5.5조 원 증가하여 가장 크고, 그 다음은 철강산업이 2.2~5조 원으로 예측되었다.

이러한 배출권거래제 도입에 따라 발생하는 비용 부담이 각 산업에 어느 정도

〈표 5.34〉 온실가스 배출권거래제 도입의 경제 부문 및 제조업 업종별 총 비용 상승 영향(상승률) (단위 : %)

구분	2015		2020		2025	
	L	H	L	H	L	H
제조업	0.17	0.23	0.56	0.86	0.95	1.66
음식료품	0.04	0.07	0.28	0.50	0.59	1.17
섬유	0.07	0.09	0.42	0.68	0.78	1.45
제지목재	0.40	0.58	2.26	3.71	5.05	9.22
정유	0.07	0.10	0.38	0.59	0.69	1.29
석유화학	0.06	0.09	0.28	0.48	0.51	1.03
시멘트	1.01	1.59	5.38	9.36	12.43	23.52
유리	2.91	3.86	6.75	9.67	11.55	18.47
기타 요업	2.01	2.98	11.85	20.33	29.37	57.56
철강	0.14	0.21	0.70	1.27	1.34	3.10
비철금속	0.28	0.37	1.05	1.56	2.09	3.50
기계	0.02	0.04	0.14	0.22	0.23	0.42
전기전자	0.89	1.16	2.26	3.02	3.62	5.05
반도체	0.08	0.10	0.15	0.22	0.21	0.35
디스플레이	0.22	0.29	0.42	0.59	0.68	1.03
자동차	0.04	0.06	0.13	0.21	0.21	0.40
조선	0.01	0.01	0.07	0.12	0.11	0.22
기타 제조	0.84	1.02	4.02	5.30	6.93	10.55
발전·에너지	1.26	1.28	5.73	5.89	8.50	8.94

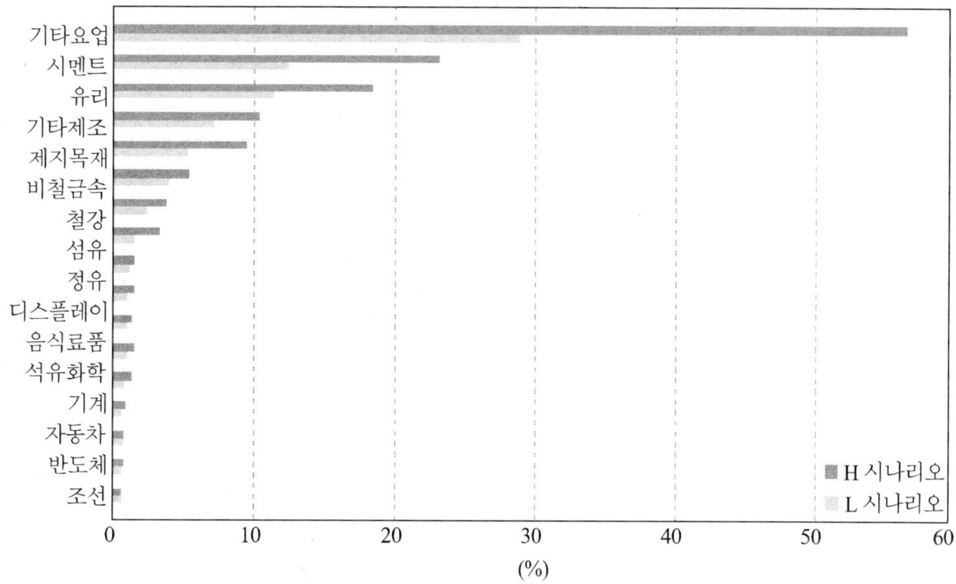

〈그림 5.12〉 배출권거래제 도입의 업종별 생산비 상승효과 (상승률 %) (2025년)

영향을 미칠 것인가는 각 산업별로 이 비용을 해당 산업의 총 생산비로 나눈 총 생산비 상승률을 통해 파악할 수 있다. 여기서 총 생산비는 생산활동 과정에서 발생하는 총 비용 개념으로 통계청의 KOSIS(국가통계포털)에서 발표하는 총비용[120] 통계를 이용하였다. 그러나 통계청 통계는 한국표준산업분류를 기준으로 한 것이므로, 본 연구의 산업 분류를 기준으로 하여 이를 조정하였다. 총 생산비 상승률은 2015년 0.17~0.23%, 2020년 0.56~0.86%, 2025년 0.95~1.66%에 이르는 것으로 나타났다. 즉, 본 연구의 가정과 전제에 의하면 배출권거래제 도입은 제조업의 생산비를 2025년의 경우 최소 0.95%, 최대 1.66% 상승시키는 영향을 가져올 것이다.

2025년 기준으로 제조업 가운데 생산비 상승률이 가장 높은 업종은 기타 요업으로 무려 29.4~57.6%에 이를 것으로 예측되었다. 그 다음은 시멘트산업(12.4~23.5%), 유리산업(11.60~18.5%)이며, 전환부문도 8.5~8.9%를 나타낼 전망이다. 한편 철강 산업은 1.3~3.1%의 상승률이 예측되었다. 여타 에너지다소비 산업인 정유와 석유화학산업은 각각 0.7~1.39%와 0.5~1.0%를 기록하여 제조업 평균보다 다소 낮은 증가율이 전망되었다.

120) 원재료비, 연료비, 전력비, 용수비, 외주가공비, 수선비 등 주요 생산비와 퇴직급여, 복리후생비, 임차료, 세금 및 공과금, 대손상각비, 광고선전비, 운반・보관비, 급여, 감가상각비, 보험료, 접대비를 합한 금액

(2) 온실가스 배출권거래제 도입에 따른 거시경제 영향 분석

① 분석 방법

우리나라가 기후변화협약에 의해 온실가스 배출 감축 의무부담을 받을 경우 기업의 온실가스 배출을 규제하기 위한 정책 수단은 크게 배출량 규제와 같은 직접 규제와 탄소세 도입, 배출권거래제 도입 등과 같은 경제적 유인 수단 및 온실가스 배출저감 기술 개발 등을 들 수 있다. 이와 같은 정책 수단들은 배출권 거래제와 같이 온실가스 배출에 직접 적용되는 경우와 함께 연료세 또는 기술 보조금과 같이 온실가스 배출과 관련된 재화 또는 서비스에 부과하는 간접적인 규제나 보조를 통하여 시행될 수도 있다.

배출권거래제도는 배출량에 대해 일정한 금액을 지불하기 때문에 탄소세와 동일한 균형 배출량 결과를 가져온다는 점에서 탄소세제와 비슷한 성격을 지닌다. 탄소세제나 배출권거래제 모두 탄소세율 또는 배출권가격과 한계저감비용이 일치하는 배출량 수준까지 배출을 저감하는 비용이 추가로 든다는 점에서 동일하다. 그러나 탄소세제는 세수가 정부에 귀속되는 데 비해 배출권거래제는 유상할당과 무상할당에 따라 배출권 구입비용이 피규제자의 부담 규모를 결정하게 된다. 배출권거래제는 또한 정부가 목표를 달성하기 위해 필요한 전체 배출량을 먼저 정하고 이를 각 오염원에게 분배하여 각 오염원이 배출할 수 있는 상한선을 결정하여 준다는 점에서 직접규제와 인위적 시장창출을 통한 자발적 거래를 결합한 형태의 규제제도라는 점이 탄소세제와 차이가 있다.

또한 새로운 탄소배출 저감기술의 한계오염저감 비용에 불확실성이 존재하지 않는 경우에는 탄소세와 배출권거래제도가 동일한 탄소배출 저감 효과를 가져 올 수 있지만 불확실성이 존재하는 경우에는 효율성 면에서 두 제도의 비용에 차이가 발생할 수 있다(Hasseett et al. 2008, p.1).

이러한 점에서 배출권거래제는 직접규제나 온실가스 목표관리제와 같은 협의된 규제 시행 이후에 보다 시장지향적인 정책수단으로 매우 유망한 대응방안 중 하나이다. 그러나 도입에 따른 몇 가지 문제점으로는 각각의 배출원에 대한 배출권의 할당 방법, 유상 혹은 무상할당의 선택, 배출권거래제 대상 범위, 외국 배출권 구입 가능성, CDM 사업 등 기존의 저감정책에서 발생하는 탄소 크레딧과 배출권과의 관계(fungibility), 기존의 온실가스 감축실적 등록사업에 의해 발행된 온실가스 감축실적(KCER)과의 관계 등 배출권거래제의 내용과 특성에 따라 배출권가격이 현격하게 차이가 날 것이기 때문에 이에 대한 분석이 우선되어야 한다. 본 장에서는 배출권 거래제의 시행과 관련된 다양한 항목 가운데 개별 경제주체에 대하여 가장 핵심적인 제도 사항인 배출권 배분과 관련된 시나리오를 구성하여 그 경제적 파급 효과를 분석하였다.

본 장에서는 2010년을 기준연도로 설정하여 일반적인 균형경제모형을 구축하였다. 정책효과 분석을 위한 모의시행은 목표연도인 2015년, 2020년, 2025년을 대상으로 정하였다. 2015년은 우리나라의 배출권거래제도가 시행되는 첫 해이므로 산업부문이 온실가스 배출감축 의무를 부담해야 하는 시점이다. 2020년은 정부가 국내외적으로 당해 연도 기준 배출량 대비 30%를 저감한다는 목표를 설정하고 있는 연도이며, 중장기 효과 분석을 위한 시점의 의미에서 분석기간으로 정하였다. 2025년은 온실가스 배출권거래제 3기가 종료되는 연도이며 성숙된 거래제도가 시행되는 시점이다.

㉮ 기존 거시경제 지표 및 업종별 자료를 이용하여 분석 모형 구축

모형의 구성은 2010년 기준연도를 시작으로 모형추정을 위한 목표연도인 2015년, 2020년, 2025년 우리나라 경제의 장기 성장경로와 산업구조의 변화를 전망한다. 이는 본 연구의 분석대상인 에너지 소비 및 온실가스가 기본적으로 경제성장과 산업별 경제활동 수준의 변화에 의하여 결정된다는 경제-에너지-온실가스 변수의 일관적인 관계에 바탕을 둔 접근방식이다.

㉯ 온실가스 배출 한계저감 비용 도출

앞서 설명된 것과 같이 제조업 업종별로 에너지원별 에너지 소비량 및 화석연료 연소에 따른 온실가스 배출량과 함께 주요 부문별로 온실가스 배출 감축 잠재력이 있는 공통 기술과 에너지 집약적 산업, 전환부문, 수송부문, 가정부문 등의 온실가스 배출 잠재 저감량과 한계저감비용을 각 분석기간별로 산출한다.

㉰ 배출권의 세부 산업별 배분 시나리오 설정

이러한 온실가스 배출감축 잠재 기술이 경제 주체의 최적 의사결정에 의거하여 효율적인 수준으로 도입이 된다는 가정 하에서 온실가스 저감 목표와 부합하는 총 배출규제량과 배출권 발행규모를 산정하고, 이를 개별 부문, 세부 산업별로 배분하는 시나리오를 설정한다. 이 시나리오에는 기존 배출량 수준에 의거하여 할당하는 방식, 미래 온실가스 배출전망에 비례하여 할당하는 방식 등이 포함된다.

㉱ 새로운 균형에서의 주요 경제 변수 변화 도출

할당된 배출권을 바탕으로 개별경제 주체는 배출권의 가격이 한계저감비용 수준 이상일 경우 배출량 감축을 추가적으로 수행하고, 이를 판매하여 수익을 확보하거나, 배출권의 가격이 저감비용 이하일 경우 배출권을 구매하게 된다. 이

러한 의사결정은 최종적으로 개별 기업의 요소투입비용의 상승 혹은 하락을 유발하고, 이를 제품 가격에 전가하는 정도에 따라 경제 각 부문은 새로운 균형에 도달하게 된다. 이러한 새로운 균형에서 총 산출량, 부가가치, 고용, 수익률, 수출입 등 주요 경제 변수의 변화를 도출한다.

㉺ 모형의 강건성 확보를 위한 조정

한편 배출권 할당과 관련된 시나리오 이외에 고성장 및 저성장 전망, 배출저감 기술, 에너지 이용기술, 원자력 등 중요 온실가스 정책변화 등을 가정하여 모형분석의 다양성과 강건성을 확보한다.

② 분석 모형의 구조

모형구조는 경제 전체의 목표인 사회적 후생을 총소비로 정의하고 이를 극대화하는 최적화 모형을 기반으로 한다. 배출권 거래제 도입에 따라 발생하는 일차적인 효과는 배출권 거래제 준수비용 즉, 배출권의 구매 혹은 판매에 따른 에너지 비용 등 요소투입비용의 변화로 포착된다. 분석모형은 배출권 거래제를 시행하는 경우 경제 내의 변화가 경제 전체에 파급되는 경로와 규모에 대한 일반적 방향을 체계적으로 추정한다.

㉮ 에너지 및 탄소 정책 관련 항등식

에너지 및 탄소 정책과 관련된 체계는 위의 기본적 항등식과 연계되어 설정된다. 특히 총산출량 단위당 온실가스 배출계수(Output-GHG coefficients)가 기준연도와 개별 목표연도에 대하여 다양한 기술변수, 정부의 정책 노력 등 일반적인 정책수준이 지속된다고 가정하여 목표연도별로 조정되어 설정된다. 또한 개별 산업의 경쟁력 변화, 산출량, 고용수준 등 거시경제변수에 대한 효과 등을 추정하기 위해서 배출권 거래제 도입에 따른 온실가스 규제 정책이 경제주체에 대하여 어느 수준의 비용으로 부담될 가능성이 있는지 시산하고, 이를 개별산업의 수요구조체계에서 새로운 균형수준을 도출하는 방식으로 효과를 산출한다.

본 장에서는 부문별로 생산 활동을 위해 필요한 화석에너지 소비, 최종수요 충족을 위한 화석에너지 소비와 이에 따른 이산화탄소(CO_2) 배출, 목표연도별 배출규제에 대하여 실증분석을 수행한다. 특히 부문별 화석연료의 소비를 보다 세분화하여 배출권 거래제 규제에 따른 개별 부문에서의 탄소비용 증대 압력을 화석연료의 직접연소(직접배출)에 따른 효과와 기타 중간 재화나 서비스에 포함된 탄소관련 제품의 비용증대 압력을 포괄적으로 고려하여 구성한다. 이를 위해 산업연관분석표와 에너지 소비량 자료는 이러한 자료의 구축을 위하여 재조정되어 사용된다.

배출권 거래제 등 온실가스 저감정책의 수행은 개별 산업에 대하여 다음 식과 같이 연료별 탄소발생량 계수, 연료별 산출량 대비 에너지 소비계수 등에 의거하여 온실가스 정책 준수에 따른 직접비용을 발생시킨다.

$$ccc_j = \sum_f \theta_f e_f a^c_{fj} X_j$$

여기서, θ_f : f 연료의 에너지 소비 당 탄소 함유량

e_f : f 연료의 비용 대비 에너지 소비량

a^e_{fj} : j 산업에서 중간 투입재로 사용된 f 연료 투입량

X_j : j 산업의 산출량(금액 기준)

이러한 직접비용은 일차적으로 다음의 함수에 의거하여 해당 제품의 최종수요 변화를 유발한다. 여기서 Q_j는 제품의 수요량으로 균형 총산출량과 같다. 이러한 제품의 수요량은 노동비용, 자본비용 이외에 배출권 거래제에 따른 탄소비용에 의하여 영향을 받게 된다. 또한 제품 가격에 대한 전가도 공급 및 수요구조가 탄성치 측면에서 일정한 경우 탄소비용 분만큼의 가격 상승에 따라 새로운 가격과 균형 수급량이 결정됨에 따라 도출된다.

$$Q_j = f(w, r, ccc, etc)$$

한편 경제 전체에 대해서는 이러한 탄소비용의 새로운 증대가 간접 및 유발효과를 통하여 추가적인 변화를 유도한다. 아래와 같이 생산부문의 투입구조는 배출권 거래제로 인하여 위와 같은 비용의 균형식에 의거하여 새로운 비용구조를 갖게 된다. 즉, j 산업에서 생산된 산출물에 대한 가치는 아래의 식과 같이 기존 총 투입요소의 배분에 더하여 새롭게 추가되는 배출권 구매 비용을 포함하여 나타낸다. j 산업에서 생산된 산출물의 투입구조는 중간 투입재, 자본, 노동, 배출권 거래제 구매비용의 합으로 도출된다. 이에 따라 해당 산업의 평균비용은 배출권 거래제 구매비용 혹은 규제준수비용만큼 상승하게 된다.

$$x_j = \sum_i a_{ij} x_j + k_i + l_i + ccc_i \qquad j = 1, 2, \cdots, n$$

여기서, ccc_i : i 산업의 배출권 거래제 구매 비용

산출량 단위당 온실가스 배출량은 산출된 상품을 생산하기 위해 투입된 중간 투입재(에너지)의 양을 파악하여 시산하여야 한다. 즉, 위의 식 우측 첫 번째

항에 제시되어 있는 $a_{ij} = \frac{u_{ij}}{X_j}$; $A = [a_{ij}]$ 식 가운데 에너지 투입요소와 관련된 항목은 j상품을 산출하기 위해 사용된 i연료의 투입량을 나타낸다.

한편 산업연관표상의 개별산업 항목으로서 에너지 소비를 분해하면 다음과 같이 석탄, 천연가스, 석유 등으로 표기되며, 이를 해당 에너지의 비용 변화량으로 환산하면 아래의 식과 같다.

$$\Delta ccc_i = \theta_{coal}\, e_{coal}\, \Delta X^i + \theta_{oilgas}\, e_{oilgas}\, \Delta X^i$$

경제 부문별 탄소발생량은 IPCC (Inter-governmental Panel for Climate Change)의 화석연료 연소에 따른 배출계수를 토대로 산정된 배출량을 도출하여 활용한다. 이렇게 산출된 산업부문별 총 온실가스(CO_2)의 발생량을 개별산업의 산출량으로 나누어 기준연도와 목표연도의 생산단위당 배출계수를 도출한다.

$$\mathrm{CARBON}_{j,t} = \alpha_1 \mathrm{COAL}_{j,t} + \alpha_2 \mathrm{OIL}_{j,t} + \alpha_3 \mathrm{GAS}_{j,t},$$

$$pshr_{j,t} = \frac{\mathrm{CARBON}_{j,t}}{\mathrm{ENG}_{j,t}} Z \times \frac{\mathrm{ENG}_{j,t}}{X_{j,t}} \ ,$$

여기서, $\alpha_1 \sim \alpha_3$: 에너지원단위별 탄소배출계수

CARBON : 산업별 탄소 배출량

COL, OIL, GAS : 산업별 석탄, 석유, 천연가스 사용량

ENG : 표준화된 복합 에너지 소비량

위의 기본 식에 의거하여 세부산업 부문별 온실가스 배출량 및 배출계수의 추정은 에너지합리화법 시행규칙에 제시되어 있는 열량환산표와 UNFCCC의 에너지 소비 당 온실가스 배출계수, 산업 내 에너지 특성을 감안하여 조정된 현실적 배출계수를 적용하여 추정하였다

㉯ 목적 함수 및 산업부문별 균형식

국민총생산 또는 총부가가치 생산은 소비, 투자, 수출, 그리고 수입으로 표현된다. 총수요-총공급 균형식은 경제의 총수요가 경제활동에 의해 조달되는 총공급량을 초과하지 못한다는 제약식으로 중간투입 수요와 소비, 투자, 수출 등 최종수요의 합계인 총수요는 수입과 총산출량의 합계인 총공급 간의 부등식 관계로 설정된다. 본 연구에서는 국내 산업의 탄소배출 규제 효과를 중심으로 분석하기 위하여 해외 부문은 기본적으로 균형을 이룬다고 가정하여 대외거래 항목을 포함하지 않는다.

$$GNP = C + I + E - M$$

여기서, C : 소비

I : 공급별 투자

M : 수입

E : 수출

$$X_{i,j} + M_{i,j} \geq \sum_{j=1}^{n} a_{i,j} X_{i,j} + C_{i,j} + I_{i,j} + E_{i,j}$$

여기서, i, j : 산업부문

a : 중간투입계수

X : 총산출량

생산함수는 개별 산업부문별로 경제활동 수준을 결정하는 기술적 관계를 정의하는 한편, 콥－더글러스(Cobb-Douglas)형 함수로서 솔로(Solow)와 알몬(Almon)의 전통적인 접근방식인 일관성 있는 경제성장 및 생산요소 성장을 적용한다. 경제 전체의 부가가치는 본원적 생산요소인 노동과 자본을 통하여 결정되고, 주어진 콥－더글러스 생산함수 하에 비용최소화 원리에 따른 1차 조건을 만족한다고 가정된다. 이때, 생산요소 비용최소화 원리는 개별산업 부문에 적용되지 않고 경제 전체에 적용된다. 이는 본 연구가 개별산업 부문의 생산함수 추정을 위한 방대한 시계열 자료 사용을 회피하여 자료 구성의 용이성과 신뢰성을 확보하기 위한 것이다. 또한 생산요소의 부문 간 이동을 허용하여 경제 전체에 대하여 일관성 있는 장기성장 모형을 채택함으로써 기후변화협약의 장기적인 특성을 반영하면서 경제활동과 탄소배출량 추정을 목표로 하기 때문이다. 한편, 개별산업부문의 생산활동 수준은 목표연도의 총공급-총수요 균형식(Material balance equation)에 의하여 결정된다.

한편, 앞서 설명한 것과 같이 본원적 생산요소인 노동과 자본은 모형이 장기적인 균형 상태를 가정함에 따라 개별산업 부문 간 자유롭게 이동한다고 전제되며, 또한 총생산활동이 목표 연도에 있어 이용가능한 생산요소의 총량이 제한된다고 가정된다.

$$X_t = A_t L_t^{\alpha} K_t^{1-\alpha}$$

여기서, A : 기술수준상수

L : 노동

K : 자본

α : 노동에 대한 한계요소 생산계수

총 소비함수로는 소비수준이 소득의 안정적인 함수인 일반적인 케인지안 소비함수를 채택하고, 부문별 소비는 소비구조계수에 의한 총 소비의 배분이라는 모형을 채택한다. 즉, 총소비는 총소득의 함수이고, 개별재화 및 서비스에 대한 소비수준은 소비구조계수에 의하여 결정되며, 이러한 개별 재화나 서비스의 수준은 앞서 설명한 총수요-총공급 균형식에 제약되어 결정된다. 이때, 개별소비구조계수의 합은 정의에 따라 1이며, 경제성장 및 사회구조의 변화에 따른 소비구조 변화를 반영하여 시간의 변화에 따라 외생적으로 변화시킬 수 있다.

이때, 부문별 소비가 최적화해 도출과정에서 특정한 산업의 재화나 용역에 극단적으로 집중되는 것을 방지하고, 실제로 의식주나 전력 및 기타 에너지 자원처럼 생존에 필수적인 재화나 서비스의 최소소비 수준(subsistence level)을 보장하기 위하여 아래와 같이 최소 또는 최대 소비 제약식을 설정한다.

$$AC_t = \phi_t + \beta Y_t$$

$$C_{i,t} = \gamma_i + \beta Y_t$$

$$\underline{b}(1+\eta)\,C_{i,t-1} \le C_{i,t} \le \bar{b}(1+\eta)\,C_{i,t-1}$$

여기서, AC : 총소비

ϕ : 상수, 최소소비

γ : 소비구조계수

β : 한계소비성향

$\underline{b}(\bar{b})$: 최소(최대)소비제약

단기적인 관점에서 투자는 총수요의 일부로 기업 또는 정부는 생산활동의 변화를 예상하여 실제 자본스톡을 조정한다. 장기적으로 지속적인 경제성장을 위해서는 생산능력의 확장이 필요하며, 이러한 생산능력의 확장은 자본스톡의 축적과 기술의 진보로 나눌 수 있다. 이때, 재화나 용역의 공급량 증대를 위하여 산업별로 생산능력 확장에 소요되는 자본스톡의 변화분을 투자로 볼 수 있다. 이러한 투자는 최종수요 측면에서는 고정자본의 증가와 재고의 변동으로 구분된다.

$$KI_{j,t+1} = K_{j,t}(1-dp_j) + I_{j,t}$$

$$DI_{i,t} = \sum_{i=1}^{n} ccm_{i,j} FI_{j,t-1}$$

$$FI_{j,t} = dp_j K_{j,t-1} + I_{j,t}$$

여기서, KI : 총자본스톡의 증가

K : 적정 자본스톡 수준

I : 산업부문 공급별 총고정자본 형성

DI : 산업부문 투입별 총고정자본 증가

FI : 산업부문 수요별 총고정자본 증가

ccm : 고정자본 형성계수

dp : 감가상각률

중장기 경제 및 산업부문의 성장전망에서는 지속가능한 성장 또는 공급능력의 변화를 나타내는 잠재성장률의 장기추세가 중심지표가 된다. 실제의 국내총생산(GDP)은 경제성장이 순환성을 가지고 있어 과거자료의 분석을 기초로 미래를 예측하는 것이 쉽지 않기 때문에 잠재GDP 또는 완전고용을 가정한 GDP의 개념을 도입하여 전망하는 것이 일반적이다.

잠재GDP는 장기적으로 지속 가능한 성장규모로서 노동, 자본, 자연자원 등의 생산요소를 지속적으로 사용할 수 있다는 가정 하에 현존 또는 기대되는 생산시설과 기술을 통하여 생산이 가능한 GDP 수준으로 정의될 수 있다. 이러한 잠재GDP의 개념을 도입할 경우, 순환성이 제거된 평탄한 추세를 가지기 때문에 예측이 쉽고, 과거 장기적인 경제순환변동의 기간, 즉 GDP 갭(gap)을 고려하여 잠재GDP와 같아지도록 실제GDP가 같아지는 기간을 설정하면 실제GDP를 전망할 수 있다.

잠재GDP는 그러나 관측이 불가능한 변수(unobservable variable)이므로 전망을 하기 위해서는 우선 과거치에 대한 추정이 요구되는데, 보통 생산함수접근법과 실제GDP에 대한 추세접근법을 이용한다.[121] 이러한 GDP갭에 의한 장기적 순환변동을 감안할 때, 추세선에 의한 잠재GDP 추정결과는 우리 경제의 안정성장궤도로 활용하는 데는 별 무리가 없는 것으로 판단된다.

한편, 향후 잠재성장률은 앞에서 추정된 잠재GDP를 Solow(1957)에 의해 개발된 성장회계(growth accounting) 방식을 통해 생산요소별 성장에 대한 기여율을 분석하고, 이에 기초하여 전망한다. 성장회계 방법은 한 나라의 GDP가 다음과 같이 노동과 자본의 기술적인 관계를 나타내는 거시적 생산함수에 의해서 결정되며, 노동과 자본의 대가는 각각의 한계생산성과가 동일한 생산요소 시장의 완전경쟁을 가정하면 다음의 수식을 도출할 수 있다.

121) 잠재GDP와 관련된 논의의 구체적인 사항은 Gorden(1990), 박준경 · 김정호(1992), 박준경 · 이진면(2001), 장동구(1996) 등을 참조

$$Y_t = A_t F(K_t, L_t)$$

$$\frac{\Delta Y_t}{Y_t} = \frac{\Delta A_t}{A_t} + a\left(\frac{\Delta L_t}{L_t}\right) + (1-a)\left(\frac{\Delta K_t}{K_t}\right)$$

$$\frac{\Delta A_t}{A_t} = \frac{\Delta Y_t}{Y_t} - a\left(\frac{\Delta L_t}{L_t}\right) - (1-a)\left(\frac{\Delta K_t}{K_t}\right)$$

여기서, Y : 잠재GDP
K : 자본투입량
L : 노동투입량
A : 기술진보
a : 노동분배율

여기서 A는 모든 생산요소를 고려한 이후 기술진보라는 의미에서 보통 총요소 생산성(Total Factor Productivity ; TFP)이라고 하며, GDP와 노동투입 및 자본투입량이 계측되면 위의 식에서 관찰될 수 없는 기술진보율을 구할 수 있으며, 미래의 노동, 자본 및 기술진보율을 추정하게 되면 잠재성장률을 전망할 수 있다.

따라서 이상과 같은 성장회계 방식에 의해 잠재성장률을 전망하기 위해서는 미래 노동과 자본의 투입변화율과 노동분배율 및 총요소생산성의 변화율에 대한 전제가 필요한데, 이를 위해서 기본적으로 과거 및 현재의 여건분석을 실시하게 된다.

③ 온실가스 배출권거래제 도입의 거시경제 영향 분석

배출권거래제 도입의 거시경제 및 주요변수 파급 효과를 앞 절에서 설명한 거시경제 모형을 통해 각 변수의 추정한 BAU 대비 감소 효과는 다음과 같다. 실질 산출량과 고용은 2015년에는 BAU 대비 0.06% 및 0.03%, 2020년에는 0.24~0.29% 및 0.04~0.05% 정도 감소할 것으로 추정되었다. 이와 같이 배출권거래제 시행 초기의 거시경제 영향이 미미한 것은 앞에서 설명된 바와 같이 본 연구에서 도입한 가정 하에서는 거래제 도입이 제조업과 전환부문의 생산비에 아주 작은 영향을 미치기 때문이다. 그러나 2025년에는 파급영향이 크게 증대되어 경제 전체의 실질생산은 0.5~0.6%, 고용은 0.08~0.12% 정도의 커다란 감소가 예측되었다.

제조업 업종별로 파급 영향을 보면, 2015년에는 업종간의 차이가 크지 않았으나 2020년부터는 격차가 크게 확대되는 것으로 나타났다. 제조업 가운데 실질생산

〈표 5.35〉 배출권거래제 도입이 거시경제 변수에 미치는 영향*, **

부문	실질 산출량				고용			
	감소액(10억원)		감소율(%)		감소인원(명)		감소율(%)	
	L	H	L	H	L	H	L	H
2015년								
전 부문	1,856.1	2,206.2	0.05	0.06	4,043	4,988	0.03	0.03
농림・어업	6.1	8.0	0.01	0.01	18	24	0.01	0.01
광업	7.9	10.0	0.23	0.29	26	33	0.23	0.29
제조업	892.4	1,154.2	0.05	0.06	1,437	1,849	0.04	0.06
발전・에너지	642.4	653.3	0.71	0.72	410	417	0.71	0.72
서비스	307.3	380.6	0.02	0.02	2,153	2,666	0.02	0.02
2020년								
전 부문	11,328.8	13,593.1	0.24	0.29	6,435	8,601	0.04	0.05
농림・어업	38.4	54.9	0.07	0.10	96	137	0.07	0.10
광업	42.6	53.7	1.24	1.57	122	154	1.24	1.57
제조업	4,627.7	6,258.3	0.19	0.25	6,217	8,310	0.18	0.24
발전・에너지	4,793.8	4,887.7	4.12	4.20	2,462	2,510	4.12	4.20
서비스	1,826.3	2,338.5	0.09	0.11	10,862	13,909	0.09	0.11
2025년								
전 부문	26,073.3	33,816.5	0.46	0.60	12,851	18,864	0.08	0.12
농림・어업	85.3	134.7	0.14	0.22	180	285	0.14	0.22
광업	84.2	113.9	2.51	3.40	215	291	2.51	3.40
제조업	11,133.5	16,708.5	0.37	0.56	12,456	18,289	0.35	0.52
발전・에너지	10,549.1	10,950.5	7.42	7.70	4,544	4,716	7.42	7.70
서비스	4,221.2	5,908.9	0.17	0.24	21,755	30,453	0.17	0.24

* 배출권거래제 도입에 따른 주요 변수 기준안 대비 감소 효과

** L은 목표연도 배출량 규제에 따른 저감비용이 낮은 수준의 시나리오, H는 높은 수준의 시나리오를 각각 의미

감소 영향을 가장 많이 받는 산업은 2015년에는 전기・전자, 시멘트 등 비금속광물, 철강, 디스플레이 산업으로 0.1～0.2%의 감소율을 나타내는 것으로 예측되었다. 이에 비해 음식료, 섬유, 자동차, 조선 등 에너지 비집약적 산업의 생산은 온실가스 배출권거래제 도입으로 인해 0.02% 줄어드는 영향을 받는 등 거의 영향을

받지 않는 것으로 나타났다.

2020년에는 모든 업종이 2015년보다 커다란 생산 감소 영향을 받는 것으로 나타났다. 이와 아울러 산업간 영향의 격차가 크게 확대되어 2025년에는 전기・전자, 시멘트 등 비금속광물 및 철강 산업의 실질생산이 최대 2% 가까이 감소하는 것으로 전망되었다. 그러나 음식료, 섬유, 자동차, 조선 산업의 생산은 여전히 0.2% 내외의 감소에 그칠 전망이다.

2025년에는 감축부담의 대폭적인 증대, 한계저감비용의 상승, 배출권 구입 부담의 증가 등으로 인해 대부분의 산업에서 규제파급영향이 현저히 증가하는 것으로 나타났다. 전기・전자, 시멘트 등 비금속광물 산업은 최대 2% 가까운 생산 감소가 예측되었고, 철강 산업의 생산도 0.5～1.1% 감소할 것으로 예측되었다. 이에 비해 음식료, 섬유, 자동차, 조선, 반도체 산업의 생산은 최고 0.2% 감소에 그칠 전망이다. 이와 같은 각 업종별 온실가스 배출권거래제 도입 영향 전망 결과는 다음과 같은 세 가지 특징을 나타낸다.

첫째, 생산감소 영향이 대부분의 업종에 있어서 2020년부터 본격적으로 크게 나타난다.

둘째, 생산감소 영향의 업종간 차이가 2015년 이후 갈수록 급격히 확대가 된다. 철강, 시멘트 등 비금속광물, 석유화학 등 에너지다소비 산업과 온실가스 의무 감축률이 높은 전기・전자 산업과 기타 산업과의 생산감소 영향 격차는 급속히 확대되는 것으로 나타났다. 이러한 결과는 에너지다소비 산업의 경우 온실가스 배출량이 많아 감축해야 할 배출량이 많은 데다 온실가스 배출 한계저감비용은 감축량이 증가함에 따라 기하급수적으로 상승하기 때문에 이들 산업의 온실가스 감축비용이 대단히 커지기 때문이다. 이와 아울러 2020년부터는 온실가스 배출권의 무상할당 비율이 줄어들어 온실가스 배출이 많은 산업의 경우 배출권 구입비용도 아울러 크게 줄어드는 것도 생산감소의 한 요인으로 작용을 할 것이다.

셋째, 거의 모든 업종에 있어서 시나리오 간(L시나리오 대 H시나리오) 생산감소 영향의 차이가 2015년 이후 갈수록 커지는 추세가 나타나고 있다. 이는 한계저감비용과 온실가스 배출권 가격에 대한 가정에 따라 산업에 미치는 영향이 갈수록 커짐을 의미한다. 환언하면 기술도입 등에 의해 온실가스 배출을 감축하는 실제 비용에 대한 산업계와 정책당국의 판단 차이가 배출권거래제 도입의 산업영향에 매우 커다란 영향을 미친다는 것이다. 이와 아울러 배출권가격의 차이도 이러한 영향 차이의 주요 원인 가운데 하나가 됨을 알 수 있다.

〈표 5.36〉 배출권거래제 도입의 제조업 업종별 실질생산 파급 영향
단위 : BAU 대비 변화율(%)

산업 부문	2015		2020		2025	
	L	H	L	H	L	H
음식료품	−0.01	−0.01	−0.05	−0.07	−0.11	−0.18
섬유	−0.01	−0.02	−0.09	−0.12	−0.17	−0.27
제지목재	−0.06	−0.09	−0.33	−0.45	−0.70	−1.06
정유	−0.04	−0.04	−0.21	−0.25	−0.43	−0.59
석유화학	−0.04	−0.05	−0.19	−0.25	−0.38	−0.57
시멘트	−0.13	−0.19	−0.51	−0.77	−0.94	−1.58
유리	−0.11	−0.15	−0.37	−0.52	−0.84	−1.31
기타 요업	−0.05	−0.07	−0.29	−0.41	−0.71	−1.14
철강	−0.05	−0.07	−0.25	−0.40	−0.53	−1.02
비철금속	−0.08	−0.10	−0.35	−0.46	−0.79	−1.14
기계	−0.02	−0.02	−0.09	−0.11	−0.16	−0.24
전기전자	−0.21	−0.27	−0.72	−0.92	−1.37	−1.83
반도체	−0.02	−0.03	−0.07	−0.09	−0.13	−0.22
디스플레이	−0.07	−0.09	−0.18	−0.25	−0.37	−0.55
자동차	−0.01	−0.02	−0.05	−0.08	−0.09	−0.16
조선	−0.01	−0.01	−0.04	−0.06	−0.08	−0.16
기타 제조업	−0.08	−0.09	−0.48	−0.55	−0.92	−1.16

5.3.2 온실가스 배출권거래제 도입과 국내 산업의 경쟁력

본 장에서는 온실가스 배출권거래제 도입의 영향을 제조업 업종별로 분석하기 위해 우선 경제부문과 개별 제조업 업종의 2015년, 2020년, 2025년 온실가스 배출량 기준안을 전망하였다. 이러한 기본 전망을 전제로 규제수준과 개별 업종의 특성을 고려하여 도출된 온실가스 배출 저감 잠재량과 저감비용을 이용하여 배출권거래제 도입에 따른 생산비 상승 영향과 거시경제적 영향을 시나리오별로 추정하였다.

추정결과 2015년에 시행되는 온실가스 배출거래제 도입에 따른 산업부문의 효과는 초기에는 낮은 규제수준과 100% 무상할당으로 인하여 부정적 효과가 크게 나타나지 않을 것이지만 2020년 이후에는 총량규제수준의 강화로 인하여 파급효과가 급격히 증대

되는 것으로 예측되었다. 2025년에는 온실가스 배출권거래제 도입이 경제 전체의 실질 생산을 최고 0.6% 감소시키고, 특히 철강 등 에너지다소비 산업에 대해서는 1% 이상의 대단히 커다란 실질생산 감소영향을 초래할 것이라는 분석 결과는 배출권거래제 도입의 이러한 부정적 경제영향을 어떻게 최소화할 것인가가 향후 중요한 정책과제임을 시사하고 있다.

즉, 향후 배출권거래제 시행에서는 배출권거래제 도입이 국내 산업의 경쟁력 약화를 방지하기 위한 제도적 장치가 강화되어야 할 것이다. 업종별 부담의 크기를 고려한 감축목표의 재설정과 배출권가격이 지나치게 높은 수준이 되지 않도록 배출권거래제가 운영이 되어야 한다.

본 장에서는 온실가스 배출 규제의 경쟁력 파급 영향을 분석하기 위해 경제 부문 및 업종별로 온실가스 배출량을 예측하고, 각 산업의 온실가스 배출 저감비용을 도출하였으며, 이를 바탕으로 생산, 고용 및 수출에 미치는 영향을 추정하였다. 이와 같은 분석과정이 여러 단계를 거쳐야 하는 데에다 미래의 변화를 예측하여야 하므로 결과 도출을 위해서는 많은 가정과 전제의 도입이 불가피 하였다. 미래의 여건 변화는 현재로서는 불확실성이 매우 크기 때문에 본 장에서 도입된 가정과 전제가 현 시점에서 가능한 모든 정보를 활용하였음에도 불구하고 논란의 여지가 많은 것이 사실이다.

우선 온실가스 배출량을 전망하는 데 기본이 된 업종별 성장 전망과 국내 에너지 및 기후변화대응 정책, 에너지 효율 개선 등 제 요소들도 대단히 유동적이다. 특히 전력부문에 따른 간접배출량의 비중이 30%를 상회하는 현실을 고려할 경우 향후 국가에너지기본계획의 향방에 따라 전력부문의 온실가스 배출량 변화는 산업부문의 파급 영향을 크게 변화시킬 가능성이 있다.

이 밖에도 간접배출에 대한 규제 형태, 산업별 온실가스 배출 원단위, 산업별 온실가스 배출 저감잠재량과 한계저감 비용, 배출권 가격 등 대단히 다양한 배출권거래제 요소에 대해 가정이 설정되었고, 이를 바탕으로 분석이 이루어졌다. 또한 기준 배출량도 산업계의 자체적인 통계와 본 장에서 사용된 통계에 차이가 있다. 그 이유는 산업 범위의 차이 등 여러 요인에 기인한 것이나, 결과적으로는 2025년까지의 온실가스 배출량 전망치에 대해 본 장의 내용과 산업계간에 이견이 발생하는 요인이 되었다.

결론적으로 본 장의 결과는 다양한 가정과 전제를 바탕으로 도출이 된 것이라는 점에 유의할 필요가 있다. 즉, 온실가스 배출규제와 관련된 정책의 내용이 변화하고 국내외 경제적 여건이 바뀌게 되면 본 장에서 도출된 분석 결과도 따라서 변경이 될 것이다. 이러한 점에서 온실가스 배출권거래제 도입이 산업부문에 미치는 경제적 파급 영향에 대해서는 앞으로도 지속적으로 수정 및 보완이 필요하다.

5.4 배출권거래제 도입의 경제적 파급 영향

5.4.1 파급효과 추정 기본 방법론

대표적 탄소규제 방식인 온실가스 배출권거래제의 수출을 포함한 주요 경제변수에 대한 효과는 앞서 논의된 배출량 전망과 산업부문별 생산비 상승효과 등 일차 영향을 바탕으로 거시경제 분석모형을 구축하여 추정된다. 우선 기준안 배출량 및 감축목표의 설정 수준은 중장기 주요 거시경제지표의 전망과 기준안 시나리오에서 연계되고, 이후 배출권거래제의 할당계획에 따라 목표 시점의 배출저감 목표가 설정된다. 이러한 저감목표는 배출권 거래시장의 작동과 개별 기업이 시장 참여와 자체 저감을 동시에 고려하여 규제준수 비용을 최소화 한다는 가정에 근거한 시나리오의 구성을 통하여 이를 경제 모형에 적용하여 최종적인 파급효과를 도출한다. 따라서 주요 거시경제지표에 대한 가정과 전망은 연구결과를 결정하는 중요한 사항이다. 본 장에서는 국가 중장기 온실가스 배출전망에 사용되는 경제 전체 및 산업부문별 성장전망을 온실가스 로드맵에서 기본적으로 활용하는 기획재정부, KDI, 그리고 KIET의 가정과 전망을 이용하여 재구성하였다. 특히 산업별 성장전망은 모형 구성 방식에 있어서 솔로우의 전통을 따르는 성장회계방식에 의하여 산출 및 부가가치 전망을 수행한다. 배출권 거래제 대상이 되는 개별 사업장이 포함되어 있는 산업별 성장률을 전망하기 위해서는 미래 노동과 자본의 투입변화율과 노동분배율 및 총요소생산성의 변화율도 고려하여 구성된다.

배출권거래제 시행에 따른 경제적 효과 분석은 산업 재분류와 에너지 및 온실가스의 물질적 흐름을 포함하여 새롭게 작성된 에너지·온실가스 산업연관표를 이용한 다양한 계수 추정을 바탕으로 수행된다. 산업연관분석은 재화와 서비스의 거래를 기록한 산업연관표로부터 투입계수를 산출한 다음 이를 기초로 도출되는 생산유발계수 등 각종 분석계수를 이용한 경제 분석 방법을 바탕으로 수행된다.

본 장에서는 배출권거래제 수행에 따른 전반적인 국민경제적 효과를 최종수요의 변화 혹은 해당 산업의 수요 변화에 따라 발생하는 부가가치(GDP) 변화, 고용변화, 총산출액의 변화 등의 효과를 시산하여 제시한다. 이러한 효과는 산업연관표와 기타 거시경제지표가 연계되어 구조적으로 나타나는 다양한 계수에 의하여 결정된다. 경제적 파급효과를 나타내는 계수는 배출권거래제와 같은 탄소 규제의 충격이 특정한 경제지표에 단위당 미치는 영향의 크기를 나타낸다. 즉, 일정 수준의 온실가스 규제가 적용되는 경우 해당 지표가 얼마나 변화하는지에 대한 일차적인 연계효과를 제시한다.

배출권거래제 정책 도입으로 인하여 생산유발 효과가 발생할 때 생산유발계수가 높은 산업의 최종 수요가 크게 감소할 경우 이 산업 뿐 아니라 다른 산업의 생산도 크게 영향을 받아 경제 전체의 생산이 위축될 것이므로, 감축목표 설정 시 이러한 산업에 대하여 적정한 고려 또는 목표 감축량 설정에 있어서 하향 조정 등의 조치가 필요할 것으로 판단된다.

를 수식으로 표현하면 다음과 같다. 최종수요변화에 따른 국내생산 파급효과는 투입계수를 기초로 도출되는 생산유발계수에 의하여 결정되며, 목표관리 대상 산업에서 발생하는 소비, 투자, 수출 등 최종수요가 한 단위 증가 혹은 감소할 때 각 산업부문에서 직·간접으로 생산되어야 할 산출액 변화 정도를 의미한다.

$$X = (I - Ad) - 1\,Yd$$

여기서, X : 산업별 생산액

Ad : 중간투입계수

Yd : 최종수요(투자, 소비, 수출 등)

한편 생산유발효과와 별도로 최종수요가 산업별 부가가치 또는 GDP를 유발하는 과정도 최종수요의 변동에 따른 생산유발의 경우와 마찬가지로 $(I - Ad) - 1\,Yd$형 생산유발계수표를 이용하여 도출할 수 있다. 또한 연구 목적에 따라 부가가치 유발계수를 세분화하여 부가가치 주요 항목인 임금소득, 영업이익, 순생산물세, 고정자본소모 등 요소소득 측면의 소득유발계수도 시산할 수 있다. 예를 들어, 배출권거래제 정책 시행에 따른 온실가스 규제는 생산 활동의 감소가 발생하고, 이에 따라 부가가치의 구성요소인 임금소득, 영업이익, 간접세를 중심으로 하는 순생산물세, 그리고 자본의 사용 대가인 고정자본소모의 감소가 발생한다. 개별 부가가치계수를 적용하면 이들 항목에 대한 정량적인 효과를 추정할 수 있다.

최종수요의 발생이 생산을 유발하고 생산은 다시 노동수요를 유발하는 파급 메카니즘에 기초하여 최종수요와 노동유발을 연결시킴으로써 노동의 파급효과 분석이 가능하다. 물론 생산 활동이 노동수요에 미치는 영향은 노동시장의 균형을 달성하는 다양한 요인(예를 들어 기업의 적응, 임금피크제, 기술과 자본을 통한 대체 등)이 있으나 산업연관분석에 따르면 노동투입계수를 적용하여 직접적인 효과를 일관성 있게 추정할 수 있으며, 변동수준에 대한 계측이 가능하다. 산업연관표를 이용하여 노동의 파급효과를 분석하기 위해서는 먼저 산업별 취업계수나 고용계수를 계측하고, 이 취업계수와 생산유발계수를 기초로 취업 또는 고용유발계수 등 노동유발계수를 도출하여야 한다. 취업계수나 고용계수는 해당 산업의 취업자 수나 고용자 수를 총산출량으로 나누어 단위 산출당 투입 취업자 또는 고용자수로 시산된다.

5.4.2 기초 변수 전망

산업부문별로 배출권거래제 대상이 되는 사업장을 포함하는 업종별로 온실가스 배출을 전망하기 위해서는 우선 오는 2020년까지의 각 산업의 성장전망이 필요하다. 각 산업별 성장률은 기본적으로 한국개발연구원(KDI)의 거시경제 전망을 기초로 하여 산업연구원(KIET)에서 2013년에 작성한 2050년까지의 산업별 실질 산출량과 실질 부가가치 전망치를 이용하였다. 그러나 이 산업연구원 전망에서의 실질 산출량 전망치는 각 산업의 생산구조 변화가 반영된 것으로 동일한 제품의 물량 기준 생산전망을 나타내지를 않고 있다. 일반적으로 산업구조가 고도화되고 생산기술이 발전하면서 같은 산업 내에서도 고부가가치 제품의 비중이 높아지고 동일한 제품이더라도 부가가치가 증대된다. 따라서 이를 고려하지 않고 산업구조 고도화가 반영된 실질 산출량 전망치를 그대로 이용할 경우 온실가스 배출량이 과다 추정될 가능성이 높다. 따라서 본 연구에서는 철강, 석유화학, 시멘트 등 에너지다소비 산업의 경우에는 각 업종별 생산량 과거 추이와 업계의 전망 등을 고려하여 실질생산을 별도로 전망하고 이에 해당하는 온실가스 배출량을 시산하였다.

경제 전체의 총 활동수준을 나타내는 산업부문별 산출량 추정치에 따르면, 향후 6년 동안 우리 경제는 산업부문 특히 제조업의 꾸준한 증가세가 경제성장의 원동력으로 기여할 전망이다. 제조업의 기간 동안 평균 성장률은 5.3%로 경제 전체의 성장률 4.7%를 상회할 것으로 전망된다. 발전에너지 부문도 지속적인 제조업 및 가정・상업 등의 수요 증대로 인하여 연평균 4.5%의 성장세를 시현할 것으로 전망된다. 그러나 농업과 광업은 그동안의 낮은 성장세를 지속하여 미래 연도에 점차 비중이 하락할 것으로 전망된다.

〈표 5.37〉 산업 부문별 실질 산출량 전망(2014~2020년) (단위 : 2010년 불변, 10억 원, %)

구분		2014	2017	2020	연평균 증가율(%)
대분류	세분류				2014~2020
산업부문	농림・어업	45,574	47,750	49,587	1.42
	광업	2,664	2,681	2,679	0.10
	제조업	1,580,069	1,857,004	2,152,090	5.28
	산업부문계	1,628,306	1,907,434	2,204,357	5.18
발전에너지	전력・가스	72,501	83,226	94,228	4.47
서비스	건설・수송・서비스	1,264,811	1,436,755	1,611,450	4.12
합계		2,965,618	3,427,416	3,910,035	4.72

〈표 5.38〉 산업 부문별 실질 부가가치(GDP) 전망(2014～2020년)(단위 : 2010년 불변, 10억 원, %)

구분		2014	2017	2020	연평균 증가율(%)
대분류	세분류				2014～2020
산업부문	농림 · 어업	31,909	32,972	33,579	0.85
	광업	1,785	1,759	1,716	－0.65
	제조업	404,215	466,273	528,457	4.57
	산업부문계	437,908	501,004	563,752	4.30
발전에너지	전력 · 가스	35,503	39,902	44,472	3.83
서비스	건설 · 수송 · 서비스	731,532	814,490	900,340	3.52
합계		1,204,943	1,355,396	1,508,564	3.82

우리 경제의 순수한 생산 활동을 나타내는 실질 부가가치 또는 국내총생산(GDP)은 기본적으로 산출량보다 다소 낮은 증가율을 제시하고 있어 향후 우리 경제가 점차 안정화되는 국면에 접어드는 경향을 반영하고 있다. 산업 대분류별로 추정된 부문별 부가가치의 증가 추정결과는 대체로 총산출량 추정결과와 유사한 것으로 나타나고 있으나 전반적인 요소가격의 상승을 반영하여 다소 낮게 도출되고 있다. 산업부문별 GDP 추정치에 따르면, 향후 6년 동안 제조업의 평균 성장률은 4.6%로 경제 전체의 성장률 3.8%를 상회할 것으로 전망된다. 발전에너지 부문도 연평균 3.8%의 성장세를 시현할 것으로 전망된다. 산출량에 있어서는 서비스 부문에 비하여 상대적으로 높은 증가세를 시현한 발전에너지의 경우 GDP 전망에서는 서비스 부문에 비하여 다소 낮은 증가율을 나타낼 것으로 제시되었다. 이는 앞으로 발전에너지 부문의 투입요소인 화석연료, 신재생 및 원자력 요소 등 에너지 투입비용이 점차 증가할 것이라는 미래 전망을 반영하는 것이다.

산업부문의 고용은 2014년부터 2020년까지 연평균 0.34% 증가할 것으로 예측되어 산출량이나 GDP에 비하여 매우 낮은 수준으로 전망되었다. 이는 우리나라의 향후 경제성장이 지속적으로 노동투입의 증가율이 저하되는 최근 경향을 반영하고 있다. 부문별로 2014～2020년 기간의 본 연구에서 도출된 온실가스 배출량 연평균 증가율을 보면, 제조업의 경우 2.1%로 상대적으로 높게 나타나고 있으며, 이는 앞서 제시된 부문별 경제지표의 성장률 결과에서도 알 수 있듯이 제조업 부문이 우리 경제에서 차지하는 비중이 지속적으로 높다는 전망을 반영하는 것이다. 전환 부문과 서비스 부문은 각각 연평균 2.7%, 0.3% 증가하고, 농업과 광업은 경제활동의 증가에도 불구하고 노동 투입은 감소하는 것으로 예측되었다.

〈표 5.39〉 산업 부문별 고용 전망(2014~2020년)(단위 : 명, %)

구분		2014	2017	2020	연평균 증가율(%)
대분류	세분류				2014~2020
산업부문	농림・어업	1,438,010	1,334,103	1,282,520	−1.89
	광업	12,737	13,998	11,944	−1.07
	제조업	3,482,446	3,427,039	3,934,148	2.05
	산업부문계	4,933,194	4,775,141	5,228,612	0.97
발전에너지	전력・가스	68,080	67,082	80,004	2.73
서비스	건설・수송・서비스	15,793,763	16,302,803	16,033,727	0.25
합계		20,795,037	21,145,026	21,342,343	0.43

한편 본 모형에서 총산출당 부가가치의 비중이 미래 전망 추정치에 의거하여 일정한 특성 때문에 부문별로는 부가가치(GDP)와 총산출은 변동효과가 매우 유사하고, 고용변동 효과도 개별 부문별로는 목표연도별로 개별 업종에 대하여 특정한 고용계수를 적용하고 있기 때문에 GDP와 실질 총산출과는 다소 차이는 있지만 대체로 유사한 방향으로 변동률을 나타내고 있다. 그러나 세부 업종이 아닌 산업 대분류의 경우 거시 경제지표의 변화효과는 대분류 내 개별 세부산업 변화효과가 구성에 있어서 차이가 발생하기 때문에 추가적으로 논의하고자 한다. 즉, 산업 대분류 내부에서 세부 업종의 GDP와 실질 총산출 비중과 고용비중이 서로 다르게 분포되어 있기 때문에 정책수단 도입 및 규제에 따른 경제지표와 고용지표의 효과는 대분류 산업구조에서는 다르게 나타난다는 의미이다.

5.4.3 경제적 파급효과 추정결과

모형구조는 경제 전체의 목표인 사회적 후생을 총소비로 정의하고 이를 극대화하는 최적화 모형을 기반으로 한다. 즉, 경제 전체와 산업부문의 균형 활동 수준은 최적화 모형에 의거하여 결정되며, 장기적인 성장경로는 노동, 자본, 기타 개별 산업부문의 미래 전망을 반영하는 다부문 성장경로 추정방식을 활용하여 도출된다. 우선 기본적인 모형구조에서 목적함수는 우리 경제 전체가 극대화하고자 하는 사회후생의 대표함수로서 본 모형에서는 모의시행 기간 중 할인된 총소비 수준을 대리변수로 사용한다. 총생산과 총소비를 구성하는 국내생산 및 수입 그리고 소비, 투자, 수출 등은 항등식을 통하여 균형을 유지한다. 이러한 모형 체계에서 개별 산업에 미치는 규제효과 또는 경매수입 활용효과와 같은 변화는 경제 전체에 대하여 영향을 주면서 새로운 균형에 도달하게 작동된다.

온실가스 로드맵 정책 도입 등 탄소 규제와 배출권 거래제를 중심으로 한 규제의 시행에 따라 주요 거시경제변수에 미치는 파급 효과를 앞에서 설명한 거시경제 모형을 통해 추정한 결과, 2010년 기준 BAU 대비 2020년에는 GDP, 수출, 고용이 배출권 가격 1만원 시나리오에서는 각각 0.066%, 0.035%. 0.063%, 배출권 가격 2.5만원 시나리오에서는 각각 0.165%, 0.088%. 0.150%, 배출권 가격 5만원 시나리오에서는 각각 0.330%, 0.176%. 0.301%, 감소할 것으로 예상된다. 고용은 산업부문별 생산 단위당 투입되는 고용 비율인 고용계수의 점진적 하락으로 인하여 GDP나 총산출에 비하여 BAU 수준에서 낮은 속도로 증가할 것으로 예상되어 파급영향의 정도도 상대적으로 적을 것으로 전망된다.

수출을 포함한 거시 경제변수에 대한 탄소규제 및 배출권거래제 시행 영향이 배출권 균형 가격이 낮은 경우 상대적으로 적고 높을 경우 증대한다. 이는 앞에서 설명된 바와 같이 본 장에서 도입한 제 가정 하에서는 우선 배출권 시장과 탄소시장의 동향에 따라 탄소 가격이 상승하면 배출권거래제 도입으로 인한 제조업과 전환부문의 생산비 영향이

〈표 5.40〉 탄소규제 정책 도입(배출권거래제)의 주요 변수 파급 영향(단위 : %, 10억 원, 명)

주요 항목		2020		
		1만원	2.5만 원	5만 원
목표 배출 저감률(총 저감률) 1)		20.0(20.9)	20.0(21.2)	20.0(21.7)
감소율 2)	GDP	0.066	0.165	0.330
	총산출	0.072	0.179	0.358
	고용	0.060	0.150	0.301
	수출	0.035	0.088	0.176
감소 수준 3)	GDP(10억 원)	1,071	2,678	5,355
	총산출(10억 원)	3,382	8,455	16,909
	고용(명)	9,626	24,064	48,128
	수출(10억 원)	361	901	1,803

주 : 1) 목표 저감률은 정부 계획으로 확정된 저감률이며, ( )의 총저감률은 목표 저감률을 위한 규제와 정책에 의하여 발생하는 준수비용으로 인하여 추가적으로 저감되는 효과를 포함한 것임.
2) 감소율은 온실가스 로드맵 규제와 정책도입이 없는 기준안(BAU) 지표 대비 정책도입과 규제 시나리오를 적용한 결과 도출된 개별 지표 간의 변화율을 추정한 것임.
3) 감소수준은 개별 지표의 감소량을 의미함.

지속적으로 증가하는 한편 개별기업이 선택할 수 있는 온실가스 저감 수단의 비용이 점진적으로 상승하기 때문이다.

즉, 이러한 결과는 온실가스 감축수준과 함께 탄소시장의 효율적 운영과 균형가격의 형성 수준에 따라 개별 기업이나 산업의 한계비용이 달라지는 현상이 거시경제적으로도 발생하고 있음을 나타내는 것이다. 또한 온실가스 저감 결과는 배출권거래제 수행과 관련하여 설정된 정부의 정책목표보다 다소 높은 저감률을 나타내고 있다. 이는 모형의 추정에서 목표관리제의 시행으로 규제 대상이 되는 산업의 온실가스 저감목표 준수활동으로 산업 활동이 위축되면서 다른 산업에게도 순차적으로 파급영향을 미치는 산업연계효과가 추가적으로 발생하는데 기인한다.

한편 본 모형에서 총산출당 부가가치의 비중이 미래 전망 추정치에 의거하여 일정한 특성 때문에 부문별로는 부가가치(GDP)와 총산출은 변동효과가 매우 유사하고, 고용 변동 효과도 개별 부문별로는 목표연도별로 개별 업종에 대하여 특정한 고용계수를 적용하고 있기 때문에 GDP와 실질 총산출과는 다소 차이는 있지만 대체로 유사한 방향으

〈표 5.41〉 제조업 부문별 경제적 효과 분석 결과(5만원 시나리오) (단위 : %, 10억 원)

제조업 세부 산업	변화량		변화율	
	GDP	수출	GDP	수출
음식료품	12.2	0.9	0.042	0.016
섬유	7.2	3.0	0.037	0.021
제지목재	14.8	1.6	0.150	0.048
정유	26.0	17.2	0.081	0.044
석유화학	49.9	49.3	0.078	0.059
시멘트	10.9	1.2	0.493	0.250
기티비금속	9.7	1.0	0.095	0.046
철강	69.1	40.7	0.185	0.085
비철금속	5.3	6.6	0.100	0.039
기계	42.6	19.8	0.037	0.022
전기전자	41.0	89.1	0.106	0.063
반도체	11.4	24.2	0.027	0.019
디스플레이	9.1	25.7	0.022	0.027
자동차	12.9	13.6	0.023	0.009
조선	1.5	0.8	0.008	0.002

로 변동률을 나타내고 있다. 그러나 세부 업종이 아닌 산업 대분류의 경우 거시 경제지표의 변화효과는 대분류 내 개별 세부산업 변화효과가 구성에 있어서 차이가 발생하기 때문에 추가적으로 논의하고자 한다. 즉, 산업 대분류 내부에서 세부 업종의 GDP와 실질 총산출 비중과 고용비중이 서로 다르게 분포되어 있기 때문에 정책수단 도입 및 규제에 따른 경제지표와 고용지표의 효과는 대분류 산업구조에서는 다르게 나타난다는 의미이다.

본 절에서는 이에 더하여 제조업 세부산업별로 배출권거래제 정책 수행으로 부담하는 GDP 변화와 국제경쟁력을 나타내는 수출 변화 결과를 분석하였다. 주요 산업부문별 거시경제 파급효과 추정결과에 따르면 탄소 규제에 따라 목표 감축률이 높고 기본 배출량이 매우 큰 요인과 함께 대부분 전력소비와 연관되는 간접배출원에 대한 규제로 인하여 산업활동의 감소가 예상되어, 수출비중이 높고, 전력소비 비중이 높은 제조업 세부 산업부문이 다른 부문에 비해 큰 영향을 받는 것으로 나타났다.

가장 상위 시나리오인 배출권 가격 5만원 시나리오의 경우 2020년 기준안 대비 GDP는 0.01%(조선)~0.493%(시멘트) 감소하는 것으로 예상되었고, 수출은 0.02%(조선)~0.25%(시멘트) 감소하는 것으로 예상되었다. 시멘트는 대표적 화석연료 사용부문이고 전력비용도 적지 않아 제조업 가운데 가장 높은 국제경쟁력 저하 효과가 나타날 것으로 예상된다. 조선은 화석연료의 비중이 낮고 전력비용도 전체 매출액 대비 낮은 수준이어서 경제적 효과나 국제경쟁력에 대한 부정적 영향이 비교적 적을 것으로 전망된다. 철강과 전기전자, 석유화학도 화석연료의 소비(철강, 석유화학), 전력비용(전기전자)의 요인으로 인하여 적지 않은 국제경쟁력 저하 효과가 있을 것으로 보인다. 이들 산업은 대표적인 수출산업에 해당하기 때문에 탄소규제의 강도나 배출권 거래제로 형성되는 탄소시장의 교란 요인에 의한 국제경쟁력 측면의 부정적 효과에 대비가 필요하다. 현재 법안의 무역집약도를 기준으로 한 무상배분 조항은 특히 이들 산업에 대한 영향을 고려하여 시행되어야 할 필요성이 있다.

5.4.4 제조업 부문 국제경쟁력과 탄소 누출

본 장의 분석 모형구조를 통하여 제시된 결과는 탄소규제 정책에 대비한 산업 또는 기업 수준의 대응으로 발생하는 탄소누출효과를 명시적으로 포함하지는 않고 있다. 배출권거래제 법안에서는 암묵적으로 탄소규제의 강화에 따라 국내 산업의 수출경쟁력이 약화될 것을 우려하여 무역집약도와 같은 보조적 조치를 통하여 대외 노출 위험이 큰 산업에 대하여 무상 배분을 확대하는 내용을 포함하고 있다. 그러나 모형 추정 결과에 따라 제시되는 일부 산업의 경우 국내 기업 활동의 비용 부담이 클 경우 해당 제품의 수입 증대 및 수출 감소, 해외 이전 등 탄소누출 현상이 일어날 가능성이 있다. 특히 우리나라의 경우 일부 제품과 같이 탄소규제가 덜한 해외 지역과의 교역이 큰 부문의 경우 이러한 효과가 나타날 개연성이 크다.

EU ETS의 도입에 따른 탄소누출효과를 산업별로 분석한 자료에 따르면, 탄소 규제에 노출된 산업의 제품 수요가 규제 수준이 낮거나 존재하지 않는 다른 나라의 제품 수요를 증대시키거나 탄소 규제국의 기업이 해외로 이전하는 효과는 산업의 투입구조나 공정 차이에 따라 다양하게 나타난다.[122)]

EU ETS 도입은 대부분의 산업의 경우 낮은 수준의 탄소규제 상황에서는 세계적인 수요의 변화, 투입 요소 특히 에너지 가격 격차 등에 의하여 생산 장소의 변화가 유발된다고 분석하고 있다. 그러나 탄소규제 수준이 강화되면서 일부 산업에 대한 탄소누출효과가 존재할 수 있다고 설명한다.

우선 에너지 비용의 경우 탄소규제가 부분적으로 비용 인상을 유발하지만 각 국의 에너지 가격정책에 따라 매우 상이한 한계적 비용 인상 효과가 발생하는 것으로 나타났다. 또한 신재생에너지 등 대안적인 에너지원의 존재와 개발 여건도 에너지 비용과 탄소규제의 관계를 불명확하게 하는 요인으로 작용한다. 특히 탄소규제 초기 충분한 할당량으로 인하여 전반적인 비용 상승효과가 적은 것도 EU의 경우 탄소누출요인으로 큰 영향을 미치지 못한 원인이 되었다.

신규 투자의 이전은 탄소누출과 관련하여 새로운 이슈로 부상하고 있다. EU 기업들은 탄소규제 강화가 일정 수준에서 신규 투자의 해외 이전에 영향을 미치는 것으로 인지하고 있다. 일부 산업의 경우 세계 시장에서 EU 산업 신규투자와 생산 비중이 하락한 것으로 나타났다. 이러한 비중하락과 EU 내의 수입 증가는 일부 탄소규제에 기인한 것으로 제시되었다. 특히 미래의 탄소 규제와 이에 따른 탄소 가격의 증대 예상으로 인하여 EU 기업의 투자는 규제 리스크가 상대적으로 낮으며, 국가 리스크가 개도국 가운데 낮으며, 향후 관련 제품 수요의 증대가 예상되는 개발도상국으로 이전되는 경향이 나타났다.

탄소규제로 인하여 유발되는 신규 투자 및 생산 기지 이전 사안은 실증적인 문제이다. 따라서 면밀한 자료와 분석을 바탕으로 장기적인 관점에서 파악하여야 한다. 특히 신규 투자는 현재의 탄소규제 정책 보다는 미래의 정책에 대한 기대에 의하여 결정된다. 이는 각 국별로 매우 상이한 미래 정책의 불확실성과 정책의 단계적 수행 계획이 탄소누출에 지대한 영향을 미친다는 것을 의미한다.

122) Ecosys of Oko-Institut e.V., Carbon Leakage Evidence Project, 2013

5.4.5 정책시사점

이상의 분석 결과는 다음과 같은 정책 시사점을 제공한다.

첫째, 오는 2020년까지 온실가스 배출량은 제조업과 수송 부문이 가장 빠르게 증가할 것이라는 점은 제조업 뿐 아니라 수송 부문에 대한 온실가스 배출 감축수단도 아울러 적극 강구하는 것이 온실가스 중기 감축목표 달성에 필수적임을 시사한다. 더욱이 철강, 정유, 석유화학 등 온실가스를 상대적으로 많이 배출하는 에너지다소비 산업은 수출경쟁력을 꾸준히 유지하면서 우리 경제의 성장에 커다란 기여를 하고 있다는 점을 고려하면, 이들 산업의 온실가스 배출증가는 지속적인 경제성장을 위해서는 상당 기간 동안 불가피하다는 측면을 탄소규제 정책의 세부 내역에 고려하여야 한다.

둘째, 본 장에서의 시나리오와 가정 하에서는 배출권거래제 도입의 거시경제 변수 및 수출에 미치는 영향이 1차 철강, 시멘트, 전기전자, 석유화학 등 일부 산업에 집중되는 것으로 분석되었다. 이는 이들 산업이 다른 업종에 비해 온실가스를 많이 배출하고 온실가스 배출의 한계저감비용이 높은 데 기인하는 것이다. 배출규제가 경제적으로 효율적이기 위해서는 각 업종의 한계저감비용이 균등하도록 업종별 감축목표가 설정이 되어야 한다. 현재 도입되고 있는 온실가스 배출권거래제에서는 이러한 점이 어느 정도 고려가 되어 감축목표가 설정이 되고 있다고 볼 수 있다. 그러나 정책당국이 각 업종의 온실가스 배출 한계저감비용에 대한 구체적인 정보가 없어 정확한 기준에 의해 업종별 또는 업체별로 감축목표를 정하고 있지는 못하고 있다고 볼 수 있다. 따라서 본 장에서 도출된 업종별 영향 추정 결과는 배출권거래제 대상에 어느 업종을 제외할 것인지를 판단하는 데 활용될 수 있을 것이다. 또는 본 연구에서 영향을 상대적으로 많이 받는 산업에 대해서는 거래제 대상에서 제외하지 않더라도 제도 시행령, 지침 등의 폭넓은 해석과 적용을 통하여 배출 감축에 따른 경제적 부담을 경감해 주기 위한 방안이 강구되어야 함을 시사한다.

셋째, 배출권거래제 도입에 따른 수출 변동 효과를 보면, 1차철강, 시멘트, 전기전자, 석유화학 등 일부 산업의 수출이 대단히 큰 타격을 받을 것으로 예측되었다. 지역별로는 미국과 일본, 유럽 등 선진국으로의 수출이 대중국 수출보다 생산비 상승에 따른 어려움이 클 것으로 전망되고 있어, 이들 제품의 대선진국 수출 경쟁력이 약화되지 않도록 보완대책이 필요하다. 그러나 대중국 수출 경쟁력이 대선진국 수출경쟁력보다 낫다는 분석 결과는 지금까지의 수출 성과를 기준으로 하여 평가된 것이다. 앞으로 우리나라는 온실가스 배출을 규제하는 반면 중국은 그렇지 않을 경우 대중국 수출 경쟁력은 현재 평가되는 것보다 악화될 가능성이 있음이 고려되어야 한다.

넷째, 국제경쟁력은 배출권거래제 시장에서 형성되는 배출권 가격과 직결되는 사안이다. 따라서 탄소시장의 활성화뿐만 아니라 시장의 안정화와 적정가격의 설정이 이루어지도록 면밀한 노력이 필요하다. 법안과 시행령에 명기된 시장 교란 요인 조항을 적극 활용하여 독점화 등 불필요한 시장의 혼란에 대응하여야 한다. 거래가 활발히 이루어지고 안정적인 균형가격을 형성할 수 있을 때에만 배출권거래제가 온실가스 배출을 감축하는 비용을 최소화함으로써 국내 산업의 국제경쟁력 약화를 방지하는 데 기여할 수 있을 것이다. 이러한 측면에서 제도 시행과 함께 배출권시장의 불확실성 해소, 탄소 펀드 등 탄소배출권의 가격 안정화를 가져 올 상품 개발의 확대, 그리고 배출권 컨설팅이나 가격 및 거래량 연구 및 신용평가기관의 역할 확대를 통한 탄소배출권 거래의 신뢰성 확보가 요구된다.

다섯째, 우리나라 온실가스 총량목표 설정에 따라 수출경쟁력 영향이 경제 전체로 비교적 크게 나타나고 있고, 산업부문별로 차별화되어 발생할 것으로 예상되는 만큼 국제경쟁력 유지를 위한 방안을 마련하는 것이 필요하다. 국제경쟁력 저하에 크게 노출되어 있는 산업의 경우에는 할당방식의 차별화를 통해서 규제준수 부담을 보다 효율적이고 공평하게 설정하여야 한다. 예를 들어, 앞서 논의된 것과 같이 무역의존도, 에너지집약도에 대한 일정수준의 기준을 마련하여 이러한 기준에 부합하는 산업에 대해서는 무상할당의 폭을 다른 산업에 비해 높게 설정하는 것이 필요하다. 또한 이러한 기준마련을 위해서는 업종별, 산업별로 기준마련을 위한 분석이 필요하며, 국제경쟁력이 심각하게 손상될 위험이 있는 산업에 대해서는 배출권 수입의 일부를 간접적으로 활용할 수 있는 방안이 마련되어야 한다. 이 경우 WTO의 규범 등 자유무역과 관련된 국제협약의 기본원칙을 검토하여 불필요한 마찰을 최소화하여야 한다.

PART

6

산업경쟁력과 기후변화정책

인간의 인위적 행위로 인한 대기 중의 온실가스 농도 증가가 기후변화 문제의 핵심원인으로 지목됨에 따라, 국제 사회는 금세기말 지구평균온도 상승을 2℃ 이내로 억제하고, 2050년까지 대기 중 이산화탄소 농도를 450ppm 이하로 유지한다는 글로벌 장기목표의 실현을 위해 다양한 노력을 기울이고 있다. 2005년에는 선진국의 온실가스 감축의무를 명시한 교토의정서[123]를 발효했고, 2020년까지 2차 공약기간으로 연장하였다. 현재는 2020년 이후 개도국과 선진국이 모두 참여하는 新기후체제 도입을 위한 국제적인 협상이 진행 중에 있다.

우리나라도 2008년 국제사회의 기후변화 대응노력에 동참하는 동시에 녹색기술・산업을 新성장동력으로 육성하자는 개념의 '저탄소 녹색성장'을 신국가발전 패러다임으로 제시하였다. 또한 교토의정서 상 온실가스 의무감축국은 아니나 자발적인 국가 온실가스 감축목표[124]를 공표하였으며, 본격적인 기후변화 대응 활동의 추진을 법적・제도적으로 뒷받침하기 위한 「저탄소녹색성장기본법」을 제정하였다. 2012년부터는 국가 온실가스 감축 목표 달성을 위한 온실가스 배출규제인 온실가스・에너지 목표관리제가 본격적으로 시행되고 있으며, 2015년부터는 배출권거래제가 추가적으로 도입된다.

그러나 오염물질을 제거할 수 있는 방지시설을 설치함으로써 감축목표를 달성할 수 있는 환경규제와는 달리, 온실가스에 대해서는 뚜렷한 제거기술이 없기 때문에 산업계는 온실가스 배출규제에 대해 부담을 느낄 수밖에 없다. 산업계에서는 우리나라는 온실가스 의무감축국이 아니기 때문에 2009년 목표설정 당시와는 달라진 국내외 여건을 고려해 국가 온실가스 감축목표를 실효성 있게 재조정해야 하며, 국제적인 기후변화 대응 흐름에 맞춰 우리의 정책도 추진되어야 한다고 주장하고 있다. 반면, 환경 및 시민단체에서는 온실가스 감축을 통한 기후변화 문제에 적극 동참하여야 하며, 국제사회의 신뢰를 훼손하지 않기 위해 기존 감축목표의 달성은 필수적이라고 주장하고 있다. 이를 위해 보다 강력하게 규제 정책을 펼쳐야 한다고 말한다.

우리나라와 같은 에너지다소비 산업구조에서는 온실가스 배출량은 곧 에너지소비량인 동시에 경제성장률이라고 볼 수 있다. 더욱이 우리나라는 수출주도형 국가로 수출 증대는 경제 활성화와 일자리로 직결되는 연결고리인 만큼 온실가스 감축을 위한 비용발생은 제품 가격의 상승으로 이어져 국가 국제경쟁력을 훼손시킬 수 있는 주요한 요인으로 작용할 수 있다. 따라서 본 장에서는 우리나라의 기후변화 대응 정책에 대한 산업계와 학계의 인식조사를 통해 각각의 시각을 살펴보고자 한다. 또한 산업경쟁력 측면에서 현재 국가 정책을 검토해보고 산업경쟁력을 고려한 바람직한 기후변화 정책방향에 대한 제언을 하고자 한다.

---

123) 1차 공약기간, 2008~2012년

124) 2020년 온실가스 배출전망치(Business As Usual, 이하 BAU) 대비 30% 감축

본 장에서는 국가 기후변화정책에 대한 산업계 관계자, 관련 학계 관계자, 정부 관계자를 대상으로 각 이해관계자간의 인식차이를 확인하기 위해 설문조사를 실시하였다.

설문조사의 주요 내용은 아래에서 보는 것과 같다.

- 2020년 국가 온실가스 배출전망(BAU)
- 2020년 온실가스 감축목표
- 배출권거래제 도입의 필요성
- 국제협상에서 우리나라의 역할
- 산업경쟁력을 고려한 국내 산업부문의 적절한 규제수단
- 2020년 이후 우리나라 감축목표 설정방식
- 규제 준수에 따른 기업의 애로사항

6.1 산업계가 바라는 기후변화정책

6.1.1 설문조사 구성 및 응답자 특성

설문조사에는 배출권거래제 참여기업, 온실가스・에너지목표관리제 관리업체, 그 외 기업 등 359개사가 참여하였다. 배출권거래제 참여업체 159개사(44.3%), 온실가스・에너지목표관리제 관리업체 112개사(31.2%, 배출권거래제 참여업체 제외), 비관리업체 88개사(24.5%) 등 총 359개사가 설문에 참여하였다. 이 중 대기업은 239개사(66.6%), 중소기업은 120개사(33.4%)였다. <표 6.1>은 설문조사 참여기업의 특성을 나타낸 것이다.

〈표 6.1〉 설문조사 응답기업 특성

구분		기업수	구성비(%)
전체		359	100.0
규제대상	배출권거래제	159	44.3
	관리업체	112	31.2
	비관리업체	88	24.5
규모	대기업	239	66.6
	중소기업	120	33.4

업종	석유화학	57	15.8
	제지목재	21	5.8
	철강	34	9.4
	발전에너지	33	9.2
	시멘트	19	5.3
	비철금속	21	5.8
	요업	18	5.0
	자동차	33	9.2
	기계	13	3.6
	반도체/전기전자/디스플레이	35	9.7
	섬유	14	3.9
	조선	10	2.8
	통신	7	1.9
	정유	3	0.8
	광업	3	0.8
	기타	39	10.8

6.1.2 설문조사 결과

(1) 2020년 우리나라 온실가스 배출전망(BAU)

2009년 우리나라는 2020년 우리나라 온실가스 배출전망(BAU)을 수립하였으며, 이를 근거로 온실가스 감축목표 및 감축정책을 수립하였다. 기준연도는 2005년이며, 기준연도 배출량은 594백만톤CO_2eq이다. 2020년의 정부 배출전망치는 776백만톤CO_2eq으로 기준연도 대비 약 30% 정도의 배출량 증가를 예측하였다.

국내 기업을 대상으로 2020년 우리나라 온실가스 배출전망에 대한 의견을 조사한 결과, 약 62.4%가 적절하지 않다는 시각을 가지고 있었으며, 적절한 편으로 생각하고 있는 기업은 약 8.3%인 것으로 나타났다. 가장 부정적인 답변인 '전혀 적절하지 않다'고 응답한 기업이 24.5%로 전체 응답기업의 약 4분의 1 정도가 상당히 부정적인 시각을 갖고 있는 것을 알 수 있다. 반면, '매우 적절하다'고 응답한 기업은 0.8%에 불과한 것으로 조사되었다.

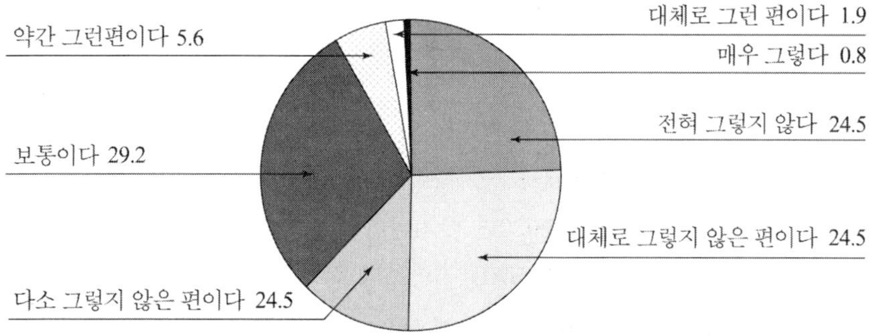

〈그림 6.1〉 2020년 우리나라 온실가스 배출전망에 대한 산업계 의견(n = 359)

온실가스 배출량이 많은 배출권거래제 참여기업(n = 159)을 대상으로만 살펴보면, 부정적 의견이 78.6%였으며, 대기업(65.7%), 목표관리업체(58.9%) 보다 상당히 높은 수준인 것으로 나타났다. 이는 온실가스 배출규제에 노출이 심한 기업일수록 우리나라 온실가스 전망에 대한 부정적인 시각을 가지고 있는 것으로 볼 수 있다. 단순히 규제의 직접적인 대상이기 때문에 '부정적이다'라고 생각할 수도 있으나, 긍정적인 시각을 가지고 있는 배출권거래제 참여기업(7.5%)과 목표관리업체(4.5%)보다 많다는 점에서 규제의 정도가 부정적인 시각으로 직결된다고 볼 수는 없을 것이다. 배출권거래제는 정부와 협상을 통해 자사의 목표를 설정하는 목표관리제와 달리 국가 목표에 따라 배출권이 결정되기 때문에 국가의 BAU 전망이나 감축목표를 보다 객관적으로 판단할 수 있다는 측면도 있다, 또한 국가 온실가스 감축목표 달성을 위한 현실적인 주체가 배출권거래제 참여기업이기 때문에 상당히 부정적인 시각을 가지고 있다는 것은 정부에서 간과해서는 안 될 것이다. 대기업과 중소기업을 비교해보면 대기업의 65.7%가 부정적인 의견을 갖고 있었으며, 중소기업은 55.8%가 부정적인 시각을 갖고 있는 것으로 조사되었다.

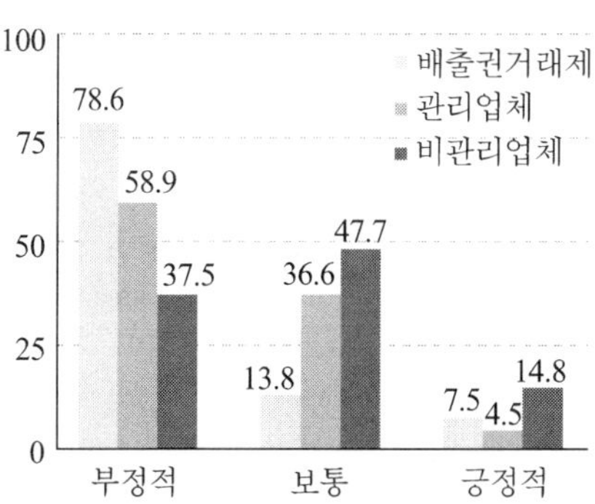

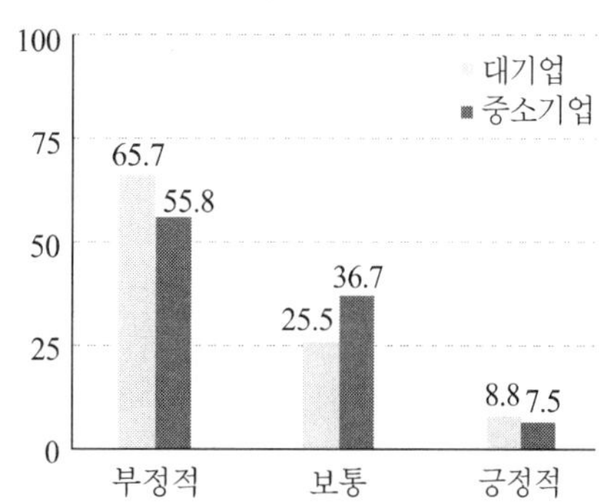

〈그림 6.2〉 2020년 우리나라 온실가스 배출전망에 대한 산업계 의견(기업 유형별)

〈그림 6.3〉 2020년 우리나라 온실가스 배출전망에 대한 산업계 의견(기업 규모별)

(2) 2020년 감축목표(BAU대비 30%)

2009년 우리나라는 2020년 우리나라 온실가스 배출전망을 근거로 하여 BAU대비 30%라는 중장기 감축목표를 수립하였다. 이는 IPCC에서 교토의정서에서 감축목표를 부여하지 않은 non-Annex I 국가들에게 권고한 최고 수준의 감축목표이다.

국내 기업을 대상으로 2020년 우리나라 온실가스 감축목표에 대한 의견을 조사한 결과, 산업계에서는 우리나라 BAU 전망보다 감축목표에 더 부정적인 의견을 나타낸 것으로 조사되었다. 실제로 BAU 전망에 대한 부정적 의견은 62.4% 인 것에 반해, 감축목표에 대해서는 약 71.8%가 적절하지 않다는 시각을 가지고 있었다. 적절한 편으로 생각하고 있는 기업은 약 7%로 BAU에 대해 긍정적으로 응답한 기업(8.2%)보다 낮은 수준인 것으로 조사되었다. 가장 부정적인 답변인 '전혀 적절하지 않다'고 응답한 기업이 34.8%로 전체 응답기업의 약 1/3 정도가 상당히 부정적인 시각을 갖고 있는 것을 알 수 있다. 반면, '매우 적절하다'고 응답한 기업은 0.6%에 불과한 것으로 조사되었다.

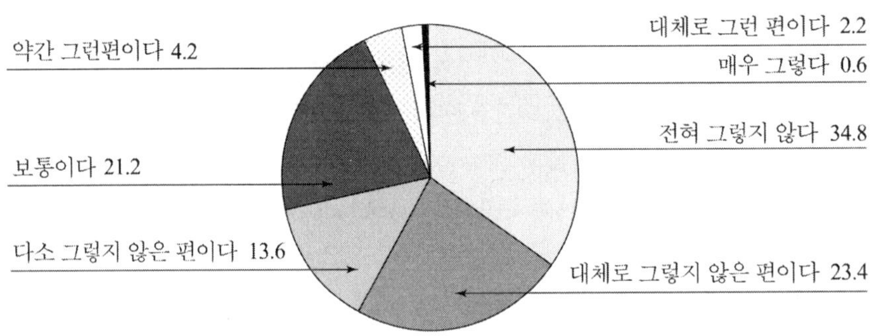

〈그림 6.4〉 2020년 우리나라 온실가스 감축목표에 대한 산업계 의견 (n = 359)

기업을 세분화하여 살펴보면, 배출권거래제 참여기업의 88.6%, 목표관리업체의 69.7%, 비관리업체의 44.3%, 대기업의 75.3%, 중소기업의 65.0%가 감축목표에 대한 부정적인 의견을 제시하였으며, BAU 전망에 대해서 보다 모두 부정적인 의견이 증가한 것으로 분석되었다.

이러한 부정적인 시각은 <그림 6.5>, <그림 6.6>에서 보는 것과 같이 규제의 노출정도와 비례 관계로 나타났으며, 긍정적인 의견 역시 규제 노출정도와 반비례하는 것으로 조사되었다.

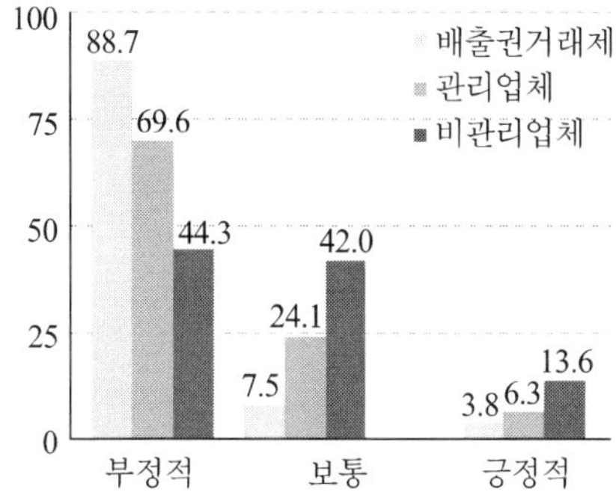

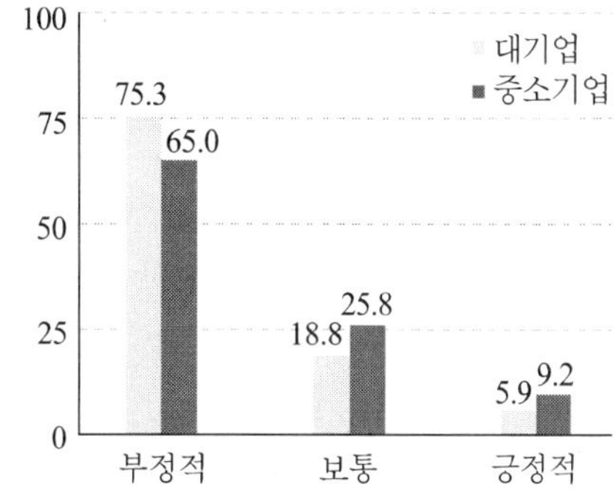

〈그림 6.5〉 2020년 우리나라 온실가스 배출전망에 대한 산업계 의견(기업 유형별)
〈그림 6.6〉 2020년 우리나라 온실가스 배출전망에 대한 산업계 의견(기업 규모별)

(3) 2020년 감축목표 달성 가능성

2009년 수립한 2020년 온실가스 배출전망 대비 30%라는 감축목표의 달성 가능성에 대한 의견을 조사하였다. 그 결과, 국내 산업계의 70%가 부정적인 의견을 제시하였으며, 약 9.5%만이 긍정적인 시각을 갖고 있는 것으로 나타났다. 가장 부정적인 답변인 '전혀 적절하지 않다'고 응답한 기업이 26.2%로 가장 높은 응답률을 보였다. 반면, '매우 적절하다'고 응답한 기업은 전체의 0.6%에 불과한 것으로 나타났다.

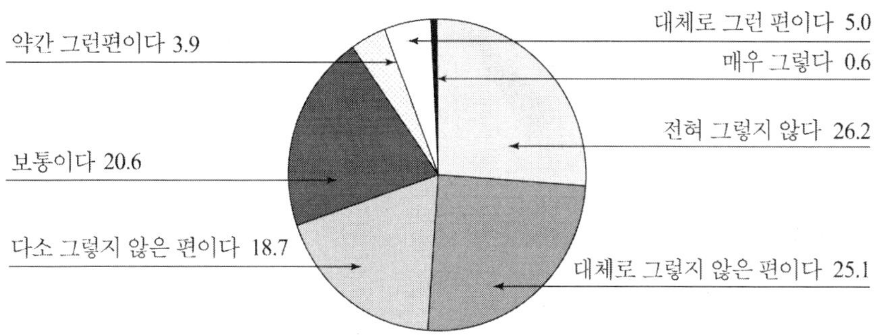

〈그림 6.7〉 2020년 우리나라 온실가스 감축목표 달성가능성에 대한 산업계 의견

기업을 세분화하여 살펴보면, 배출권거래제 참여기업의 82.4%, 목표관리업체의 67.9%, 비관리업체의 50.0%가 우리나라 목표달성에 대해서 부정적인 전망을 하고 있는 것으로 조사되었다. 대체로 감축목표에 대한 적절성에 대한 부정적인 시각보다는 달성 가능성에 대한 부정적인 의견이 약간 낮은 추세를 보였으나, 비관리업체의 경우만 부정적인 시각이 크게 증가한 것으로 조사되었다.

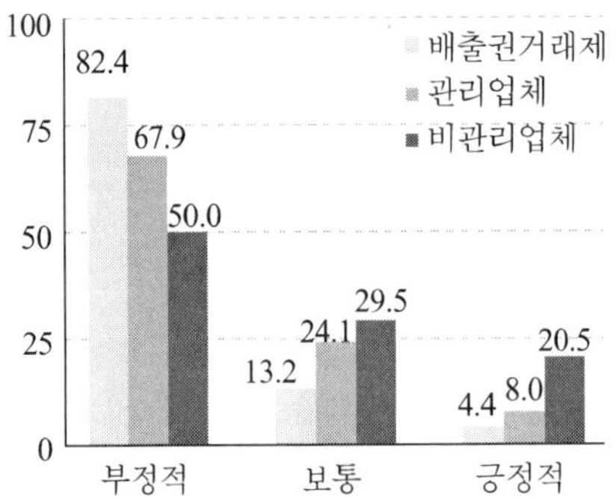

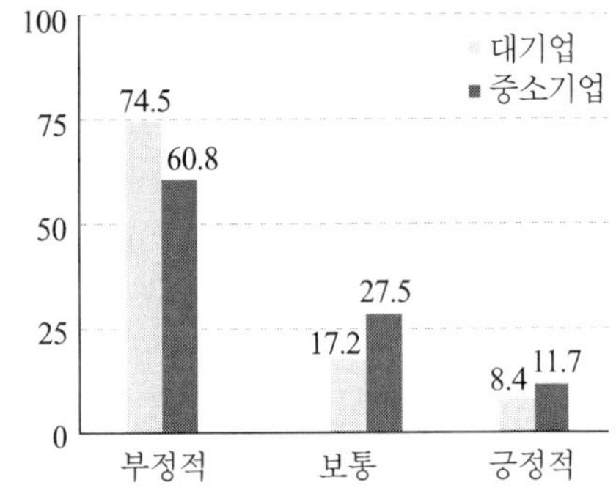

〈그림 6.8〉 2020년 우리나라 온실가스 감축목표 달성가능성에 대한 산업계 의견(기업 유형별)

〈그림 6.9〉 2020년 우리나라 온실가스 감축목표 달성가능성에 대한 산업계 의견(기업 규모별)

우리나라 감축목표 달성에 대한 긍정적인 의견을 제시한 이유에 대해 설문을 실시한 결과, 산업부문 온실가스 규제정책의 효과성이 30.7%로 가장 많았으며, 신재생에너지 및 발전/에너지정책 13.3% 등이 높은 응답률을 보였다.

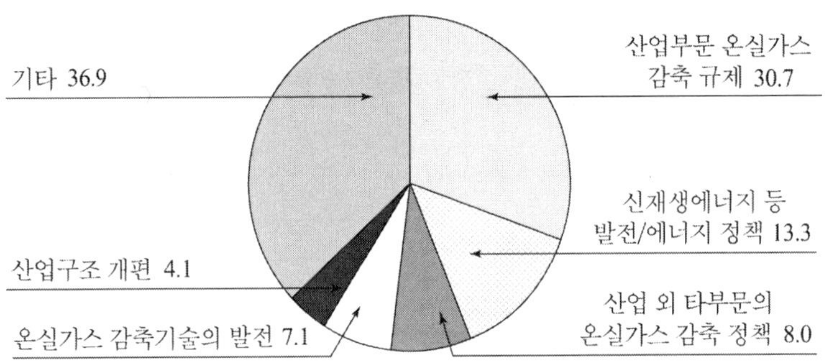

〈그림 6.10〉 2020년 국가 온실가스 감축목표 달성의 긍정적 근거

반대로, 2020년 감축목표 달성이 어려운 이유를 문의한 결과, 산업부문의 감축여력 부족이 29.0%로 가장 많았으며, 감축기술의 한계 17.2%, 국가 배출전망치 및 감축목표의 부적절성 16.6% 등을 근거로 제시하였다.

추가적으로 2020년 감축목표 달성을 위해 필요한 조치에 대한 설문을 실시한 결과, 응답기업의 절반이 넘는 기업이 배출전망치 및 감축목표를 재조정하여야 한다는 의견을 제시하였다. 그 다음으로는 감축기술에 대한 투자 14.9%, 원전확대 9% 등이 근거로 제시되었다.

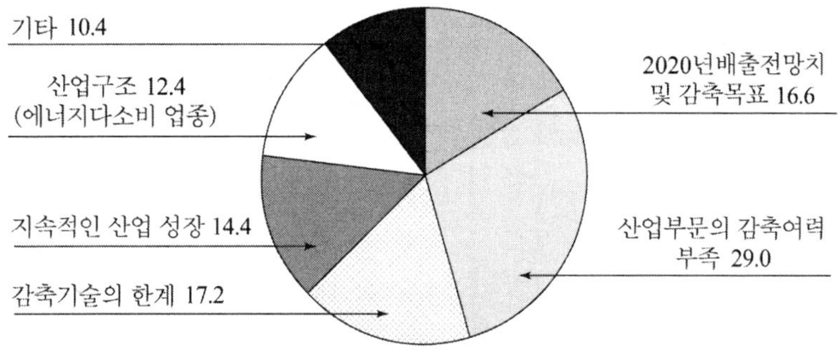

〈그림 6.11〉 2020년 국가 온실가스 감축목표 달성의 부정적 근거

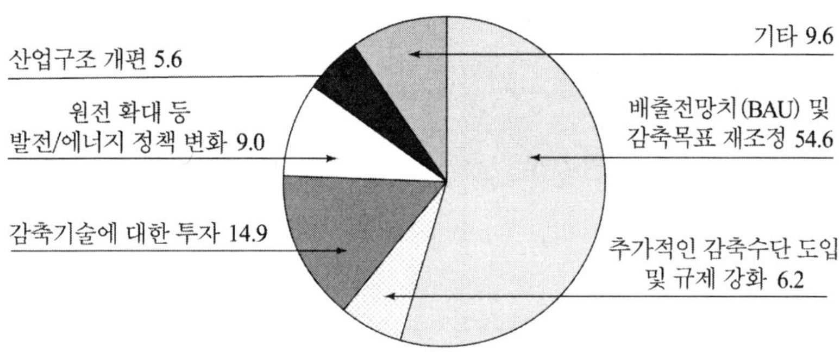

〈그림 6.12〉 2020년 국가 온실가스 감축목표 달성을 위해 필요한 조치

6.2 학계가 바라는 기후변화정책

6.2.1 설문조사 구성 및 응답자 특성

설문조사에는 정부, 학계, 산업체 연구소 등 112명이 참여하였다. <표 6.2>는 설문조사 응답자의 특성을 나타낸 것이다.

설문 응답자의 사회적 특성은 성별은 남성 85명(76%), 여성 27명(24%)으로 나타났고 연령대로는 20대가 33명(29%)으로 가장 많았으며, 30대 31명(28%), 40대 14명(20%), 50대 13명(15%), 60대 이상은 4명(5%)이었다.[125] 평균 나이는 39세이었으며, 최소 나이는 24세, 최대 나이는 82세로 나타났다. 소속은 정부가 30명(27%)으로 가장 높았고 학계 28명(25%), 산업계가 22명(20%), 기타(국제기구, 비영리단체, 공군 기상단, 연구

125) 설문 응답자 중 5명은 연령대를 기재하지 않아 결측 처리하였다.

소, 대학원생) 28명(28%)으로 조사되었다. 업무경력은 3년 미만이 43명(38%)으로 높았으며 그 다음으로 10년 이상~20년 미만이 24명(21%), 20년 이상이 19명(17%), 3년 이상~5년 미만 16명(14%), 5년 이상~10년 미만 9명(8%) 순으로 나타났다.

〈표 6.2〉 설문조사 응답자 특성

구분		빈도(명)	비율(%)	구분		빈도(명)	비율(%)
성별	남성	85	76	소속	정부	30	20
	여성	27	24		산업체 연구소	22	26
연령	20대	33	29		학계	28	25
	30대	31	28		기타	32	28
	40대	22	20	업무경력	3년 미만	43	38
	50대	17	15		3년 이상~5년 미만	16	14
	60대	4	4		5년 이상~10년 미만	9	8
	결측	5	4		10년 이상~20년 미만	24	21
					20년 이상	19	17

6.2.2 설문조사 결과

(1) 온실가스 배출전망 및 감축목표

<그림 6.13>은 각계 전문가 집단의 배출전망 예측과 감축목표 설정, 감축목표 달성에 대한 인식도를 나타내었다. 인식도 축의 숫자 1은 "매우 그렇다"로 긍정적인 의미를 의미하고, 7은 "전혀 그렇지 않다"로 부정적 의미로 나타내었다.

'온실가스 배출전망 및 감축목표에 대한 인식도'와 관련하여 '2020년 우리나라 온실가스 배출전망이 적절하게 예측되었다.'는 문항과 '우리나라 온실가스 감축목표는 적절하게 설정되었다.' 문항의 각각 인식도는 3.78과 4.03으로 '보통'으로 나타났으며, 감축목표 달성 가능 여부에 대한 문항의 인식도는 4.75로 '다소 그렇지 않은 편'으로 나타났다.

'감축목표 달성이 가능하다.'로 답한 응답자들은 달성 가능성의 요인을 신재생에너지 등 발전·에너지 정책이라 응답했으며, '감축달성이 어렵다.'고 판단한 응답자들은 산업구조(에너지다소비 업종) 때문이라고 응답했다. 감축달성이 어렵다고 답한 응답자들은 감축목표 달성을 위한 조치로 배출전망치 및 감축목표의 재조정이라 응답하였다.

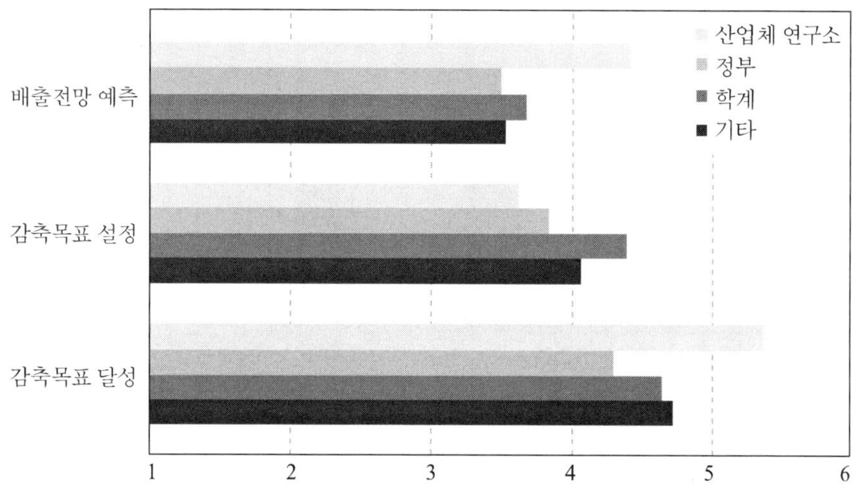

〈그림 6.13〉 온실가스 배출전망과 감축목표에 대한 인식도

(2) 온실가스 감축목표 달성 여부

<그림 6.14>는 온실가스 감축달성 가능 근거에 대한 선호도를 나타내었다. 2020년 정부의 온실가스 감축목표 달성이 가능하다고 답변한 인원은 총 22명으로 전체응답자의 약 20%로 나타났다. 전체 응답자들은 그 요인을 신재생에너지 등 발전·에너지 정책과 산업부문 온실가스 감축규제라 응답하였다. 각계에서 가장 많이 나온 응답을 살펴보면, 산업체 연구소는 감축기술의 한계를 꼽았으며, 정부는 지속적인 산업성장, 학계는 신재생에너지 등 발전에너지 정책이라 응답하였다.

2020년 정부의 온실가스 감축목표 달성이 불가능하다고 답변한 인원은 총91명으로 전체 응답자의 약 80%였으며, 불가능한 이유로 산업구조(에너지다소비 업종)를 답하였다.

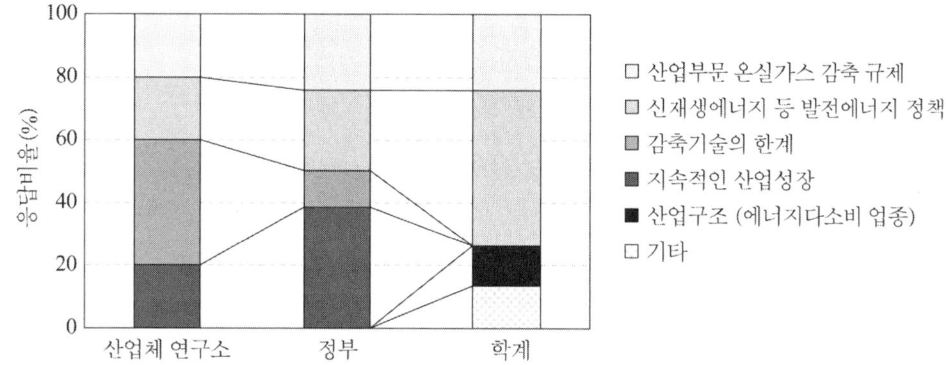

〈그림 6.14〉 온실가스 감축달성 가능 근거에 대한 선호도

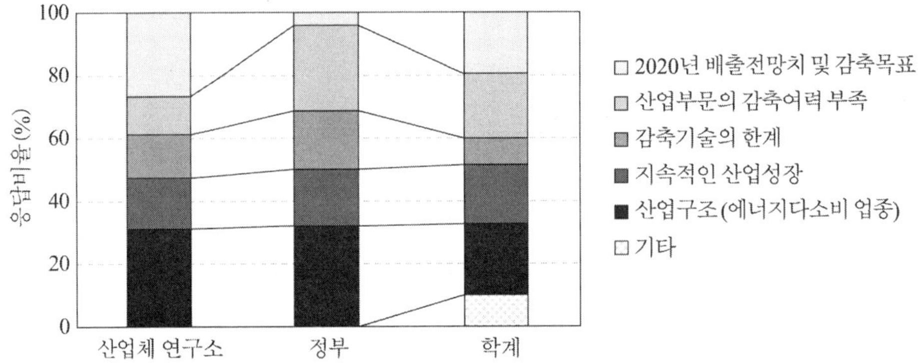

〈그림 6.15〉 온실가스 감축목표 달성 불가능 근거에 대한 선호도

(3) 온실가스 감축목표 달성을 위한 조치

<그림 6.16>은 온실가스 감축목표 달성을 위한 조치를 나타내었다. 전체 응답자 중 온실가스 감축목표 달성을 위한 조치와 관련한 응답은 배출전망치 및 감축목표의 재조정이다. 이는 최근 배출권거래제 도입으로 인하여 산업계에서 제일 자주 나오는 이슈이다. 각계에서 가장 많이 나온 응답을 살펴보면, 산업체 연구소는 추가적인 감축수단 도입 및 규제강화, 정부는 감축기술에 대한 투자와 산업구조 개편이며, 학계는 배출전망치 및 감축목표 재조정이라 응답하였다.

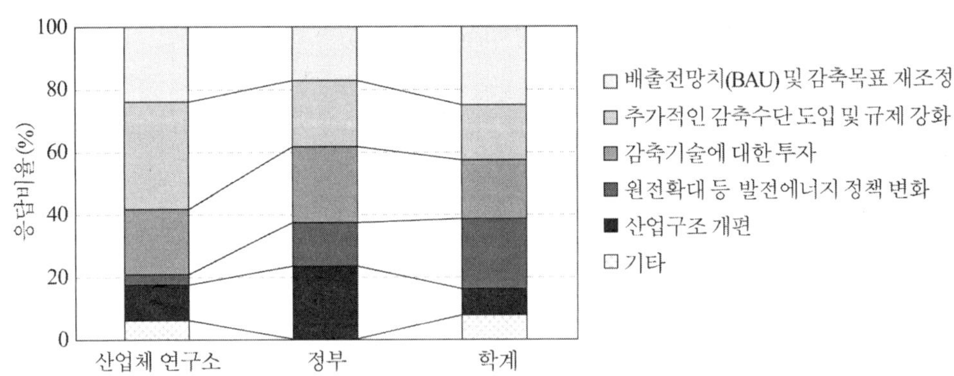

〈그림 6.16〉 온실가스 감축목표 달성을 위한 조치

(4) 감축목표 설정 방식과 감축년도 기준설정

자세한 선호도를 보기위해 빈도분석을 실시하였다. <그림 6.17>에서 보는 바와 같이 전체 응답자들은 주로 EU와 같은 절대량 기준(빈도수 35)이 가장 높았고, 그 뒤로

BAU, 절대량, 원단위 등을 고려한 후 다른 국가 동향을 보고 결정(빈도수 29)이 차지하였다.

현재의 감축년도 배출전망치 감축 방식은 에너지 사용량 증가는 배출 전망치 상승 요인이 되지만 경제 성장률 감소와 국제 유가 상승은 감소 요인이 돼 전망치가 증가할지 감소할지는 실제 작업을 해봐야 알 수 있다는 단점이 있다. 2020년 이후 국가 감축목표 설정 방식과 관련하여, 응답자들은 EU와 같은 절대량 기준(예, 2030년까지 2000년 대비 ○○% 감축) 방식을 선호하였고, 국가 감축목표 기준은 2030년을 선호하는 것으로 조사되었다.

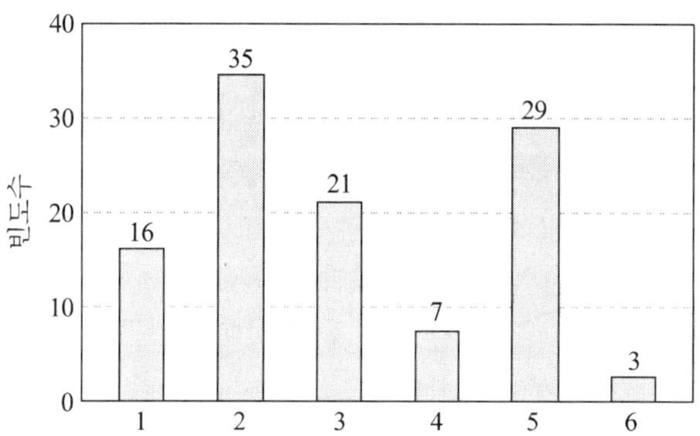

[보기] 1. 현재 국제사회에 공약한 BAU(배출전망치) 대비 기준
2. EU와 같은 절대량 기준(예, 2030년까지 2000년 대비 00% 감축)
3. GDP 대비 원단위 기준(예, $tCO_2eq/\$ppp$)
4. 기타 원단위 기준(예, 인구, 생산 활동(제품) 등)
5. BAU, 절대량, 원단위 등을 고려한 후 다른 국가 동향을 보고 결정
6 기타

〈그림 6.17〉 감축목표 설정방식 빈도분석

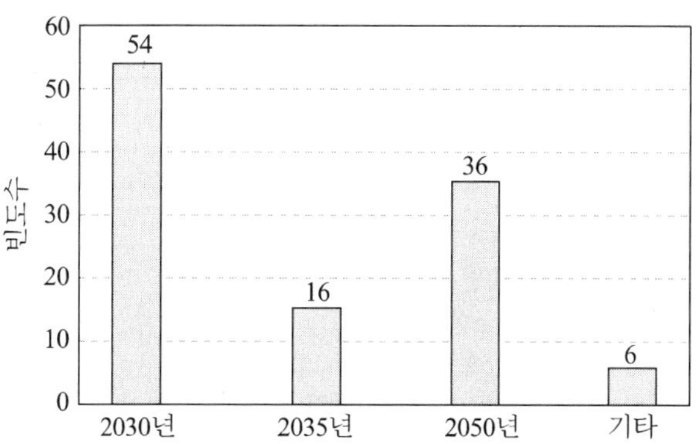

〈그림 6.18〉 감축목표 연도기준 설정 빈도분석

빈도분석 결과와 같이 전체에서 2030년이라 응답한 사람이(빈도수 54) 과반수 가까이로 가장 많았다. 각 소속으로 보면, 산업계는 EU와 같은 절대량 기준(빈도수 5) GDP 대비 원단위 방식(빈도수 5)으로 두 응답이 같게 나타났다. 정부와 학계는 EU와 같은 절대량 기준이 가장 많았다. EU와 같은 절대량 기준을 가장 많이 선택한 소속은 학계이며, 전체 응답의 25.7%였다.

<표 6.3>은 우리나라에 적합한 2020년 이후 감축목표 설정방식에 대한 응답을 나타내는 표이다. 전체 응답자들 중 가장 높은 비율인 31.5%는 EU와 같은 절대량 기준(예, 2030년까지 2000년 대비 00% 감축)을 선호하고 있다. 산업계의 가장 높은 비율은 다른 국가 동향 고려(BAU, 절대량, 원단위 등을 고려한 후 다른 국가 동향을 보고 결정)로 조사되었으며, 뒤이어 절대량 기준과 GDP 대비 원단위 방식을 선호하는 비율이 같게 나타났다. 정부 관계 부처 전문가도 절대량 기준이 가장 높은 비율을 보이고 있고 그 다음으로 원단위 방식을 선호하는 것으로 조사되었다. 하지만 빈도수를 보면 한곳에 크게 치우치지 않고 고르게 나타나 정부 관계 부처 전문가 안에서도 다양한 의견이 있음을 알 수 있었다. 학계 전문가의 가장 높은 비율을 나타내는 것은 다른 국가 동향 고려로 나타났다. 이는 학계의 전문가들의 39.3%에 달하며, 뒤를 이어 절대량 기준이 32.1%로 조사되었다. 설정 방식 중 전체 응답자가 가장 높은 절대량 기준은 빈도수 1 차이로 학계 전문가가 정부 관계 부처 전문가에 비해 높았으며, 뒤이은 다른 국가 동향 고려는 학계 전문가의 비율이 산업체 연구소 전문가보다 높게 조사되었다.

〈표 6.3〉 감축목표 설정 방식 인식 분석(단위 : %, 명)

문항	우리나라에 적합한 2020년 이후 국가 감축목표는 설정 방식						
구분	BAU 기준	절대량 기준	원단위 기준	기타 원단위 기준	다른 국가 동향 고려	기타	전체
산업체 연구소	13.6(3)	22.7(5)	22.75	0(0)	36.4(8)	4.5(1)	100.0(22)
정부	16.7(5)	26.7(8)	23.3(7)	13.3(4)	20.0(6)	0(0)	100.0(30)
학계	10.7(3)	32.1(9)	14.3(4)	3.6(1)	39.3(11)	0(0)	100.0(28)
기타	16.1(5)	41.9(13)	16.1(5)	6.5(2)	12.9(4)	6.5(2)	100.0(31)
합계	14.4(16)	31.5(35)	18.9(21)	6.3(7)	26.1(29)	2.7(3)	100.0(112)

[보기] 1. 현재 국제사회에 공약한 BAU(배출전망치) 대비 기준
2. EU와 같은 절대량 기준(예, 2030년까지 2000년 대비 ○○% 감축)
3. GDP 대비 원단위 기준(예, $tCO_2eq/\$ppp$)
4. 기타 원단위 기준(예, 인구, 생산 활동 등)
5. BAU, 절대량, 원단위 등을 고려한 후 다른 국가 동향을 보고 결정
6. 기타

〈표 6.4〉 감축 목표년도 기준 설정 인식 분석(단위 : %, 명)

문항	2020년 이후 국가 감축목표 기준 연도				
구분	2030년	2035년	2050년	기타	전체
산업체 연구소	63.6(14)	13.6(3)	18.2(4)	4.5(1)	100.0(22)
정부	40.0(12)	16.7(5)	43.3(13)	0(0).	100.0(30)
학계	60.7(17)	10.7(3)	21.4(6)	7.1(2)	100.0(28)
기타	34.4(11)	15.6(5)	40.6(13)	9.4(3)	100.0(32)
전체	48.2(54)	14.3(16)	32.1(36)	5.4(6)	100.0(112)

<표 6.4>는 2020년 이후 국가 감축 목표는 몇 년을 기준으로 설정하는 것이 적절한지 응답에 대한 분석이다. 전체 응답자들의 48.2%는 2030년으로 설정하는 것이 적절하다고 조사되었다. 산업체 연구소와 학계는 2030년으로 기준을 설정하는 것이 적절하다고 60% 이상 응답하였다. 정부 관계 부처 전문가는 43.3%가 2050년을 기준으로 해야 한다고 응답한 반면, 2030년이라고 응답한 비율도 40%로 높았다.

(5) 배출권거래제 도입과 온실가스 감축규제 수단

감축 목표 달성을 위한 배출권거래제 인식도 빈도분석 결과를 <그림 6.19>에 나타내었다. 대체로 "그런 편이다"(빈도수 35)와 "매우 그렇다"(빈도수 32)부터 보통이다 까지 배출권거래제 도입에 대해 대다수의 응답자들이 긍정적으로 생각하고 있는 것으로 나타났다.

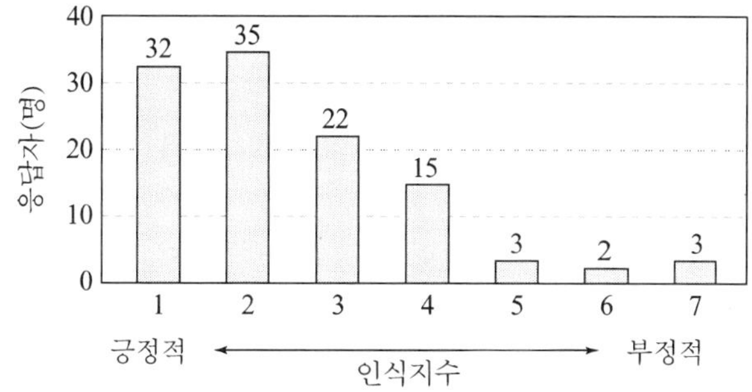

〈그림 6.19〉 감축 목표 달성을 위한 배출권거래제 인식도 빈도분석

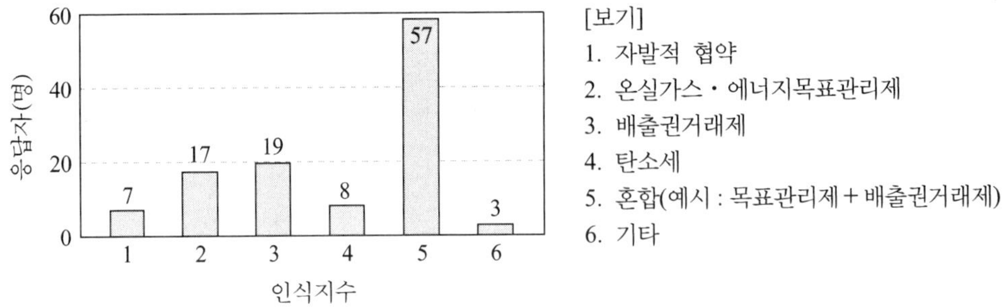

〈그림 6.20〉 산업부문 효과적인 온실가스 감축 규제 수단 인식도 빈도분석

<그림 6.20>의 산업부문의 효과적인 온실가스 감축 규제 수단에 대한 빈도분석을 보면 과반수 이상이 혼합이라 응답하였다(빈도수 57). 뒤를 이어 배출권거래제(빈도수 19), 온실가스 에너지 목표관리제(빈도수 17)라 응답하였다.

빈도분석에서 이미 배출권거래제 도입에 대해 긍정적 결론이 나왔지만, 소속별의 인식을 보기위해 <표 6.5>의 감축 목표 달성을 위한 배출권거래제 인식 분석표를 작성해 보았다. "보통이다" 이상의 빈도수를 세었을 때 가장 긍정적으로 생각한 소속은 29로 나타난 정부 관계 부처 전문가였다. 그 다음이 학계 전문가(빈도수 25)와, 산업계 전문가(빈도수 21)로 나타났다. 반대로 배출권거래제 도입이 필수적이지 않다고 생각하는 소속은 학계 전문가(빈도수 4), 정부 관계 부처 전문가(빈도수 2), 산업계(빈도수 1)로 나타났다.

〈표 6.5〉 감축목표 달성을 위한 배출권 거래제 인식 분석(단위 : %, 명)

문항	온실가스 감축목표 달성을 위해 배출권거래제는 필수적이다.							
구분	1*	2	3	4	5	6	7	합계
산업체 연구소	50.0(11)	27.3(6)	9.1(2)	9.1(2)	4.5(1)	0(0)	0(0)	100.0(22)
정부	26.7(8)	36.7(11)	20.0(6)	10.0(3)	3.3(1)	3.3(1)	0(0)	100.0(30)
학계	28.6(8)	21.4(6)	17.9(5)	17.9(5)	3.6(1)	3.6(1)	7.1(2)	100.0(28)
기타	15.6(5)	37.5(12)	28.1(9)	15.6(5)	0(0)	0(0)	3.1(1)	100.0(32)
합계	28.6(32)	31.3(35)	19.6(22)	13.4(15)	2.7(3)	1.8(2)	2.7(3)	100.0(112)

* [보기] 1. 매우 그렇다, 2. 대체로 그런 편이다, 3. 다소 그런 편이다, 4. 보통이다,
5. 다소 그렇지 않은 편이다, 6. 대체로 그렇지 않은 편이다, 7. 전혀 그렇지 않다

〈표 6.6〉 산업부문 효과적인 온실가스 감축규제 수단 인식 분석(단위 : %, 명)

문항	산업부문의 효과적인 온실가스 감축을 위해 적합한 감축규제 및 수단						
구분	자발적 협약	목표 관리제	배출권 거래제	탄소세	혼합	기타	전체
산업체 연구소	4.5(1)	4.5(1)	22.7(5)	4.5(1)	59.1(13)	4.5(1)	100.0(22)
정부	13.3(4)	20.0(6)	16.7(5)	3.3(1)	46.7(14)	0(0)	100.0(30)
학계	0(0)	7.1(2)	14.3(4)	10.7(3)	60.7(17)	7.1(2)	100.0(28)
기타	6.5(2)	25.8(8)	16.1(5)	9.7(3)	41.9(13)	0(0)	100.0(31)
합계	6.3(7)	15.3(17)	17.1(19)	7.2(8)	51.4(57)	2.7(3)	100.0(112)

[보기] 1. 자발적 협약, 2. 온실가스·에너지목표관리제, 3. 배출권거래제, 4. 탄소세
5. 혼합(예시 : 목표관리제+배출권거래제), 6. 기타

산업부문에서 온실가스 감축을 위해 적합한 감축 규제 수단이 무엇인지 각 소속별로 응답결과를 <표 6.6>에 나타내었다. 빈도분석에서도 또한 혼합으로 응답한 자가 가장 높은 것으로(빈도수 57) 조사되었지만 혼합을 가장 많이 선호한 소속은 학계 전문가(빈도수 17)로 조사되었으며, 뒤를 이어 정부 관계 부처 전문가(빈도수 14), 산업체 연구소(빈도수 13)로 조사되었다. 이처럼 각 소속에서 가장 많은 응답은 혼합이지만, 두 번째 높은 응답은 소속별로 달랐다. 산업체 연구소는 배출권거래제를 선호하였고, 정부 관계 부처 전문가는 온실가스·에너지목표관리제, 학계 전문가는 배출권거래제라 응답하였다.

(6) 기후변화 대응 주체 및 국제 사회에서의 역할

기후변화에 대응하기 위해 누구의 노력이 가장 중요하고, 선택지에 있는 정부는 기후변화에 대처하기 위한 대응은 잘 하고 있는지, 기업은 기후변화에 대처하기 위한 대응은 잘 하고 있는지, 마지막으로 시민단체가 기후변화에 대처하기 위한 대응을 잘 하고 있는지 질문하였다. <그림 6.21>의 기술통계에 의하면 응답자들 전체 평균은 기후변화 대응 주체로서 정부의 노력이 제일 중요하다고 나타났으며, 정부의 대응은 4.40로 “보통이다”에 가깝다고 나왔으나. 기업의 대응은 4.71로 “다소 그렇지 않다” 시민단체의 대응은 4.04로 “보통이다”로 나타났다.

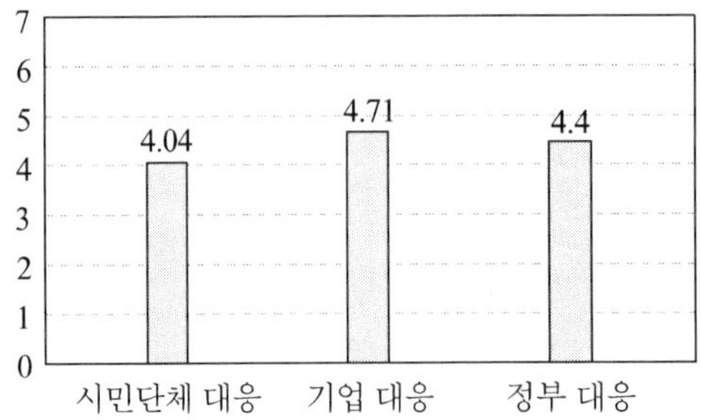

〈그림 6.21〉 기후변화 대응 주체의 노력에 대한 인식도

기후변화 대응 주체 인식 분석 표를 보면 기후변화에 대응하기 위해 누구의 노력이 중요하다고 생각하는지 각 소속별로 응답에 대해 자세히 알 수 있다. 전체 응답에서는 정부(빈도수 41)의 노력이 제일 중요하다고 조사되었으나, 산업계 전문가와 학계 전문가는 기업이 제일 많은 노력을 해야 한다고 응답했다. 정부 관계 부처 전문가는 정부(빈도수 13)가 제일 많은 노력을 해야 한다고 응답하였다.

〈표 6.7〉 기후변화 대응 주체 인식 분석(단위 : %, 명)

문항	기후변화 대응 노력						
구분	국민	기업체	정부	시민단체	국제사회	기타	전체
산업체 연구소	4.5(1)	45.5(10)	27.3(6)	9.1(2)	0(0)	13.6(3)	100.0(22)
정부	26.7(8)	23.3(7)	43.3(13)	6.7(2)	0(0)	0(0)	100.0(30)
학계	21.4(6)	35.7(10)	28.6(8)	7.1(2)	0(0)	7.1(2)	100.0(28)
기타	12.5(4)	25.0(8)	43.8(14)	6.3(2)	3.1(1)	9.4(3)	100.0(32)
합계	17.0(19)	31.3(35)	36.6(41)	7.1(8)	0.9(1)	7.1(8)	100.0(112)

(7) 시사점

국제에너지기구(IEA)에 따르면 우리나라의 이산화탄소 배출량은 세계 9위로서 전체 배출량의 1.8%를 차지하고 있으며, 1990년 이후 배출량 증가율은 85.4%로 세계 1위를 기록하고 있다. 즉, 환경의 지속가능성과 경제발전을 조화시켜 2020년까지 국가 온실가스 감축목표를 달성해야 하는 것은 쉽지 않은 과제이다. 따라서 우리 산업의 경쟁력을 제고하고 효과적으로 온실가스를 감축하기 위해 다음과 같은 제안을 하고자 한다.

우선, 국가 배출전망치와 감축목표를 현실적으로 재검토하여 우리 산업계가 달성 가능한 2020년 이후 감축목표를 설정하여야 할 것이다. 실제 배출량보다 과소 추정된

2020년 배출전망으로 인한 부담은 우리 경제 발전의 지속적인 걸림돌로 작용할 것이다. 이로 인해 배출권거래제 등 산업부문의 규제가 강화될 것이고 이러한 과중한 비용 부담은 국내 투자 활성화의 장애요인으로 작용함은 물론 물가 상승, 고용 감소 등 국민경제에도 큰 부담으로 작용할 것이다, 또한 2020년 이후 국가 목표 또한 이렇게 과소 추정된 배출전망치를 토대로 수립하여야 한다는 점에서 문제는 더욱 심각할 수밖에 없다. 따라서 실제 배출량 증가 추이를 고려하여 보다 현실적인 국가 배출전망치를 재산정하고, 국내 감축여력에 대한 조사·분석을 통해 타당한 감축목표를 설정하여야 할 것이다. 이를 통해 2020년 이후 감축목표는 보다 합리적으로 수립되어야 할 필요가 있다.

국내 규제 대상기업들에게 보다 다양한 상쇄수단을 제공하고 상쇄사업 활성화를 위한 지원을 확대해 나가야 할 것이다. 상쇄는 배출권거래제 참여기업에게 경제적 유인을 제공함으로써 감축비용 부담을 경감시키는 역할을 할 뿐만 아니라, 비규제 대상의 온실가스 감축활동 참여를 견인하는 중요한 역할을 한다. 따라서 비용효과적으로 감축목표를 달성하기 위해서는 상쇄사업 활성화가 필수적이다. 그러나 현행 배출권거래제 내에서는 대기업과 협력업체간 동반 온실가스 감축시스템인 그린크레디트 제도, 비규제 대상의 자발적인 감축수단인 KVER 제도, 신재생에너지를 통한 온실가스 감축수단인 RPS 등 기존의 상쇄수단들이 모두 배제되어 있다. 따라서 국가는 기존의 다양한 상쇄수단을 배출권거래제의 상쇄사업으로 포함하고, 적극적인 지원을 통해 참여기업의 부담완화 및 신재생에너지 사업의 활성화를 도모하여야 한다.

배출권거래제 참여기업간의 배출권 연계시스템을 고려할 필요가 있다. 예전부터 정부 정책에 적극적으로 참여하여 다양한 감축사업을 시행한 기업들은 이미 기업내부의 온실가스 감축여력에는 한계가 있을 수 있다. 배출권거래제가 본격적으로 시행되면 이미 선진 기술을 도입하였거나, 자발적으로 온실가스를 감축해왔던 기업들이 오히려 손해를 보는 불합리한 상황이 발생할 것이다. 따라서 다수의 회원사를 보유하고 있는 경제단체 등을 활용하여 회원사간의 배출권 연계시스템 구축을 지원하여 기업 내부의 감축한계를 겪고 있는 기업들이 경제적으로 배출권을 확보할 수 있도록 하여야 할 것이다.

장기적인 관점에서는 우리나라에 적합한 국제기후변화협상 전략을 마련하여야 할 것이다. 우리나라는 현재 교토의정서 상의 의무감축국이 아니기 때문에 보다 장기적인 관점에서 준비가 필요할 것이다. 총량규제에서는 우리나라와 같은 에너지다소비, 수출주도형 산업구조를 가진 국가가 불리할 수밖에 없으며, 기업들은 생산과정에서 온실가스 감축여력 부족현상을 극복할 수 없다. 따라서 우리나라의 산업구조 특성을 고려하여, 온실가스 감축규제 방식을 '제품(product) 중심의 관리체계'로 전환할 필요가 있다.

전문가그룹의 기후변화 대응정책 인식도를 중심성 네트워크로 분석을 하였다. 설문의 응답은 2-mode network로 sub노드를 기준으로 1-mode network로 전환하여 생성 후 중심성 분석(Centrality Analyze)에서 연결정도(Degree)분석을 실시하였다. 이 모듈이 측정하는 것은 연결정도에 의해 만들어진 네트워크 구조에 기초한 중심성이다. 중심성은 각각의 노드에 인접하는 노드들의 부분에 의해 계산되며 계산식에 의해 <그림 6.22>과 같은 네트워크 중심도가 구성이 된다.

<표 6.8>의 연결정도 중심성 벡터값은 각 노드에 대해 중심성 값을 나타내고 있다. 이 벡터값에 의해 <그림 6.22> Concentric Map(동심지도)를 나타낼 수 있다.

<그림 6.22>를 보면 노드가 가지고 있는 높은 중심성 지수가 중앙에 가까이 배치되어 있다. 가장 중심에 있는 세 문항은 2020년 우리나라 온실가스 감축목표 달성가능 여부, 정부의 기후변화에 대처하기 위한 대응, 기업의 기후변화에 대처하기 위한 대응이었다. 자세한 결과는 <표 6.8> 중심도 분석 결과 Concentric Map 순위도를 통해 알 수 있다.

2020년 온실가스 배출전망과 2020년 온실가스 감축목표에 대한 전문가들의 응답 중 온실가스 배출전망 예측에 대해서는 응답자의 68.8%가 대체적으로 바르게 예측되었다고 응답하였다. 온실가스 감축목표 설정은 응답자의 58%가 적정하게 설정되었다고 응답하였다. 그러나 2020년 온실가스 감축목표 달성에 대해서는 응답자의 70.5%가 달성이 불가능할 것이라고 답변하였다. 온실가스 배출량 예측을 수립하고 결정하는데 주요 역할을 하는 정부부처나 정부연구기관들은 정부의 배출량 예측에 대해 50% 이상이 적절하게 예측되지 못했다는 입장을 취하고 있는 것이다.

〈표 6.8〉 연결정도 중심성 벡터값

문항번호	문항	in-degree centrality Vector	out-degree centrality Vector
1	배출전망예측	0.232759	0.232759
2	감축목표설정	0.185345	0.185345
3	목표달성여부	0.150862	0.150862
4	배출권거래제	0.206897	0.206897
5	기후변화협상	0.202586	0.202586
6	감축규제수단	0.146552	0.146552
7	감축목표설정방식	0.206897	0.206897
8	감축목표설정년도	0.206897	0.206897
9	대응노력	0.211207	0.211207
10	정부노력	0.241379	0.241379
11	기업대응	0.137931	0.137931
12	시민대응	0.193966	0.193966

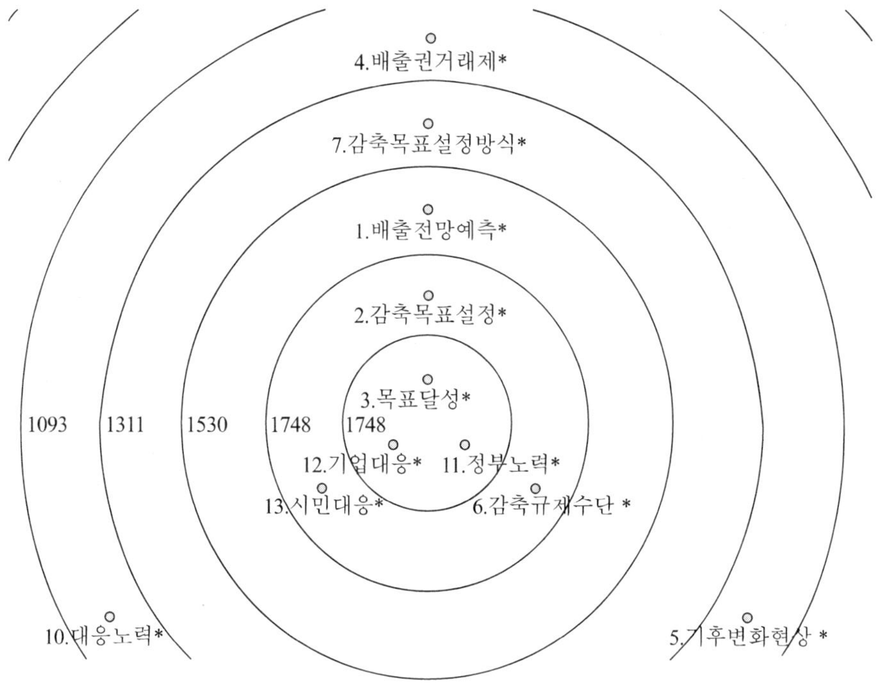

〈그림 6.22〉 중심도 분석 결과(Concentric Map)

정부 소속 부처나 연구기관으로서 현재의 정부 정책에 대해 반대 입장을 취한다는 것은 일반적이지 않다고 볼 수 있다. 이는 정부 내부에서도 현재 정부 정책에 대한 이해와 협의가 부족했다는 것을 의미할 수 있다. 따라서 온실가스 감축목표 설정을 포함한 기후변화 관련 정책에 대한 충분한 논의와 정책 연구가 이루어져야 할 것이다.

참고문헌

강희찬(2010), “동태적 연산일반균형모델을 이용한 탄소배출권거래제 도입의 파급효과 분석”, International Conference on the Economic Impact of a Cap & Trade policy in Korea and its Scale-Up Strategies 발표 자료, 2010. 2. 17.

고려대학교 산학협력단(2008), 「탄소배출권거래제 도입 및 운영에 관한 연구」, 국무총리실, 2008. 12.

관계부처합동(2011. 8.), “제2차 지속가능발전기본계획 2011-2015”

관계부처합동(2013. 6. 4.), “창조경제 실현계획 -창조경제 생태계 조성방안”

관계부처합동(기획재정부, 교육과학기술부, 행정안전부, 문화체육관광부, 농림수산식품부, 지식경제부, 보건복지부, 환경부, 국토해양부, 소방방재청, 농촌진흥청, 산림청, 기상청)(2010. 10.), “저탄소녹색성장기본법 시행에 따른 국가기후변화적응대책(2011-2015)”

국립환경과학원(2012), “2050 기후친화적 안전사회모형개발을 위한 기초연구”, (사)환경과문명 (사)한국기후변화학회.

국무총리실 외(2008), “제1차 국가에너지기본계획 2008-2030”, 대한민국 정부

국회예산정책처(2013), “제6차 전력수급기본계획의 문제점 및 개선과제”, 국회예산정책처

기후변화대책기획단(2008. 9.), “기후변화 대응 종합기본계획”, 국무총리실

김강석(2008), Decomposition analysis of carbon emission in the electricity industry, 서울대학교 석사학위논문.

김규남 · 김강석 · 김연배(2010), “국내 전력산업의 탄소배출 변화요인 분석: 로그평균디비지아지수를 이용한 수요와 공급 측면 분석”, 「자원 · 환경경제연구」, 제19권 제2호, pp.243-282.

김수이(2006). 「계량경제모형을 이용한 탄소세의 산업별 실효성에 관한 연구」, 기본연구보고서 06-11, 에너지경제연구원.

김수이 · 김현석(2011), “LMDI 방법론을 이용한 국내 제조업의 에너지 소비 요인 분해 분석”, 「에너지경제연구」, 제10권 제1호, pp.49-76.

김수이 · 정경화(2011), “LMDI 방법론을 이용한 국내 제조업의 온실가스 배출 요인분해분석”, 「자원 · 환경경제연구」, 제20권 제2호, pp.229-254.

김영덕 · 조경엽 · 한현옥(2009), 「국가 온실가스 감축 정책의 지역 파급효과 분석 및 정책대안 발굴」, 환경관리공단.

김용건 외(2009), “온실가스 감축의무 협상동향 및 대응방향 연구 Ⅰ”, KEI

김용건(2002), “개도국의 온실가스 감축의무 참여방식에 관한 연구”, KEI

김정인(2009), “배출권거래 제도 구성의 중 기본 사항과 핵심 쟁점”. 성균관대발표자료

김정인(2014), 중국의 배출권 거래제 도입 현황과 시사점”. 환경 공단 발표자료

김정해(2009), “기후변화 대응을 위한 정부대응체계 구축: 녹색거버넌스 구축을 중심으로”, 한국행정연구원.

김정해(2012), “기후변화 대응을 위한 녹색거버넌스구축”, 환경과 문명 포럼.

김현용(2013), OECD 국가의 발전부문 온실가스 배출 요인분해분석, 서울대학교 석사학위논문.

김형건 외(2013), "바람직한 수송용 에너지 세제개편",『새 정부의 균형 잡힌 에너지세제 개편 방안 토론회 자료집』, 자원경제학회

김형건(2010), "수송분야 세제개편 어떻게 할 것인가?",『온실가스 감축과 친환경 에너지세제개편을 위한 연속 기획 토론회 백서』, 국회의원 유일호의원실/국회의원 이용섭의원실/경실련(사)갈등해소센터

나인강・이성근(2008), "산업부문 에너지 효율 변화요인 분석",「자원・환경경제연구」, 제17권 제2호, pp.255-286.

노동운(2005),「산업부문 온실가스 감축 및 에너지절약 잠재량 추정(I) - 시멘트 산업」, 수시연구보고서 05-02, 에너지경제연구원.

노동운・신정수(2005), "산업부문 온실가스 감축 및 에너지절약 잠재량 추정(I)-시멘트산업", 에너지경제연구원

노동운・오세신・박천건(2006), "산업부문 온실가스 감축 및 에너지절약 잠재량 추정(II)-정유산업", 에너지경제연구원

녹색성장위원회(2009a), 국가 온실가스 중기(2020년) 감축목표의 설정방안

녹색성장위원회(2009b), 녹색성장 5개년계획(2009~2013).

녹색성장위원회(2009c), 녹색성장 국가전략.

녹색기술센터(2014), 녹색정책맵(Green Policy Map),http://www.greenplatform.re.kr/

녹색성장위원회(2014. 5. 21.), "제2차 녹색성장 5개년계획"

대한민국정부(2008), "제1차 국가에너지기본계획 2008~2030"

대한민국정부(2011), "기후변화협약에 따른 제3차 대한민국 국가보고서"

대한민국정부(2014), "국가 온실가스 감축목표 달성을 위한 로드맵"

대한민국정부(2014), "제1차 대한민국 격년갱신보고서"

문석웅・정삼화(2010),「정부의 CO_2 중기감축목표에 의한 부산지역 경제 및 에너지흐름 영향분석과 정책과제」, 학연연구 2010-06, 부산발전연구원.

문진영 외(2014), "최근 주요국의 온실가스 감축 노력과 시사점", 대외경제정책연구원

문진영, 이성희, "최근 주요국의 온실가스 감축 노력과 시사점,"오늘의 세계 경제, KIEP, 2014.8.7.

박년배(2006), "선진국의 2050년 온실가스 저감 시나리오에 관한 연구 동향과 시사점",「환경정책연구」, 제5권 제3호, pp.57-78.

박년배(2011), 발전 부문 재생가능 에너지 전환을 위한 장기 시나리오 분석, 서울대학교 석사학위논문.

박년배・전의찬(2013), "국내 산업부문 에너지 소비와 온실가스 배출에 대한 과거 및 중기 목표 분해분석",「환경정책」, 제21권 제3호, pp.103-126.

박정욱・김수이(2013), "한국과 일본의 산업부문 에너지 소비에 대한 LMDI 요인분해 분석",「에너지경제연구」, 제12권 제1호, pp.67-103.

박희천(2001), "에너지 다소비 업종의 에너지효율 향상 평가",「경상논총」, 제24집, pp.63-86.

박희천(2006), "한국 가정부문 직간접 에너지소비의 증가요인 분석: 1990~2000",「자원・환경경제연구」, 제15권 제3호, pp.531-553.

박혜정(2014), “한국 공공계획의 진화에 관한 연구 -경제기획원에서 국정과제위원회로- 서울대학교 대학원 환경계획학과.”

산업연구원(1996), “포항제철의 기업발전사 연구”, 산업연구원

산업통상자원부(2014), “제2차 국가에너지기본계획

산업통상자원부(2014. 1.), “제2차 에너지기본계획”

산업통상자원부, 2013, 제2차 에너지기본계획(안)

산업통상자원부 · 에너지경제연구원 · 에너지관리공단(2013), 에너지산업부문 온실가스 주요통계.

삼일회계법인(2011), RPS 이행비용의 전기요금 전가방안 수립

신 · 재생에너지센터(2012), 신 · 재생에너지보급통계

심기은(2009). 「온실가스 감축이 교역과 산업경쟁력에 미치는 효과 분석」, 기본연구보고서 09-09, 에너지경제연구원.

양윤정(2014), 중국의 탄소배출권 거래 제도, 자유아시아방송, 주간 프로그램, 이제는 환경이다 2014-01-09.

오진규(2013), 지속가능발전을 위한 에너지부문 전략 연구 - 제조업부문 에너지소비 요인분해 연구, 에너지경제연구원.

오태현(2008), “EU의 기후변화 대응정책과 시사점”, 대외경제정책연구원.

온실가스종합정보센터(2014), “국가 온실가스 배출구조 변화 요인분석”, 기후변화와 녹색성장 Vol. 07

온실가스종합정보센터(2014. 2.), “2013 국가 온실가스 인벤토리 보고서”

온실가스종합정보센터, 환경부, 지식경제부, 국토해양부, 농림수산식품부, 기획재정위, 녹색성장위원회(2011), “2020년 저탄소 녹색사회 구현을 위한 로드맵 : 부문별 · 업종별 · 연도별 온실가스 감축목표 확정” (보도자료. 2011.7.12.)

온실가스종합정보센터(2013a), 국가 온실가스 인벤토리 보고서.

온실가스종합정보센터(2013b), 폭염한파 철강생산 증가 등으로 2010년 국가 온실가스 배출량 9.8%(60백만톤) 증가, (보도자료 배포일 2013.2.22).

온실가스종합정보센터 · 환경부 · 지식경제부 · 국토해양부 · 농림수산식품부 · 기획재정위 · 녹색성장위원회(2011), 2020년 저탄소 녹색사회 구현을 위한 로드맵 : 부문별 · 업종별 · 연도별 온실가스 감축목표 확정(보도자료. 2011.7.12.)

이기평(2012), “중국의 탄소배출권 거래 제도 추진 현황 및 시사점”, 녹색성장 연구, 111.

이범준(2013), 국내 에너지 소비량 및 이산화탄소 배출량에 대한 분해분석 : LMDI 방법론을 사용하여, 서울대학교 석사학위논문.

이상엽(2012), 「온실가스 목표관리제와의 연계를 고려한 국내 배출권거래제 세부운영방안 연구」, 기본연구보고서 2012-09, 한국환경정책평가연구원.

이성근 · 이성인(2008), 국가 에너지절약 및 효율향상 추진체계 개선방안 연구 - 가정 · 상업부문의 에너지효율 평가, 에너지경제연구원.

이성인(2011), 저소비 고효율 경제사회구축을 위한 국가에너지효율화 추진전략연구 - 제조업 업종별 에너지효율 평가 및 에너지 절감잠재량 추정II, 에너지경제연구원.

이성인(2012), 저소비 고효율 경제사회구축을 위한 국가에너지효율화 추진전략연구 - 제조업 에너

지효율성 및 절약 잠재량 평가, 에너지경제연구원.

이승완 · 조용성 (2007), "이산화탄소 감축정책에 따른 OECD 국가들의 GDP 손실액 패턴 분석, 「환경정책연구」, 제6권(4), 한국환경정책평가연구원.

이유나(2013), 국내 대형건물의 에너지 소비 및 온실가스 배출 요인분해분석, 서울대학교 석사학위논문.

이재형(2012), 지수분해분석을 이용한 국내 철도부문 온실가스 배출 특성 분석, 고려대학교 석사학위논문.

이재형 · 임지재 · 김용기 · 이재영(2012), "LMDI 분해 분석을 이용한 국내 철도 노선별 온실가스 배출 특성 분석", 「한국철도학회논문집」, 제15권 제3호, pp.286-293.

인천광역시 부평구(2011), "미래부평 지속가능발전 전략수립연구", 지속가능성센터 지우.

임동순 · 유상희(2008). "EU의 기후변화협약 대응 정책 평가 및 시사점", 「EU학연구」, 제13권(1), 한국EU학회.

에너지경제연구원(2007), "중기 에너지수요전망", 에너지경제연구원

에너지경제연구원(2012), 2012 에너지통계연보

에너지경제연구원(2012), 중장기 에너지 수급관리 및 정책개발 연구, 에너지관리공단.

에너지경제연구원(2013. 11.) 에너지통계월보

에너지경제연구원(2013), 신 · 재생에너지 보급 목표 및 정책 수단

에너지경제연구원 · 대한상공회의소 · 지속가능경영원 (2010). 국내 온실가스 배출권거래제 도입에 관한 전문가 토론회 자료집, 2010. 8.

저탄소녹색성장기본법 시행령. 법률정보센터.

저탄소녹색성장기본법. 법률정보센터.

전력거래소(2009), "배출권 모의거래 1차 분석결과 및 운영계획", 전력거래소

전력거래소(2011), 2010 년도 전력시장통계

전력거래소(2012), 2011 년도 발전설비현황

전력거래소(2013), 발전소 건설사업 추진 현황 (2013.3)

정만태 외(2010), 「신재생에너지 설비산업의 성장전략」, 연구보고서 2010-545호, 산업연구원.

정부 합동(2011), 7월 12일 보도자료, "부문별 · 업종별 · 연도별 온실가스 감축목표 확정"

정한경(2005), 산업부문 에너지소비 변화요인 분석 - 지수분석법과 계량경제분석 기법의 결합, 에너지경제연구원.

정해식 · 이기훈(2001), "로그 평균 디비지아 지수 기법을 이용한 이산화탄소 배출량 변화의 요인분해", 「자원 · 환경경제연구」, 제10권 제4호, pp.569-589.

조영탁(2007), "지속가능한 에너지체제를 위한 에너지세제 및 보조금정책 : 정책과제와 방향모색", "지속가능발전을 위한 에너지세제 및 가격정책의 개선방향", 한국재정학회 정책세미나

조영탁(2013), "제6차 전력수급기본계획의 쟁점과 과제", ≪전기의 세계≫, 제62권, 제4호

조철흥, 전의찬, 2014, "에너지·기후변화 정책의 양립가능성 평가 -한국의 전력부문을 중심으로", 에너지경제연구 제13권 제2호, pp. 199～230

지속가능소비생산연구원(2008), "제1차 국가에너지기본계획(안)의 쟁점과 과제 : 전력부문을 중심으로", 지속가능소비생산연구원

지식경제부(2008), 『제1차 국가에너지기본계획 백서』, 지식경제부

지식경제부(2009), 11월 17일 보도자료, "국무회의에서 2020년 국가 온실가스 감축목표를 "배출 전망(BAU) 대비 30% 감축"

지식경제부(2012), 제5차 전력수급기본계획(2010～2024년)

지식경제부(2013), 제6차 전력수급기본계획(2013～2027)

지식경제부·에너지경제연구원(2012), 에너지통계연보.

진상현·황인창(2009), "지수분해분석을 이용한 지자체의 에너지 소비특성에 관한 연구", 「자원·환경경제연구」, 제18권, 제4호, pp.557-586.

진상현·황인창(2009), "지자체의 온실가스 배출특성에 관한 지수분해분석: 에너지부문을 중심으로", 「환경정책」, 제17권 제3호, pp.101-128.

제2차 에너지기본계획 신·재생에너지 분과(2013) 에너지기본계획 － 신·재생에너지

채여라 외(2007), "Estimation of Costs and Impacts for Various Options of Post-Kyoto Climate Regimes", KEI

최기홍(2000), "화력발전소 효율개선 측정에 대한 디비지아분해기법의 적용", 「자원·환경경제연구」, 제9권 제5호, pp.811-827.

최준영(2014), "미·중 온실가스 감축 합의 주요 내용 및 양국의 기후변화 정책", 국회입법조사처

최현정 2014. 기후변화에 대한 미국의 정치적 분열. 이슈 브리프. 아산정책연구소

한국은행(2014), 2005, 2010년도 산업연관표

한국은행(2014), 국민계정 2005～2012년 각년도

한국전력(2007), "한국전력통계", 한국전력

한국전력공사(2013. 5), 한국전력통계

한국혁신학회(2012), "에너지 전력화와 전기요금의 개선과제", 한국혁신학회

한기주·임동순(2011), 「온실가스·에너지 목표관리제에 따른 산업영향 분석」, 에너지관리공단 용역보고서, 산업연구원.

한기주·임동순·곽대종(2010), 「온실가스 배출권거래제도 도입이 주요 산업의경쟁력에 미치는 영향 연구」, 연구보고서 2010-577호, 산업연구원.

한기주 외(2013. 5.), "온실가스 감축규제가 국내 산업구조에 미치는 영향 분석", 산업통상자원부 용역보고서, 산업연구원

한기주, 임동순(2011), "온실가스·에너지 목표관리제에 따른 산업영향 분석", 에너지관리공단 용역보고서, 산업연구원.

한기주, 임동순, 곽대종(2010), "온실가스 배출권거래제도 도입이 주요 산업의경쟁력에 미치는 영향 연구", 연구보고서 2010-577호, 산업연구원.

환경부(2014), "Post-2020(2020년 이후) 국가별 온실가스 감축목표 제출 지침 확정 (COP 20 결정)", 2014. 12. 14. 보도자료

환경부(2014. 9. 11.), "온실가스 배출권거래제 제1차 계획기간[2015년～2017년] 국가 배출권 할당계획"

환경부외 관계부처(2008. 12. 24.), "국가 기후변화적응 종합계획"

환경부외 관계부처(2009. 4.), "국가기후변화적응종합계획 세부이행계획"

황인창(2008), “기후변화 대응전략에 따른 이산화탄소 배출량 변화요인 분석 - 생태적 근대화 전략을 중심으로”, 「ECO」, 제12권 제2호, pp.153-184.

황인창(2008), 생태적 근대화와 기후변화 정책 : 영국과 독일, 한국의 비교, 서울대학교 석사학위 논문.

POSCO(2013. 12.), "기후변화 · 에너지 정책의 국내 산업에 대한 영향 분석 - 에너지다소비 산업 중심으로",

SNE리서치(2012), 신 · 재생에너지 산업 동향

고광생(高广生)(2014), 기후변화 및 탄소배출권 할당, 중국 국가발전개혁위원회 기후변화 대응사순시원.

오염휘(吴艳辉)、유지봉(刘志锋)、왕은녕(王恩宁)(2012), 오염 배출권 판매제도에 대한 중국 정부의 대책.

이지평(李挚萍)、가령(贾灵)、초지연(焦志延)(2012), 온실가스 국제 감축 제도에 대한 연구, 중국 세계 환경 보호 연구원 연구원.

정회강(程会强), 이신(李新)(2010), 탄소배출권 거래 시장 제도개선 방안.

중국 베이징시(北京市)시, 텐진시(天津市)시, 상하이시(上海市)시, 선진시(深圳市)시, 충칭시(重庆市)시, 후베이성(湖北省), 선진시(深圳市)성 통계국

중국 탄소 거래망 사이트: http://www.tanjiaoyi.com

진정장(陈程将)(2007), 탄소배출권 거래에 대한 연구, 법제 및 사회 잡지.

Barroso, J. M.(2014), “Climate and energy priorities for Europe: The Way forward”

Chow, Larry(2011), “China Energy: Emission control issues.”, Talk held on 28 June 2011.

Den Elzen, M. G. J., Hof, A. F., &Roelfsema, M.(2013). “Analysing the greenhouse gas emission reductions of the mitigation action plans by non-Annex I countries by 2020.”, Energy Policy, 56(March), 633−643. doi:10.1016/j.enpol.2013.01.035

ECORYS Nederland BV(2013), “Carbon Leakage Evidence Project, Report to European Commission”, DG Climate Action. The Netherlands.

EIA(2011), “Annual Energy Outlook 2011”

European Commission.(2007a), “A Competitive Automotive Regulatory Framework for the 21 Century.”

European Commission.(2007b), “Result of the review of the Community Strategy to reduce CO_2 emission for passegner cars and light-commercial vehicles.”, COM(2007) 19 final.

European Commission.(2007c), “Proposal for a Regulation setting emission performance standards for new passenger cars as part of the Community’s integrated approach to reduce CO_2 emissions from light-duty vehicles.”, COM(2007) 856 final.

European Commission.(2008a), “Communication from the Commission to the European Parliament, the Council, the European Economic and Social Committee of the Regions − 20 20 by 2020 − Europe’s Climate Change Opportunity.”, COM(2008) 30 final.

European Commission.(2008b), “Directive amending Directive 2003/87/EC so as to improve and extend the greenhouse gas emission allowance trading system of the Community.", COM(2008) 16 final.

European Commission.(2008c), "Decision on the effort of Member states to reduce their greenhouse gas emissions to meet the Community's greenhouse gas emission reduction commitments up to 2020.", COM(2008) 17 final.

European Commission.(2008d), "Proposal for a Directive on the geological storage of carbon dioxide and amending Council Directives 85/337/EEC, 96/61/EC, Directive 2000/60/EC, 2001/80/EC, 2004/35/EC. 2006/12/EC and Regulation (EC) No 1013/2006.", COM(2008) 18 final.

European Commission.(2008e), "Proposal for a Directive on the promotion of the use of energy from renewable sources.", COM(2008) 19 final.

European Commission.(2011a), "A Roadmap for moving to a competitive, low-carbon economy in 2050.", COM(2011) 112.

European Commission.(2014a), "A Policy framework for climate and energy in the period from 2020 to 2030.", COM(2014) 15 final.

European Commission.(2014b), "Commission Staff Working document: Executive Summary of the Impact Assessment.", SWD(2014) 16 final.

European Commission.(2014c), "Decision concerning the establishment and operation of a market stability reserve for the Union greenhouse gas emission trading scheme and amending Directive 2003/87/EC.", COM(2014) 20 final.

European Council.(1985), "Directive 85/337/EEC on the assessment of the effects of certain public and private projects on the environment."

European Environment Agency.(2014a), "Trends and projections in Europe 2014: Tracking progress towards Europe's climate and energy targets for 2020."

European Environment Agency.(2014b), "Annual European Union greenhouse gas inventory 1990-2012 and inventory report 2014."

European Environment Agency.(2014c), "Monitoring CO_2 emissions from passenger cars and vans in 2013."

European Union.(2003), "Directive 2003/87/EC establishing a scheme for greenhouse gas emission allowance trading within the Community and amending Council Directive 96/91EC."

European Union.(2004a), "Directive 2004/01/EC amending Directive 2003/87/EC establishing a scheme for greenhouse gas emission allowance trading with the Community, in respect of the Kyoto protocol's project mechanisms."

European Union.(2004b), "Directive 2004/35/EC on environmental liability with regard to the prevention and remedying of environmental damage."

European Union.(2009a), "Decision No 406/2009/EC on the effort of Member States to reduce their greenhouse gas emissions to meet the Community's greenhouse gas emission reduction commitments up to 2020."

European Union.(2009b), "Directive 2009/28/EC on the promotion of the use of energy from renewable sources and amending and subsequently repealing Directives 2001/77/EC and

2003/30/EC."

Gopinath, Deepak(2012), "Commentary, The future of urban living through the lens of 'climate change' Insight from American Initiatives.", Environmental and Planning A. vol.44. pp.257-262.

Gregory B. et al.(2013), "Establishing and understanding post 2020 climate change mitigation commitments", OECD

Hof, A. F., den Elzen, M. G. J., &Roelfsema, M.(2013). "The effect of updated pledges and business-as-usual projections, and new agreed rules on expected global greenhouse gas emissions in 2020.", Environmental Science &Policy, 33, 308－319. doi:10.1016/j.envsci.2013.06.007

Höhne, N., Taylor, C., Elias, R., Den Elzen, M., Riahi, K., Chen, C., ...Xiusheng, Z.(2012), "National GHG emissions reduction pledges and 2°C: comparison of studies", Climate Policy, 12(3), 356－377. doi:10.1080/14693062.2011.637818

IEA 홈페이지(2014), http://www.iea.org/statistics

IEE(2011), "Asia-Pacific economic cooperation APEC agreement", Japan Energy Brief No. 16, November 2011

Ji, Z., Sha, F., Ke, W.(2011), "PECE Model, CPO Meeting Potsdam", DEU, November 11th 2011

Jin Guoliang(2014.10.23), Emissions Exchanges As a Strategic Solution to Sustainable Economy.

Jotzo, F.(2010), "Comparing the Copenhagen emissions targets", CCEP working paper 1.10

Koski, Chris and Lee, Taedong. 2013. Policy by doing: Formulation and Adoption of Policy through Government Leadership. Policy Studies Journal 42 (1): 30-54.

OECD International Development Statistics Online DB, 2013

Philibert, C. (2005a), "New Commitment Options: Compatibility with Emissions Trading, OECD/IEA AIXG Paper, http://www.oecd.org/env/cc/35798709.pdf

Philibert, C. (2005b), "Climate Mitigation: Integrating Approaches for Future International Co-operation", OECD/IEA AIXG Paper, http://www.oecd.org/env/cc/35798756.pdf

REN 21(2011), "Renewables 2011, Global Status Report"

Riahi, K., Kriegler, E., Johnson, N., Bertram, C., den Elzen, M., Eom, J., ...Edenhofer, O.(2013), "Locked into Copenhagen pledges —Implications of short-term emission targets for the cost and feasibility of long-term climate goals", Technological Forecasting and Social Change. doi:10.1016/j.techfore.2013.09.016

Roelfsema, M., Elzen, M. Den, Höhne, N., Hof, A. F., Braun, N., Fekete, H., ...Larkin, J.(2014). "Are major economies on track to achieve their pledges for 2020?", An assessment of domestic climate and energy policies. Energy Policy, 67, 781－796. doi:10.1016/j.enpol.2013.11.055

The Pew Charitable Trusts(2010), "Who's winning the clean energy race?"

The White House. 2009. Executive Order: Federal Leadership in Environment, Energy, and Economic Performance. Office of the Press Secretary

The White House. 2013. The President's Climate Action Plan. The Executive Office of the President; The White House. 2014. January 2014 Progress Report: President Obama's Climate Action Plan. The Office of the Press Secretary

The White House. 2014. FACT SHEET: U.S.-China Joint Announcement on Climate Change and Clean Energy Cooperation. The Excutive Office of the President

The White House. 2014. The President's Budget, Fiscal Year 2015. The Executive Office of the President

Townshend, T. et al.(2011), "GLOBE Climate Legislation Study"

UNEP(2013), "The Emissions Gap Report 2013"

UNFCC(2011), "Compilation of economy-wide emission reduction targets to be implemented by Parties included in Annex I to the Convention"

UNFCC(2013), "Compilation of information on nationally appropriate mitigation actions to be implemented by developing country Parties"

World Bank 홈페이지(2014), http://data.worldbank.org/indicator

Aldy, J., A. Krupick, R. Newell, I. Parry, and W. Pizer(2009), "Designing Climate Mitigation Policy", RFF DP 08-16-REV, Resources for the Future.

Ang, B.W.(2004), "Decomposition analysis for policymaking in energy: Which is the preferred method?", Energy Policy, vol.32, pp.1131-1139.

Ang, B.W.(2005), "The LMDI Approach to Decomposition Analysis: a Practical Guide", Enegy Policy, vol.33, pp.867-871.

Betz, Regina, Karoline Rogge, and Joachim Schleich(2006), "EU emissions trading: an early analysis of national allocation plans for 2008-2012", Climate Policy, Vol. 6, pp. 361~394.

BP(2013), BP Statistical Review of World Energy, http://www.bp.com/en/global/corporate/about-bp/statistical-review-of-world-energy-2013.html

CE Delft (2008), Impacts on Competitiveness from EU ETS. An analysis for the Dutch Industry. CE Delft: The Netherlands.

Chen,Cliff, Ryan H. Wiser, Mark Bolinger, 2008, Weighing the Costs and Benefits of State Renewables Portfolio Standards, Lawrence Berkeley National Laboratory

Ellerman, Denny A.(2008), "The EU Emission Trading Scheme: A Prototype

GEA, 2012: Global Energy Assessment - Toward a Sustainable Future, Cambridge University Press, Cambridge, UK and New York, NY, USA and the International Institute for Applied Systems Analysis, Laxenburg, Austria.

GERMANWACH(2007), The climate Change Performance Index Results 2007

GERMANWACH(2007), The climate Change Performance Index Results 2008

GERMANWACH(2008), The climate Change Performance Index Results 2009

GERMANWACH(2009), The climate Change Performance Index Results 2010

GERMANWACH(2010), The climate Change Performance Index Results 2011

GERMANWACH(2011), The climate Change Performance Index Results 2012

GERMANWACH(2012), The climate Change Performance Index Results 2013

GERMANWACH(2013), The climate Change Performance Index Background and Methodology

GERMANWACH(2013), The climate Change Performance Index Results 2014

Ho. Mun S., R. Moregenstern, and J. Shih (2008). "Impacts of Carbon Price Policies on U.S. Industry", RFF DP 08-37, Resources for the Future.

IEA(2008a), Worldwide Trends in Energy Use and Efficiency - Key Insights from IEA Indicator Analysis, OECD/IEA; Paris.

IEA(2008b), Energy Technology Perspectives, OECD/IEA; Paris.

IEA and NEA(2010), Projected Costs of Generating Electricity, 2010 Edition. International Energy Agency, Nuclear Energy Agency.

IEA(2011), World Energy Statistics 2011 : CD-ROM service.

IEA(2012a), Energy Balances of OECD Countries.

IEA(2012b), Energy Balances of Non-OECD Countries.

IEA(2013), Energy Balances of OECD Countries

IEA(2013a), Energy Balances of OECD Countries.

IEA(2013b), Energy Balances of Non-OECD Countries.

IEA(2012), World Energy Outlook 2012. International Energy Agency.

IEA(2013), Renewables Information

IEA(2013), World Energy Outlook

International Energy Agency(2004), “Documentation for the MARKAL family of models. Paris”, International Energy Agency

International Energy Agency(2008), “CO_2 Emissions from fuel combustion 2008. Paris”, International Energy Agency.

International Energy Agency(IEA) (2012). World Energy Outlook 2011. OECD/IEA, Paris.

Laplace Conseil(2013), Impacts of energy market developments on the steel industry, 74th session of the OECD Steel Committee

Messner, S., Strubegger, M., 1995: User's Guide for MESSAGE III. WP-95.

Metz, B., 2001. Climate change 2001: mitigation: contribution of Working Group III to the third assessment report of the Intergovernmental Panel on Climate Change. Cambridge University Press.

Metz, B., 2007. Climate Change 2007-Mitigation of Climate Change: Working Group III Contribution to the Fourth Assessment Report of the IPCC. Cambridge University Press.

Nakićenović, N., Grübler, A., McDonald, A., 1998a. Global energy perspectives. Cambridge University Press.

Nakicenovic, N., Swart, R., 2000. IPCC special report on emissions scenarios (SRES). Intergovernmental Panel on Climate Change, Geneva.

Newell, R.G., A U.S. (2008). Innovation Strategy for Climate Change Mitigation, The Hamilton Project, The Brookings Institution.

Oh, I., Wehrmeyer, W., and Y. Mulugetta(2010), "Decomposition analysis and mitigation strategies of CO_2 emissions from energy consumption in South Korea", Energy Policy, 2010, vol. 38, pp.364-377.

OpenEurope(2007), "Europe's dirty secret: Why the EU emission trading scheme isn't working? London", OpenEurope.

Paul, A., Palmer, K., Woerman, M., 2013. Modeling a clean energy standard for electricity: Policy design implications for emissions, supply, prices, and regions. Energ Econ 36, 108-124.

Point Carbon(2009), www.pointcarbon.com/news/historicprices.

RBC Capital market(2007), "RBC insight. London", RBC Capital market.

REN21, 2013, Renewables 2013 Global Status Report

Riahi, K., Rao, S., Krey, V., Cho, C., Chirkov, V., Fischer, G., Kindermann, G., Nakicenovic, N., Rafaj, P., 2011. RCP 8.5—A scenario of comparatively high greenhouse gas emissions. Climatic Change 109, 33-57.

Spiegel, 2013.9.4., "Germany's Energy Povergy: How Electricity Became a Luxury Good"

Tom Albanese, 2011, Rio Tinto Investor Seminar

US DOE, 2008, 20% Wind Energy by 2030

WORLD ECONOMIC FORUM(2012), The Global Energy Architecture Performance Index Report 201

WORLD ENERGY COUNCIL(2013), World Energy Trilemma Time to get real − the case for sustainable energy investment

World Steel Association(2007), "World steel in figure 2007. Brussels", World Steel Association.

World Steel Association, 2008, Environmental Case Study, Wind Energy

World Steel Dynamics(2007), "Global metallics balances, New Jersey", World Steel Dynamics.

홈페이지

e-나라지표, http://www.index.go.kr

국가에너지통계종합정보시스템, http://www.kesis.net.

세계에너지협의회, http://www.worldenergy.org/data/sustainability-index

온실가스종합정보센터, http://www.gir.go.kr.

전력통계정보시스템, https://epsis.kpx.or.kr.

기획 · 총괄
전 의 찬 세종대학교

저자
전 의 찬 세종대학교
김 정 인 중앙대학교
김 창 섭 가천대학교
문 태 훈 중앙대학교
박 년 배 세종대학교
안 윤 기 포스코경영연구소
오 태 현 대외경제정책연구원
이 상 훈 녹색에너지전략연구소
이 태 동 연세대학교
임 동 순 동의대학교
조 성 흠 세종대학교
조 영 탁 한밭대학교
조 철 흥 세종대학교
최 광 림 대한상의 지속가능경영원
최 봉 석 세종대학교
한 기 주 산업연구원

기후변화 · 에너지 · 산업
저탄소 녹색성장에서 창조경제까지

정가 25,000원

인 쇄 2015년 11월 10일 초판 1쇄
발 행 2015년 11월 20일 초판 1쇄
저 자 전의찬 · 김정인 · 김창섭 · 문태훈 · 박년배 · 안윤기
오태현 · 이상훈 · 이태동 · 임동순 · 조성흠 · 조영탁
조철흥 · 최광림 · 최봉석 · 한기주
발행인 정우용
발행처 도서출판 동화기술
경기도 파주시 광인사길 201(문발동, 파주출판도시)
Tel (031)955-4211~6 donghwae@kornet.net
Fax (031)955-4217 www.donghwapub.co.kr
(등록) 1977년 12월 19일/9-16호

Printed in Korea
ISBN 978-89-425-9047-6